Monografías de *Flora Montibe*

LAS PLANTAS SILVESTRES DEL SISTEMA IBÉRICO ORIENTAL
Y SU ENTORNO: GUÍA ILUSTRADA PARA SU IDENTIFICACIÓN

Gonzalo Mateo Sanz

Jardín Botánico y Departamento de Botánica
Universidad de Valencia

Jolube
Consultor
y Editor
Botánico
www.jolube.es

2013

LAS PLANTAS SILVESTRES DEL SISTEMA IBÉRICO ORIENTAL Y SU ENTORNO: GUÍA ILUSTRADA PARA SU IDENTIFICACIÓN
Monografías de *Flora Montiberica*, 5

© Textos: **Gonzalo Mateo Sanz**
© Fotografías: **Gonzalo Mateo Sanz**: *Fritillaria hispanica* (arriba izquierda), *Iris lutescens* (arriba derecha), *Linaria repens* (centro izquierda) y *Scutellaria alpina* (abajo derecha). **José Luis Benito Alonso**: *Ruta montana* (arriba centro), *Sideritis spinulosa* (centro derecha), *Ophrys apifera* (abajo izquierda) y *Helianthemum syriacum* (abajo centro).

Primera edición: junio de 2013

ISBN: 978-84-939581-7-6
Depósito Legal: HU-121-2013
Edita: **José Luis Benito Alonso** (Jolube Consultor-Editor Botánico, Jaca, Huesca) - **www.jolube.es**
Impreso en España por Publidisa

Jolube
Consultor
y Editor
Botánico
www.jolube.es

Esta obra ha sido publicada con la ayuda del Departamento de Educación, Universidad, Cultura y Deporte del Gobierno de Aragón.

TABLA DE CONTENIDO

I. INTRODUCCIÓN

1. Antecedentes y objetivos

— *Antecedentes bibliográficos.* La presente obra surge como necesidad de carácter divulgador, en el marco de los trabajos que llevamos a cabo durante los últimos años sobre la flora del Sistema Ibérico oriental. Sus antecedentes naturales son las obras divulgativas que hemos publicado las últimas décadas, como la *Flora analítica de la provincia de Valencia* (G. Mateo y R. Figuerola), las *Claves para la flora valenciana* (G. Mateo y M.B. Crespo, 1990), las *Claves para la flora de la provincia de Teruel* (G. Mateo, 1992), la *Flora abreviada de la Comunidad Valenciana* (G. Mateo y M.B. Crespo, 1995), las cuatro ediciones del *Manual para la determinación de la flora valenciana* (G. Mateo y M.B. Crespo, 1998, 2001, 2003, 2009), los *Árboles y arbustos autóctonos de Castilla-La Mancha* (J. Charco, F. Fernández, R. García, G. Mateo y A. Valdés, 2008) o la *Introducción a la flora de la Sierra de Albarracín* (G. Mateo, 2008). Ello en paralelo a la edición de obras más detalladas y menos divulgativas, sobre la misma temática, como el *Catálogo florístico de la provincia de Teruel* (G. Mateo, 1990), el *Catálogo de plantas vasculares del Rincón de Ademuz* (G. Mateo, 1997), el *Catálogo florístico de la provincia de Soria* (A. Segura, G. Mateo y J.L. Benito, 2000), el *Atlas de la flora vascular silvestre de Burgos* (J.A. Alejandre, J.M. García-López y G. Mateo, 2006), la *Flora de la Sierra de Albarracín y su comarca* (G. Mateo, 2007), el primer volumen de la *Flora valentina* (G. Mateo, M.B. Crespo & E. Laguna, 2011) o el *Catálogo de flora de las sierras de Gúdar y Javalambre* (G. Mateo, J.L. Lozano y A. Aguilella, 2013).

— *Nombres latinos frente a nombres vernáculos.* En las mencionadas obras se usa la nomenclatura latina de las plantas como base, pues su planteamiento es una divulgación dirigida a un público ya algo introducido o aficionado, como estudiantes de Biología y afines, forestales, naturalistas, etc. Solamente en la *Introducción a la flora de la Sierra de Albarracín* abordábamos una divulgación más a fondo, ofreciendo los nombres vernáculos de las especies como base, seguido del nombre científico entre paréntesis.

— *Reticencia popular al uso de nombres latinos.* Al elaborar esta nueva obra, queremos dirigirla a un público lo más amplio posible, en el que no se supone ninguna especialización ni particulares conocimientos previos sobre Botánica. También somos conscientes, tras muchos años de enseñanza de la Botánica, de que el gran público es muy reticente al manejo de nombres latinos en las plantas. Considera que es algo complicado, dirigido a especialistas, que requiere mucho esfuerzo de memoria y ello le supone una barrera que ellos mismos se ponen, seguramente de modo injustificado, pero es algo que está ahí y es factor importante que incide en la gran escasez de aficionados a la Botánica en este país.

— *Necesidad de divulgar los conocimientos sobre las plantas.* Seguramente hay otras causas detrás de este hecho, como la poca atención a las plantas que se da en este país en los estudios primarios y secundarios, según queja escuchada a la mayor parte de la población. Pero nuestra misión como botánicos no es organizar la enseñanza en el país (ya hay ministerios y consejerías que tienen tales responsabilidades) sino investigar para conocer los aspectos aún desconocidos sobre las plantas, comunicarlos en los circuitos especializados y también ofrecer a la población esos conocimientos, tamizados y simplificados para que puedan aprovecharlos en su vida diaria, en sus salidas al campo y en su tiempo libre.

— *Antecedentes en el uso de nombres vernáculos.* En todo caso la tradición de divulgación botánica, con más de dos siglos a cuestas en países como Francia o Inglaterra donde se ha dispuesto de buenas obras para el público no especializado –basadas en la nomenclatura vernácula de las plantas–, no ha tenido paralelo en España, donde han escaseado las obras de carácter divulgativo (al menos obras rigurosas, hechas desde una experiencia profesional dilatada) y no se han basado en la nomenclatura común. En todo caso, aún en las obras más especializadas, con prioridad a la nomenclatura científica, solemos encontrar –en los ámbitos internacionales mencionados– una referencia a nombres vernáculos prácticamente general para todas las especies, lo que vemos también en muchas otras lenguas (como sería en el caso de nuestro país con las obras sobre flora catalana o vasca).

— *Principales dificultades.* Dos Son los principales problemas, de naturaleza contrapuesta, que se encuentra un autor que quiere ofrecer una obra en estas condiciones. Por una parte, para muchas especies (más de la mitad de nuestra flora) no existe nombre alguno en el ámbito de la lengua española, al menos nombre específico, aunque pueda ser nominada por la gente de un modo genérico (cola de caballo, tomillo, etc.); por otro lado, para muchas otras existen docenas de nombres, que van desde pequeñas variaciones semánticas a estructuras radicalmente diferentes.

— *Reflexiones sobre una conveniente normalización nomenclatural.* No queremos presentar una obra que se pierda en ese maremágnum de nombres ni se quede aherrojada por la ausencia de ellos en el caso contrario. De entrada hemos de decir que lo deseable, por el bien de la transmisión de los conocimientos y el entendimiento entre las personas, sería abordar a gran escala una denominación que podríamos llamar "oficial" de las plantas en cada lengua; en nuestro caso en lengua española, extrayendo del lenguaje común todo lo que sea aprovechable (hay que evitar nombres repetidos, demasiado largos, confusos, etc.) y completado con neologismos lo más expresivos, sencillos y claros posibles, mirando siempre al nombre latino internacional como mutuo apoyo entre ambos. Tal enorme labor no debería estar a cargo de particulares que la aborden por su cuenta y con información y visiones siempre parciales, sino que sería deseable una comisión de lingüistas de la Real Academia de la Lengua con botánicos floristas, que conozcan bien un gran número de especies, así como etnobotánicos, que conozcan mejor los nombres populares y usos. Entre todos se podría abordar poner un nombre unívoco (asociado automáticamente a un binomen latino) para el uso oficial en nuestra lengua, que puede convivir perfectamente con el uso popular de la otra infinidad de nombres existentes en los ámbitos locales. Por desgracia esto no existe a día de hoy, ante lo cual hemos tenido que tomar la decisión de seleccionar un nombre concreto cuando había varios posibles y la de proponer los neologismos necesarios para nominar a las que no tenían nombre vernáculo.

— *Necesidad de una "ofensiva" en pro de nuestro patrimonio vegetal.* Estamos convencidos de que hay que intentarlo todo para llegar a ese gran público que vive de espaldas al mundo de las plantas y que se resiste por generaciones a dedicarse a ellas como afición prioritaria en este país. Al menos los profesionales y expertos en la materia no podemos permanecer impasibles ante este hecho y sus consecuencias graves en la conservación de nuestro medio, nuestros bosques y nuestra flora. Aspiramos a un mundo, y desde luego un país, donde se valoren estas cosas, se conozcan mucho mejor y se disfrute de todo lo que pueden aportar a la vida de nuestros conciudadanos. Es por ello y para ellos que lanzamos esta obra, que no va a dirigida a los colegas o especialistas, pero a los que pedimos comprensión y apoyo en esta labor divulgativa.

— *Simplicidad no es obviedad.* El objetivo esencial de esta obra es ofrecer los recursos para que el usuario pueda estar en condiciones de conocer las principales especies de plantas de los territorios indicados del centro-este ibérico. Para ello no hay fórmulas milagrosas. Se puede intentar evitar el mayor número posible de palabras técnicas, pero es inevitable aludir a todas las partes básicas de las plantas y emplear una batería de términos que separen o discriminen muchas situaciones diferentes posibles en su morfología. Evitamos cultismos innecesarios, que sustituimos por términos comunes (por ejemplo, en vez de hoja amplexicaule, hoja abrazadora; en vez de corola infundibiliforme, corola embudada), pero no podemos evitar aludir a lo que es un estambre y sus partes (filamento y antera), el gineceo de las flores y sus partes (ovario, estilo y estigma), los tipos de inflorescencias (corimbos, racimos, umbelas, etc.) o los tipos de frutos (bayas, drupas, aquenios, etc.). Por ello no podemos hacer una obra que pueda ser empleada por cualquiera que no esté mínimamente familiarizado con estos términos, ya que a ellos nos hemos de acoger para que encuentren los caracteres que diferencian a las especies.

— *Usuarios naturales.* De ese modo va dirigida a servir como obra de trabajo para *cualquier tipo de curso* que imparta *alguien ya introducido en la Botánica* a *cualquier tipo de público* (estudiantes de cualquier edad, excursionistas, etc.), así como para el *manejo personal de quienes ya hayan sido iniciados previamente a este nivel*, mediante cursos como los aludidos o cualquier otro sistema (aficionados, agentes ambientales, herboristas, etc.).

— *¿Por qué no un capítulo previo de Botánica general?* No es un tratado de Botánica general con una flora añadida y se alargaría excesivamente la obra. Sin embargo hoy día se dispone de gran abundancia de obras bien ilustradas y editadas sobre Botánica, específicas o más generales, disponibles en las bibliotecas públicas y sobre todo en Internet, accesibles gratuitamente desde casa o cualquier lugar, a las que remitimos a los usuarios que deseen completar conocimientos generales sobre la morfología y biología de las plantas. Lo que sí haremos es poner un glosario al final de la obra, explicando de modo sencillo el sentido de los términos botánicos empleados, de uso no habitual en el lenguaje ordinario.

— *Apuesta por el empleo de imágenes.* Un aspecto esencial para ayudar a identificar las plantas es el uso generalizado de imágenes en claves de familias, géneros y especies, lo que aquí abordamos como principal novedad respecto a las obras que hemos publicado anteriormente. El dilema es el tipo de imagen a elegir: fotografías en color o dibujos en blanco y negro.

— *Reflexiones sobre las fotografías.* Hoy día podemos obtener fácilmente buenas fotos de campo o escaneos en vivo, tan prácticos para ilustrar páginas web de internet, donde no es un gran problema el espacio ocupado por estas imágenes y donde se pueden colocar en gran número y con bastante definición. Por el contrario una obra impresa con buenas ilustraciones a color supone su fragmentación en varios volúmenes (ver el caso de la mencionada *Flora valentina*), un manejo mucho más engorroso y un gran encarecimiento para el comprador. Además de poder constatar que las fotos de campo tiene escaso valor en la separación de especies vecinas de muchos géneros (dientes de león, centaureas, anteojeras, etc.).

— *Apuesta por los dibujos y láminas botánicas clásicas.* En una obra como la presente no es negociable el que salga en un solo volumen y resulte a precio asequible para todos, lo que –unido a lo antedicho– nos obliga a descartar las fotografías a color para ilustrarla. Alguien dirá que hay buenas guías de campo –ilustradas con fotos a color– a precios asequibles, pero les tenemos que recordar que su exhaustividad es baja, que recogen unas docenas o cientos de especies seleccionadas y así caben bien en una obra sencilla, pero aquí estamos hablando de dos millares largos de especies. De este modo elegimos las ilustraciones en blanco y negro, lo que supone el empleo de papel normal y es compatible con un formato más reducido de las mismas. Nuestro modelo viene a ser es el del ya más que centenario Bonnier (*Flore complete portative de la France, de la Suisse et de la Belgique...*, 1901), es decir: muchos dibujos de pequeño tamaño, en blanco y negro, por todo el texto, que ilustren al máximo sin encarecer ni engrosar mucho la obra.

— *Selección de las ilustraciones concretas.* La ilustración botánica es obra que a todo botánico que se precie le gusta elaborar, pero para los miles de ilustraciones que requería esta obra no disponíamos de tiempo para realizarlos de primera mano ni de recursos para encargarlas a terceros. En cambio existe hoy día la opción del escaneo de imágenes de obras clásicas ya desclasificadas con las que se puede conseguir el mismo resultado (o mejor, pues muchas son difícilmente superables) evitando trabajos o costes adicionales innecesarios, al tiempo que se aprovecha el esfuerzo de nuestros antecesores en estas obras, cuyos resultados permanecen si no en estanterías de viejas bibliotecas fuera del uso de la humanidad contemporánea. Con ello no hacemos nada nuevo, pues vemos que es práctica bastante generalizada desde hace años, incluso en obras de bastante mayor calado (de modo casi general en la *Flora de Catalunya*, de Cadevall o la *Flora dels Països Catalans*, de Bolòs y Vigo, o de modo parcial en la *Flora italiana* de Pignatti, la *Flore de l'Afrique du Nord* de Maire, etc.).

— *Fuentes empleadas para las ilustraciones.* A tal efecto, podemos señalar aquí que hemos partido de poco más de un centenar de ilustraciones propias, muchas de las cuales salieron como originales en las antes aludidas *Claves para la flora de la provincia de Teruel* (Mateo, 1992. Sobre todo las imágenes para síntesis de familias), a las que añadir las cuidadas láminas de especie que encargamos como trabajo docente a nuestro ex-alumno J.M. Esteve a mediados de los años 90. De las imágenes extraídas de la bibliografía pública destaca con gran diferencia por encima del resto las sacadas de la *Flore descriptive et illustrée de la France* (H.J. Coste, 1900-1906), y en menor medida de las siguientes otras obras, que podemos enumerar por orden de autores:

- Boissier, E. (1839-1845) *Voyage botanique dans le midi de l'Espagne*
- Cadevall, J. (1913-1937) *Flora de Catalunya*
- Cavanilles, A.J. (1791-1801) *Icones et descriptiones plantarum*
- Coincy, A. (1893-1901) *Ecloga plantarum hispanicarum*
- Cosson, E.S.C. (1882-1897) *Illustrationes florae atlanticae*
- De Candolle, A.P. (1808) *Icones plantarum Galliae rariorum*
- Desfontaines, R.L. (1798-1799) *Flora atlantica*
- Hoffmannsegg, J.C. y J.H.F. Link, (1809-1840) *Flore portugaise*
- Host, N.T. (1827-1831) *Flora austriaca*
- Jacquin, N.J. von (1781-1793) *Icones plantarum rariorum*
- Laguna, M. (1883-1890) *Flora forestal española*
- Lange, J. (1864) *Descriptio iconibus illustrata plantarum novarum*
- Moore, T. (1855-1856) *The ferns of Great Britain and Ireland*
- Redouté, P.J. (1800-1819) *Les Liliacées*
- Reichenbach, H.G. (1834-1914) *Icones florae germanicae et helveticae*
- Sampaio, G.A. (1909-1914) *Manual da flora portuguesa*
- Tomé, O.W. (1885) *Flora von Deutschland, Österreich und der Schweiz*
- Willkomm, M. (1852-1862) *Icones et descriptiones plantarum novarum*.

De las obras modernas, solamente hemos entresacado unas cuantas imágenes de las *Claves ilustradas de la flora del País Vasco y territorios limítrofes* (I. Aizpuru y otros, 1999), de la que los autores nos cedieron permiso para ello; aunque, pese a su espléndida factura, nos son difíciles de usar por su sistema tan diferente de presentación, en el que las especies van entremezcladas.

2. Aspectos prácticos

Esta obra constituye una guía para la identificación de las principales plantas vasculares de las que se tiene constancia de su presencia en el territorio correspondiente al Sistema Ibérico Oriental, básicamente las provincias de Castellón, Teruel, Valencia, Cuenca y zona periférica. Rechazando ambigüedades en lo territorial, se puede concretar que el territorio quedaría enmarcado en los siguientes límites (véase mapa adjuntoen página 12): primero una línea ascendente (hacia el NO) marcada por el Ebro, que representaría la frontera norte desde su tramo inferior (excluido el Delta) hasta que a él accede el río Jalón. En dicha zona (prox. de Alagón, Zaragoza) giramos 90° hacia el SO hasta la desembocadura del río Mesa (prox. de Ateca, Zaragoza). Continuamos por dicho río hasta su origen, cerca de Mazarete (Guadalajara), de donde cambiamos de cuenca para entrar en la del Tajo por el valle del Tajuña (prox. de Maranchón, Guadalajara). Seguimos esta dirección –por el mismo río y provincia– hasta la localidad de Brihuega, de donde podemos saltar a la de Pastrana para acceder a la cuenca directa del Tajo. No por mucho tiempo, ya que éste se va a alejar del Sistema Ibérico para adentrarse en la provincia de Madrid. Antes de ello descendemos en dirección al sur para entrar en la provincia de Cuenca por la zona de Tarancón. Luego seguimos hacia el sur y sureste usando como límite la divisoria provincial entre Cuenca y Albacete, hasta llegar a las proximidades del valle del Júcar, donde abandonamos Cuenca y quedamos en Albacete, incluyendo de ella el no muy extenso territorio que atraviesa el río entre La Roda y Alcalá del Júcar –junto a los montes contiguos de Alpera, Carcelén y Almansa– antes de entrar en la provincia de Valencia. Una vez en esta última provincia empleamos como frontera sur su límite con la de Alicante.

Es un territorio amplio, con grandes diferencias climáticas, orográficas, etc., que se puede subdividir de modo sencillo en las diez unidades siguientes, con las abreviaturas que se usarán en el texto:

1. **Bajo Aragón-Ribera del Ebro**: llanuras y bajas montañas del norte, en pleno valle del Ebro, aproximadamente entre Gandesa y La Almunia de Doña Godina (**Ebr**).

2. **Jiloca**: Montes y altiplanos desde Teruel a Calatayud, incluyendo el valle del Alfambra hasta Orrios, la cuenca de Gallocanta, la Sierra Menera, los valles del Mesa y Piedra, la Sierra de Vicort y los montes de Herrera y Cucalón (**Jil**).

3. **Montes Universales-Alto Tajo**: Montes Universales incluyendo la Serranía de Cuenca, Sierra de Albarracín, Sierra de Molina y Alto Tajo de Guadalajara hasta la zona de Ocentejo-Valtablado (**Taj**).

4. **Territorio alcarreño**: resto de los territorios pertenecientes a la provincia de Guadalajara y extremo NO de Cuenca (entre las sierras de Altomira y Bascuñana) (**Alc**).

5. **Territorio manchego**: resto de la provincia de Cuenca, zona interior de la de Albacete e interior de la comarca valenciana de Utiel-Requena (**Man**).

6. **Territorio setabense**: parte meridional de la provincia de Valencia al sur del valle del Turia y zonas cercanas a ésta de la provincia de Albacete (**Set**).

7. **Alto Maestrazgo**: en Teruel, la Sierra de Javalambre y la zona de Gúdar-El Maestrazgo, hasta las sierras de El Pobo y San Just, a lo que añadir el interior de Castellón y el extremo norte de Valencia (Ademuz y Alta Serranía) (**Gud**).

8. **Mijares-Turia**: sierras litorales del norte de Valencia y sur de Castellón (Espadán, Desierto de Las Palmas, Calderona, montes de Liria y gran parte de la comarca de Los Serranos (**Esp**).

9. **Bajo Maestrazgo**: sierras litorales de la mitad septentrional de la provincia de Castellón (**BM**).

10. **Puertos de Beceite**: zona de confluencia de las provincias de Castellón, Teruel y Tarragona, ocupadas por este macizo (**Bec**).

A ellas podemos añadir otra más (**Cos**), para las especies solamente presentes en arenales, saladares o humedales costeros (de modo local o general en la zona).

Las plantas aparecen ordenadas según los tres grandes grupos habitualmente reconocidos dentro de este tipo de plantas superiores: 1° Helechos, 2° Gimnospermas, 3° Angiospermas, y en el tercer grupo se presentan las familias en un único paquete (sin separar los tradicionales grupos de Mono- y Dicotiledóneas, muy devaluados hoy día).

2.1. Claves dicotómicas. Esta obra se presenta al modo habitual en que suele hacerse en otras semejantes, es decir basándose en unas claves dicotómicas para acceder a la identificación más sencilla posible de las especies. Dicotómicas porque siempre se da a elegir entre dos posibilidades diferentes, nunca más. Se parte de lo más general (el conjunto de las plantas vasculares), a lo más particular (las especies concretas), pasando por las estaciones intermedias que representan los grandes grupos, las familias y los grupos de especies cercanas (géneros).

Cada paso de una clave dicotómica se basa en **elegir entre dos posibilidades**, que se presentan a continuación de un número (primera posibilidad) y un guión (segunda posibilidad). Cada elección entre este par de posibilidades se basa en caracteres mutuamente excluyentes: flores blancas o flores rojas, hojas de 2-4 cm u hojas de 5-10 cm, etc.; y va conduciendo a números de esa misma clave hasta que finalmente se llegue a algo expresado no con números sino con palabras (familia, especie, etc.), que irá acompañado de una numeración para facilitar la búsqueda posterior de datos complementarios.

Los **niveles taxonómicos que vamos a manejar son cuatro**, por lo que –al menos teóricamente– para cada identificación deberíamos pasar por cuatro claves.

Todos los grandes grupos tienen varias familias, pero muchas familias sólo tienen un género en nuestro territorio, por lo que habrá casos en los que nos evitamos el tercer paso. Igualmente habrá géneros con una sola especie, por lo que la llegada al género implica ya la llegada a la especie.

Los **tres grandes grupos** se presentan en su orden clásico: primero Helechos, luego Gimnospermas y luego Angiospermas. Cada uno de estos grupos comienza con una clave para acceder a las **familias** de plantas que contiene y tal clave de familias se sigue del listado de estas familias con todo su contenido.

Una vez localizado el nombre de la familia de la planta que estamos estudiando tenemos que buscar el contenido de la misma, para ello se indica la página de la obra donde figuran los **géneros** (o grupos genéricos) de esa familia en esta obra.

Al acudir a la página de la familia vemos que primero se presentan con una breve descripción morfológica y alusión a las especies más conocidas. A continuación se ofrece una clave para acceder a los grupos genéricos que contiene (excepto si sólo hay uno), por el mismo procedimiento por el que hemos accedido a la familia. Una vez conocido el nombre del género que nos interesa, avanzamos dentro de la familia en cuestión para localizarlo, buscando el nombre en el listado alfabético que se presenta, aunque en este caso no se alude a la página, ya que suele estar contigua (se puede buscar apoyándose en el número del género y en su nombre ya que el listado es correlativo para ambas cosas) o bien recurriendo al índice final.

Al llegar al grupo genérico tenemos que buscar la **especie**. Allí encontramos una numeración triple, que incluye el número del 1 al 3 a que pertenece cada uno de los grandes grupos más un segundo número (el de la familia) y un tercero, que corresponde al nivel genérico (el último numerado, ya que las especies no lo están).

Hay que destacar que tal grupo no coincide siempre con el género botánico clásico, sino con el nombre genérico usado en el lenguaje común (por ej.: el género *Juniperus* se desmiembra en los grupos genéricos de "enebros" y "sabinas", mientras que el grupo "culantrillos" incluye los géneros *Asplenium* y *Adiantum*). Su contenido puede ser de una especie –y se indica ésta en la línea siguiente– o de varias, con lo que comienza la clave para separar éstas.

Las claves de cada grupo genérico, como las de las unidades de rango mayor, no acceden a las especies por orden alfabético, sino por semejanza. En los tres niveles anteriores pedían una búsqueda posterior en orden alfabético de las unidades de rango menor, pero al llegar al nivel final esto no es necesario; es decir que según se llegue a la especie con la clave (en el orden de semejanza o parentesco) ya se ha acabado la búsqueda, con el nombre de la especie y las características complementarias que se ofrecen.

Solamente añadir que el nivel de especie no es siempre el último nivel taxonómico de las plantas, habiéndose descrito numerosas **subespecies** presentes en nuestro territorio, pero en esta obra simplificada eludimos su tratamiento, evitando hacer más complicado su contenido.

También es necesario subrayar aquí, como ya hemos comentado anteriormente, que los **nombres vernáculos** aquí empleados intentan reflejar los más habituales en lengua castellana, lo que supone una selección de entre muchos posibles en las especies comunes y la propuesta de neologismos lo más significativos y unívocos posibles en el caso de las especies que, siendo lo suficientemente importantes como para seleccionarlas para esta obra, no disponíamos de un nombre popular.

Al final del libro tenemos un índice completo de nombres vernáculos de especies y familias tanto castellanos, valencianos como latinos.

2.2. Contenidos. Tal como se ha mencionado al aludir a los grupos genéricos, y dado el nivel básico de esta obra, se ha querido dar el mayor peso a la nomenclatura común de las plantas, invirtiendo el sentido habitual de las obras botánicas, de modo que aparece su nombre vernáculo destacado en negrita y el latino a continuación entre paréntesis, con cursiva y en tamaño menor. Esto se aplica a los cuatro niveles taxonómicos aludidos, desde las especies a los grandes grupos.

— Las *familias*. Tal como hemos indicado, dentro de cada uno de los cuatro grandes grupos se enumeran éstas en orden alfabético y con letras mayúsculas, comenzando por unos comentarios sobre sus características generales.

— Los *grupos genéricos* de cada familia van siempre con su nomenclatura común mayoritaria en lengua española, en letra negrita minúscula, seguida a veces (de modo excepcional) por algún otro nombre alternativo en letra menor normal, y –siempre que conocíamos uno con suficiente entidad– de un nombre en lengua valenciana (se utiliza en cerca de un tercio del territorio), en letra normal y subrayado. Estos grupos genéricos irán en plural (pinos, enebros) cuando incluyan varias especies en la obra y en singular (hiedra, tejo), cuando sólo incluyan una. Tras el nombre o nombres comunes se presenta un paréntesis con el **género latino** afectado (a veces un grupo de géneros), en cursiva.

— Las **especies** van aludidas igualmente con uno o dos nombres comunes, siempre en negrita y minúsculas, seguidas de un paréntesis con su nombre latino internacional, sin alusión a los autores del mismo, a diferencia de lo que suele hacerse en obras más especializadas. A veces se alude a un segundo nombre latino, en letra menor y precedida del signo "=", en caso de existir sinónimos (otros nombres válidos para la misma planta), con los que se alude a ellas en otras obras. Tenemos que subrayar que no se han incluido en la obra todas las especies conocidas en este territorio. En aras de una mayor sencillez, para facilitar su uso por personas no familiarizadas con la flora, hemos optado por seleccionar un grupo bastante amplio de especies, donde no falten todas las comunes, a las que hemos añadido las raras de mayor personalidad y fácil identificación, evitando las problemáticas, cuya separación resulta confusa a los mismos especialistas o se basa en caracteres para cuya observación se requeriría material científico especializado, fuera del alcance del gran público.

Esto lo hemos intentado paliar añadiendo en ocasiones, tras la ficha de la especie y entre corchetes, un comentario que remite a alguna especie cercana que hemos eludido introducir en las claves, sobre todo como guiño a personas algo más avanzadas, para las que la selección base de especies pueda quedar algo corta.

Para cada especie se añade a continuación de su nombre una frase breve que incluye:

A) Tamaño de la planta: indicado en intervalos de metros, decímetros o centímetros y referido a las poblaciones observadas en el territorio estudiado.

B) Ambientes ecológicos en los que se presenta, sin palabras abreviadas, especificando los matices necesarios en cada caso pero con lenguaje conciso. En algunos casos algún comentario sobre la variabilidad morfológica interna o las posibles subespecies.

C) Biogeografía. Especificando su área de distribución de forma abreviada, que se concreta (en orden de mayor a menor) a:

— Cosmopolita (**Cosmop.**) o subcosmopolita (**Subcosmop.**)
— Holártica o circumboreal (**Holárt.**)
— Regiones tropicales del Viejo Mundo: Paleotropical (**Paleotrop.**)
— Regiones tropicales del Nuevo Mundo: Neotropical (**Neotrop.**)
— Regiones templadas del norte del Nuevo Mundo: Norteamericana (**Norteamer.**)
— Regiones templadas del Viejo Mundo: Paleotemplada (**Paleotemp.**)
— Regiones templadas de Extremo Oriente: Chinojaponesa (**Chinojap.**)
— Regiones templadas de Asia central: Centroasiática (**Centroas.**)
— Regiones templadas de Asia suroccidental: Iranoturariana (**Iranot.**)
— Regiones templadas de Europa norte y Asia noroccidental: Eurosiberiana: (**Eurosib.**)
— Regiones templadas del sur de Europa y norte de África: Mediterránea (**Medit.**)

Dado que ésta última es la que más nos afecta la matizaremos con alusiones parciales a su zona oeste (**Medit.-occid.**), este (**Medit.-orient.**), sur (**Medit.-merid.**) y norte (**Medit.-sept.**). Si afecta a las cuatro se especificará: **Circun-Medit.** Los endemismos peninsulares se separarán como iberolevantinos (**Iberolev.**), cuando afecten a su mitad oriental o iberoatlánticos (**Iberoatl.**), cuando afecten a su mitad occidental. En ocasiones se emplearán abreviaturas mixtas (ej.: Medit.-Iranot.). Si la especie tiene su centro en una zona pero la excede ampliamente se puede especificar con la partícula **Euri-** (ej. Euri-Medit.-Sept., si excede bastante desde el área mediterránea hacia el norte).

D) Grado de abundancia en la zona: **RR** (muy rara), **R** (rara), **M** (abundancia media), **C** (común) y **CC** (muy común). En las especies más raras, con una distribución limitada a partes muy concretas del amplio territorio seleccionado, se indicará otra abreviatura (tras la última indicada), referida a las diez áreas locales indicadas anteriormente. En todo caso, únicamente se hará cuando su presencia sólo nos conste en una o dos de dichas áreas. Esta abreviatura aparecerá entre paréntesis y sin punto y seguido previo, al ser una matización de este mismo apartado.

2.3. Mapa de situación del área comprendida por esta obra

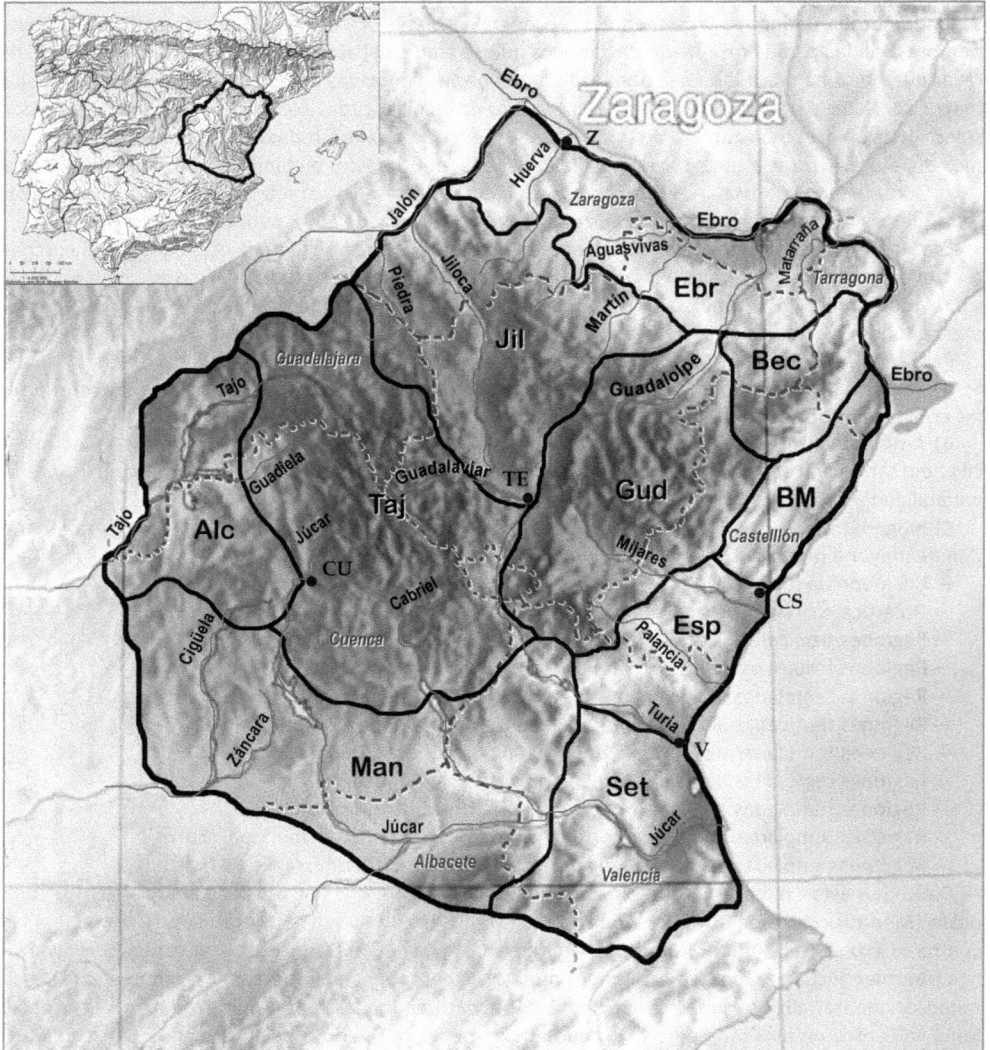

Abreviaturas: **Alc**: territorio alcarreño. **Bec**: Puertos de Beceite. **BM**: Bajo Maestrazgo. **Ebr**: Bajo Aragón-Ribera del Ebro. **Esp**: Mijares-Turia. **Gud**: Alto Maestrazgo. **Jil**: Jiloca. **Man**: territorio manchego. **Set**: territorio setabense. **Taj**: Montes Universales-Alto Tajo.

II. CLAVE GENERAL

1. Plantas herbáceas, sin flores, ni frutos ni semillas. Los ejemplares maduros llevan esporangios, generalmente agrupados, como únicas estructuras reproductoras apreciables ..... 1. **HELECHOS** (p. 13)
— Plantas herbáceas o leñosas, que producen flores, frutos o semillas 2
2. Plantas siempre leñosas, con hojas reducidas (escamosas, acintadas o aciculares), con frecuencia resinosas, sin flores ni frutos, con estructuras reproductoras siempre unisexuales y poco vistosas, las femeninas portadoras de semillas .... 2. **GIMNOSPERMAS** (p. 18)
— Plantas herbáceas o leñosas, con hojas de formas muy variadas. Estructuras reproductoras uni- o bisexuales (flores), con frecuencia vistosas; con un cáliz verde y(o) una corola vistosa, más unos estambres (que forma el polen) y(o) un gineceo formador de óvulos, que se convertirán en frutos y semillas .... 3. **ANGIOSPERMAS** (p. 22)

---

1. HELECHOS (*Pteridophyta*)

Plantas con raíces, tallos y hojas, pero que no forman flores, frutos ni semillas. Sus únicos órganos reproductores son esporangios, generalmente oscuros, que se aprecian en la superficie de las hojas, agrupados en unidades densas (*soros*), a veces cubiertos parcialmente por una escama especial (*indusio*). Suelen verse condicionados por la presencia de agua en el ambiente para su vida, por lo que se les encuentra en medios húmedos o sombreados (bosques, roquedos orientados al norte, arroyos, etc.).

1. Plantas tendidas, con aspecto musgoso. Hojas de pocos mm, dispuestas densamente sobre el tallo (fig. 1) .... **selaginela** (*Selaginella*)
— Plantas erguidas o colgantes, con hojas en roseta basal sobre tierra o en verticilos muy espaciados sobre los tallos 2
2. Hierbas formadas por una hoja de cuyo peciolo surge un limbo doble, con una parte plana estéril y otra cilíndrica (simple o ramificada) fértil, encerrando los esporangios 3
— Sin estos caracteres reunidos 4
3. Parte estéril de la hoja entera. Parte fértil cilíndrica simple (fig. 2) .... **lengua de serpiente** (*Ophioglossum*)
— Parte estéril de la hoja pinnada, la fértil ramificada (fig. 3) .... **lunaria menor** (*Botrychium*)
4. Hojas normales, de varios cm o dm, generalmente muy recortadas, surgiendo de la cepa o de tallos simples. Esporangios dispuestos sobre las hojas, en grupos de color castaño en la madurez 5
— Tallos aéreos bien desarrollados, generalmente ramificados de modo verticilado, que llevan en los nudos grupos de pequeñas hojas soldadas más o menos escamosas. Esporangios en forma de maza o pequeña piña en el extremo de los tallos (fig. 4) .... **equisetos** (*Equisetum*)
5. Hojas que suelen superar 1 m de estatura, surgiendo de un rizoma muy profundo, divididas en unidades situadas en planos diferentes. Los esporangios van en los márgenes de los foliolos de último orden, que se estrechan hacia la punta (fig. 5) .... **helecho común** (*Pteridium*)
— Sin estos caracteres reunidos. Hojas surgiendo de la cepa en forma de roseta 6

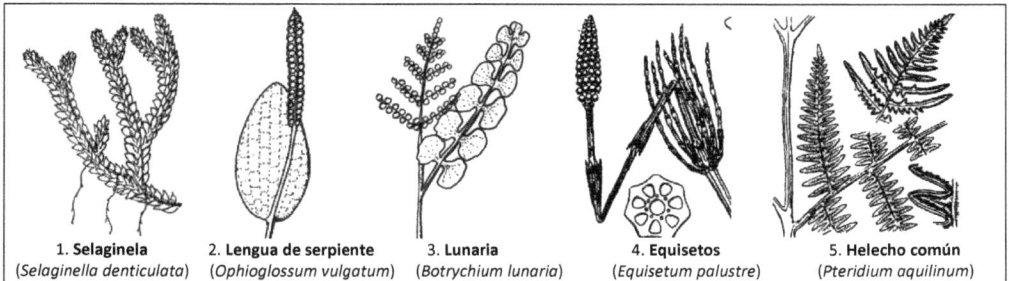

1. Selaginela	2. Lengua de serpiente	3. Lunaria	4. Equisetos	5. Helecho común
(*Selaginella denticulata*)	(*Ophioglossum vulgatum*)	(*Botrychium lunaria*)	(*Equisetum palustre*)	(*Pteridium aquilinum*)

6. Hojas divididas en foliolos simples, regulares y paralelos. Soros perfectamente circulares, de varios mm de lado, sin indusio, dispuestos en filas rectas, una a cada lado del nervio medio del foliolo (fig. 6) .... **polipodio** (*Polypodium*)

— Sin todos estos caracteres reunidos. Soros con frecuencia irregulares o con indusio 7

7. Hojas con el envés densamente cubierto de pelos blanquecinos o escamas plateadas, marrones o rojizas 8

— Hojas con el envés sin pelos o escamas (o éstos poco aparentes) 10

8. Hojas divididas en lóbulos enteros, que se ensanchan en la base hasta contactar con el vecino o casi. Envés provisto de escamas plateadas o marrones (fig. 7) .... **doradilla** (*Ceterach*)

— Sin estos caracteres reunidos. Hojas varias veces divididas 9

9. Hojas cubiertas de pelos lanosos en el envés, no plegadas en el margen (fig. 8) ....
.... **helecho lanoso** (*Cosentinia*)

— Hojas cubiertas de escamas rojizas o ferrugíneas en el envés, plegadas en el margen sobre los soros (fig. 9) .... **helecho ferruginoso** (*Notholaena*)

10. Hojas todas semejantes, con esporangios al madurar 11

— Hojas estériles con pinnas anchas que contactan, mientras que las fértiles (con esporangios) muestran pinnas muy estrechas y separadas (fig. 10a) .... **lonchite** (*Blechnum*)

11. Esporangios dispuestos en el margen de los foliolos y protegidos por un repliegue de los mismos ... 12

— Esporangios dispuestos en el envés, no cubiertos por repliegues foliares 13

12. Foliolos en abanico, algo más anchos que largos. Esporangios dispuestos en unos pocos soros por la parte superior del foliolo (fig. 10b) .... **culantrillos** (*Adiantum*)

— Foliolos enteros, mucho más largos que anchos (unos 4-8 x 0,8-1 cm). Esporangios en largas filas marginales, protegidos por un breve repliegue foliar .... **helecho de arroyo** (*Pteris*)

— Sin estos caracteres reunidos 11

13. Hojas grandes (más de 20 cm), enteras o con un par de lóbulos basales anchas. Soros en largas líneas perfectamente regulares y paralelas (fig. 11) .... **lengua de ciervo** (*Phyllitis*)

– Sin estos caracteres reunidos. Hojas normalmente una o varias veces divididas 14

14. Soros regulares y redondeados 15

— Soros alargados y algo irregulares 19

15. Hierba algo elevada (1/2-1 m) y consistente 16

— Hierba fina, frágil y de baja estatura (fig. 12) .... **helecho frágil** (*Cystopteris*)

16. Foliolos de último orden enteros. Peciolos lisos o con escamas translúcidas y escasas (fig. 13) ....
.... **helecho de pantano** (*Thelypteris*)

— Foliolos de último orden divididos. Peciolos con escamas oscuras 17

17. Peciolo grueso y densamente cubierto de escamas parduzcas. Indusio redondeado 18

— Peciolo fino y poco escamoso. Indusio alargado (fig. 15) .... **helecho hembra** (*Athyrium*)

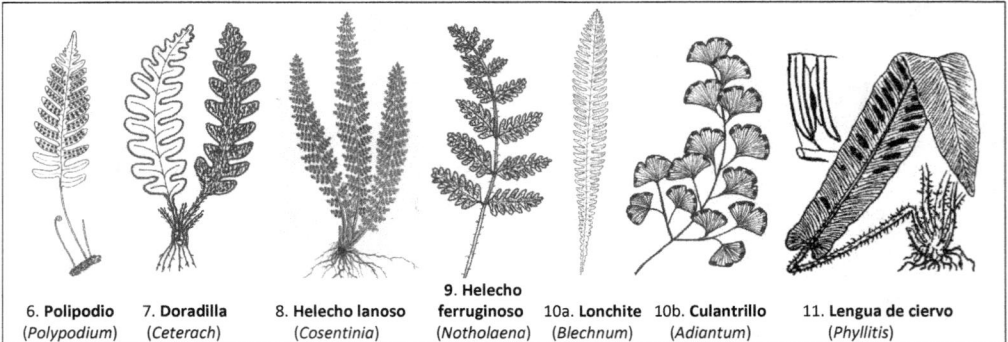

6. **Polipodio** (*Polypodium*)   7. **Doradilla** (*Ceterach*)   8. **Helecho lanoso** (*Cosentinia*)   9. **Helecho ferruginoso** (*Notholaena*)   10a. **Lonchite** (*Blechnum*)   10b. **Culantrillo** (*Adiantum*)   11. **Lengua de ciervo** (*Phyllitis*)

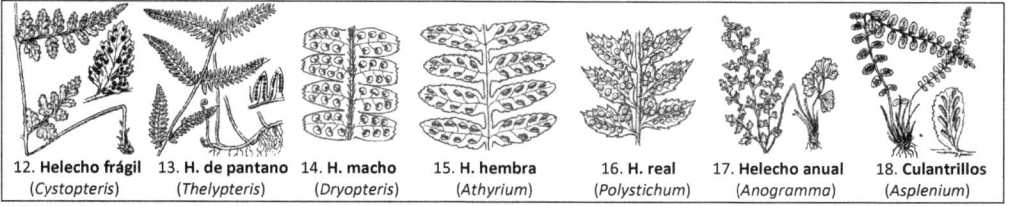

12. Helecho frágil	13. H. de pantano	14. H. macho	15. H. hembra	16. H. real	17. Helecho anual	18. Culantrillos
(Cystopteris)	(Thelypteris)	(Dryopteris)	(Athyrium)	(Polystichum)	(Anogramma)	(Asplenium)

18. Indusio hendido (reniforme). Últimas divisiones foliares obtusas y simétricas (fig. 14) ....
.... 12. **helecho macho** (Dryopteris)
— Indusio entero (circular). Últimas divisiones foliares agudas y asimétricas (fig. 16) ....
.... 13. **helecho real** (Polystichum)
19. Planta anual. Hojas de la roseta dimorfas: las interiores estériles con foliolos estrechos, las exteriores fértiles y con foliolos más anchos (fig. 17) .... 4. **helecho anual** (Anogramma)
— Plantas perennes, con hojas todas semejantes (fig. 18) .... 1. **culantrillos** (Asplenium)

1.1. Culantrillos (Adiantum, Asplenium)

1. Hojas con aspecto de cuerno de ciervo, divididas en unidades largas, estrechas y agudas (fig. 19) .....
.... **culantrillo del norte** (Asplenium septentrionale):
5-20 cm. Roquedos silíceos. Holárt. R. [En medios calizos de montaña tenemos también el rarísimo A. seelosii (= A. celtibericum), con hojas simples o divididas en unas pocas unidades oblongo-elípticas].
— Hojas sin estos caracteres, divididas en foliolos ovados, redondeados, elípticos, etc. 2
2. Foliolos de último orden en forma de abanico. Esporangios dispuestos en los márgenes y cubiertos por un repliegue de la hoja (fig. 20) ....**culantrillo de pozo** (Adiantum capillus-veneris):
1-3 dm. Roquedos y taludes muy húmedos o rezumantes. Cosmop. M.
— Sin estos caracteres reunidos. Grupos de esporangios dispuestos en el envés de las hojas 3
3. Contorno de las hojas más o menos triangular, bastante más ancho en su base, que se estrecha progresivamente hacia arriba 4
— Hojas igual de anchas en toda su longitud o con su mayor anchura hacia el medio, estrechándose hacia la base y hacia el extremo 5
4. Foliolos redondeados. Hojas de pocos cm (fig. 21) .... **ruda de muros** (Asplenium ruta-muraria):
4-12 cm. Grietas de rocas calizas de montaña poco soleadas. Holárt. R.
— Foliolos triangular-alargados. Hojas de ± 1-3 dm (fig. 22) .... **culantrillo negro** (Asplenium onopteris):
1-3 dm. Medios forestales, pedregosos o rocosos, calizos o silíceos, sombreados. Cosmop. M. [Con foliolos más ovado-redondeados, en ambientes rocosos silíceos de montaña, se encuentra el cercano A. adiantum-nigrum].
5. Hojas cubiertas de pequeños pelos glandulosos (fig. 23) ... **culantrillo glanduloso** (Asplenium petrarchae):
3-15 cm. Grietas de roquedos calizos de baja montaña. Medit.-occid. M.
— Hojas sin pelos de ningún tipo 6

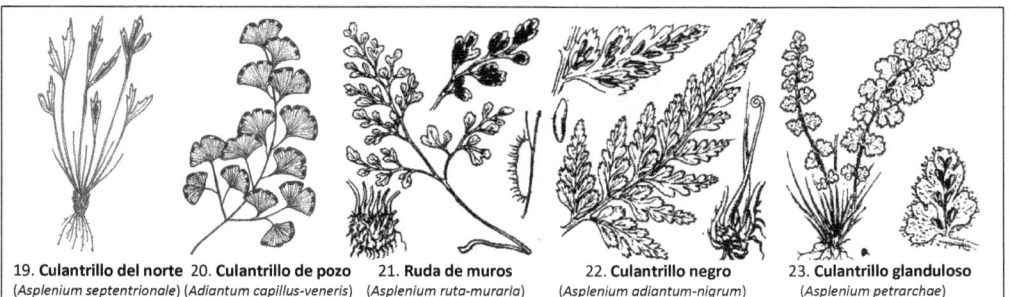

19. Culantrillo del norte	20. Culantrillo de pozo	21. Ruda de muros	22. Culantrillo negro	23. Culantrillo glanduloso
(Asplenium septentrionale)	(Adiantum capillus-veneris)	(Asplenium ruta-muraria)	(Asplenium adiantum-nigrum)	(Asplenium petrarchae)

15

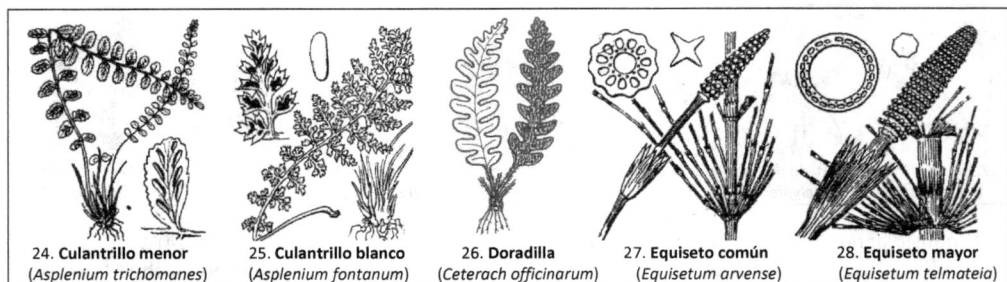

24. Culantrillo menor	25. Culantrillo blanco	26. Doradilla	27. Equiseto común	28. Equiseto mayor
(*Asplenium trichomanes*)	(*Asplenium fontanum*)	(*Ceterach officinarum*)	(*Equisetum arvense*)	(*Equisetum telmateia*)

6. Hojas divididas regularmente en foliolos redondeados u oblongos, algo dentados pero no divididos (fig. 24) .... **culantrillo menor** (*Asplenium trichomanes*): 5-30 cm. Muros, grietas de roquedos y pedregales en medios calizos o silíceos. Cosmop. M. [Con foliolos más divididos y simétricos en la base tenemos el cercano, pero más escaso, *A. csikii* (= *A. trichomanes* subsp. *quadrivalens*)].

— Hojas divididas en segmentos de primer orden que aparecen muy profundamente recortados en otros de segundo orden que tienen el margen dentado (fig. 25) .... **culantrillo blanco** (*Asplenium fontanum*): 3-25 cm. Roquedos calizos poco soleados. Medit.-sept. M. [Dos pariente, bastante más raros, pueden detectarse en la zona: en ambientes calizos de baja altitud *A. majoricum*, que difiere por sus hojas divididas en lóbulos obtusos; en roquedos silíceos de no mucha altitud aparece *A. foreziense*, con foliolos basales no mucho menores que los medios].

1.2. Doradilla, dauradella (*Ceterach officinarum*, Asplenium ceterach): 5-20 cm. Muros y medios rocosos o pedregosos secos de todo tipo. Paleotemp. M. (Fig. 26).

1.3. Equisetos, colas de caballo, cuas de cavall (*Equisetum*)

1. Plantas de dos tipos, unas con tallos fértiles (que surgen a comienzos de primavera, son de color castaño claro, no ramificados y terminados en un grupo mazudo de esporangios) y otras con tallos estériles (de color verde brillante, muy regularmente ramificados en verticilos, y que nunca forman esporangios) 2

— Plantas todas semejantes y fértiles con tallos verdes, más o menos ramificados, algunos de ellos terminados en esporangios 3

2. Tallos verdes finos (cerca de 1-3 mm de espesor) y poco elevados (habitualmente menos de ½ m). Estróbilos de 1-3 cm (fig. 27) .... **equiseto común** (*Equisetum arvense*): 2-5 dm. Medios húmedos y sombreados, sobre todo ribereños. Holoárt. M.

— Tallos verdes gruesos (cerca de 1 cm de espesor) y elevados (alcanzando a veces 1 m o más). Estróbilos de unos 4-6 cm (fig. 28) .... **equiseto mayor** (*Equisetum telmateia*): 5-15 dm. Medios ribereños muy sombreados y húmedos. Holoárt. R.

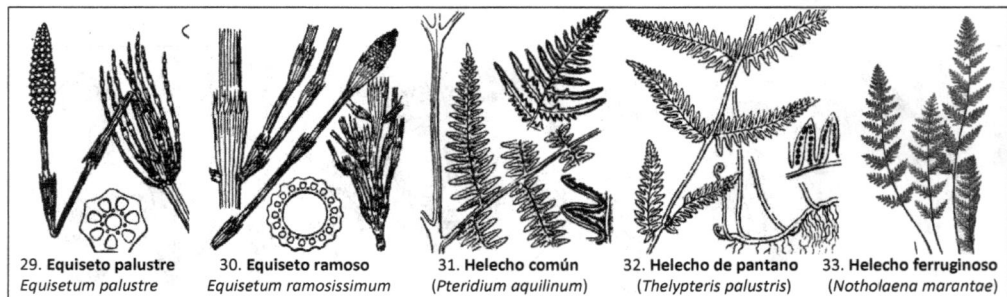

29. Equiseto palustre	30. Equiseto ramoso	31. Helecho común	32. Helecho de pantano	33. Helecho ferruginoso
Equisetum palustre	*Equisetum ramosissimum*	(*Pteridium aquilinum*)	(*Thelypteris palustris*)	(*Notholaena marantae*)

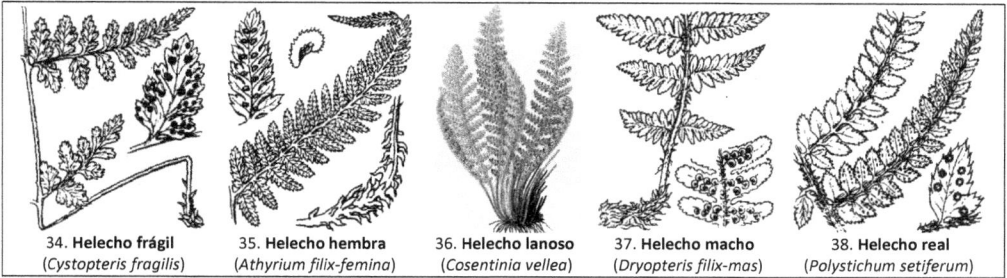

34. Helecho frágil	35. Helecho hembra	36. Helecho lanoso	37. Helecho macho	38. Helecho real
(*Cystopteris fragilis*)	(*Athyrium filix-femina*)	(*Cosentinia vellea*)	(*Dryopteris filix-mas*)	(*Polystichum setiferum*)

3. Tallos surcados por unas 8 estrías longitudinales. Estróbilos de esporangios obtusos (fig. 29) ....
.... **equiseto palustre** (*Equisetum palustre*):
2-5 dm. Márgenes de ríos y arroyos, terrenos inundables permanentemente húmedos. Eurosib. R.
— Tallos surcados por unas 15 estrías. Estróbilos agudos (fig. 30) .... **equiseto ramoso**
(*Equisetum ramosissimum*): 3-7 dm. Campos de regadío, y herbazales húmedos algo alterados. Subcosmop.
C. [Los ejemplares de tallos no ramosos en áreas frescas de montaña se atribuyen al cercano *E. moorei*, cuando la longi-
tud de la vaina común de los verticilos foliares no supera su anchura].

1.4. **Helecho anual** (*Anogramma leptophylla*): 5-15 cm. II-V. Roquedos, muros, taludes umbrosos. Subcosmop. RR (Esp, Set). (Fig. 17).

1.5. **Helecho común**, falguera (*Pteridium aquilinum*): 6-18 dm. Pinares y robledales sobre suelo silíceo y
altos herbazales de sus orlas. Cosmop. R. (Fig. 31).

1.6. **Helecho de arroyo** (*Pteris vittata*): 3-8 dm. III-XI. Arroyos, taludes rezumantes. Subtrop. RR (Set).

1.7. **Helecho de pantano** (*Thelypteris palustris*): 4-12 dm. V-XI. Arroyos, regueros húmedos. Holárt. RR
(Esp, Set). (Fig. 32).

1.8. **Helecho ferruginoso** (*Notholaena marantae*, Cheilanthes marantae): 8-25 cm. IX-VI. Roquedos y pedregales silíceos en zonas de baja altitud. Medit.-Paleotrop. R. (Fig. 33).

1.9. **Helecho frágil** (*Cystopteris fragilis*): 1-4 dm. V-XI. Grietas de roquedos sombreados en áreas frescas de
montaña. Subcosmop. R. (Fig. 34).

1.10. **Helecho hembra**, falguera femella (*Athyrium filix-femina*): 4-10 dm. VI-X. Bosques ribereños de
montaña y regueros húmedos en terreno silíceo. Subcosmop. (Taj, Gud). RR. (Fig. 35).

1.11. **Helecho lanoso** (*Cosentinia vellea*, Notholaena lanuginosa): 4-20 cm. IX-VII. Muros y roquedos en zonas
de baja altitud. Medit.-Paleotrop. R. (Fig. 36).

1.12. **Helecho macho**, falguera mascle (*Dryopteris filix-mas*): 0,5-1 m. Grietas umbrosas de roquedos silíceos. Holárt. R. (Fig. 37).

1.13. **Helecho real** (*Polystichum setiferum*): 4-8 dm. VI-XI. Bosques ribereños, regueros húmedos umbrosos
en zonas no muy elevadas. Medit.-Atlánt. RR (Bec, Esp). (Fig. 38). [En áreas más frías y elevadas se puede detectar
algún ejemplar relicto de *P. aculeatum* (= Aspidium aculeatum), con los segmentos foliares de último orden más obtusos y
contactando con los cercanos].

1.14. **Lengua de ciervo**, llengua de cèrvol (*Phyllitis scolopendrium*, Asplenium scolopendrium): 2-5 dm. I-XII. Roquedos o taludes muy húmedos o umbrosos, zonas algo iluminadas de simas y cuevas. Holárt. RR. (Fig. 39).

1.15. **Lengua de serpiente**, llengua de serp (*Ophioglossum vulgatum*): 5-20 cm. V-VII. Pastizales vivaces y
regueros algo húmedos. Holárt. RR (Gud, Taj). (Fig. 40a). [Los ejemplares más enanos, de 1-5 cm, con hoja estéril
linear-lanceolada, corresponden al no menos escaso *O. lusitanicum* (fig. 40b)].

1.16. **Lonchite** (*Blechnum spicant*): 2-4 dm. VI-XI. Medios muy sombreados y húmedos en áreas de montaña
sobre sustrato silíceo. Holárt. RR (Taj). (Fig. 10a).

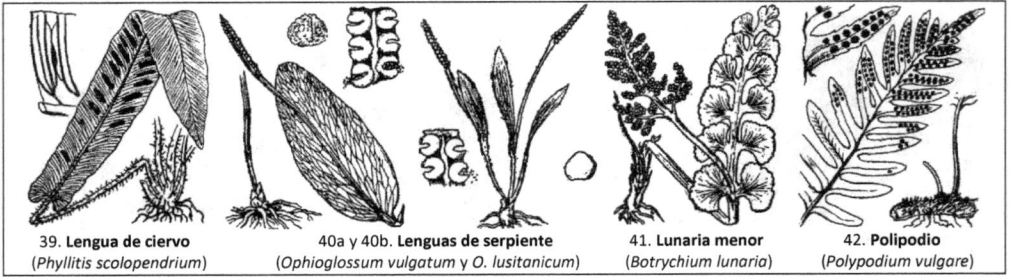

39. Lengua de ciervo	40a y 40b. Lenguas de serpiente	41. Lunaria menor	42. Polipodio
(*Phyllitis scolopendrium*)	(*Ophioglossum vulgatum* y *O. lusitanicum*)	(*Botrychium lunaria*)	(*Polypodium vulgare*)

1.17. Lunaria menor (*Botrychium lunaria*): 5-15 cm. V-VII. Prados vivaces húmedos en áreas frescas de montaña. Subcosmop. RR. (Fig. 41).

1.18. Polipodio, polipodi (*Polypodium cambricum*, *P. australe*): 1-3 dm. Muros, grietas y repisas de rocas sombreadas, sobre todo tipo de sustratos. Medit.-occid.-Atlánt. M. [En ambientes silíceos de cierta altitud se ve sustituido por su congénere, más escaso y menos termófilo, *P. vulgare* (fig. 42)].

1.19. Selaginela denticulada (*Selaginella denticulata*): 2-15 cm. Taludes y claros forestales en zonas húmedas de baja altitud. Circun-Medit. R (Esp, Set). (Fig. 1).

2. GIMNOSPERMAS (*Gymnospermae*)

En este segundo gran grupo de plantas vasculares encontramos árboles y arbustos, generalmente resinosos, con hojas aciculares o escamosas, reducidas y coriáceas. No aparecen flores sino más bien fructificaciones cónicas o esféricas unisexuales (*estróbilos*), que forman polen las masculinas o semillas las femeninas, siendo éstas últimas raras veces solitarias y blandas (tejo) pero habitualmente agrupadas y duras (pino, ciprés).

1. Semillas producidas en piñas: estructuras leñosas, alargadas, con numerosas escamas du-ras, verdes y cerradas en la etapa inmadura, de color castaño al madurar, momento en que se abren y liberan las semillas. Hojas en acículas alargada (fig. 43) .... 3. **Pináceas** (pág. 20)
— Semillas en estructuras esféricas, a veces carnosas, no dispuestas en piñas alargadas. Hojas escamosas, acintadas o en cortas agujas 2
2. Bajos arbustos con tallos verdes que parecen no llevar hojas (fig. 44) .... 2. **Efedráceas** (pág. 20)
— Árboles o arbustos de tamaños variados, con tallos no verdes claramente provistos de hojas verdes .. 3
3. Hojas escamosas o en acículas cortas y rígidas. Fructificaciones de tonos azulados o cas-taños, conteniendo varias semillas (figs. 45, 46) .... 1. **Cupresáceas** (pág. 19)
— Hojas acintadas, algo alargadas y no muy rígidas. Fructificaciones de color rojo vivo, conteniendo una sola semilla (fig. 47) .... 4. **Taxáceas** (pág. 21)

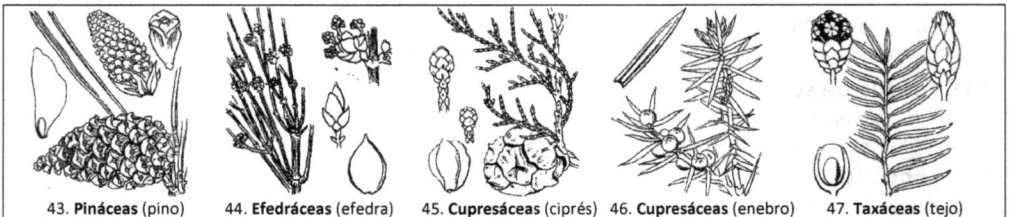

43. Pináceas (pino)	44. Efedráceas (efedra)	45. Cupresáceas (ciprés)	46. Cupresáceas (enebro)	47. Taxáceas (tejo)

2.1. Fam. CUPRESÁCEAS (*Cupressaceae*)

Árboles y arbustos con hojas bastante reducidas (aciculares cortas o escamosas). Forman estructuras reproductoras unisexuales, siendo las masculinas pequeñas y efímeras pero las femeninas persistentes y aparentes, a veces coloreadas, algo carnosas y no dehiscentes (ej. enebro) o bien parduzcas, leñosas y dehiscentes (ej. ciprés).

1. Árboles estrechos y alargados. Hojas siempre escamosas. Fructificaciones leñosas y gruesas (2-4 cm), que se abren en la madurez (fig. 45) .... 1. **ciprés** (*Cupressus*)
— Árboles o arbustos de aspectos variados. Hojas escamosas o aciculares. Fructificaciones finas (cerca de 1 cm), relativamente blandas, que caen sin abrirse al madurar 2
2. Hojas opuestas, escamosas, de uno o pocos mm de longitud (fig. 50, 51) .... 3. **sabinas** (*Juniperus-2*)
— Hojas verticiladas por tres en cada nudo, aciculares, de 1-3 cm (fig. 46) .... 2. **enebros** (*Juniperus-1*)

    2.1.1. Ciprés común, xiprer (*Cupressus sempervirens*): 3-20 m. III-V. Cultivado como ornamental en las poblaciones y también en senderos, fuentes, merenderos, etc. Medit.-orient. R. (Fig. 45). [Bastante extendido, como cultivado o introducido en caminos y áreas de recreo, el **ciprés de Arizona** (*Cupressus arizonica*)].

    2.1.2. Enebros, ginebres (*Juniperus*, parte)
1. Hojas densas y punzantes, con una sola banda blanca en el medio. Fructificaciones maduras azuladas (fig. 48) .... **enebro común**
(*Juniperus communis*): 1-3 m. IV-VI. Bosques y matorrales en ambientes frescos de montaña. Holárt. M.
— Hojas laxas y poco punzantes, con dos bandas blancas estrechas, una a cada lado del nervio medio. Fructificaciones maduras de color pardo-rojizo (fig. 49) .... **enebro de la miera**
(*Juniperus oxycedrus*): 5-25 dm. III-VI. Matorrales secos y despejados a baja altitud. Circun-Medit. C.

    2.1.3. Sabinas, savines (*Juniperus*, parte)
1. Árboles que se elevan varios metros y alcanzan gran espesor en su tronco. Hojas agudas en su extremo. Fructificaciones maduras azuladas (fig. 51a) .... **sabina albar**
(*Juniperus thurifera*): 2-15 m. IV-VI. Bosques secos y poco densos sobre suelo calizo. Medit.-occid. R.
— Arbustos poco elevados, de tronco no muy grueso, Hojas obtusas 2
4. Arbusto no muy elevado pero erguido. Fructificaciones de color pardo-rojizo (fig. 50) ....
.... **sabina negral** (*Juniperus phoenicea*):
0,5-2 m. IV-VI. Terrenos calizos abruptos o rocosos con suelo escaso. Circun-Medit. C.
— Arbustos con tallo a veces alargado, pero con las ramas tendidas sobre el suelo. Fructificaciones maduras de tono azulado (fig. 51b) .... **sabina rastrera** (*Juniperus sabina*):
2-15 dm. IV-VI. Bosques y matorrales secos variados, sobre todo en terrenos calizos. Medit.-sept. R.

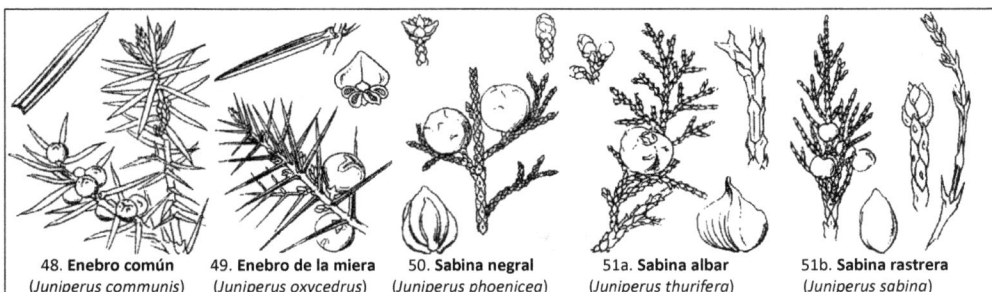

48. **Enebro común**	49. **Enebro de la miera**	50. **Sabina negral**	51a. **Sabina albar**	51b. **Sabina rastrera**
(*Juniperus communis*)	(*Juniperus oxycedrus*)	(*Juniperus phoenicea*)	(*Juniperus thurifera*)	(*Juniperus sabina*)

2.2. Fam. EFEDRÁCEAS (*Ephedraceae*)

Una familia muy atípica dentro de las gimnospermas pero con aspectos que le acercan a las plantas con flor. Son arbustos de tallos verdes y hojas atrofiadas, con ramas más o menos verticiladas, que forman fructificaciones unisexuales, siendo las femeninas vistosas, carnosas y coloreadas (rojizas), aunque tóxicas. Siempre se presen-tan en medios secos, siendo su mayor afinidad hacia ambientes esteparios.

2.2.1. Efedras, èfedres (*Ephedra*)

1. Planta de baja estatura (1-5 dm). Ramas de último orden con cerca de 1 mm de grosor, provistas de hojas blanquecinas (fig. 53) .... **uva marina** (*Ephedra distachya,*
E. vulgaris): 1-4 dm. IV-VI. Arenales costeros y matorrales secos interiores. Medit.-Iranotur. R. [Más rara, también *E. fragilis*, con ramas de unos 2 mm de grosor, de tonalidad glauca o grisácea, en medios áridos o esteparios].
— Planta de mediana estatura (4-10 dm). Ramas de último orden con cerca de ½ mm de grosor, provistas de hojas parduzcas (fig. 52) .... **efedra común** (*Ephedra nebrodensis,*
E. scoparia): 4-15 dm. IV-VI. Terrenos calizos secos en ambientes esteparios. Circun-Medit. R.

2.3. Fam. PINÁCEAS (*Pinaceae*)

Plantas siempre leñosas y de porte arbóreo, con hojas aciculares alargadas y estructuras reproductoras unisexuales, siendo las femeninas las más aparentes y duraderas, que suelen estructurarse en piñas (conos) más o menos endurecidas. Al madurar liberan sus numerosas semillas, que suelen se aladas para ser transportadas por el viento. En nuestro hemisferio está representada por numerosas especies de pinos, cedros, abetos, etc.; aunque en esta zona sólo los pinos son autóctonos.

2.3.1. Pinos, pins (*Pinus*)

1. Semillas grandes y no aladas, de 1-2 cm de longitud. Piñas de anchura semejante a la longitud. Porte adulto cónico invertido (fig. 54) .... **pino piñonero**
(*Pinus pinea*): 5-30 m. III-V. Pinares sobre terrenos arenosos, con frecuencia costeros. Circun-Medit. R.
— Sin estos caracteres reunidos 2
2. Hojas y piñas pudiendo alcanzar más de 1 dm. Hojas con unos 2 mm de anchura. Piñas con escamas terminadas en punta aguda (fig. 55) .... **pino rodeno** (*Pinus pinaster*):
5-30 m. III-VI. Bosques sobre suelo arenoso silíceo en zonas de media y baja montaña. Medit.-occid. M.
— Hojas o piñas con menos de 1 dm. Las primeras con cerca de 1 mm de anchura y las segundas con escamas obtusas 3
3. Tallos adultos con la superficie externa de tonalidades anaranjadas. Hojas y piñas de unos 3-5 cm (fig. 56) .... **pino albar** (*Pinus sylvestris*): 5-30 m. V-VII. Bosques puros o masas mixtas con otros pinos o bien árboles de hojas caduca, en áreas calizas o silíceas de cierta altitud. Eurosib. R.
— Tallos adultos de corteza cenicienta o plateada. Hojas y/o piñas mayores 4
4. Piñas de unos 6-8 cm, claramente pedunculadas. Hojas muy finas, con menos de 1 mm de anchura (fig. 57) .... **pino carrasco** (*Pinus halepensis*):

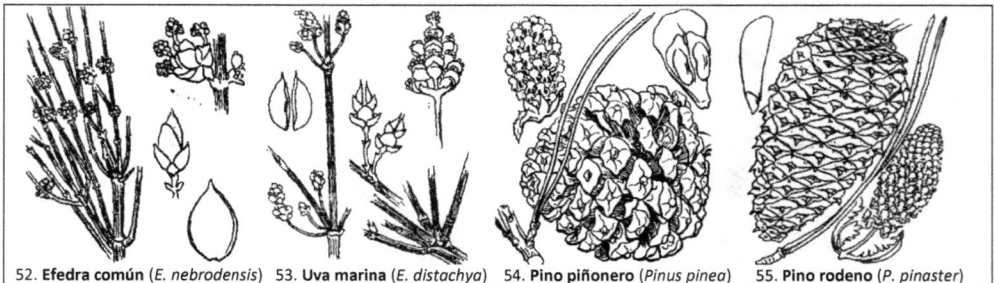

52. **Efedra común** (*E. nebrodensis*)   53. **Uva marina** (*E. distachya*)   54. **Pino piñonero** (*Pinus pinea*)   55. **Pino rodeno** (*P. pinaster*)

3-20 m. II-V. Pinares y bosques mixtos, en áreas secas de altitud moderada. Circun-Medit. C.

— Piñas menores, sentadas. Hojas con más de 1 mm de espesor) (fig. 58) .... **pino negral** (*Pinus nigra* subsp. *salzmannii*): 5-30 m. IV-VI. Bosques de montaña sobre terrenos calizos. Medit.-sept. M.

2.4. Fam. TAXÁCEAS (*Taxaceae*)

Pequeña familia relicta, de la que quedan en la actualidad muy pocos representantes vivos. En nuestro país se concreta sólo al tejo, que ya es planta rara y de presencia escasa en casi todas sus localidades. Las hojas son acintadas y las estructuras reproductoras son unisexuales, pero las femeninas no se reúnen en conos sino que son solitarias y dan lugar a semillas coloreadas y jugosas en la madurez, pero de contenido tóxico.

2.4.1. **Tejo**, teix (*Taxus baccata*): 2-10 m. IV-V. Ejemplares aislados en bosques de umbría por las áreas elevadas. Eurosib. R. (Fig. 59).

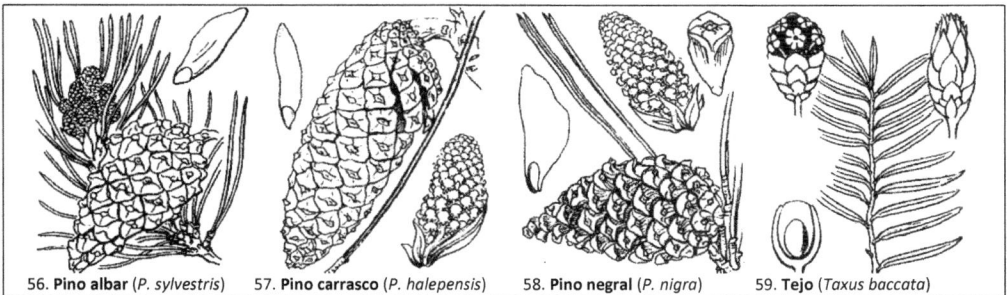

56. **Pino albar** (*P. sylvestris*)   57. **Pino carrasco** (*P. halepensis*)   58. **Pino negral** (*P. nigra*)   59. **Tejo** (*Taxus baccata*)

21

3. ANGIOSPERMAS (*Angiospermae*)

Este es el grupo de plantas más avanzado, que incluye las que presentan flores y frutos típicos, aunque a veces estén muy atrofiados y no resulten nada atractivos ni llamativos. Comprende más del 90 % de las especies de flora vascular del planeta y también de la zona estudiada. Tradicionalmente se solían agrupar en dos grandes grupos, Mono- y Dicotiledóneas, pero aquí van a presentarse intercalados, pues cada vez resulta más difícil concretar sus verdaderos límites.

1. Plantas adultas con todas sus partes aéreas blancas, amarillentas o de colores rojizos, castaños, violáceos, etc., pero no verdes (sin clorofila, de vida no autótrofa) (figs. 60-63) .... **Gr. 1**
— Plantas autótrofas con clorofila, con tallos (o) y hojas verdes .... **Gr. 2**

Gr. 1 (plantas heterótrofas no verdes)

1. Plantas trepadoras, muy ramosas, que rodean y envuelven a otras plantas, no enraizadas en tierra (fig. 60) .... 26. **Convolvuláceas (cúscutas)** (p. 103)
— Plantas enraizadas en tierra 2
2. Plantas muy bajas, de sólo 1-5 cm de altura. Flores unisexuales, sin cáliz, con pétalos iguales (fig. 61) .... 77. **Raflesiáceas** (p. 211)
— Plantas que suelen elevarse más. Flores bisexuales, con cáliz y con pétalos desiguales 3
3. Corola con 5 pétalos, que se sueldan en un tubo más o menos curvado y abierto por arriba (fig. 62) .... 61. **Orobancáceas** (p. 195)
— Corola con 6 piezas libres dispuestas en dos verticilos (fig. 63) .... 62. **Orquidáceas** (p. 195)

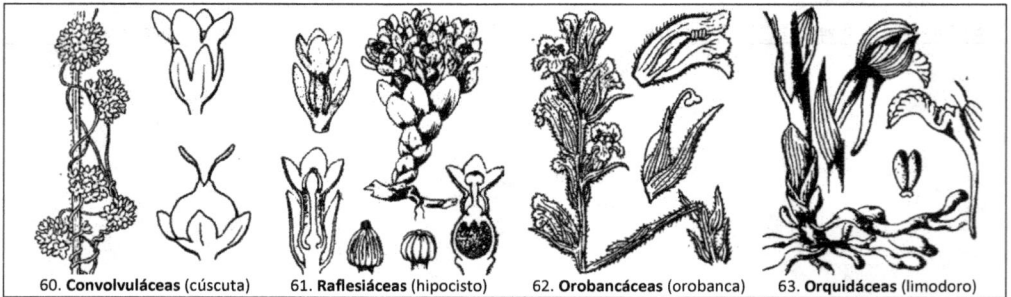

| 60. **Convolvuláceas** (cúscuta) | 61. **Raflesiáceas** (hipocisto) | 62. **Orobancáceas** (orobanca) | 63. **Orquidáceas** (limodoro) |

Gr. 2 (plantas verdes autótrofas)

1. Plantas acuáticas, con tallos y hojas completamente sumergidos o flotantes. Flores sumergidas o emergidas, sin pétalos y no vistosas (suelen semejar algas) (fig. 64) .... **Gr. 2a**
— Sin estos caracteres reunidos 2
2. Flores individuales de las inflorescencias con perianto simple (es decir: faltan el cáliz o la corola o bien están formados por piezas más o menos iguales) o nulo 3
— Flores individuales (no confundir con inflorescencias condensadas) con perianto doble, es decir con cáliz y corola diferenciables 4
3. Flores reducidas, poco vistosas, sin pétalos o con todas las piezas florales verdosas o de tonalidad acastañada (fig. 65) .... **Gr. 3**
— Flores con una corola vistosa coloreada (a veces muy reducida en tamaño) .... **Gr. 4**
4. Flores con todos sus pétalos soldados, al menos en su base, formando un anillo continuo que suele proseguir en un tubo más o menos alargado, el cual suele terminar en lóbulos independientes, aunque a veces falta ese tubo y los lóbulos se independizan desde la base (fig. 66) .... **Gr. 5**
— Flores con los pétalos completamente libres entre sí en la base (al menos algunos), aunque puedan mostrarse algo concrescentes por encima de ella .... **Gr. 6**

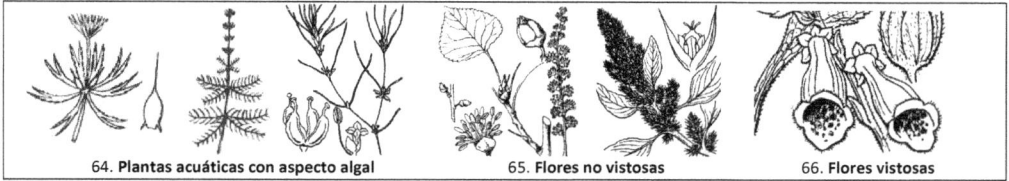

| 64. Plantas acuáticas con aspecto algal | 65. Flores no vistosas | 66. Flores vistosas |

Gr. 2a (acuáticas con aspecto algal)

1. Plantas enraizadas, que suelen superan 10 cm 2
— Plantas flotadoras, formadas por pequeñas unidades agrupadas, cada una con menos de 1 cm (fig. 67) .... 51. **Lemnáceas** (p. 185)
2. Hojas enteras, sumergidas o flotantes 3
— Hojas divididas en segmentos lineares, siempre sumergidas 4
3. Flores dispuestas en espigas emergidas, con 4 sépalos y 4 estambres. Hojas de acintadas a elípticas u ovadas (fig. 68) .... 73. **Potamogetonáceas** (p. 206)
— Flores solitarias y sumergidas. Hojas lineares (fig. 69) .... 101. **Zaniqueliáceas** (p. 246)
4. Hojas firmes y rígidas, que mantienen su forma al sacarlas del agua. Flores sumergidas (fig. 70) ....22. **Ceratofiláceas** (p. 64)
— Hojas muy blandas y tenues, que no se sostienen por sí mismas fuera del agua. Flores en espigas emergidas (fig. 71) .... 56. **Miriofiláceas** (p. 191)

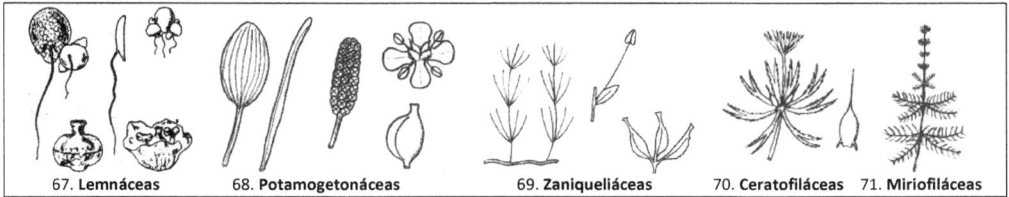

| 67. Lemnáceas | 68. Potamogetonáceas | 69. Zaniqueliáceas | 70. Ceratofiláceas | 71. Miriofiláceas |

Gr. 3 (flores con perianto simple calicino o nulo)

1. Hojas graminiformes (estrechas y alargadas), lineares o acintadas, sentadas o envainadoras. Flores habitualmente con 1-3 piezas por verticilo .... **Gr. 3a**
— Sin estos caracteres reunidos 2
2. Árboles o arbustos (o plantas trepadoras leñosas) consistentes y elevados, al menos en los ejemplares adultos 3
— Plantas herbáceas o sólo lignificadas en la base 15
3. Flores unisexuales, al menos las masculinas en amentos colgantes. Frutos siempre secos (fig. 72) .... **Gr. 3b (leñosas amentíferas)**
— Flores no dispuestas en amentos, uni- o bisexuales. Frutos secos o carnosos 6
6. Plantas trepadoras mediante cortas pero abundantes raicillas. Flores en umbelas. Frutos carnosos (fig. 73) .... 10. **Araliáceas** (p. 42)
— Sin estos caracteres reunidos 7

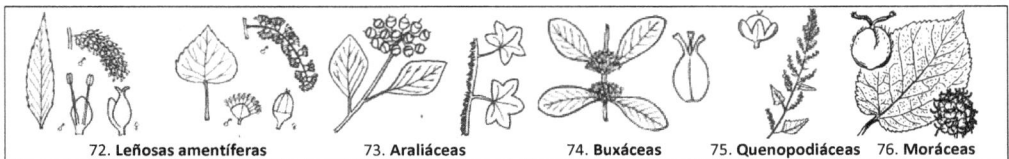

| 72. Leñosas amentíferas | 73. Araliáceas | 74. Buxáceas | 75. Quenopodiáceas | 76. Moráceas |

23

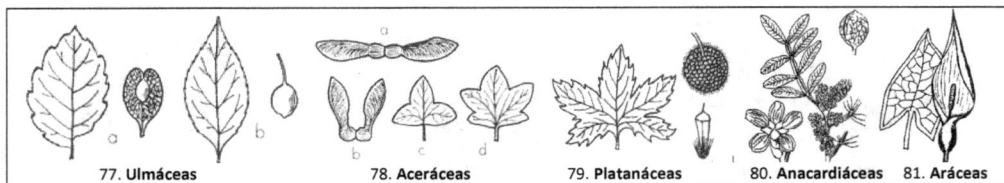

77. Ulmáceas   78. Aceráceas   79. Platanáceas   80. Anacardiáceas   81. Aráceas

7. Hojas simples y enteras en el margen 8
— Hojas dentadas, lobuladas o compuestas 9
8. Hojas coriáceas, verdes y glabras. Frutos en caja polisperma (fig. 74) .... 16. **Buxáceas** (p. 49)
— Hojas con otras características. Frutos monospermos (fig. 75) .... 76. **Quenopodiáceas** (p. 209)
9. Árboles caducifolios con frutos carnosos comestibles (higos o moras) sin hueso y con numerosas semillas (fig. 76) .... 58. **Moráceas** (p. 192)
— Sin estos caracteres reunidos 10
10. Hojas simples dentadas en el margen (fig. 77) .... 92. **Ulmáceas** (p. 233)
— Hojas más o menos profundamente lobuladas o compuestas 11
11. Frutos muy ligeros, secos y alados (sámaras) 12
— Frutos no alados 13
12. Hojas pinnadamente divididas en foliolos independientes. Flores con 2 estambres. Frutos en sámara simple .... 59. **Oleáceas** (p. 192)
— Hojas palmeadamente lobuladas. Estambres 8. Frutos formados por dos sámaras contiguas (fig. 78) .... 1. **Aceráceas** (p. 36)
13. Hojas palmeadamente lobuladas (lóbulos soldados por su parte inferior). Inflorescencias esféricas colgantes (fig. 79) .... 68. **Platanáceas** (p. 202)
— Hojas pinnadamente divididas en foliolos independientes 14
14. Árboles de gran porte. Frutos en grandes legumbres alargadas, marrones y colgantes (algarrobas) .... 50. **Leguminosas** (p. 166)
— Arbustos, a veces algo elevados. Frutos esféricos y rojizos (fig. 80) .... 6. **Anacardiáceas** (p. 40)
15. Flores unisexuales e inaparentes, dispuestas en espádices (a modo de espigas engrosadas cubiertas por una bráctea vistosa o espata) (fig. 81) .... 9. **Aráceas** (p. 41)
— Sin estos caracteres reunidos 16
16. Hojas palmeadamente divididas o lobuladas 17
— Hojas enteras o pinnadamente divididas 18
17. Flores verdosas, pero grandes y algo vistosas. Frutos en polifolículo ..... 79. **Ranunculáceas** (p. 212)
— Flores pequeñas y nada vistosas. Frutos en aquenio (fig. 82) .... 19. **Cannabáceas** (p. 52)
18. Hojas pinnadamente divididas en foliolos dentados. Flores unisexuales, las de ambos sexos reunidas en glomérulos mixtos esféricos (fig. 83) .... 81. **Rosáceas** (p. 217)
— Sin estos caracteres reunidos. Hojas enteras 19
19. Gineceo uniovulado. Frutos monospermos 20
— Gineceo pluriovulado. Frutos polispermos 26

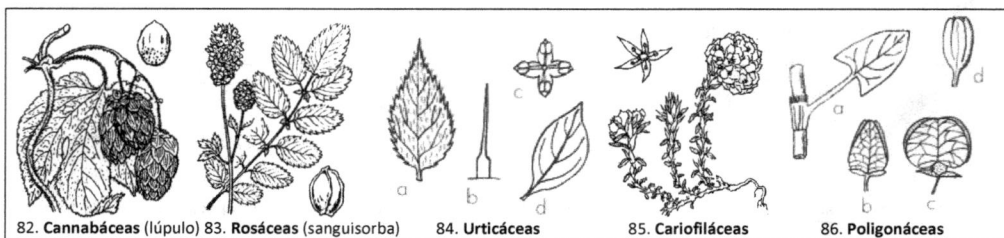

82. **Cannabáceas** (lúpulo) 83. **Rosáceas** (sanguisorba)   84. **Urticáceas**   85. **Cariofiláceas**   86. **Poligonáceas**

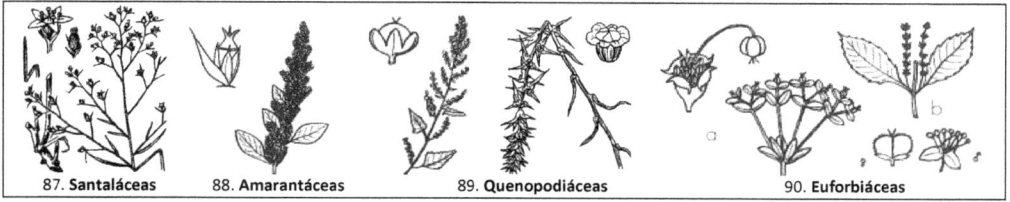

87. **Santaláceas**   88. **Amarantáceas**   89. **Quenopodiáceas**   90. **Euforbiáceas**

20. Flores tetrámeras. Estambres con filamentos gruesos y estriados transversalmente, doblados hacia el interior que se desdoblan bruscamente al madurar. Hojas con pelos ásperos o urticantes (fig. 84) .... 94. **Urticáceas** (p. 242)
— Sin estos caracteres reunidos 21
21. Hojas opuestas 22
— Hojas alternas 23
22. Hojas crasas o muy atrofiadas .... 76. **Quenopodiáceas** (p. 209)
— Hojas no carnosas pero bien desarrolladas (fig. 85) .... 21. **Cariofiláceas** (p. 54)
23. Gineceo ínfero (fig. 87) .... 85. **Santaláceas** (p. 227)
— Gineceo súpero 24
24. Hojas con una vaina hialina o marrón (ócrea) en su base rodeando al tallo. Frutos y (o) semillas aplanados o aplanado-trígonos (fig. 86) .... 71. **Poligonáceas** (p. 204)
— Hojas sin ócrea. Frutos normalmente esferoidales o elipsoidales, no aplanado 25
25. Brácteas y sépalos alargados y terminados en punta aguda. Frutos habitualmente más largos que anchos (fig. 88) .... 4. **Amarantáceas** (p. 38)
— Brácteas y sépalos reducidos, no puntiagudos. Frutos poco aparentes, habitualmente más anchos que largos (fig. 89) .... 76. **Quenopodiáceas** (p. 209)
26. Frutos externamente divididos en 2-3 unidades, cada una con una semilla que ocupa casi todo su interior (fig. 90) .... 38. **Euforbiáceas** (p. 130)
— Frutos de una pieza y(o) semillas bastante menores que las cavidades 27
27. Hojas muy divididas. Estambres 4-6. Gineceo con estilo simple .... 30. **Crucíferas** (p. 106)
— Sin estos caracteres reunidos. Hojas enteras .... 21. **Cariofiláceas** (p. 54)

Gr. 3a (plantas juncoides y graminoides)
1. Flores poco vistosas pero bien individualizadas y completas, con 3+3 piezas periánticas, 3+3 estambres y gineceo soldado con 3 cavidades y 3 estigmas (fig. 91) .... 47. **Juncáceas** (p. 155)
— Sin estos caracteres reunidos 2
2. Plantas robustas y elevadas, con una inflorescencia femenina cilíndrica muy compacta, gruesa y perdurante, seguida de otra masculina más fina y caduca (fig. 92) .... 89. **Tifáceas** (p. 231)
— Sin estos caracteres reunidos 3
3. Inflorescencias masculinas y femeninas separadas, siendo ambas esféricas, las segundas con más de 1 cm de anchura (fig. 93) .... 37. **Esparganiáceas** (p. 130)
— Sin estos caracteres reunidos 4

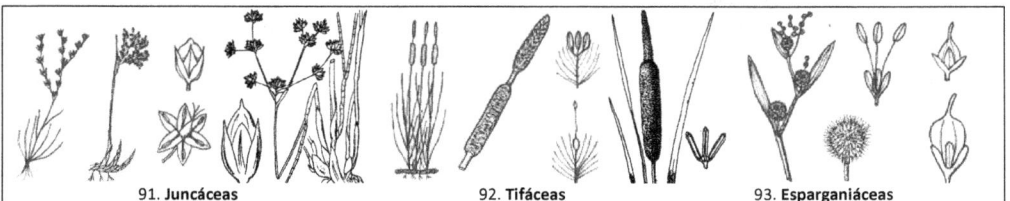

91. **Juncáceas**   92. **Tifáceas**   93. **Esparganiáceas**

25

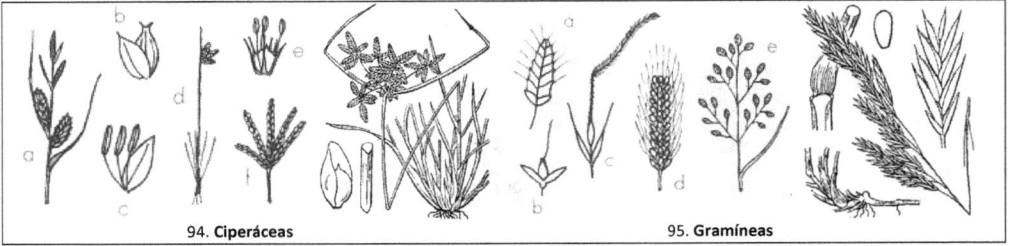

94. Ciperáceas   95. Gramíneas

4. Tallos de sección triangular (fig. 94) .... 23. **Ciperáceas** (p. 65)
— Tallos cilíndricos o aplanados 5
2. Hojas con la vaina abierta. Estambres con las anteras contactando en su mitad con el filamento (fig. 95) .... 43. **Gramíneas** (p. 138)
— Hojas, si presentes, con vainas cerradas. Anteras contactando en su base con el filamento (fig. 94) ..
.... 23. **Ciperáceas** (p. 64)

Gr. 3b (leñosas amentíferas)
1. Hojas pinnadamente divididas en varios grandes foliolos. Frutos gruesos pero ligeros, con una semilla de aspecto cerebroide oleaginosa (fig. 96) .... 100. **Yuglandáceas** (p. 246)
— Sin estos caracteres reunidos. Hojas simples 2
2. Plantas dioicas. Frutos pequeños, en cápsulas que contienen numerosas semillas cubiertas de pelos algodonosos (fig. 97) .... 84. **Salicáceas** (p. 226)
— Plantas monoicas, con flores masculinas y femeninas en el mismo ejemplar. Frutos grandes, monospermos, sin pelos 3
3. Hojas blandas y caducas, con margen doblemente dentado (con dientes blandos), verdes en ambas caras (fig. 98) .... 14. **Betuláceas** (p. 43)
— Hojas perennes o caducas, enteras, lobuladas o con dientes simples a veces algo espinosos, a menudo blanquecinas en el envés (fig. 99) .... 39. **Fagáceas** (p. 133)

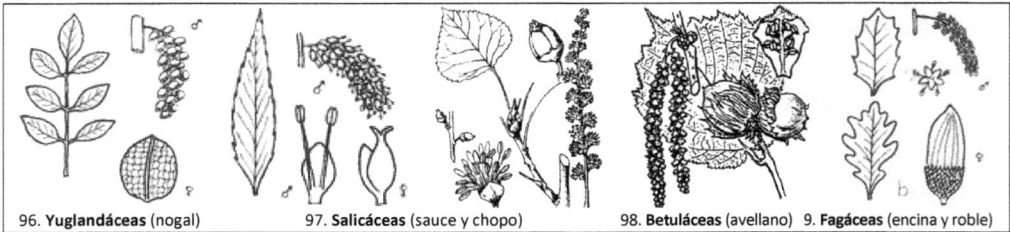

96. Yuglandáceas (nogal)   97. Salicáceas (sauce y chopo)   98. Betuláceas (avellano) 9. Fagáceas (encina y roble)

Gr. 4 (flores con perianto simple corolino)
1. Flores dispuestas en capítulos o cabezuelas, que surgen a alturas similares sobre un receptáculo más o menos ensanchado. Cada capítulo se rodea por un conjunto de brácteas, en una o varias filas, que forman un involucro (figs. 100, 101) 2
— Flores no dispuestas en capítulos involucrados (a veces en glomérulos densos) 3
2. Estambres terminados en anteras libres. Involucro abierto, con brácteas patentes o reflejas en la floración (fig. 101) .... 33. **Dipsacáceas** (p. 120)
— Estambres inapreciables o con las anteras soldadas entre sí alrededor del estilo. Involucro ± cerrado o recogido, con las brácteas erguidas (fig. 100) .... 25. **Compuestas** (p. 73)
3. Todas las piezas de los verticilos florales en número de 3 o múltiplo de 3. Hojas con nerviación más o menos paralela 4

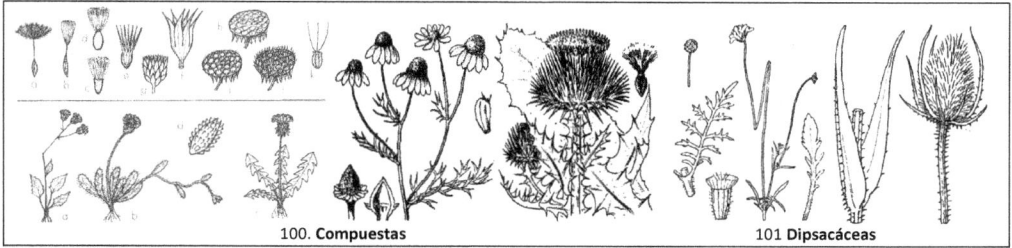

100. **Compuestas** | 101 **Dipsacáceas**

— Piezas florales con otros números (al menos en parte). Nerviación foliar variable 10
4. Gineceo súpero 5
— Gineceo ínfero 8
5. Plantas trepadoras, con hojas pecioladas, anchas, más o menos acorazonadas, con nervadura pinnado-reticulada 6
— Sin estos caracteres reunidos 7
6. Plantas leñosas, espinosas, con hojas coriáceas persistentes, que trepan mediante zarcillos (fig. 102) .... 36. **Esmilacáceas** (p. 130)
— Plantas herbáceas, no espinosas, con hojas blandas que se secan cada año, trepadoras mediante tallos volubles (fig. 103) .... 32. **Dioscoreáceas** (p. 120)
7. Plantas robustas, con hojas muy engrosado-carnosas (fig. 104) .... 2. **Agaváceas** (p. 37)
— Plantas frágiles y (o) con hojas no engrosado-carnosas (fig. 105) .... 52. **Liliáceas** (p. 186)
8. Flores regulares, con las seis piezas periánticas iguales y 6 estambres. Plantas siempre bulbosas (fig. 106) .... 5. **Amarilidáceas** (p. 39)
— Flores con las piezas periánticas más o menos desiguales y 3 o menos estambres. Plantas tuberosas, rizomatosas o bulbosas 9
9. Hojas en forma de espada, situadas en plano perpendicular al suelo. Tres estambres muy visibles con filamento y antera (fig. 107) .... 46. **Iridáceas** (p. 153)
— Hojas lanceoladas o elípticas, situadas en plano paralelo al suelo. Androceo soldado al gineceo sin presentar estambres claros (fig. 108) .... 62. **Orquidáceas** (p. 195)
10. Estambres y carpelos libres y numerosos .... 79. **Ranunculáceas** (p. 212)
— Estambres en número reducido. Carpelos soldados 11

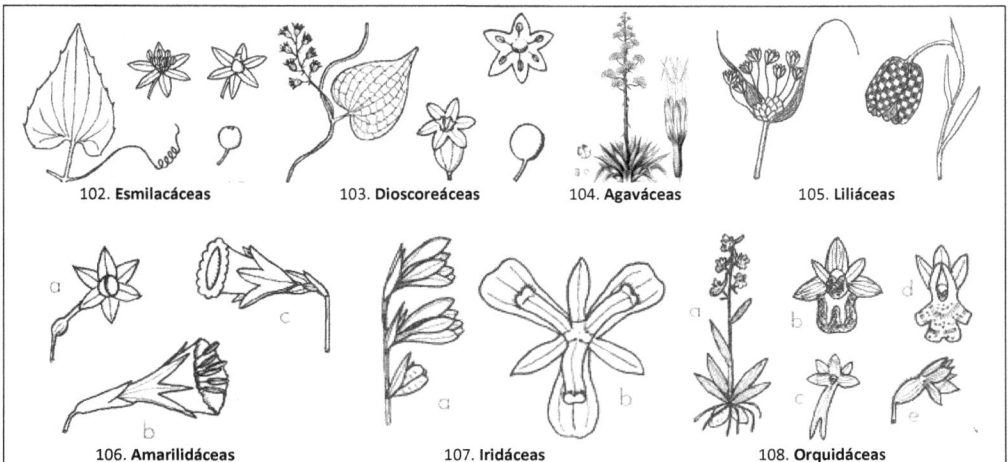

102. **Esmilacáceas** | 103. **Dioscoreáceas** | 104. **Agaváceas** | 105. **Liliáceas**

106. **Amarilidáceas** | 107. **Iridáceas** | 108. **Orquidáceas**

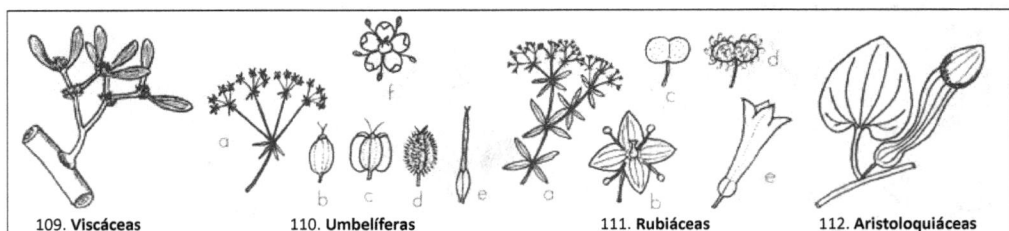

| 109. **Viscáceas** | 110. **Umbelíferas** | 111. **Rubiáceas** | 112. **Aristoloquiáceas** |

11. Plantas verdes pero parásitas sobre las ramas de otras plantas. Hojas enteras y opuestas. Flores amarillentas, no muy vistosas (fig. 109) .... 98. **Viscáceas** (p. 245)
— Sin estos caracteres reunidos. Plantas no parásitas o enraizadas en tierra 12
12. Gineceo ínfero, completamente soldado al receptáculo y situado bajo la zona de inserción de las demás piezas florales 13
— Gineceo súpero o no soldado al receptáculo (semi-ínfero) 17
13. Flores en umbelas. Pétalos libres. Frutos secos, que se separan en dos mitades al madurar (fig. 110) .... 93. **Umbelíferas** (p. 234)
— Sin estos caracteres reunidos. Pétalos soldados, al menos en su base 14
14. Hojas opuestas o verticiladas. 4 pétalos y 4 estambres (fig. 111) .... 82. **Rubiáceas** (p. 223)
— Sin estos caracteres reunidos 15
15. Perianto formado por un tubo alargado y curvo, con más de 1 cm de longitud, de color parduzco-verdoso o amarillento. Fruto polispermo (fig. 112) .... 11. **Aristoloquiáceas** (p. 42)
— Sin estos caracteres reunidos 16
16. Perianto soldado en tubo alargado. Hojas opuestas (fig. 113) .... 95. **Valerianáceas** (p. 243)
— Perianto brevemente soldado. Hojas alternas (fig. 114) .... 85. **Santaláceas** (p. 227)
17. Plantas herbáceas. Hojas con una vaina parduzca en su base que rodea al tallo (ócrea). Flores rojizas o blanquecinas. Semillas poligonales (fig. 115) .... 71. **Poligonáceas** (p. 204)
— Plantas arbustivas. Hojas sin ócrea 18
18. Perianto de 4 piezas soldadas en tubo alargado. Androceo con 8 estambres. Fruto seco (fig. 116) .... 91. **Timeleáceas** (p. 232)
— Perianto brevemente soldado, sin formar tubo alargado. Fruto carnoso 19
19. Perianto con 3 piezas. Hojas lineares o lanceoladas. Frutos anaranjados o rojizos en la madurez (fig. 114) .... 85. **Santaláceas** (p. 227)
— Perianto con 4-5 piezas. Hojas desde lineares a ovadas. Frutos maduros negruzcos (a veces rojizos en fase de maduración) 20
20. Hojas enteras, perennes, coriáceas, muy aromáticas. Frutos elipsoidales, con más de 1 cm (fig. 117) .... 49. **Lauráceas** (p. 166)
— Hojas enteras o dentadas, caducas o perennes, no aromáticas. Frutos esféricos, de pocos mm (fig. 118) .... 78. **Ramnáceas** (p. 211)

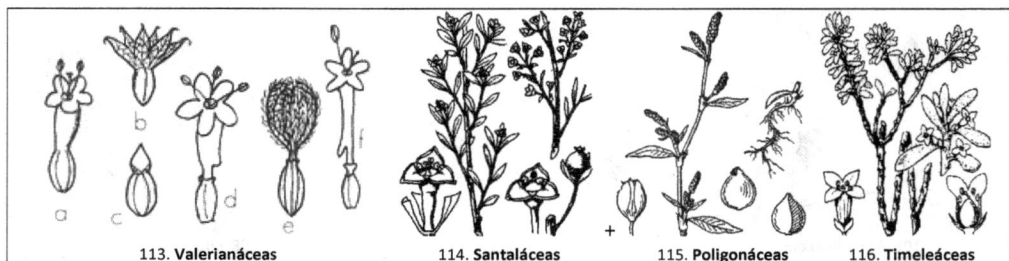

| 113. **Valerianáceas** | 114. **Santaláceas** | 115. **Poligonáceas** | 116. **Timeleáceas** |

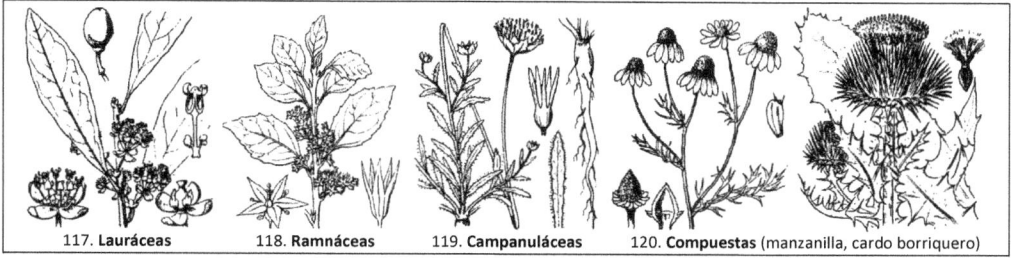

| 117. Lauráceas | 118. Ramnáceas | 119. Campanuláceas | 120. Compuestas (manzanilla, cardo borriquero) |

Gr. 5 (flores con perianto doble y pétalos soldados desde la base)

1. Flores dispuestas en capítulos o cabezuelas, que surgen a alturas similares sobre un receptáculo más o menos ensanchado. Cada capítulo se rodea por un conjunto de brácteas, en una o varias filas, que forman un involucro (figs. 119-121) 2a

— Flores no dispuestas en capítulos involucrados (a veces en glomérulos densos) 4

2a. Gineceo súpero. Plantas perennes, leñosas al menos en la cepa, con hojas enteras, coriáceas y flores azuladas .... 42 **Globulariáceas** (p. 137)

— Sin estos caracteres reunidos. Gineceo ínfero 2b

2b. Gineceo pluriovulado. Fruto polispermo. Cáliz bien desarrollado (fig. 119) ... 18. **Campanuláceas** (p. 50)

— Gineceo uniovulado. Fruto monospermo. Cáliz bastante atrofiado o reducido a pelos o escamas (figs. 120, 121) 3

3. Estambres terminados en anteras libres. Involucro abierto, con brácteas patentes o reflejas en la floración (fig. 121) .... 33. **Dipsacáceas** (p. 120)

— Estambres inapreciables o con las anteras soldadas entre sí alrededor del estilo. Involucro ± cerrado o recogido, con las brácteas erguidas (fig. 120) .... 25. **Compuestas** (p. 73)

4. Gineceo ínfero 5

— Gineceo súpero 11

5. Hojas opuestas. Estambres 1-3. Corola con tubo alargado, con frecuencia espolonado o giboso en su base (fig. 122) .... 95. **Valerianáceas** (p. 243)

— Sin estos caracteres reunidos. Más de 3 estambres 6

6. Hojas verticiladas (fig. 123) .... 82. **Rubiáceas** (p. 223)

— Hojas no verticiladas 7

7. Plantas herbáceas, con hojas anchas palmeadamente lobuladas. Frutos carnosos muy aparentes (fig. 124) .... 31. **Cucurbitáceas** (p. 120)

— Sin estos caracteres reunidos 8

8. Plantas crasas robustas, con tallos verdes bastante gruesos. Flores y frutos grandes (varios cm) y vistosos (fig. 125) .... 17. **Cactáceas** (p. 49)

— Sin estos caracteres reunidos 9

9. Hojas opuestas. Plantas leñosas, a veces trepadoras (fig. 126) .... 20. **Caprifoliáceas** (p. 52)

— Hojas alternas. Plantas herbáceas 10

10. Flores blancas, muy reducidas (pocos mm) (fig. 127) .... 74. **Primuláceas** (p. 207)

— Flores azuladas o violáceas, no muy reducidas (desde 5 mm a cm) (fig. 128) ...... 18. **Campanuláceas** (p. 50)

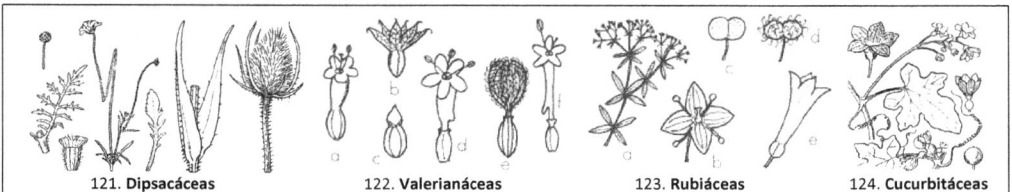

| 121. Dipsacáceas | 122. Valerianáceas | 123. Rubiáceas | 124. Cucurbitáceas |

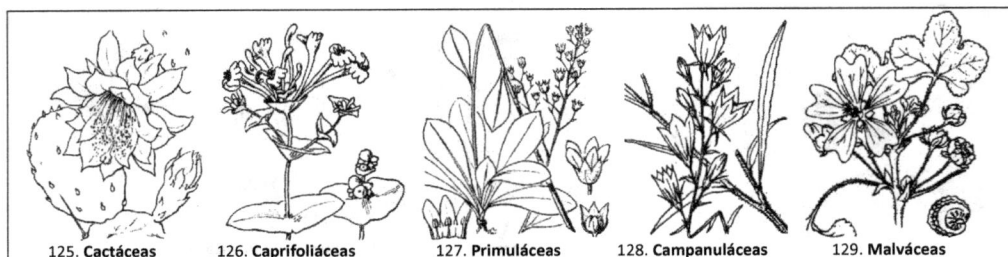

| 125. Cactáceas | 126. Caprifoliáceas | 127. Primuláceas | 128. Campanuláceas | 129. Malváceas |

11. Estambres en mayor número que los pétalos 12
— Estambres en número igual o menor que los pétalos 15
12. Estambres soldados en columna. Cáliz rodeado en su base por brácteas adosadas formando un epicáliz (fig. 129) .... 55. **Malváceas** (p. 190)
— Sin estos caracteres reunidos 13
13. Hojas crasas, redondeadas. Corola blanquecino-verdosa (fig. 130) .... 29. **Crasuláceas** (p. 105)
— Hojas no crasas 14
14. Plantas leñosas y consistentes. Corola regular (fig. 131) .... 34. **Ericáceas** (p. 122)
— Plantas herbáceas, bajas y poco consistentes. Corola irregularmente lobulada, con pétalos desiguales (fig. 132) .... 70. **Poligaláceas** (p. 204)
15. Estambres en número de 2 o 4 16
— Estambres en número de 3, 5 o numerosos 23
16. Flores azuladas dispuestas en capítulos terminales, que se rodean de un involucro de brácteas de color castaño (fig. 133) .... 42. **Globulariáceas** (p. 137)
— Sin estos caracteres reunidos 17
17. Hojas opuestas. Tallos herbáceos cuadrangulares. Flores ± cigomorfas. Gineceo dividido en 4 partes iguales, con un largo estilo que surge en el medio (fig. 134) .... 48. **Labiadas** (p. 156)
— Sin estos caracteres reunidos 18
18. Estambres reducidos a dos 19
— Estambres cuatro 20
19. Plantas leñosas. Flores actinomorfas (fig. 136) .... 59. **Oleáceas** (p. 192)
— Plantas herbáceas (fig. 135) .... 35. **Escrofulariáceas** (p. 123)
20. Corola pajizo-escariosa, seca. Hojas opuestas o en roseta basal. Flores dispuestas en espigas apicales, con los estambre muy salientes (fig. 137) .... 67. **Plantagináceas** (p. 201)
— Sin estos caracteres reunidos, Corola vistosa y coloreada 21
21. Lóbulos de la corola desiguales (flores cigomorfas) (fig. 135) .... 35. **Escrofulariáceas** (p. 123)
— Corola regular, con lóbulos iguales (flores actinomorfas) 22
22. Hojas enteras y sentadas (fig. 138) .... 40. **Gentianáceas** (p. 134)
— Hojas recortadas o divididas, más o menos pecioladas (fig. 139) .... 96. **Verbenáceas** (p. 244)

| 130. Crasuláceas | 131. Ericáceas | 32. Poligaláceas | 133. Globulariáceas |

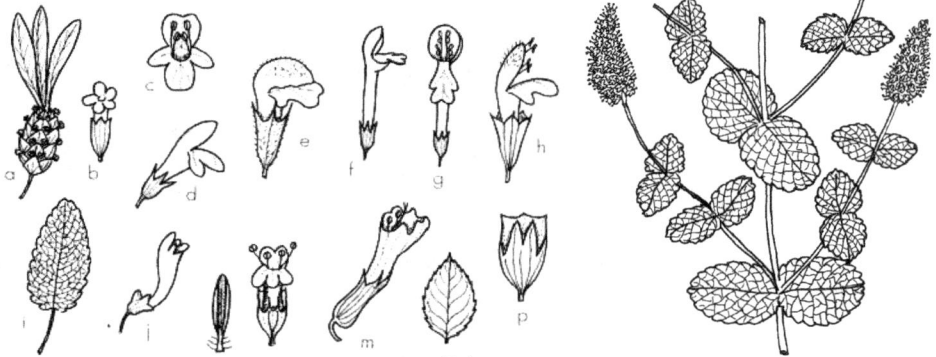

134. Labiadas

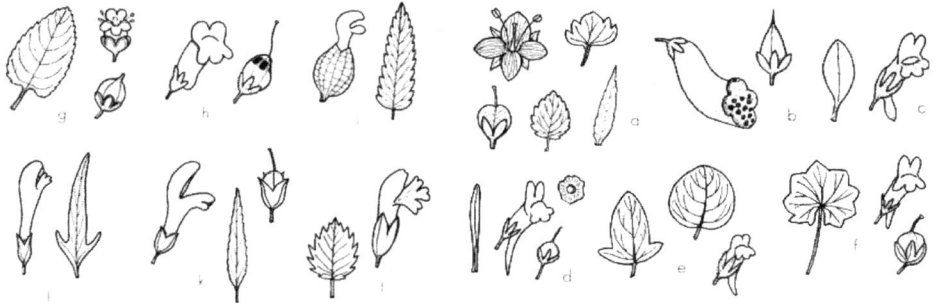

135. Escrofulariáceas

24. Flores con 1-2 carpelos, libres o algo soldados en el extremo. Fruto en folículo simple o doble, con numerosas semillas pelosas en su superficie 25
— Flores con varios capelos, que están soldados. Fruto capsular. Semillas sin pelos 52
25. Flores grandes (más de 1 cm) y vistosas (fig. 140) .... 7. **Apocináceas** (p. 40)
— Flores pequeñas (menos de 1 cm) y no muy llamativas (fig. 141) .... 12. **Asclepiadáceas** (p. 42)
26. Cápsulas que se abren por dos valvas longitudinales. Estambres alternando con los pétalos ....
.... 40. **Gentianáceas** (p. 134)
— Cápsulas que se abren por 5-10 valvas longitudinales o por una tapadera transversal. Estambres opuestos a los pétalos (fig. 142) .... 74. **Primuláceas** (p. 207)
27. Gineceo y fruto unilocular. Estambres opuestos a los pétalos 28
— Gineceo y fruto con 2-5 cavidades. Estambres alternos con los pétalos 29

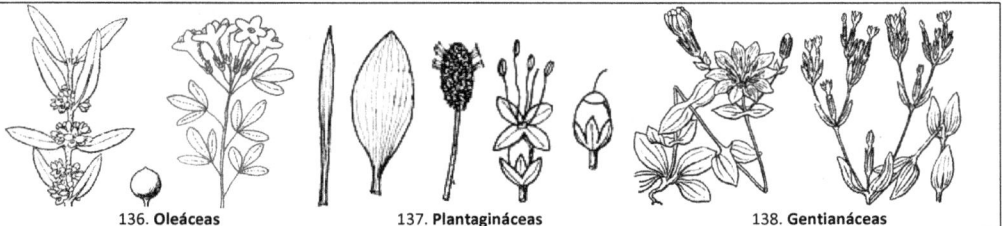

136. **Oleáceas**   137. **Plantagináceas**   138. **Gentianáceas**

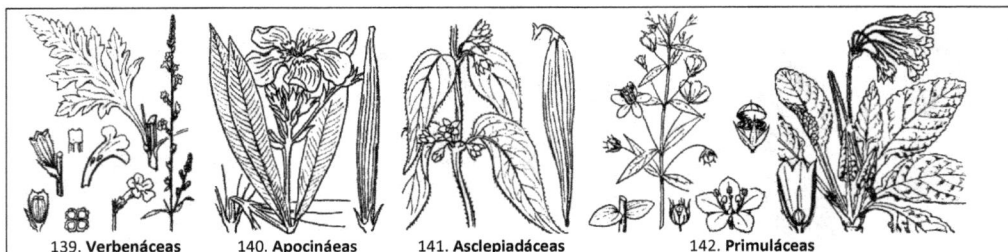

| 139. **Verbenáceas** | 140. **Apocináeas** | 141. **Asclepiadáceas** | 142. **Primuláceas** |

28. Fruto monospermo. Flores sentadas, en capítulos (fig. 143) .... 69. **Plumbagináceas** (p. 202)
— Fruto polispermo. Inflorescencias laxas (fig. 142) .... 74. **Primuláceas** (p. 207)
29. Frutos siempre secos y con 1-4 semillas 30
— Frutos secos o carnosos, con numerosas semillas 31
30. Fruto maduro de una pieza, conteniendo en su interior las semillas. Plantas con frecuencia trepadoras, con flores embudadas bastante vistosas (fig. 144) .... 26. **Convolvuláceas** (p. 103)
— Fruto maduro dividido en 2-4 unidades monospermas independientes. Plantas nunca trepadoras,
con flores tubulosas, vistosas o no (fig. 145) .... 15. **Borragináceas** (p. 44)
31. Flores amarillas. Estambres con los filamentos vistosamente pelosos. Hierbas robustas, ± densamente pelosas (fig. 146) .... 35. **Escrofulariáceas** (p. 123)
— Sin estos caracteres reunidos. Estambres no pelosos (fig. 147) .... 87. **Solanáceas** (p. 230)

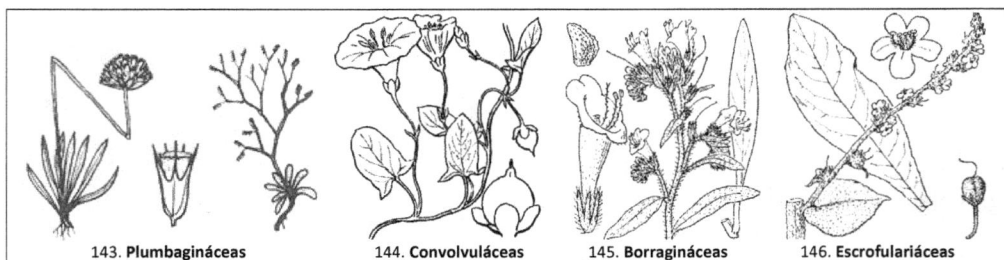

| 143. **Plumbagináceas** | 144. **Convolvuláceas** | 145. **Borragináceas** | 146. **Escrofulariáceas** |

Gr. 6 (flores con perianto doble y pétalos no soldados en la base)
1. Gineceo ínfero o semiínfero 2
— Gineceo súpero 10
2. Estambres en número superior a diez 3
— Estambres en número no superior a diez 5
3. Arbustos perennifolios de hojas opuestas ovado-lanceoladas, agudas y brillantes. Frutos carnosos
(fig. 148) .... 57. **Mirtáceas** (p. 192)
— Sin estos caracteres reunidos 4
4. Flores y frutos grandes, de color rojo intenso. Semillas ocupando casi todo el contenido del fruto,
rodeadas de un amplio manto jugoso translúcido (fig. 149) .... 75. **Punicáceas** (p. 208)
— Sin estos caracteres reunidos (fig. 150) .... 81. **Rosáceas** (p. 217)
5. Frutos carnosos. Arbustos caducifolios erguidos o -si perennifolios- trepadores 6
— Frutos secos. Plantas herbáceas o arbustos perennifolios no trepadores 8
6. Plantas trepadoras, de hoja perenne (fig. 151) .... 10. **Araliáceas** (p. 42)
— Plantas caducifolias, no trepadoras 7
7. Arbustos que tienden a elevarse 2 m o más. Hojas redondeado-elípticas, con nervadura curvo-
paralela, enteras en el margen (fig. 152) .... 28. **Cornáceas** (p. 105)

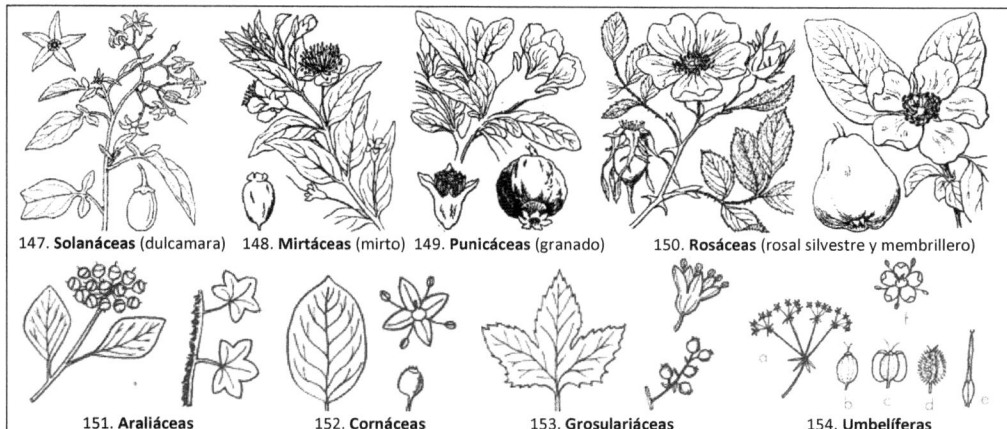

147. **Solanáceas** (dulcamara)   148. **Mirtáceas** (mirto)   149. **Punicáceas** (granado)   150. **Rosáceas** (rosal silvestre y membrillero)

151. **Araliáceas**   152. **Cornáceas**   153. **Grosulariáceas**   154. **Umbelíferas**

— Bajos arbustos, que no superan un metro y medio de estatura. Hojas palmeadamente nerviadas y más o menos divididas o lobuladas (fig. 153) .... 44. **Grosulariáceas** (p. 152)

8. Flores con 5 pétalos y 5 estambres, reunidas en umbelas, a veces muy condensadas (fig. 154) .... 93. **Umbelíferas** (p. 234)

— Sin estos caracteres reunidos 9

9. 4 sépalos y 4 estambres. Gineceo dividido en 4 partes (fig. 155) .... 60. **Onagráceas** (p. 193)

— 5 pétalos y 10 estambres. Gineceo dividido en 2 partes (fig. 156) .... 86. **Saxifragáceas** (p. 228)

10. 2 sépalos (a veces muy reducidos) y 4 pétalos (fig. 157) .... 65. **Papaveráceas** (p. 199)

— Sin estos caracteres reunidos 11

11. Número de estambres superior al doble de los pétalos 12

— Número de estambres igual o menor que el doble de los pétalos 18

12. Estambres soldados por sus filamentos en columna alargada, con anteras libres. Cáliz rodeado por unas brácteas formando un epicáliz (fig. 158) .... 55. **Malváceas** (p. 190)

— Sin estos caracteres reunidos 13

13. Gineceo con carpelos libres o, si soldados, manteniendo los estilos libres 14

— Carpelos soldados en ovario único, con estilo único (fig. 159) .... 24. **Cistáceas** (p. 68)

14. Gineceo con 3-5 estilos rígidos. Estambres en 3-5 haces (fig. 160) .... 45. **Hipericáceas** (p. 153)

— Sin estos caracteres reunidos 15

15. Pétalos recortados y algo desiguales. Flores en espigas o racimos alargados y estrechos (fig. 161) .... 80. **Resedáceas** (p. 216)

— Sin estos caracteres reunidos 16

16. Estambres muy caedizos y libres del cáliz. Hojas sin estípulas 17

— Estambres soldados al cáliz y de tendencia poco caediza. Hojas provistas de estípulas (a veces caedizas y ausentes en hojas maduras) (fig. 162) .... 81. **Rosáceas** (p. 217)

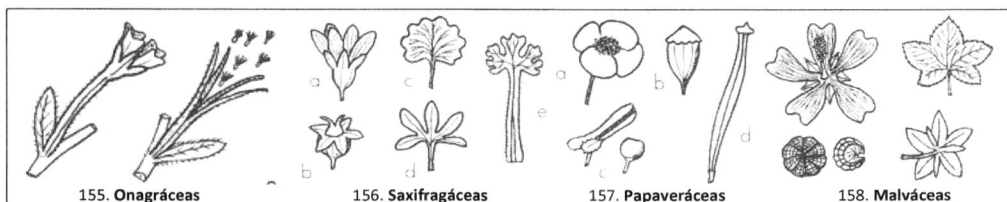

155. **Onagráceas**   156. **Saxifragáceas**   157. **Papaveráceas**   158. **Malváceas**

33

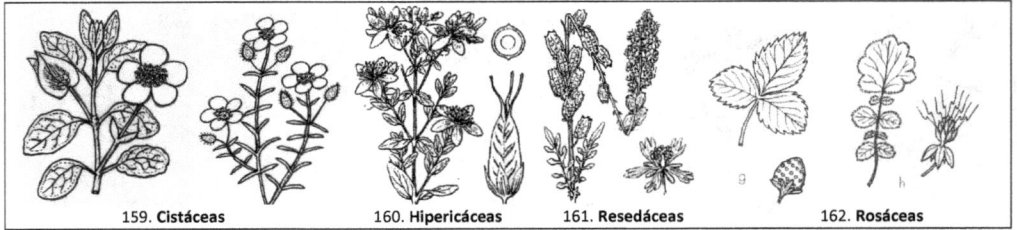

159. **Cistáceas** 160. **Hipericáceas** 161. **Resedáceas** 162. **Rosáceas**

17. Flores rojizas, grandes (5-8 cm). Fruto formado por 2-3 grandes folículos pelosos (fig. 163)..............
.... 66. **Peoniáceas** (p. 201)
— Sin estos caracteres reunidos (fig. 164) .... 79. **Ranunculáceas** (p. 212)
18. Flores con verticilos de tres piezas 19
— Flores con verticilos de 4-5 piezas 21
19. Arbustos caducifolios espinosos, con flores amarillas. Frutos en bayas jugosas y alargadas (fig. 165)
.... 13. **Berberidáceas** (p. 43)
— Sin estos caracteres reunidos 20
20. Plantas herbáceas, blandas y de talla no muy elevada, propias de ambientes acuáticos (fig. 166) .....
.... 3. **Alismatáceas** (p. 37)
— Plantas leñosas, a veces elevadas, propias de medios secos .... 64. **Palmáceas** (p. 198)
21. Árboles o arbustos elevados y consistentes 22
— Plantas herbáceas o, si leñosas, con menos de 1 m de altura 28
22. Diez estambres, soldados alrededor del gineceo. Fruto en legumbre. Corola con 5 pétalos desiguales (a veces dos soldados semejando uno sólo) (fig. 167) .... 50. **Leguminosas** (p. 166)
— Sin estos caracteres reunidos 23
23. Hojas escuamiformes, muy reducidas, que caen en otoño pero agrupadas sobre su rama. Flores
blancas o rosadas en racimos densos y vistosos (fig. 168) .... 88. **Tamaricáceas** (p. 231)
— Sin estos caracteres reunidos 24
24. Plantas trepadoras. Hojas palminervias, caducas, más o menos profundamente recortadas o divi-
didas. Frutos carnosos, en racimos o panículas (fig. 169) .... 99. **Vitáceas** (p. 245)
— Sin estos caracteres reunidos. Hojas pinnadas y enteras o someramente dentadas 25
25. Flores dispuestas sobre una hoja especial, amarillenta, que cae al madurar los frutos (que son
secos) arrastrando a éstos. Las hojas normales son grandes, caducas, de contorno redondeado y ba-
se acorazonada (fig. 170) .... 90. **Tiliáceas** (p. 231)
— Sin estos caracteres reunidos. Hojas perennes o caducas. Fruto carnoso 26
26. Hojas opuestas, caducas, enteras en el margen. Frutos maduros carnosos, negruzcos, en forma de
calabaza, fragmentados en porciones (fig. 171) .... 27. **Coriariáceas** (p. 105)
— Hojas alternas, caducas o perennes. Frutos esféricos, de una pieza 27

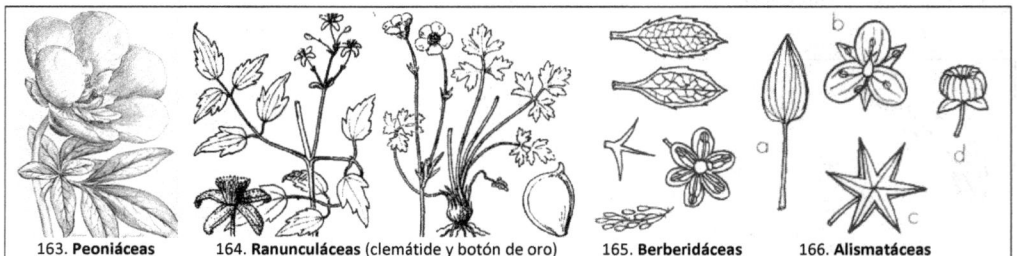

163. **Peoniáceas**   164. **Ranunculáceas** (clemátide y botón de oro)   165. **Berberidáceas**   166. **Alismatáceas**

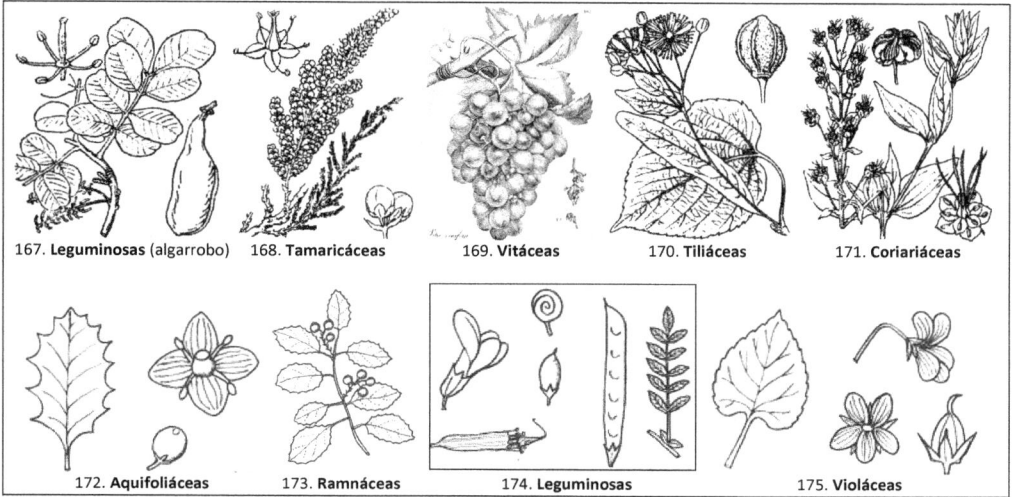

167. **Leguminosas** (algarrobo)   168. **Tamaricáceas**   169. **Vitáceas**   170. **Tiliáceas**   171. **Coriariáceas**

172. **Aquifoliáceas**   173. **Ramnáceas**   174. **Leguminosas**   175. **Violáceas**

27. Flores blancas, de 6-8 mm. Hojas perennes, con frecuencia dentado-espinosas en el margen (fig. 172) .... 8. **Aquifoliáceas** (p. 41)
— Flores amarillentas, menores. Hojas caducas, enteras o dentadas, pero no punzantes en el margen (fig. 173) .... 78. **Ramnáceas** (p. 211)
28. Hojas con estípulas en la base 29
— Hojas sin estípulas 33
29. Estambres 10. Corola con 5 pétalos. Fruto en legumbre (fig. 174) .... 50. **Leguminosas** (p. 166)
— Sin estos caracteres reunidos 30

30. Flores cigomorfas (simetría bilateral), siendo un pétalo espolonado. Ovario y fruto divididos en 3 partes (fig. 175) .... 97. **Violáceas** (p. 244)
— Sin estos caracteres reunidos. Flores ± actinomorfas. Pétalos no espolonados 31
31. Hojas simples y enteras. Gineceo con los estilos libres (fig. 176) .... 21. **Cariofiláceas** (p. 54)
— Hojas más o menos recortadas o divididas. Estilos soldados 32
32. Flores amarillas o verdosas. Frutos esféricos o en forma de cruz espinosa, sin apéndice estilar alargado y curvado (fig. 177) .... 102. **Zigofiláceas** (p. 246)
— Sin estos caracteres reunidos. Frutos maduros con un apéndice filiforme alargado, que se curva al liberarse (fig. 178) .... 41. **Geraniáceas** (p. 135)
33. Plantas crasas. Piezas florales todas libres (incluso los carpelos) (fig. 179) .. 29. **Crasuláceas** (p. 105)
— Sin estos caracteres reunidos 34
34. Sépalos y pétalos 4, estambres 6. Frutos en silicua (fig. 180) .... 30. **Crucíferas** (p. 106)

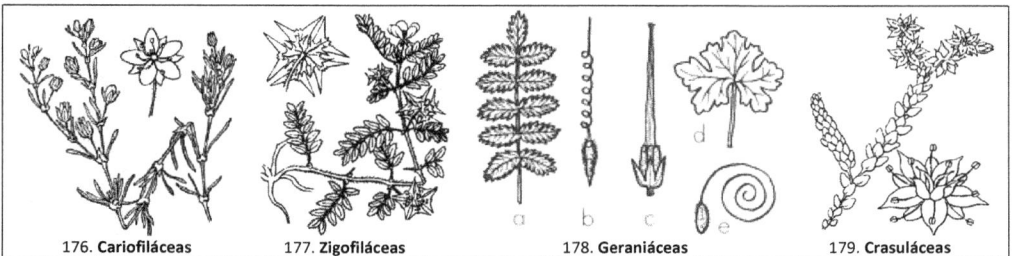

176. **Cariofiláceas**   177. **Zigofiláceas**   178. **Geraniáceas**   179. **Crasuláceas**

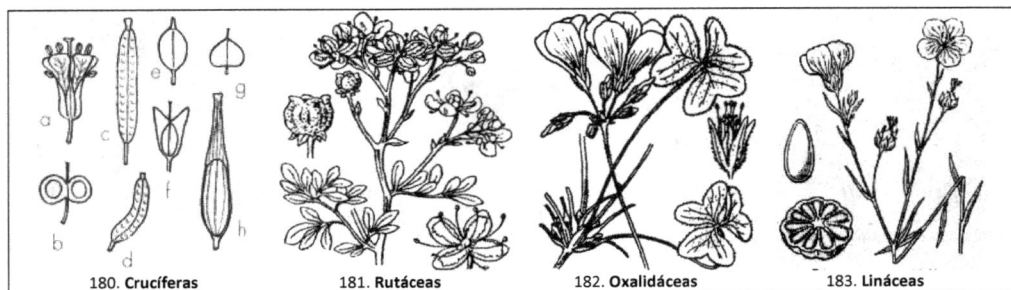

180. **Crucíferas**   181. **Rutáceas**   182. **Oxalidáceas**   183. **Lináceas**

— Sin estos caracteres reunidos 35

35. Plantas provistas de aceites aromáticos, de olor muy penetrante. Hojas pinnadamente divididas en foliolos separados (raras veces enteras) (fig. 181) .... 83. **Rutáceas** (p. 225)

— Sin estos caracteres reunidos 36

36. Flores provistas de 4-5 sépalos, 4-5 pétalos y 4, 5 o 10 estambres 37

— Flores con todos o alguno de los verticilos florales con piezas en diferente número 39

37. Hojas enteras, dispuestas sobre el tallo. Pétalos completamente libres 38

— Hojas basales, con largo peciolo terminado en tres foliolos acorazonados que salen juntos y contactan por su parte estrecha (obcordados). Pétalos a veces algo concrescentes por encima de la base (fig. 182) .... 63. **Oxalidáceas** (p. 198)

38. Hojas alternas (al menos las superiores). Estambres 5 (fig. 183) .... 53. **Lináceas** (p. 189)

— Hojas opuestas. Estambres 4, 5, 8 o 10 (fig. 184) .... 21. **Cariofiláceas** (p. 54)

39. Hojas carnosas, espatuladas. Sépalos 2. Pétalos amarillos (fig. 185) .... 72. **Portulacáceas** (p. 206)

— Sin todos estos caracteres. Sépalos más de 5. Pétalos rojizos (fig. 186) .... 54. **Litráceas** (p. 190)

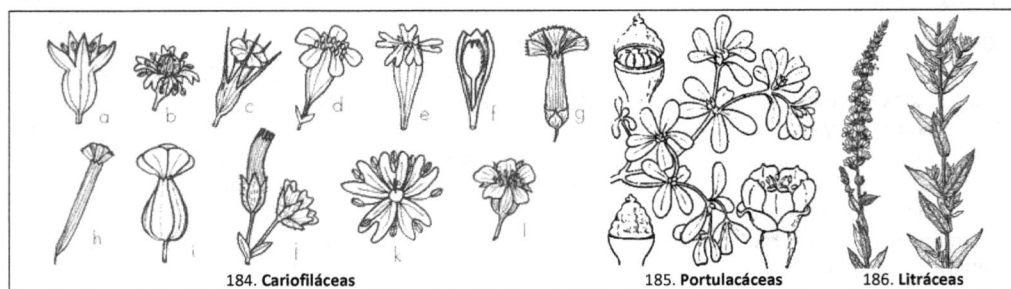

284. **Cariofiláceas**   185. **Portulacáceas**   186. **Litráceas**

3.1. Fam. ACERÁCEAS (*Aceraceae*)

Árboles de hojas caedizas, casi siempre divididas de modo palmeado. Sus flores son poco vistosas y de temprana aparición, siendo su característica más significativa los frutos, divididos en dos unidades opuestas que desarrollan un ala amplia cada una, lo que les sirve para un eficaz vuelo que ayuda a su dispersión por el viento. En España comprende sólo los arces, con unas pocas especies nativas y otras exóticas cultivadas.

3.1.1. **Arces**, aurons (*Acer*)

1. Hojas divididas en tres segmentos iguales y enteros en el margen. Alas del fruto formando ángulo agudo (fig. 187) .... **arce mediterráneo** (*Acer monspessulanum*): 2-8 m. IV-V. Medios forestales no muy secos, principalmente sobre terrenos calizos. Medit.-sept. M.

— Hojas divididas en 5 lóbulos principales, con los márgenes dentados 2

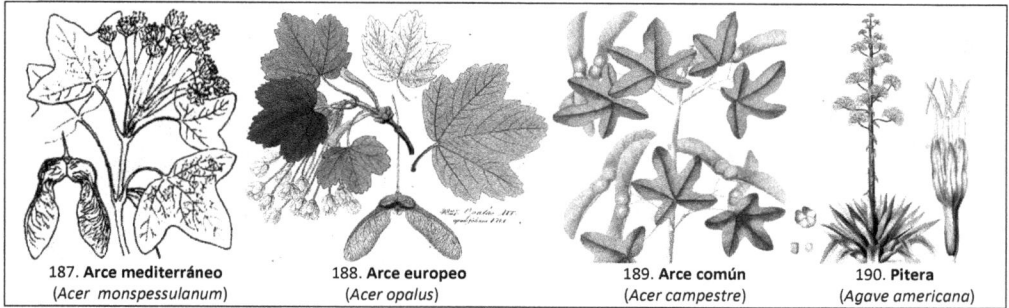

| 187. **Arce mediterráneo** | 188. **Arce europeo** | 189. **Arce común** | 190. **Pitera** |
| (*Acer monspessulanum*) | (*Acer opalus*) | (*Acer campestre*) | (*Agave americana*) |

2. Lóbulos de las hojas poco marcados. Alas del fruto formando un ángulo más o menos recto (90°) (fig. 188) .... **arce europeo** (*Acer opalus*): 2-10 m. IV-V. Bosques caducifolios y mixtos en áreas frescas y lluviosas. Eurosib. M.

[La forma típica (**subsp. *opalus***) es muy rara en la zona y la mayor parte de los ejemplares corresponden a su vicariante meridional ibero-magrebí o **subsp. *granatense*** (= *A. granatense*)].

— Lóbulos de las hojas muy marcados. Alas del fruto opuestas (fig. 189) .... **arce común** (*Acer campestre*): 2-12 m. IV-V. Bosques caducifolios de montaña, a veces ribereños. Eurosib. R (Bec, Gud).

3.2. Fam. AGAVÁCEAS (*Agavaceae*)

Hierbas firmes y robustas, a veces elevadas, con hojas lineares, acintadas o lanceoladas, coriáceas o crasas en mayor o menor medida, dispuestas en densas rosetas. Florecen emitiendo escapos racemosos, a veces con gran estatura y apariencia arbórea. Flores con 6 piezas periánticas vistosas, 6 estambres y gineceo súpero o ínfero de 3 carpelos. Fruto seco capsular o carnoso en baya. Habitan en zonas secas tropicales, sobre todo de América.

3.2.1. **Pitera** (*Agave americana*): 3-6 m. VI-VIII. Asilvestrada en caminos y zonas habitadas no muy elevadas. Neotrop. M. (Fig. 190).

3.3. Fam. ALISMATÁCEAS (*Alismataceae*)

Hierbas de vida acuática o semiacuática. Cepa algo engrosada de la que surge un fascículo de raíces hacia abajo y una roseta de hojas hacia arriba. Estas hojas son pecioladas y tienen un limbo ensanchado en forma lanceolada a oval. Los tallos pueden ser muy cortos o alargarse casi 1 m, terminando en inflorescencias más o menos umbeladas. Las flores presentan 3 sépalos verdosos y 3 pétalos libres y blanquecinos. Los carpelos suelen ser numerosos y completamente libres entre sí, encerrando cada uno 1-pocos óvulos y dando lugar a frutos en poliaquenio. Con representación muy reducida en nuestras latitudes y escasas aplicaciones.

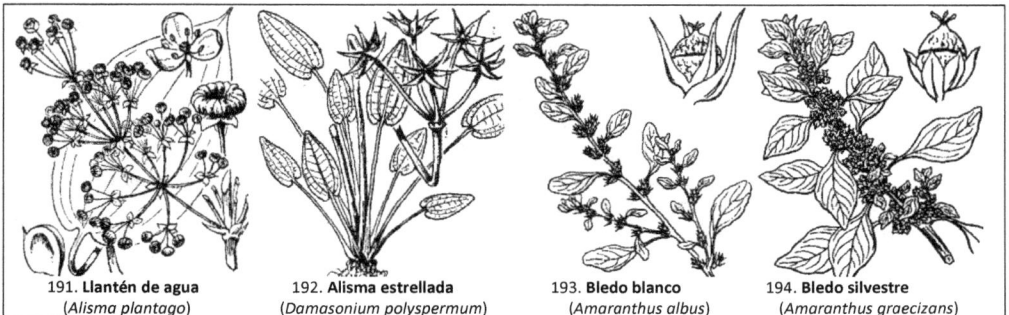

| 191. **Llantén de agua** | 192. **Alisma estrellada** | 193. **Bledo blanco** | 194. **Bledo silvestre** |
| (*Alisma plantago*) | (*Damasonium polyspermum*) | (*Amaranthus albus*) | (*Amaranthus graecizans*) |

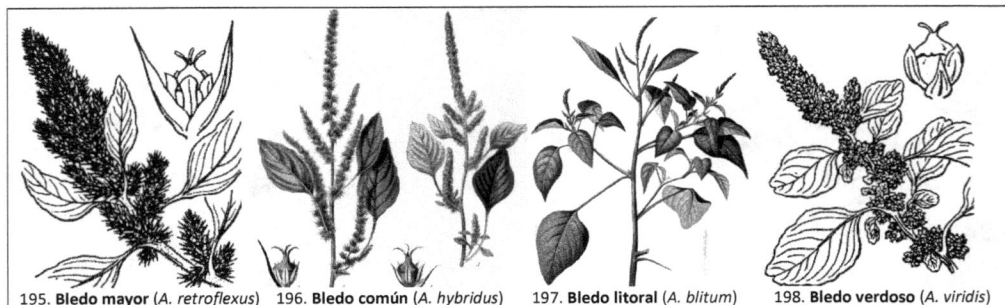

195. **Bledo mayor** (*A. retroflexus*)   196. **Bledo común** (*A. hybridus*)   197. **Bledo litoral** (*A. blitum*)   198. **Bledo verdoso** (*A. viridis*)

3.3.1. **Llantén de agua** (*Alisma plantago-aquatica*): 4-8 dm. V-IX. Cauces y márgenes de ríos, arroyos o acequias. Cosmop. M. (Fig. 191). [Además de esta especie, de hojas anchas (1-2 veces más largas que anchas), está *A. lanceolatum*, de hojas más estrechas y alargadas. Junto con estas especies relativamente robustas, que muestran las unidades del fruto (aquenios) redondeadas, monospermas y dispuestas en anillo o corona, están también las más reducidas, frágiles y escasas, **alisma rosada** (*Baldellia ranunculoides*, *Alisma ranunculoides*), con frutos en grupos esféricos; y **alisma estrellada** (*Damasonium polyspermum*, *D. stellatum*), con unidades polispermas (fruto poliaquenio) largas y agudas (fig. 192)].

3.4. Fam. AMARANTÁCEAS (*Amaranthaceae*)

Hierbas anuales o perennes, de porte reducido y flores nada aparentes, sin pétalos, reunidas en espigas o glomérulos densos, de donde sólo destacan sépalos y brácteas que son verdosos o rojizos, alargados y puntiagudos. En su mayoría son plantas adaptadas a vivir en cultivos y terrenos alterados, originarias del continente americano.

3.4.1. **Bledos**, blets (*Amaranthus*)

1. Flores dispuestas en grupos cortos en la axila de las hojas, no en espigas alargadas 2
— Flores dispuestas en espigas densas terminales, simples o ramificadas 4
2. Brácteas de las flores terminadas en punta aguda, algo punzante, doble de largas que los sépalos (fig. 193) .... **bledo blanco** (*Amaranthus albus*): 1-5 dm. VII-X. Campos de cultivo y herbazales anuales secos sobre terrenos alterados. Neotrop. M.
— Brácteas no punzantes ni superando a los sépalos 3
3. Planta verde y erguida. Cáliz con 3 sépalos de 1,5-2 mm (fig. 194) .... **bledo silvestre** (*Amaranthus graecizans*, *A. sylvestris*): 1-6 dm. VII-X. Cultivos, herbazales nitrófilos húmedos. Paleotrop. M.
— Planta tendida y de tendencia rojiza. Flores femeninas con 4-5 sépalos de 2-3 mm ... **bledo tendido** (*Amaranthus blitoides*): 2-5 dm. VII-X. Herbazales nitrófilos sobre terrenos alterados. Norteamer. M.
4. Frutos dehiscentes, que se abren dejando las semillas al descubierto 5
— Frutos indehiscentes, que no liberan sus semillas 6
5. Sépalos obtusos, ensanchados en su extremo. Tallo densamente peloso entre las flores (fig. 195) .... **bledo mayor** (*Amaranthus retroflexus*): 3-10 dm. VII-X. Campos de cultivo y herbazales anuales sobre terrenos muy alterados. Norteamer. M.
— Sépalos agudos. Tallo laxamente peloso entre las flores (fig. 196) .... **bledo común** (*Amaranthus hybridus*): 2-10 dm. VII-X. Campos de cultivo, cunetas, terrenos baldíos, etc. Neotrop. M.
6. Fruto de superficie lisa (fig. 197) .... **bledo litoral** (*Amaranthus blitum*): 1-6 dm. VII-X. Herbazales anuales sobre terrenos húmedos alterados a baja altitud. Paleotrop. M. [Con fruto más piriforme que globoso, bastante mayor que la semilla, tenemos también -en medios similares- *A. deflexus*].
— Frutos con superficie rugosa 7
7. Planta anual, erguida. Hojas anchas, aovado-rómbicas (fig. 198) ...... **bledo verdoso** (*Amaranthus viridis*): 2-8 dm. VI-X. Herbazales alterados en zonas bajas algo húmedas. Neotrop. M.
— Planta perenne, de tendencia poco erguida. Hojas estrechas, lineares a lanceoladas .... **bledo de hoja estrecha** (*Amaranthus muricatus*): 2-5 dm. VI-X. Herbazales nitrófilos en ambientes litorales cálidos y más bien secos. Neotrop. M.

3.5. Fam. AMARILIDÁCEAS *(Amaryllidaceae)*

Hierbas perennes bulbosas, con hojas habitualmente basales y tallos jugosos que dan un corto racimo de flores bastante vistosas, con 2 verticilos periánticos de 3 piezas coloreadas, a veces formando una corona en su centro. Los estambres son tres igual que los carpelos del gineceo, dando un fruto seco en cápsula con numerosas semillas. Se cultivan muchas de sus especies, por el valor ornamental de sus flores y su floración temprana o tardía, pero fuera de la época mayoritaria, destacando a tal efecto los narcisos.

1. Flores blancas o amarillas, que emiten una prolongación acopada en la zona donde se unen las seis piezas periánticas (corona) 2
— Flores blancas, sin corona (fig. 200) .... 2. **lapiedra** (*Lapiedra*)
2. Flores blancas con estambres muy salientes y soldados a la corola. Planta propia de arenales costeros (fig. 199) .... 1. **azucena marina** (*Pancratium*)
3. Sin estos caracteres reunidos. Estambres no salientes de la corola ni soldados a ella (fig. 201-205).....
.... 3. **narcisos** (*Narcissus*)

3.5.1. Azucena de mar, lliri de mar (*Pancratium maritimum*): 2-5 dm. VI-IX. Arenales costeros. Circun-Medit. R (Cos). (Fig. 199).

3.5.2. Lapiedra (*Lapiedra martinezii*): 1-3 dm. VIII-X. Roquedos, pedregales, espartales y matorrales secos sobre suelos esqueléticos en zonas bajas. Medit.-suroccid. R (Esp, Set). (Fig. 200).

3.5.2. Narcisos (*Narcissus*)

1. Flores muy colgantes pero con las piezas periánticas dobladas hacia atrás (hacia arriba), de color amarillo pálido o crema .... **narciso pálido** (*Narcissus pallidulus,*
   N. triandrus subsp. *pallidulus*): 1-3 dm. III-V. Medios forestales silíceos frescos y húmedos. Iberoatl. R.
— Piezas periánticas no dobladas hacia atrás. Flores blancas o amarillo intenso 2
2. Corona muy reducida (1-2 mm). Flores blancas de aparición tardía (fig. 201) ....
.... **narciso de otoño** (*Narcissus serotinus*):
   1-3 dm. VIII-X. Terrenos despejados o alterados en áreas cálidas de baja altitud. Circun-Medit. R.
— Sin estos caracteres reunidos. Corona bien apreciable 3
3. Flores completamente amarillas 4
— Flores al menos parcialmente blancas 6
4. Flores con corona muy vistosa (1-4 cm) 5
— Flores con corona poco desarrollada (unos 5 mm) (fig. 202) .... **narciso fino amarillo**
   (*Narcissus assoanus*): 1-3 dm. II-IV. Pastizales vivaces secos en ambientes despejados. Medit.-occid. M.
5. Hojas planas, con más de 5 mm de anchura (fig. 203) ...... **trompón mayor** (*Narcissus pseudonarcissus,*

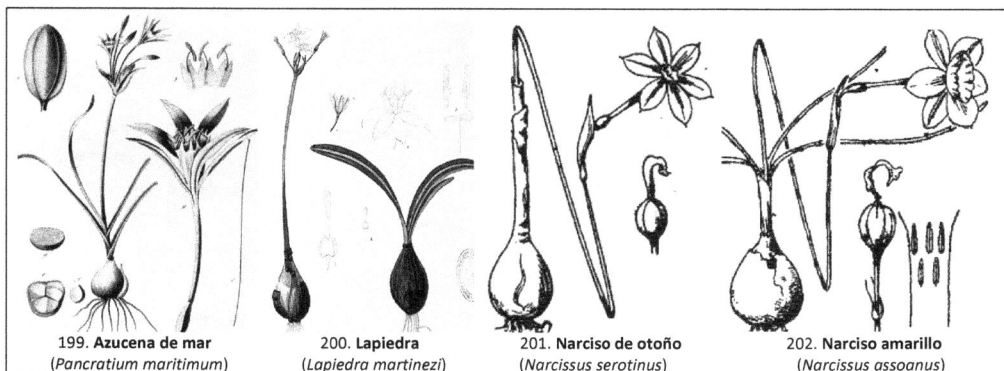

| 199. Azucena de mar | 200. Lapiedra | 201. Narciso de otoño | 202. Narciso amarillo |
| *(Pancratium maritimum)* | *(Lapiedra martinezi)* | *(Narcissus serotinus)* | *(Narcissus assoanus)* |

39

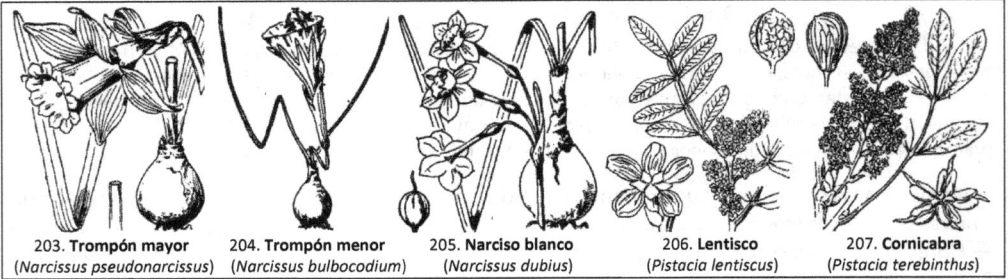

203. **Trompón mayor**	204. **Trompón menor**	205. **Narciso blanco**	206. **Lentisco**	207. **Cornicabra**
(*Narcissus pseudonarcissus*)	(*Narcissus bulbocodium*)	(*Narcissus dubius*)	(*Pistacia lentiscus*)	(*Pistacia terebinthus*)

N. eugeniae, N. radinganorum): 15-35 cm. III-IV. Medios húmedos o umbrosos en áreas frescas. Eurosib. R.

— Hojas semicilíndricas, con 1-3 mm de anchura (fig. 204) .... **trompón menor**
(*Narcissus bulbocodium*): 5-20 cm. Pastizales vivaces frescos y húmedos de montaña. Medit.-Atlánt. R.

6. Corona amarilla, bastante más ancha que larga. Hojas con ± 1 cm de anchura .... **narciso común**
(*Narcissus tazetta*): 2-5 dm. I-IV. Herbazales vivaces en suelos algo húmedos. Circun-Medit. R.

— Corona blanca, poco más ancha que larga. Hojas de unos 3-5 mm de anchura (fig. 205) ....
.... **narciso blanco** (*Narcissus dubius*):
1-3 dm. II-V. Pastizales secos sobre sustratos básicos en zonas de baja altitud. Medit.-occid. M.

3.6. Fam. ANACARDIÁCEAS (*Anacardiaceae*)

Incluye árboles y arbustos resinosos, de distribución tropical y subtropical. Tienen hojas generalmente compuestas y flores uni- o bisexuales, reducidas, pentámeras, dando frutos en drupa con una semilla única carnosa. Muy utilizadas como curtientes, por sus taninos (sobre todo el zumaque); también producen frutos comestibles como los mangos, anacardos, pistachos, etc.

1. Hojas caducas, blandas, imparipinnadas, con varios pares de foliolos laterales y uno terminal (fig.
207) .... 1. **cornicabra** (*Pistacia terebinthus*)
— Hojas perennes, consistentes, en su mayoría paripinnadas (fig. 206) ...... 2. **lentisco** (*Pistacia lentiscus*)

3.6.1. **Cornicabra** (*Pistacia terebinthus*): 1-3 m. IV-VI. Terrenos escarpados calizos en ambiente templado. Circun-Medit. R. (Fig. 207).

3.6.2. **Lentisco**, llentiscle (*Pistacia lentiscus*): 5-25 dm. III-V. Matorrales secos en terrenos de baja altitud. Medit.-Paleotrop. R. (Fig. 206).

3.7. Fam. APOCINÁCEAS (*Apocynaceae*)

Plantas herbáceas o leñosas, con hojas casi siempre opuestas. Flores completas y aparentes, con 5 sépalos, 5 pétalos, 5 estambres y gineceo súpero con 2 o algunos más carpelos soldados, conteniendo numeroso óvulos. Fruto seco, dehiscente y polispermo, capsular o en doble folículo. Se extienden por las regiones tropicales y subtropicales, estando representan en nuestras latitudes por las adelfas y vincas.

1. Arbustos muy leñosos y algo elevados (1-4 m). Hojas coriáceas, firmes, más de 4 veces más largas
que anchas. Flores rosadas o blanco puro (fig. 208) .... 1. **adelfa** (*Nerium*)
— Hierbas poco elevadas (menos de 1 m). Hojas blandas, unas dos veces más largas que anchas. Flores azuladas o violáceas (fig. 209) .... 2. **vincas** (*Vinca*)

3.7.1. **Adelfa**, baladre (*Nerium oleander*): 1-4 m. V-IX. Vaguadas, cauces de ramblas o arroyos, riberas fluvia-les. Medit.-merid. M. (Fig. 208).

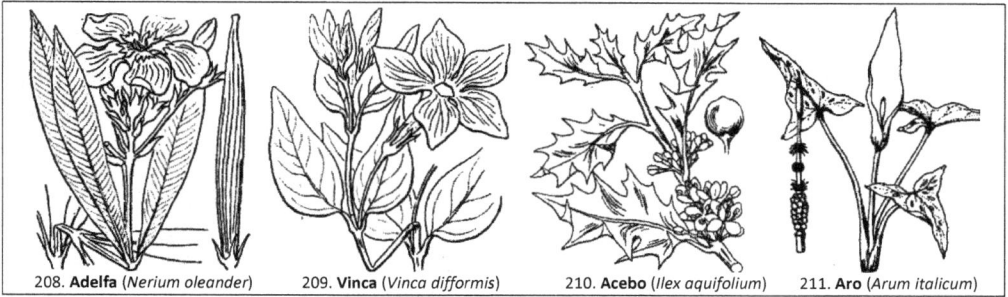

208. **Adelfa** (*Nerium oleander*) 209. **Vinca** (*Vinca difformis*) 210. **Acebo** (*Ilex aquifolium*) 211. **Aro** (*Arum italicum*)

3.7.2. Vincas (*Vinca*)

1. Hojas pelosas en el margen, igual que los sépalos. Flores de color intenso .... **vinca mayor** (*Vinca major*): 2-6 dm. II-VI. Asilvestrada en medios ribereños y herbazales sombreados. Medit.-sept. R.

— Hojas y sépalos sin pelos. Flores de tonalidad pálida, a veces casi blanca (fig. 209) .... **vinca media** (*Vinca difformis*, *V. media*): 2-8 dm. II-V. Nativa en medios ribereños por las zonas bajas. Medit.-occid. M.

3.8. Fam. AQUIFOLIÁCEAS (*Aquifoliaceae*)

Arbustos elevados o árboles, con hojas perennes, brillantes, más o menos dentado-espinosas en el margen. En primavera dan pequeñas flores blancas y para el otoño-invierno lucen su aspecto más llamativo debido a la abundancia de pequeños frutos carnosos rojizos, muy apreciados por la fauna. Un solo género, con una sola especie ibérica: el acebo.

3.8.1. Acebo, grèvol (*Ilex aquifolium*): 3-8 m. V-VI. Medios forestales frescos, aunque algunos ejempla-res han conseguido sobrevivir en zonas poco accesibles aferrados a terrenos rocosos o abruptos de umbría. Eurosib. R. (Fig. 210).

3.9. Fam. ARÁCEAS (*Araceae*)

Plantas herbáceas, a menudo robustas o leñosas y trepadoras, caracterizadas por unas hojas grandes y anchas, con nerviación pinnado-reticulada (no paralela). Las flores suelen ser unisexuales y disponerse en espádices, las femeninas abajo y las masculinas por encima, todo acompañado o cubierto por una bráctea grande y vistosa (espata); los frutos son carnosos. Abundan en áreas tropicales, alcanzando unas pocas especies la Europa templada y mediterránea.

1. Inflorescencia cubierta de una gran bráctea blanca con aspecto de corola, de forma embudada, con el ápice erguido, que supera los 10 cm. Eje de la inflorescencia engrosado y recto en su extremo (fig. 211) .... 1. **aro** (*Arum*)

— Bráctea de color verdoso o parduzco, cilíndrica, con el ápice doblado en forma de tapadera entreabierta, de unos 4-5 cm. Eje de la inflorescencia poco engrosado, curvado en su extremo (fig. 212) ... . 2. **frailillos** (*Arisarum*)

3.9.1. Aro (*Arum italicum*): 3-8 dm. IV-V. Bosques ribereños, cañaverales y herbazales vivaces densos en ambiente sombreado a baja altitud. Circun-Medit. M. (Fig. 211). [Cultivada, y a veces asilvestrada en zonas húmedas costeras, tenemos también la **cala común** (*Zantedeschia aethiopica*)].

3.9.2. Frailillos, gresolets (*Arisarum vulgare*, *Arum arisarum*): 1-4 dm. XI-IV. Herbazales jugosos en inviernos y claros de matorrales a baja altitud. Circun-Medit. R (Esp, Set). (Fig. 212).

41

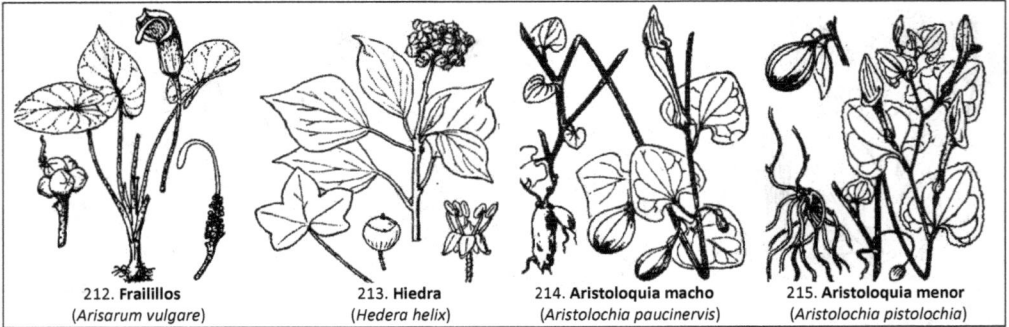

| 212. Fraílillos | 213. Hiedra | 214. Aristoloquia macho | 215. Aristoloquia menor |
| (Arisarum vulgare) | (Hedera helix) | (Aristolochia paucinervis) | (Aristolochia pistolochia) |

3.10. Fam. ARALIÁCEAS (Araliaceae)

Plantas leñosas, a veces trepadoras, con hojas perennes palminervias. Las flores se reúnen en umbelas y suelen ser completas, con 5 sépalos, 5 pétalos, 5 estambres y gineceo con 5 carpelos soldados, siendo los péta-los pequeños y no muy coloristas. Los frutos son carnosos en bayas. Está representada en la Península sólo a través de unas pocas especies de hiedras silvestres, aunque en jardinería se usan numerosas otras exóticas.

3.10.1. **Hiedra**, heura (Hedera helix): 1-10 m. VIII-X. Medios forestales, pedregales y roquedos de todo tipo. Euri-Medit. M. (Fig. 213).

3.11. Fam. ARISTOLOQUIÁCEAS (Aristolochiaceae)

Hierbas de pequeño porte en nuestras latitudes, aunque elevadas y trepadoras en ámbitos tropicales. Las hojas son más o menos acorazonadas y las flores forman tubos alargados y curvados, sirviendo de trampas a las moscas, a las que utilizan para la polinización. Los frutos son cápsulas esferoidales.

3.11.1. **Aristoloquias** (Aristolochia)
1. Hojas con margen entero. Pedúnculo de las flores más largo que el peciolo de la hoja contigua (fig. 214) .... **aristoloquia macho** (Aristolochia paucinervis, A. longa): 2-5 cm. IV-VI. Bosques de ribera y herbazales vivaces algo húmedos. Circun-Medit. M.
— Hojas con margen dentado. Flores con pedúnculo más corto que el peciolo de la hoja contigua (fig. 215) .... **aristoloquia menor** (Aristolochia pistolochia): 1-3 dm. IV-VI. Matorrales secos y soleados sobre calizas. Medit.-occid. M.

3.12. Fam. ASCLEPIADÁCEAS (Asclepiadaceae)

Se trata de una familia de óptimo tropical, muy polimorfa, con flores de pétalos soldados en las que es ha-bitual que se suelden también los estambres al gineceo (ginostemo). Los frutos son en folículos alargado-fusiformes con numerosas semillas. Está representada de modo muy limitado en nuestro país, sobre todo por hierbas exóticas a veces asilvestradas, muchas empleadas en jardinería.

1. Frutos gruesos y blandos, muy hinchados (fig. 217) .... 2. **planta de la seda** (Gomphocarpus)
— Frutos sin estos caracteres 2
2. Planta glabra, marcadamente trepadora. Hojas acorazonadas en la base (fig. 216) ....
.... 1. **corregüela borde** (Cynanchum)
— Plantas más o menos pelosas, poco trepadoras. Hojas redondeadas en la base (fig. 218) ....
.... 2. **vencetósigos** (Vincetoxicum)

3.12.1. **Corregüela borde**, corretxola borda (Cynanchum acutum): 5-25 dm. VI-VIII. Cañaverales y m cos-teros o ribereños de baja altitud. Paleotrop. R. (Fig. 216).

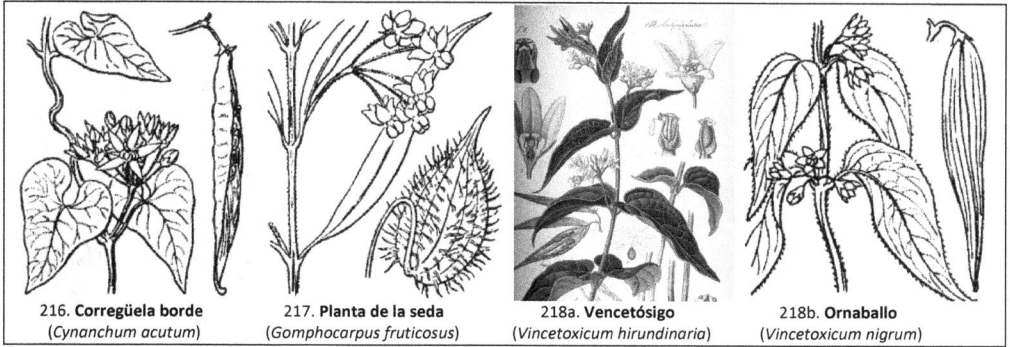

216. **Corregüela borde**	217. **Planta de la seda**	218a. **Vencetósigo**	218b. **Ornaballo**
(*Cynanchum acutum*)	(*Gomphocarpus fruticosus*)	(*Vincetoxicum hirundinaria*)	(*Vincetoxicum nigrum*)

3.12.2. Planta de la seda, <u>sedera</u> (*Gomphocarpus fruticosus*, Asclepias fruticosa): 5-18 dm. Ramblas, terrenos baldíos, siempre en zonas de baja altitud. Paleotrop. R. (Fig. 217).

3.12.3. Vencetósigos (*Vincetoxicum*)

1. Flores verde-amarillentas. Planta baja (1-4 dm), no trepadora (fig. 218a) ....
.... **vencetósigo común** (*Vincetoxicum hirundinaria*):
1-4 dm. V-VII. Pastizales vivaces y terrenos pedregosos. Paleotemp. R.
— Flores negruzcas. Planta algo voluble o trepadora en el extremo, algo elevada, que puede superar 1 m de estatura (fig. 218b) .... **ornaballo** (*Vincetoxicum nigrum*):
4-15 dm. V-VII. Bosques y matorrales mediterráneos en zonas de baja altitud. Medit.-occid. R.

3.13. Fam. BERBERIDÁCEAS (*Berberidaceae*)

Arbustos espinosos de hoja caduca, entera o laxamente dentada en el margen, propios de climas templados. En primavera dan racimos de pequeñas pero vistosas flores amarillas, que en verano se convierten en jugosas bayas comestibles (aunque de dimensiones reducidas), de color azulado oscuro.

3.13.1. Agracejo, <u>coralet</u> (*Berberis hispanica*): 5-20 dm. IV-VI. Bosques y matorrales de montaña sobre todo tipo de terrenos. Iberolev. C. [La mayor parte de la representación corre a cargo de la **subsp. seroi**, de tránsito hacia el **B. vulgaris** europeo, que también se insinúa en la zona norte (fig. 219)].

3.14. Fam. BETULÁCEAS (*Betulaceae*)

Árboles y arbustos de hoja caduca, que forman amentos masculinos blandos y alargados, siendo las inflorescencias femeninas más consistentes y menos alargadas; las cuales dan frutos secos, que son pequeños y alados en los abedules y más gruesos y comestibles en los avellanos. Estos dos géneros, junto a los alisos son los únicos representados en España, a través de unas pocas especies silvestres.

1. Hojas redondeadas, de unos 5-10 cm. Frutos esféricos, aparentes y pesados, solitarios o en pequeños grupos, con cubierta leñosa (fig. 221) .... 1. **avellano** (*Corylus*)
— Hojas de contorno triangular, menores. Frutos muy reducidos y ligeros, reunidos en grupos cilíndricos (fig. 220) .... 2. **abedul** (*Betula*)

3.14.1. Avellano, <u>avellaner</u> (*Corylus avellana*): 1-4 m. III-V. Bosques húmedos, sobre todo ribereños, a veces en medios pedregosos o grietas de roquedos. Eurosib. R. (Fig. 221).

3.14.2. Abedul (*Betula pendula*): 2-8 m. IV-V. Bosques caducifolios en ambientes frescos y húmedos. Eurosib. RR (Taj). (Fig. 220).

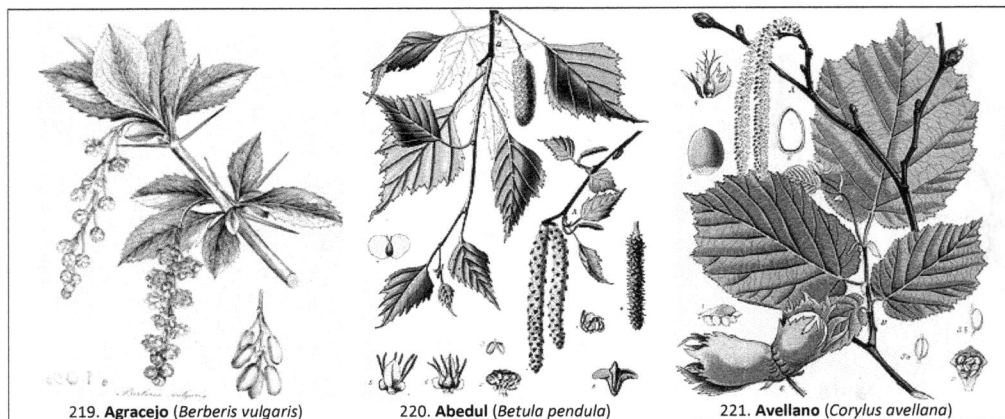

| 219. **Agracejo** (*Berberis vulgaris*) | 220. **Abedul** (*Betula pendula*) | 221. **Avellano** (*Corylus avellana*) |

3.15. Fam. BORAGINÁCEAS (*Boraginaceae*)

Hierbas anuales o perennes, raras veces leñosas, con hojas alternas, con frecuencia cubiertas de pelos rígidos. Las flores sueles presentarse en cimas escorpioideas unilaterales, estando los pétalos soldados en tubo terminado en cinco lóbulos iguales y dando frutos divididos en 4 pequeñas núculas endurecidas. Familia rica en especies, de las que las mejor conocidas son las borrajas, viboreras y consueldas.

1. Estambres muy visibles y saliendo del tubo de la corola 2
— Estambres incluidos dentro de la corola 3
2. Corola curvada, con simetría bilateral, provista de un tubo alargado y unos lóbulos libres cortos (fig. 222) .... 13. **viboreras** (*Echium*)
— Corola recta, con tubo corto y lóbulos libres alargados (fig. 223) .... 3. **borraja** (*Borago*)
3. Semillas cubiertas de aguijones ganchudos adherentes (fig. 224) .... 14. **vinieblas** (*Cynoglossum*)
— Semillas con superficie lisa o no adherente 4
4. Cáliz con sépalos dentados, desiguales, dos de los cuales crecen mucho al fructificar, formando como dos valvas que ocultan al fruto (fig. 225) .... 2. **asperugo** (*Asperugo*)
— Sépalos enteros, todos iguales, no acrescentes con el fruto al madurar éste 5
5. Hierbas glabras. Flores blancas, de unos 5-10 mm de diámetro. Frutos anchos, aplanados y aparentes al madurar .... 11. **onfalodes** (*Omphalodes*)
— Hierbas glabras o pelosas. Flores blancas o coloreadas, de diámetro menor. Frutos no aplanados ni muy aparentes al madurar 6
6. Flores reducidas (unos 2-5 mm), dispuestas en largas cimas escorpioides muy curvadas en su etapa juvenil, sin brácteas 7

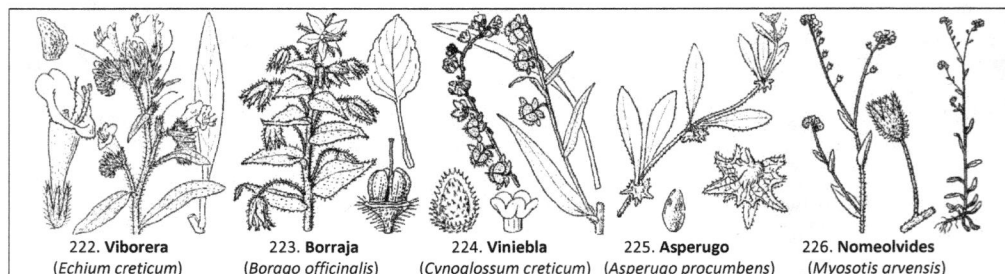

| 222. **Viborera** (*Echium creticum*) | 223. **Borraja** (*Borago officinalis*) | 224. **Viniebla** (*Cynoglossum creticum*) | 225. **Asperugo** (*Asperugo procumbens*) | 226. **Nomeolvides** (*Myosotis arvensis*) |

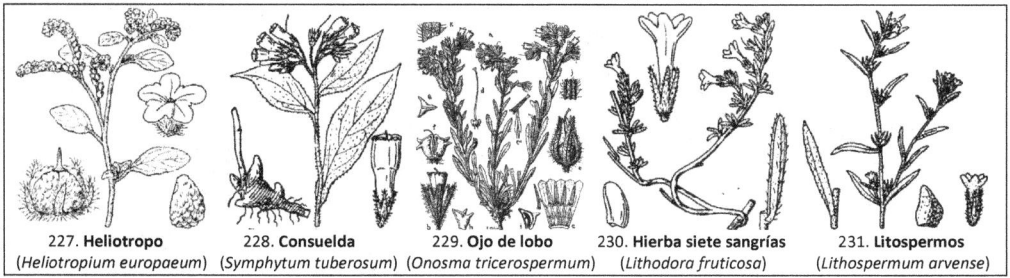

227. **Heliotropo** (*Heliotropium europaeum*)   228. **Consuelda** (*Symphytum tuberosum*)   229. **Ojo de lobo** (*Onosma tricerospermum*)   230. **Hierba siete sangrías** (*Lithodora fruticosa*)   231. **Litospermos** (*Lithospermum arvense*)

— Sin estos caracteres reunidos 8

7. Flores azuladas o amarillentas (fig. 226) .... 8. **nomeolvides** (*Myosotis*)

— Flores blancas (fig. 227) .... 5. **heliotropo** (*Heliotropium*)

8. Corola amarilla, con tubo alargado (más de 1 cm) que se ensancha hacia arriba 9

— Corola blanca, rojiza o azulada, con tubo no ensanchado hacia arriba 10

9. Planta de pelosidad suave, con hojas anchas (unos 2-4 cm de anchura) y blandas (fig. 228) ....

.... 4. **consuelda** (*Symphytum*)

— Planta de pelosidad áspera, con hojas estrechas (menos de 1 cm de anchura) y consistentes (fig.

229) .... 10. **ojo de lobo** (*Onosma*)

10. Plantas herbáceas, anuales o perennes 11

— Planta francamente leñosa, poco elevada. Hojas pequeñas, de 1-2 cm de largo por 1-2 mm de an-

chura (fig. 230) .... 6. **hierba de las siete sangrías** (*Lithodora*)

11. Hojas anchamente lanceoladas y blandas, cubiertas de manchas irregulares. Flores de tonalidad

azul-violácea intensa (fig. 232) .... 12. **pulmonaria** (*Pulmonaria*)

— Sin estos caracteres reunidos 12

12. Semillas rectas, lisas y duras (aspecto pétreo) (fig. 231) .... 7. **litospermos** (*Lithospermum*)

— Semillas curvadas y rugosas 13

13. Cáliz con dientes iguales o más cortos que el tubo, que se ensancha mucho con la fructificación

(más ancho que alto) (fig. 233) .... 9. **nonea** (*Nonea*)

— Sin estos caracteres reunidos. Cáliz habitualmente no concrescente y con dientes alargados (figs.

234-236) .... 1. **ancusas** (*Anchusa, Alkanna*)

3.15.1. Ancusas (*Anchusa, Alkanna*)

1. Corola con tubo algo curvado y lóbulos algo desiguales (fig. 230) .. **ancusa menor** (*Anchusa arvensis,*
Lycopsis arvensis): 1-4 dm. IV-VI. Campos de secano y herbazales anuales de su entorno. Paleotemp. M.

— Corola con simetría radiada, siendo el tubo recto y los lóbulos iguales 2

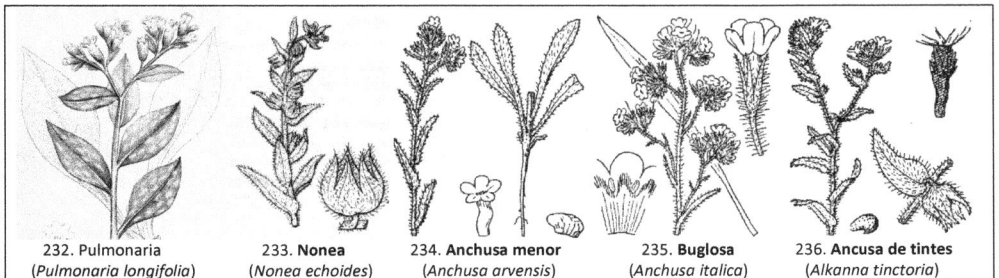

232. **Pulmonaria** (*Pulmonaria longifolia*)   233. **Nonea** (*Nonea echoides*)   234. **Anchusa menor** (*Anchusa arvensis*)   235. **Buglosa** (*Anchusa italica*)   236. **Ancusa de tintes** (*Alkanna tinctoria*)

45

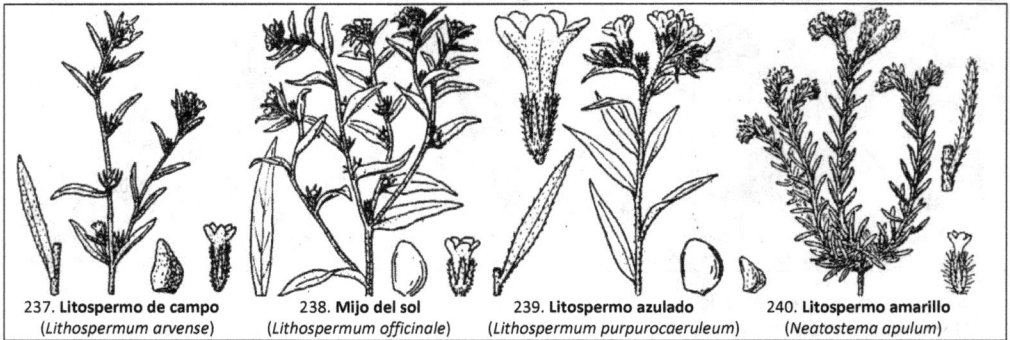

237. **Litospermo de campo** (*Lithospermum arvense*)	238. **Mijo del sol** (*Lithospermum officinale*)	239. **Litospermo azulado** (*Lithospermum purpurocaeruleum*)	240. **Litospermo amarillo** (*Neatostema apulum*)

2. Planta baja y de tendencia rastrera. Raíces que tintan de color granate (fig. 236) ....
.... **ancusa de tintes** (*Alkanna tinctoria*):
1-3 dm. II-V. Matorrales y pastizales vivaces en medios arenosos secos y soleados. Circun-Medit. R.
— Sin estos caracteres reunidos. Planta erguida y elevada (fig. 235) .. **buglosa** (*Anchusa italica,* A. azurea):
3-10 dm. V-VII. Campos de secano y herbazales nitrófilos anuales de su entorno. Medit.-Iranotur. M.
[Con tamaño menor, hojas de margen dentado-ondulado, cáliz con la parte soldada tan larga como los dientes, etc.,
también tenemos *A. undulata*, en áreas silíceas interiores (Alc, Jil)].

3.15.2. **Asperugo** (*Asperugo procumbens*): 2-5 dm. IV-VI. Herbazales nitrófilos sombreados, sobre todo en
áreas interiores. Paleotemp. M. (Fig. 225).

3.15.3. **Borraja**, borratja (*Borago officinalis*): 1-4 dm. IV-VI. Herbazales alterados en caminos, cultivos o terrenos baldíos. Paleotemp. M. (Fig. 223).

3.15.4. **Consuelda**, consolda (*Symphytum tuberosum*): 2-4 dm. IV-VI. Bosques ribereños poco alterados.
Paleotemp. R. (Fig. 228).

3.15.5. **Heliotropo** (*Heliotropium europaeum*): 1-4 dm. VI-IX. Campos de secano, herbazales sobre terrenos
secos alterados. Medit.-Iranot. C. (Fig. 227).

3.15.6. **Hierba de las siete sangrías**, aspró (*Lithodora fruticosa,* Lithospermum fruticosum): 1-4 dm. III-VI.
Matorrales secos sobre terrenos calizos o margosos. Medit.-occid. M. (Fig. 230).

3.15.7. **Litospermos** (*Lithospermum, Neatostema*)
1. Flores blancas o de un amarillento muy pálido 2
— Flores azuladas, violáceas o de tono amarillo intenso 3
2. Planta perenne y elevada (fig. 238) .... **mijo del sol** (*Lithospermum officinale*):
3-10 dm. IV-VI. Bosques y otros ambientes ribereños sombreados, frescos y húmedos. Eurosib. M.
— Planta anual, de estatura modesta (fig. 237) .... **litospermo de campo** (*Lithospermum arvense,*
Buglossoides arvensis): 1-5 dm. III-VI. Campos de secano, barbechos, terrenos baldíos. Medit.-Iranot. C.
3. Flores amarillas. Hierbas erguidas (fig. 240) .... **litospermo amarillo** (*Neatostema apulum,*
Lithospermum apulum): 5-15 cm. III-V. Pastizales anuales en medios secos y soleados. Medit.-Iranot. M.
— Flores azuladas o violáceas. Hierbas poco erguidas o algo tendidas 4
4. Hierba anual, de baja estatura, con menos de 1 dm y flores de pocos mm .... **litospermo enano**
(*Lithospermum incrassatum*): 3-18 cm. IV-VI. Pastizales de montaña sobre terrenos calizos. Circun-Medit. R.
— Hierba perenne, de mayor estatura. Flores mayores, con más de 1 cm (fig. 239) ....
.... **litospermo azulado** (*Lithospermum purpurocaeruleum,* Buglossoides purpurocaerulea):
2-5 dm. IV-VI. Pastizales vivaces húmedos y sombreados en áreas frescas de montaña. Eurosib.-merid. R.

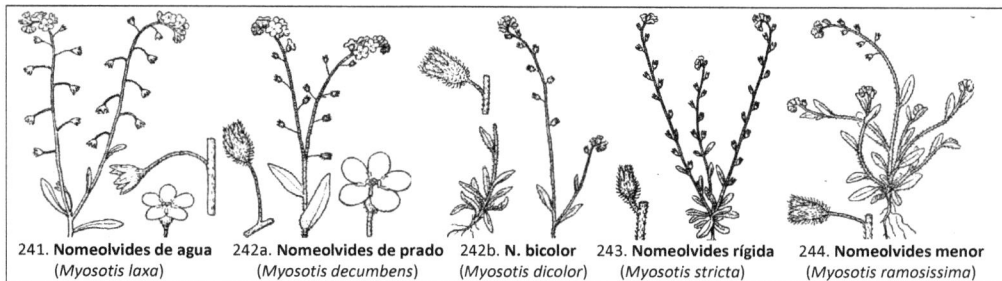

| 241. **Nomeolvides de agua** (*Myosotis laxa*) | 242a. **Nomeolvides de prado** (*Myosotis decumbens*) | 242b. **N. bicolor** (*Myosotis dicolor*) | 243. **Nomeolvides rígida** (*Myosotis stricta*) | 244. **Nomeolvides menor** (*Myosotis ramosissima*) |

3.15.8. **Nomeolvides** (*Myosotis*)

1. Plantas perennes, tendidas o poco erguidas, propias de ambientes muy húmedos 2
— Plantas anuales o bienales, finas y erguidas, de medios no muy húmedos 3
2. Cáliz cubierto de pelos simples y aplicados, no ganchudos. Planta poco elevada (fig. 241) ....
.... **nomeolvides de agua** (*Myosotis laxa*):
1-4 dm. V-IX. Cauces de arroyos, regueros siempre húmedos en áreas frescas de montaña. Eurosib. R.
— Cáliz con pelos ganchudos. Planta algo elevada (fig. 242a) .... **nomeolvides de prado**
(*Myosotis decumbens*): 3-6 dm. V-VII. Pastos húmedos en ambientes de montaña. Eurosib. R (Gud, Taj).
3. Flores amarillas, al menos en parte 4
— Flores todas azuladas 5
4. Flores discolores, que surgen amarillas y luego pasan a azuladas (fig. 242b) ...... **nomeolvides bicolor**
(*Myosotis discolor*): 5-35 cm. IV-VI. Pastizales algo húmedos sobre suelos silíceos. Medit.-Atlánt. R.
— Flores todas iguales y amarillas .... **nomeolvides amarilla** (*Myosotis persoonii*):
5-25 cm. IV-VI. Pastizales anuales en medios silíceos despejados. Medit.-occid. RR (Alc, Taj).
5. Flores apareciendo casi desde tierra, sobre pedúnculos con cerca de 1 mm (fig. 243) ....
.... **nomeolvides rígida** (*Myosotis stricta*):
5-20 cm. IV-VI. Pastizales anuales secos y soleados sobre suelos arenosos silíceos. Paleotemp. R.
— Flores inferiores a cierta altura sobre el suelo, con pedúnculos más largos (al madurar) 6
6. Planta no muy fina, habitualmente bienal. Cáliz 1,5-2 mm en flor y 3-6 mm en fruto (fig. 226) ....
.... **nomeolvides común** (*Myosotis arvensis*):
1-5 dm. III-VI. Pastizales sombreados y no muy secos sobre todo en terrenos silíceos. Paleotemp. M.
— Planta grácil, anual. Cáliz con cerca de 1 mm en flor y 2-3 mm en fruto (fig. 244) ....
.... **nomeolvides menor** (*Myosotis ramosissima*):
5-35 cm. IV-VI. Pastizales anuales sobre sustratos varios, en medios no muy secos. Paleotemp. M.

3.15.9. **Nonea** (*Nonea echioides*): 1-3 dm. III-VI. Herbazales anuales en campos de cultivo o terrenos altera-
dos. Circun-Medit. M. (Fig. 233). [Esta especie tiene flores blancas o de amarillo pálido y le sustituye en zonas meridionales *N. micrantha*, de flores menores con tonalidad azulada-violácea más oscura].

3.15.10. **Ojo de lobo** (*Onosma tricerosperma*): 1-4 dm. V-VII. Pastizales vivaces secos en áreas continenta-
les. Medit.-occid. R (Alc, Man). (Fig. 229).

3.15.11. **Onfalodes** (*Omphalodes linifolia*): 1-4 dm. IV-VI. Pastizales anuales en ambientes despeja-dos,
sobre todo en zonas interiores. Medit.-occid. R (Alc, Man).

3.15.12. **Pulmonaria** (*Pulmonaria longifolia*): 1-4 dm. IV-VI. Medios forestales frescos y húmedos sobre
sustrato silíceo. Eurosib. RR (Taj). (Fig. 232).

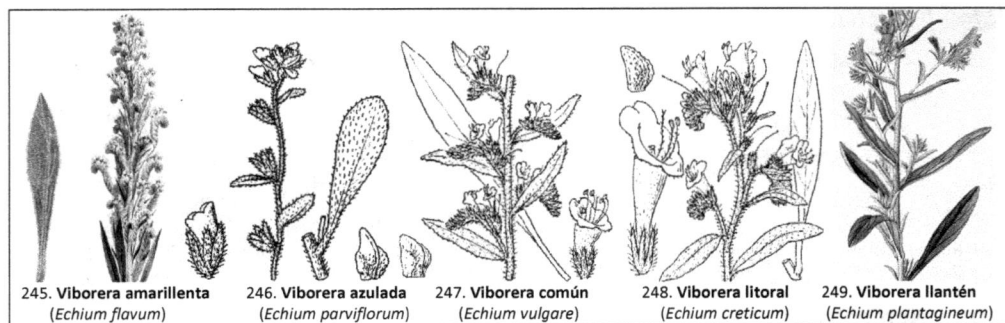

245. **Viborera amarillenta**	246. **Viborera azulada**	247. **Viborera común**	248. **Viborera litoral**	249. **Viborera llantén**
(*Echium flavum*)	(*Echium parviflorum*)	(*Echium vulgare*)	(*Echium creticum*)	(*Echium plantagineum*)

3.15.13. **Viboreras**, viboreres (*Echium*)

1. Flores blanquecinas, amarillentas o rosadas 2
— Flores rojizas, azules o violáceas 3
2. Hierba muy ramosa desde la base, poco más alta que ancha .... **viborera compacta** (*Echium asperrimum*): 2-6 dm. IV-VII. Herbazales sobre terrenos secos alterados. Medit.-occid. M.
— Hierba poco ramosa, mucho más alta que ancha (fig. 245) .... **viborera amarillenta** (*Echium flavum*): 2-6 dm. VI-VII. Pastizales vivaces frescos de montaña. Medit.-occid. R (Taj). [En las sierras litorales del SE le sustituye la más termófila ***E. saetabense*** (= *E. flavum* subsp. *saetabense*), más robusta y elevada (Set), mientras que en áreas interiores no muy elevadas la gigante (1-2 m de altura o más) *E. boissieri* (Alc, BA)].
3. Flores azuladas, pequeñas (cerca de 1 cm o menos). Estambres no salientes de la corola (fig. 246) .... **viborera azulada** (*Echium parviflorum*): 1-4 dm. II-V. Herbazales anuales en zonas alteradas de baja altitud. Medit.-merid. R (BM, Set).
— Flores mayores, rojizo-violáceas, con algunos estambres salientes de la corola 4
4. Corola sin pelos o reducidos a sus márgenes y nervaduras. Hojas anchas con peciolo y nerviación secundaria bien marcada (fig. 249) .... **viborera llantén** (*Echium plantagineum*): 3-6 dm. III-V. Herbazales anuales alterados en medios litorales cálidos no muy secos. Medit.-Iranot. R.
— Corola pelosa en casi toda su superficie. Hojas alargadas, con nerviación secundaria poco marcada 5
5. Planta erguida y poco ramosa. Flores con 3-5 estambres claramente salientes de la corola (fig. 247) .... **viborera común** (*Echium vulgare*): 2-6 dm. IV-VIII. Herbazales alterados en terrenos baldíos, campos de secano, cunetas, etc. Paleotemp. C.
— Sin estos caracteres reunidos. Flores habitualmente con 1-2 estambres salientes 6
6. Planta de porte rastrero, propia de arenales costeros. Hojas todas de tamaño semejante .... **viborera de playa** (*Echium sabulicola*): 1-4 dm. X-VI. Medios arenosos costeros bastante transitados o degradados. Circun-Medit. R (Cos).
— Planta de porte erguido, al menos en parte. Hojas superiores bastante menores que las inferiores (fig. 248) .... **viborera litoral** (*Echium creticum*): 2-7 dm. II-VI. Herbazales nitrófilos en áreas litorales o de baja altitud. Circun-Medit. M.

3.15.14. **Vinieblas** (*Cynoglossum, Lappula, Rochelia*)

1. Frutos cubiertos de pelos ganchudos muy cortos y densos, apenas visibles a simple vista, con los 5 sépalos curvados a su alrededor formando a modo de jaula (fig. 250a) .... **viniebla enrejada** (*Rochelia disperma*): 5-20 cm. IV-VI. Pastos secos sobre calizas en áreas continentales. Medit.-occid. R.
— Sin estos caracteres reunidos 2
2. Flores surgiendo todas de brácteas. Corola con un diámetro de 2-3 mm, de color azul pálido (fig. 250b) .... **viniebla ensortijada** (*Lappula squarrosa*): 2-6 dm. V-VII. Pastizales anuales en áreas despejada continentales o de montaña. Paleotemp. R.
[Con las espinas de los frutos más laxas, reducidas a una fila en cada lado, tenemos también *L. patula*, en medios similares].
— Flores no surgiendo de brácteas. Corola con un diámetro de 4 mm o más 3

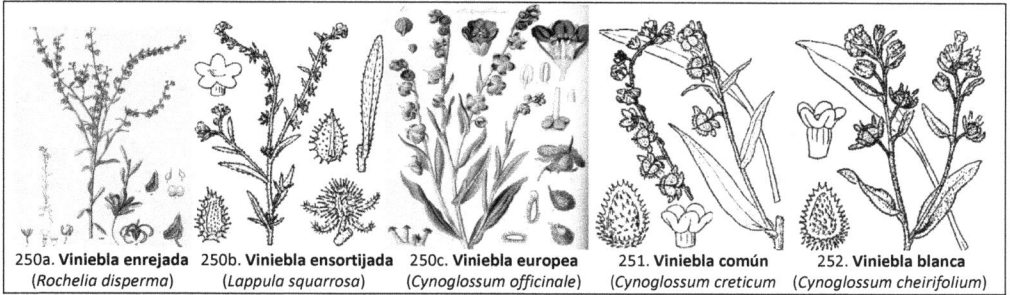

250a. **Viniebla enrejada**	250b. **Viniebla ensortijada**	250c. **Viniebla europea**	251. **Viniebla común**	252. **Viniebla blanca**
(*Rochelia disperma*)	(*Lappula squarrosa*)	(*Cynoglossum officinale*)	(*Cynoglossum creticum*	(*Cynoglossum cheirifolium*)

3. Flores reducidas (cáliz de unos 3 mm y corola de unos 5 mm) (fig. 250c) .... **viniebla europea** (*Cynoglossum officinale*): 4-12 dm. V-VII. Medios forestales frescos y húmedos de montaña. Paleotemp. R (Gud, Taj). [Más baja y tenue, con hojas que no superan 1 cm de anchura, en áreas interiores también ***C. dioscoridis***].

— Flores mayores (cálices y corolas cerca de 1 cm) 4

4. Planta densamente tomentoso-blanquecina. Flores rojizas con nerviación poco marcada (fig. 252)....

.... **viniebla blanca** (*Cynoglossum cheirifolium*): 1-4 dm. II-V. Campos de cultivo, terrenos baldíos secos. Medit.-occid. M.

— Planta verdosa o grisácea. Flores que pasan del azulado al rojizo, con la nerviación muy marcada (fig. 251) .... **viniebla común** (*Cynoglossum creticum*): 3-8 dm. IV-VII. Herbazales alterados en ambientes de vega o campos no muy soleados. Paleotemp. M.

3.16. Fam. BUXÁCEAS (*Buxaceae*)

Pequeña familia de plantas herbáceas o leñosas, con distribución tropical o subtropical. Hojas simples, coriáceas. Flores poco vistosas, con 4 sépalos, sin pétalos, 4-6 estambres y gineceo de 3 carpelos soldados, con cavidades separadas, encerrando 1-2 semillas cada una. Frutos secos, dehiscentes en cápsulas. Las especies suelen emplearse como ornamentales y están representadas en nuestras latitudes sólo por el boj.

3.16.1. **Boj**, boix (*Buxus sempervirens*): II-IV. 5-20 dm. Matorrales frescos de montaña sobre calizas. Medit.-sept. M. (Fig. 253).

3.17. Fam. CACTÁCEAS (*Cactaceae*)

Plantas herbáceas o leñosas, con el tallo craso, esférico, cilíndrico o aplanado, casi siempre desprovisto de hojas o con éstas sustituidas por espinas. Las flores son vistosas, con ovario ínfero, numerosos pétalos y estambres, dando lugar a frutos carnosos a veces comestibles. Son nativas de los desiertos y zonas secas de América tropical, no siendo ninguna autóctona, aunque se han naturalizado por las partes bajas del territorio escapadas de cultivo.

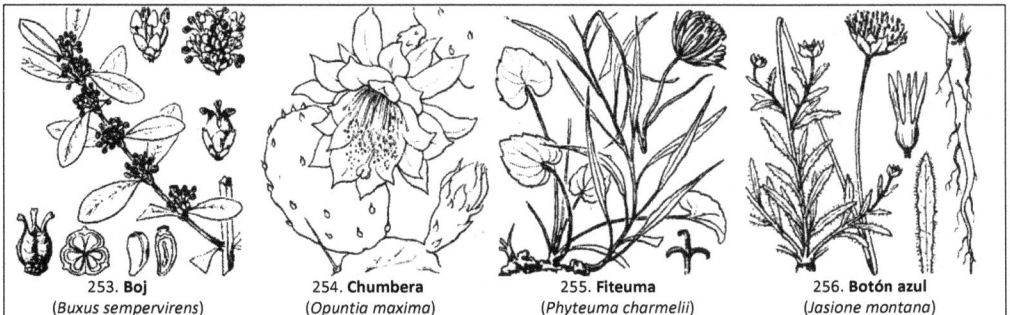

253. **Boj**	254. **Chumbera**	255. **Fiteuma**	256. **Botón azul**
(*Buxus sempervirens*)	(*Opuntia maxima*)	(*Phyteuma charmelii*)	(*Jasione montana*)

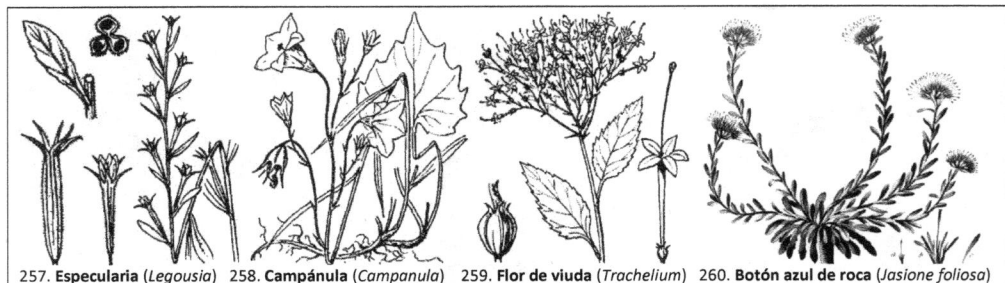

257. **Especularia** (*Legousia*)   258. **Campánula** (*Campanula*)   259. **Flor de viuda** (*Trachelium*)   260. **Botón azul de roca** (*Jasione foliosa*)

3.13.1. **Chumbera**, figuera palera (*Opuntia maxima*): 1-4 m. IV-VII. Asilvestrada en caminos y matorrales por las partes bajas. Neotrop. R. (Fig. 254). [Otra especie abundantemente naturalizada en el litoral es *O. subulata*, de tallos cilíndricos, no aplanados, de color verde más intenso, con espinas y hojas verdes cilíndricas].

3.18. Fam. CAMPANULÁCEAS (*Campanulaceae*)

Hierbas mayoritariamente perennes, con flores vistosas en racimos o capítulos, que suelen ser azuladas, con 5 pétalos soldados, más o menos vistosos, a veces en forma acampanada. En nuestras latitudes se representa a través de varios géneros, de entre los que destacan las variadas y vistosas campánulas.

1. Flores en capítulos esferoidales involucrados, en el extremo de largos pedúnculos 2
— Inflorescencia laxa y alargada o en glomérulos (nunca verdaderos capítulos) sentados 3
2. Corola algo arqueada y con los lóbulos libres soldados por arriba. Estambres con anteras libres (fig. 255) .... 4. **fiteumas** (*Phyteuma*)
— Corola recta, con los lóbulos libres no soldados por la parte superior. Anteras soldadas (fig. 256) ....1. **botón azul** (*Jasione*)
3. Cáliz más largo que la corola. Tubo del cáliz y frutos cilíndricos (fig. 257) ... 3. **especularias** (*Legousia*)
4. Corola con tubo ancho y acampanado (1-3 veces más largo que ancho), del que el estilo apenas sobresale (fig. 258) .... 2. **campánulas** (*Campanula*)
— Corol6 con tubo muy largo y estrecho (cerca de 1 cm x 1 mm), del que sobresale mucho el estilo (fig. 259) .... 5. **flor de viuda** (*Trachelium*)

3.18.1. **Botón azul** (*Jasione*)

1. Hierba anual erguida. Mitad superior de los tallos sin hojas (fig. 256) .... **botón azul común** (*Jasione montana*): 1-5 dm. V-VII. Pastizales sobre suelos arenosos silíceos despejados. Paleotemp. R.
— Hierba perenne, de tendencia tendida, con tallos bastante foliosos 2
2. Hojas basales y medias semejantes, todas sentadas, pelosas y onduladas en el margen. Dientes del cáliz pelosos .... **botón azul tendido** (*Jasione sessiliflora*, *J. crispa* subsp. *sessiliflora*): 5-30 cm. V-VIII. Medios rocosos o arenosos silíceos de montaña. Medit.-occid. R.
— Hojas glabras, las basales pecioladas y bastante mayores que las medias. Dientes del cáliz glabros (fig. 260) .... **botón azul de roca** (*Jasione foliosa*): 5-25 cm. VII-IX. Grietas de roquedos calizos sombreados en áreas de montaña. R (Set).
[En las sierras litorales al norte del Júcar le sustituye la escasa *J. mansanetiana*, con hojas más estrechas y agudas, flores mayores, etc. (BM, Set)].

3.18.2. **Campánulas** (*Campanula*)

1. Planta anual, muy baja y tenue, con flores de unos 5 mm (fig. 261) .... **campánula enana** (*Campanula erinus*): 3-25 cm. III-VI. Pastizales secos anuales, medios escarpados. Circun-Medit. C. [Bastante similar, aunque con flores aún menores, erguidas incluso en la fructificación, sobre pedúnculos más cortos, habitante solamente en terrenos yesosos muy secos y soleados por las áreas interiores, tenemos también *C. fastigiata*].
— Plantas anuales o perennes, con flores mayores 2

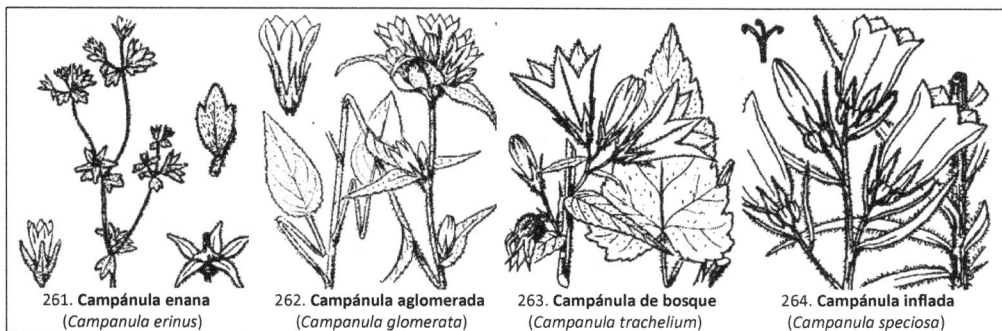

261. **Campánula enana**	262. **Campánula aglomerada**	263. **Campánula de bosque**	264. **Campánula inflada**
(*Campanula erinus*)	(*Campanula glomerata*)	(*Campanula trachelium*)	(*Campanula speciosa*)

2. Hierbas anuales, con cepa y raíces muy finas 3
— Hierbas perennes, con cepa algo engrosada o endurecida 4
3. Cáliz con 5 lóbulos dirigidos hacia abajo entre los dientes. Planta pelosa de tacto áspero ....
.... **campánula de pedregal** (*Campanula semisecta, C. dichotoma*):
5-25 cm. IV-VI. Medios rocosos o pedregosos de montaña. Medit.-occid. R.
— Cáliz sin lóbulos entre los dientes. Hierba no pelosa, de tacto suave .... **campánula de Portugal**
(*Campanula lusitanica*): 5-25 cm. V-VIII. Pastizales secos anuales sobre suelo silíceo. Medit.-occid. R.
4. Hojas medias lanceoladas u ovadas, claramente pecioladas, con cerca de 1 cm o más de anchura   5
— Hojas medias lineares o linear-lanceoladas, a veces sentadas, más estrechas 6
5. Flores sentadas en grupos densos glomerulares, aunque habitualmente varios superpuestos. Planta grisácea pelosa (fig. 262) .... **campánula aglomerada** (*Campanula glomerata*):
1-4 dm. VI-VIII. Pastizales vivaces húmedos y claros de bosques frescos. Eurosib. M.
— Flores brevemente pedunculadas, solitarias o en pequeños grupos laxos. Planta verde glabra o poco pelosa (fig. 263) .... **campánula de bosque** (*Campanula trachelium*):
2-10 dm. VI-IX. Pastizales vivaces y orlas de bosques caducifolios o bastante húmedos. Eurosib. M.
6. Flores grandes, alcanzando 3-5 cm, muy vistosas, hinchadas en la base, (fig. 264) ....
.... **campánula inflada** (*Campanula speciosa*):
2-5 dm. VI-VII. Medios rocosos calizos frescos y con cierta humedad. Medit.-noroccid. RR (Bec, Set).
— Flores más pequeñas, no hinchadas en la base 7
7. Hierba erecta, rígida y algo elevada (supera a menudo el medio metro). Flores dispuestas en largos racimos poco ramosos (fig. 266) .... **rapónchigo** (*Campanula rapunculus*):
3-8 dm. V-VII. Pastizales vivaces sobre suelos profundos no muy secos. Paleotemp. M.
— Hierba más laxa y ramosa, poco elevada (1-4 dm). Flores no demasiado abundantes, en inflorescencias laxas paniculadas (fig. 267) .... **campánula de roca** (*Campanula hispanica*):
1-4 dm. VI-IX. Roquedos y pedregales calizos poco soleados. Iberolev. M.

3.18.3. **Especularias** (*Legousia*)
1. Inflorescencia corimbosa. Lóbulos de la corola 2-4 mm (fig. 268) .... **especularia común**
(*Legousia hybrida*, *Specularia hybrida*): 5-25 cm. IV-VI. Herbazales secos anuales alterados. Medit.-Iranot. M.
— Inflorescencia larga y estrecha (espiciforme). Lóbulos de la corola de unos 5-8 mm (fig. 257) ....
.... **especularia castellana** (*Legousia scabra, L. castellana,*
Specularia castellana): 1-5 dm. V-VII. Pastizales secos, sobre todo en medios pedregosos. Medit.-occid. M.

3.18.4. **Fiteumas** (*Phyteuma*)
1. Hojas inferiores redondeado-acorazonadas. Brácteas lineares (fig. 255) .... **fiteuma de roca**
(*Phyteuma charmelii*): 5-20 cm. VI-VII. Roquedos calizos frescos de montaña. Medit.-occid. RR (Bec, Gud).
— Hojas inferiores y brácteas lanceoladas (fig. 269) .... **fiteuma de prado**
(*Phyteuma orbiculare*): 2-5 dm. VI-VII. Orlas forestales, prados húmedos de montaña. Eurosib. R.

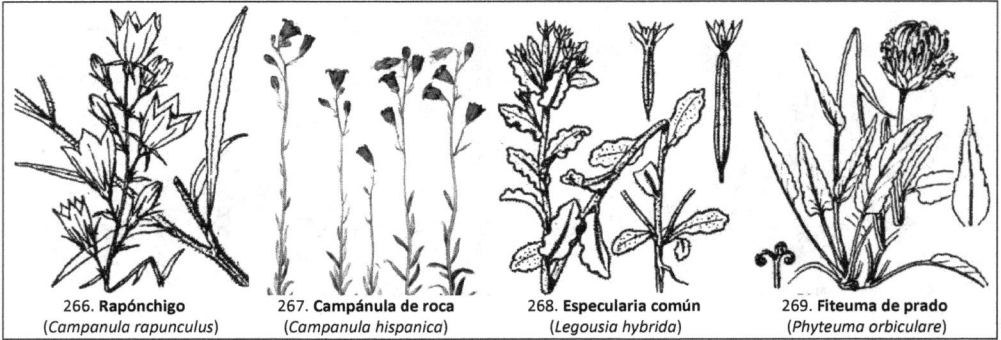

266. **Rapónchigo**	267. **Campánula de roca**	268. **Especularia común**	269. **Fiteuma de prado**
(*Campanula rapunculus*)	(*Campanula hispanica*)	(*Legousia hybrida*)	(*Phyteuma orbiculare*)

3.18.54. **Flor de viuda** (*Trachelium caeruleum*): 2-6 dm. VI-IX. Cascadas, taludes y roquedos sombreados y húmedos o rezumantes. Medit.-occid. R. (Fig. 270).

3.19. Fam. CANNABÁCEAS (*Cannabaceae*)

Familia muy limitada, representada sólo por el lúpulo y el cáñamo, hierbas con hojas palmeadamente dividas y flores pequeñas, unisexuales, nada vistosas. Pese a su reducida representación son muy cultivadas y empleadas para usos variados en industrias alimenticias (cerveza), medicinales, textiles (cáñamo), etc.

1. Planta trepadora, que alcanza varios metros. Hojas opuestas (fig. 272) .... 2. **lúpulo** (*Humulus*)
— Plantas erguidas, no trepadoras. Hojas alternas (fig. 271) .... 1. **cáñamo** (*Cannabis*)

3.9.1. **Cáñamo**, cànem (*Cannabis sativa*): 5-18 dm. VI-IX. Cultivado o asilvestrado en terrenos baldíos, cunetas, etc. Paleotemp. R. (Fig. 271).

3.19.1. **Lúpulo**, llúpol (*Humulus lupulus*): 1-3 m. VII-IX. Trepadora en bosques ribereños o escapada de cultivo en zonas habitadas. Eurosib. R. (Fig. 272).

3.20. Fam. CAPRIFOLIÁCEAS (*Caprifoliaceae*)

Arbustos y plantas trepadoras, con hojas perennes o caducas, enteras o divididas en grandes foliolos. Las flores se agrupan en forma umbelada, disponiendo de 5 pétalos soldados y dando al final frutos carnosos, pero no comestibles. Se trata de la familia de los saúcos y madreselvas.

1. Hojas compuestas de grandes foliolos blandos. Inflorescencia con aspecto corimboso denso (fig. 273) .... 4. **saúcos** (*Sambucus*)
— Sin estos caracteres reunidos. Hojas siempre simples 2
2. Inflorescencia con aspecto corimboso denso, portando varias docenas de flores, que suelen ser más anchas que largas 3

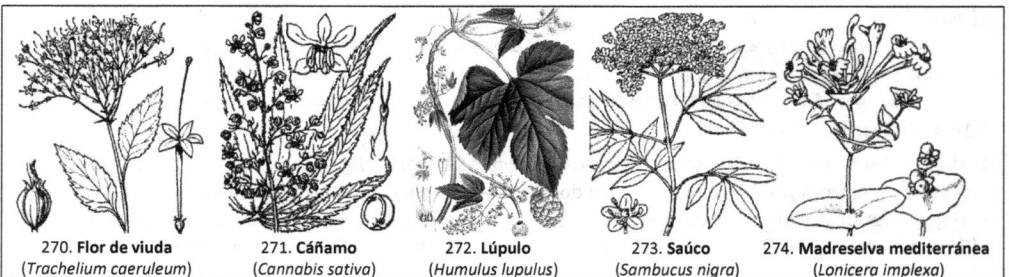

270. **Flor de viuda**	271. **Cáñamo**	272. **Lúpulo**	273. **Saúco**	274. **Madreselva mediterránea**
(*Trachelium caeruleum*)	(*Cannabis sativa*)	(*Humulus lupulus*)	(*Sambucus nigra*)	(*Lonicera implexa*)

— Inflorescencia laxa, con pocas flores que son alargadas (fig. 274, 278) .... 3. **madreselvas** (*Lonicera*)
3. Hojas perennes y enteras. Frutos violáceos (fig. 275) .... 1. **durillo** (*Viburnum tinus*)
— Hojas caducas y dentadas. Frutos rojos (fig. 276) .... 2. **lantana** (*Viburnum lantana*)

3.20.1. **Durillo**, marfull (*Viburnum tinus*): 1-3 m. II-V. Matorrales y bosques mediterráneo-húmedos en zonas de baja altitud. Circun-Medit. R. (Fig. 275).

3.20.2. **Lantana** (*Viburnum lantana*): 1-3 m. Bosques de riberas y laderas umbrosas, sobre todo en terreno calizo. Eurosib. M. (Fig. 276). [Mucho más rara **V. opulus**, con hojas palmeadamente lobuladas y dentadas al modo de un arce, siendo las flores exteriores estériles y mucho mayores que el resto (Taj)].

3.20.3. **Madreselvas**, lligaboscs, xuclamels (*Lonicera*)
1. Hojas agudas, cada par libres entre sí 2
— Hojas obtusas, las superiores soldadas en la base por pares 3
2. Hierba trepadora, con largos tallos volubles. Tubo de la corola muy alargado (con más de 2 cm) (fig. 278) .... **madreselva europea** (*Lonicera periclymenum*):
1-4 m. VI-VIII. Medios forestales de montañas interiores, sobre todo ribereños, y sus orlas. Eurosib. M. [De aspecto semejante está *L. biflora*, con flores por grupos de 2-3, habitando en medios costeros y riberas litorales].
— Arbusto erguido. Tubo de la corola con menos de 1 cm (fig. 279) .... **cerecillo** (*Lonicera xylosteum*):
1-3 m. VI-VII. Medios forestales y sus orlas, en áreas frescas de montaña. Eurosib. M. [Con hojas más estrechas y no pecioladas, flores poco cigomorfas y glabras, está también *L. pyrenaica*, en roquedos calizos de montaña].
3. Hojas coriáceas, perennes y glabras. Flores sentadas sobre las brácteas (fig. 274) ....
.... **madreselva mediterránea** (*Lonicera implexa*):
5-20 dm. V-VII. Bosques y matorrales mediterráneos de baja altitud. Circun-Medit. R. [La vicariante bética, *L. splendida*, alcanza las sierras del interior sur. Tiene hojas más glaucas, las inferiores más blandas y pelosas (Set)].
— Hojas blandas, caducas y pelosas. Flores en glomérulos pedunculados, que se elevan sobre las brácteas (fig. 277) .... **matahombres** (*Lonicera etrusca*):
5-25 dm. V-VII. Medios forestales y sus orlas en zonas de media montaña. Medit.-sept. M.

3.20.4. **Saúcos**, saücs (*Sambucus*)
1. Planta herbácea, con menos de 2 m de altura. Estambres con anteras rojizas (fig. 280) ....
.... **saúco herbáceo o yezgo** (*Sambucus ebulus*):
5-16 dm. VII-IX. Riberas y vegas, en terrenos húmedos profundos, aunque más o menos soleados. Eurosib. M.
— Planta leñosa, que se eleva más de 2 m. Estambres con anteras amarillentas (fig. 273) ...... **saúco común** (*Sambucus nigra*): 1-4 m. V-VII. Bosques ribereños, setos. Paleotemp. M.

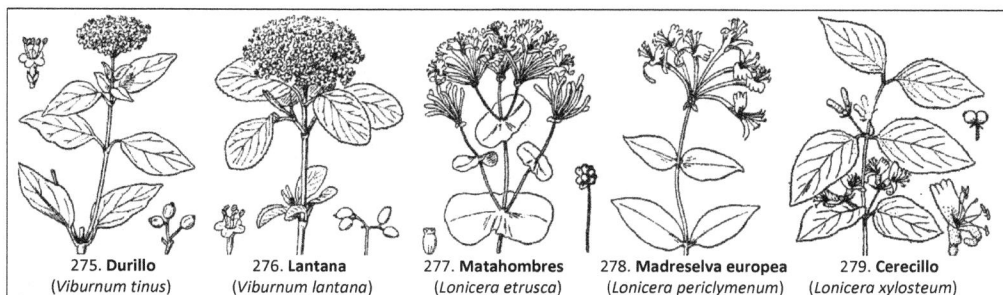

275. **Durillo** (*Viburnum tinus*) 276. **Lantana** (*Viburnum lantana*) 277. **Matahombres** (*Lonicera etrusca*) 278. **Madreselva europea** (*Lonicera periclymenum*) 279. **Cerecillo** (*Lonicera xylosteum*)

3.21. Fam. CARIOFILÁCEAS (*Caryophyllaceae*)

Hierbas o pequeñas matas con hojas habitualmente opuestas y reducidas. Flores de casi inaparentes a bastante vistosas, con 4-5 sépalos libres o soldados, (0)4-5 pétalos libres, (4)5-(8)10 estambres libres y gineceo de 2-5 carpelos soldados, dando lugar a frutos secos en cápsulas que suelen liberar numerosas semillas. Una de las familias mejor representadas en nuestro país, de las que destacan claveles y clavelinas, arenarias y collejas.

1. Hojas provistas de dos estípulas blanquecinas en su base 2
— Hojas desprovistas de estípulas 4
2. Pétalos pequeños pero apreciables (fig. 281) .... 12. **rompepiedra** (*Spergularia*)
— Flores muy poco vistosas, sin pétalos aparentes 3
3. Inflorescencias plateado-blanquecinas debido a la existencia de vistosas brácteas anchas, secas y persistentes (fig. 282) .... 13. **sanguinaria** (*Paronychia*)
— Flores sin brácteas plateadas muy aparentes (fig. 283) .... 7. **herniaria** (*Herniaria*)
4. Sépalos soldados, formando un tubo terminado en 5 dientes 5
— Sépalos libres o sólo unidos en su base, sin formar un tubo 11
5. Fruto maduro negro, carnoso e indehiscente (baya) (fig. 284) .... 4. **cucúbalo** (*Cucubalus*)
— Fruto maduro seco y dehiscente 6
6. Ovario terminado en 3-5 estilos. Cáliz con 10-20 nervios 7
— Ovario terminado en 2 estilos. Cáliz con 5 nervios 8
7. Dientes del cáliz largos, alcanzando más de 2 cm y superando a los pétalos. Planta elevada, de flores rosadas (fig. 285) .... 10. **neguillón** (*Agrostemma*)
— Dientes del cáliz cortos, superados por los pétalos (fig. 286) .... 15. **silenes** (*Silene, Lychnis*)
8. Cáliz provisto de un epicáliz, formado por brácteas libres o algo soldadas entre sí, situadas en su base, que lo ocultan parcialmente (fig. 288) .... 3. **clavelinas** (*Dianthus, Petrorhagia*)
— Flores sin epicáliz 9
9. Cáliz cilíndrico, bastante más largo que ancho (fig. 287) .... 14. **saponarias** (*Saponaria*)
— Cáliz esferoidal o cónico, poco más largo que ancho 10
10. Cáliz anguloso, de 1-2 cm. Flores rosadas (fig. 289) .... 8. **hierba de la vaca** (*Vaccaria*)

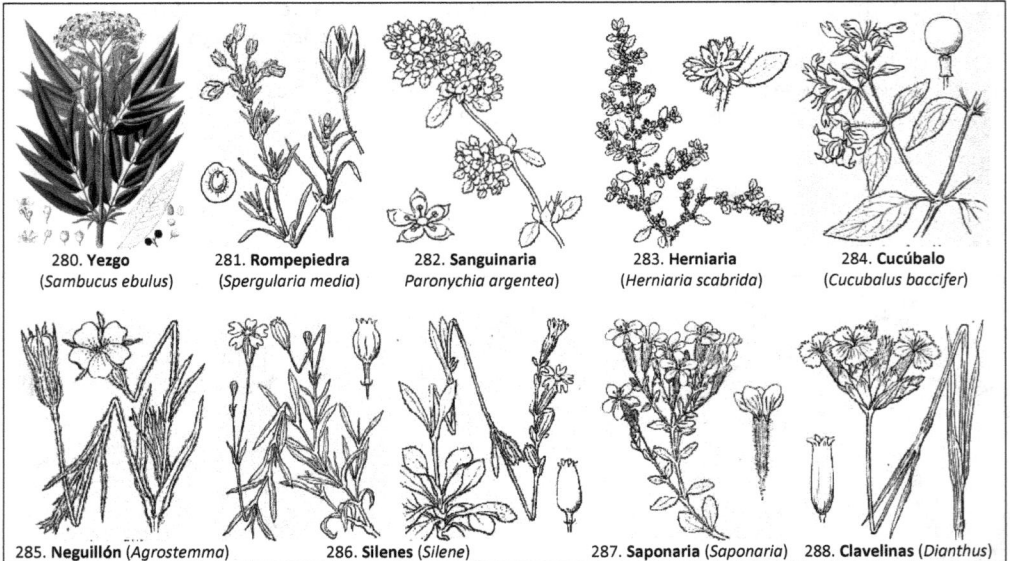

280. **Yezgo**
(*Sambucus ebulus*)

281. **Rompepiedra**
(*Spergularia media*)

282. **Sanguinaria**
Paronychia argentea

283. **Herniaria**
(*Herniaria scabrida*)

284. **Cucúbalo**
(*Cucubalus baccifer*)

285. **Neguillón** (*Agrostemma*)

286. **Silenes** (*Silene*)

287. **Saponaria** (*Saponaria*)

288. **Clavelinas** (*Dianthus*)

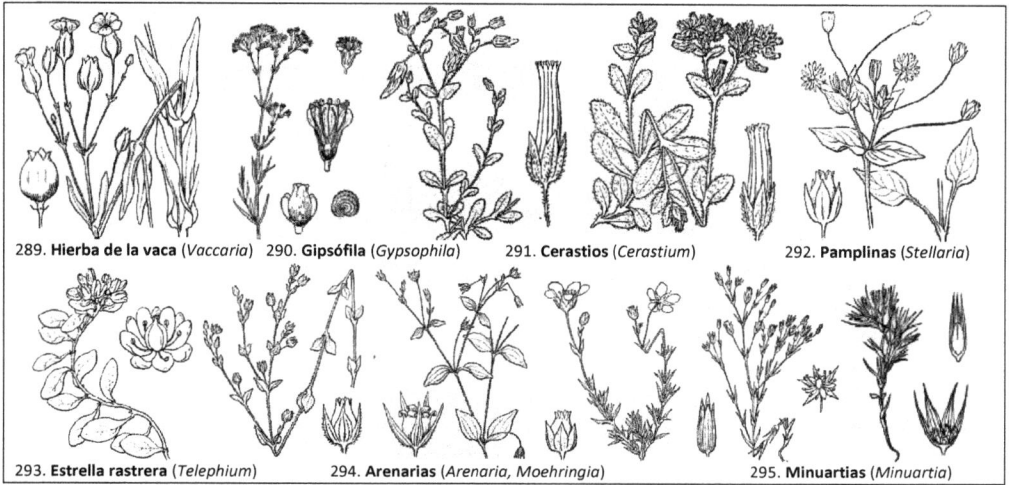

289. **Hierba de la vaca** (*Vaccaria*) 290. **Gipsófila** (*Gypsophila*) 291. **Cerastios** (*Cerastium*) 292. **Pamplinas** (*Stellaria*)

293. **Estrella rastrera** (*Telephium*) 294. **Arenarias** (*Arenaria, Moehringia*) 295. **Minuartias** (*Minuartia*)

— Cáliz no anguloso, de unos mm. Flores blanquecinas (fig. 290) .... 6. **gipsófila** (*Gypsophila*)

11. Pétalos claramente bífidos o bilobulados en su ápice (a veces nulos) 12

— Pétalos enteros o dentados, no bilobulados 13

12. Frutos cilíndricos, sobresaliendo mucho del cáliz (fig. 291) .... 2. **cerastios** (*Cerastium*)

— Frutos maduros esféricos, más cortos que el cáliz (fig. 292) .... 11. **pamplinas** (*Stellaria*)

13. Hojas alternas, con más de 10 x 5 mm (fig. 293) .... 5. **estrella rastrera** (*Telephium*)

— Hojas opuestas, habitualmente menores 14

14. Fruto con el doble de dientes que estilos del gineceo (fig. 294) .. 1. **arenarias** (*Arenaria, Moehringia*)

— Fruto con el mismo número de dientes que estilos (fig. 295) .... 9. **minuartias** (*Minuartia*)

3.21.1. **Arenarias** (*Arenaria, Moehringia*)

1. Hierbas anuales, tenues y finas, sin restos secos de otros años 2

— Plantas perennes, con base lignificada o restos secos de otros años 4

2. Hojas lineares. Planta muy ramosa, con flores de casi 1 cm de diámetro ....**arenaria fina**
(*Arenaria obtusiflora*): 5-20 cm. IV-VI. Pastizales secos de montaña sobre terrenos calizos someros y despejados. Iberolev. M. [En el noreste de la zona *A. conimbricensis*, que difiere de ésta por la presencia de pelosidad glándulas en la inflorescencia].

— Hojas anchas, con limbo ovado u ovado-lanceolado, no mucho más largo que ancho (fig. 288)....... 3

3. Hojas que superan con frecuencia 1 cm, con tres nervios principales (fig. 296) ...... **arenaria trinervia**
(*Moehringia trinervia*): 1-4 dm. IV-VI. Medios forestales sombreados y húmedos de montaña. Paleotemp. R.
[*M. pentandra* suele tener 5 estambres, los pétalos muy atrofiados o nulos, los sépalos menores (unos 2-4 mm), etc.].

— Hojas con menos de 1 cm, llevando un solo nervio principal (fig. 297) .... **arenaria común**
.. (*Arenaria serpyllifolia*): 5-20 cm. IV-VI. Campos de secano, terrenos baldíos. Paleotemp. C. [Las variantes más
finas y enanas, con frutos menores y menos ovoideos, se suelen tratar como especie aparte como *A. leptoclados*].

4. Hojas lineares y agudas 5

— Hojas ovadas o elípticas, obtusas .... **arenaria castellana** (*Moehringia castellana*):
1-4 dm. IV-VII. Roquedos calizos umbrosos de montaña. Iberolev. R (Alc, Taj).

5. Flores dispuestas en glomérulos densos. Plantas densas, con tallos cortos bastante engrosado-
leñosos (fig. 298) .... **arenaria erizo** (*Arenaria erinacea*):
2-5 cm. V-VII. Matorrales rastreros sobre suelos calizos esqueléticos. Iberolev. R. [Las formas más elevadas, con
hojas más agudas, propias de sierras litorales, se atribuyen a la especie franco-ibérica *A. aggregata* (Bec, Set); mientras
que las enanas de hojas y sépalos obtusos, en áreas más interiores, corresponden a *A. vitoriana* (Taj)].

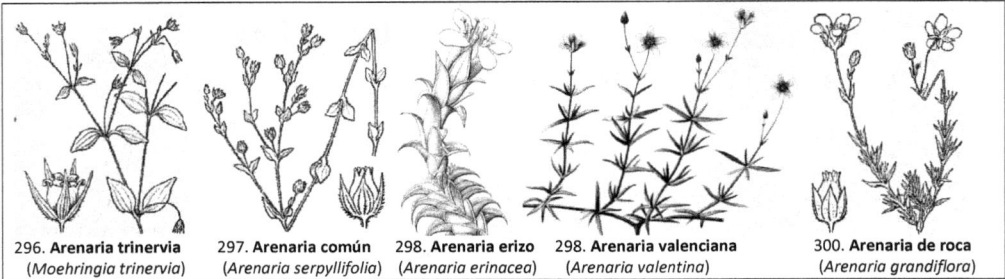

296. **Arenaria trinervia** (*Moehringia trinervia*)	297. **Arenaria común** (*Arenaria serpyllifolia*)	298. **Arenaria erizo** (*Arenaria erinacea*)	298. **Arenaria valenciana** (*Arenaria valentina*)	300. **Arenaria de roca** (*Arenaria grandiflora*)

— Sin estos caracteres reunidos. Inflorescencia laxa 6

6. Sépalos pelosos en toda su superficie. Frutos que se abren dando lugar a 6 dientes cortos (hasta la mitad o menos del total) 7

— Sépalos glabros o con algunos pelos marginales. Frutos que se abren hasta abajo formando 6 valvas completas (fig. 299) .... **arenaria valenciana** (*Arenaria valentina*): 1-4 dm. III-V. Medios rocosos o pedregosos, incluyendo muros agrícolas. Iberolev. R (Set).

7. Hojas con cerca de 1 mm de anchura. Flores de unos 8-10 mm (fig. 300) .... **arenaria de roca** (*Arenaria grandiflora*): 5-20 cm. V-VII. Roquedos y terrenos escarpados calizos. Medit.-occid. M.

— Hojas de 2-5 mm de anchura. Flores con más de 1 cm (fig. 301) .... **arenaria montana** (*Arenaria montana*): 5-25 cm. IV-VI. Medios forestales húmedos sobre suelo silíceo. Late-Atlánt. M.

3.21.2. **Cerastios** (*Cerastium*)

1. Hierbas perennes, con flores de más de 1 cm y (o) tamaño algo elevado (alcanzando o superando fácilmente los 15 cm) 2

— Hierbas anuales de baja estatura, con flores siempre menores 3

2. Pétalos doble de largos que los sépalos. Hojas bastante (unas 4-5 veces) más largas que anchas (fig. 302) .... **cerastio de montaña** (*Cerastium arvense*): 10-25 cm. IV-VII. Medios forestales aclarados, pedregales y pastizales vivaces frescos. Paleotemp. M.

— Pétalos poco más largos que los sépalos. Hojas cerca del doble de largas que anchas (fig. 303) .... **cerastio de arroyo** (*Cerastium fontanum*): 2-4 dm. V-VII. Márgenes de arroyos, juncales y pastizales vivaces siempre húmedos. Paleotemp. M.

3. Sépalos provistos de largos pelos simples, que superan su extremo apical 4

— Sépalos sin pelos o con pelos no superando su ápice 5

4. Flores reunidas en grupos densos, sobre pedúnculos cortos, rectos o casi (fig. 304) .... **cerastio peloso** (*Cerastium glomeratum*): 5-25 cm. III-V. Terrenos transitados pero no muy soleados. Subcosmop. M.

— Inflorescencia laxa. Pedúnculos alargados, que giran 90° bajo la flor (fig. 305) .... **cerastio común** (*Cerastium brachypetalum*): 1-3 dm. III-VI. Pastos anuales en medios no muy soleados. Paleotemp. C.

5. Frutos maduros de 15-30 mm 6

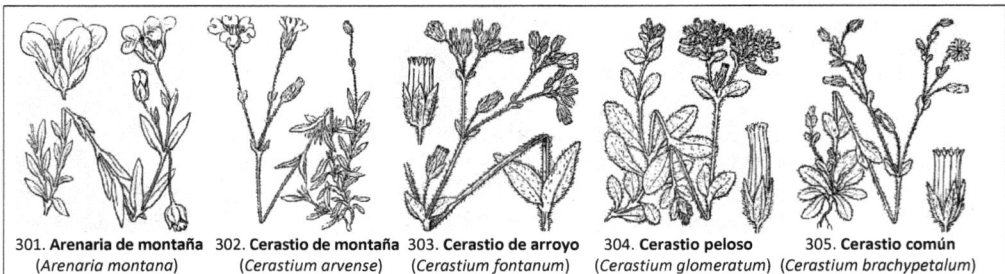

301. **Arenaria de montaña** (*Arenaria montana*)	302. **Cerastio de montaña** (*Cerastium arvense*)	303. **Cerastio de arroyo** (*Cerastium fontanum*)	304. **Cerastio peloso** (*Cerastium glomeratum*)	305. **Cerastio común** (*Cerastium brachypetalum*)

| 306. **Cerastio perfoliado** (*Cerastium perfoliatum*) | 307. **Cerastio enano** (*Cerastium pumilum*) | 308. **Cerastio rojizo** (*Cerastium gracile*) | 308. **Cerastio ramoso** (*Cerastium ramosissimum*) | 309. **Clavelina seca** (*Petrorhagia prolifera*) |

— Frutos menores 7

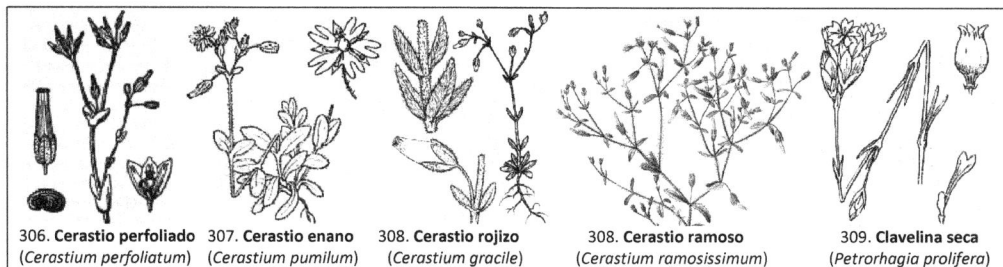

6. Planta glabra. Hojas largamente soldadas en la base (fig. 306) .... **cerastio perfoliado** (*Cerastium perfoliatum*): 2-5 dm. IV-VI. Campos de secano en áreas interiores. Medit.-Iranot. RR.

— Planta pelosa. Hojas no soldadas .... **cerastio dicótomo** (*Cerastium dichotomum*): 1-2 dm. III-V. Campos de secano de zonas interiores. Medit.-Iranot. RR.

7. Brácteas muy escariosas en su ápice y margen. Planta siempre verde (fig. 307) .... **cerastio enano** (*Cerastium pumilum*): 4-15 cm. IV-VI. Pastizales anuales sobre sustratos diversos. Paleotemp. M. [Los ejemplares de pétalos más enteros y brácteas muy ampliamente hialinos suelen referirse a *C. semidecandrum*].

— Brácteas poco escariosas en el margen. Hojas y frutos con frecuencia rojizos (fig. 308) .... **cerastio rojizo** (*Cerastium gracile*): 5-20 cm. III-V. Medios rocosos o pedregosos calizos. Medit.-occid. M. [Los ejemplares muy ramosos, de medios silíceos húmedos, con frutos superando 1 cm, irían al cercano cerastio ramoso, *C. ramosissimum* (fig. 309) (Taj)].

3.21.3. **Clavelinas**, clavellets (*Dianthus, Petrorhagia*)

1. Tubo del cáliz anguloso, con los ángulos pajizos o escariosos, al igual que las piezas del epicáliz (fig. 309) .... 2 (*Petrorhagia*)

— Cáliz no anguloso. Epicáliz verde, a veces algo pajizo-escarioso en el margen .... 3 (*Dianthus*)

2. Planta anual, erguida. Epicáliz igual o mayor que el cáliz (fig. 309) .... **clavelina seca** (*Petrorhagia prolifera, Tunica prolifera*): 1-4 dm. V-IX. Terrenos baldíos y herbazales anuales diversos. Paleotemp. C.

— Planta perenne, leñosa en la base y algo tendida. Cáliz algo más largo que el epicáliz (fig. 310) .... **clavelina de roca** (*Petrorhagia saxifraga, Tunica saxifraga*): 1-4 dm. IV-XI. Roquedos y terrenos escarpados calizos a baja altitud. Circun-Medit. R (Set).

3. Flores apretadas en inflorescencias densas, sobre pedúnculos muy cortos (fig. 311) .... **clavelina de los cartujos** (*Dianthus carthusianorum*): 2-5 dm. V-VIII. Medios forestales y pastizales vivaces húmedos o poco soleados. Eurosib. R. [Los especímenes de cepa menos consistente (bienales), pelosos, con tallos ramosos y no angulosos se atribuyen al cercano *D. armeria*].

— Flores separadas entre sí, con pedúnculos claros, en inflorescencias laxas 4

4. Pétalos muy profundamente recortados en tiras estrechas (fig. 312) .... **clavelina laciniada** (*Dianthus broteri, D. valentinus*): 3-6 dm. VI-IX. Matorrales secos y soleados en zonas de baja altitud. Iberolev. R. [En la Sierra de Espadán y su entorno crece el cercano *D. multiaffinis*, de pétalos claramente menos divididos].

— Pétalos enteros o someramente dentados 5

5. Dientes del cáliz y piezas del epicáliz más anchos que largos. Las segundas bruscamente acabadas en punta aguda (fig. 313) .... **clavelina menor** (*Dianthus brachyanthus, D. pungens*): 1-4 dm. V-VII. Pastizales vivaces, matorrales secos sobre sustratos básicos. Medit.-occid. M.

— Dientes del cáliz y piezas del epicáliz más largos que anchos. Las segundas progresivamente atenuadas en punta 6

6. Hojas estrechamente cilíndricas (menos de 1 mm de anchura) y glaucas. Planta de cepa muy leñosa y hábitos rupícolas .... **clavelina portuguesa** (*Dianthus lusitanus*): 1-4 dm. VI-IX. Roquedos silíceos elevados y medios escarpados de su entorno. Medit.-occid. R (Jil, Taj).

— Sin estos caracteres reunidos 7

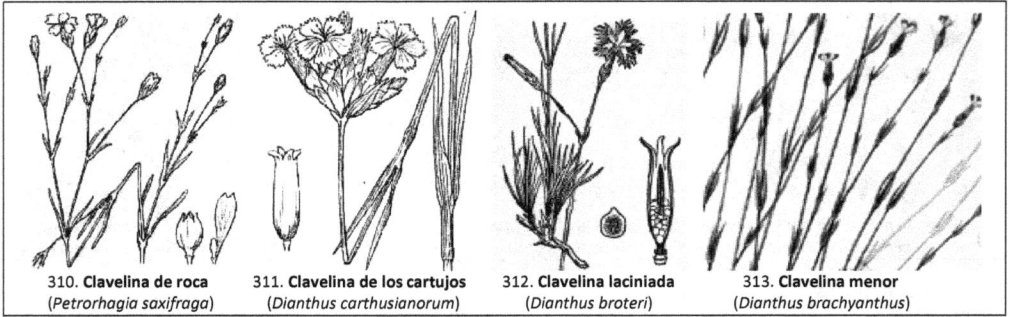

310. **Clavelina de roca**	311. **Clavelina de los cartujos**	312. **Clavelina laciniada**	313. **Clavelina menor**
(*Petrorhagia saxifraga*)	(*Dianthus carthusianorum*)	(*Dianthus broteri*)	(*Dianthus brachyanthus*)

7. Epicáliz que suele superar la mitad de la longitud del cáliz. Éste con unos 10-16 mm. Pétalos rojizos, con limbo redondeado .... **clavelina turolense** (*Dianthus turolensis*): 2-4 dm. VI-X. Matorrales y bosques aclarados sobre terrenos calcáreos secos. Iberolev. M (Gud, Taj).

— Epicáliz que no alcanza nunca la mitad del cáliz, el cual puede alcanzar o superar los 2 cm. Pétalos rosados, con limbo algo alargado .... **clavelina valenciana** (*Dianthus saetabensis*): 2-6 dm. V-VII. Matorrales secos sobre calizas. Iberolev. R (Set). [En las sierras interiores meridionales esta especie se sustituye por la cercana **D. edetanus**, con hojas no mucronadas, tallos densamente escabros, etc.].

3.21.4. **Cucúbalo**, falsa belladona (*Cucucalus baccifer*): 4-12 dm. VII-IX. Medios ribereños sombreados. Eurosib. R. (Fig. 314).

3.21.5. **Estrella rastrera** (*Telephium imperati*): 1-3 dm. IV-VI. Terrenos baldíos o transitados. Medit.-occid. M. (fig. 315).

3.21.6. **Gipsófila** (*Gypsophila hispanica*): 3-8 dm. VII-IX. Matorrales secos y soleados sobre terrenos yesosos. Iberolev. R. (fig. 316a). [En las áreas interiores del sur, con las inflorescencias muy densas y pedúnculos florales cortos, tenemos también en medios yesosos, la muy leñosa y cercana **G. struthium** (Man) y la más herbácea, de hojas anchas, *G. tomentosa* (Man) (fig. 316b)].

3.21.7. **Herniarias** (*Herniaria*)

1. Tallos cortos pero muy engrosado-leñosos .... **herniaria leñosa**
(*Herniaria fruticosa*): 5-20 cm. IV-VI. Matorrales secos y soleados sobre terrenos yesosos. Iberolev. R.

— Talos herbáceos finos, a veces algo lignificados en la cepa 2

2. Hierbas grisáceas o verde-grisáceas, más o menos densamente cubiertas de pelos 3

— Hierba verde, prácticamente sin pelos (fig. 317) .... **herniaria glabra**
(*Herniaria glabra*): 5-20 cm. V-IX. Caminos, cultivos, zonas transitadas secas con suelo arenoso. M.

3. Planta muy densamente pelosa. Sépalos desiguales. Dos estambres (fig. 318) .. **herniaria cenicienta**

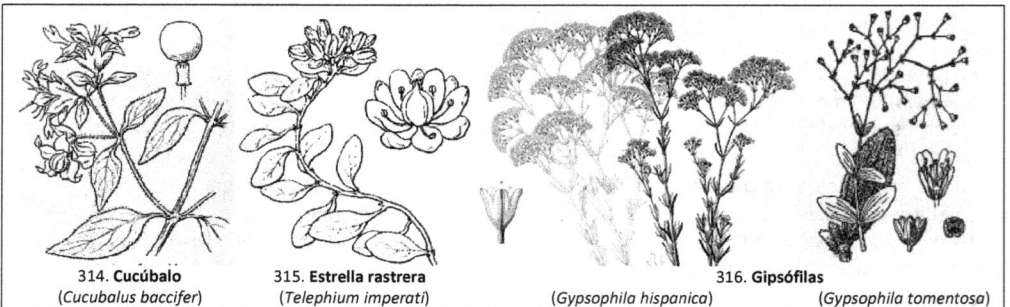

314. **Cucúbalo**	315. **Estrella rastrera**	316. **Gipsófilas**	
(*Cucubalus baccifer*)	(*Telephium imperati*)	(*Gypsophila hispanica*)	(*Gypsophila tomentosa*)

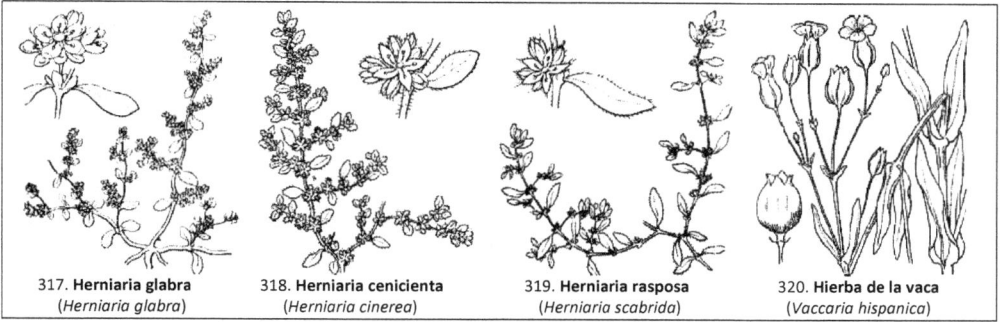

317. **Herniaria glabra**	318. **Herniaria cenicienta**	319. **Herniaria rasposa**	320. **Hierba de la vaca**
(*Herniaria glabra*)	(*Herniaria cinerea*)	(*Herniaria scabrida*)	(*Vaccaria hispanica*)

(*Herniaria cinerea*): 2-10 cm. IV-VI. Terrenos baldíos o muy transitados y secos. Medit.-Iranot. M.
— Planta moderadamente pelosa. Sépalos iguales. Cinco estambres (fig. 319) .... **herniaria rasposa**
(*Herniaria scabrida*): 1-4 dm. V-VIII. Caminos, terrenos transitados no muy secos. Medit.-noroccid. M. [Algo
más escasa, en medios similares, herniaria pelosa *H. hirsuta*, de porte anual, algo más reducida y menos consistente].

3.21.8. **Hierba de la vaca** (*Vaccaria hispanica, V. pyramidata*): 2-5 dm. V-VII. Campos de secano, sobre todo
cerealistas. Medit.-Iranot. M. (Fig. 320).

3.21.9. **Minuartias y bufonias** (*Minuartia, Bufonia*)

1. Gineceo con 2 estilos. Frutos con 2 valvas (fig. 321) .... **bufonia** (*Bufonia tenuifolia*):
1-3 dm. IV-VII. Pastizales anuales secos, terrenos baldíos o transitados. Medit.-occid. M. [En matorrales secos
aparece también *B. tuberculata*, mata perenne, más elevada y claramente lignificada en la base (fig. 322)].
— Gineceo con 3-5 estilos .... 2 (**minuartias**)
2. Planta perenne, algo leñosa en la base, aunque fina y habitualmente tendida o colgante. Pétalos
superando el cáliz .... **minuartia valenciana** (*Minuartia valentina*): 2-5 dm. VI-VIII.
Muros, roquedos y pedregales silíceos o zonas de cierta pendiente con poco suelo. Iberolev. R (Esp).
— Plantas anuales o levemente perennes, de tendencia erguida, con pétalos nulos o no excedentes
del cáliz 3
3. Sépalos con un solo nervio 4
— Sépalos con tres nervios 6
4. Tallos finos o capilares, muy flexibles. Inflorescencia muy laxa (fig. 323) .... **minuartia fina**
(*Minuartia hybrida, M. tenuifolia*): 3-20 cm. III-VI. Pastizales secos anuales, medios escarpados. Paleotemp. C.
— Tallos cortos pero firmes. Flores sobre pedúnculos cortos y en inflorescencias densas 5
5. Planta anual, muy baja (unos cm). Semillas lisas o casi (fig. 324) .... **minuartia común**
(*Minuartia campestris*): 3-8 cm. IV-VI. Pastizales secos en ambientes despejados continentales. Medit.-Iranot.
M. [Con pedúnculos florales de varios mm e inflorescencia algo laxa está la cercana *M. funkii*, bastante más rara].
— Planta bienal o perenne, más elevada (hasta 1-2 dm). Semillas muy aparentemente espinoso-
tuberculadas .... **minuartia roja** (*Minuartia rubra*):
6-20 cm. V-VII. Medios rocosos, pedregosos o escarpados calizos de montaña. Medit.-occid. M.
6. Glomérulos con menos de 1 cm de diámetro. Brácteas consistentes y curvadas .... **minuartia blanca**
(*Minuartia hamata*): 2-8 cm. V-VII. Pastizales secos de montaña sobre caliza. Medit.-Iranot. M.
— Glomérulos con más de 1 cm de diámetro. Brácteas rectas (fig. 325) .... **minuartia montana**
(*Minuartia montana*): 4-10 cm. IV-VI. Pastizales secos sobre calizas en áreas interiores. Medit.-Iranot. R. [Con
talla aún más reducida (1-5 cm), ramosa en su ápice, tenemos *M. dichotoma*, en ambientes silíceos continentales].

3.21.10. **Neguillón** (*Agrostemma githago*): 3-6 dm. V-VII. Campos de secano, sobre todo cerealistas. Paleotemp. M. (fig. 326).

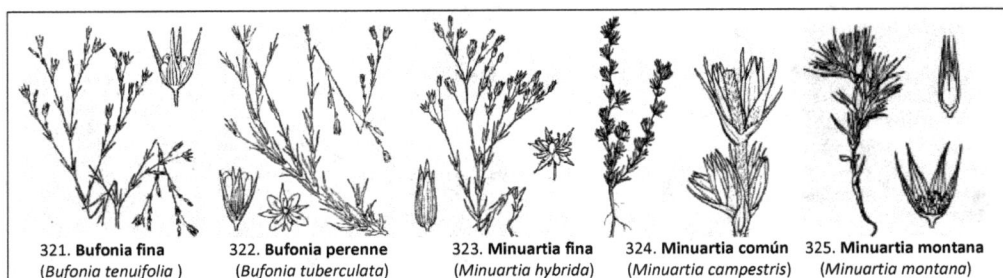

321. **Bufonia fina**	322. **Bufonia perenne**	323. **Minuartia fina**	324. **Minuartia común**	325. **Minuartia montana**
(*Bufonia tenuifolia*)	(*Bufonia tuberculata*)	(*Minuartia hybrida*)	(*Minuartia campestris*)	(*Minuartia montana*)

3.21.11. **Pamplinas** (*Stellaria*)

1. Hojas lineares y sentadas. Plantas vivaces 2
— Hojas ovadas y pecioladas. Plantas anuales 3
2. Pétalos muy aparentes (10-15 mm), divididos hasta su mitad (fig. 327) .... **estrellada** (*Stellaria holostea*): 1-4 dm. IV-VI. Medios forestales y pratenses frescos y húmedos de montaña. Eurosib. R (Gud).
— Pétalos reducidos, con menos de 1 cm, divididos hasta casi su base (fig. 328) ..... **pamplina de prado** (*Stellaria alsine*): 5-20 cm. III-V. Prados húmedos en ambientes fríos de montaña. Eurosib. R (Gud, Taj). [Con pétalos igualando el cáliz y hojas superando los 2 cm, en medios similares, también tenemos la cercana *S. graminea*].
3. Sépalos de 2-3 mm, pétalos inexistentes .... **pamplina apétala** (*Stellaria pallida*, *S. apetala*): 5-30 cm. II-VI. Campos de cultivo, terrenos transitados o alterados. Paleotemp. C.
— Sépalos de 3-5 mm. Pétalos pequeños pero aparentes (unos 2-3 mm) (fig. 329) .... **pamplina común** (*Stellaria media*): 1-4 dm. II-VI. Terrenos alterados, muy pastoreados o transitados. Subcosmop. C.

3.21.12. **Rompepiedra** (*Spergularia*)

1. Plantas perennes, algo robustas, de cepa endurecida. Frutos claramente salientes del cáliz, que pueden llegar a cerca de 1 cm (fig. 330) .... **rompepiedra mayor** (*Spergularia media*): 1-4 dm. IV-IX. Medios salinos húmedos, costeros o interiores. Subcosmop. M.
— Plantas anuales, a veces algo engrosadas pero de cepa no endurecida-lignificada. Frutos no o poco salientes del cáliz, menores 2
2. Ramas superiores con las estípulas soldadas. Flores blanquecinas .... **rompepiedra marina** (*Spergularia marina*): 1-3 dm. III-VI. Pastizales anuales sobre suelos salinos húmedos. Subcosmop. R.
— Estipulas libres o apenas soldadas en la base. Flores rosadas 3
3. Planta erguida fina. Flores reducidas (2-3 mm) sobre pedúnculos alargados (fig. 331) ....
.... **rompepiedra fina** (*Spergularia diandra*): 5-20 cm. III-VI. Pastizales anuales sobre suelos salinos al menos estacionalmente húmedos. Medit.-Iranot. R.
— Sin estos caracteres reunidos. Flores mayores. Pedúnculos cortos (fig. 332) ..... **rompepiedra común** (*Spergularia rubra*): 5-20 cm. V-VIII. Herbazales alterados sobre suelos arenosos. Subcosmop. M.

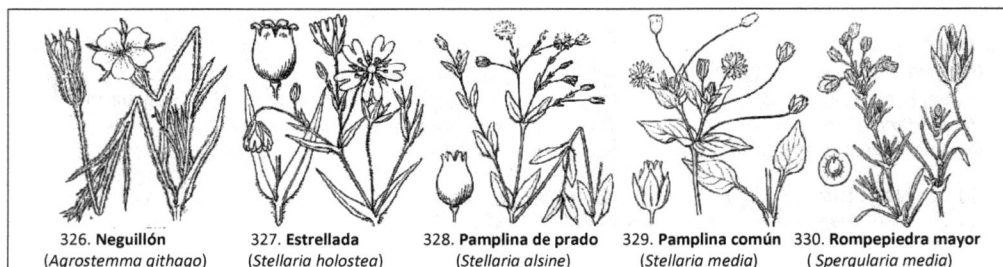

326. **Neguillón**	327. **Estrellada**	328. **Pamplina de prado**	329. **Pamplina común**	330. **Rompepiedra mayor**
(*Agrostemma githago*)	(*Stellaria holostea*)	(*Stellaria alsine*)	(*Stellaria media*)	(*Spergularia media*)

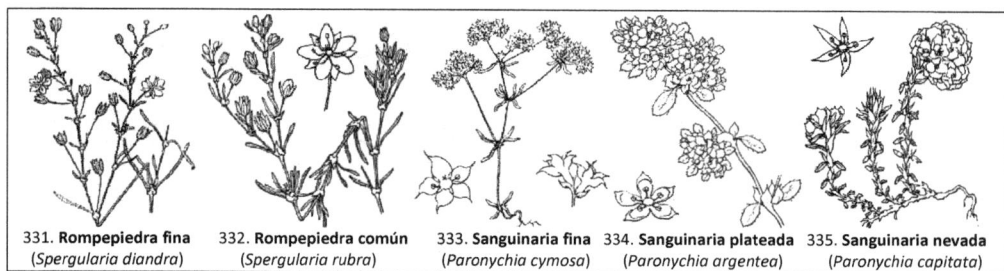

331. **Rompepiedra fina**	332. **Rompepiedra común**	333. **Sanguinaria fina**	334. **Sanguinaria plateada**	335. **Sanguinaria nevada**
(*Spergularia diandra*)	(*Spergularia rubra*)	(*Paronychia cymosa*)	(*Paronychia argentea*)	(*Paronychia capitata*)

3.21.13. Sanguinarias (*Paronychia*)

1. Pequeñas y tenues hierbas anuales erguidas 2

— Plantas perennes, a veces algo leñosas en la base, con frecuencia tendidas 3

2. Hojas lineares (menos de 1 mm de anchura), de apariencia verticilada (fig. 333) .. **sanguinaria fina**
(*Paronychia cymosa*, Chaetonychia cymosa): 2-6 cm. IV-VI. Pastos anuales sobre suelos silíceos. Medit.-occid. R.

— Hojas lanceoladas y opuestas .... **sanguinaria erizada** (*Paronychia echinulata*):
3-15 cm. IV-VI. Arenales silíceos. Circun-Medit. R. [Con dientes del cáliz ganchudos y hojas más verdosas *P. rouyana*].

3. Planta verde y erguida (fig. 336) .... **sanguinaria verde** (*Paronychia suffruticosa*):
1-3 dm. III-VI. Matorrales secos y soleados sobre sustratos básicos. Iberolev. R.

— Planta plateado-blanquecina, no erguida 4

4. Planta herbácea, reptante, algo alargada y laxa (fig. 334) .... **sanguinaria plateada** (*Paronychia argentea*):
1-4 dm. III-VI. Caminos, herbazales frecuentados en zonas de baja altitud. Medit.-Iranot. M.

— Planta leñosa o engrosada en la cepa, densa y corta 5

5. Cepa muy poco leñosa. Hojas de unos 5 mm. Sépalos desiguales (fig. 335) .... **sanguinaria nevada**
(*Paronychia capitata*): 5-15 cm. IV-VI. Terrenos baldíos y matorrales aclarados. Circun-Medit. M.

— Planta de cepa muy leñosa. Hojas menores. Sépalos casi iguales .... **sanguinaria de montaña**
(*Paronychia kapela*): 5-25 cm. IV-VI. Medios calizos escarpados con poco suelo. Medit.-sept. M. [Con hojas casi
escuamiforme (1-3 mm), tallos erguidos y glomérulos pequeños (unos 5-10 mm), tenemos **P. aretioides**, en ambientes
más de media montaña y en la parte más meridional del territorio (Man, Set)].

3.21.14. Saponarias (*Saponaria*)

1. Hojas anchas, con 3-5 nervios principales. Cáliz de 15-30 mm. Hierbas erguidas y algo elevadas (fig.
339) .... **saponaria común** (*Saponaria officinalis*):
4-8 dm. VI-VIII. Medios ribereños. Eurosib. R. [En zonas de alta montaña aparece esporádicamente **S. glutinosa**, de
porte muy glanduloso, cáliz más estrecho, pétalos más oscuros, pequeños y poco salientes, etc. (fig. 338)].

— Hojas estrechas y uninervias. Cáliz con cerca de 1 cm. Hierba algo tendida y poco elevada (fig. 337) .
.... **saponaria de roca** (*Saponaria ocymoides*):
5-30 cm. IV-VI. Terrenos abruptos, rocosos o pedregosos y bosques de cierta pendiente. Medit.-occid. M.

3.21.15. Silenes (*Silene*)

1. Flores unisexuales, las femeninas con 5 estilos. Frutos con 10 dientes 2

— Sin estos caracteres reunidos. Flores bisexuales 3

2. Cáliz glabro y corto (menos de 1 cm). Flores blanquecinas, poco vistosas (fig. 340) .... **silene otites**
(*Silene otites*): 2-5 dm. V-VII. Pastizales vivaces secos sobre todo en áreas interiores. Paleotemp. R.

— Cálices pelosos y más largos. Flores blancas, vistosas (fig. 341) .... **silene blanca** (*Silene latifolia*,
S. alba, Melandrium album): 3-8 dm. IV-VI. Medios forestales y herbazales en medios antropizados. Paleotemp. M. [Con
flores rosadas y siendo la planta más bien tendida, está también el muy local endemismo valenciano **S. diclinis**].

3. Cáliz cónico o globoso, con 20-30 nervios principales 4

— Cáliz cilíndrico o cilindro-cónico, con 10 nervios 5

| 336. **Sanguinaria verde** | 337. **Saponaria de roca** | 338. **Saponaria pegajosa** | 339. **Saponaria común** |
| (*Paronychia suffruticosa*) | (*Saponaria ocymoides*) | (*Saponaria glutinosa*) | (*Saponaria officinalis*) |

4. Planta perenne, sin pelos. Flores casi siempre blancas. Cáliz esferoidal, con 20 nervios (fig. 342) ....
.... **colleja** (*Silene vulgaris*, S. *inflata*):
2-6 dm. IV-VII. Cultivos, cunetas, terrenos alterados. Paleotemp. C.
— Planta anual, pelosa. Flores rosadas. Cáliz cónico, con 30 nervaduras (fig. 343) .... **silene cónica**
(*Silene conica*): 5-15 cm. IV-VI. Herbazales anuales sobre terrenos secos alterados. Paleotemp. M. [Con porte
más elevado, cáliz más largo (cerca de 2 cm) fruto más alargado y estrecho, etc., está la cercana **S. conoidea**].
5. Pétalos rosados, profundamente divididos en 3-4 lóbulos largos y estrechos. Frutos con 5 dientes
(fig. 344) .... **silene de arroyo** (*Lychnis flos-cuculi*):
2-5 dm. V-VIII. Medios turbosos o inundados, cauces o márgenes de arroyos en terrenos silíceos. Eurosib. RR.
— Sin estos caracteres reunidos 6
6. Plantas anuales, con cepa y raíces finas, propias de medios alterados 7
— Plantas perennes, con cepa y raíces firmes o engrosadas, propias de bosques, matorrales y medios
rocosos 15
7. Inflorescencias asimétricas, de tendencia unilateral, con flores que surgen al mismo lado 8
— Inflorescencias simétricas, con flores multilaterales. Flores poco vistosas, con pétalos no o poco
salientes del cáliz 12
8. Planta muy ramosa y viscosa, de arenales marítimos. Cáliz 2-3 veces más largo que ancho (fig. 345) ..
.... **silene marina** (*Silene ramosissima*):
1-3 dm. IV-VI. Arenales costeros. Medit.-occid. R (Cos).
— Sin estos caracteres reunidos 9

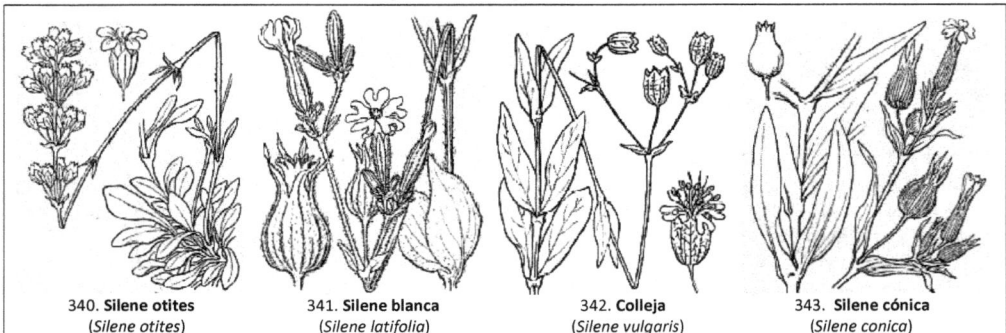

| 340. **Silene otites** | 341. **Silene blanca** | 342. **Colleja** | 343. **Silene cónica** |
| (*Silene otites*) | (*Silene latifolia*) | (*Silene vulgaris*) | (*Silene conica*) |

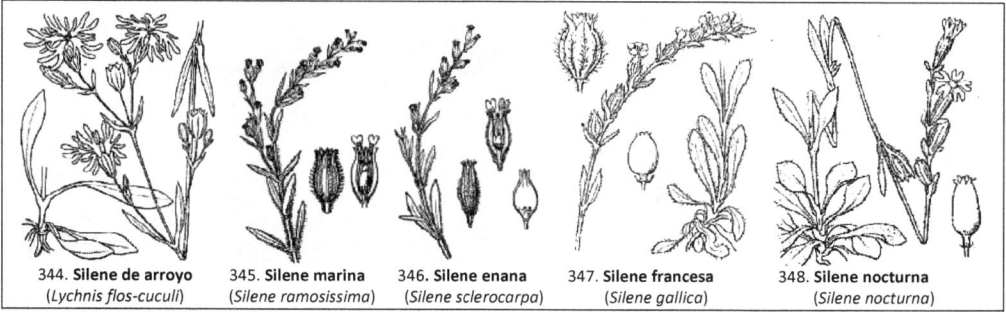

344. **Silene de arroyo**	345. **Silene marina**	346. **Silene enana**	347. **Silene francesa**	348. **Silene nocturna**
(*Lychnis flos-cuculi*)	(*Silene ramosissima*)	(*Silene sclerocarpa*)	(*Silene gallica*)	(*Silene nocturna*)

9. Cáliz con pelos muy largos (algunos igualan la anchura del mismo). Planta de medios silíceos (fig. 347) .... **silene francesa** (*Silene gallica*):
1-4 dm. IV-VI. Campos de cultivo y herbazales alterados sobre suelos arenosos silíceos. Paleotemp. R.
[También *S. scabriflora*, con pelos más suaves en el cáliz, que es más cónico-alargado, siendo el carpóforo mucho más largo, etc. (Alc, Jil)].

— Cáliz con pelos de nulos a algo alargados (a lo sumo alcanzan la mitad de la anchura) 10

10. Cáliz de tendencia cilíndrica o cónica, con pelos muy cortos, apenas apreciables 11

— Cáliz de tendencia elipsoidal, con pelos algo alargados (fig. 346) .... **silene enana** (*Silene sclerocarpa*):
5-25 cm. III-V. Pastizales anuales en terrenos secos y soleados. Circun-Medit. M. [Con aspecto semejante está la cercana *S. tridentata*, con brácteas superando a las flores, dientes del cáliz casi tan largos como el tubo, etc. También *S. oropediorum*, planta más alta que las anteriores, con cáliz más estrecho y cilíndrico, con nerviación no ramificada (Man)].

11. Flores rosadas, en inflorescencias no muy alargadas. Semillas aladas .... **silene colorada**
(*Silene colorata*): 5-30 cm. III-VI. Pastizales efímeros sobre suelos secos y poco maduros. Circun-Medit. M. [En las sierras litorales del sur le sustituye la cercana *S. secundiflora*, con el cáliz bastante hinchado en la fructificación y provisto de nervios secundarios aparentes y dientes más agudos, semillas mayores (2-3 mm), etc.].

— Flores blanquecinas a verdosas, en inflorescencias estrechas y alargadas. Semillas no aladas (fig. 348) .... **silene nocturna** (*Silene nocturna*):
2-5 dm. V-VII. Cultivos, caminos, terrenos baldíos o alterados de diversos tipos. Circun-Medit.-M.

12. Brácteas muy largas, superando ampliamente los pedúnculos de las flores. Frutos con cerca de 1 cm o algo más (fig. 349) .... **silene atrapamoscas** (*Silene muscipula*):
2-5 dm. IV-VII. Campos de secano y su entorno, terrenos baldíos. Circun-Medit. M.

— Brácteas más cortas que los pedúnculos. Frutos con unos 5-8 mm 13

13. Plantas glandulosas o pegajosas, al menos en las inflorescencias. Hojas estrechas, de margen no ondulado 14

— Planta no glandulosa ni pegajosa. Hojas anchas, de margen ondulado (fig. 350) ...... **silene ondulada**
(*Silene segetalis*, S. rubella): 1-4 dm. III-VI. Cultivos, terrenos baldíos o muy transitados. Medit.-Iranot. M.

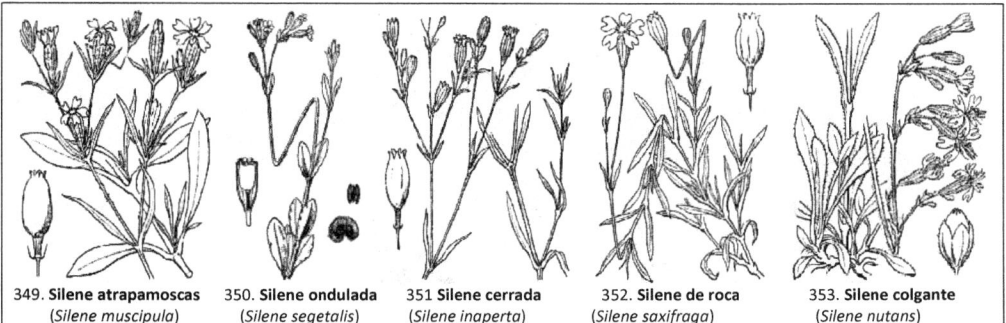

349. **Silene atrapamoscas**	350. **Silene ondulada**	351 **Silene cerrada**	352. **Silene de roca**	353. **Silene colgante**
(*Silene muscipula*)	(*Silene segetalis*)	(*Silene inaperta*)	(*Silene saxifraga*)	(*Silene nutans*)

63

14. Planta fina, con flores abundantes. Semillas no aladas (fig. 351) .... **silene cerrada** (*Silene inaperta*): 2-5 dm. V-VII. Terrenos arenosos o pedregosos secos y alterados. Medit.-occid. M.
[En arenales silíceos interiores se ve sustituida en ocasiones por la cercana **S. portensis**, planta de porte menor pero de carpóforo más largo y pétalos más aparentes, que sobrepasan más ampliamente el cáliz (Jil, Taj)].

— Planta no muy fina, pero de baja estatura, con pocas flores. Semillas aladas .... **silene apétala** (*Silene apetala*): 4-16 cm. II-V. Pastizales anuales en ambientes secos alterados. Circun-Medit. M.

15. Hojas lineares, sin formar roseta basal. Cáliz glabro y corto (± 1 cm) (fig. 352) .... **silene de roca** (*Silene saxifraga*): 5-25 cm. V-VII. Grietas de roquedos calizos no muy expuestos. Medit.-sept. M.

— Sin estos caracteres reunidos. Hojas inferiores en roseta, de tendencia espatulada 16

16. Frutos sobre un pedúnculo (carpóforo) situado dentro del cáliz que es más corto que ellos (fig. 353) .... **silene colgante** (*Silene nutans*): 2-6 dm. V-VII. Bosques frescos y herbazales de sus orlas sombreadas. Eurosib. M.

— Frutos sobre carpóforos tan largos al menos como ellos 17

17. Inflorescencia laxa, multilateral, muy glandulosa y adherente. Flores largamente pedunculadas (fig. 354).. **silene pegajosa** (*Silene mellifera*): 2-5 dm. IV-VI. Medios rocosos, pedregosos o forestales en terrenos de ladera. Iberolev. M.

— Inflorescencia unilateral, no glandulosa. Flores brevemente pedunculadas (fig. 355) ..... **silene leonesa** (*Silene legionensis*): 2-4 dm. VI-VIII. Bosques y matorrales sobre sustratos variados. Medit.-occid. C.

3.22. Fam. CERATOFILÁCEAS (*Ceratophyllaceae*)

Hierbas perennes que viven sumergidas en aguas dulces. Las hojas aparecen verticiladas y dicotómicamente divididas en tiras estrechas, aunque a veces rígidas y dentadas. Dan lugar a flores muy reducidas y poco vistosas, unisexuales y sumergidas, con unos cuantos sépalos y 10-20 estambres (las masculinas) o un carpelos uniovulado las femeninas. Los frutos son secos y monospermos (aquenios), con 1-2 espinas basales. Se presentan por todo el planeta, aunque a través de un reducido número de especies.

3.22.1. **Ceratofilo** (*Ceratophyllum demersum*): 3-15 dm. VI-IX. Sumergida en aguas dulces estancadas o lentas. Subcosmop. R. (Fig. 356).

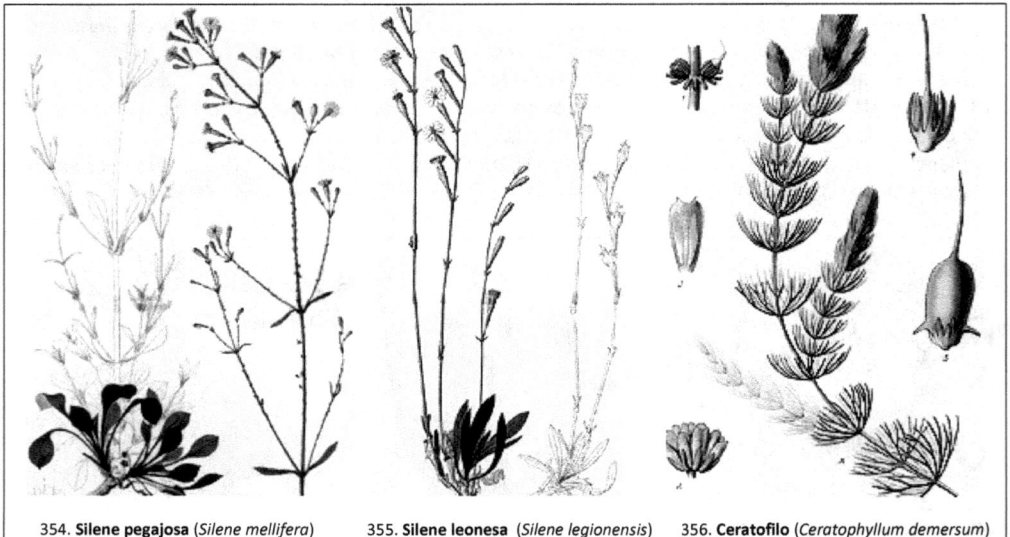

354. **Silene pegajosa** (*Silene mellifera*)   355. **Silene leonesa** (*Silene legionensis*)   356. **Ceratofilo** (*Ceratophyllum demersum*)

3.23. Fam. CIPERÁCEAS (*Cyperaceae*)

Plantas herbáceas, con porte de junco o de gramínea. Tallos a menudo triangulares en sección (o circulares) con hojas acintadas o cilíndricas (a veces nulas), con frecuencia basales. Las flores son reducidas y poco vistosas, generalmente de tonos castaños, siempre sin pétalos, aunque suelen tener 3 sépalos, siendo uni- o bisexuales, con 3 estambres y 3 carpelos que encierran un óvulo y dan pequeños frutos secos en aquenio. Se cultivan a pequeña escala como comestibles (chufas) u ornamentales (papiros) en zonas cálidas, aunque en áreas de montaña su utilidad principal ha sido el empleo en cestería de sus consistentes tallos.

1. Flores unisexuales, generalmente separadas en espigas diferentes, unas masculinas y otras femeninas (figs. 357-368) .... 1. **cárices** (*Carex*)
— Flores todas iguales y bisexuales (figs. 369-380) .... 2. **juncias** (*Cladium, Cyperus, Eleocharis, Scirpus*)

3.23.1. Cárices (*Carex*)

1. Tallos terminados en espigas simples unisexuales o grupos de espigas con flores masculinas y femeninas juntas 2
— Tallos terminados en varias espigas diferentes, unas masculinas y otras femeninas 4
2. Planta baja, de tallos aéreos muy finos que surgen distanciados de un rizoma subterráneo (fig. 357) .... **cárice fina** (*Carex divisa*):
   1-3 dm. III-VI. Pastizales no muy secos ni muy húmedos. Paleotemp. M.
— Planta algo elevada, no rizomatosa, con cepa cespitosa densa 3
3. Inflorescencia compacta y continua (fig. 358) .... **cárice espigada** (*Carex muricata*):
   2-6 dm. IV-VI. Orlas forestales y herbazales umbrosos en medios abruptos y zonas de vega. Paleotemp. M. [Los ejemplares más robustos, con frutos de 5-6 mm, lígula aguda más larga que ancha, etc., se atribuyen a *C. cuprina*].
— Inflorescencia laxa y discontinua (fig. 359) .... **cárice interrumpida** (*Carex divulsa*):
   2-5 dm. IV-VI. Orlas forestales sombreadas, a veces algo antropizadas o transitadas. Eurosib.
   M. [En medios forestales de montaña muy umbrosos, es posible detectar la rara *C. remota*, con brácteas 5-10 veces más largas que las espigas, las inferiores de las cuales aparecen muy distanciadas entre sí (unos 5-7 cm)].
4. Flores femeninas con 2 estigmas (fig. 360) .... **cárice negra** (*Carex nigra*):
   1-3 dm. IV-VI. Turberas y pastizales vivaces densos sobre suelos silíceos inundables. Subcosmop. R. [Los ejemplares de porte cespitoso y más elevado (cerca de ½ metro), en calizas, se pueden atribuir a *C. elata*].
— Flores femeninas con 3 estigmas 5
5. Inflorescencia terminada en 2-3 espigas masculinas 6
— Espiga masculina única 9
6. Plantas robustas y elevadas, muchos de cuyos ejemplares superan 1 m de altura 7
— Hierbas modestas y poco consistentes, que alcanzan menos de medio metro 8
7. Hojas que alcanzan más de 1 cm de anchura. Frutos estrechados hacia el ápice, de unos 5-7 mm (fig. 361) .... **cárice ribereña** (*Carex riparia*):
   5-15 dm. V-VII. Carrizales, juncales, herbazales húmedos ribereños. Paleotemp. R. [Con porte menor, hojas más estrechas (5-10 mm), frutos menores (3-5 mm) y espigas femeninas más estrechas (5-8 mm): *C. acutiformis*].

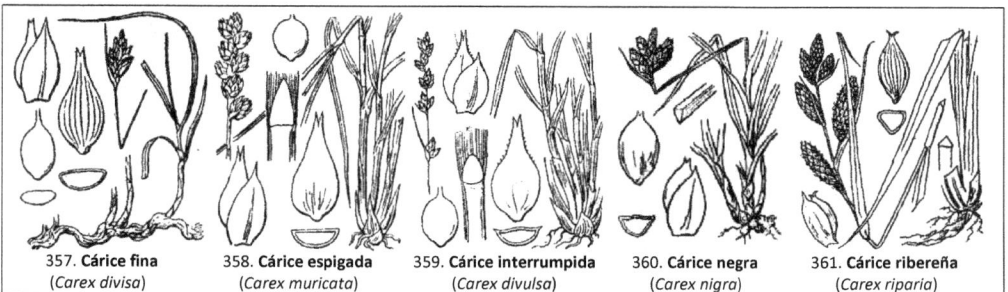

| 357. **Cárice fina** (*Carex divisa*) | 358. **Cárice espigada** (*Carex muricata*) | 359. **Cárice interrumpida** (*Carex divulsa*) | 360. **Cárice negra** (*Carex nigra*) | 361. **Cárice ribereña** (*Carex riparia*) |

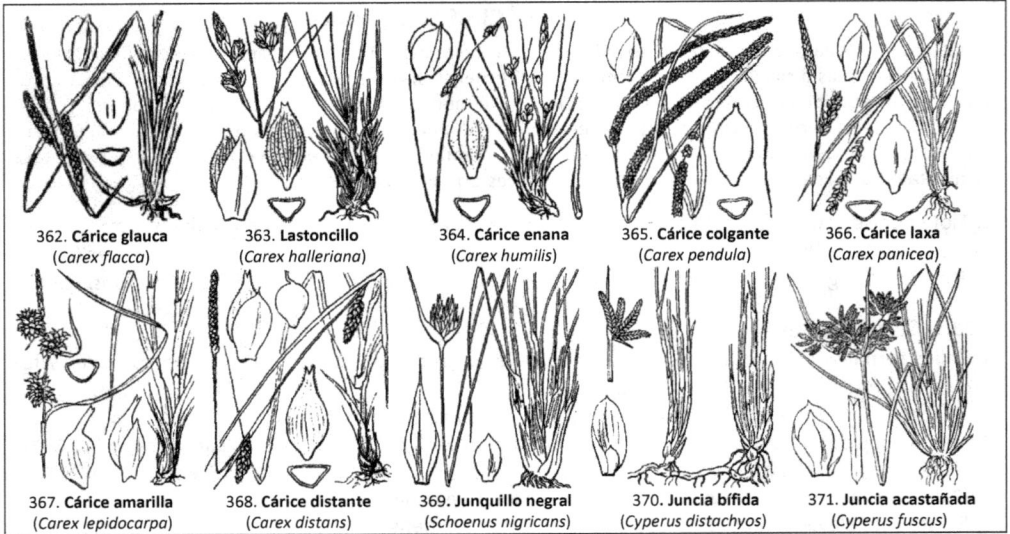

| 362. **Cárice glauca** (*Carex flacca*) | 363. **Lastoncillo** (*Carex halleriana*) | 364. **Cárice enana** (*Carex humilis*) | 365. **Cárice colgante** (*Carex pendula*) | 366. **Cárice laxa** (*Carex panicea*) |
| 367. **Cárice amarilla** (*Carex lepidocarpa*) | 368. **Cárice distante** (*Carex distans*) | 369. **Junquillo negral** (*Schoenus nigricans*) | 370. **Juncia bífida** (*Cyperus distachyos*) | 371. **Juncia acastañada** (*Cyperus fuscus*) |

— Hojas de unos 5-8 mm de anchura. Frutos ensanchados hacia el ápice, de unos 4-5 mm .... **cárice áspera** (*Carex hispida*): 8-18 dm. V-VII. Riberas fluviales. Circun-Medit. M.

8. Frutos estrechados hacia el ápice, cubiertos de pelos abundantes y aparentes ....**cárice pelosa** (*Carex hirta*): 1-4 dm. V-VII. Regueros húmedos, pastizales vivaces inundables alterados. Paleotemp. R.

— Frutos ensanchándose en el ápice, sin pelos o éstos poco aparentes (fig. 362) .... **cárice glauca** (*Carex flacca, C. glauca*): 1-4 dm. III-VI. Regueros y pastizales vivaces sobre terrenos húmedos. Paleotemp. C.

9. Frutos con pelos más o menos vistosos. Plantas propias de medios no muy húmedos 10

— Frutos desprovistos de pelos. Plantas propias de ambientes muy húmedos 11

10. Hojas planas, de 2-5 mm de anchura. Plantas formando céspedes no muy densos y más altos que anchos (fig. 363) .... **lastoncillo** (*Carex halleriana*): 1-4 dm. Bosques perennifolios y matorrales secos de su entorno. Circun-Medit. M. [Con las espigas sentadas o casi, concentradas en la zona apical, tenemos también *C. caryophyllea*, en pastizales silicícolas de montaña].

— Hojas muy estrechas (1-2 mm) y revolutas. Plantas adultas formando céspedes muy densos y más anchos que altos, a veces huecos en su centro (fig. 364) .... **cárice enana** (*Carex humilis*): 5-25 cm. Matorrales o pastizales vivaces en terrenos secos bien iluminados. Paleotemp. C.

11. Planta que alcanza en floración 1-2 m. Hojas con 1-2 cm de anchura. Espigas femeninas muy largas, estrechas y colgantes (fig. 365) .... **cárice colgante** (*Carex pendula*): 8-18 dm. IV-VI. Juncales y carrizales en medios ribereños muy húmedos y sombreados. Paleotemp. M.

— Sin estos caracteres reunidos 12

12. Espigas maduras laxas y bicolores (frutos verdosos y brácteas negruzcas) (fig. 366) .... **cárice laxa** (*Carex panicea*): 1-4 dm. V-VII. Regueros y pastizales vivaces muy húmedos de montaña. Eurosib. R.

— Espigas maduras densas y de color homogéneo 13

13. Espigas femeninas erguidas, sobre cortos pedúnculos y dispuestas bastante juntas en el extremo del tallo. Pico del fruto alargado (unos 2 mm) y doblado (fig. 367) .... **cárice amarilla** (*Carex lepidocarpa, C. flava*): 1-4 dm. Pastizales vivaces húmedos, manantiales y regatos frescos de montaña. Holárt. M. [De aspecto semejante, pero con pico del fruto recto, espigas unas 2-3 veces más largas que anchas, tenemos el cercano *C. mairei*, más propio de humedales a baja altitud con aguas calcáreas].

— Espigas femeninas colgantes, sobre pedúnculos alargados y laxamente dispuestas por el tallo. Pico del fruto con menos de 1 mm (fig. 368) .... **cárice distante** (*Carex distans*): 3-8 dm. IV-VII. Juncales y pastizales vivaces siempre húmedos. Paleotemp. M.

3.23.2. **Juncias** (*Cladium, Cyperus, Eleocharis, Schoenus, Scirpus*)

1. Inflorescencia reducida a un glomérulo simple apical, negruzco, de 1-2 cm. Tallos cilíndricos finos (fig. 369) .... **junquillo negral** (*Schoenus nigricans*): .... 2-6 dm. III-VII. Juncales, pastizales vivaces húmedos o matorrales secos. Subcosmop. C.
— Sin estos caracteres reunidos 2
2. Inflorescencia formada por espiguillas aplanadas, reunidas en grupos umbelados o glomerulares (figs. 370-374) .... 3 (*Cyperus*)
— Inflorescencia formada por unidades esféricas, cilíndricas o fusiformes, no aplanadas 8
3. Gineceo con 2 estigmas. Fruto aplanado 4
— Gineceo con 3 estigmas. Fruto con tres caras marcadas 5
4. Inflorescencia unilateral, con 2-3(5) espiguillas. Tallos sin hojas (fig. 370) .... **juncia bífida** (*Cyperus distachyos*): 2-4 dm. VI-IX. Riberas y pastizales vivaces muy húmedos algo alterados. Paleotemp. R.
— Inflorescencia terminal, con numerosas espiguillas. Tallos con hojas .... **juncia dorada** (*Cyperus flavidus*): 1-5 dm. VI-IX. Medios ribereños, pastizales vivaces siempre húmedos. Subtrop. M.
5. Planta anual, de baja estatura. Espiguillas de color castaño (fig. 371) .... **juncia acastañada** (*Cyperus fuscus*): 4-20 cm. VII-X. Regadíos y herbazales húmedos algo alterados. Paleotemp. M.
— Plantas perennes, de estatura moderada o algo elevada. Inflorescencia pardo-rojiza 6
6. Inflorescencia glomerular densa, con espiguillas surgiendo a la misma altura (fig. 372) .... **juncia de playa** (*Cyperus capitatus*): 5-30 cm. V-VII. Arenales costeros. Circun-Medit. R (Cos).
— Inflorescencia con espiguillas laxas, surgiendo a alturas algo diferentes 7
7. Planta que llega a alcanzar cerca de 1 m o más, surgiendo de un rizoma aparente pero sin tubércu-los. Espiguillas de 1-2 cm (fig. 373) .... **juncia olorosa** (*Cyperus longus*): 5-12 dm. VII-IX- Juncales y pastizales húmedos en márgenes de ríos y acequias. Paleotemp. M.
— Planta más baja pero con espiguillas mayores (unos 2-5 cm), con rizoma poco aparente que emite numerosos tubérculos (fig. 374) .... **juncia de campo** (*Cyperus rotundus*): 2-5 dm. VII-XI. Campos de regadío y herbazales nitrófilos de zonas transitadas a baja altitud. Paleotrop. C.
8. Hierba robusta y elevada. Hojas grandes, de color verde azulado, muy cortantes en el margen (fig. 375)... **mansiega** (*Cladium mariscus*): 1-2 m. VI-VIII. Juncales y carrizales ribereños. Subcosmop. M.
— Sin estos caracteres reunidos. Tallos sin hojas o estas muy reducidas 9
9. Tallos cilíndricos algo engrosados, pero casi huecos 10
— Tallos de sección triangular (fig. 376) .... **juncia marina** (*Scirpus maritimus*): 4-10 dm. V-VIII. Juncales y pastizales vivaces sobre terrenos húmedos algo salinos. M.
10. Inflorescencia formada por glomérulos esféricos. Tallo punzante en el extremo (fig. 377) .... **junco común** (*Scirpus holoschoenus*): 4-18 dm. Juncales y pastos vivaces húmedos. Paleotemp. CC.
— Inflorescencia formada por espiguillas cilíndricas o fusiformes 11

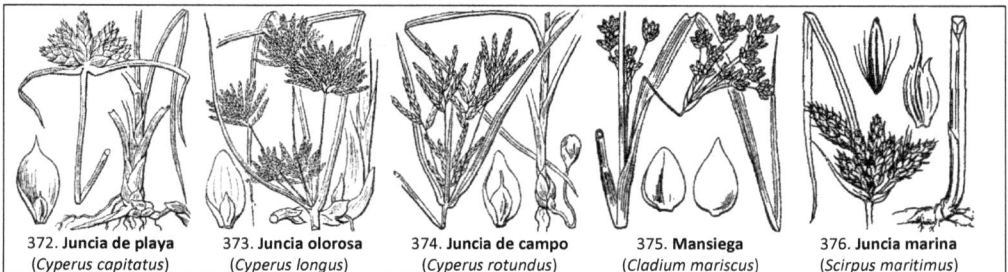

| 372. **Juncia de playa** (*Cyperus capitatus*) | 373. **Juncia olorosa** (*Cyperus longus*) | 374. **Juncia de campo** (*Cyperus rotundus*) | 375. **Mansiega** (*Cladium mariscus*) | 376. **Juncia marina** (*Scirpus maritimus*) |

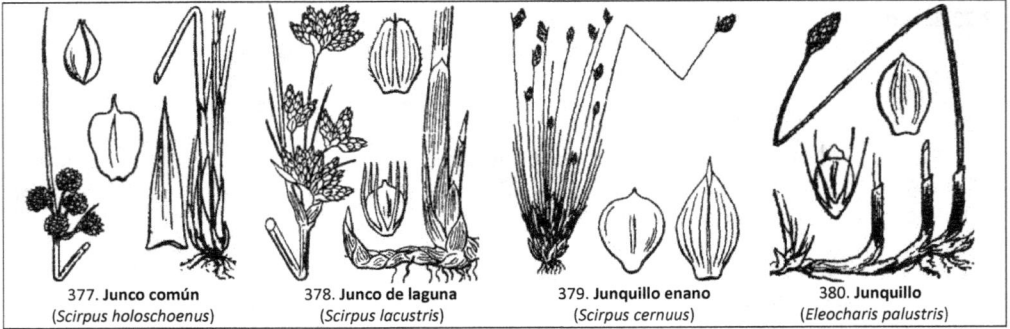

377. Junco común	378. Junco de laguna	379. Junquillo enano	380. Junquillo
(*Scirpus holoschoenus*)	(*Scirpus lacustris*)	(*Scirpus cernuus*)	(*Eleocharis palustris*)

11. Espiguillas numerosas. Plantas que se elevan hasta 1-3 m (fig. 378) .... **junco de laguna**
(*Scirpus lacustris, Schoenoplectus lacustris*): 1-3 m. V-VII. Altos juncales y carrizales en márgenes y cauces de aguas dulces remansadas. Paleotemp. R. [Las formas de glumas rugosas, provistas de papilas rojizas y frutos aplanados, de menor altura, se atribuyen al cercano **Scirpus tabernaemontani**, *Schoenoplectus lacustris* subsp. *glaucus*].
— Espiguillas solitarias apicales. Plantas menos elevadas 12
12. Planta enana (menos de un palmo). Inflorescencia ovoide, con bráctea aparente en su base (fig. 379) .... **junquillo enano** (*Scirpus cernuus,*
S. savii): 3-15 cm. V-IX. Juncales, terrenos despejados siempre húmedos. Subcosmop. M. [De aspecto similar y algo más escasa está el cercano **S. setaceus** (= *Isolepis setacea*), con brácteas más largas, inflorescencias más verdes, etc.].
— Planta de varios dm. Espiguilla alargada, sin bráctea aparente en la base (fig. 380) .... **junquillo**
(*Eleocharis palustris*): 1-5 dm. V-VII. Márgenes de arroyos y hondonadas húmedas. Paleotemp. M.

3.24. Fam. CISTÁCEAS (*Cistaceae*)

Arbustos o pequeñas matas (raras veces hierbas anuales) con hojas opuestas y flores provistas de 5 pétalos muy caedizos, dando frutos secos en cápsulas que encierran numerosas semillas. Es una familia de raigambre mediterránea, bien representada en nuestro país por numerosas especies de estepas, jaras y jarillas.

1. Arbustos de 1 m o más. Flores de unos 2,5-6 cm de diámetro (figs. 387-396)............... 2. **jaras** (*Cistus*)
— Hierbas o arbustos más bajos, con flores que no suelen alcanzar 25 mm de diámetro 2
2. Gineceo con estilo alargado. Plantas mayoritariamente leñosas 3
— Gineceo sin estilo (estigma sentado). Plantas ± herbáceas (figs. 409-410) ...... 4. **tuberaria** (*Tuberaria*)
3. Hojas lineares. Pétalos amarillos. Estambres exteriores sin anteras (figs. 381-386) ... 1. **fumanas** (*Fumana*)
— Hojas de formas variadas. Pétalos blancos o amarillos. Estambres terminados todos en anteras (figs. 397-408)... 3. **jarillas** (*Helianthemum*)

3.24.1. Fumanas (*Fumana*)

1. Hojas opuestas (excepto a veces las contiguas a las flores) 2
— Hojas todas alternas (no confundir con fascículos axilares de nuevas hojas) 3
2. Hojas cubiertas de pelosidad glandular. Planta siempre erguida y baja (fig. 381) .... **fumana tomillo**
(*Fumana thymifolia*):5-20 cm. III-VI. Bajos matorrales en ambientes secos y soleados. Circun-Medit. C.
— Hojas sin pelosidad glandular. Planta a menudo algo tendida y alargada (fig. 382) .... **fumana leve**
(*Fumana laevis*): 2-4 dm. IV-VI. Matorrales secos y soleados sobre sustratos básicos, con frecuencia arenosos o margosos. Circun-Medit. M. [Las muestras más leñosas y robustas, con cáliz más glabro, estigmas más finos (filiformes), floración más tardía, etc., corresponderían a otra especie cercana, como es **F. hispidula**].
3. Hojas muy cortas y finas, con estípulas y fascículos de hojas axilares. Tallos sinuosos, muy finos y alargados, apenas leñosos (fig. 383) .... **fumana fina** (*Fumana laevipes*):
2-4 dm. III-V. Matorrales secos y soleados, terrenos escarpados. Circun-Medit. M.
— Hojas sin estípulas, algo alargadas y engrosadas. Tallos claramente leñosos 4

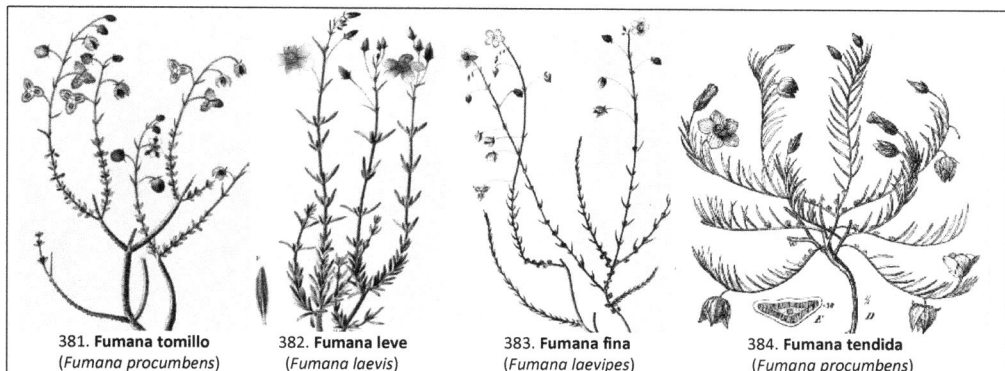

| 381. **Fumana tomillo** | 382. **Fumana leve** | 383. **Fumana fina** | 384. **Fumana tendida** |
| (*Fumana procumbens*) | (*Fumana laevis*) | (*Fumana laevipes*) | (*Fumana procumbens*) |

4. Planta totalmente tendida. Flores maduras con pedúnculo curvado desde su base, con longitud semejante a la hoja contigua (fig. 384) .... **fumana tendida** (*Fumana procumbens*): 5-20 cm. V-VII. Matorrales bajos o rastreros de montaña sobre sustrato calizo. Medit.-sept. C.

— Planta más o menos erguida. Flores maduras con pedúnculo curvado bajo el cáliz, más largo que la hoja contigua 5

5. Arbusto erguido y muy leñoso en la mitad inferior. Hojas no ciliadas en el margen (fig. 385) .... **fumana robusta** (*Fumana ericoides*): 2-4 dm. II-V. Matorrales despejados en ambientes cálidos y muy secos. Medit.-suroccid. M. [De aspecto semejante, tenemos también **F. scoparia**, con inflorescencia muy glandulosa y cerrada (terminada en flor), en áreas secas de moderada altitud (Esp, Set). En zonas elevadas meridionales interiores, la muy ramosa y rígida, de hábitos rupícolas, **F. paradoxa** (Taj)].

— Planta moderadamente leñosa, a veces arqueado-ascendente. Hojas ciliadas en el margen (fig. 386) .... **fumana común** (*Fumana ericifolia*): 5-25 cm. IV-VII. Matorrales secos y soleados sobre terrenos abruptos calcáreos. Circun-Medit. M.

3.24.2. **Jaras**, estepas (*Cistus, Halimium*)

1. Gineceo con tres carpelos. Frutos con tres dientes. Flores medianas (figs. 387-388) .... 2 (*Halimium*)

— Gineceo con 5 carpelos. Frutos con 5-10 dientes. Flores normalmente grandes .... 3 (*Cistus*)

2. Flores amarillas. Hojas ovadas o elípticas, poco más largas que anchas (fig. 387) .... **jaguarzo blanco** (*Halimium halimifolium*): 5-15 dm. IV-VI. Matorrales secos y soleados sobre suelo arenoso. Medit.-occid. R. (Set). [Esta especie muestra hojas de tendencia más elíptica con 1-5 cm de longitud, frente a *H. ocymoides*, con hojas de tendencia más ovado-lanceolada, de apenas 5-15 mm de longitud, con cierto dimorfismo entre ramas (Alc)].

— Flores blancas. Hojas lineares (1-2 mm de anchura) (fig. 388) .... **jaguarzo umbelado** (*Halimium umbellatum*): 6 dm. IV-VI. Matorrales secos sobre suelos silíceos en áreas interiores. Medit.-occid. R.

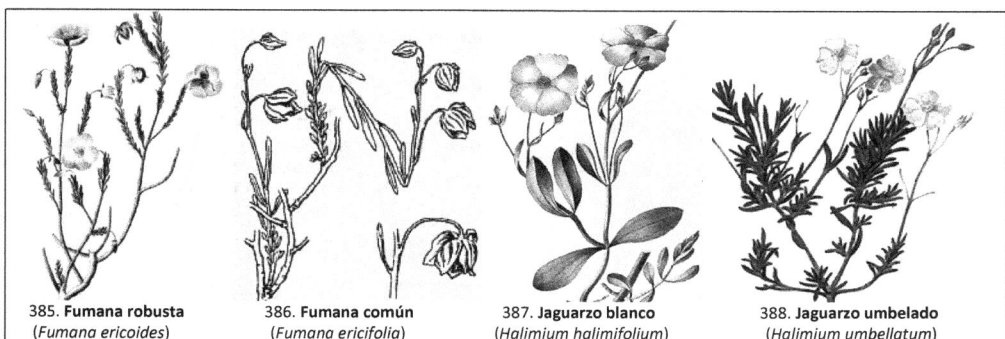

| 385. **Fumana robusta** | 386. **Fumana común** | 387. **Jaguarzo blanco** | 388. **Jaguarzo umbelado** |
| (*Fumana ericoides*) | (*Fumana ericifolia*) | (*Halimium halimifolium*) | (*Halimium umbellatum*) |

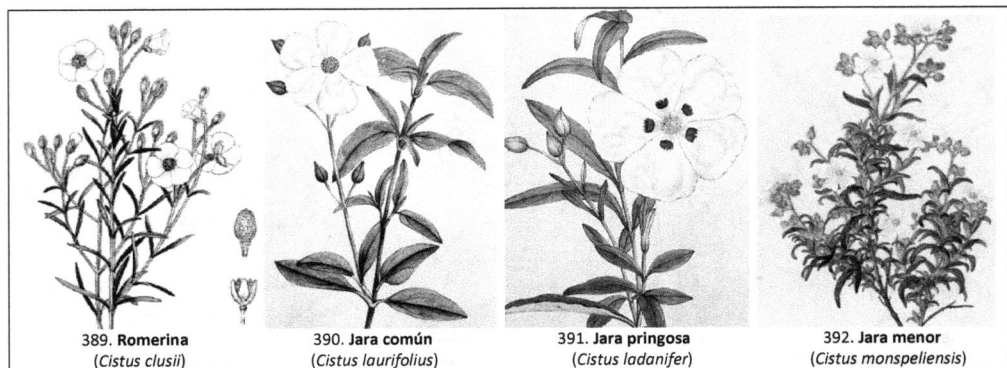

389. **Romerina**	390. **Jara común**	391. **Jara pringosa**	392. **Jara menor**
(*Cistus clusii*)	(*Cistus laurifolius*)	(*Cistus ladanifer*)	(*Cistus monspeliensis*)

3. Flores blancas 4

— Flores rosadas o rojizas 9

4. Hojas lineares (1-2 mm de anchura). Flores de unos 2,5-3 cm de diámetro (fig. 389) .... **romerina** (*Cistus clusii*): 4-12 dm. III-VI. Matorrales secos y soleados sobre sustratos básicos. Medit.-occid. M.

— Hojas y flores más anchas 5

5. Cáliz con solo 3 sépalos, de tamaño similar 6

— Cáliz con 5 sépalos, siendo mayores los dos exteriores 7

6. Flores de unos 4-5 cm de diámetro, con pétalos no manchados en la base. Hojas pecioladas, lanceoladas, de unos 2-3 cm de anchura (fig. 390) .... **jara o estepa común** (*Cistus laurifolius*): 0,5-2 m. V-VII. Bosques y matorrales sobre suelos silíceos secos. Circun-Medit. M.

— Flores de unos 5-6 cm de diámetro, con pétalos a veces manchados en su base. Hojas sentadas, linear-lanceoladas, con cerca de 1 cm de anchura (fig. 391) .... **jara pringosa** (*Cistus ladanifer*): 1-3 m. III-VI. Pinares y matorrales secos interiores sobre suelos silíceos. Medit.-occid. R.

7. Hojas sentadas o casi, mucho más largas que anchas. Sépalos exteriores ovados (fig. 392) .... **jara menor** (*Cistus monspeliensis*): 5-15 dm. III-VI. Matorrales secos de las sierras litorales sobre terrenos silíceos. Circun-Medit. M.

— Hojas con peciolo claro, 2-3 veces más largas que anchas. Sépalos exteriores acorazonados 8

8. Hojas de acorazonadas, que alcanzan 4-5 cm de anchura. Flores sobre pedúnculos glabros o con pelos simples. Arbusto que suele superar 1 m (fig. 393) .... **jara o estepa cerval** (*Cistus populifolius*): 5-15 dm. V-VI. Pinares y matorrales sobre suelo silíceo. Medit.-occid. R.

— Hojas ovado-elípticas, de 1-2 cm de anchura. Pedúnculos florales cubiertos de pelos estrellados. Planta baja, que no suele superar el medio metro (fig. 394) .... **jara o estepa negral** (*Cistus salviifolius*): 2-5 dm. IV-VI. Matorrales secos sobre suelos arenosos. Circun-Medit. M.

393. **Jara cerval**	394. **Jara negral**	395. **Jara blanca**	396. **Jara rizada**
(*Cistus populifolius*)	(*Cistus salviifolius*)	(*Cistus albidus*)	(*Cistus crispus*)

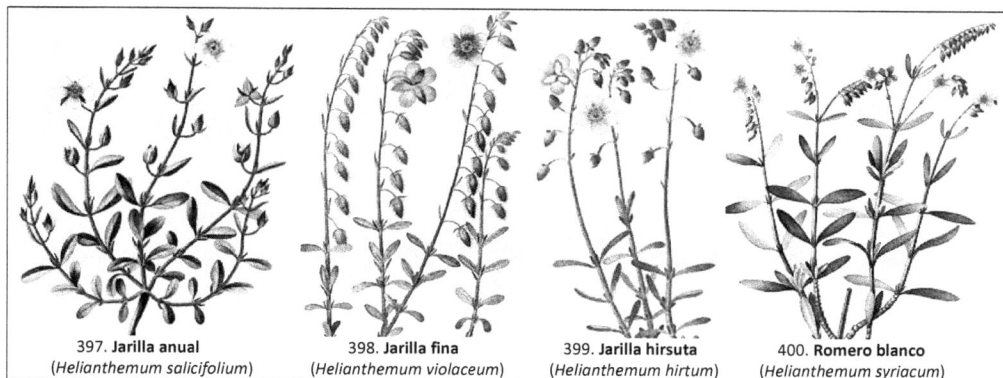

397. Jarilla anual	398. Jarilla fina	399. Jarilla hirsuta	400. Romero blanco
(*Helianthemum salicifolium*)	(*Helianthemum violaceum*)	(*Helianthemum hirtum*)	(*Helianthemum syriacum*)

9. Hojas blanquecinas o grisáceas, planas. Flores rosadas (fig. 395) .... **jara o estepa blanca** (*Cistus albidus*): 4-16 dm. IV-VII. Matorrales secos sobre todo tipo de terrenos. Circun-Medit. R.
[En zonas interiores del valle del Júcar se han conservado poblaciones de *C. creticus*, de aspecto similar pero diferenciables por sus hojas pecioladas, con un solo nervio principal, un poco onduladas y de color más verdoso].

— Hojas verdes, onduladas en el margen. Flores de color rojizo intenso (fig. 396) .... **jara rizada** (*Cistus crispus*): 3-6 dm. IV-VI. Matorrales secos y soleados sobre terrenos silíceos. Medit.-occid. R.

3.24.3. Jarillas (*Helianthemum*)

1. Plantas herbáceas anuales (fig. 397) .... **jarilla anual** (*Helianthemum salicifolium*): 5-25 cm. IV-VI. Pastizales secos en ambientes bastante transitados, pastoreados o alterados. Medit.-Iranot. C.
[Plantas más robustas y erguidas, con pedúnculos más cortos pero gruesos y frutos con cerca de 1 cm, corresponden al extendido *H. ledifolium*; mientras que las muestras con inflorescencias espigadas, frutos más alargados y estrechos, con flores muy reducidas, casi ocultas por las brácteas, pertenecerían al escaso *H. angustatum* (Alc, Man). Por otro lado está la vistosa especie *H. sanguineum*, cubierta de pelosidad rojiza glandulosa en arenales interiores del sur (Man)].

— Plantas perennes, algo leñosas al menos en su base 2

2. Flores blancas. Hojas bastante más largas que anchas, de tendencia linear 3

— Flores amarillas. Hojas no mucho más largas que anchas, ovadas o elípticas 5

3. Sépalos pelosos o no en los nervios, pero glabros y brillantes entre ellos 4

— Sépalos blanquecinos, mates, con cortos pelos estrellados entre los nervios (fig. 401) ...... **jarilla común** (*Helianthemum apenninum*): 1-3 dm. IV-VII. Matorrales soleados de montaña. Circun-Medit. C.

4. Nervios de los sépalos con pelos largos y rígidos muy abundantes. Hojas elípticas a linear-elípticas .
.... **jarilla áspera** (*Helianthemum asperum*): 1-4 dm. III-VI. Matorrales secos sobre sustratos básicos en terrenos despejados. Iberolev. M.

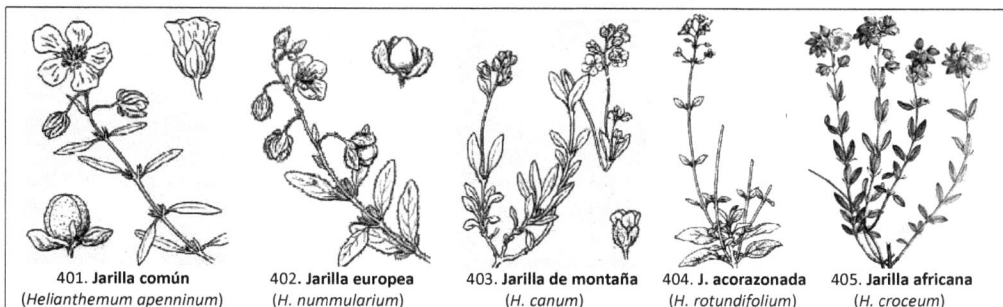

401. Jarilla común	402. Jarilla europea	403. Jarilla de montaña	404. J. acorazonada	405. Jarilla africana
(*Helianthemum apenninum*)	(*H. nummularium*)	(*H. canum*)	(*H. rotundifolium*)	(*H. croceum*)

71

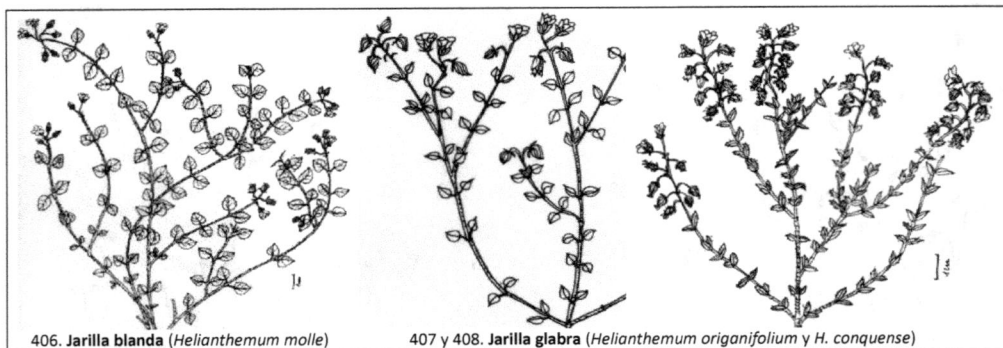

406. **Jarilla blanda** (*Helianthemum molle*)   407 y 408. **Jarilla glabra** (*Helianthemum origanifolium* y *H. conquense*)

— Nervios de los sépalos sin pelos o éstos cortos y espaciados. Hojas lineares (fig. 398) .... **jarilla fina** (*Helianthemum violaceum*, H. *pilosum*): 1-3 dm. III-VI. Matorrales algo degradados y terrenos baldíos en ambientes bastante secos y no muy frescos, en altitudes bajas o moderadas. Medit.-occid. C.

5. Hojas con estípulas bien aparentes, de tendencia elíptica 6

— Hojas sin estípulas o con algunas escasas en las hojas superiores, de tendencia ovada 10

6. Sépalos con nervios cubiertos de pelos rígidos de longitud semejante a los espacios intercostales (fig. 399) .... **jarilla hirsuta** (*Helianthemum hirtum*): 1-3 dm. III-VI. Matorrales secos y soleados, terrenos baldíos. Medit.-occid. M.

— Sépalos sin pelos o éstos cortos y menos rígidos 7

7. Plantas erguidas, bastante leñosas, con hojas rígidas, grisáceas o blanquecinas incluso por el haz   8

— Planta tendida o ascendente, con hojas blandas, verdes por el haz (fig. 402) .... **jarilla europea** (*Helianthemum nummularium*): 1-4 dm. V-VII. Pastizales vivaces frescos de montaña. Eurosib. M.

8. Hojas muy plegadas en el margen, agudas en el ápice, alcanzando con facilidad 4-5 cm (fig. 400) ......
.... **romero blanco** (*Helianthemum syriacum*, H. *lavandulifolium*): 3-5 dm. III-VI. Matorrales sobre terrenos bien iluminados en ambientes muy secos. Circun-Medit. C.

— Hojas poco plegadas, obtusas en el ápice, normalmente de 1-3 cm 9

9. Hojas cubiertas de pelos estrellados. Flores mayores que las hojas (fig. 405) .... **jarilla africana** (*Helianthemum croceum*): 1-4 dm. IV-VII. Matorrales secos y soleados de montaña. Medit.-occid. M.

— Hojas cubiertas de pelos escamosos. Flores menores que las hojas .... **jarilla de yesar** (*Helianthemum squamatum*): 5-25 cm. IV-VI. Matorrales secos sobre yesos. Medit.-suroccid. R.

10. Hojas blanquecinas por ambas caras, unas 2-3 veces más largas que anchas, con su mayor anchura en el medio (fig. 403) .... **jarilla de montaña** *Helianthemum canum*): (5-20 cm. IV-VII. Matorrales rastreros o enanos de montaña. Medit.-sept. M.

— Hojas poco más largas que anchas, con su mayor anchura en la base, habitualmente verdes y poco pelosas por el haz 11

11. Hojas blanquecino-tomentosas en el envés (fig. 404) .... **jarilla acorazonada** (*Helianthemum rotundifolium*, H. *cinereum* subsp. *rotundifolium*): 1-3 dm. IV-VII. Matorrales secos y soleados. Medit.-occid. C. [Con porte erguido, racimos simples y hojas superiores sin estípulas tenemos también **H. marifolium**].

— Hojas verdes por ambas caras, con pelosidad nula o laxa 12

12. Tallos con pelos patentes rígidos. Hojas blandas, moderadamente pelosas, con pelos estrellados en el envés (fig. 406) .... **jarilla blanda** (*Helianthemum molle*, H. *origanifolium* subsp. *molle*): 1-4 dm. II-VI. Medios forestales y matorrales desde la costa hasta zonas algo elevadas. Iberolev. M.

— Tallos con pelos finos y aplicados. Hojas engrosado-rígidas, glabras o con escasos pelos simples (fig. 407) .... **jarilla glabra** (*Helianthemum origanifolium*, H. *origanifolium* subsp. *glabratum*): 1-3 dm. III-VII. Matorrales secos y soleados en zonas litorales. Medit.-occid. M.
[Endémico de los yesares centro-occidentales de la provincia de Cuenca, está también **H. conquense**, con hojas más engrosadas, más estrechadas en la base, ramas más firmes, etc. (Man) (fig. 408)].

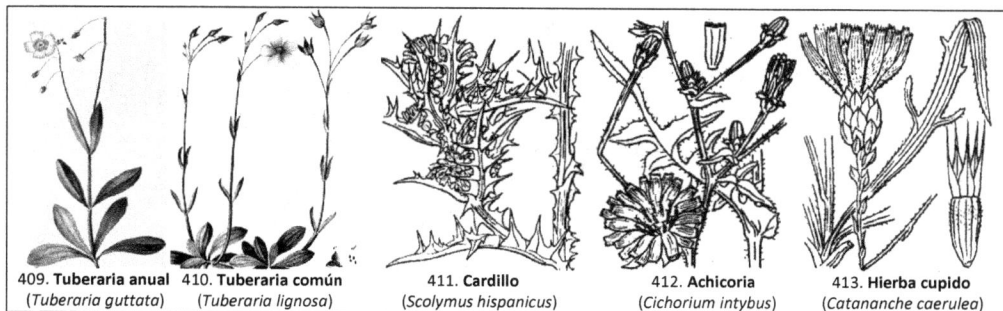

409. Tuberaria anual	410. Tuberaria común	411. Cardillo	412. Achicoria	413. Hierba cupido
(*Tuberaria guttata*)	(*Tuberaria lignosa*)	(*Scolymus hispanicus*)	(*Cichorium intybus*)	(*Catananche caerulea*)

3.24.4. Tuberarias (*Tuberaria*)

1. Hierba anual, de tallos ramosos y tenues. Flores con cerca de 1 cm de diámetro (fig. 409) ....
.... **tuberaria anual** (*Tuberaria guttata*,
Helianthemum guttatum): 5-30 cm. V-VII. Pastizales anuales sobre arenales silíceos. Circun-Medit. M. [De aspecto similar, **T. commutata**, resulta más glabra, con hojas más estrechamente lineares, de margen plegado, etc. (Taj)].
— Hierba perenne, con tallos poco ramosos y engrosados en la base. Flores con 2 cm o más de diámetro (fig. 410) .... **tuberaria común** (*Tuberaria lignosa*,
T. vulgaris): 2-4 dm. IV-VI. Matorrales secos y soleados sobre suelos arenosos silíceos. Medit.-occid. R.

3.25. Fam. COMPUESTAS (*Compositae*)

La familia más ampliamente representada en nuestro país y en esta zona, caracterizada por presentar las flores sentadas, con la corola soldada en pequeños tubos o lengüetas y los estambres soldados por sus anteras en finos tubos poco apreciables; reunidas en capítulos rodeados por un involucro de brácteas. Los frutos son secos, con una sola semilla y suelen disponer de dispositivos (vilano de pelos) para su dispersión por el viento. Es la familia de los cardos, girasoles, margaritas, manzanillas, etc.

1. Todas las flores vistosas, coloreadas, de cerca de 1 cm o más, sobresaliendo del involucro, con la corola dispuesta en un plano por su parte superior (ligulada) 2
— Flores muy pequeñas y poco vistosas o vistosas pero entonces -al menos las del medio del capítulo - con la corola tubulosa, no dispuesta en un plano, sobresaliendo poco del involucro y alcanzando habitualmente menos de 1 cm 22
2. Hojas e involucros muy espinosos. Tallos alado-espinosos (fig. 411) .... 15. **cardillo** (*Scolymus*)
— Hojas o involucros no espinosos. Tallos no alado-espinosos 3
3. Flores azules y relativamente grandes (3-5 cm) 4
— Flores amarillas o rojizas, (si azuladas, más pequeñas) 5
4. Brácteas del involucro verdes y blandas. Frutos sin vilano o éste muy corto (fig. 412) ....
.... 1. **achicoria** (*Cichorium*)

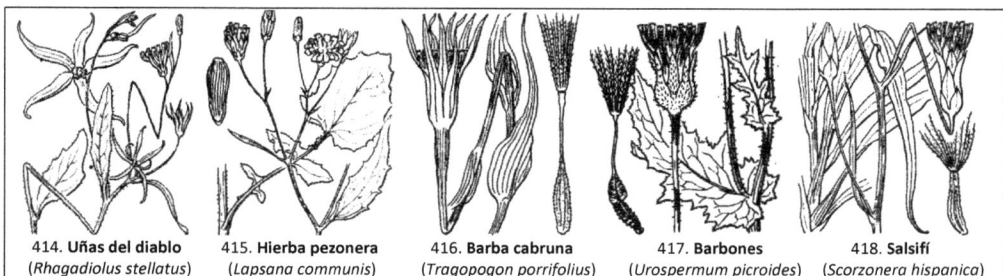

414. Uñas del diablo	415. Hierba pezonera	416. Barba cabruna	417. Barbones	418. Salsifí
(*Rhagadiolus stellatus*)	(*Lapsana communis*)	(*Tragopogon porrifolius*)	(*Urospermum picroides*)	(*Scorzonera hispanica*)

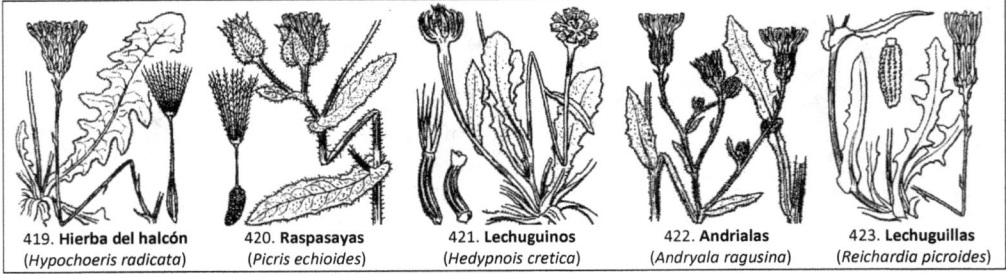

| 419. Hierba del halcón (Hypochoeris radicata) | 420. Raspasayas (Picris echioides) | 421. Lechuguinos (Hedypnois cretica) | 422. Andrialas (Andryala ragusina) | 423. Lechuguillas (Reichardia picroides) |

— Involucro pajizo-plateado, con brácteas rígidas y translúcidas. Fruto con vilano tan largo como el cuerpo (fig. 413) .... 40. **hierba cupido** (*Catananche*)

5. Todos los frutos sin vilano 6

— Todos o parte de los frutos con vilano de pelos 7

6. Frutos estrechos y alargados (más de 1 cm), curvados en forma de estrella al madurar (fig. 414) .... 66. **uñas del diablo** (*Rhagadiolus*)

— Frutos cortos (3-4 mm) y rectos (fig. 415) .... 42. **hierba pezonera** (*Lapsana*)

7. Vilano formado por pelos plumosos, es decir que los pelos principales que surgen del fruto presentan largas y tenues ramificaciones laterales que se cruzan entre sí 8

— Vilano formado por pelos simples o denticulados 12

8. Involucro con todas las brácteas relativamente grandes, dispuestas en una sola fila (como si se tratara de un cáliz) 9

— Brácteas involucrales dispuestas a varios niveles 10

9. Hojas lineares y paralelinervias, no o poco pelosas (fig. 416) .... 9. **barba cabruna** (*Tragopogon*)

— Hojas no lineares, pelosas, con nerviación pinnada (fig. 417) .... 10. **barbones** (*Urospermum*)

10. Hojas enteras, lineares o lanceoladas. Frutos largos y estrechos (cuerpo basal con más de 1 cm), atenuados progresivamente hacia el vilano (fig. 418) .... 59. **salsifíes** (*Scorzonera*)

— Hojas más o menos dentadas o lobuladas. Frutos más cortos, con el cuerpo basal más ancho y más bruscamente estrechado hacia el vilano 11

11. Capítulos relativamente anchos (2-3 cm), con el receptáculo cubierto de escamas entre las flores. Hojas en su mayoría basales, unas 2-3 veces más largas que anchas, poco pelosas, no rasposas (fig. 419) .... 41. **hierba del halcón** (*Hypochoeris*)

— Capítulos más estrechos (1-2 cm), con receptáculo liso. Hojas abundantes en el tallo, bastante más largas que anchas, peloso-rasposas (fig. 420) .... 58. **raspasayas** (*Picris*)

12. Vilano sentado directamente sobre los frutos (al menos en algunos) 13

— Todos los vilanos separados del fruto por un pedúnculo alargado 20

13. Vilano de los frutos formado por un número no muy elevado de escamas o pelos rígidos algo aplanados en la base (fig. 421) .... 46. **lechuguinos** (*Hedypnois, Tolpis*)

— Vilano formado por numerosos pelos suaves, filiformes y alargados 14

14. Plantas grisáceas o blanquecinas, densamente cubiertas de pelos estrellados. Receptáculo cubierto de abundantes largos pelos entre las flores (ver capítulos más pasados y no confundir con los vilanos de los frutos) (fig. 422) .... 6. **andrialas** (*Andryala*)

— Sin estos caracteres reunidos. Plantas habitualmente verdes. Receptáculo glabro o con pelos muy cortos o laxos, poco aparentes 15

15. Frutos maduros provistos de rugosidades o estrías transversales. Brácteas exteriores del involucro ovadas, con ancho margen blanquecino-escarioso (fig. 423) .... 45. **lechuguillas** (*Reichardia*)

— Sin estos caracteres reunidos 16

16. Frutos maduros fusiformes o elípticos, estrechados hacia la base y el ápice 17

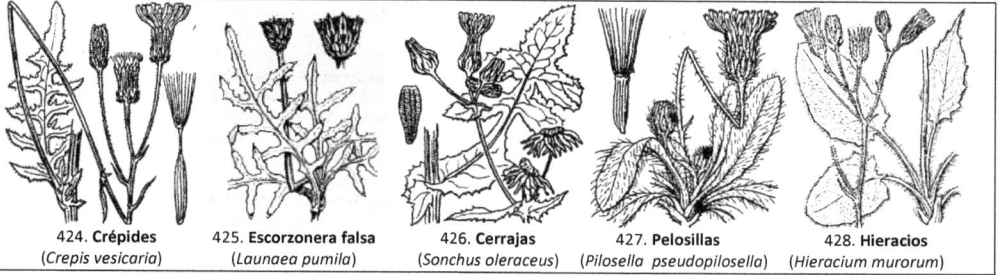

424. Crépides	425. Escorzonera falsa	426. Cerrajas	427. Pelosillas	428. Hieracios
(*Crepis vesicaria*)	(*Launaea pumila*)	(*Sonchus oleraceus*)	(*Pilosella pseudopilosella*)	(*Hieracium murorum*)

— Frutos cilíndricos o cilindro-cónicos, no estrechados nunca hacia su base 19

17. Brácteas del involucro dispuestas en varios pisos. Frutos con cuerpo corto, no estrechado en pico filiforme al contactar con el vilano. Hierbas muy laticíferas y quebradizas 18

— Brácteas en solo 2 filas. Frutos con cuerpo alargado, alguno estrechados en pico al contactar con el vilano. Hierbas no muy laticíferas ni quebradizas (fig. 424) .... 26. **crépides** (*Crepis*)

18. Brácteas del involucro (al menos las más externas) con margen hialino ancho. Plantas siempre perennes, algo endurecidas en la base (fig. 425) .... 32. **escorzonera falsa** (*Launaea*)

— Brácteas sin margen hialino aparente. Plantas anuales o perennes (fig. 426) .... 23. **cerrajas** (*Sonchus*)

19. Tallos surgiendo de una roseta basal de hojas (casi siempre blanco-tomentosas en el envés), con frecuencia terminados en un solo capítulo y no portadores de hojas, en cuya base salen uno o varios estolones rastreros con hojas (fig. 427) .... 55. **pelosillas** (*Pilosella*)

— Hierbas nunca estoloníferas. Hojas con el envés verdoso. Capítulos habitualmente más de uno (fig. 428) .... 39. **hieracios** (*Hieracium*)

20. Tallos terminados siempre en un solo capítulo (fig. 429) .... 29. **diente de león** (*Taraxacum*)

— Tallos terminados en varios capítulos 21

21. Tallos con hojas muy reducidas en la base de las ramas. Frutos dentados en la zona de inserción del apéndice del vilano (fig. 430) .... 24. **condrila** (*Chondrilla*)

— Hojas normales abundantes en el tallo. Frutos lisos (fig. 431) .... 31. **escarolas** (*Lactuca*)

22. Capítulos muy poco vistosos y de dos tipos, agrupados en el extremo de las ramas, los inferiores con flores femeninas sin pétalos, los superiores masculinos con estambres libres (fig. 432) ....
.... 12. **bardana menor** (*Xanthium*)

— Capítulos todos similares, con flores provistas de pétalos 23

23. Hojas opuestas (al menos parte de ellas) 24

— Hojas todas alternas, en roseta basal o de ambos tipos, nunca opuestas 26

24. Hierba robusta con grandes capítulos amarillos. Frutos sin vilano (fig. 433) .. 37. **girasol** (*Helianthus*)

— Sin estos caracteres reunidos 25

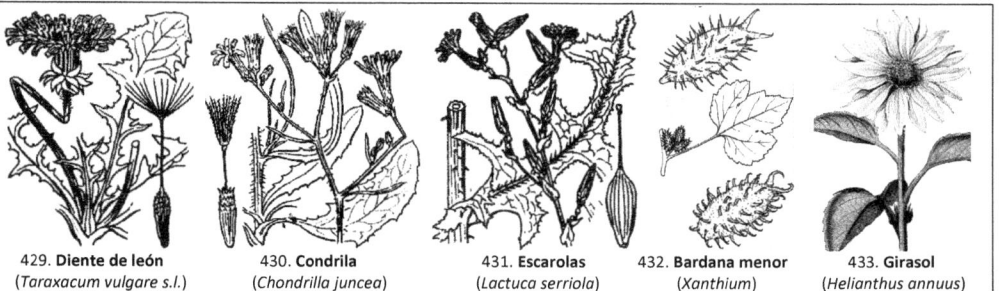

429. **Diente de león**	430. **Condrila**	431. **Escarolas**	432. **Bardana menor**	433. **Girasol**
(*Taraxacum vulgare s.l.*)	(*Chondrilla juncea*)	(*Lactuca serriola*)	(*Xanthium*)	(*Helianthus annuus*)

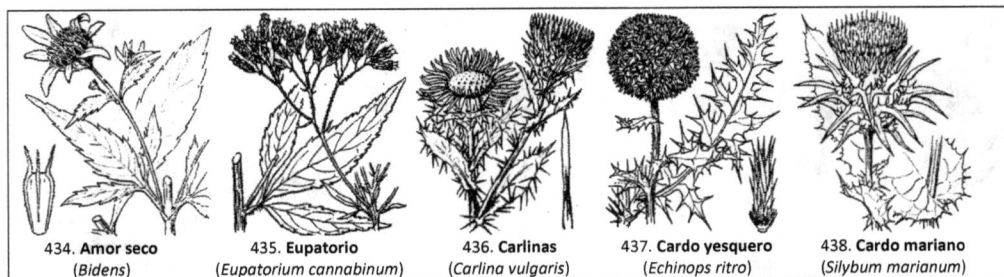

434. **Amor seco**	435. **Eupatorio**	436. **Carlinas**	437. **Cardo yesquero**	438. **Cardo mariano**
(*Bidens*)	(*Eupatorium cannabinum*)	(*Carlina vulgaris*)	(*Echinops ritro*)	(*Silybum marianum*)

25. Flores amarillas o blancas. Frutos con vilano reducido a 2-5 pelos o dientes rígidos adhesivos (fig. 434) .... 4. **amor seco** (*Bidens*)
— Flores rosadas. Vilano formado por pelos numerosos (fig. 435) .... 33. **eupatorio** (*Eupatorium*)
26. Hojas provistas de prolongaciones punzantes o espinosas 27
— Hojas no espinosas 32
27. Flores amarillas. Brácteas interiores del involucro aplanadas, amarillentas o rojizas, brillantes, enteras, perpendiculares al capítulo, semejando pétalos, pero muy rígidas (aunque no punzantes), de consistencia no foliácea (fig. 436) .... 19. **carlinas** (*Carlina*)
— Sin estos caracteres reunidos. Brácteas muy punzantes, no semejando pétalos 28
28. Inflorescencias azuladas, esféricas, formada por unidades radiales (que surgen hacia arriba, abajo y los lados) alargadas provistas de brácteas dispuestas en numerosos pisos y que encierran una sola flor (fig. 437) .... 18. **cardo yesquero** (*Echinops*)
— Sin estos caracteres reunidos. Capítulos ovoideos, cónicos, cilíndricos, etc., de los que sólo surgen flores en la parte superior 29
29. Capítulos superando habitualmente los 5 cm de anchura con las espinas incluidas, siendo éstas lanceoladas, curvadas y muy rígidas. Hojas basales con una red blanca dibujada en su superficie (fig. 438) .... 17. **cardo mariano** (*Silybum*)
— Sin estos caracteres reunidos 30
30. Flores rosadas, rojizas o blancas. Plantas habitualmente bastante ramosas con varios o numerosos capítulos (fig. 439) .... 16. **cardos** (*Carduus*, etc.)
— Flores amarillas o azuladas. Plantas a veces poco ramosas 31
31. Hierbas robustas y elevadas, con capítulos gruesos y hojas de varios dm (hasta cerca de 1 m) (fig. 440) .... 2. **alcachoferas** (*Cynara*)
— Sin estos caracteres reunidos. Plantas más modestas (fig. 441) .... 20. **cártamos** (*Carthamus*)
32. Capítulos con flores liguladas en su parte exterior y tubulosas en la interior 33
— Flores todas tubulosas, a veces muy reducidas, pero también en ocasiones el verticilo exterior está muy desarrollado pudiendo dar la impresión de lígulas.. 53

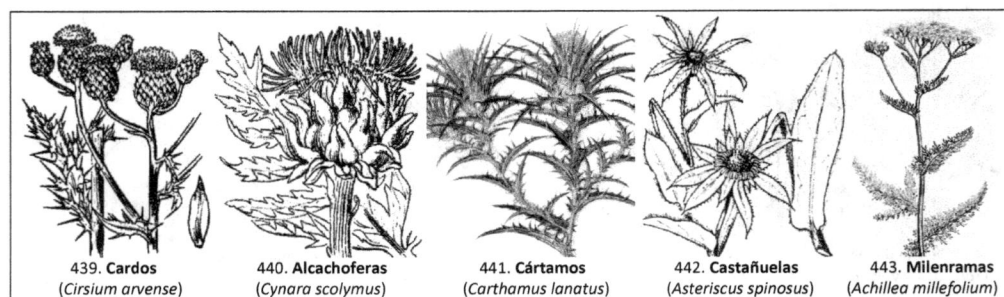

439. **Cardos**	440. **Alcachoferas**	441. **Cártamos**	442. **Castañuelas**	443. **Milenramas**
(*Cirsium arvense*)	(*Cynara scolymus*)	(*Carthamus lanatus*)	(*Asteriscus spinosus*)	(*Achillea millefolium*)

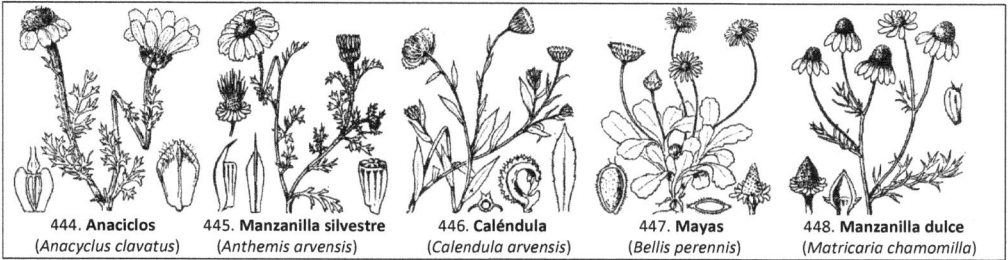

444. Anaciclos	445. Manzanilla silvestre	446. Caléndula	447. Mayas	448. Manzanilla dulce
(*Anacyclus clavatus*)	(*Anthemis arvensis*)	(*Calendula arvensis*)	(*Bellis perennis*)	(*Matricaria chamomilla*)

33. Receptáculo cubierto de escamas densas, lo que lo hacen consistente y difícil de deshacer para liberar sus flores o frutos individuales 34
— Receptáculo liso. Capítulos más blandos y fáciles de deshacer 38
34. Hojas enteras. Brácteas exteriores del involucro a veces terminadas en punta espinosa (fig. 442) ...
.... 21. **castañuela** (*Asteriscus*)
— Hojas profundamente divididas en tiras finas. Brácteas todas estrechas y no punzantes 35
35. Capítulos con menos de 1 cm de diámetro, en inflorescencia corimbosa densa (fig. 443) ....
.... 53. **milenramas** (*Achillea*)
— Capítulos mayores, solitarios o en inflorescencias laxas 36
36. Capítulos con 5-20 cm de diámetro. Hierba erguida y elevada (fig. 433) ....37. **girasol** (*Helianthus*)
— Hierbas de porte bajo o mediano. Capítulos menores 37
37. Frutos exteriores del capítulo rodeados de un ala membranosa. Flores tubulosas con dos lóbulos más largos que los otros tres (fig. 444) .... 5. **anaciclos** (*Anacyclus*)
— Frutos no alados. Flores tubulosas con los 5 lóbulos iguales (fig. 445) ....
....50. **manzanillas silvestres** (*Anthemis*)
38. Frutos sin vilano 39
— Frutos con vilano formado por pelos o escamas 44
39. Frutos con forma de arco, dentados en el dorso. Flores anaranjadas o de un amarillo muy intenso (fig. 446) ....14. **caléndula** (*Calendula*)
— Sin estos caracteres reunidos 40
40. Hojas todas reunidas en una roseta basal. Tallo sin hojas y terminado siempre en un solo capítulo (fig. 447) .... 52. **mayas** (*Bellis*)
— Tallo con hojas, produciendo uno o varios capítulos 41
41. Planta anual, muy ramosa y blanda. Receptáculo del capítulo más alto que ancho. Planta con claro olor a manzanilla (fig. 448) .... 49. **manzanilla dulce** (*Matricaria*)
— Sin estos caracteres reunidos 42
42. Plantas siempre anuales. Lígulas amarillas o parte blancas y parte amarillas (fig. 449) ....
.... 27. **crisantemos** (*Chrysanthemum*)

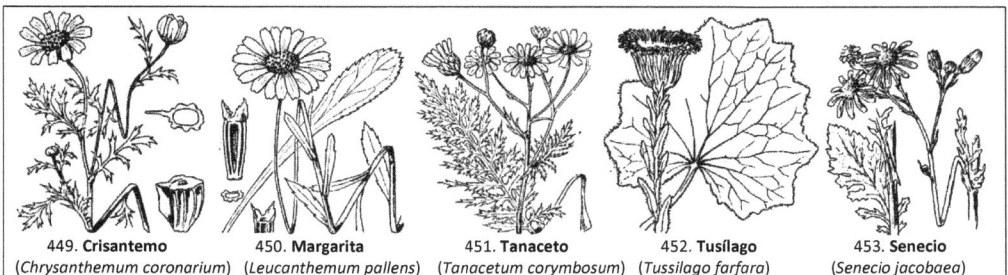

449. Crisantemo	450. Margarita	451. Tanaceto	452. Tusílago	453. Senecio
(*Chrysanthemum coronarium*)	(*Leucanthemum pallens*)	(*Tanacetum corymbosum*)	(*Tussilago farfara*)	(*Senecio jacobaea*)

77

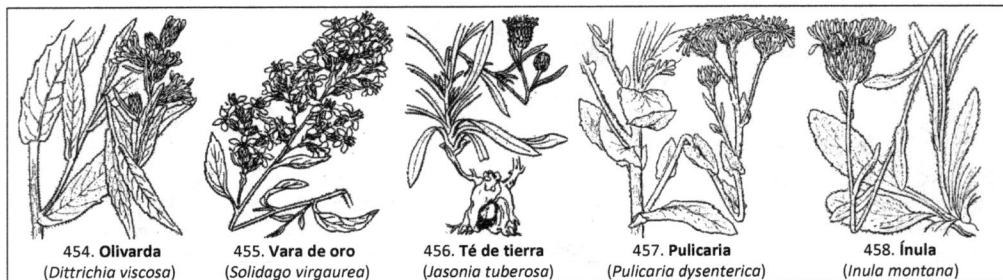

454. **Olivarda**	455. **Vara de oro**	456. **Té de tierra**	457. **Pulicaria**	458. **Ínula**
(*Dittrichia viscosa*)	(*Solidago virgaurea*)	(*Jasonia tuberosa*)	(*Pulicaria dysenterica*)	(*Inula montana*)

— Lígulas completamente blancas, raras veces amarillas o nulas, pero entonces hierbas claramente perennes 43

43. Capítulos solitarios o agrupados. Hojas enteras, dentadas o divididas (unipinnadas) en lóbulos no muy finos (fig. 450) .... 51. **margaritas** (*Leucanthemum*)

— Inflorescencia corimbosa. Hojas regularmente divididas en lóbulos que aparecen fuertemente recortados (2-3 pinnadas) en segmentos muy finos (fig. 451) .... 62. **tanaceto** (*Tanacetum*)

44. Tallos floríferos muy tempranos y efímeros, terminados en un capítulo, cubiertos de pequeñas hojas escamosas sentadas y rojizas, muy diferentes de las basales, que son verdes, grandes y pecioladas (fig. 452) .... 65. **tusílago** (*Tussilago*)

— Sin estos caracteres reunidos 45

46. Brácteas del involucro dispuestas en una sola fila, a veces acompañadas de algunas más pequeñas en su base (fig. 453) .... 60. **senecios** (*Senecio*)

— Brácteas imbricadas en varias filas 46b

46b. Flores todas amarillas 47

— Al menos las flores liguladas blancas, azuladas o rosadas 51

47. Planta francamente leñosa en la base, de floración tardía, que alcanza cerca de ½-1 m de estatura (fig. 454) .... 54. **olivarda** (*Dittrichia*)

— Sin estos caracteres reunidos 48

48. Inflorescencia en racimo largo y estrecho, de desarrollo tardío (otoñal o pre-otoñal) (fig. 455).........
.... 66. **vara de oro** (*Solidago*)

— Capítulos solitarios, en pequeños grupos o en inflorescencia corimbosa 49

49. Planta pegajosa, aromática, con gruesos tubérculos bajo tierra (fig. 456) ... 64. **té de tierra** (*Jasonia*)

— Sin estos caracteres reunidos 50

50. Vilano de los frutos rodeado en la base por un verticilo de escamas, que se sueldan formando una corona membranosa. Floración tardía (otoñal o pre-otoñal) (fig. 457) .... 57. **pulicaria** (*Pulicaria*)

— Vilano simple. Plantas de floración temprana (mayo-julio) (fig. 458) .... 44. **ínulas** (*Inula*)

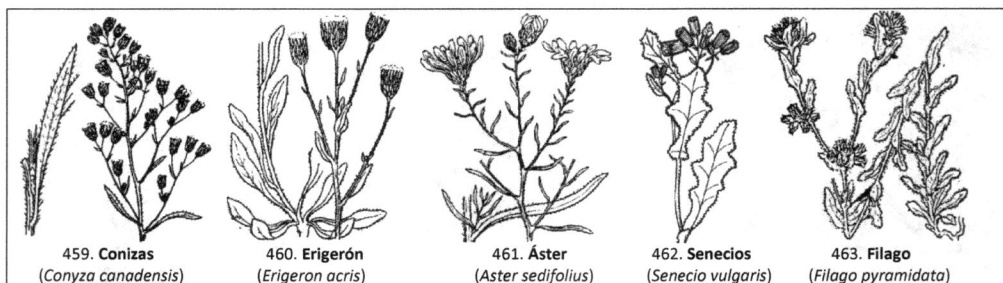

459. **Conizas**	460. **Erigerón**	461. **Áster**	462. **Senecios**	463. **Filago**
(*Conyza canadensis*)	(*Erigeron acris*)	(*Aster sedifolius*)	(*Senecio vulgaris*)	(*Filago pyramidata*)

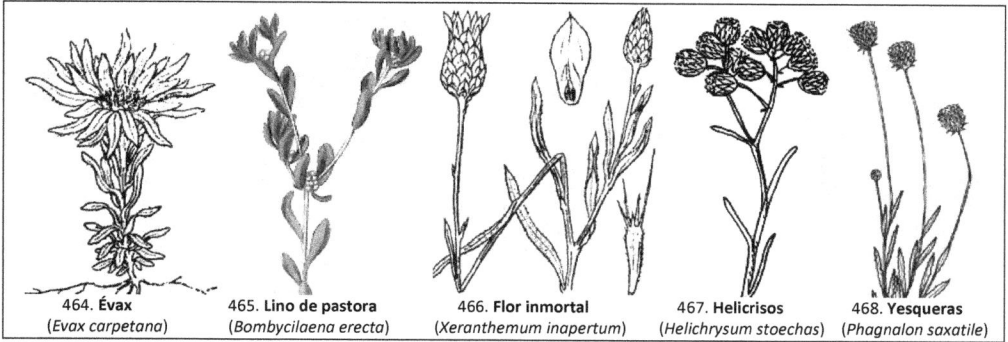

464. Évax	465. Lino de pastora	466. Flor inmortal	467. Helicrisos	468. Yesqueras
(Evax carpetana)	(Bombycilaena erecta)	(Xeranthemum inapertum)	(Helichrysum stoechas)	(Phagnalon saxatile)

51. Lígulas muy reducidas, que apenas sobrepasan 1 mm del involucro. Capítulos abiertos que no sobrepasan 1 cm de diámetro (fig. 459) .... 25. **conizas** (*Conyza*)
— Lígulas mayores. Capítulos habitualmente con más de 1 cm de diámetro 52
52. Lígulas con ± 1 mm de anchura, dispuestas en varios verticilos (fig. 460) ...... 30. **erigerón** (*Erigeron*)
— Lígulas algo más anchas, dispuestas en un solo verticilo (fig. 461) .... 8. **áster** (*Aster*)
53. Capítulos estrechamente cilíndricos. Brácteas del involucro dispuestas en una sola fila, a veces acompañadas de algunas más pequeñas en su base (fig. 462) .... 60. **senecios** (*Senecio*)
— Brácteas involucrales dispuestas en varios niveles 54
54. Hierbas anuales, tenues y de baja estatura, grisáceas o blanquecinas. Capítulos muy pequeños y poco vistosos, generalmente agrupados en glomérulos densos 55
— Sin estos caracteres reunidos 57
55. Frutos con vilano de pelos apreciable. Capítulos cilíndricos o cónicos (fig. 463) ..... 35. **filago** (*Filago*)
— Sin estos caracteres reunidos. Frutos desprovistos de vilano 56
56. Tallos muy cortos o casi inexistentes, terminados en uno o pocos glomérulos aplanados (con aspecto de capítulo simple) rodeados de brácteas alargadas (fig. 464) .... 34. **évax** (*Evax*)
— Tallos erguidos y elevados, con frecuencia 1 dm o más. Glomérulos esféricos, a veces abundantes, no aplanados ni rodeados de brácteas aparentes (fig. 465) .... 47. **lino de pastora** (*Bombycilaena*)
57. Hojas enteras o muy levemente onduladas o dentadas 58
— Hojas, al menos las inferiores, profundamente dentadas o divididas 65
58. Planta anual, erguida. Capítulos cilíndricos con flores rosadas ocultas por un involucro de brácteas blanquecino-escarioso (fig. 466) .... 36. **flor inmortal** (*Xeranthemum*)
— Sin estos caracteres reunidos 59
59. Tallos y hojas (al menos el envés) densamente tomentosos. Capítulos poco vistosos, de unos 2-8 mm de diámetro, con flores amarillas 60
— Sin estos caracteres reunidos 62

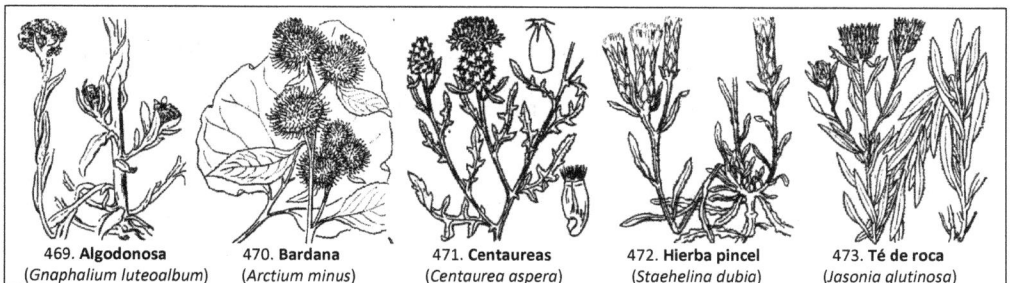

469. **Algodonosa**	470. **Bardana**	471. **Centaureas**	472. **Hierba pincel**	473. **Té de roca**
(*Gnaphalium luteoalbum*)	(*Arctium minus*)	(*Centaurea aspera*)	(*Staehelina dubia*)	(*Jasonia glutinosa*)

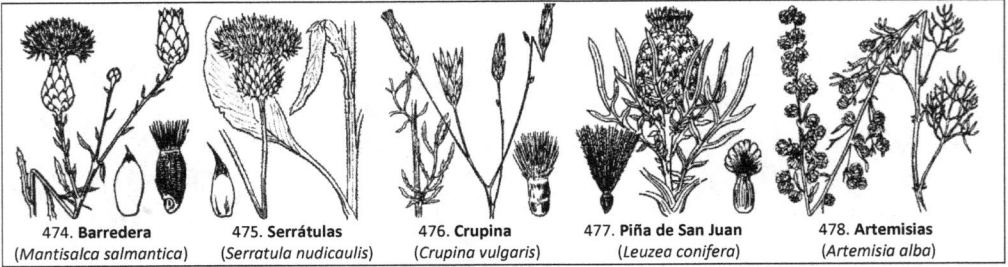

474. **Barredera**	475. **Serrátulas**	476. **Crupina**	477. **Piña de San Juan**	478. **Artemisias**
(*Mantisalca salmantica*)	(*Serratula nudicaulis*)	(*Crupina vulgaris*)	(*Leuzea conifera*)	(*Artemisia alba*)

60. Involucro vistoso, de color amarillo dorado, de consistencia seca y translúcido. Arbustos muy leñosos en la base, muy aromáticos (fig. 467) .... 38. **helicrisos** (*Helichrysum*)
— Sin estos caracteres reunidos 61
61. Capítulos solitarios (a veces 2-4) en el extremo de las ramas. Plantas algo leñosas en la base (fig. 468) .... 68. **yesqueras** (*Phagnalon*)
— Capítulos reunidos en grupos en cada rama. Plantas de porte más bien herbáceo (fig. 469) ....
.... 3. **algodonosas** (*Gnaphalium, Otanthus*)
62. Involucro ovado, semiesférico o piriforme, más ancho en la base y algo estrechado en el ápice, con las flores claramente salientes 63
— Involucro cilíndrico-alargado, no o apenas sobrepasado por las flores 64
63. Hojas que alcanzan varios dm de longitud. Involucro con brácteas ganchudas muy adhesivas (fig. 470) .... 11. **bardana mayor** (*Arctium*)
— Sin estos caracteres reunidos (fig. 471) .... ver 22. **centaureas** (*Centaurea*)
64. Involucro 3-4 veces más largo que ancho. Planta no aromática, con flores rosadas y hojas tomentosas en el envés (fig. 472) .... 43. **hierba pincel** (*Staehelina*)
— Involucro cortamente cilíndrico, 1-2 veces más largo que ancho. Planta aromática, con flores amarillas y hojas verdosas y pegajosas (fig. 473) .... 63. **té de roca** (*Jasonia*)
65. Flores vistosas, bastante salientes del involucro 66
— Flores de longitud similar al involucro, no o poco salientes 68
66. Brácteas terminadas en varias puntas o espinas o bien con un margen ciliado, escarioso o espinoso manifiesto (fig. 471) .... 22. **centaureas** (*Centaurea*)
— Brácteas involucrales terminada en una punta simple, sin añadidos marginales 67
67. Hierba muy ramosa, con numerosos capítulos. Involucro piriforme, muy contraído en su extremo. Brácteas terminadas en una punta negra no punzante (fig. 474).................. 13. **barredera** (*Mantisalca*)
— Hierba no o poco ramosa, con uno o pocos capítulos. Involucro ovoideo-cilíndrico, no muy contraído en el extremo. Brácteas algo punzantes (fig. 475) .... 61. **serrátulas** (*Serratula*)
68. Vilano de los frutos peloso 69
— Frutos sin vilano o éste escamoso 71
69. Capítulos gruesos (al menos 3-4 cm de altura y 2-3 cm de anchura). Tallos gruesos o no muy finos .. 70
— Capítulos menores sobre tallos muy finos (fig. 476) .... 28. **crupina** (*Crupina*)
70. Involucro de color verde intenso, con brácteas jugosas muy grandes. Hojas basales muy largas (pueden superar ½ m) (fig. 440) .... 2. **alcachoferas** (*Cynara*)
— Involucro blanquecino, con brácteas secas. Hojas menores (fig. 477) ... 56. **piña de San Juan** (*Leuzea*)
71. Capítulos numerosos pero de tamaño reducido (involucro con 1-5 mm de anchura) (fig. 478) ....
.... 7. **artemisias** (*Artemisia*)
— Capítulos solitarios o escasos de unos 6-15 mm de anchura 72
72. Arbustos muy leñosos en la base, muy aromáticos (fig. 479) .... 48. **manzanilla amarga** (*Santolina*)
— Plantas herbáceas poco o no aromáticas (fig. 480) .... 5. **anaciclos** (*Anacyclus*)

479. Manzanilla amarga	480. Anaciclo	481. Pencas	482. Algodonosa marina
(Santolina chamaecyparissus)	(Anacyclus valentinus)	(Cynara scolymus)	(Otanthus maritimus)

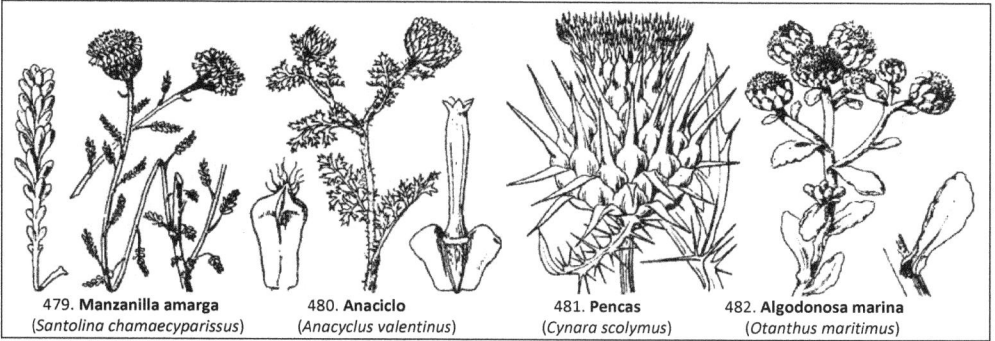

3.25.1. Achicoria, camarroja (*Cichorium intybus*): 4-12 dm. VII-IX. Terrenos alterados algo húmedos, sobre todo en zonas de vega. Paleotemp. C. (Fig. 412). [Mucho más rara resulta **C. pumilum**, de porte anual, con pedúnculos muy engrosados, vilanos más aparentes, etc.].

3.25.2. Alcachoferas, carxoferes (*Cynara*)

1. Hojas y brácteas del involucro espinosas (fig. 481) .... **pencas, cardo comestible** (*Cynara cardunculus*): 4-12 dm. V-VII. Terrenos baldíos, herbazales antropizados. Medit.-occid. R.
— Hojas y brácteas no espinosos (fig. 440) .... **alcachofera** (*Cynara scolymus*): 4-16 dm. V-VII. Terrenos baldíos, herbazales antropizados. Medit.-occid. R.

3.25.3. Algodonosas (*Gnaphalium, Otanthus*)

1. Capítulos escasos, dispuestos en corimbos laxos, con cerca de ½-1 cm de anchura. Planta baja, de tendencia rastrera (fig. 482) .... **algodonosa marina** (*Otanthus maritimus*, Diotis maritima): 1-3 dm. VI-IX. Arenales costeros, en primera línea de playa. Medit.-Atlánt. RR (Cos).
— Capítulos abundantes, reunidos en glomérulos densos, con unos 2-3 mm. Planta erguida, a veces algo elevada (fig. 469) .... **algodonosa de río** (*Gnaphalium luteoalbum*, Pseudognaphalium luteoalbum): 1-5 dm. V-IX. Herbazales húmedos algo alterados. Subcosmop. M.

3.25.4. Amor seco (*Bidens*)

1. Flores con lígulas blancas vistosas y aparentes 2
— Flores todas tubulosas .... **amor seco** (*Bidens subalternans*): 2-8 dm. VII-XI. Campos de cultivo, herbazales nitrófilos algo húmedos. Neotrop. M.
2. Hojas enteras o divididas en 3 foliolos lanceolados. Lígulas con más de 1 cm ..... **falso té** (*Bidens aurea*): 4-10 dm. X-II. Arrozales, herbazales nitrófilos húmedos en zonas litorales. Neotrop. R.

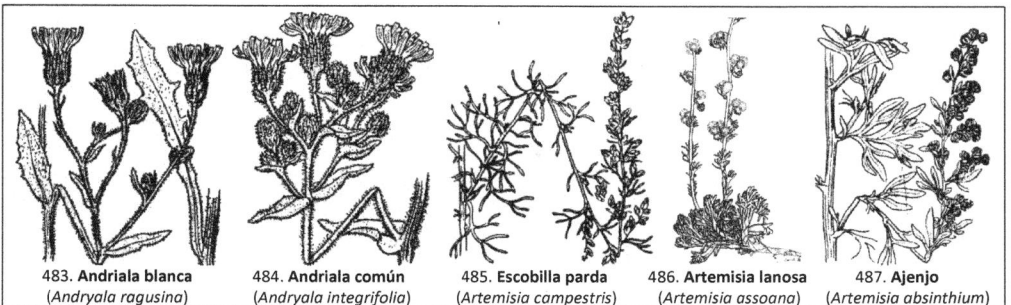

483. Andriala blanca	484. Andriala común	485. Escobilla parda	486. Artemisia lanosa	487. Ajenjo
(Andryala ragusina)	(Andryala integrifolia)	(Artemisia campestris)	(Artemisia assoana)	(Artemisia absinthium)

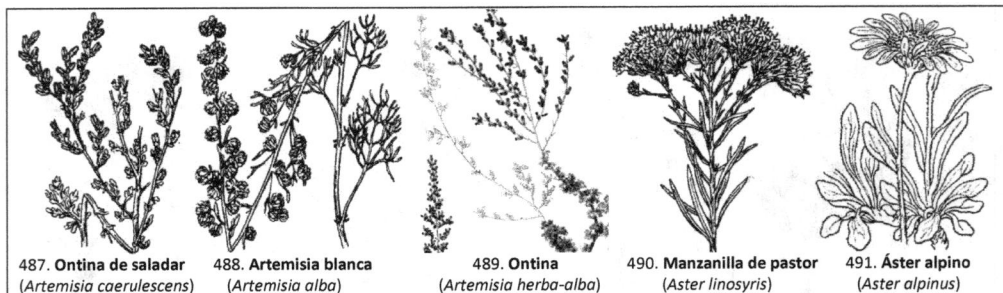

487. Ontina de saladar	488. Artemisia blanca	489. Ontina	490. Manzanilla de pastor	491. Áster alpino
(*Artemisia caerulescens*)	(*Artemisia alba*)	(*Artemisia herba-alba*)	(*Aster linosyris*)	(*Aster alpinus*)

— Hojas divididas en varios foliolos ovados. Lígulas pequeñas (± ½ cm) .... **saetilla** (*Bidens pilosa*): 1-6 dm. VIII-XI. Herbazales nitrófilos algo húmedos en zonas bajas. Neotrop. M.

3.25.5. Anaciclos (*Anacyclus*)

1. Capítulos amarillos, con sólo flores tubulosas (fig. 480) .... **anaciclo valenciano** (*Anacyclus valentinus*): 1-4 dm. III-VI. Herbazales nitrófilos de zonas poco elevadas. Medit.-occid. M.
— Capítulos con un vistoso verticilo de flores liguladas blancas (fig. 444) .... **anaciclo común** (*Anacyclus clavatus*): 1-4 dm. IV-VII. Terrenos baldíos y herbazales secos bastante alterados. Euri-Medit. M.

3.25.6. Andrialas (*Andryala*)

1. Planta completamente blanca, densamente cubierta de pelos. Involucro no glanduloso (fig. 483) .... **andriala blanca** (*Andryala ragusina*): 2-5 dm. VI-IX. Terrenos alterados secos, con gran frecuencia pedregosos. Medit.-occid. M.
— Planta verdosa o grisácea, más laxamente pelosa. Involucro densamente glanduloso (fig. 484) ....**andriala común** (*Andryala integrifolia*): 2-5 dm. V-VII. Matorrales y pastizales degradados, principalmente sobre suelos silíceos. Euri-Medit. M.

3.25.7. Artemisias (*Artemisia*)

1. Arbustos verdes inodoros. Hojas glabras (fig. 485) .... **escobilla parda** (*Artemisia campestris*): 4-10 dm. VIII-X. Márgenes de caminos y terrenos alterados secos diversos. Holárt. C.
— Plantas herbáceas o leñosas, con frecuencia aromáticas, con hojas pelosas 2
2. Planta herbácea. Hojas divididas en lóbulos de hasta 5-10 mm de anchura, verdes en el haz y blanquecinas en el envés .... **artemisia herbácea** (*Artemisia verlotiorum*): 5-15 dm. IX-XII. Herbazales húmedos en medios alterado a baja altitud. Chinojap. M.
— Sin estos caracteres reunidos 3
3. Planta achaparrada, que forma matas blancas, enanas, redondeadas, de varios dm de diámetro, de las que surgen cortos tallos con capítulos de unos 5 mm de ancho (fig. 486) ....**artemisia lanosa** (*Artemisia assoana*, A. *pedemontana*): 5-20 cm. IV-VI. Matorrales en terrenos transitados o claros secos de bosques sobre calizas. Iberolev. R (Gud, Taj).
— Sin estos caracteres. Plantas erguidas, con capítulos muy reducidos, que se elevan menos de 2 dm 4
4. Hojas divididas en lóbulos de cerca de 1 mm de anchura, el terminal con menos de 1 cm de longitud .. 5
— Lóbulos de las hojas alcanzando varios mm de anchura y el terminal más de 1 cm (fig. 487) ....**ajenjo** (*Artemisia absinthium*): 3-10 dm. VIII-X. Cunetas, barbechos, terrenos alterados varios. Paleotemp. C.
5. Capítulos cilíndricos (doble de largo que anchos). Hojas medias e inferiores pecioladas, bastante más largas que las superiores, que son sentadas (fig. 488) .... **ontina de saladar** (*Artemisia caerulescens*, A. *gallica*): 2-6 dm. VIII-XI. Saladares costeros o de áreas interiores. Circun-Medit. R.
— Sin estos caracteres reunidos. Capítulos ovoideos a esféricos 6
6. Planta verdosa. Hojas de 1-3 cm. Capítulos semiesféricos (fig. 489) .... **artemisia blanca** (*Artemisia alba*): 3-6 dm. VIII-X. Matorrales secos de montaña sobre terrenos calizos. Eurosib.-merid. M.

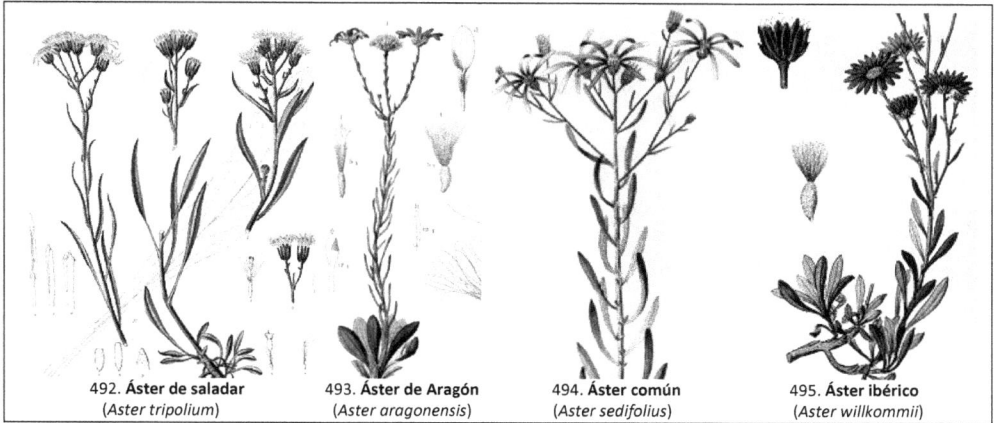

492. Áster de saladar	493. Áster de Aragón	494. Áster común	495. Áster ibérico
(*Aster tripolium*)	(*Aster aragonensis*)	(*Aster sedifolius*)	(*Aster willkommii*)

-Planta grisácea. Hojas con menos de 1 cm. Capítulos ovoideos .... **ontina** (*Artemisia herba-alba*): 1-5 dm. IX-XII. Matorrales en medios muy secos y alterados. Medit.-occid. R.

3.25.8. **Áster** (*Aster*)

1. Todas las flores amarillas y tubulosas (fig. 490) .... **manzanilla de pastor** (*Aster linosyris*): 2-5 dm. VII-X. Pastizales vivaces húmedos en áreas frescas de montaña. Eurosib. R.

— Capítulos provistos de flores liguladas, que son de color diferente 2

2. Tallos terminados en un solo capítulo, de unos 3 cm de diámetro (fig. 491) .... **áster alpino** (*Aster alpinus*): 5-15 cm. V-VII. Pastizales vivaces en ambientes húmedos de montaña. Holárt. R (Gud).

— Tallos terminados habitualmente en varios capítulos, de menor diámetro 3

3. Plantas glabras, de porte algo elevado (cerca de 1 m) 4

— Plantas pelosas, de tamaño reducido 5

4. Capítulos vistosos, con lígulas violáceas de 10-15 mm (fig. 492) ...... **áster de saladar** (*Aster tripolium*, A. pannonicus): 5-15 dm. VII-IX. Prados húmedos salinos, sobre todo costeros. Circun-Medit. RR (Cos).

— Capítulos pequeños, poco vistosos, con lígulas blancas de 2-5 mm .... **matacavero** (*Aster squamatus*): 5-15 dm. VII-X. Herbazales vivaces sobre terrenos húmedos alterados. Neotrop. M.

5. Hojas medias lineares, de ± 1 mm de anchura, bruscamente diferenciadas de las basales (de tendencia espatulada y cerca de 1 cm de anchura) (fig. 493) .... **áster de Aragón** (*Aster aragonensis*): 5-25 cm. VII-IX. Matorrales y pastizales vivaces frescos de montaña. Medit.-occid. R.

— Hojas todas similares, con varios mm de anchura 6

6. Planta verdosa. Capítulos numerosos, en inflorescencia densa corimbosa (fig. 494) ...... **áster común** (*Aster sedifolius*): 2-5 dm. VIII-X. Pastizales vivaces no muy secos, orlas forestales Paleotemp. M.

— Planta grisácea. Capítulos escasos y laxos (fig. 495) .... **áster ibérico** (*Aster willkommii*): 5-25 cm. VII-IX. Matorrales y pastizales vivaces de montaña sobre calizas. Iberolev. R.

3.25.9. **Barba cabruna** (*Tragopogon*)

1. Flores todas amarillas (fig. 496) .... **barba cabruna mayor** (*Tragopogon dubius*, T. major): 3-6 dm. IV-VI. Cunetas, ribazos y herbazales sobre terrenos frecuentados o alterados. Medit.-Iranot. M. [Esta especie presenta pedúnculos muy engrosados e involucros grandes (4-5 cm), frente a la -más escasa- *T. pratensis*, con pedúnculos apenas engrosados y capítulos menores, propia de medios más frescos y húmedos].

— Flores rojizas, al menos en parte (fig. 497) .... **barba cabruna morada** (*Tragopogon crocifolius*): 2-5 dm. IV-VII. Cunetas, ribazos de los campos, herbazales antropizados. Circun-Medit. M. [Esta especie muestra hojas muy estrechas (2-4 mm de anchura) y pedúnculos apenas engrosados bajo los capítulos, frente a *T porrifolius*, también extendido, con pedúnculos engrosados y hojas con cerca de 1 cm de anchura].

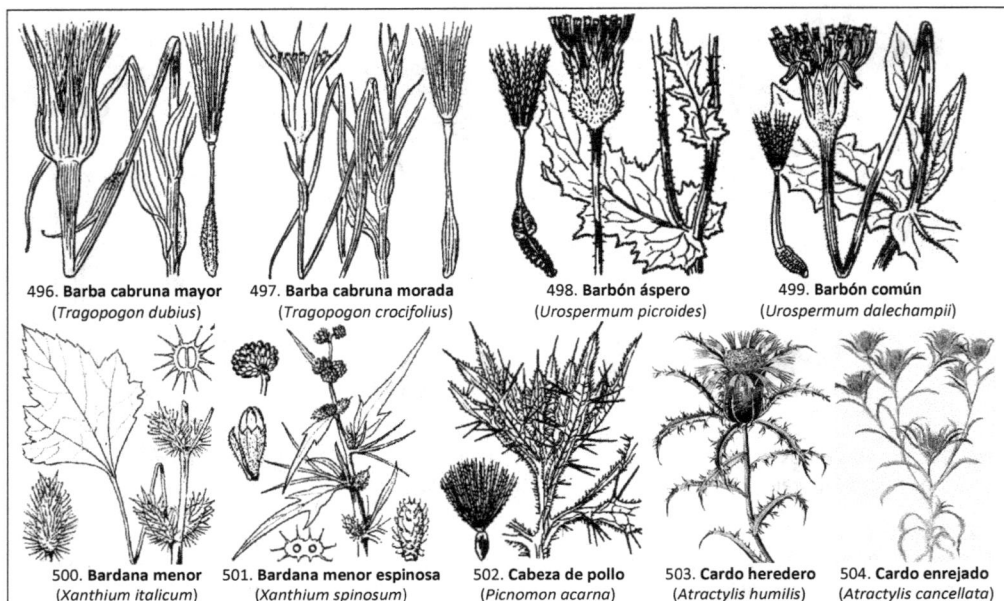

496. Barba cabruna mayor (*Tragopogon dubius*)	497. Barba cabruna morada (*Tragopogon crocifolius*)	498. Barbón áspero (*Urospermum picroides*)	499. Barbón común (*Urospermum dalechampii*)

500. Bardana menor (*Xanthium italicum*)	501. Bardana menor espinosa (*Xanthium spinosum*)	502. Cabeza de pollo (*Picnomon acarna*)	503. Cardo heredero (*Atractylis humilis*)	504. Cardo enrejado (*Atractylis cancellata*)

3.25.10. Barbones (*Urospermum*)

1. Hierba anual cubierta de pelos rígidos (ásperos) y laxos. Capítulos reunidos en grupos (fig. 498) ....
.... **barbón áspero** (*Urospermum picroides*):
2-4 dm. IV-V. Cunetas, herbazales nitrófilos, campos de cultivo. Circun-Medit. M.
— Hierba perenne cubierta de pelos suaves y densos. Capítulos solitarios en cada rama (fig. 499) ....
.... **barbón común** (*Urospermum dalechampii*):
2-4 dm. IV-VI. Herbazales vivaces alterados a baja altitud. Medit.-occid. M.

3.25.11. Bardana mayor, lampazo (*Arctium minus*): 5-15 dm. VI-VIII. Terrenos húmedos y sombreados algo alterados, sobre todo bosques ribereños y sus orlas transitadas. Eurosib. M. (Fig. 470).

3.25.12. Bardana menor (*Xanthium*)

1. Hojas divididas en lóbulos profundos y estrechos, con 3 largas espinas en su base (fig. 501) ....
.... **bardana menor común** (*Xanthium spinosum*):
2-7 dm. VII-X. Herbazales sobre terrenos cultivados o muy alterados. Neotrop. M.
— Hojas enteras o someramente divididas en lóbulos anchos, sin espinas (fig. 500) ....
.... **bardana menor espinosa** (*Xanthium italicum*,
X. echinatum): 2-8 dm. VII-X. Cultivos, medios alterados algo húmedos. Neotrop. M. [Bastante más escaso, el cercano
X. strumarium, con frutos terminados en dos puntas rectas y divergentes (no curvadas y convergentes)].

3.25.13. Barredera (*Mantisalca salmantica*, Centaurea salmatica): 3-10 dm. VI-IX. Cunetas, barbechos, herbazales secos degradados. Medit.-occid. C. (Fig. 474).

3.25.14. Caléndulas (*Calendula*)

1. Hierba anual, tenue. Capítulos de 1-2 cm de diámetro (fig. 446) .... **caléndula silvestre**
(*Calendula arvensis*): 5-20 cm. II-VI. Campos de cultivo y terrenos baldíos o muy degradados. Paleotemp. M.
— Hierba perenne, robusta. Capítulos de unos 3-5 cm de diámetro .... **caléndula común**
(*Calendula officinalis*): 2-6 dm. III-XII. Cunetas, alrededores de las poblaciones. Origen incierto. M.

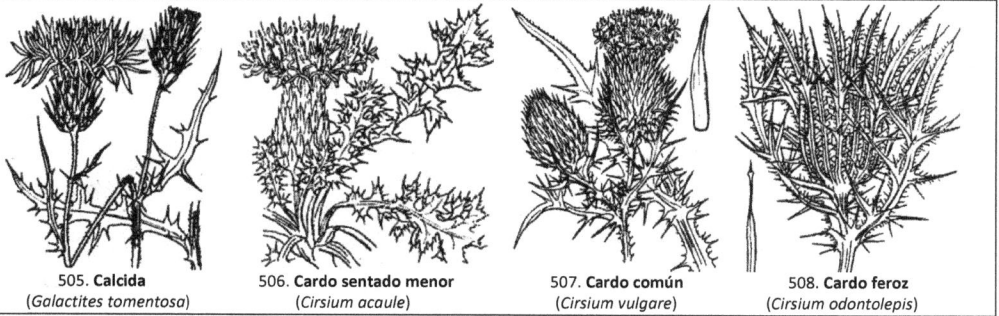

505. Calcida	506. Cardo sentado menor	507. Cardo común	508. Cardo feroz
(*Galactites tomentosa*)	(*Cirsium acaule*)	(*Cirsium vulgare*)	(*Cirsium odontolepis*)

3.25.15. Cardillo (*Scolymus hispanicus*): 3-6 dm. VI-VIII. Campos de secano, cunetas y terrenos baldíos. Medit.-Iranot. M. (Fig. 411). [De porte más robusto, hojas claramente decurrentes, frutos sin vilano, etc., resulta la variante meridional **S. maculatus**].

3.25.16. Cardos, <u>cards</u> (*Carduus, Cirsium, Onopordum, Atractylis, Picnomon, Galactites*)

1. Vilano formado por pelos plumosos, es decir que los pelos principales que surgen del fruto presentan largas y tenues ramificaciones laterales que se cruzan entre sí 2
— Vilano formado por pelos simples, por escamas o atrofiado 11
2. Brácteas exteriores del involucro pinnadas, enlazando con las hojas superiores, a las que se asemejan ... 3
— Brácteas enteras o dentado-espinosas, muy diferentes a las hojas 5
3. Capítulos numerosos, densamente aglomerados en el extremo del tallo. Hierba anual muy espinosa (fig. 502) .... **cabeza de pollo** (*Picnomon acarna,* Cirsium acarna): 2-5 dm. VI-IX. Campos de cultivo, terrenos baldíos secos. Paleotemp. M.
— Capítulos solitarios o laxos. Plantas perennes o anuales moderadamente espinosas 4
4. Hierba anual, ramificada desde la base. Brácteas externas del involucro curvadas alrededor del capítulo, como haciendo una jaula (fig. 504) .... **cardo enrejado** (*Atractylis cancellata*): 5-25 cm. IV-VI. Pastizales secos en ambientes cálidos alterados. Circun-Medit. M.
— Sin estos caracteres reunidos. Planta perenne, lignificado-cespitosa en la base, poco ramosa (fig. 503) .... **cardo heredero** (*Atractylis humilis*): 1-3 dm. VII-X. Matorrales y pastizales vivaces secos y soleados. Circun-Medit. C.
5. Hojas manchadas de blanco, sobre todo en los nervios, en el haz. Flores exteriores del capítulo claramente mayores que las interiores (fig. 505) .... **calcida** (*Galactites tomentosa*): 2-8 dm. III-VI. Herbazales nitrófilos en tierras bajas. Medit.-occid. M. [Con capítulos menores, agrupados más densamente, espinas de hojas y brácteas mayores (algunas superan 1 cm), tenemos **G. duriaei**, en la zona del sureste].
— Sin estos caracteres reunidos .... 6 (*Cirsium*)
6. Todos los capítulos sentados directamente sobre una roseta de hojas basales (fig. 506) ....
.... **cardo sentado menor** (*Cirsium acaule*): 2-8 cm. VII-IX. Pastizales húmedos y claros de bosques, sobre todo en terrenos calizos. Eurosib. M.
— Capítulos elevados sobre un tallo bien desarrollado 7
7. Hojas cubiertas en el haz por pelos rígidos a modo de pequeñas espinas. Capítulos de unos 2-5 cm de espesor 8
— Hojas sin tales pelos rígidos en la cara superior. Capítulos más estrechos 9
8. Hojas decurrentes que producen tallos muy alado-espinosos. Plantas bastante elevadas, que alcanzan 1-2 m de altura (fig. 507) .... **cardo común** (*Cirsium vulgare*): 5-20 dm. VII-IX. Campos de cultivo, claros de bosque muy transitados. Paleotemp. C.
— Hojas poco decurrentes. Plantas más bajas (fig. 508) .... **cardo feroz** (*Cirsium odontolepis*): 3-8 dm. VI-IX. Campos de secano, terrenos baldíos o alterados. Medit.-occid. M. [Bastante semejante resulta **C. echinatum**, que difiere por sus brácteas involucrales curvadas hacia fuera, sus vilanos más largos (3-4 cm), etc.].

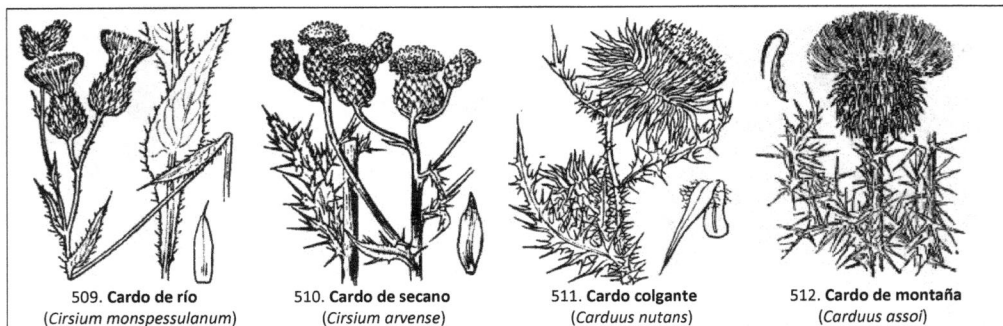

| 509. **Cardo de río** | 510. **Cardo de secano** | 511. **Cardo colgante** | 512. **Cardo de montaña** |
| (*Cirsium monspessulanum*) | (*Cirsium arvense*) | (*Carduus nutans*) | (*Carduus assoi*) |

9. Hojas inferiores alcanzando uno o varios dm, más o menos enteras y con espinas poco punzantes (fig. 509) .... **cardo de río** (*Cirsium monspessulanum*): 5-16 dm. VII-IX. Juncales y herbazales que marginan ríos y arroyos en zonas bajas. Medit.-occid. M.

— Hojas no muy grandes, claramente recortadas, con espinas muy punzantes 10

10. Vilano de los frutos de 2-3 cm, sobresaliendo mucho del involucro a modo de pincel. Hojas no decurrentes (fig. 510) .... **cardo de secano** (*Cirsium arvense*): 4-14 dm. VI-IX. Campos de cultivo y terrenos baldíos o bastante degradados. Paleotemp. C.

— Vilano más corto, que apenas sobresale del involucro. Hojas claramente decurrentes sobre el tallo. .... **cardo pirenaico** (*Cirsium pyrenaicum*): 5-15 dm. VII-IX. Juncales, herbazales vivaces muy húmedos en áreas frescas interiores. Medit.-occid. C. [En sierras litorales del sureste tenemos **C. valentinum**, con involucros y flores mayores, hojas interrumpidas bastante antes de los capítulos, etc.].

11. Receptáculo tapizado de pelos o escamas .... 12 (*Carduus*)

— Receptáculo liso. Planta robusta, de capítulos grandes .... 17 (*Onopordum*)

12. Capítulos gruesos (involucro de 2-4 cm de anchura). Flores con más de 2 cm 13

— Capítulos más finos (menos de 2 cm de anchura). Flores con menos de 2 cm 14

13. Brácteas medias del involucro de unos 3 mm de ancho, bruscamente estrechadas en el ápice. Capítulos colgantes (fig. 511) .... **cardo colgante** (*Carduus nutans*): 4-12 dm. VI-IX. Campos de secano, cunetas, terrenos baldíos en zonas frescas de montaña. Eurosib. R.

— Brácteas medias de 1-2 mm de ancho, no bruscamente estrechadas. Capítulos erguidos (fig. 512) ... . **cardo de montaña** (*Carduus assoi*): 2-5 dm. V-VII. Herbazales sobre terrenos transitados. Iberolev. M. [Con el tubo de la corola muy alargado (unos 15 mm), al igual que los vilanos (unos 25 mm), tenemos en la zona suroccidental **C. granatensis** (Alc, Man) (fig. 513)].

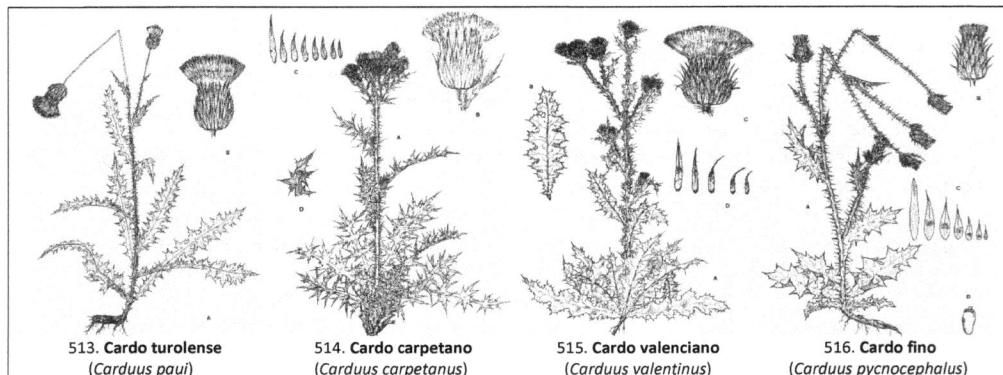

| 513. **Cardo turolense** | 514. **Cardo carpetano** | 515. **Cardo valenciano** | 516. **Cardo fino** |
| (*Carduus paui*) | (*Carduus carpetanus*) | (*Carduus valentinus*) | (*Carduus pycnocephalus*) |

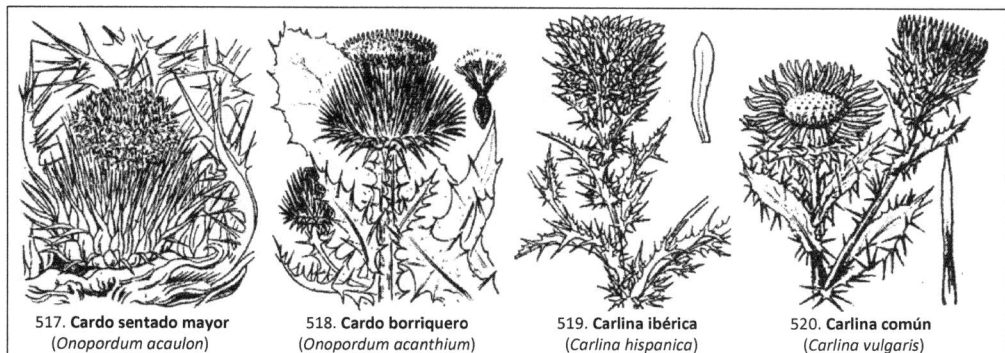

| 517. **Cardo sentado mayor** (*Onopordum acaulon*) | 518. **Cardo borriquero** (*Onopordum acanthium*) | 519. **Carlina ibérica** (*Carlina hispanica*) | 520. **Carlina común** (*Carlina vulgaris*) |

14. Hierbas perennes, propias de ambientes frescos de montaña 15
— Hierbas anuales o bienales, de ambientes secos muy alterados, no muy frescos 16
15. Hojas verdes, no o poco pelosas. Capítulos algo pedunculados y solitarios o reunidos en pequeño número (fig. 513) .... **cardo turolense** (*Carduus paui* , *C. carlinifolius* subsp. *paui*): 3-7 dm. VII-IX. Bosques y herbazales vivaces en ambientes frescos algo alterados. Iberolev. R (Gud, Taj).
— Hojas grisáceas o blanquecinas, densamente cubiertas de pelosidad aterciopelada. Capítulos sentados y reunidos en grupos (fig. 514) .... **cardo carpetano** (*Carduus carpetanus*): 2-5 dm. VI-VIII. Arenales silíceos alterados en áreas de montaña. Medit.-occid. R (Jil, Taj).
16. Brácteas involucrales curvadas o dobladas hacia fuera. Planta grácil con capítulos solitarios o escasos en el extremo de cada rama (fig. 515) .... **cardo valenciano** (*Carduus valentinus*): 3-6 dm. IV-VI. Herbazales alterados en áreas cálidas y secas litorales. Iberolev. RR (Esp).
— Sin estos caracteres reunidos (fig. 516) .... **cardo fino** (*Carduus pycnocephalus*): 4-10 dm. III-VI. Cunetas, terrenos baldíos o muy degradados. Medit.-Iranot. C. [Alterna con un congénere bastante similar, que difiere por presentar capítulos densamente agrupados, más o menos sentados (*C. tenuiflorus*)].
17. Capítulos de color crema o blanquecinos, sentados en el suelo sobre una roseta de hojas basales (fig. 517) .... **cardo sentado mayor** (*Onopordum acaulon*): 4-8 cm. V-VII. Terrenos baldíos o pastoreados secos en áreas de montaña. Medit.-occid. R.
— Capítulos purpúreos o violáceos, en ramas erguidas que llevan hojas 18
18 Planta verdosa y glabrescente. Capítulos sobre pedúnculos alargados ....
.... **cardo borriquero corimboso** (*Onopordum corymbosum*): 5-15 dm. V-VIII. Terrenos baldíos, barbechos, en zonas interiores con clima seco. Medit.-occid. M.
— Planta densamente tomentoso-blanquecina. Capítulos sentados o cortamente pedunculados (fig. 518) .... **cardo borriquero común** (*Onopordum acanthium*): 4-15 dm. VI-VII. Terrenos baldíos, campos abandonados, etc. Paleotemp. C.
[En el litoral le sustituye *O. macracanthum*, una especie semejante, de brácteas más anchas (con 5-7 mm en su base), más largamente espinosas en su extremo].

3.25.17. Cardo mariano, card marià (*Silybum marianum*): 5-15 dm. IV-VI. Herbazales sobre terrenos baldíos secos y alterados. Medit.-Iranot. M. (Fig. 438).

3.25.18. Cardo yesquero (*Echinops ritro*): 1-4 dm. VIII-X. Matorrales o pastizales secos y bien iluminados.
Euri-Medit. M. (Fig. 437). [En el Alto Maestrazgo turolense se presenta también *E. sphaerocephalus*, de tamaño doble del anterior, con glomérulos de unos 4-6 cm de diámetro].

3.25.19. Carlinas (*Carlina*)
1. Hierbas muy ramosas. Brácteas mayores del involucro (que perecen pétalos) de unos 2 mm de anchura (fig. 519) .... **carlina ibérica** (*Carlina hispanica*,

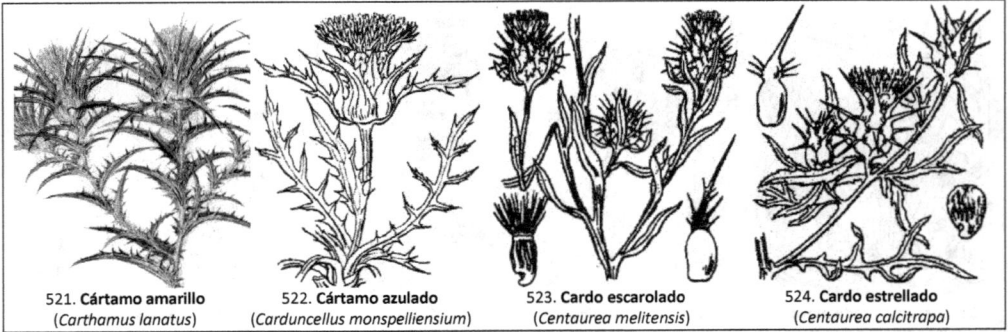

| 521. **Cártamo amarillo** | 522. **Cártamo azulado** | 523. **Cardo escarolado** | 524. **Cardo estrellado** |
| (*Carthamus lanatus*) | (*Carduncellus monspelliensium*) | (*Centaurea melitensis*) | (*Centaurea calcitrapa*) |

C. corymbosa): 2-4 dm. VII-X. Matorrales y pastizales secos y soleados, algo degradados. Medit.-occid. M.

— Hierbas poco ramosas. Brácteas mayores del involucro con cerca de 1 mm de anchura (fig. 520) ......
.... **carlina común** (*Carlina vulgaris*):
2-5 dm. VII-X. Bosques aclarados y pastizales vivaces sombreados algo alterados. Eurosib. M. [Bien diferencia-
da, por sus brácteas involucrales rojizas, está la **C. lanata**, de zonas bajas y bastante secas].

3.25.20. **Cártamos** (*Carthamus, Carduncellus*)

1. Hierba anual. Tallos algo elevados. Flores amarillas (fig. 521) .... **cártamo amarillo, cardón**
(*Carthamus lanatus*): 3-8 dm. VI-VIII. Cunetas y terrenos baldíos degradados secos. Circun-Medit. M.

— Hierba perenne. Tallo poco elevado. Flores azuladas (fig. 522) .... **cártamo azulado, cardo arzolla**
(*Carduncellus monspelliensium*): 5-20 cm. V-VII. Pastizales vivaces de montaña. Medit.-occid. M. [Con tallos e
involucros cubiertos de pelos algodonoso-araneosos, tenemos también **C. araneosus**, en la zona meridional (Man)].

3.25.21. **Castañuela** (*Asteriscus spinosus*, Pallenis spinosa): 2-5 dm. IV-VII. Terrenos baldíos secos, cunetas,
barbechos, etc. Circun-Medit. M. (Fig. 442). [Plantas menores, de porte anual y brácteas no espinosas, pertenecen al
cercano **A. aquaticus**, de medios secos, aunque a veces inundados temporalmente con las lluvias]

3.25.22. **Centaureas** (*Centaurea, Cheirolophus*)

1. Flores amarillas o anaranjadas. Brácteas involucrales siempre espinosas 2
— Flores rosadas, rojizas, azuladas o blancas. Involucro espinoso o no 4
2. Capítulos dispuestos sobre tierra o casi. Hojas en roseta basal .... **centaurea toledana**
(*Centaurea toletana*): 3-6 cm. V-VII. Pastizales y matorrales secos de zonas interiores. Iberolev. R. [En los Puertos de Beceite se presente el endemismo local **C. podospermifolia**, que difiere sobre todo por los apéndices de las brácteas involucrales más fuertemente espinosos en el extremo pero lisos o apenas ciliados en el margen].
— Capítulos elevados de tierra, sobre un tallo. Hojas no todas en roseta 3
3. Hojas medias y superiores decurrentes (tallos alados). Involucro con cerca de 1 cm de anchura (sin
incluir espinas) (fig. 523) .... **cardo escarolado** (*Centaurea melitensis*):
3-7 dm. V-VIII. Campos de secano, terrenos baldíos o frecuentados. Circun-Medit. C. [Semejante **C. solstitialis**,
que difiere por tener el vilano de los frutos mayor (4-5 mm), hojas más tomentosas, con lóbulos mayores, etc.].
— Hojas no decurrentes. Tallos no alados. Anchura del involucro 1-2 cm .... **centaurea amarilla**
(*Centaurea ornata*): 3-7 dm. VI-VIII. Cunetas y pastizales secos algo alterados. Medit.-occid. M.
4. Brácteas involucrales terminadas en largas espinas rígidas amarillentas, de más de 1 cm (fig. 524) ....
.... **cardo estrellado** (*Centaurea calcitrapa*):
2-6 dm. VI-X. Terrenos baldíos, bordes de caminos y ambientes secos y muy degradados. Euri-Medit. C.
— Brácteas involucrales no espinosas o con espinitas muy cortas 5

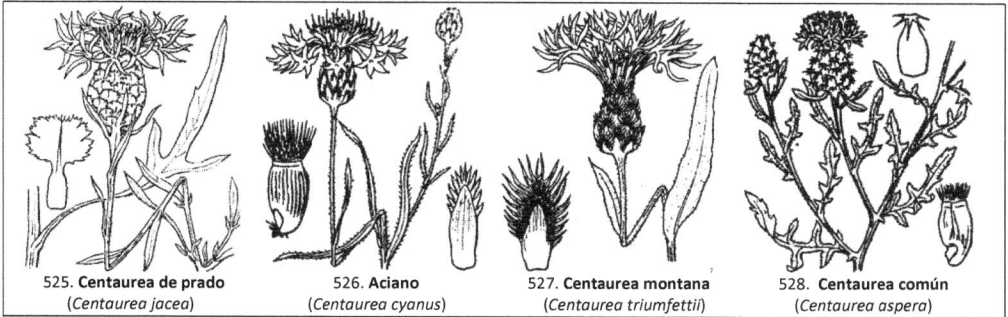

| 525. **Centaurea de prado**
(*Centaurea jacea*) | 526. **Aciano**
(*Centaurea cyanus*) | 527. **Centaurea montana**
(*Centaurea triumfettii*) | 528. **Centaurea común**
(*Centaurea aspera*) |

5. Brácteas del involucro terminadas en apéndice apical redondeado, no ciliado ni espinoso, más ancho que las partes media e inferior de las mismas (fig. 525) .... **centaurea de prado** (*Centaurea jacea*, C. *vinyalsii*): 3-10 dm. VI-IX. Pastizales vivaces húmedos de montaña. Medit.-occid. M.
[En las zonas litorales le sustituye *C. dracunculifolia*, planta más erguida y elevada, de hojas y capítulos más estrechos. Con el apéndice de las brácteas pajizo-transparente, tenemos también *C. alba*, en las zonas más interiores (Alc, Jil)].

— Brácteas involucrales con apéndice espinoso o ciliado en el margen (a veces muy atrofiado o casi nulo 6

6. Flores azuladas. Involucro no espinoso, con cilios blancos en el margen de las brácteas 7

— Flores rojizas, rosadas o purpúreas. Involucro con frecuencia algo espinoso o con cilios oscuros 8

7. Hierba anual, algo elevada. Hojas lineares, agudas (fig. 526) .... **aciano** (*Centaurea cyanus*): 2-10 dm. V-VIII. Campos de secano y su entorno. Paleotemp. M. [Con hojas más anchas, capítulos más gruesos, brácteas del involucro provistas de cilios mayores, etc., en medios arvenses similares, *C. depressa* (Alc, Man)].

— Hierba perenne, poco elevada, con hojas oblanceoladas obtusas (fig. 527) .... **centaurea montana** (*Centaurea triumfettii* subsp. *lingulata*, C. *montana* subsp. *lingulata*): 1-3 dm. IV-VI. Medios forestales aclarados y pastos frescos. Medit.-occid. M. [Las formas más robustas, con hojas que superan 1 cm de anchura, cilios de las brácteas parduzcos (no plateados), etc., se atribuyen a la cercana *C. triumfettii* subsp. *semidecurrens*].

8. Apéndice de las brácteas formado por unas cuantas espinas cortas, que salen de su extremo superior ... 9

— Apéndice de las brácteas formado por numerosos cilios laterales, a veces completados por una espinita terminal 10

9. Capítulos bastante gruesos (unos 2-3 cm de anchura), con más de 5 espinas en cada brácea (las mayores con más de 5 mm). Hojas con más de 1 cm de anchura, las superiores decurrentes .... **centaurea de playa** (*Centaurea seridis*): 3-8 dm. IV-VII. Terrenos baldíos sobre suelos arenosos en áreas litorales. Medit.-occid. R.

— Capítulos de 1 cm o poco más de anchura, con (0)1-5 espinas apicales por brácea. Hojas no decurrentes, con menos de 1 cm de anchura (fig. 528) .... **centaurea común** (*Centaurea aspera*): 2-4 dm. IV-IX. Herbazales vivaces en terrenos secos alterados. Medit.-occid. C.

10. Plantas erguidas y consistentes, que suelen alcanzar o superar cerca de ½-1 m 11

— Plantas tendidas, ascendentes o -si erguidas- de baja estatura 12

11. Brácteas involucrales anchamente triangulares con margen negruzco. Planta herbácea (fig. 529) .... **centaurea mayor** (*Centaurea scabiosa*): 4-10 dm. VI-IX. Campos de cultivo y herbazales de su entorno en áreas interiores. Paleotemp. M.

— Planta leñosa, al menos en la base. Brácteas alargadas, con márgenes claros (fig. 530) .... **barredera mayor** (*Cheirolophus intybaceus*, *Centaurea intybacea*): 5-15 dm. V-IX. Laderas escarpadas, terrenos pedregosos soleados. Medit.-occid. R.

12. Brácteas involucrales con apéndice de aspecto plumoso, formado por un fino eje filiforme y sinuoso, que emite a los lados numerosos cilios 13

— Apéndice triangular y aplanado, terminado en punta rígida con cilios marginales 14

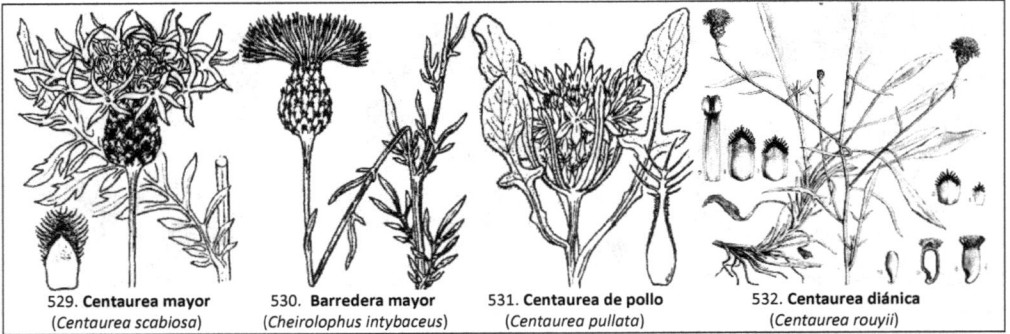

| 529. **Centaurea mayor** | 530. **Barredera mayor** | 531. **Centaurea de pollo** | 532. **Centaurea diánica** |
| (*Centaurea scabiosa*) | (*Cheirolophus intybaceus*) | (*Centaurea pullata*) | (*Centaurea rouyii*) |

13. Hojas, al menos las inferiores, divididas y con 1-4 cm de anchura (fig. 531) .... **centaurea de pollo** (*Centaurea pullata*): 1-4 dm. III-VI. Herbazales en terrenos transitados a baja altitud. Medit.-occid. R.

— Hojas enteras, con menos de 1 cm de anchura .... **centaurea aragonesa** (*Centaurea linifolia*): 1-4 dm. IV-VI. Matorrales secos y soleados sobre sustrato básico. Iberolev. R (BA). [Esta especie, propia del valle del Ebro y su entorno, muestra hojas lineares de 1-3 mm de anchura. En las sierras litorales le sustituye la cercana, *C. antennata*, de hojas más anchas (3-10 mm), tallos más cortos y menos leñosos, etc. En los ambientes yesos secos manchegos aparece otra especie próxima, *C. hyssopifolia*, de porte más erguido y más ramosa (Man)].

14. Hojas enteras o divididas en segmentos lineares. Hierba erguida y muy ramosa. Involucro doble de largo que ancho .... **centaurea saguntina** (*Centaurea saguntina*): 1-4 dm. III-VI. Bajos matorrales y pastizales vivaces secos y soleados a baja altitud. Iberolev. R (Esp). [En áreas continentales le sustituye una especie cercana, *C. castellanoides*, aunque de porte más grácil, menos leñosa, con involucro más estrecho y alargado].

— Sin estos caracteres reunidos 15

15. Espina terminal de las brácteas erguida y de longitud semejante a los cilios laterales (o hasta cerca del doble), poco punzante 16

— Espina terminal de erguida a bastante curvada, 2-4 veces mayor que los cilios, punzante .... **centaurea setabense** (*Centaurea spachii*): 1-4 dm. IV-VI. Matorrales y roquedos en sustratos calizos. Iberolev. R (Set).

16. Planta erguida o ascendente, con hojas basales desde casi enteras a divididas en lóbulos anchos 17

— Planta tendida, grisácea, con hojas divididas en lóbulos finos .... **centaurea del Maestrazgo** (*Centaurea pinae*): 1-3 dm. V-VII. Terrenos abruptos, pastizales o matorrales secos con poco suelo. Iberolev. M.

17. Planta densamente blanco-algodonosa. Flores de color granate o rojizo intenso .... **centaurea de Espadán** (*Centaurea paui*): 1-4 dm. IV-VI. Matorrales secos, alcornocales, pedregales y roquedos con afloramientos de rodeno. Iberolev. R (Esp).

— Planta vede-grisácea. Flores de color rosado o purpúreo claro (fig. 532) .... **centaurea diánica** (*Centaurea rouyi*): 1-4 dm. IV-VI. Matorrales en medios escarpados o rocosos calizos. Iberolev. R. (Set).

3.25.23. **Cerrajas**, llicsons (*Sonchus*)

1. Hojas dispuestas en la base de la planta. Tallos terminados en capítulo solitario, que emiten tubérculos subterráneos (fig. 533) .... **cerraja tuberosa** (*Sonchus bulbosus*, Aetheorhiza bulbosa): 1-3 dm. IV-VII. Pastizales vivaces húmedos en zonas de baja altitud. Circun-Medit. M.

— Sin estos caracteres reunidos 2

2. Hojas enteras o levemente dentadas, blandas y no espinosas (fig. 534) .... **cerraja de agua** (*Sonchus maritimus*): 2-6 dm. VI-X. Juncales y herbazales junto a las aguas. Medit.-occid. M. [En su seno se reconocen dos variantes, una de agua salada (subsp. *maritimus*), con involucro más grueso, de brácteas ovadas, otra de aguas dulces (subsp. *aquatilis*, Sonchus aquatilis), con involucro cerca de 1 cm de anchura y brácteas alargadas].

— Hojas más o menos divididas o recortadas, a veces endurecidas o espinosas 3

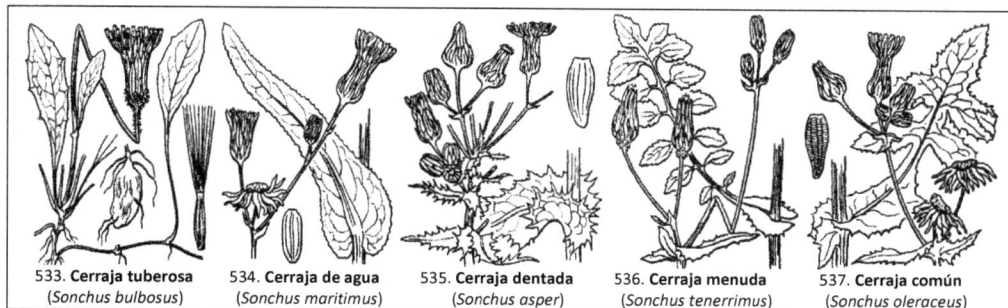

533. **Cerraja tuberosa**	534. **Cerraja de agua**	535. **Cerraja dentada**	536. **Cerraja menuda**	537. **Cerraja común**
(*Sonchus bulbosus*)	(*Sonchus maritimus*)	(*Sonchus asper*)	(*Sonchus tenerrimus*)	(*Sonchus oleraceus*)

3. Hojas -al menos las inferiores- divididas en segmentos estrechos y blandos, que tienden a presentarse separados (fig.536) .... **cerraja menuda** (*Sonchus tenerrimus*): 2-5 dm. IV-X. Terrenos baldíos, cultivos, medios alterados. Circun-Medit. M.

— Hojas divididas en segmentos anchos no demasiado profundos, de modo que siempre empalman por debajo 4

4. Frutos con la superficie lisa. Hojas con margen fuertemente dentado, a veces casi espinoso (fig. 535) .... **cerraja dentada** (*Sonchus asper*): 2-8 dm. I-XII. Campos de cultivo y herbazales de ambientes alterados. Paleotemp. M.

— Frutos con superficie rugosa. Hojas con margen levemente denticulado (fig. 537) ..... **cerraja común** (*Sonchus oleraceus*): 2-5 dm. I-XII. Campos de cultivo y herbazales en terrenos baldíos. Paleotemp. M.

3.25.24. Condrila (*Chondrilla juncea*): 4-12 dm. VII-X. Caminos, barbechos, terrenos alterados secos. Medit.-Iranot. C. (Fig. 430).

3.25.25. Conizas (*Conyza*)

1. Capítulos escasos y gruesos (± 1 cm). Hojas basales muy divididas .... **coniza chilena** (*Conyza primulifolia, C. chilensis*): 5-15 dm. VII-X. Campos de regadío, herbazales húmedos. Neotrop. R.

— Capítulos abundantes y menores. Hojas enteras, dentadas o lobuladas 2

2. Planta verde. Involucro glabrescente. Flores liguladas muy reducidas (fig. 539)..... **coniza canadiense** (*Conyza canadensis*): 2-8 dm. VI-X. Herbazales nitrófilos y campos de cultivo del interior. Norteamer. M.

— Planta grisácea. Involucro peloso. Lígulas nulas (fig. 538) .... **coniza argentina** (*Conyza bonariensis*): 2-12 dm. I-XII. Herbazales nitrófilos o alterados diversos en zonas bajas. Neotrop. C. [Las formas más robustas (1-2 m), con hojas más anchas (varios cm) irregularmente dentado-lobuladas, se atribuyen a la cercana *C. sumatrensis*].

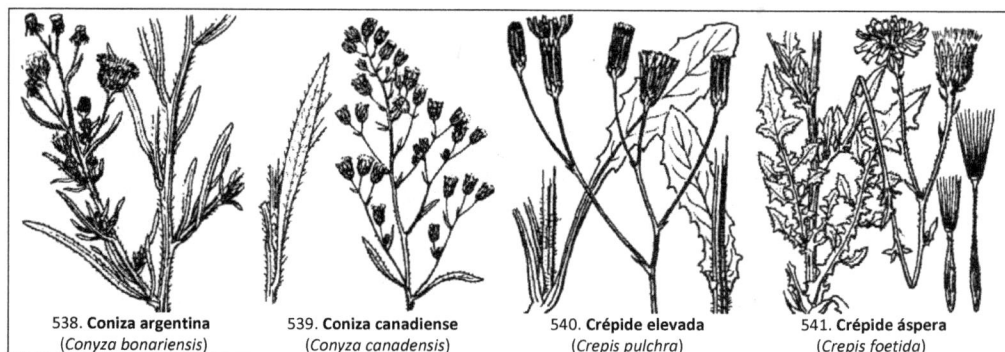

538. **Coniza argentina**	539. **Coniza canadiense**	540. **Crépide elevada**	541. **Crépide áspera**
(*Conyza bonariensis*)	(*Conyza canadensis*)	(*Crepis pulchra*)	(*Crepis foetida*)

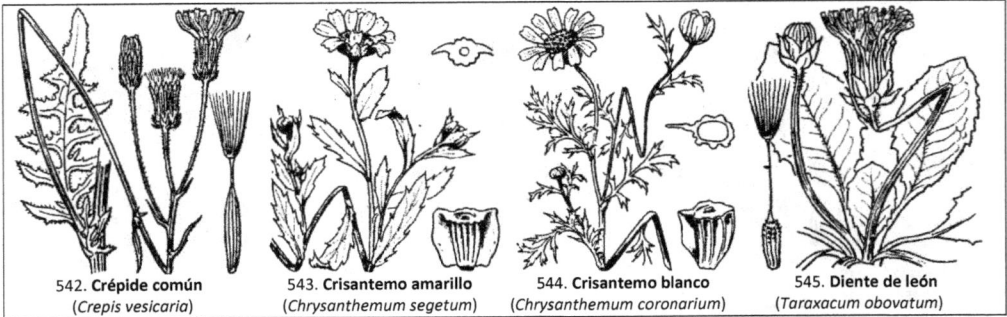

542. **Crépide común**	543. **Crisantemo amarillo**	544. **Crisantemo blanco**	545. **Diente de león**
(*Crepis vesicaria*)	(*Chrysanthemum segetum*)	(*Chrysanthemum coronarium*)	(*Taraxacum obovatum*)

3.25.26. Crépides (*Crepis*)

1. Involucro grueso (unos 2 cm de ancho), con brácteas exteriores ovadas .... **crépide de montaña** (*Crepis albida*): 1-4 dm. IV-VII. Roquedos y terrenos escarpados calizos de montaña. Medit.-occid. M.

— Involucro más estrecho. Brácteas involucrales estrechas y alargadas 2

2. Frutos sin vilano o con éste claramente sentado 3

— Frutos con vilano, en la mayor parte de ellos apendiculado 4

3. Planta erguida y algo elevada, peloso-glandulosa en la mitad inferior. Cuerpo del fruto de 4-6 mm (fig. 540) .... **crépide elevada** (*Crepis pulchra*): 4-8 dm. V-VII. Campos de cultivo, terrenos baldíos, herbazales sobre terrenos alterados. Paleotemp. M.

— Planta de baja estatura, no o muy poco pelosa. Frutos de 1-3 mm .... **crépide fina** (*Crepis capillaris*, *C. virens*): 1-4 dm. IV-VII. Pastizales no muy secos en terrenos frecuentados. Paleotemp. M.

4. Hojas cubiertas de pilosidad algo rígida y áspera. Frutos internos de 1-2 cm, largamente apendiculados, los exteriores de 5-10 mm y no apendiculados (fig. 541) .... **crépide áspera** (*Crepis foetida*): 1-5 dm. V-VII. Campos de cultivo, herbazales anuales en medios secos y alterados. Circun-Medit. M.

— Hojas con pelosidad escasa y no rígida. Frutos de 5-10 mm, todos apendiculados y similares (fig. 542) .... **crépide común** (*Crepis vesicaria*): 2-6 dm. IV-VII. Cultivos, herbazales alterados. Paleotemp. C.

3.25.27. Crisantemos (*Chrysanthemum*)

1. Hojas enteras o dentadas. Lígulas de color amarillo intenso (fig. 543) .... **crisantemo amarillo** (*Chrysanthemum segetum*): 2-6 dm. III-VI. Campos de cultivo. Herbazales nitrófilos. Medit.-Iranot. R.

— Hojas bipinnadas. Lígulas blancas o de un amarillo pálido (fig. 544) .... **crisantemo blanco** (*Chrysanthemum coronarium*): 3-10 dm. III-VI. Campos de secano, terrenos baldíos. Circun-Medit. M.

3.25.28. Crupina (*Crupina vulgaris*): 2-5 dm. IV-VI. Pastizales secos anuales sobre terrenos pedregosos o despejados. Paleotemp. M. (Fig. 476).

3.25.29. Diente de león, dent de lleó (*Taraxacum, Leontodon*)

1. Frutos con vilano de pelos plumosos .... 2 (*Leontodon*)

— Frutos con vilano de pelos simples (fig. 429) .... **diente de león común** (*Taraxacum vulgare* s.l.): 1-4 dm. I-XII. Pastizales vivaces en ambientes alterados. Holárt. M. [En este género se pueden reconocer varias docenas de microespecies en la zona, destacando con tallos lanosos *T. pyropappum* (= *T. tomentosum*); con hojas enteras o casi, no muy alargadas (cerca del doble de largas que anchas), *T. obovatum* (fig. 545); con porte más reducido y hojas regularmente divididas de modo más profundo que las anteriores, *T. marginellum* (= *T. laevigatum*), etc.].

2. Plantas anuales, bajas (cerca de un palmo o menos) y efímeras, de floración primaveral, propias de medios secos (fig. 546) .... **diente de león anual** (*Leontodon longirrostris*, *Thrincia hispida*): 5-30 cm. IV-VI. Pastizales secos anuales sobre terrenos alterados. Circun-Medit. C.

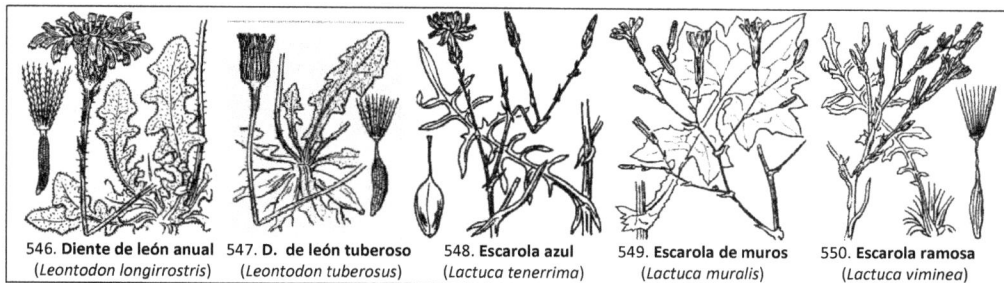

546. **Diente de león anual** (*Leontodon longirrostris*)   547. **D. de león tuberoso** (*Leontodon tuberosus*)   548. **Escarola azul** (*Lactuca tenerrima*)   549. **Escarola de muros** (*Lactuca muralis*)   550. **Escarola ramosa** (*Lactuca viminea*)

— Plantas perennes, algo elevadas (1-4 dm), de floración estival u otoñal, propias de medios más o menos húmedos 3

3. Planta provista de raíces engrosado-tuberosas, que florecen en otoño-invierno (fig. 547) ....
.... **diente de león tuberoso** (*Leontodon tuberosus*):
15-40 cm. X-II. Pastizales vivaces algo húmedos en terrenos alterados a baja altitud. Medit.-occid. R.

— Planta con raíces no engrosadas, que florecen en verano-otoño .... **diente de león otoñal**
(*Leontodon carpetanus*): 1-3 dm. VII-X. Pastizales vivaces húmedos, regueros y arroyos de montaña. Medit.-occid. M. [La especie indicada es glabra o con algunos pelos simples, los ejemplares con pelos ramificados y algo abundantes, propios de zonas frescas y elevadas, son atribuibles a su pariente **L. hispidus**].

3.25.30. Erigerón (*Erigeron acris*): 1-5 dm. VII-X. Pastizales algo húmedos de montaña. Holárt. M. (Fig. 460). [En algunas zonas costeras húmedas se observa naturalizado **E. karvisnkianus**, de origen neotropical, con hojas anchas, trilobuladas].

3.25.31. Escarolas (*Lactuca*)

1. Flores azuladas. Plantas de baja estatura (fig. 548) .... **escarola azul**
(*Lactuca tenerrima*): 1-3 dm. VI-IX. Medios rocosos o pedregosos secos y soleados. Medit.-occid. M. [En la zona del Alto Tajo se ha detectado también **L. perennis**, semejante, pero más robusta y de flores bastante mayores. (Taj)].

— Flores amarillas. Plantas con frecuencia algo elevadas 2

2. Hojas y tallos blandos. Vilano de los frutos cortamente pedunculado (fig. 549) ..... **escarola de muros**
(*Lactuca muralis*): 2-6 dm. V-VII. Medios forestales o rocosos húmedos y sombreados. Eurosib. R.

— Hojas y tallos firmes y rígidos. Vilanos largamente pedunculado 3

3. Hojas decurrentes, las superiores enteras (fig. 550) .... **escarola ramosa**
(*Lactuca viminea*): 3-8 dm. VI-IX. Terrenos pedregosos o baldíos, campos de secano. Medit.-Iranot. M.

— Hojas no decurrentes, con frecuencia dentadas o divididas (fig. 551) .... **escarola espinosa**
(*Lactuca serriola*): 5-15 dm. VII-IX. Cunetas, campos de cultivo, terrenos baldíos. Medit.-Iranot. C. [Con los capítulos sentados y las hojas sagitadas en la base, tenemos **L. saligna**, en ambientes húmedos algo salinos].

3.25.32. Escorzonera falsa (*Launaea fragilis*): 1-4 dm. IV-X. Arenales costeros, matorrales secos sobre terrenos margosos o yesosos. Medit.-merid. R. (Fig. 425). [Con capítulos solitarios, algo mayores (más de 2 cm), en medios esteparios interiores, tenemos también **L. pumila**].

3.25.33. Eupatorio (*Eupatorium cannabinum*): 4-16 dm. VII-X. Juncales, herbazales jugosos ribereños. Paleotemp. M. (Fig. 435).

3.25.34. Évax (*Evax pygmaea*, Filago pygmaea): 2-5 cm. III-VI. Pastizales secos anuales sobre sustrato básico. Circun-Medit. R. (Fig. 464).
[En arenales silíceos interiores se presenta **E. carpetana** (= Filago carpetana), con brácteas y hojas junto a los glomérulos estrechamente lineares].

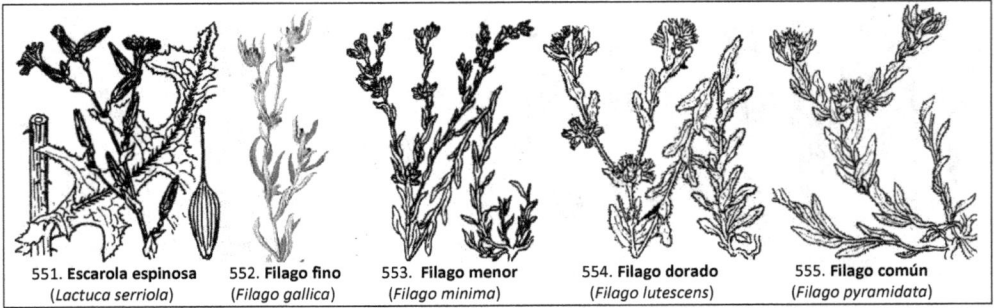

551. Escarola espinosa	552. Filago fino	553. Filago menor	554. Filago dorado	555. Filago común
(*Lactuca serriola*)	(*Filago gallica*)	(*Filago minima*)	(*Filago lutescens*)	(*Filago pyramidata*)

3.25.35. **Filagos** (*Filago*)

1. Hojas lineares (± 1 mm de anchura). Brácteas involucrales obtusas, en 2-3 filas 2
— Hojas oblongas o lanceoladas (unos 2-3 mm de anchura). Brácteas agudas, en 3-5 filas 3
2. Hojas largas y estrechas (lineares), las superiores bastante más largas que los glomérulos de capítulos (fig. 552) .... **filago fino** (*Filago gallica*, Logfia *gallica*): 5-20 cm. IV-VI. Pastizales secos anuales, sobre suelos silíceos o descarbonatados. Medit.-Iranot. M.
— Hojas cortas, no lineares, las superiores de longitud similar a los glomérulos (fig. 553) .... **filago menor** (*Filago minima*, Logfia *minima*): 4-15 cm. IV-VI. Pastizales secos anuales sobre arenales silíceos despejados interiores. Paleotemp. R. [Algo más escaso, se puede ver también en la zona el cercano *F. arvensis* (= Logfia *arvensis*), planta más ramosa, con hojas más largas y anchas (10-20 x 2-5 mm), capítulos mayores (3-5 mm), etc.].
3. Frutos sin vilano o con unos pocos pelos caducos. Planta enana o tendida .... **filago enano** (*Filago congesta*): 2-6 cm. III-V. Pastos anuales en medios muy secos y degradados. Medit.-merid. R.
— Vilano con pelos numerosos y persistentes 4
4. Brácteas de los capítulos rojizas o doradas en el extremo (fig. 554) ... **filago dorado** (*Filago lutescens*): 1-3 dm. V-VII. Pastizales anuales en medios silíceos de montaña. Paleotemp. R. [En zonas secas costeras aparece el poco extendido *F. fuscescens*, con las brácteas más rojizas, capítulos en grupos menores (5-10), etc.].
— Brácteas de los capítulos blanquecías o amarillo pálido (fig. 555) ..... **filago común** (*Filago pyramidata*, *F. spathulata*): 5-35 cm. III-VI. Cultivos, herbazales anuales en medios secos alterados. Paleotemp. C.

3.25.36. **Flor inmortal** (*Xeranthemum inapertum*): 1-3 dm. V-VII. Pastizales secos anuales sobre todo tipo de terrenos. Medit.-Iranot. C. (Fig. 466).

3.25.37. **Girasol** (*Helianthus annuus*): 5-18 dm. VII.IX. Cunetas, terrenos baldíos, barbechos. Norteamer. R. (Fig. 433). [Una planta más elevada, con capítulos menores pero reunidos por grupos, que florece en otoño es la también norteamericana *H. tuberosus*, cultivada como ornamental y alimenticia, a veces naturalizada]

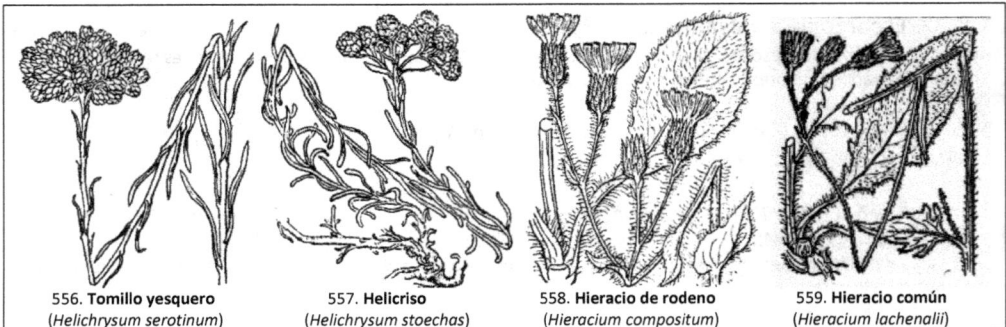

556. Tomillo yesquero	557. Helicriso	558. Hieracio de rodeno	559. Hieracio común
(*Helichrysum serotinum*)	(*Helichrysum stoechas*)	(*Hieracium compositum*)	(*Hieracium lachenalii*)

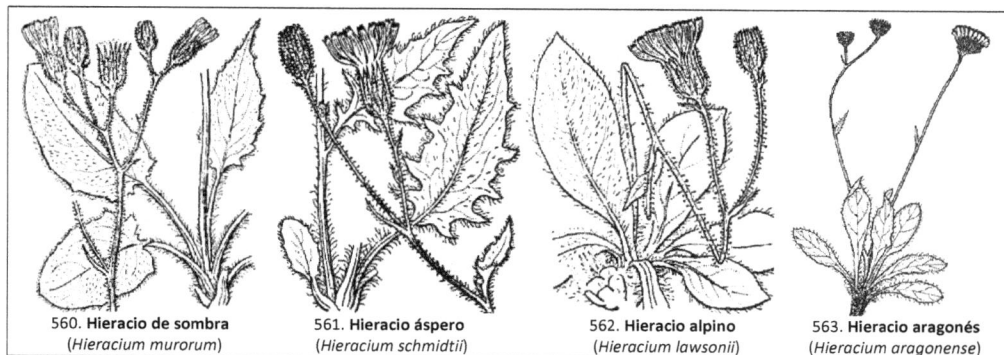

| 560. **Hieracio de sombra** (*Hieracium murorum*) | 561. **Hieracio áspero** (*Hieracium schmidtii*) | 562. **Hieracio alpino** (*Hieracium lawsonii*) | 563. **Hieracio aragonés** (*Hieracium aragonense*) |

3.25.38. Helicrisos, siemprevivas (*Helichrysum*)

1. Involucro cilíndrico, al menos doble de largo que ancho. Plantas elevadas (cerca de medio metro) con floración tardía (fig. 556) .... **tomillo yesquero** (*Helichrysum serotinum*, *H. italicum* subsp. *serotinum*): 2-6 dm. VII-X. Cunetas, ramblas, terrenos alterados pedregosos. Medit.-occid. M.
— Involucro semiesférico, tan ancho como largo. Plantas poco elevadas, con floración temprana (fig. 557) .... **helicriso común, siempreviva, perpetua** (*Helichrysum stoechas*): 1-4 dm. V-VII. Matorrales secos sobre suelo arenoso o margoso. Medit.-occid. M.

3.25.39. Hieracios (*Hieracium*)

1. Toda la planta densamente cubierta de una glandulosidad pegajosa .... **hieracio pegajoso** (*Hieracium amplexicaule*): 2-5 dm. VI-IX. Roquedos y pedregales sombreados de montaña. Medit.-Sept. M. [**H. valentinum** es planta más rara, de un verde más claro, laxamente glandulosa y de porte más bajo].
— Hojas y tallos no o muy escasamente glandulosos, no pegajosos 2
2. Plantas de floración tardía (óptimo otoñal), que al florecer se van secando las hojas basales pero suelen quedar frescas en el tallo 3
— Plantas que florecen en primavera o primera parte del verano, con hojas basales frescas a lo largo de la floración 4
3. Plantas elevadas (1/2-1 m), con hojas caulinares numerosas, de tamaño semejante .... **hieracio otoñal** (*Hieracium sabaudum*): 5-12 dm. VIII-X. Medios forestales y sus orlas en áreas de montaña, sobre todo silíceas. Eurosib. R.
— Plantas de estatura menor, con hojas caulinares a veces escasas, las superiores más pequeñas (fig. 558) .... **hieracio de rodeno** (*Hieracium compositum*): 1-4 dm. VIII-XII. Medios forestales, pedregosos o rocosos sobre sustratos silíceos. Medit.-noroccid. R.
4. La mayor parte de las hojas dispuestas en roseta basal. Tallos sin hojas o a lo sumo con una hoja bien desarrollada (a veces seguida de otras más atrofiadas) 5
— Tallos algo elevados, con varias hojas por encima de la roseta basal (fig. 559) .... **hieracio común** (*Hieracium lachenalii*): 3-6 dm. V-VII. Medios forestales en áreas frescas de montaña. Eurosib. R.
5. Plantas de cierto porte (unos 3-6 dm), que habitan sobre tierra, principalmente en medios forestales 6
— Plantas de porte menor (unos 5-30 cm), que habitan en medios rocosos o pedregosos 8
6. Hojas blandas, con pelos finos, no muy densos. Involucros negruzcos con abundantes pelos glandulosos, sin pelos simples (fig. 560) .... **hieracio de sombra** (*Hieracium murorum*): 3-6 dm. V-VII. Bosques y medios frescos, húmedos y sombreados. Eurosib. R.
— Hojas algo coriáceas, con pelos ásperos más o menos densos. Involucro con mezcla de pelos glandulosos, simples y estrellados 7
7. Hojas bastante coriáceas, con abundantes pelos muy rígidos en el margen, engrosados en su base (Fig. 561) .... **hieracio áspero** (*Hieracium schmidtii*):

564. **Salsona** (*Inula crithmoides*)	565. **Coniza** (*Inula conyzae*)	566. **Ínula salicina** (*Inula salicina*)	567. **Ínula helenioide** (*Inula helenioides*)	568. **Ínula montana** (*Inula montana*)

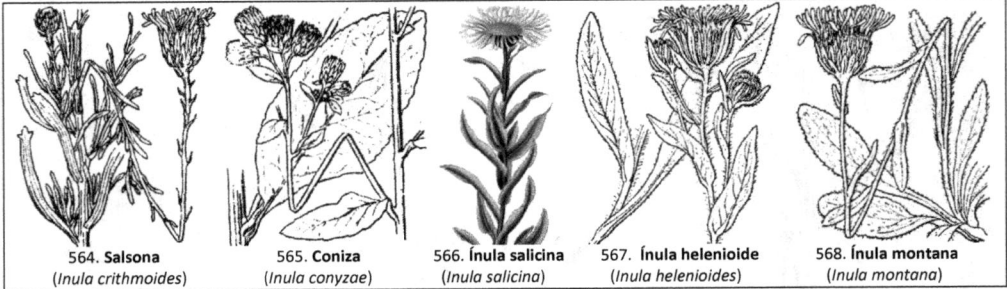

2-5 dm. V-VII. Medios rocosos, abruptos o pedregosos, de naturaleza silícea. Eurosib. R.

— Hojas levemente coriáceas, con pelos simples no muy rígidos en los márgenes o por todas partes .. .. **hieracio precoz** (*Hieracium glaucinum*, H. praecox):
2-6 dm. IV-VII. Medios forestales y sus orlas, terrenos pedregosos o laderas con pendiente. Eurosib. M.

8. Hojas enteras, algo espatuladas, ensanchándose bastante hacia el ápice. Involucro cubierto de pelos glandulosos abundantes, finos y alargados (fig. 562) .... **hieracio alpino** (*Hieracium lawsonii*):
5-25 cm. V-VII. Grietas de roquedos calizos de montaña. Eurosib.-merid. R (Gud). [Con hojas más lanosas e involucro con menos pelos glandulosos pero más estrellados, tenemos también **H. gudaricum** (Gud)].

— Sin estos caracteres reunidos 9

9. Hierba verdosa, con pelosidad no muy densa... 10

— Hojas grisáceas, bastante pelosas... **hieracio blanco** (*Hieracium elisaeanum*):
5-20 cm. V-VII. Grietas de roquedos calizos de montaña. Iberolev. M.

10. Hojas ovadas o elípticas, dentadas, a veces maculadas (fig. 563) .... **hieracio aragonés**
(*Hieracium aragonense*): 10-25 cm. V-VII. Grietas de roquedos calizos de montaña. Iberolev. R. [Más escaso, el posible antecedente de la especie, **H. bifidum**, de involucro más blanquecino con predominio de pelos estrellados].

— Hojas estrechas, alargadas, enteras, no manchadas .... **hieracio glabro** (*Hieracium spathulathum*):
4-18 cm. V-VII. Grietas de roquedos calizos poco soleados. Iberolev. R. [Las formas de capítulos y pedúnculos completamente glabros corresponden a **H. laniferum**, propio de los Puertos de Beceite].

3.25.40. **Hierba cupido** (*Catananche caerulea*): 3-10 dm. VI-VIII. Pastizales vivaces no muy secos sobre sustratos profundos. Medit.-occid. M. (Fig. 413).

3.25.41. **Hierba del halcón** (*Hypochoeris radicata*): 3-6 dm. V-IX. Pastizales vivaces habitualmente sobre suelos algo húmedos. Paleotemp. C. (Fig. 419). [De porte menor (cerca de un palmo), pelosidad muy escasa, capítulos de 1-2 cm y vida efímera, tenemos también *H. glabra*].

3.25.42. **Hierba pezonera** (*Lapsana communis*): 4-12 dm. V-VII. Herbazales vivaces en ambiente húmedo y sombreado de montaña. Paleotemp. M. (Fig. 415).

3.25.43. **Hierba pincel**, pinzell (*Staehelina dubia*): 2-4 dm. VI-VIII. Matorrales secos y bosques laxos sobre calizas. Medit.-occid. M. (Fig. 472).

3.25.44. **Ínulas** (*Inula*)

1. Planta leñosa con hojas estrechamente cilíndricas, engrosado-carnosas (fig. 564) .... **salsona**
(*Inula crithmoides*): 3-8 dm. VII-X. Saladares costeros y acantilados marinos. Circun-Medit. R (Cos).

— Plantas herbáceas con hojas planas, no carnosas 2

2. Hierba elevada (cerca de ½-1 m). Flores liguladas apenas salientes del involucro (fig. 565) ...... **coniza**
(*Inula conyzae*): 4-12 dm. VII-IX. Medios forestales y orlas herbáceas sombreadas. Medit.-sept. M.

— Hierbas menos elevadas. Flores liguladas muy aparentes 3

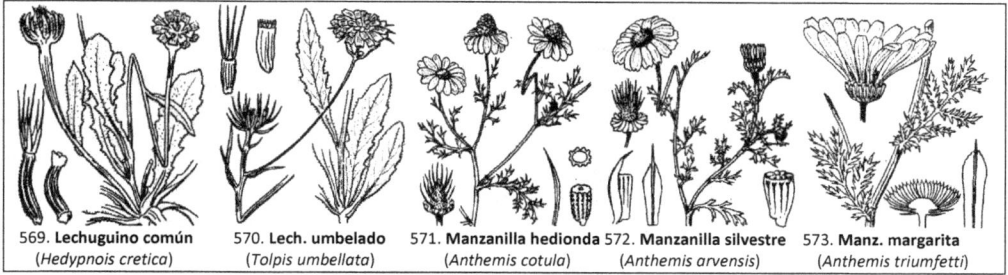

569. Lechuguino común (*Hedypnois cretica*) | **570. Lech. umbelado** (*Tolpis umbellata*) | **571. Manzanilla hedionda** (*Anthemis cotula*) | **572. Manzanilla silvestre** (*Anthemis arvensis*) | **573. Manz. margarita** (*Anthemis triumfetti*)

3. Tallo cubierto densamente de numerosas hojas algo rígidas y patentes, poco decrecientes por arriba (fig. 566) .... **ínula salicina** (*Inula salicina*): 2-5 dm. VI-VIII. Bosques y pastizales vivaces de ambiente fresco y húmedo. Eurosib. M.

— Tallo cubierto moderadamente de hojas blandas y erguidas, decreciendo mucho en la parte superior 4

4. Capítulos agrupados. Hojas abrazadora o decurrentes en su base, las mayores con unos 2 cm de anchura (fig. 567) .... **ínula helenioide** (*Inula helenioides*): 1-3 dm. VI-VIII. Herbazales vivaces sobre suelos profundos alterados. Medit.-occid. M.

— Capítulos habitualmente solitarios. Hojas atenuadas en la base, con cerca de 1 cm de anchura (fig. 568)... **ínula montana** (*Inula montana*): 1-3 dm. V-VII. Matorrales y pastizales secos o aclarados sobre terrenos calizos. Medit.-occid. M.

3.25.45. Lechuguillas (*Reichardia*)

1. Lígulas anaranjadas, con una mancha rojiza-oscura en la base. Brácteas exteriores del involucro anchas, con margen escarioso de unos 2 mm .... **lechuguilla africana** (*Reichardia tingitana*): 1-3 dm. III-V. Campos de cultivo, herbazales anuales alterados a baja altitud. Medit.-suroccid. R.

— Lígulas amarilla, no manchadas en la base, aunque de color verdoso o rojizo en el dorso. Margen hialino de las brácteas de 1 mm o menos (Fig. 423) .... **lechuguilla común** (*Reichardia picroides*, *Picridium vulgare*): 1-5 dm. III-XI. Pastizales secos, claros de matorral. Circun-Medit. M. [En los ambientes más secos, a esta planta perenne le sustituye *R. intermedia*, que es anual, con dorso de las lígulas rojizo, etc.].

3.25.46. Lechuguinos (*Hedypnois, Tolpis*)

1. Frutos de las flores exteriores con vilano formado por escamas muy cortas, los de las interiores con escamas alargadas. Capítulos solitarios en los extremos de las ramas (fig. 569) ....**lechuguino común** (*Hedypnois cretica*): 5-30 cm. III-VI. Campos de cultivo, herbazales anuales en terrenos alterados. Circun-Medit. M. [La especie mayoritaria es de porte tendido y tallos gruesos, pero a veces la sustituye *H. rhagadioloides*, de tallos erguidos y casi capilares].

— Frutos todos semejantes, terminados en corta corona membranosa y 2-6 pelos largos y rígidos. Inflorescencia umbelada (fig. 570) ...... **lechuguino umbelado** (*Tolpis umbellata*, *T. barbata* subsp. *umbellata*): 1-3 dm. IV-VI. Cultivos y pastizales secos anuales, sobre suelos arenosos silíceos. Circun-Medit. R.

3.25.47. Lino de pastora (*Bombycilaena erecta*, *Micropus erectus*): 5-15 cm. IV-VI. Pastizales secos y soleados. Circun-Medit. C. (Fig. 465). [Ejemplares densamente algodonosos, con glomérulos mayores (cerca de 1 cm), corresponden a la cercana *B. discolor* (= *Micropus bombycinus*), de medios más áridos].

3.25.48. Manzanilla amarga, abrótano hembra (*Santolina chamaecyparissus*): 2-4 dm. V-VII. Cunetas, terrenos baldíos, matorrales degradados. Medit.-occid. C. (Fig. 479). [También *S. pectinata*, con las hojas más planas, enteras o con solo una fila de lóbulos a cada lado, brácteas involucrales más escariosas y decurrentes (Man)].

3.25.49. Manzanilla dulce, camomila (*Matricaria chamomilla*, *M. recutita*, *Chamomilla recutita*): 1-4 dm. V-VIII. Campos de cultivo, herbazales nitrófilos. Origen incierto. R. (Fig. 448).

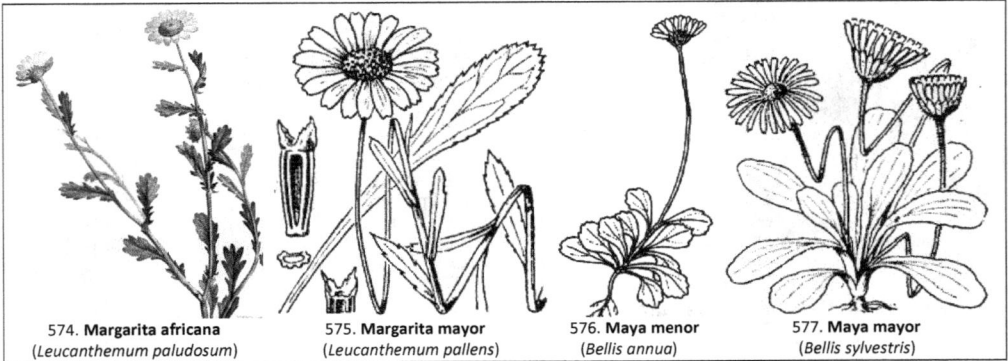

| 574. **Margarita africana**
(*Leucanthemum paludosum*) | 575. **Margarita mayor**
(*Leucanthemum pallens*) | 576. **Maya menor**
(*Bellis annua*) | 577. **Maya mayor**
(*Bellis sylvestris*) |

3.25.50. **Manzanillas silvestres** (*Anthemis*)

1. Receptáculo cónico o semiesférico, cubierto de escamas anchas 2
— Receptáculo estrecho y alargado (fusiforme) con escamas lineares (fig. 571) ... **manzanilla hedionda** (*Anthemis cotula*): 3-8 dm. V-IX. Campos de cultivo y herbazales anuales de su entorno. Paleotemp. R.
2. Planta anual, baja. Capítulos de tamaño reducido. Frutos cilíndricos (fig. 572) .. **manzanilla silvestre** (*Anthemis arvensis*): 1-4 dm. IV-VII. Campos de secano y terrenos alterados secos. Paleotemp. C.
— Planta perenne, de cierta estatura. Capítulos medianos. Frutos semicilíndricos (una cara aplanada) (fig. 573) .... **manzanilla-margarita** (*Anthemis triumfetti*): 2-8 dm. V-VII. Orlas forestales, pastizales vivaces de montaña. Eurosib. R.

3.25.51. **Margaritas** (*Leucanthemum, Leucanthemopsis*)

1. Hierba perenne cespitosa, de porte bajo. Hojas más o menos profundamente dentadas o pinnadas. Capítulos solitarios y lígulas blancas .... **margarita menor** (*Leucanthemopsis pallida*): 5-15 cm. IV-VI. Matorrales y pastizales secos de montaña. Iberolev. R. [Con lígulas amarillas tenemos diversas otras estirpes raras y endémicas, de las que en la zona se suelen mencionar **L. flaveola**].
— Sin estos caracteres reunidos 2
2. Planta anual, fina y de baja estatura (fig. 574) .... **margarita africana** (*Leucanthemum paludosum*): 5-25 cm. XI-V. Campos de cultivo, herbazales anuales en zonas bajas transitadas. Medit.-occid. R (Set).
— Plantas perennes, de cepa más recia y de cierto porte 3
3. Todas las hojas enteras o regularmente dentadas 4
— Hojas inferiores profundamente divididas en lóbulos separados .... **margarita común** (*Leucanthemum vulgare*): 3-7 dm. Pastizales vivaces sobre suelos algo húmedos. Paleotemp. M.
4. Hojas basales con limbo redondeado, que pasa bruscamente a linear en las caulinares. Tallos delgados, provistos de ramas alargadas .... **margarita valenciana** (*Leucanthemum gracilicaule*): 3-6 dm. IV-VI. Matorrales y pastos vivaces sombreados sobre calizas. Iberolev. R (Set).
— Sin estos caracteres reunidos. Hojas todas con limbo alargado, sin tránsito brusco entre las inferiores y medias (fig. 575) .... **margarita mayor** (*Leucanthemum pallens*): 3-8 dm. VI-VIII. Medios forestales y pastizales frescos de montaña. Medit.-sept. M. [En las montañas del noreste aparece también **L. maestracense**, con hojas inferiores más largamente pecioladas, capítulos más distantes de las hojas, margen de las brácteas involucrales más oscuro, etc.].

3.25.52. **Mayas** (*Bellis*)

2. Hierba anual, con raíz tenue y roseta laxa (fig. 576) .... **maya menor** (*Bellis annua*): 2-12 cm. II-V. Pastizales secos en zonas bajas sobre sustrato básico. Circun-Medit. M.
— Hierbas perennes, con raíces firmes y rosetas densas 3

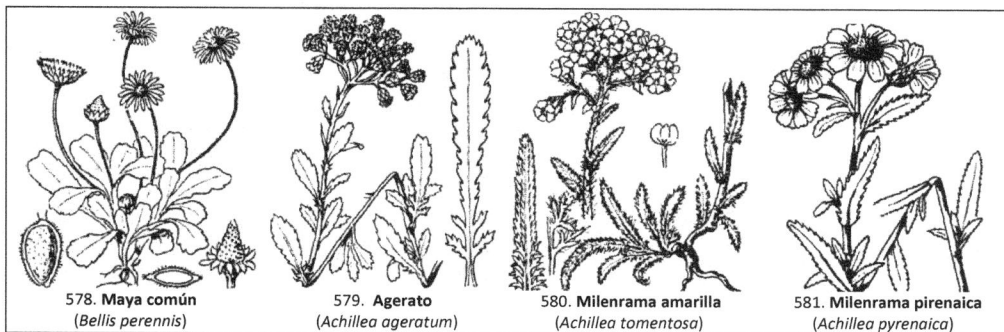

| 578. **Maya común** | 579. **Agerato** | 580. **Milenrama amarilla** | 581. **Milenrama pirenaica** |
| (*Bellis perennis*) | (*Achillea ageratum*) | (*Achillea tomentosa*) | (*Achillea pyrenaica*) |

3. Hojas con tres nervios principales. Tallos que alcanzan varios dm. Lígulas en su mayoría con color dominante rosado (fig. 577) .... **maya mayor** (*Bellis sylvestris*): 1-4 dm. XI-III. Pastizales vivaces sombreados algo húmedos. Circun-Medit. R.

— Hojas con un nervio principal. Tallos que alcanzan 1 dm o poco más. Lígulas en su mayoría con color blanco predominante (fig. 578) .... **maya común** (*Bellis perennis*): 5-20 cm. III-VI. Pastizales vivaces húmedos transitados, pastoreados o antropizados. Paleotemp. C.

3.25.53. Milenramas (*Achillea*)

1. Flores amarillas 2

— Flores blancas 3

2. Hojas planas y verdes, irregularmente dentadas (fig. 579) .... **agerato** (*Achillea ageratum*): 2-4 dm. VII-IX. Cunetas, terrenos arcillosos alterados y estacionalmente húmedos. Medit.-occid. R.

— Hojas blanquecinas, pelosas y cilíndricas, divididas en cortos segmentos en todas direcciones (fig. 580)... **milenrama amarilla** (*Achillea tomentosa*): 1-3 dm. VI-VIII. Pastizales vivaces secos en áreas frescas sobre suelo arenoso silíceo. Euri-Medit.-Sept. M.

3. Hojas plantas, someramente dentadas en el margen. Lígulas de 3-5 mm, bastante vistosas (fig. 581). .... **milenrama pirenaica** (*Achillea pyrenaica*): 2-6 dm. VI-VIII. Pastizales vivaces húmedos de alta montaña. Late-pirenaica. RR (Gud, Taj).

— Hojas profundamente recortadas en pequeños segmentos dirigidos en tres dimensiones. Lígulas poco aparentes, de 1-2 mm 4

4. Hojas caulinares de 1-3 cm, con unos 10 pares de foliolos .... **milenrama menor** (*Achillea odorata*): 1-3 dm. V-VIII. Claros de matorrales y pastizales vivaces secos más o menos alterados. Euri-Medit. C.

— Hojas caulinares de unos 3-6 cm, con ± 20 pares de foliolos (fig. 582) .... **milenrama mayor** (*Achillea millefolium*): 2-6 dm. VI-IX. Pastizales frescos algo húmedos y alterados. Paleotemp. M. [Las formas dominantes en nuestro territorio, irían a la cercana **A. collina**, de hojas más estrechas (cerca de 1 cm), involucro de 2-3 mm, etc.].

3.25.54. Olivarda (*Dittrichia viscosa*, Inula viscosa): 4-12 dm. VIII-XI. Cunetas, terrenos baldíos o alterados. Circun-Medit. C. (Fig. 454).

3.25.55. Pelosillas (*Pilosella*)

1. Tallos terminados en más de un capítulo 2

— Tallos siempre terminados en un solo capítulo 3

2. Hojas y tallos grisáceos y muy pelosos, sin pelosidad glandulosa. Planta que se eleva varios dm .... **pelosilla áspera** (*Pilosella leptobrachia*): 2-6 dm. V-VII. Medios forestales y pastizales vivaces en áreas frescas de montaña, sobre terrenos silíceos. Medit.-occid. R.

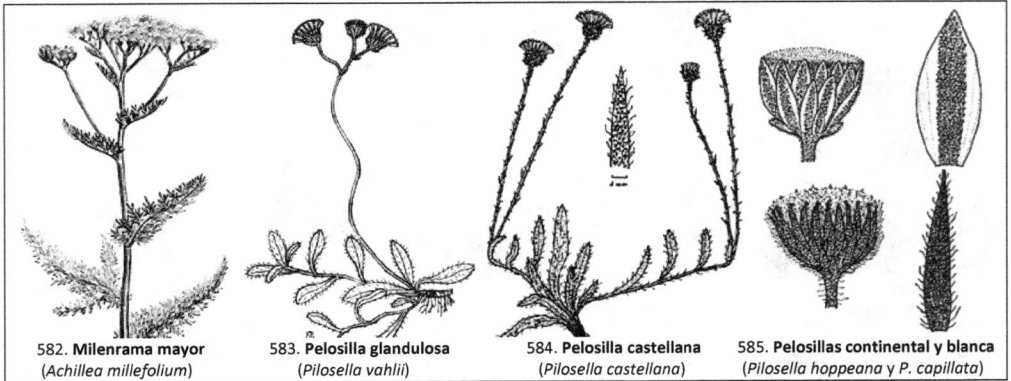

| 582. **Milenrama mayor** (*Achillea millefolium*) | 583. **Pelosilla glandulosa** (*Pilosella vahlii*) | 584. **Pelosilla castellana** (*Pilosella castellana*) | 585. **Pelosillas continental y blanca** (*Pilosella hoppeana* y *P. capillata*) |

— Hojas y tallos verdes y poco pelosos, con laxa pelosidad glandular. Planta de baja estatura (menos de un palmo) (fig. 583) .... **pelosilla glandulosa** (*Pilosella vahlii*): 5-20 cm. V-VII. Pastizales húmedos de montaña sobre terrenos silíceos. Iberolev. R (Gud, Taj).

3. Tallos portadores de los capítulos erguidos desde la base y sin hoja alguna. Hojas obtusas y más o menos elípticas u oblongas 4

— Tallos portadores de los capítulos primero tendidos y luego bruscamente erguidos (girando 90°), con hojas en la parte tendida, siendo éstas agudas y lineares o linear-lanceoladas (fig. 584) .... **pelosilla castellana** (*Pilosella castellana*, Hieracium castellanum): 5-20 cm. VII-IX. Pastizales vivaces secos sobre sustrato silíceo. Medit.-occid. M (Jil, Taj).

4. Brácteas exteriores del involucro triangular-aovadas, no muy alargadas y superando 2 mm de anchura (fig. 585) .... **pelosilla continental** (*Pilosella hoppeana*, Hieracium hoppeanum): 5-20 cm. V-VII. Pastizales secos sobre terrenos despejados en áreas continentales. Medit.-sept. M.

— Brácteas involucrales lineares, de 1 mm de anchura o poco más 5

5. Brácteas y pedúnculos de los capítulos densamente cubiertos de pelosidad glandulosa negruzca .... **pelosilla común** (*Pilosella officinarum*, Hieracium pilosella): 5-25 cm. VI-VIII. Pastizales vivaces abiertos, sobre todo tipo de suelos. Paleotemp. M.

— Brácteas y pedúnculos de los capítulos cubiertas pelos simples o estrellados, sin apenas pelosidad glandulosa 6

6. Pedúnculos y capítulos cubiertos de pelos simples alargados (al menos 2 mm), que suelen ser grisáceos u oscuros .... **pelosilla hirsuta** (*Pilosella pseudopilosella*, Hieracium pseudopilosella): 1-3 dm. VI-VII. Pastizales vivaces secos en medios despejados de montaña. Medit.-sept. M.

— Pedúnculos y capítulos cubiertos de pelos simples blancos cortos (cerca de 1 mm) y numerosos pelos estrellados (fig. 585) .... **pelosilla blanca** (*Pilosella capillata*, P. tardans, Hieracium tardans): 4-20 cm. V-IX. Pastizales secos en cunetas, terrenos baldíos y claros de matorrales alterados. Paleotemp. C.

3.25.56. Piña de San Juan, cuchara de pastor, pinya de Sant Joan (*Leuzea conífera*, Centaurea conifera): 1-3 dm. V-VII. Bosques poco densos, matorrales y pastizales vivaces secos. Medit.-occid. M. (Fig. 477).

3.25.57. Pulicaria (*Pulicaria dystenterica*): 3-8 dm. VII-IX. Juncales y herbazales vivaces siempre húmedos. Circun-Medit. M. (Fig. 457). [También **P. odora**, con rosetas basales de hojas grandes (más de 1 dm) y capítulos más grandes pero más escasos, provistos de flores liguladas más aparentes].

3.25.58. Raspasayas (*Picris*)

1. Brácteas exteriores del involucro ovadas, con cerca de 1 cm de anchura. Planta cubierta de pelos muy rígidos y engrosados en la base (fig. 420) .... **raspasayas** (*Picris echioides*, Helminthia echioides): 3-14 dm. V-IX. Herbazales húmedos alterados o transitados. Circun-Medit. M.

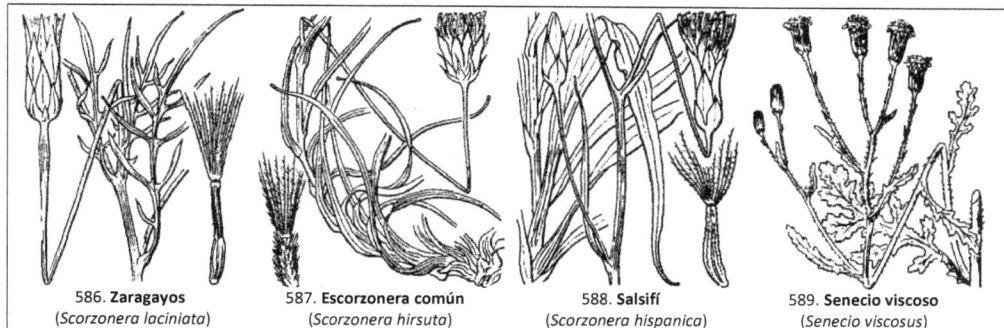

586. **Zaragayos**	587. **Escorzonera común**	588. **Salsifí**	589. **Senecio viscoso**
(*Scorzonera laciniata*)	(*Scorzonera hirsuta*)	(*Scorzonera hispanica*)	(*Senecio viscosus*)

— Brácteas exteriores del involucro estrechas y lineares. Pelos de tallos y hojas no engrosados en la base .... **lengua de gato** (*Picris hieracioides*): 3-12 dm. VII-X. Pastizales vivaces alterados, cunetas y pedregales, en áreas frescas de montaña. Paleotemp. C. [En tierras bajas y secas del sur aparece **P. hispanica**, de porte anual, bastante más bajo y menos robusto, con capítulos frecuentemente solitarios].

3.25.59. **Salsifíes**, escorzoneras, escurçoneres (*Scorzonera*)

1. Al menos algunas hojas divididas en lóbulos profundos y estrechos (fig. 586) .... **zaragayos** (*Scorzonera laciniata*, Podospermum laciniatum): 1-4 dm. V-VII. Herbazales anuales presentes en cultivos, cunetas y terrenos alterados. Paleotemp. C.

— Todas las hojas completamente enteras 2

2. Hojas muy numerosas sobre el tallo, todas estrechamente lineares (1-3 mm de anchura) .... **escorzonera común** (*Scorzonera angustifolia*): 1-4 dm. V-VII. Pastizales y matorrales secos sobre calizas. Medit.-occid. M. [En áreas frescas de montaña le susti- tuye **S. hirsuta**, con frutos menores (unos 6-8 mm) y hojas muy pelosas en el margen (fig. 587)].

— Hojas en su mayoría basales, de tendencia lanceolada, alcanzando a menudo más de 1 cm de an- chura (fig. 588) .... **salsifí** (*Scorzonera hispanica*): 2-5 dm. V-VII. Pastizales secos y matorrales despejados sobre sustrato básico. Paleotemp. M. [Con las hojas casi lineares, pero escasas y surgiendo de la base, tenemos **S. humilis**, en prados húmedos de montaña (Taj)].

3.25.60. **Senecios** (*Senecio*)

1. Hierbas anuales, poco elevadas y débilmente enraizadas 2

— Hierbas perennes, más o menos robustas y elevadas, fuertemente enraizadas 5

2. Planta algo pegajosa, provista de pelosidad glandular (fig. 589) .... **senecio viscoso** (*Senecio viscosus*): .2-4 dm. V-VII. Pastizales anuales sobre sustratos silíceos. Paleotemp. R. [Los ejemplares con frutos pelosos sobre su superficie y hojas más someramente lobuladas, correspondes al cercano *S. lividus*].

— Plantas no pegajosas, glabras o con pelos no glandulosos 3

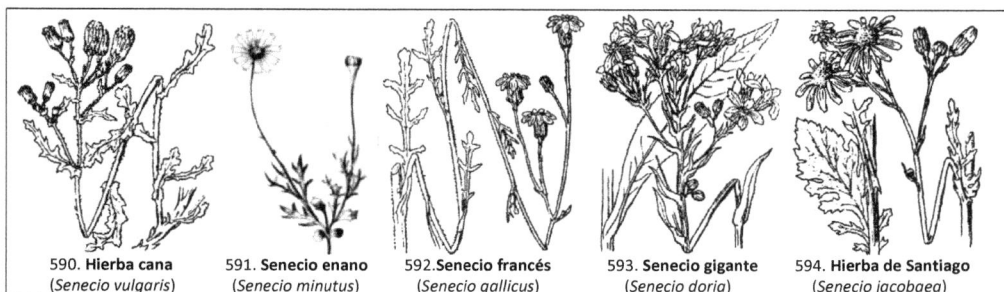

590. **Hierba cana**	591. **Senecio enano**	592.**Senecio francés**	593. **Senecio gigante**	594. **Hierba de Santiago**
(*Senecio vulgaris*)	(*Senecio minutus*)	(*Senecio gallicus*)	(*Senecio doria*)	(*Senecio jacobaea*)

101

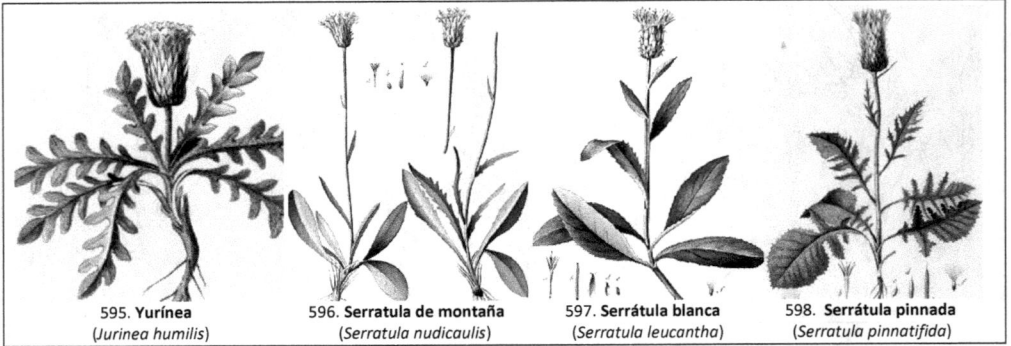

| 595. **Yurínea** | 596. **Serratula de montaña** | 597. **Serrátula blanca** | 598. **Serrátula pinnada** |
| (*Jurinea humilis*) | (*Serratula nudicaulis*) | (*Serratula leucantha*) | (*Serratula pinnatifida*) |

3. Capítulos cilíndricos, poco vistosos, con solo flores tubulosas (fig. 590)............................. **hierba cana**
(*Senecio vulgaris*): 5-25 cm. III-VI. Cultivos, herbazales anuales en terrenos alterados. Subcosmop. M.
— Capítulos vistosos, con flores liguladas exteriores 4
4. Planta enana (cerca de 1 dm). Hojas inferiores poco lobuladas (fig. 591) .... **senecio enano**
(*Senecio minutus*): 4-14 cm. IV-VI. Pastizales secos en medios calizos despejados. Medit.-occid. R.
— Planta más elevada (1-4 dm). Todas las hojas profundamente divididas en segmentos estrechas,
algo carnosos (fig. 592) .... **senecio francés**
(*Senecio gallicus*):....1-4 dm. IV-VIII. Campos de secano, terrenos baldíos o muy pastoreados. Medit.-occid. M.
5. Hojas enteras o levemente dentadas 6
— Hojas, al menos parte de ellas, profundamente divididas 7
6. Hojas basales que alcanzan varios dm. Tallos de los ejemplares mayores alcanzando 1-2 m de altura. Capítulos numerosos (fig. 593) .... **senecio gigante** (*Senecio doria*):
8-20 dm. VII-IX. Juncales y herbazales elevados ribereños o de ambientes húmedos. Circun-Medit. M.
— Plantas de estatura moderada. Hojas menores. Capítulos escasos .... **senecio de montaña**
(*Senecio lagascanus*): 1-4 dm. VI-VII. Pastizales vivaces en áreas frescas de montaña. Medit.-occid. R. [En ambientes salinos -o esteparios secos- de las zonas interiores le sustituye el endemismo iberolevantino **S. auricula**, de hojas más coriáceas, casi reducidas a la roseta, menos pelosas y de tendencia más espatulada (Man, Ebr)].
7. Hojas basales casi enteras, las caulinares claramente más divididas .... **senecio carpetano**
(*Senecio carpetanus*): 3-6 dm. VI-VIII. Pastizales vivaces húmedos en áreas frescas. Medit.-occid. M.
— Todas las hojas muy profundamente divididas (fig. 594) .... **hierba de Santiago** (*Senecio jacobaea*):
4-10 dm. VII-X. Pastizales vivaces húmedos transitados o bastante pastoreados. Paleotemp. M. [Muy parecido,
el **S. erucifolius**, con hojas mas finamente recortadas en lóbulos más estrechos, numerosos y regulares].

3.25.61. **Serrátulas** (*Serratula, Jurinea*)

1. Hojas regularmente divididas en numerosos lóbulos estrechos y similares (fig. 595) .... **yurínea**
(*Jurinea humilis*): 3-8 cm. V-VII. Pastizales vivaces y bajos matorrales de montaña sobre calizas. Medit.-occid.
M. [En medios yesosos secos continentales le sustituye a veces **J. pinnata**, una especie algo más elevada, más leñosa en
la base, con hojas divididas en lóbulos más estrechos (cerca de 1 mm) y capítulos menores].
— Hojas enteras, dentadas o irregularmente lobuladas, con lóbulos anchos y escasos 2
2. Capítulos 2-3 cm de grosor, con frecuencia agrupados. Brácteas terminadas en punta algo espinosa 3
— Capítulos ± 1-1,5 cm de espesor, solitarios. Brácteas no espinosas (fig. 596).... **serrátula de montaña**
(*Serratula nudicaulis*): 1-3 dm. V-VII. Pastizales vivaces frescos de montaña. Medit.-occid. M.
3. Flores blancas o amarillentas. Involucro ovoide-globoso. Hojas dentadas (fig. 597) .... **serrátula blanca**
(*Serratula leucantha*, S. *flavescens* subsp. *leucantha*): 2-4 dm. IV-VII. Matorrales despejados sobre sustratos bási-
cos, generalmente margosos o yesosos, en ambientes poco lluviosos. Medit.-occid. R.
— Flores rosadas. Involucro cilíndrico. Algunas hojas claramente divididas (fig. 598) ....**serrátula pinnada**
(*Serratula pinnatifida*): 1-4 dm. V-VII. Matorrales y pastizales secos sobre sustratos básicos. M.

599. Yesquera de roca	600. Yesquera común	601. Yesquera cenicienta	602. Campanilla de mar	603. Corregüela mayor
(*Phagnalon sordidum*)	(*Phagnalon saxatile*)	(*Phagnalon rupestre*)	(*Calystegia soldanella*)	(*Calystegia sepium*)

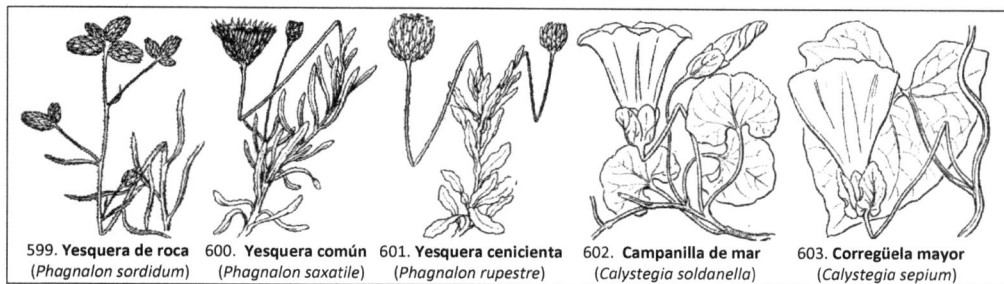

3.25.62. Tanaceto (*Tanacetum corymbosum*): 2-6 dm. V-VII. Medios forestales y pastizales no muy soleados. Medit.-Sept. M. (Fig. 451).

3.25.63. Té de roca (*Jasonia glutinosa*, *Chiliadenus saxatilis*): 1-3 dm. VII-IX. Roquedos calizos secos y soleados. Medit.-occid. M. (Fig. 473).

3.25.64. Té de tierra (*Jasonia tuberosa*): 1-3 dm. VII-X. Caminos, claros forestales, pastizales de ambientes despejados. Medit.-occid. M. (Fig. 456).

3.25.65. Tusílago (*Tussilago farfara*): 5-30 cm. II-V. Medios ribereños, márgenes de arroyos. Paleotemp. R. (Fig. 452).

3.25.66. Uñas del diablo (*Rhagadiolus stellatus*): 1-4 dm. III-VI. Campos de cultivo, herbazales anuales antropizados. Paleotemp. R. (Fig. 414). [Las variantes más elevadas y tenues, con pocos (unos 5) frutos, se pueden llevar a la cercana *R. edulis*].

3.25.67. Vara de oro (*Solidago virgaurea*): 2-6 dm. VII-X. Claros de bosque y herbazales vivaces sombreados. Holárt. M. (Fig. 455).

3.25.68. Yesqueras (*Phagnalon*)
1. Capítulos solitarios en el extremo de las ramas, con una anchura de 5-10 mm 2
— Capítulos de 2-4 mm de anchura, agrupados en el extremo de las ramas (fig. 599) .... **yesquera de roca**
(*Phagnalon sordidum*): 1-3 dm. IV-VI. Grietas de roquedos calizos secos y soleados. Medit.-occid. M.
2. Brácteas exteriores del involucro lineares, agudas y curvadas hacia el exterior. Hojas con las caras de color muy diferente (envés blanquecino y haz verdoso) (fig. 600) .... **yesquera común**
(*Phagnalon saxatile*): 2-5 dm. I-V. Terrenos baldíos, matorrales muy secos y soleados. Medit.-occid. C.
— Brácteas exteriores del involucro redondeadas, obtusas y aplicadas a las demás. Hojas con ambas caras de color grisáceo similar (fig. 601) .... **yesquera cenicienta**
(*Phagnalon rupestre*): 1-3 dm. III-VI. Matorrales secos y soleados a baja altitud. Circun-Medit. M.

3.26. Fam. CONVOLVULÁCEAS (*Convolvulaceae*)

La familia de las campanillas o corregüelas y otras hierbas de tendencia trepadora, verdes y autótrofas, o parásitas de tonos rojizos o amarillentos (cúscutas), que presentan flores vistosas con cinco piezas por verticilo, estando los pétalos muy soldados (con frecuente en forma embudada). Los frutos son secos, en cajas dehiscentes, con numerosas semillas.

1. Plantas parásitas, sin hojas, formadas por una maraña de tallos filamentosos blancos, amarillos o rojizos, que forman pequeños glomérulos de flores (fig. 60) .... 2. **cúscutas** (*Cuscuta*)
— Plantas verdes, no parásitas (fig. 602-607) .... 1. **corregüelas** (*Convolvulus*, *Calystegia*)

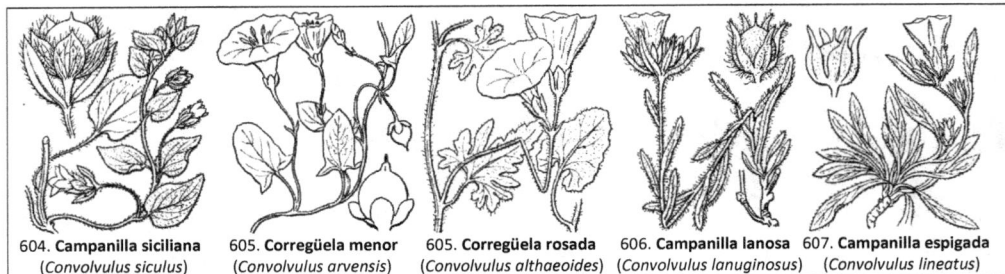

604. Campanilla siciliana	605. Corregüela menor	605. Corregüela rosada	606. Campanilla lanosa	607. Campanilla espigada
(*Convolvulus siculus*)	(*Convolvulus arvensis*)	(*Convolvulus althaeoides*)	(*Convolvulus lanuginosus*)	(*Convolvulus lineatus*)

3.26.1. **Corregüelas**, campanillas, corretxoles (*Convolvulus, Calystegia, Ipomoea*)

1. Cáliz de 5 sépalos, oculto por un epicáliz de dos grandes piezas 2
— Cáliz no oculto por un epicáliz. Flores de 1-3 cm 3
2. Planta tendida sobre la arena en ambientes costeros de duna. Flores de color rosado intenso (fig. 602) .... **campanilla de mar, soldanela mayor**
(*Calystegia soldanella*, Convolvulus soldanella): 4-15 cm. IV-VI. Arenales costeros no degradados. Cosmop. R.
— Planta trepadora en medios húmedos. Flores blancas o de un tono rosado muy leve (fig. 603) ....
.... **corregüela mayor** (*Calystegia sepium*, Convolvulus sepium): 4-20 dm. VI-IX. Juncales, carrizales, medios ribereños húmedos. Paleotemp. M.
3. Flores muy reducidas (cerca de 1 cm), de tonalidad violácea. Lóbulos de la corola triangulares y profundos (fig. 604) .... **campanilla siciliana** (*Convolvulus siculus*): 1-4 dm. II-V. Medios rocosos o abruptos en ambientes cálidos y secos. Medit.-merid. R (Esp, Set).
— Flores mayores. Corola con lóbulos apenas marcados 4
4. Flores grandes (unos 3-8 cm) de color azulado o violeta intenso .... **campanilla azul**
(*Ipomoea indica*): 1-3 m. V-XI. Setos, cunetas, alrededores de las poblaciones y casas de campo en zonas de altitud moderada. Neotrop. R. [En medios húmedos litorales aparece *I. sagittata*, naturalizada de antiguo, trepando en cañaverales, carrizales y juncales de marjal, con hojas más estrechas (sagitadas) y flores más purpúreas].
— Flores de 1-4 cm, blancas o rosadas 5
5. Plantas volubles, que trepan envolviendo sus soportes. Hojas 1-2 veces más largas que anchas 6
— Plantas no trepadoras. Hojas mucho más largas que anchas 7
6. Hojas todas semejantes, enteras. Flores blancas o levemente rosadas, de 1-2 cm (fig. 605) ....
.... **corregüela menor** (*Convolvulus arvensis*): 2-10 dm. VI-IX. Cunetas, cultivos, herbazales vivaces alterados. Cosmop. C.
— Hojas diferentes a lo largo del tallo, las inferiores casi enteras, las superiores muy divididas. Flores de un rosa intenso, con unos 3-4 cm (fig. 606) .... **corregüela rosada** (*Convolvulus althaeoides*): 3-12 dm. III-VI. Herbazales secos transitados, en zonas poco elevadas. Circun-Medit. M.
7. Hojas de 1-3 mm de anchura. Tallos erguidos y muy leñosos en la base. Flores en glomérulos esféricos (fig. 607) .... **campanilla lanosa**
(*Convolvulus lanuginosus*): 1-4 dm. III-VI. Matorrales de ambientes secos y soleados. Medit.-occid. M.
— Hojas de 5-10 mm de anchura. Tallos tendidos, no o poco leñosos en la base. Flores algo espaciadas (fig. 608) .... **campanilla espigada** (*Convolvulus lineatus*): 2-15 cm. V-VII. Caminos, barbechos y terrenos baldíos secos. Euri-Medit. M.
[En los Montes Universales aparece también *C. cantabrica*, que tiene porte mayor (varios dm), color más verdoso, hábito menos peloso, flores de tonalidad rosada intensa, etc. (Taj)].

3.26.2. **Cúscutas** (*Cuscuta*)

1. Estigmas cilíndricos. Glomérulos florales densos, de unos 5-8 mm 2
— Estigmas esféricos. Glomérulos florales laxos, de mayor diámetro .... **cúscuta laxa** (*Cuscuta campestris*): 2-10 dm. IV-X. Herbazales más o menos húmedos en terrenos alterados. Norteamer. R.
2. Cáliz y corola muy papilosas .... **cúscuta nívea** (*Cuscuta nivea*):

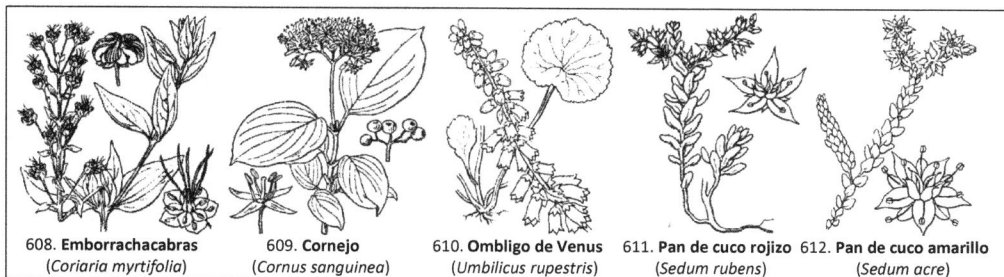

| 608. **Emborrachacabras** | 609. **Cornejo** | 610. **Ombligo de Venus** | 611. **Pan de cuco rojizo** | 612. **Pan de cuco amarillo** |
| (*Coriaria myrtifolia*) | (*Cornus sanguinea*) | (*Umbilicus rupestris*) | (*Sedum rubens*) | (*Sedum acre*) |

1-4 dm. V-VII. Parásita sobre arbustos y hierbas vivaces en cunetas y matorrales secos. Medit.-occid. M.

— Cáliz y corola no papilosos (fig. 60) .... **cúscuta común** (*Cuscuta epithymum*): 1-3 dm. V-IX. Parásita sobre tomillos y otros pequeños arbustos de matorral seco. Paleotemp. C.

3.27. Fam. CORIARIÁCEAS (*Coriariaceae*)

Pequeña familia, con unas pocas especies propias de zonas templado-cálidas. Arbustos de hojas enteras, opuestas, con tres nervios principales muy marcados. Flores pequeñas, poco vistosas, con 5 sépalos, 5 pétalos, 10 estambres y 5-10 carpelos (a veces en flores separadas unisexuales). Frutos carnosos, a veces complejos por soldadura con los pétalos.

3.27.1. Emborrachacabras, roldor (*Coriaria myrtifolia*): 5-20 dm. IV-VI. Bosques y matorrales de ribera o en barrancos de ladera, siempre a baja altitud. Medit.-occid. R. (Fig. 608).

3.28. Fam. CORNÁCEAS (*Cornaceae*)

Comprende cerca de un centenar de especies de porte leñoso, centradas en las zonas templadas, sobre todo del Hemisferio Norte. Hojas simples, opuestas. Inflorescencias de aspecto umbelado, con flores regulares de 4-5 sépalos, 4-5 pétalos libres, 4-5 estambres y un gineceo ínfero de 2-5 carpelos soldados. El fruto es carnoso, generalmente polispermo.

3.28.1. Cornejo, sanguinyol (*Cornus sanguinea*): 2-5 m. V-VI. Bosques y matorrales de las riberas fluviales y su entorno. Paleotemp. R. (fig. 609).

3.29. Fam. CRASULÁCEAS (*Crassulaceae*)

Caracterizadas por sus hojas carnosas, adaptación a condiciones de sequía en verano; además de disponer de flores relativamente vistosas, habitualmente con 5 pétalos libres y frutos en polifolículo, con piezas fusiformes libres que encierran varias semillas.

1. Pétalos soldados en estrecho tubo. Hojas basales a menudo peltadas (con limbo redondeado y pecíolo inserto en el centro del envés) (fig. 610) .... 1. **ombligo de Venus** (*Umbilicus*)

— Hojas no peltadas. Pétalos libres (figs. 611-616) .... 2. **pan de cuco** (*Sedum*)

3.29.1. Ombligo de Venus (*Umbilicus rupestris*, U. pendulinus): 1-4 dm. V-VII. Muros, roquedos o pedregales, tanto calizos como silíceos. Euri-Medit. M. (Fig. 610).

[Algo emparentada con esta especie está también *Pistorinia hispanica*, hierba anual de baja estatura, con hojas cilíndricas y flores rosadas, que vive en pastizales secos sobre suelos silíceos de áreas continentales].

3.29.2. Pan de cuco, crespinells (*Sedum*)

1. Plantas enanas, anuales, que viven sobre tierra y se secan completamente tras florecer (fig. 611) ...

.... **pan de cuco rojizo** (*Sedum rubens*): 4-14 cm. III-V. Pastizales secos anuales en zonas bajas. Circun-Medit. R.

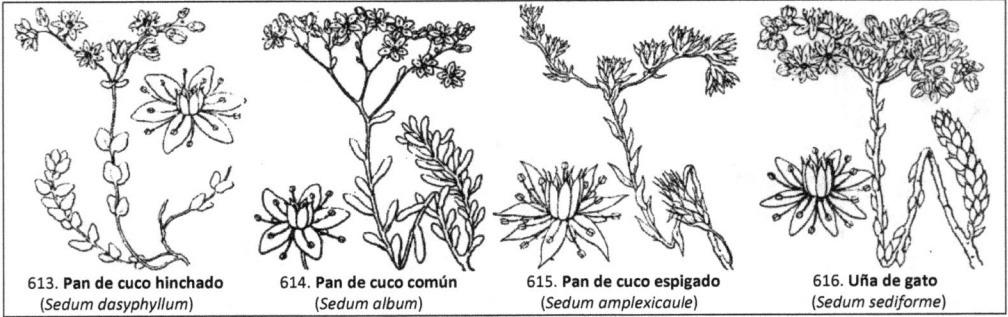

613. **Pan de cuco hinchado**	614. **Pan de cuco común**	615. **Pan de cuco espigado**	616. **Uña de gato**
(*Sedum dasyphyllum*)	(*Sedum album*)	(*Sedum amplexicaule*)	(*Sedum sediforme*)

[Los ejemplares más diminutos (menos de 4 cm), con hojas de unos 2-5 mm, esferoidales en fresco y flores inaparentes sentadas, se atribuyen a **S. caespitosum**; por el contrario, a **S. nevadense**), los de hojas lineares, inflorescencia no glandulosa y pétalos algo soldados (Gud, Taj)].

— Plantas perennes, que viven en rocas, muros o sobre tierra y permanecen año tras año 2

2. Hojas ovadas o esféricas, 1-2 veces más largas que anchas 3

— Hojas cilíndricas, lineares o fusiformes, bastante más largas que anchas 4

3. Flores amarillas. Pétalos agudos. Planta erguida (fig. 612) .... **pan de cuco amarillo** (*Sedum acre*): 3-10 cm. VI-VII. Rocas, muros, terrenos pedregosos o descarnados y secos. Paleotemp. M.

— Flores blancas o rosadas. Pétalos obtusos. Plantas con frecuencia tendidas o colgantes (fig. 613) .....
.... **pan de cuco hinchado** (*Sedum dasyphyllum*): 3-15 cm. V-VII. Roquedos calizos y terrenos escarpados o muy pobres en suelo de su entorno. Circun-Medit. M. [En los macizos silíceos interiores se encuentra sustituida por **S. brevifolium**, de hojas verde-rojizas, más pequeñas y brillantes, siendo los pétalos rosados].

4. Hojas obtusas. Flores de color blanco puro (fig. 614) .... **pan de cuco común** (*Sedum album*): 5-20 cm. V-VII. Rocas, muros, pedregales, matorrales secos y soleados. Holárt. C. [Los ejemplares cubiertos de pelosidad glandulosa, con hojas algo aplanadas, formando rosetas muy densas y aparentes, que crecen en rocas silíceas interiores van mejor a **S. hirsutum** (Alc, Taj). Los de porte más reducido y consistencia frágil, que parecen de porte anual, sin formar rosetas, propios de medios húmedos o turbosos silíceos, van a **S. maireanum** (Alc, Taj)].

— Hojas agudas. Flores amarillas o blanco-amarillentas 5

4. Planta baja y tenue. Inflorescencia con flores escasas, amarillo fuerte (fig. 615) .... **pan de cuco espigado** (*Sedum amplexicaule*): 5-15 cm. V-VII. Pastizales vivaces de montaña en terrenos pobres. Circun-Medit. M.

— Planta robusta. Inflorescencia con flores numerosas, de tono amarillo pálido (fig. 616) ....
.... **uña de gato, uva de pastor** (*Sedum sediforme*): 1-3 dm. VI-IX. Muros, roquedos, pedregales y matorrales secos bien iluminados. Circun-Medit. M.

3.30. Fam. CRUCÍFERAS (*Cruciferae*)

Otra de las grandes familias europeas y de esta zona, caracterizada por su porte reducido (generalmente hierbas modestas), sus flores con 4 sépalos y 4 pétalos libres, 6 estambres y frutos formados por dos mitades iguales separadas por un tabique membranoso. Muchas de sus especies son hortalizas comestibles (coles, nabos, rábanos, berros) y otras cultivadas como ornamental, como los alhelíes y las lunarias.

1. Frutos indehiscentes, que caen enteros y no dejan sus tabiques membranosos 2

— Frutos dehiscentes, que dejan caer las valvas y semillas, permaneciendo el tabique membranoso 6

2. Planta carnosa, que habita en arenales costeros. Frutos rómbicos, de más de 1 cm, muy jugosos (fig. 617) ....25. **oruga marina** (*Cakile*)

— Sin estos caracteres reunidos 3

3. Frutos compuestos de dos parte: una esférica basal y otra aplanada encima (fig. 618) ....
.... 12. **cucharilla** (*Carrichtera*)

— Frutos de otras formas 4

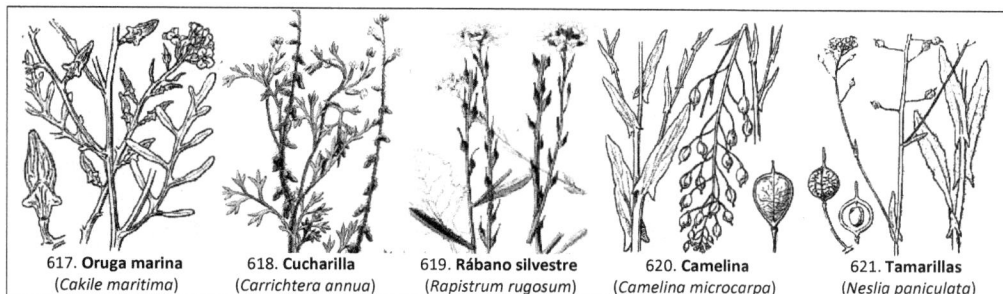

| 617. **Oruga marina** | 618. **Cucharilla** | 619. **Rábano silvestre** | 620. **Camelina** | 621. **Tamarillas** |
| (*Cakile maritima*) | (*Carrichtera annua*) | (*Rapistrum rugosum*) | (*Camelina microcarpa*) | (*Neslia paniculata*) |

4. Frutos doble o más de largos que anchos (fig. 619) .... 31. **rábanos** (*Raphanus, Rapistrum*)
— Frutos tan largos como anchos o poco más 5
5. Frutos en forma de corta maza, con su mayor anchura hacia arriba y superficie lisa, conteniendo numerosas semillas (fig. 620) .... 8. **camelina** (*Camelina*)
— Frutos acorazonados, con su mayor anchura en la base, de superficie rugosa (fig. 621) ....
.... 33. **tamarillas** (*Neslia*)
6. Frutos de tendencia esferoidal o lenticular, 1-3 veces más largos que anchos 7
— Frutos cilíndricos, más de 3 veces más largos que anchos 18
7. Tabique que queda al caer las valvas del fruto redondeado, con más de 2 mm 8
— Tabique del fruto estrecho, alargado y de 1-2 mm de ancho 13
8. Plantas siempre leñosas, con flores blancas (fig. 622) .... 26. **pendejo** (*Hormatophylla*)
— Plantas herbáceas, por excepción algo leñosas pero entonces flores amarillas 9
9. Hojas todas dispuestas en la base. Frutos unas 2-3 veces más largos que anchos 10
— Sin estos caracteres reunidos 11
10. Hierba anual, muy fina y tenue (fig. 623) .... 15. **erófila** (*Erophila*)
— Planta perenne, consistente y endurecida en la base, que está cubierta de restos de hojas secas de otros años (fig. 624) .... 13. **drabas** (*Draba*)

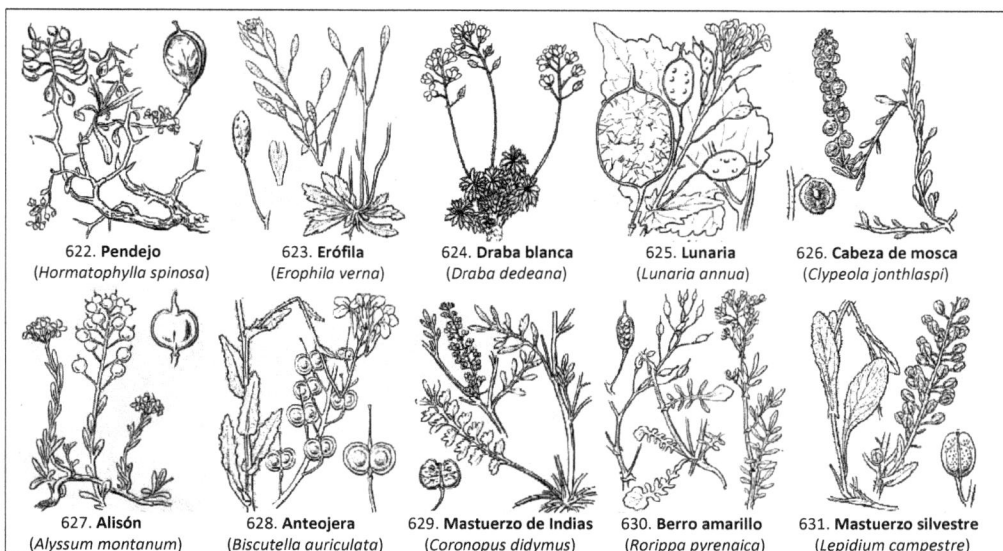

622. **Pendejo**	623. **Erófila**	624. **Draba blanca**	625. **Lunaria**	626. **Cabeza de mosca**
(*Hormatophylla spinosa*)	(*Erophila verna*)	(*Draba dedeana*)	(*Lunaria annua*)	(*Clypeola jonthlaspi*)
627. **Alisón**	628. **Anteojera**	629. **Mastuerzo de Indias**	630. **Berro amarillo**	631. **Mastuerzo silvestre**
(*Alyssum montanum*)	(*Biscutella auriculata*)	(*Coronopus didymus*)	(*Rorippa pyrenaica*)	(*Lepidium campestre*)

107

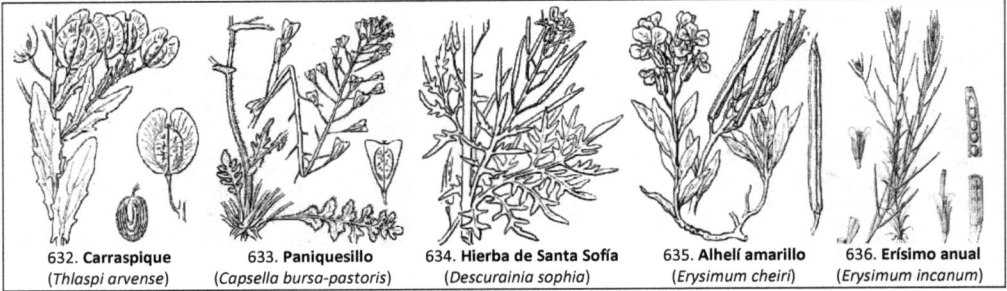

632. **Carraspique**	633. **Paniquesillo**	634. **Hierba de Santa Sofía**	635. **Alhelí amarillo**	636. **Erísimo anual**
(*Thlaspi arvense*)	(*Capsella bursa-pastoris*)	(*Descurainia sophia*)	(*Erysimum cheiri*)	(*Erysimum incanum*)

11. Hierba elevada. Frutos elípticos, con más de 1 cm de anchura (fig. 625) .... 11. **lunaria** (*Lunaria*)
— Planta herbácea o leñosa, poco elevada. Frutos con pocos mm de anchura 12
12. Fruto redondo y muy aplanado, sin pico estilar marcado (fig. 626) .... 7. **cabeza de mosca** (*Clypeola*)
— Fruto algo alargado, no muy aplanado, con pico estilar apreciable (fig. 627) .... 3. **alisones** (*Alyssum*)
13. Frutos claramente más anchos que largos, formados por dos mitades redondeadas, más o menos aplastadas, que contactan por el lado interior 14
— Frutos de otros aspectos 15
14. Flores amarillas, con pétalos aparentes, al menos de unos mm (fig. 628) ... 5. **anteojeras** (*Biscutella*)
— Flores verdosas, con pétalos muy reducidos o nulos (fig. 629).... 22. **mastuerzo de Indias** (*Coronopus*)
15. Frutos estrechados hacia la base y ensanchados hacia el ápice 17
— Frutos con su mayor anchura en el centro o en la base 16
16. Flores amarillas. Frutos de tendencia cilíndrica (fig. 630) .... 6. **berros** (*Rorippa*)
— Flores blancas o rosadas. Frutos no cilíndricos (fig. 631) .... **mastuerzos** (*Lepidium, Aethionema*, etc.)
17. Frutos alados y redondeados (fig. 632) .... 9. **carraspiques** (*Iberis, Thlaspi*)
— Frutos triangulares y no alados (fig. 633) .... 26. **paniquesillo** (*Capsella*)
18. Flores amarillas 19
— Flores blancas, rosadas o parduzcas, no amarillas 29
19. Plantas cubiertas de pelos estrellados 20
— Plantas glabras o con algunos pelos simples 22
20. Hojas profundamente divididas (2 a 3-pinnadas) (fig. 634) .....18. **hierba de Santa Sofía** (*Descurainia*)
— Hojas enteras o algo dentadas 21
21. Flores muy vistosas, anaranjadas o de un amarillo parduzco. Frutos maduros de 2-4 mm de anchura (fig. 635) .... 1. **alhelíes** (*Erysimum cheiri*)
— Flores no muy vistosas, amarillas. Frutos con ± 1 mm de anchura (fig. 636) .... 14. **erísimos** (*Erysimum*)
22. Frutos cortos (1-2 cm), muy aplicados al tallo (fig. 637) .... 28. **rabaniza amarilla** (*Hirschfeldia*)
— Frutos más alargados y (o) bien separados del tallo 23

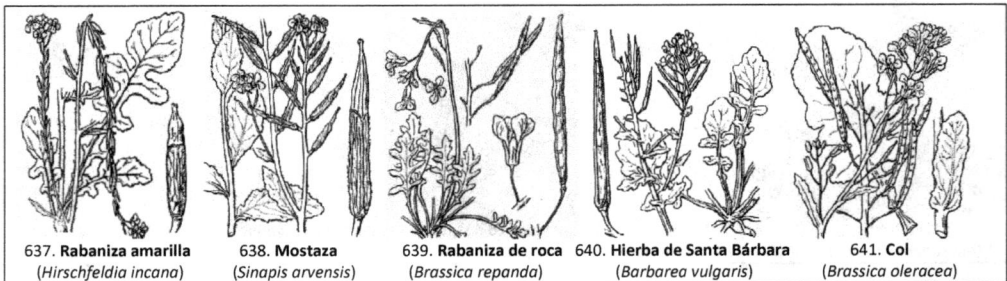

637. **Rabaniza amarilla**	638. **Mostaza**	639. **Rabaniza de roca**	640. **Hierba de Santa Bárbara**	641. **Col**
(*Hirschfeldia incana*)	(*Sinapis arvensis*)	(*Brassica repanda*)	(*Barbarea vulgaris*)	(*Brassica oleracea*)

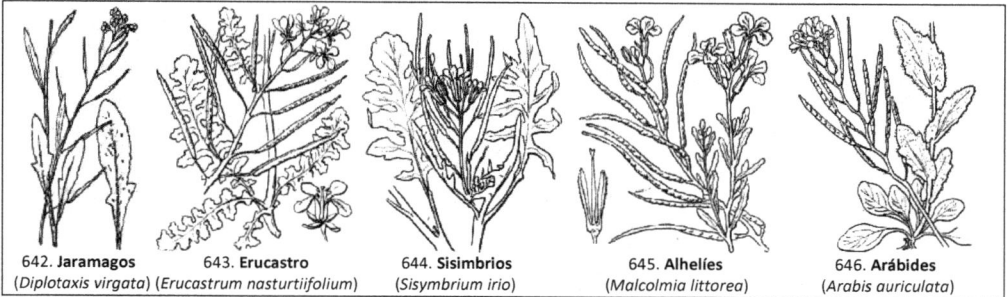

642. Jaramagos (*Diplotaxis virgata*) **643. Erucastro** (*Erucastrum nasturtiifolium*) **644. Sisimbrios** (*Sisymbrium irio*) **645. Alhelíes** (*Malcolmia littorea*) **646. Arábides** (*Arabis auriculata*)

23. Hojas basales y medias regularmente lobuladas 24
— Hojas medias enteras o escasamente lobuladas (fig. 638) .... 23. **mostazas** (*Sinapis, Brassica*)
24. Hojas dispuestas en roseta basal. Tallos desnudos, terminados en la inflorescencia (fig. 639) ....
.... 30. **rabaniza de roca** (*Brassica repanda*)
— Tallos con algunas hojas normales 25
25. Hojas caulinares poco más largas que anchas. Frutos de unos 2 cm (fig. 640) ....
.... 16. **hierba de Santa Bárbara** (*Barbarea*)
— Sin estos caracteres reunidos 26
26. Hojas grandes, con unos 3-20 cm de anchura, habitualmente con lóbulos mayores hacia la parte
superior (fig. 641) .... 10. **coles** (*Brassica*)
— Hojas menores (1-3 cm de anchura), con lóbulos similares 27
27. Planta áspera, con pelos rígidos hacia la base (fig. 642)............................. 18. **jaramagos** (*Diplotaxis*)
— Planta no áspera, sin pelos rígidos 28
28. Hojas inferiores divididas en lóbulos redondeado-obtusos. Valvas del fruto con nervio simple (fig.
643).. 16. **erucastro** (*Erucastrum*)
— Hojas inferiores divididas en lóbulos triangular-agudos. Valvas del fruto con 3 nervios (fig. 644) ....
.... 32. **sisimbrios** (*Sisymbrium*)
29. Plantas provistas de pelos estrellados, a veces acompañadas de pelos simples 30
— Plantas glabras o con sólo pelos simples 31
30. Pétalos con limbo bruscamente contraído en uña alargada, habitualmente rosados o lila. Estigma
bífido (fig. 645) .... 1. **alhelíes** (*Matthiola, Malcolmia*)
— Pétalos sin apenas distinción entre uña y limbo, habitualmente blancos (raras veces rosados o lila).
Estigma simple (fig. 646) .... 4. **arábides** (*Arabis, Arabidopsis*)
31. Plantas muy glabras, con hojas enteras, algo carnosas, redondeadas, las caulinares abrazadoras
(fig. 647) .... 11. **collejones** (*Conringia, Moricandia*)
— Sin estos caracteres reunidos 32

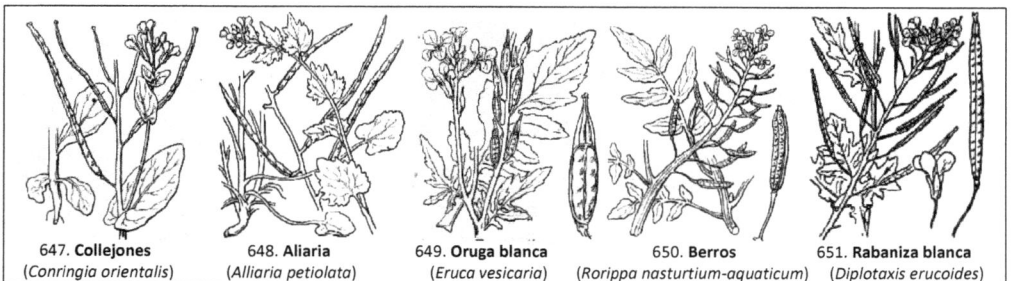

647. Collejones (*Conringia orientalis*) **648. Aliaria** (*Alliaria petiolata*) **649. Oruga blanca** (*Eruca vesicaria*) **650. Berros** (*Rorippa nasturtium-aquaticum*) **651. Rabaniza blanca** (*Diplotaxis erucoides*)

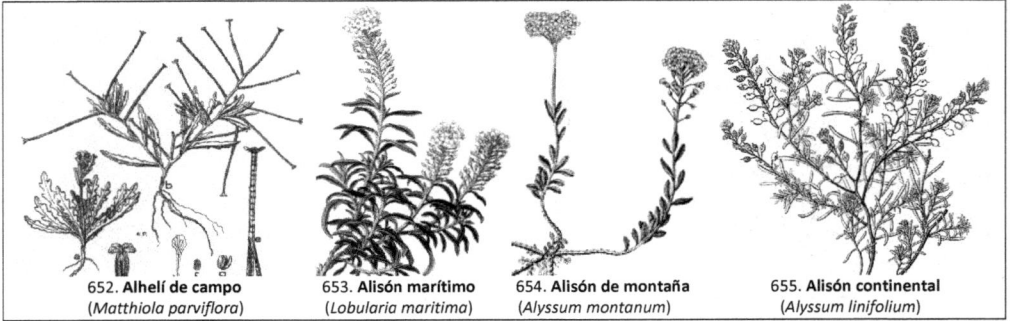

| 652. **Alhelí de campo** | 653. **Alisón marítimo** | 654. **Alisón de montaña** | 655. **Alisón continental** |
| (*Matthiola parviflora*) | (*Lobularia maritima*) | (*Alyssum montanum*) | (*Alyssum linifolium*) |

32. Hojas enteras o algo dentadas, con limbo tan ancho como largo (fig. 648) .... 2. **aliaria** (*Alliaria*)
— Hojas inferiores profundamente divididas, con limbo mucho más largo que ancho 33
33. Pétalos provistos de una uña muy marcada y alargada y de un limbo con nerviación muy aparente. Fruto maduro engrosado varios mm (fig. 649) .... 24. **oruga blanca** (*Eruca*)
— Sin estos caracteres reunidos 34
34. Plantas acuáticas. Frutos de ± 10-25 mm, a veces curvados (fig. 650)   6. **berros** (*Rorippa, Cardamine*)
— Planta no acuática. Frutos más alargados, siempre rectos (fig. 651) ... 28. **rabaniza blanca** (*Diplotaxis*)

3.30.1. **Alhelíes** (*Matthiola, Malcolmia*)

1. Flores amarillentas o anaranjadas (fig. 635) .... **alhelí amarillo** (*Erysimum cheiri,*
   Cheiranthus cheiri): 2-5 dm. III-VI. Rocas, muros y herbazales de su entorno. Medit.-orient. R.
— Flores rosadas, ocres, lilas, etc. 2
2. Frutos con los lóbulos del estigma convergentes (puede parece que sólo hay uno) en forma de pico agudo simple .... 3 (*Malcolmia*)
— Lóbulos laterales del estigma divergentes (puede parecer que son tres) .... 4 (*Matthiola*)
3. Hierba anual, verdosa. Pétalos de unos 5-10 mm .... **alhelí africano** (*Malcolmia africana*):
   1-3 dm. III-VI. Campos de cultivo, herbazales secos anuales. Medit.-merid. M. [En los arenales del extremo suroeste de la zona llega a presentarse también *M. triloba* (= *M. lacera*), de hojas menores pero pétalos mayores (Man)].
— Planta perenne, blanquecina. Pétalos de unos 15-20 mm (fig. 645) .... **alhelí marino**
   (*Malcolmia littorea*): 1-4 dm. III-VII. Arenales litorales despejados. Circun-Medit. R (Cos).
4. Hierba anual. Lóbulos estigmáticos de 2-6 mm al madurar el fruto .... **alhelí de campo**
   (*Matthiola lunata*): 1-4 dm. III-VI. Campos de secano, pastizales anuales secos, terrenos baldíos. Medit.-occid. R. [Con pétalos menores (unos 5-10 mm), frutos más rectos, etc., tenemos también *M. parviflora*. (Fig. 652)].
— Hierba perenne, a veces algo leñosas en la base. Lóbulos estigmáticos más cortos (1-2,5 mm) ....
   .... **alhelí silvestre** (*Matthiola fruticulosa*):
   1-4 dm. IV-VII. Matorrales secos sobre sustrato básico en áreas bajas. Circun-Medit. M. [En arenales costeros puede aparecer, muy escasa, *M. sinuata*, de frutos aplanados y anchos, flores mayores, hojas sinuoso-dentadas, etc.].

3.30.2. **Aliaria** (*Alliaria petiolata*): 4-14 dm. IV-VI. Herbazales alterados y sombreados, con preferencia por áreas de ribera. Paleotemp. M. (Fig. 648).

3.30.3. **Alisones** (*Alyssum*)

1. Planta cubierta de pelos estrellados, muy evidentes con aumento 2
— Planta cubierta de pelos simples (fig. 653) .... **alisón marítimo** (*Lobularia marítima,*
   Alyssum marítimum): 1-4 dm. IX-V. Pastos o matorrales aclarados y alterados en zonas bajas. Circun-Medit. C.
2. Plantas anuales, nada lignificadas, con flores muy reducidas y poco vistosas 3
— Planta perenne, tendida y claramente lignificada en la base (fig. 654) .... **alisón de montaña**

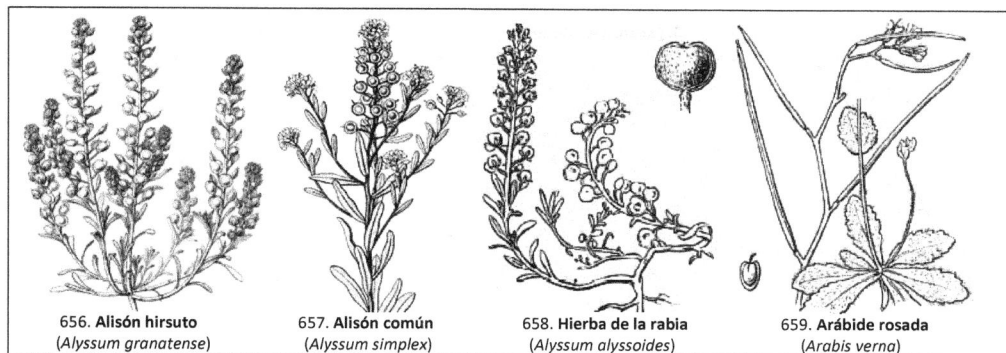

656. **Alisón hirsuto**	657. **Alisón común**	658. **Hierba de la rabia**	659. **Arábide rosada**
(*Alyssum granatense*)	(*Alyssum simplex*)	(*Alyssum alyssoides*)	(*Arabis verna*)

(*Alyssum montanum*): 5-18 cm. IV-VI. Roquedos y medios calizos escarpados en áreas elevadas de montaña. Medit.-sept. M. [En zonas continentales secas no muy altas le sustituye *A. serpyllifolium*, planta erguida y más elevada (1-4 dm) con pétalos menores (2-3 mm), frutos con una semilla en cada lóculo, etc.].

3. Frutos doble de largos que anchos, con 4-6 semillas en cada mitad (fig. 655) .... **alisón continental** (*Alyssum linifolium*): 5-20 cm. IV-VI. Pastizales secos anuales en áreas interiores. Medit.-Iranot. R.

— Frutos lenticulares, con 1-2 semillas en cada mitad 4

4. Frutos y pedúnculos con mezcla de pelos simples erguidos y estrellados aplicados (fig. 656) ....
.... **alisón hirsuto** (*Alyssum granatense*):
5-20 cm. III-VI. Pastizales secos anuales. Medit.-occid. M.

— Frutos y pedúnculos con sólo pelos estrellados aplicados 5

5. Cáliz cayendo tempranamente, no presente en el fruto (fig. 657) .... **alisón común** (*Alyssum simplex*, *A. minus*): 5-20 cm. III-VI. Campos de cultivo y herbazales anuales alterados. Paleotemp. C.

— Cáliz permaneciendo en el fruto maduro (fig. 658) .... **hierba de la rabia** (*Alyssum alyssoides*): 5-18 cm. IV-VI. Pastizales secos anuales, terrenos baldíos o transitados. Circun-Medit. C.

3.30.4. **Arábides** (*Arabis, Arabidopsis*)

1. Hierbas anuales, tenues y poco elevadas, levemente enraizadas 2

— Hierbas perennes, más recias y elevadas, con raíces firmes 4

2. Flores rosadas o de tono lila (fig. 659) .... **arábide rosada** (*Arabis verna*):
5-25 cm. III-V. Pastizales anuales en ambientes despejados no muy secos. Circun-Medit. RR (Set).
[En medios arenosos, habitualmente costeros, aparece *Maresia nana*, una especie similar, pero menos erguida y elevada (unos 3-8 cm), sin roseta basal].

— Flores blancas 3

3. Planta provista de pelos simples laxos. Frutos sobre pedúnculos muy finos pero algo alargados (5-10 mm) (fig. 660) .... **arábide precoz** (*Arabidopsis thaliana*):
5-30 cm. I-V. Pastizales efímeros sobre sustratos silíceos secos. Paleotemp. M.

— Planta cubierta de pelos estrellados algo densos. Frutos sobre pedúnculos de 1-5 mm, tan gruesos como el fruto en su base (fig. 661) .... **arábide menor** (*Arabis auriculata*):
5-25 cm. III-VI. Pastizales anuales sobre suelos arenosos o pedregosos. Circun-Medit. C.
[Bastante más escasa *A. parvula*, con hojas atenuadas en la base, fruto más cuadrangular que aplanado, etc. También *A. nova*, con pedúnculos de los frutos más finos y alargados (cerca de 1 cm), al igual que los frutos mismos (4-8 cm)].

4. Frutos aplanados y colgantes (fig. 662) .... **arábide colgante** (*Arabis turrita*):
4-8 dm. IV-VI. Orlas de bosque, oquedades de rocas, medios sombreados. Eurosib. R.

— Frutos cilíndricos y erguidos 5

5. Hojas medias atenuadas en la base, sin dos lóbulos basales (fig. 663) ..... **arábide áspera**(*Arabis scabra*):
1-2 dm. IV-VI. Terrenos pedregosos o escarpados calizos de montaña. Medit.-sept. R.
[En rocas calizas sombreadas puede observarse *A. serpyllifolia*, de flores y frutos menores, con pelosidad estrellada].

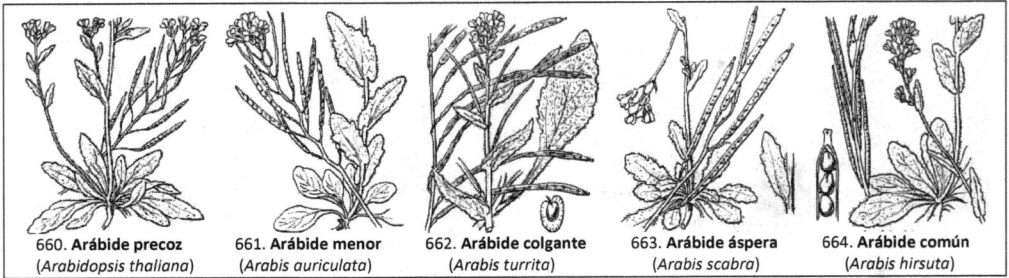

| 660. **Arábide precoz** (*Arabidopsis thaliana*) | 661. **Arábide menor** (*Arabis auriculata*) | 662. **Arábide colgante** (*Arabis turrita*) | 663. **Arábide áspera** (*Arabis scabra*) | 664. **Arábide común** (*Arabis hirsuta*) |

— Hojas medias abrazadoras o acorazonadas, con dos lóbulos en la base 6

6. Frutos erguidos y muy aplicados al tallo. Inflorescencia glabra (fig. 664) .... **arábide común**
(*Arabis hirsuta*): 2-6 dm. V-VII. Pastizales vivaces algo húmedos o sobre suelos profundos en áreas frescas de montaña. Eurosib. M. [De aspecto similar, pero con pelosidad más bien estrellada y aplicada (frente a pelos simples o bifurcados y erguidos), tenemos también -y sobre todo en zonas menos elevadas- *A. planisiliqua*].

— Frutos patentes o no muy aplicados. Inflorescencia pelosa (fig. 665) .... **arábide alpina**
(*Arabis alpina*): 5-20 cm. V-VII. Roquedos calizos en zonas frescas de montaña. Eurosib.-merid. R (Gud, Taj).

3.30.5. **Anteojeras** (*Biscutella*)

1. Planta anual. Pétalos con más de 1 cm y frutos con cerca de 1,5 cm de anchura (fig. 666) ....
.... **anteojera de secano** (*Biscutella auriculata*):
2-5 dm. IV-VI. Campos de secano y herbazales anuales periféricos. Medit.-occid. R.

— Plantas perennes. Pétalos y frutos menores 2

2. Hojas anchas (cerca de 1 cm o más), blanquecino-tomentosas, densamente cubiertas de largos pelos sedosos y flexuosos (fig. 667) .... **anteojera de hoja ancha** (*Biscutella montana*):
1-4 dm. III-V. Roquedos y pedregales calizos no muy frescos. Iberolev. RR (Set).

— Sin estos caracteres reunidos 3

3. Hojas verdes, consistentes, algo rígidas y ásperas al tacto 4

— Hojas grisáceas o verde-grisáceas, poco consistentes, suaves al tacto 5

4. Hojas enteras o muy levemente dentadas, provistas de pelos cortos y suaves mezclados con cerdas rígidas (fig. 668) .... **anteojera de Cuenca** (*Biscutella conquensis*):
2-6 dm. IV-VII. Roquedos, terrenos escarpados y pedregales de montaña sobre calizas. Iberolev. M.

— Hojas fuertemente dentadas o divididas, sin pelos finos, con cerdas rígidas más o menos espaciadas (fig. 669) .... **anteojera valenciana** (*Biscutella stenophylla*):
2-7 dm. III-VI. Medios pedregosos, escarpados o matorrales soleados sobre calizas. Iberolev. M.

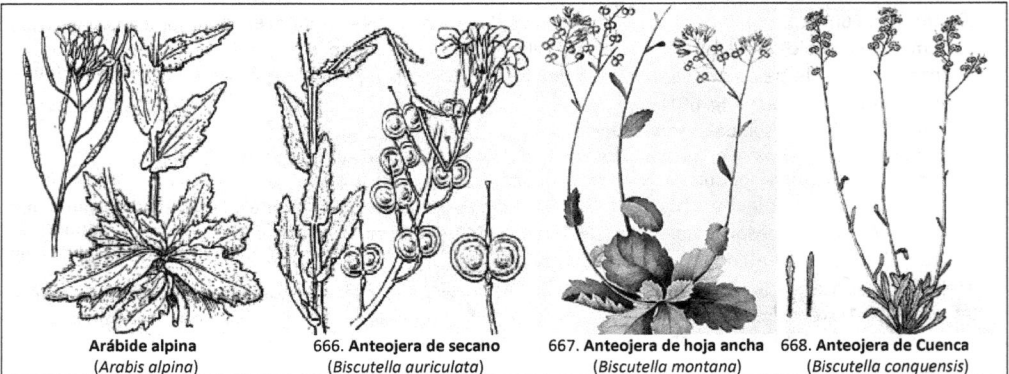

| **Arábide alpina** (*Arabis alpina*) | 666. **Anteojera de secano** (*Biscutella auriculata*) | 667. **Anteojera de hoja ancha** (*Biscutella montana*) | 668. **Anteojera de Cuenca** (*Biscutella conquensis*) |

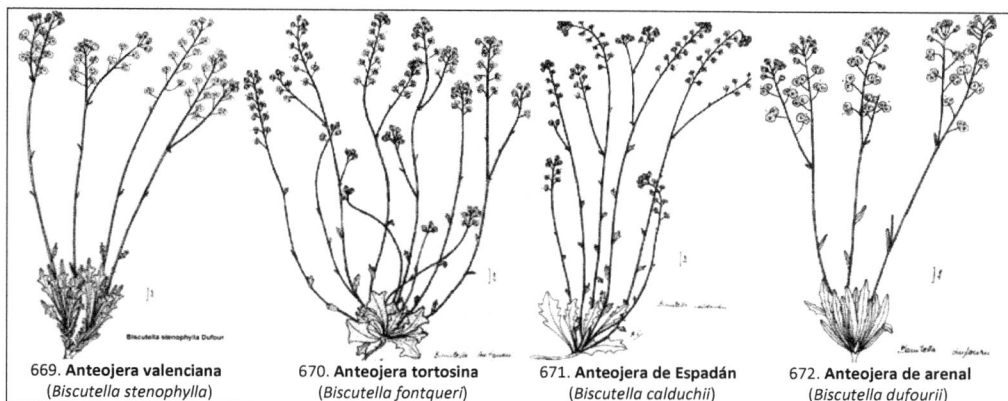

669. **Anteojera valenciana**
(*Biscutella stenophylla*)

670. **Anteojera tortosina**
(*Biscutella fontqueri*)

671. **Anteojera de Espadán**
(*Biscutella calduchii*)

672. **Anteojera de arenal**
(*Biscutella dufourii*)

5. Hojas terminadas en tres únicos lóbulos apicales (fig. 670) .... **anteojera tortosina**
(*Biscutella fontqueri*): 2-5 dm. IV-VII. Roquedos y pedregales calizos de montaña. Iberolev. R (Bec).
— Hojas desde casi enteras a provistas de varios pares de lóbulos 6
6. Hojas blanquecinas, bastante estrechas, formando densas rosetas sobre el terreno 7
— Hojas verde-grisáceas, anchas, con rosetas bastante elevadas sobre el terreno (fig. 671) ....
.... **anteojera de Espadán** (*Biscutella calduchii*):
2-8 dm. III-VI. Roquedos, pedregales, bosques y matorrales poco densos sobre rodenos. Iberolev. R (Esp).
7. Pétalos de unos 2-3,5 mm. Frutos de 6-7 x 3-4 mm. Tallos numerosos y arqueados, a menudo rojizos, surgiendo en forma radial de la roseta, que es muy densa y sentada (fig. 673) ....
.... **anteojera de rodeno** (*Biscutella atropurpurea*):
1-4 dm. III-VI. Medios forestales abiertos, roquedos y pedregales silicícolas. Iberolev. R (Taj).
[*B. alcarriae* es planta semejante pero más robusta (hasta medio metro), con frutos mayores (7-9 x 4-5 mm), que crece
en medios calcáreos (Alc, Taj), mientras que *B. segurae* muestra hojas enteras o casi, muy densas y ásperas, creciendo
también en medios rocosos o pedregosos calcáreos].
— Sin estos caracteres reunidos. Pétalos y frutos mayores 8
8. Hojas enteras o casi. Planta de medios silíceos (fig. 672) .... **anteojera de arenal** (*Biscutella dufourii*):
2-4 dm. IV-VII. Pastizales y matorrales secos sobre terrenos silíceos. Iberolev. R (Man, Set).
— Hojas basales marcadamente lobuladas. Planta calcícola (fig. 674) ....
.... **anteojera de Teruel** (*Biscutella turolensis*):
2-5 dm. IV-VII. Roquedos, pedregales y ambientes escarpados calizos. Iberolev. R (Gud, Taj).

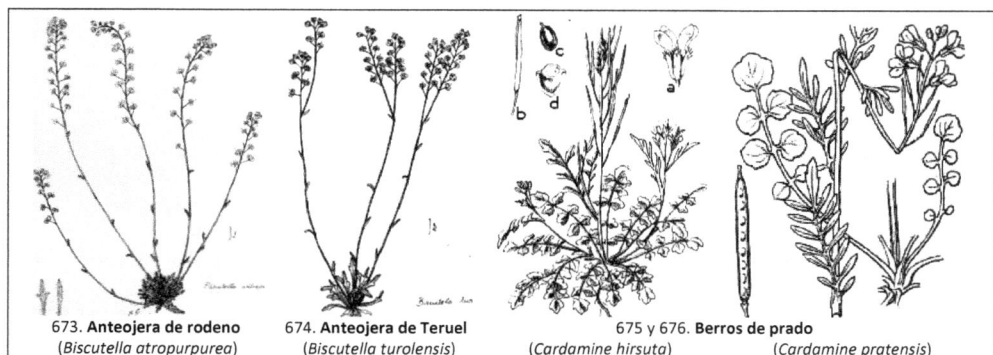

673. **Anteojera de rodeno**
(*Biscutella atropurpurea*)

674. **Anteojera de Teruel**
(*Biscutella turolensis*)

675 y 676. **Berros de prado**
(*Cardamine hirsuta*)   (*Cardamine pratensis*)

113

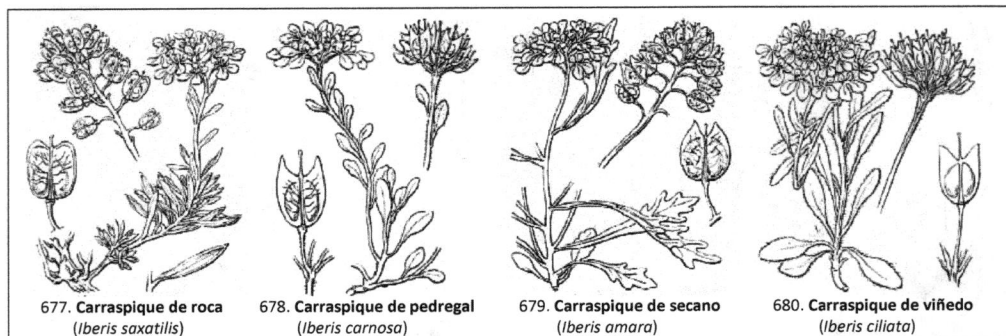

677. Carraspique de roca
(*Iberis saxatilis*)

678. Carraspique de pedregal
(*Iberis carnosa*)

679. Carraspique de secano
(*Iberis amara*)

680. Carraspique de viñedo
(*Iberis ciliata*)

3.30.6. **Berros**, <u>crèixens</u> (*Rorippa, Cardamine*)

1. Flores amarillas. Frutos 2-3 veces más largos que anchos (fig. 630) .... **berro amarillo** (*Rorippa pyrenaica*): 1-4 dm. V-VII. Pastizales vivaces húmedos de montaña sobre sustrato silíceo. Medit.-noroccid. R.
— Flores blancas o lilacinas. Frutos más alargados 2
2. Planta acuática algo robusta, con tallos engrosados (varios mm de diámetro). Frutos sobre pedúnculos perpendiculares al tallo (fig. 650) .... **berro de agua** (*Rorippa nasturtium-aquaticum, Nasturtium officinale*): 5-35 cm. V-IX. Parcialmente sumergido en agua corriente o estancada. Cosmop. M.
— Planta terrestre y tenue, con tallo de 1-2 mm de diámetro. Frutos erguidos, sobre pedúnculos paralelos al tallo (fig. 675) .... **berro de prado** (*Cardamine hirsuta*): 5-25 cm. I-V. Herbazales anuales en ambiente sombreado o húmedo. Cosmop. C.
[*C. pratensis* en planta vivaz, más elevada, con flores de tonalidad lila y de mayor tamaño, que habita en prados húmedos de montaña. (Fig. 676)].

3.30.7. **Cabeza de mosca** (*Clypeola jonthlaspi*): 4-20 cm. III-V. Pastizales secos anuales sobre calizas. Medit.-iranot. M. (Fig. 626).

3.30.8. **Camelina** (*Camelina microcarpa*): 2-6 dm. IV-VII. Campos de secano y herbazales anuales periféricos. Paleotemp. M. (Fig. 620).

3.30.9. **Carraspiques** (*Iberis, Thlaspi*)

1. Inflorescencia densa glomerular, con las flores exteriores provistas de pétalos desiguales, los dos exteriores mayores .... 2 (*Iberis*)
— Inflorescencia en racimo alargado (en la madurez), con los pétalos iguales en todas las flores ......
.... 5 (*Thlaspi*)
2. Plantas herbáceas, anuales o perennes. Hojas superando con frecuencia los 2 mm de anchura 3
— Planta leñosa en la base. Hojas lineares, con 1-2 mm de anchura (fig. 677) .... **carraspique de roca** (*Iberis saxatilis*): 4-35 cm. III-V. Matorrales sobre sustratos calizos someros. Medit.-noroccid. R.
3. Tallos erguidos y algo elevados (unos 2-4 dm). Hojas alargadas 4
— Tallos arqueados, poco elevados (unos 5-20 cm). Hojas inferiores redondeadas o espatuladas (fig. 678) .... **carraspique de pedregal** (*Iberis carnosa*): 5-25 cm. III-V. Terrenos rocosos o pedregosos calizos de montaña. Medit.-occid. R.
4. Inflorescencia algo laxa en la fructificación. Hojas lobuladas (fig. 679) .... **carraspique de secano** (*Iberis amara*): 15-40 cm. IV-VI. Campos de secano en áreas frescas de montaña. Eurosib. R.
— Inflorescencia densa incluso en fruto. Hojas enteras o casi (fig. 680) .... **carraspique de viñedo** (*Iberis ciliata, I. vinetorum*): 15-30 cm. IV-VI. Campos de secano en zonas poco elevadas. Medit.-occid. M.
[Con hojas regularmente dentado-crenadas, contamos con la presencia, en los secanos más occidentales de *I. crenata* (Alc, Man)].
5. Hierbas anuales. Flores blancas. Frutos con alas anchas 6

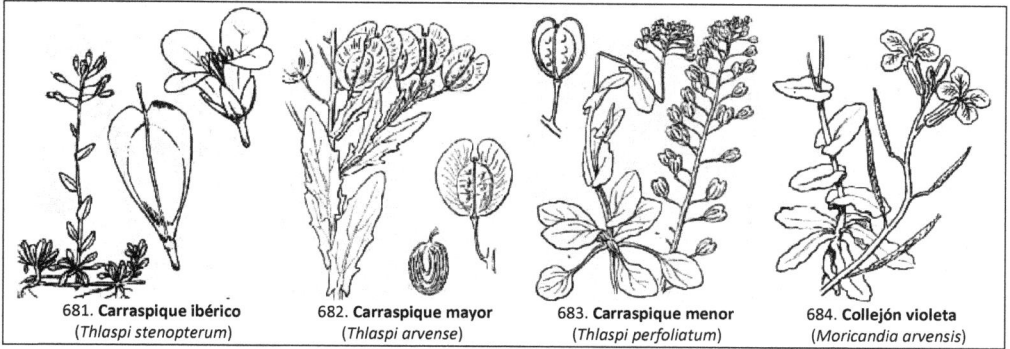

681. Carraspique ibérico
(*Thlaspi stenopterum*)

682. Carraspique mayor
(*Thlaspi arvense*)

683. Carraspique menor
(*Thlaspi perfoliatum*)

684. Collejón violeta
(*Moricandia arvensis*)

— Planta perenne. Flores rosado-violáceas. Frutos con alas estrechas (fig. 681) ..... **carraspique ibérico** (*Thlaspi stenopterum*): III-V. 5-25 cm. Medios rocosos o pedregosos, pastizales vivaces. Iberolev. R.

6. Hojas irregularmente dentadas. Frutos superando 1 cm en longitud y anchura, ampliamente alados hasta su base (fig. 682) .... **carraspique mayor** (*Thlaspi arvense*): 1-5 dm. IV-VII. Campos de secano y herbazales anuales de entorno. Paleotemp. M.

— Hojas enteras. Frutos menores, con ala muy estrecha hacia su base (fig. 683)...... **carraspique menor** (*Thlaspi perfoliatum*): 4-25 cm. IV-VI. Pastizales anuales poco soleados. Paleotemp. M.

3.30.10. Coles (*Brassica*)

1. Sépalos con más de 1 cm. Pico del fruto con menos de 1 cm. Tallos muy robustos, engrosado-lignificados en la base (fig. 641) .... **col** (*Brassica oleracea*): 4-18 dm. III-VII. Naturalizada en terrenos baldíos junto a los huertos. Atlánt. R.

— Sépalos con menos de 1 cm. Frutos con pico de más de 1 cm. Tallo no muy robusto, que surge de una raíz engrosado-napiforme .... **nabo** (*Brassica napus*): 4-14 dm. III-VII. Naturalizado en campos de cultivo y herbazales de su entorno. R.

3.30.11. Collejones (*Conringia, Moricandia*)

1. Pétalos blancos o amarillentos, de hasta 1 cm (fig. 647) .... **collejón blanco** (*Conringia orientalis*): 2-5 dm. IV-VI. Campos de secano de las áreas interiores. Medit.-Iranot. M.

— Pétalos rosados o violáceos, de 1-2 cm (fig. 684) .... **collejón violeta** (*Moricandia arvensis*): 2-8 dm. II-VI. Pionera en la colonización de barbechos, terrenos baldíos, cunetas, etc. Medit.-merid. M. [Con flores más numerosas (unas 20-40 por racimo), frutos y semillas mayores (unos 7-10 cm y 1-2 mm respectivamente), tenemos también *M. moricandioides*, en terrenos margosos o yesosos áridos o esteparios].

3.30.12. Cucharilla (*Carrichtera annua*, C. *vellae*): 5-30 cm. II-V. Herbazales anuales secos en zonas de baja altitud. Medit.-iranot. R. (Fig. 618).

3.30.13. Drabas (*Draba*)

1. Flores blancas. Frutos con pico estilar apenas aparente (menos de 1 mm) (fig. 624) .... **draba blanca** (*Draba dedeana*): 3-12 cm. IV-VI. Roquedos calizos en áreas frescas elevadas. Medit.-sept. R (Gud, Taj).

— Flores amarillas. Pico estilar del fruto de unos 2-4 mm .... **draba amarilla** (*Draba hispanica*): 4-12 cm. IV-V. Roquedos calizos en áreas elevadas de montaña. Medit.-occid. R.

3.30.14. Erísimos (*Erysimum*)

1. Hierba anual, baja y bastante ramosa. Pétalos con menos de 1 cm (fig. 636) .... **erísimo anual** (*Erysimum incanum*): 5-25 cm. IV-VI. Pastizales secos anuales en áreas interiores. Medit.-occid. M.

— Hierba perenne, de cierta estatura (unos dm). Pétalos con más de 1 cm .... **erísimo de flor grande**

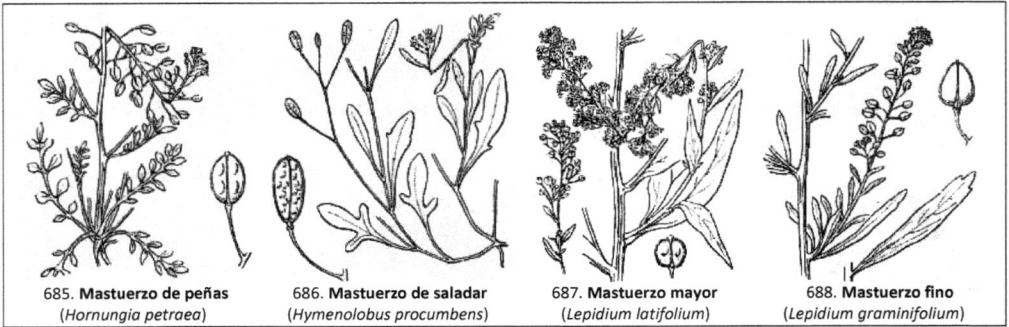

| **685. Mastuerzo de peñas** | **686. Mastuerzo de saladar** | **687. Mastuerzo mayor** | **688. Mastuerzo fino** |
| (*Hornungia petraea*) | (*Hymenolobus procumbens*) | (*Lepidium latifolium*) | (*Lepidium graminifolium*) |

(*Erysimum grandiflorum*): 2-6 dm. III-VI. Matorrales y pastizales vivaces de montaña sobre calizas. Medit.-occid. M. [Incluye las microespecies **E. gomezcampoi** y **E. mediohispanicum**, la primera con frutos erecto patentes, terminados en pico de unos 2 mm, propia de las zonas interiores prelitorales; la segunda con frutos erectos y pico de 3-4 mm, propia de las áreas más interiores.]

3.30.15. Erófila (*Erophila verna*, Draba verna): 2-12 cm. I-V. Pastizales efímeros de temprana floración, sobre terrenos despejados. Holárt. M. (Fig. 623).

3.30.16. Erucastro (*Erucastrum nasturtiifolium*): 3-8 dm. III-IX. Herbazales y matorrales secos alterados. Medit.-occid. M. (Fig. 643). [En las sierras litorales aparece una especie menos nitrófila, **E. brachycarpum** (= E. virgatum subsp. *brachycarpum*), propia de matorrales y pastizales en terrenos secos y poco profundos, que muestra hojas menos divididas, frutos bastante menores y más aplicados, etc.].

3.30.17. Hierba de Santa Bárbara (*Barbarea vulgaris*): 2-5 dm. IV-VI. Juncales herbazales jugosos ribereños. Eurosib. R. (Fig. 640).

3.30.18. Hierba de Santa Sofía (*Descurainia sophia*, Sisymbrium sophia): 3-8 dm. III-VI. Campos de secano y herbazales alterados. Paleotemp. C. (Fig. 634).

3.30.19. Jaramagos (*Diplotaxis*)
1. Planta erguida y algo elevada. Pétalos de unos 2-4 mm. Frutos sobre pedúnculos cortos (1-3 mm) al principio, alargándose mucho al madurar (1-2 cm) (fig. 642) .... **jaramago común** (*Diplotaxis virgata*): 3-8 dm. II-VI. Cunetas, herbazales secos en medios alterados. Medit.-suroccid. M.
— Planta baja y más bien tendida. Pétalos de unos 4-8 mm. Pedúnculos de los frutos de 1-2 cm desde el principio .... **jaramago tendido** (*Diplotaxis viminea*): 5-25 cm. XII-VI. Campos de cultivo, herbazales anuales alterados. Circun-Medit. M.

3.30.20. Lunaria (*Lunaria annua*): 4-8 dm. III-VI. Herbazales en ambientes alterados pero sombreados. Circun-Medit. R. (Fig. 625).

3.30.21. Mastuerzos, morritorts (*Lepidium, Aethionema, Hornungia, Hymenolobus*)
1. Plantas anuales, muy finas y enanas. Hojas inferiores ± profundamente divididas 2
— Sin estos caracteres reunidos. Plantas bienales o perennes, no muy finas, muchas veces con hojas enteras 3
2. Frutos tan anchos como largos, con 1-2 semillas en cada cavidad (fig. 685) ....**mastuerzo de peñas** (*Hornungia petraea*): 2-15 cm. I-V. Pastizales secos anuales, medios rocosos o pedregosos. Paleotemp. M.
— Frutos claramente más largos que anchos, con varias semillas en cada cavidad (fig. 686) ....
.... **mastuerzo de saladar** (*Hymenolobus procumbens*): 5-25 cm. I-V. Pastizales anuales sobre suelos algo salinos. Subcosmop. R.

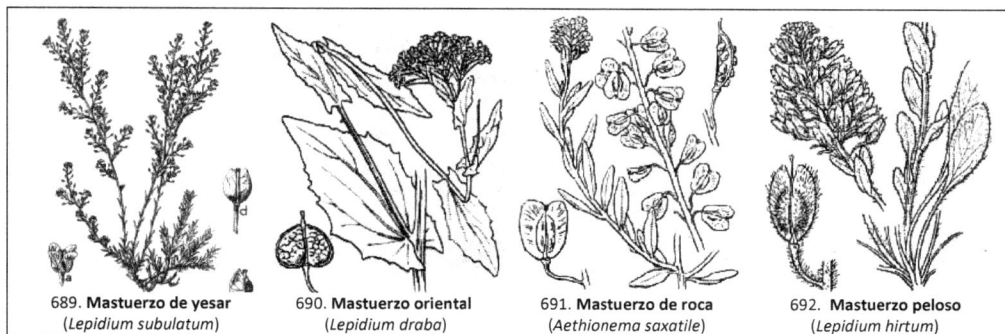

689. **Mastuerzo de yesar**	690. **Mastuerzo oriental**	691. **Mastuerzo de roca**	692. **Mastuerzo peloso**
(*Lepidium subulatum*)	(*Lepidium draba*)	(*Aethionema saxatile*)	(*Lepidium hirtum*)

3. Planta elevada medio a un metro. Hojas anchas y grandes (las inferiores con 10-15 x 4-5 cm) (fig. 687)... **mastuerzo mayor** (*Lepidium latifolium*): 5-10 dm. VI-VIII. Riberas fluviales y altos herbazales húmedos. Paleotemp. R.
— Planta de altura moderada y hojas menores 4
4. Hojas del tallo no abrazadoras. Plantas perennes con cepa algo engrosada o lignificada 5
— Hojas del tallo abrazadoras. Plantas herbáceas, anuales o perennes 7
5. Todas las hojas muy divididas, las mayores alcanzando cerca de 1 cm de anchura. Planta de ambientes yesosos .... **mastuerzo manchego** (*Lepidium cardamines*): 1-3 dm. V-VI. Matorrales sobre yesos en áreas continentales. Iberolev. RR.
— Hojas enteras, al menos las medias y superiores 6

6. Hojas dispuestas de modo no muy denso, blandas, alcanzando 1-2 mm de anchura. Planta grácil y elevada, que coloniza medios degradados (fig. 688) .... **mastuerzo fino** (*Lepidium graminifolium*): 3-8 dm. I-XII. Cunetas, terrenos baldíos secos, herbazales nitrófilos. Medit.-Iranot. C.
— Hojas dispuestas de modo muy denso, rígidas y algo punzantes, con menos de 1 mm de anchura. Planta exclusiva de ambientes yesosos (fig. 689) .... **mastuerzo de yesar** (*Lepidium subulatum*): 1-4 dm. IV-VI. Matorrales secos sobre suelos yesosos en áreas continentales. Medit.-suroccid. R.
7. Inflorescencia de hasta 1-2 cm de anchura. Frutos alados, al menos en su parte superior 8
— Inflorescencia de unos 3-6 cm de anchura. Frutos no alados (fig. 690) .... **mastuerzo oriental** (*Lepidium draba*, Cardaria draba): 2-5 dm. IV-VI. Campos de cultivo, terrenos baldíos. Medit.-Iranot. C.
8. Flores blancas. Frutos cubiertos de pelos o vesículas 9
— Flores de tonalidad lila. Frutos lisos (fig. 691) .... **mastuerzo de roca** (*Aethionema saxatile*): 1-3 dm. IV-VI. Roquedos y pedregales calizos de montaña. Medit.-occid. R.
 9. Frutos cubiertos de largos pelos rígidos (fig. 692) .... **mastuerzo peloso** (*Lepidium hirtum*): 5-30 cm. IV-VII. Cunetas, campos de cultivo, terrenos baldíos, etc. Medit.-occid. M.
— Frutos sin pelos, a veces cubiertos de papilas redondeadas (fig. 693) .... **mastuerzo silvestre** (*Lepidium campestre*): 2-5 dm. IV-VI. Campos de secano, terrenos degradados. Paleotemp. C. [En prados húmedos de montaña aparece a veces **L. villarsii**, con frutos bastante más lisos y de estilo más alargado (1-2 mm), etc.].

3.30.22. **Mastuerzo de Indias** (*Coronopus didymus*, Senebiera didyma): 1-4 dm. II-VI. Herbazales nitrófilos de zonas litorales. Neotrop. M. (Fig. 629). [También **C. squamatus**, con frutos mayores, terminados en pico; pétalos algo mayores, etc.; presente en terrenos arcillosos transitados y periódicamente inundados].

3.30.23. **Mostazas**, mostasses (*Sinapis, Brassica*)
1. Valvas de los frutos maduros con 3 nervios prominentes y pico triangular-aplanado 2
— Valvas de los frutos con un nervio prominente y un pico cónico (fig. 694) .... **mostaza negra** (*Brassica nigra*): 3-6 dm. IV-VII. Campos de cultivo y herbazales alterados periféricos. Paleotemp. M.

117

693. **Mastuerzo silvestre** (*Lepidium campestre*)	694. **Mostaza negra** (*Brassica nigra*)	695. **Mostaza blanca** (*Sinapis alba*)	696. **Mostaza común** (*Sinapis arvensis*)

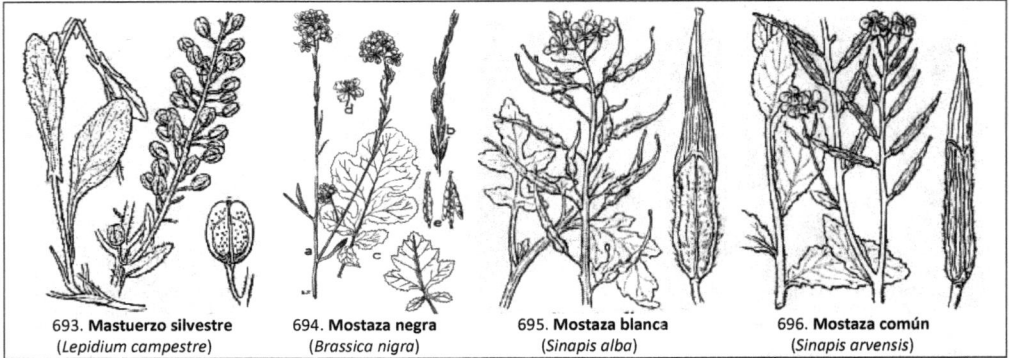

2. Frutos terminados en pico más largo que el cuerpo o de longitud semejante a éste (fig. 695) ....
.... **mostaza blanca** (*Sinapis alba*):
2-6 dm. III-VI. Cunetas, herbazales anuales sobre terrenos alterados. Paleotemp. M.
— Frutos con pico más corto que el cuerpo (fig. 696) .... **mostaza común** (*Sinapis arvensis*):
2-5 dm. V-IX. Campos de cultivo, herbazales anuales nitrófilos. Paleotemp. M.

3.30.24. Oruga blanca, ruqueta (*Eruca vesicaria*): 2-6 dm. III-VI. Herbazales anuales, sobre terrenos secos y alterados, a baja altitud. Medit.-Iranot. M. (Fig. 649).

3.30.25. Oruga marina (*Cakile maritima*): 2-6 dm. I-XII. Arenales costeros transitados o alterados. Cosmop. R. (Fig. 617).

3.30.26. Paniquesillo, zurrón de pastor, bossa de pastor (*Capsella bursa-pastoris*): 1-5 dm. II-VI. Herbazales muy alterados o abonados. Cosmop. C. (Fig. 633).

3.30.27. Pendejo (*Hormatophylla spinosa*, Alyssum spinosum): 1-4 dm. IV-VI. Medios rocosos, escarpados o venteados con suelos esqueléticos. Medit.-occid. R. (Fig. 622). [Se trata de una planta que forma almohadillas densas y espinosas; además está **H. lapeyrousiana**, no espinosa, de porte más bajo y laxo].

3.30.28. Rabaniza amarilla (*Hirschfeldia incana*): 2-6 dm. IV-VII. Campos de cultivo y terrenos baldíos. Medit.-Iranot. C. (Fig. 637).

3.30.29. Rabaniza blanca, ravenissa blanca (*Diplotaxis erucoides*): 2-5 dm. I-XII. Campos de cultivo, herbazales anuales en terrenos alterados. Medit.-Iranot. C. (Fig. 651).

3.30.30. Rabaniza de roca (*Brassica repanda*): 2-5 dm. IV-VI. Pastizales y matorrales secos sobre calizas. Medit.-occid. M. (Fig. 639).

3.30.31. Rábanos, raveneres (*Raphanus, Rapistrum*)
1. Frutos cilíndrico-alargados, de varios cm, con sucesión de engrosamientos y estrechamientos ....
.... **rábano arrosariado** (*Raphanus raphanistrum*):
2-5 dm. III-VI. Campos de cultivo y herbazales secos sobre suelos arenosos silíceos. Medit.-Iranot. R.
— Frutos cortos, con base cilíndrica fina y abultamiento esférico final (fig. 619) .... **rábano silvestre**
(*Rapistrum rugosum*): 2-5 dm. IV-VII. Cunetas, cultivos, terrenos baldíos, etc. Medit.-Iranot. C.

697. Sisimbrio tendido	698. Hierba de los cantores	699. Sisimbrio común	700. Sisimbrio áspero	701. Matacandil
(*Sisymbrium runcinatum*)	(*Sisymbrium officinale*)	(*Sisymbrium orientale*)	(*Sisymbrella aspera*)	(*Sisymbrium irio*)

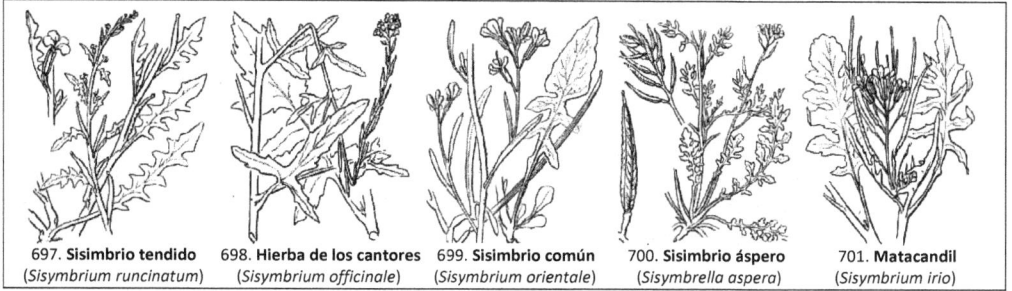

3.30.32. Sisimbrios (*Sisymbrium*)

1. Flores surgiendo en la axila de brácteas semejantes a las hojas normales, casi desde la base de la planta (fig. 697) .... **sisimbrio tendido**
(*Sisymbrium runcinatum*): 1-5 dm. III-VI. Campos de cultivo, herbazales nitrófilos. Medit.-Iranot. M.

— Flores situadas en la parte superior de la planta, no surgiendo de brácteas 2

2. Frutos erguidos y completamente adosados al tallo (fig. 698) .... **hierba de los cantores**
(*Sisymbrium officinale*): 2-5 dm. IV-VII. Herbazales nitrófilos sobre terrenos alterados. Paleotemp. M.

— Frutos patentes o erecto-patentes, no adosados al tallo 3

3. Plantas verdes, glabras o casi 4

— Plantas grisáceas, densamente pelosas (fig. 699) .... **sisimbrio común** (*Sisymbrium orientale*):
3-8 dm. III-VI. Terrenos baldíos secos, barbechos. Medit.-Iranot. M. [Las variantes más elevadas (1-1,5 m), con frutos de 15-20 cm, se incluyen en la especie vecina *S. macroloma*, que se encuentra al pie de roquedos verticales].

4. Planta baja (1-3 dm). Hojas divididas en segmentos pequeños y estrechos (1-3 mm). Frutos cortos (1-2 cm), pelosos y ásperos (fig. 700) .... **sisimbrio áspero** (*Sisymbrella aspera*, *Rorippa aspera*): 1-3 dm. IV-VII. Cauces y márgenes de arroyos, hondonadas inundables, etc. Medit.-occid. R.

— Plantas elevadas varios dm. Hojas divididas en segmentos más anchos. Frutos alargados y lisos 5

5. Plantas anuales. Flores de 3-5 mm (fig. 701) .... **matacandil** (*Sisymbrium irio*): 2-5 dm. I-VI. Herbazales anuales sobre terrenos muy alterados. Paleotemp. M. [Con aspecto semejante se puede ver en zonas litorales el *S. erysimoides*, de frutos más rígidos y patentes, sobre pedúnculos bastante engrosados. (Fig. 702)].

— Planta bienal o perenne. Flores mayores (fig. 703) .... **sisimbrio de secano**
(*Sisymbrium crassifolium*): 3-6 dm. IV-VI. Campos de secano, terrenos abruptos alterados. Iberolev. M.

3.30.33. Tamarillas (*Neslia paniculata*): 2-6 dm. IV-VI. Campos de secano y herbazales anuales de su entorno. Medit.-Iranot. M. (Fig. 621).

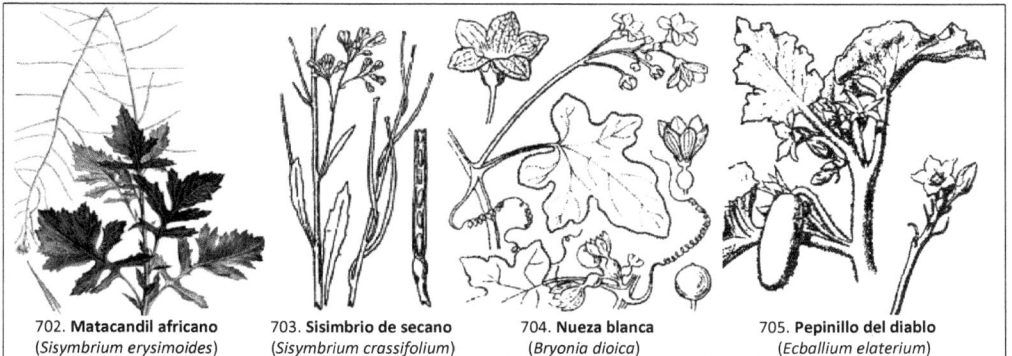

702. Matacandil africano	703. Sisimbrio de secano	704. Nueza blanca	705. Pepinillo del diablo
(*Sisymbrium erysimoides*)	(*Sisymbrium crassifolium*)	(*Bryonia dioica*)	(*Ecballium elaterium*)

3.31. Fam. CUCURBITÁCEAS (*Cucurbitaceae*)

Familia de hierbas trepadoras mediante zarcillos, con muy escasa representación autóctona, pero muy afamada por las especies cultivadas por sus gratos frutos comestibles, que son carnosos y grandes. Las flores muestran pétalos vistosos soldados, que surgen sobre un aparente ovario ínfero. Incluye melones, sandías, calabazas, pepinos, etc.

1. Plantas trepadoras mediante zarcillos que adoptan forma de muelle. Frutos esféricos, indehiscentes, con menos de 1 cm (fig. 704) .... **nueza blanca** (*Bryonia*)
— Plantas no trepadoras, sin zarcillos. Frutos cilíndricos, de varios cm, que se abren de modo explosivo al madurar (fig. 705) .... **pepinillo del diablo** (*Ecballium*)

3.31.1. Nueza blanca, carabassina (*Bryonia dioica*): 1-2 m. V-VII. Trepadora por bosques y matorrales caducifolios, sobre todo ribereños. Euri-Medit. M. (Fig. 704).

3.31.2. Pepinillo del diablo, cogombre amarg (*Ecballium elaterium*): 2-5 dm. V-VIII. Cunetas, herbazales nitrófilos secos. Circun-Medit. R. (Fig. 705).

3.32. Fam. DIOSCOREÁCEAS (*Dioscoreaceae*)

Comprenden unos cientos de especies tropicales trepadoras y herbáceas, generalmente provistas de tubérculos subterráneos. Las hojas son anchas, pecioladas y de nerviación reticulada. Flores actinomorfas, uni- o bisexuales, no muy vistosas, con 6 piezas periánticas iguales, 6 estambres y 3 carpelos soldados. Frutos secos o carnosos. A ella pertenecen especies comestibles, como los boniatos y ñames.

3.32.1. Nueza negra (*Tamus communis*): 1-4 m. III-VI. Bosques y matorrales en ambientes sombreados y húmedos. Paleotemp. R. (Fig. 706).

3.33. Fam. DIPSACÁCEAS (*Dipsacaceae*)

Hierbas de porte medio-bajo, caracterizadas por presentar las flores reunidas en capítulos rodeados de involucro, semejantes a los de las Compuestas, aunque en este caso con los estambres libres normales. Son flores pentámeras, a veces las exteriores mayores que las centrales del capítulo. Familia euroasiática representada en nuestra zona por el cardo cardador y unas cuantas escabiosas.

1. Planta robusta y elevada, de hasta 1-2 m, espinosa. Inflorescencia ovoide, bastante gruesa (fig. 707) .... 1. **cardo cardador** (*Dipsacus*)
— Plantas más bajas, no muy robustas, nunca espinosas. Inflorescencia menor (figs. 708-715) ....
.... 2. **escabiosas** (*Scabiosa, Knautia, Succisa, Cephalaria*)

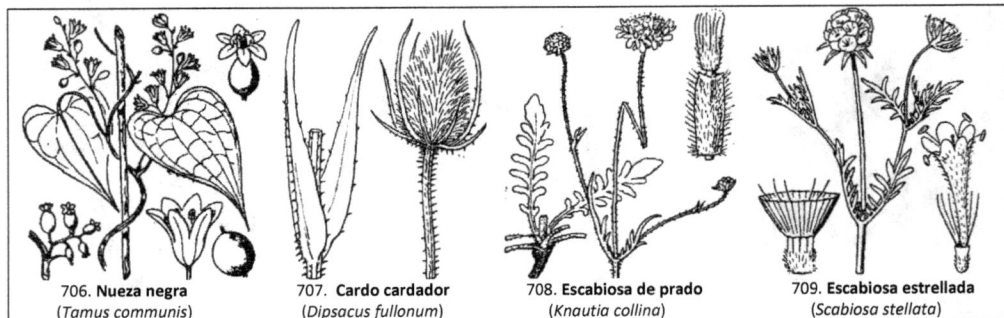

706. **Nueza negra** (*Tamus communis*) 707. **Cardo cardador** (*Dipsacus fullonum*) 708. **Escabiosa de prado** (*Knautia collina*) 709. **Escabiosa estrellada** (*Scabiosa stellata*)

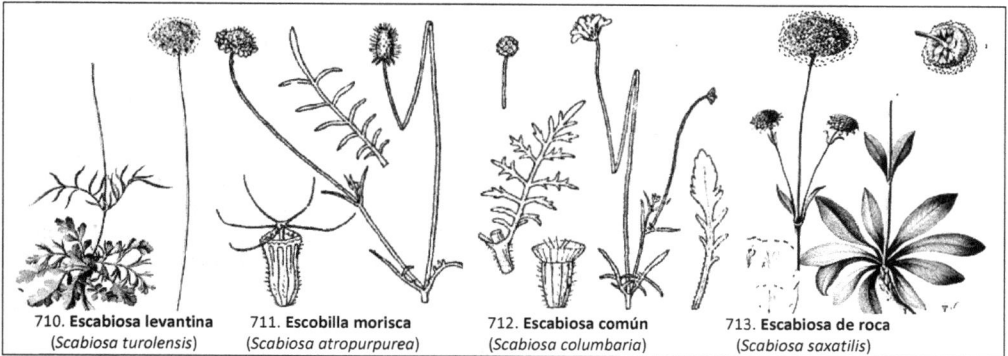

710. **Escabiosa levantina** (*Scabiosa turolensis*)	711. **Escobilla morisca** (*Scabiosa atropurpurea*)	712. **Escabiosa común** (*Scabiosa columbaria*)	713. **Escabiosa de roca** (*Scabiosa saxatilis*)

3.33.1. Cardo cardador, cardó (*Dipsacus fullonum*): 6-20 dm. VI-VIII. Juncales y medios ribereños húmedos y bien iluminados. Paleotemp. M. (fig. 707).

3.33.2. Escabiosas (*Scabiosa, Knautia, Succisa, Cephalaria*)

1. Receptáculo del capítulo cubierto de pelos. Vilano de los frutos también formado por numerosos pelos 2
— Receptáculo del capítulo cubierto de escamas. Frutos sin vilano o con sólo 5 pelos 3
2. Planta de baja estatura (5-20 cm). Brácteas del involucro de 1-2 cm .... **escabiosa enana** (*Knautia subscaposa*): 5-25 cm. V-VII. Matorrales y pastizales vivaces no muy secos. Circun-Medit. M.
— Planta más elevada (2-6 dm). Brácteas del involucro de unos 5-10 mm (fig. 708) .... **escabiosa de prado** (*Knautia collina*): 2-6 dm. V-VII. Orlas forestales, pastizales vivaces algo húmedos. Eurosib.-merid. M.
3. Corola con 5 lóbulos. Flores exteriores del capítulo mayores 4
— Corola con 4 lóbulos, siendo todas las flores iguales 7
4. Hierba anual. Fruto con una corona membranosa muy aparente (fig. 709) .... **escabiosa estrellada** (*Scabiosa stellata*, Lomelosia stellata): 1-4 dm. V-VII. Pastizales secos anuales. Medit.-occid. M. [Con porte más fino y brácteas involucrales de 2-3 cm, doblando a las flores, tenemos **S. sicula** (= Lomelosia divaricata)].
— Planta perennes. Corona del fruto poco aparente 5
5. Capítulos en fruto doble de largos que anchos. Planta de ambientes alterados (fig. 711) ....
.... **escobilla morisca** (*Scabiosa atropurpurea*):
2-8 dm. I-XII. Caminos, herbazales transitados en áreas no muy frescas. Circun-Medit. C.
— Capítulos esféricos en la fructificación. Plantas de prados y matorrales de montaña 6
6. Hojas tomentoso-blanquecinas. Las basales dispuestas en numerosas rosetas densamente agrupadas (fig. 710) .... **escabiosa levantina** (*Scabiosa turolensis*,
S. tomentosa): 2-5 dm. VII-IX. Matorrales y pastizales de montaña sobre calizas. Iberolev. M.

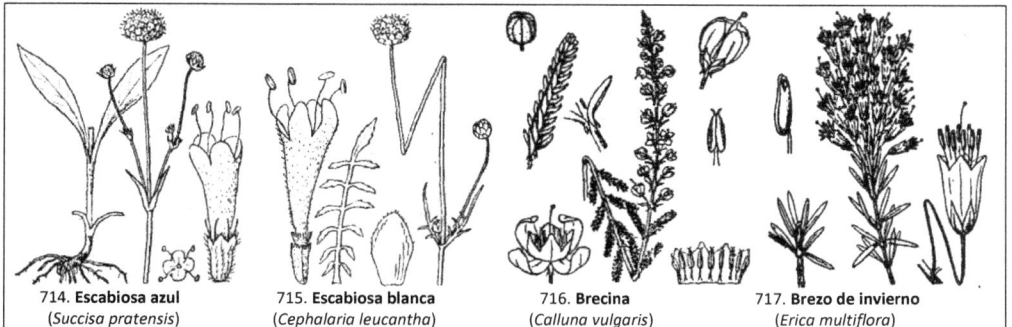

714. **Escabiosa azul** (*Succisa pratensis*)	715. **Escabiosa blanca** (*Cephalaria leucantha*)	716. **Brecina** (*Calluna vulgaris*)	717. **Brezo de invierno** (*Erica multiflora*)

121

— Hojas verdes o grisáceas, no densamente tomentosas, dispuestas en una o pocas rosetas (fig. 712) ..
.... **escabiosa común** (*Scabiosa columbaria*):
2-6 dm. VI-X. Pastizales vivaces de montaña, orlas forestales. Circun-Medit. M.

7. Flores azuladas o violáceas. Hierba propia de ambientes muy húmedos (fig. 714) ...... **escabiosa azul**
(*Succisa pratensis, Scabiosa succisa*): 2-8 dm. VII-IX. Pastizales vivaces frescos y húmedos. Eurosib. R.

— Flores de color blanquecino, crema o levemente rosado. Planta leñosa en la base 8

8. Hojas enteras, blanquecino-tomentosas (fig. 713) .... **escabiosa de roca** (*Scabiosa saxatilis,*
Pseudoscabiosa saxatilis): 1-4 dm. VI-VIII. Grietas de rocas calizas, en las sierras litorales. Iberolev. R (Set).

— Hojas verdosas, profundamente divididas en lóbulos finos (fig. 715) .... **escabiosa blanca**
(*Cephalaria leucantha, Scabiosa leucantha*): 3-8 dm. VII-X. Medios rocosos, pedregosos o escarpados secos, sobre todo en terrenos cañizos y en zonas interiores o de cierta altitud. Medit.-occid. M.

3.34. Fam. ERICÁCEAS (*Ericaceae*)

Conocida familia de arbustos de tendencia perennifolia, con hojas grandes (madroños), medias (gayubas) o
muy reducidas (brezos). Las flores son vistosas y tienen pétalos soldados, con frecuencia urceolados. Está moderadamente representada en nuestro país por especies de fruto comestible, como los madroños y arándanos,
más otras de valor ecológico en matorrales de montaña, como gayubas y rododendros, o de tendencia atlánti-
ca como la brecina y los brezos.

1. Hojas escamosas o lineares, con 1 mm o poco más de anchura, Frutos secos, apenas apreciables . 2
— Hojas aplanadas, con cerca de 1 cm o más de anchura. Frutos carnosos y vistosos 3

2. Sépalos mayores que los pétalos, ambos coloreados. Hojas escamosas (fig. 716)   1. **brecina** (*Calluna*)
— Sépalos menores que los pétalos, no coloreados. Hojas lineares (fig. 717) .... 2. **brezos** (*Erica*)

3. Arbustos rastreros con hojas espatuladas enteras. Frutos lisos, con menos de 1 cm de diámetro (fig.
723) ....3. **gayuba** (*Arctostaphylos*)
— Arbustos o árboles erguidos con hojas lanceoladas, dentadas en el margen. Frutos gruesos (2-3
cm), cubiertos de salientes cónicos (fig. 724) .... 4. **madroño** (*Arbutus*)

3.34.1. **Brecina**, bruguerola (*Calluna vulgaris*): 1-6 dm. VIII-X. Pinares de montaña y matorrales sobre suelo
silíceo. Eurosib. R. (Fig. 716).

3.34.2. **Brezos**, brucs (*Erica*)

1. Estambres claramente salientes de la corola 2
— Estambres no salientes de la corola 3

2. Flores sobre pedúnculos doble de largos o más que el cáliz. Corola algo ensanchada en el medio
(fig. 717) .... **brezo de invierno** (*Erica multiflora*):
4-20 dm. IX-IV. Matorrales mediterráneos de altitud moderada. Medit.-occid. M.

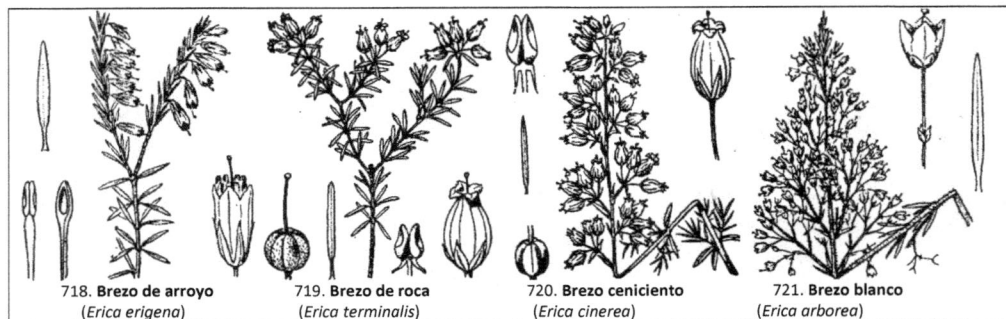

718. **Brezo de arroyo**
(*Erica erigena*)

719. **Brezo de roca**
(*Erica terminalis*)

720. **Brezo ceniciento**
(*Erica cinerea*)

721. **Brezo blanco**
(*Erica arborea*)

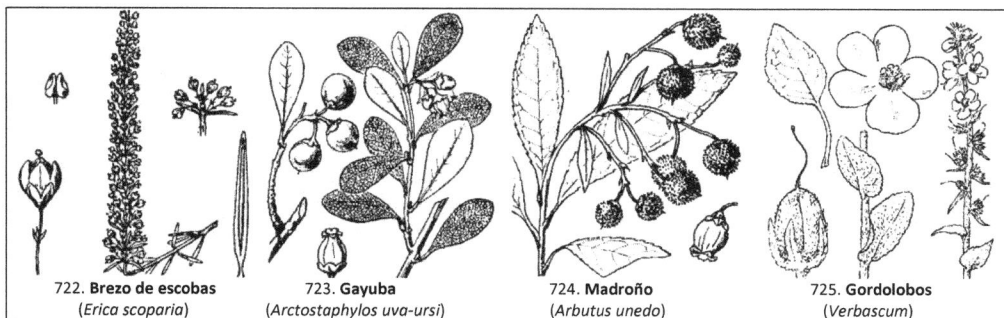

| 722. **Brezo de escobas**
(*Erica scoparia*) | 723. **Gayuba**
(*Arctostaphylos uva-ursi*) | 724. **Madroño**
(*Arbutus unedo*) | 725. **Gordolobos**
(*Verbascum*) |

— Flores sobre pedúnculos de longitud semejante a los sépalos o menor. Corola cilíndrica (fig. 718) .....
.... **brezo de arroyo** (*Erica erigena*):
5-18 dm. I-IV. Cauces de arroyos y regueros de montaña sobre sustrato dolomítico. Medit.-Atlánt. R (Set).

3. Corola rosada o rojiza, que suele superar los 5 mm, con lóbulos libres poco marcados 4
— Corola blanquecina o verdosa, de 2-4 mm, con lóbulos libres muy marcados (fig. 719) 5

4. Corola cilíndrica, de color rosado no muy intenso .... **brezo de roca** (*Erica terminalis, E. stricta*):
2-8 dm. V-VIII. Roquedos y medios escarpados en sustrato básico. Medit.-occid. R (Set). [En la Sierra de Valdemeca existe una población de *E. australis*, de corola algo curvada, que crece en medios silíceos con clima frío y húmedo (Taj)].

— Corola claramente urceolada, de color granate o purpúreo intenso (fig. 720)........... **brezo ceniciento**
(*Erica cinerea*): 1-4 dm. VII-X. Matorrales sobre suelo silíceo en zonas frescas y elevadas. Late-Atlánt. R (Taj).

5. Flores blancas y vistosas, que aparecen al comienzo de la primavera. Brotes nuevos cubiertos de
densa pelosidad (fig. 721) .... **brezo blanco** (*Erica arborea*):
1-3 m. III-V. Pinares de rodeno y matorrales secos sobre sustrato silíceo. Medit.-Subtrop. R.

— Flores de color verdoso, poco vistosas, que se abren e finales de primavera. Brotes glabros (fig. 722)
.... **brezo de escobas** (*Erica scoparia*):
6-20 dm. V-VII. Brezales y jarales sobre suelo silíceo algo húmedo. Medit.-occid. M.

3.34.3. **Gayuba**, boixerola (*Arctostaphylos uva-ursi*): 3-15 dm. III-V. Pinares y medios forestales con soto-
bosque despejado. Medit.-occid. M. (Fig. 723).

3.34.4. **Madroño**, arbosser (*Arbutus unedo*): 1-4 m. IX-II. Bosques y maquias perennifolios termófilos. Circun-Medit. R. (Fig. 724).

3.35. Fam. ESCROFULARIÁCEAS (*Scrophulariaceae*)

Importante familia extendida a escala planetaria, mejor representada en países húmedos, pero que dispone de numerosas especies incluso en áreas mediterráneas. Suelen ser hierbas anuales o perennes y presentan
flores con pétalos soldados, generalmente desiguales (simetría bilateral) y en número de 5, siendo 4-5 (raras
veces 2) los estambres y 2 los capelos que encierran numerosos óvulos y producen frutos secos, dehiscentes y
polispermos (cápsulas). Algunas son afamadas plantas medicinales (digitales, gordolobos, verónicas), otras son
empleados en jardinería, como las bocas de dragón.

1. Corola con tubo muy corto, lóbulos libres más largos y casi iguales 2
— Corla con tubo alargado, lóbulos libres cortos y desiguales 3

2. Flores amarillas, con 5 pétalos y 5 estambres (fig. 725) .... 8. **gordolobos** (*Verbascum*)
— Flores azuladas o blanquecinas, con 4 pétalos y 2 estambres (fig. 726) .... 11. **verónicas** (*Veronica*)

3. Flores con tubo ancho y muy abierto en el extremo (fig. 727) .... 5. **digitales** (*Digitalis*)

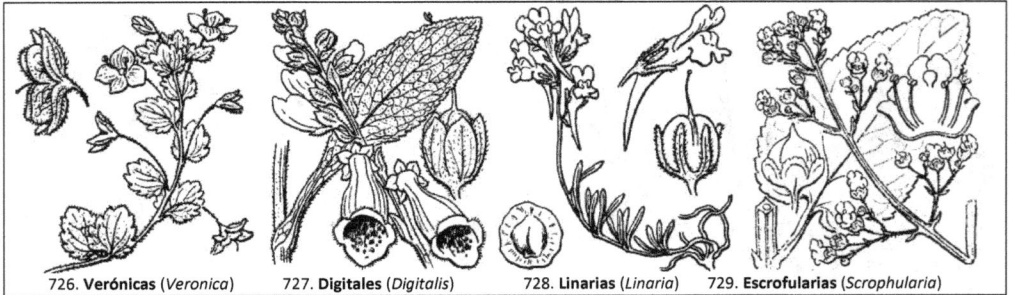

726. **Verónicas** (*Veronica*)   727. **Digitales** (*Digitalis*)   728. **Linarias** (*Linaria*)   729. **Escrofularias** (*Scrophularia*)

— Corola más o menos bilabiada, con los lóbulos libres cerrando el tubo o casi 4

4. Corola provista de un espolón más o menos alargado en su base (fig. 728) .... 9. **linarias** (*Linaria*, etc.)

— Corola no espolonada 5

5. Cáliz con 5 sépalos. Estambres fértiles 4 más otro estéril (con forma de escama) bajo el centro del labio superior (fig. 729) .... 7. **escrofularias** (*Scrophularia*)

— Cáliz con 4 sépalos. Estambres 4, sin estaminodios 6

6. Corola con la garganta cerrada por contacto del labio superior e inferior, algo gibosa o inflada en la base 7

— Corola con la garganta abierta y no gibosa en la base 8

7. Planta anual. Sépalos mayores de longitud similar a la corola (fig. 730) .... 2. **becerrilla** (*Misopates*)

— Planta perenne. Sépalos mucho más cortos que la corola (fig. 731) . 3. **boca de dragón** (*Antirrhinum*)

8. Cáliz redondeado, aplastado, más ancho que la corola (fig. 732) .... 4. **cresta de gallo** (*Rhinanthus*)

— Cáliz no aplastado y de anchura similar al tubo de la corola 9

9. Plantas enanas (unos 5-10 cm). Hojas poco más largas que anchas (fig. 733) .. 6. **eufrasia** (*Euphrasia*)

— Plantas más elevadas. Hojas bastante más largas que anchas 10

10. Brácteas vistosas y diferentes de las hojas (más recortadas). Frutos con 4 semillas (fig. 734) ....
.... 10. **trigo vacuno** (*Melampyrum*)

— Brácteas semejantes a las hojas. Frutos con muchas semillas (fig. 735-737) .... 1. **algarabías** (*Odontites*)

3.35.1. **Algarabías** (*Odontites*)

1. Flores rojizas. Plantas no glandulosas 2

— Flores amarillas. Plantas glandulosas 3

2. Cáliz de 3-5 mm. Corola de 5-7 mm. Planta de medios secos de baja altitud .... **algarabía litoral**
(*Odontites kaliformis*): 2-4 dm. VII-X. Matorrales secos en sustratos básicos. Medit.-occid. M.

— Cáliz de 5-8 mm. Corola de 7-12 mm. Planta de medios húmedos interiores (fig. 735) .. **algarabía común**
(*Odontites vernus*): 2-4 dm. VI-IX. Pastizales vivaces húmedos de montaña. Paleotemp. M.

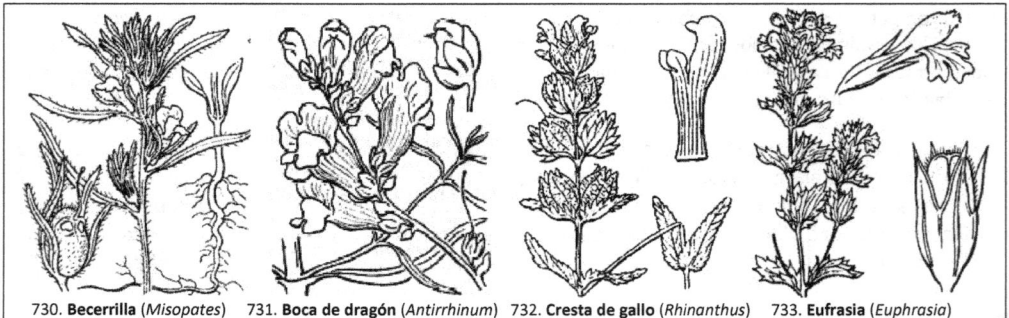

730. **Becerrilla** (*Misopates*)   731. **Boca de dragón** (*Antirrhinum*)   732. **Cresta de gallo** (*Rhinanthus*)   733. **Eufrasia** (*Euphrasia*)

734. Trigo vacuno (*Melampyrum*)   **735-737. Algarabías común, de flor larga y pegajosa** (*Odontites vernus, O. longiflorus y O. viscosus*)

3. Corola con más de 1 cm, con tubo muy estrecho y alargado (fig. 736) .... **algarabía de flor larga** (*Odontites longiflorus*): 1-3 dm. VII-IX. Matorrales de montaña con suelo escaso. Medit.-occid. R.

— Corola con menos de 1 cm, siendo el tubo corto y no muy estrecho (fig. 737) ..... **algarabía pegajosa** (*Odontites viscosus*): 2-5 dm. VII-X. Claros de bosques mediterráneos de media montaña. Medit.-occid. M. [En los macizos silíceos más interiores aparece también **O. tenuifolius**, de hojas menores (hasta 1 cm), inflorescencia más corta pero cáliz más largo (7-10 mm), en pastizales vivaces húmedos o no muy secos (Alc, Taj)].

3.35.2. Becerrilla (*Misopates orontium*, Antirrhinum orontium): 1-4 dm. III-VI. Campos de secano, herbazales anuales alterados. M. (Fig. 730). [De porte menor, con corola de un tono lila muy claro, que sólo alcanza 5-10 mm, no sobrepasada apenas por el cáliz, está -en zonas secas litorales- **M. microcarpum**].

3.35.3. Boca de dragón, conejitos, conillets (*Antirrhinum litigiosum*, A. barrelieri): 3-5 dm. IV-VIII. Cunetas, roquedos y pedregales secos. Iberolev. C. (fig. 731). [Además de la especie mayoritaria indicada, se pueden observar la muy semejante **A. controversum**, erguida, de flores menores (unos 20-25 mm) y sépalos lanceolados agudos, que alcanza el extremo sureste (Set). En los roquedos de los Montes Universales y Alto Tajo se encuentra **A. pulverulentum**, de porte tendido, hábito peloso-grisáceo, frutos glandulosos, etc. (Taj). En los Puertos de Beceite su vicariante **A. pertegasii** (Bec) y en el litoral sureste **A. valentinum** (Set). Con porte más erguido, muy pegajoso-glanduloso, flores más rosado-amarillentas y hojas bastante anchas, tenemos en la zona occidental **A. graniticum** (Alc)].

3.35.4. Cresta de gallo, mata-trigo (*Rhinanthus pumilus*, Rhinanthus mediterraneus): 1-5 dm. V-VII. Campos de cultivo y pastizales vivaces en ambientes húmedos de montaña. Medit.-Sept. M. (Fig. 732). [También **Rh. minor**, de porte menor, flores con menos de 15 mm, brácteas glabras, etc.].

3.35.5. Digitales (*Digitalis*)

1. Flores rosadas o rojizas. Hojas inferiores de limbo lanceolado, que alcanza varios cm de anchura (fig. 727) .... **digital común** (*Digitalis purpurea*): 4-15 dm. V-VIII. Pastizales vivaces en ambientes silíceos frescos y húmedos. Eurosib. RR (Taj).

— Flores amarillentas o parduzcas. Hojas lineares, con menos de 1 cm de anchura (fig. 738) .... **digital negra** (*Digitalis obscura*): 2-6 dm. V-VII. Matorrales secos interiores sobre sustrato básico. Medit.-occid. C.

3.35.6. Eufrasia (*Euphrasia hirtella*): 3-8 cm. Pastizales vivaces en ambientes frescos y húmedos de montaña. Eurosib. R. (Fig. 733). [Ésta es planta peloso-glandulosa, en lo que difiere de algunos congéneres cercanos, como **E. pectinata** (planta mediana de hojas con dientes profundos y patentes) y **E. minima** (planta enana de hojas con dientes aserrados y más cortos)].

3.35.7. Escrofularias (*Scrophularia*)

1. Planta leñosa en la base, de estatura moderada. Hojas profundamente divididas en segmentos estrechos .... **escrofularia menor** (*Scrophularia canina*): 3-8 dm. V-VIII. Terrenos pedregosos, lechos fluviales secos. Circun-Medit. M.

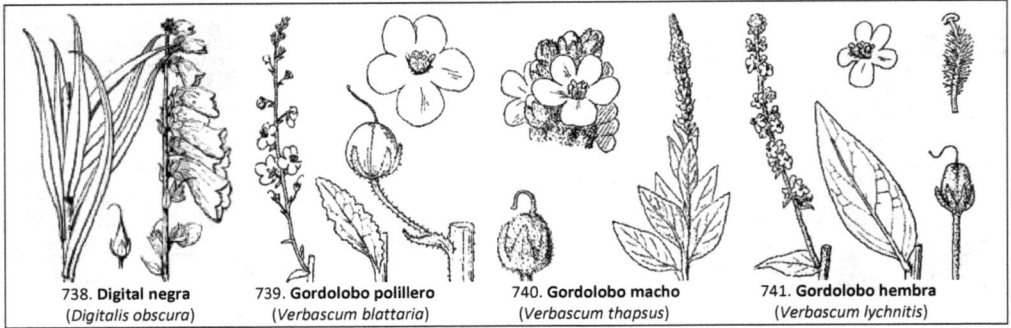

738. Digital negra	739. Gordolobo polillero	740. Gordolobo macho	741. Gordolobo hembra
(Digitalis obscura)	(Verbascum blattaria)	(Verbascum thapsus)	(Verbascum lychnitis)

[También *S. tanacetifolia*, con flores bastante mayores (9-15 mm), sobre pedicelos más largos, etc.; que habita en medios rocosos sombreados de baja altitud].

— Planta herbácea, con frecuencia elevada. Hojas simples con limbo lanceolado, ancho y blando, regularmente crenado en el margen, aunque a veces con dos lóbulos basales (fig. 729) ....
.... **escrofularia mayor** (*Scrophularia auriculata*):
4-12 dm. V-VIII. Altos herbazales sobre suelos húmedos. Medit.-Atlánt. M.
[Mucho más rara, también tenemos *S. peregrina*, en medios sombreados no ribereños, de porte anual, con sépalos agudos y verdes en el margen, brácteas semejantes a las hojas, etc.].

3.35.8. Gordolobos (*Verbascum*)

1. Estambres con filamentos cubiertos de pelos rojizos 2
— Estambres con filamentos cubiertos de pelos amarillos 5
2. Plantas verdes, poco o nada pelosas. Inflorescencia laxa, con flores muy separadas, sobre pedúnculos alargados 3
— Plantas grisáceas, blanquecinas o verdosas. Inflorescencia densa, con flores agrupadas y(o) sentadas o sobre pedúnculos muy cortos 4
3. Planta muy glandulosa. Flores con 4 estambres .... **gordolobo valenciano** (*Verbascum fontqueri*):
4-8 dm. V-VII. Matorrales secos sobre sustrato básico, en zonas bajas del sur. Iberolev. RR (Set).
— Planta no glandulosa. 5 estambres (fig. 739) .... **gordolobo polillero** (*Verbascum blattaria*):
4-10 dm. V-VII. Herbazales vivaces alterados en áreas frescas de montaña. Paleotemp. R.
4. Hojas inferiores con el margen fuertemente ondulado y profundamente recortado ....
.... **gordolobo cenicero** (*Verbascum sinuatum*):
4-10 dm. VI-IX. Cunetas, barbechos o terrenos baldíos secos. Medit.-Iranot. C.
— Hojas con margen entero .... **gordolobo fino** (*Verbascum rotundifolium*):
4-12 dm. V-VII. Claros de matorrales, baldíos. Circun-Medit. M. [También *V. boerhavii*, con los estambres similares (no con los inferiores muy diferentes de los superiores), brácteas mayores, hojas basales con peciolo más corto, etc.].
5. Cálices con más de 5 mm. Hojas decurrentes. Tallos muy gruesos y generalmente elevados (fig. 740)
....**gordolobo macho** (*Verbascum thapsus*):
5-15 dm. VI-IX. Campos de secano, barbechos, terrenos baldíos, cunetas, etc. Paleotemp. C.
[En zonas bajas y secas le sustituye *V. giganteum*, de tonalidad más grisáceo-plateada que blanco-amarillenta, frutos menores, inflorescencia discontinua, etc.].
— Cálices con menos de 5 mm, Hojas no decurrentes (fig. 741) ...... **gordolobo hembra** (*Verbascum lychnitis*):
4-12 dm. V-VII. Pastizales húmedos en medios alterados. Eurosib. M. [Con brácteas bastante menores (3-5 mm), inflorescencia más condensada, pedicelos más cortos, etc., aparece en la parte norte *V. pulverulentum*].

3.35.9. Linarias (*Linaria, Chaenorhinum, Anarrhinum*)

1. Espolón más corto que el tubo, obtuso 2
— Espolón tan largo o más que el tubo, generalmente agudo 5

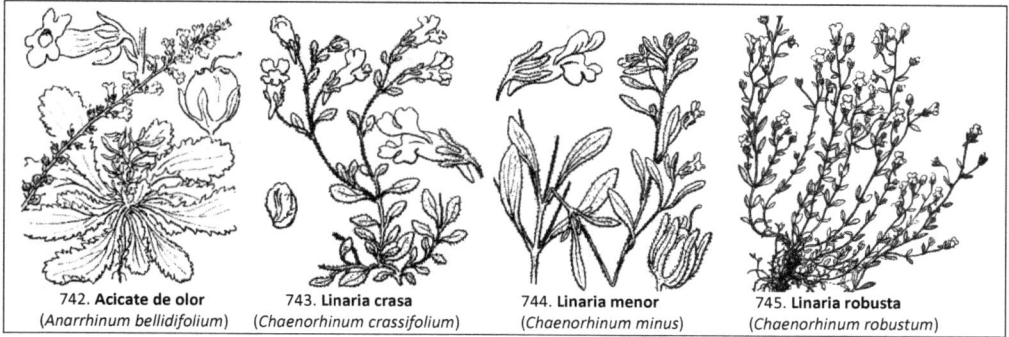

742. **Acicate de olor**	743. **Linaria crasa**	744. **Linaria menor**	745. **Linaria robusta**
(*Anarrhinum bellidifolium*)	(*Chaenorhinum crassifolium*)	(*Chaenorhinum minus*)	(*Chaenorhinum robustum*)

2. Corola de 3-5 mm, con espolón muy fino y corto. Flores en espigas o racimos muy alargados, cada una sobre pedúnculos muy cortos (fig. 742) .... **acicate de olor** (*Anarrhinum bellidifolium*): 2-6 dm. V-VII. Matorrales y pastizales secos sobre suelos silíceos. Medit.-occid. R.

— Corola de 6-15 mm, con espolón engrosado y(o) alargado. Flores en racimos cortos, sobre pedúnculos alargados 3

3. Planta perenne, a veces engrosado-leñosa en la base, propia de rocas y muros, con hojas algo crasas (fig. 743) .... **linaria crasa** (*Chaenorhinum crassifolium*, Ch. origanifolium subsp. crassifolium, Linaria crassifolia): 5-20 cm. IV-VIII. Muros y grietas de roquedos calizos bien iluminados. Iberolev. M.

— Plantas anuales, con cepa herbácea, que habitan en tierra 4

4. Flores blanquecinas, con menos de 1 cm y espolón de unos 2 mm (fig. 744) .... **linaria menor** (*Chaenorhinum minus*, Linaria minor): 5-20 cm. IV-IX. Terrenos pedregosos, cunetas, campos de secano, etc. Circun-Medit. M. [Con flores pequeñas y espolón corto también llegamos a **L. micrantha**, más emparentada con la que figura más adelante como linaria fina violeta (**L. arvensis**), de la que se diferencia por sus flores de tono lila claro, muy reducidas en tamaño (4-5 mm), sus hojas más anchas (lanceoladas), etc.].

— Flores azuladas, con 1 cm o más. Espolón mayor (fig. 745) .... **linaria robusta** (*Chaenorhinum robustum*, Ch. serpyllifolium subsp. robustum): 1-3 dm. IV-VII. Pastizales secos anuales de montaña, en terrenos despejados. Iberolev. R. [Con corola algo menor (10-15 mm, frente a 15-20 mm), sépalos más estrechos (unos 0,5 mm frente a 1-2 mm), etc., está también **Ch. serpyllifolium** (= Linaria serpyllifolia)].

5. Hojas tan largas como anchas. Planta de tendencia rastrera o colgante 6

— Hojas bastante más largas que anchas. Plantas erguidas o tendidas 7

6. Hojas sentadas o brevemente pecioladas, bastante pelosas (fig. 746) .... **linaria de hoja redonda** (*Kickxia spuria*, Linaria spuria): 2-5 dm. VI-X. Campos de cultivo, herbazales anuales en terrenos alterados estacionalmente húmedos. Paleotemp. M. [También **K. lanigera** (= Linaria lanigera), planta más pelosa, con corola mayor (8-11 mm frente a 10-15), cáliz en fruto menor (cerca de 3 mm frente a 5-8), etc. Con las hojas provistas de dos lóbulos basales aparentes (al menos las superiores) tenemos dos variantes, una con los espolones rectos (**K. elatine**, Linaria elatine) y otra con los espolones curvados (**K. commutata**, Linaria commutata)].

— Hojas largamente pecioladas, no o apenas pelosas (fig. 747) .... **picardía** (*Cymbalaria muralis* = Linaria cymbalaria): 1-5 dm. II-X. Muros y roquedos en zonas habitadas de no mucha altitud. Subcosmop. M.

7. Flores con menos de 1 cm. Hierbas siempre anuales y erguidas 8

— Flores con cerca de 1 cm o más. Hierbas anuales o perennes 9

8. Corola amarilla, con un espolón recto (fig. 748) .... **linaria fina amarilla** (*Linaria simplex*): 5-30 cm. III-VI. Campos de cultivo, cunetas, terrenos alterados. Circun-Medit. C.

— Corola de tonalidad violeta, con espolón curvado (fig. 749) .... **linaria fina violeta** (*Linaria arvensis*): 5-30 cm. III-VI. Pastizales anuales sobre suelos arenosos secos. Circun-Medit. M.

9. Hierba erguida y elevada (alcanza cerca de 1 m). Flores blancas o de un lila pálido. Espolón de unos 3-5 mm (fig. 750) .... **linaria mayor** (*Linaria repens*, L. blanca): 4-12 dm. VI-VIII. Terrenos pedregosos o escarpados con suelo escaso. Iberolev. M.

— Sin estos caracteres reunidos 10

127

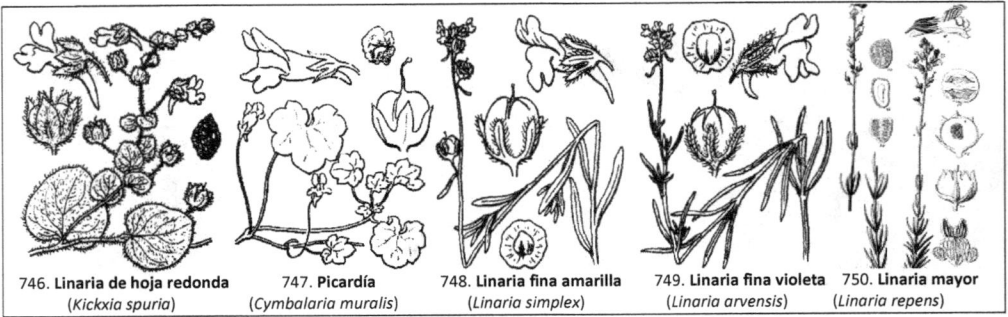

746. **Linaria de hoja redonda**	747. **Picardía**	748. **Linaria fina amarilla**	749. **Linaria fina violeta**	750. **Linaria mayor**
(*Kickxia spuria*)	(*Cymbalaria muralis*)	(*Linaria simplex*)	(*Linaria arvensis*)	(*Linaria repens*)

10. Semillas lenticulares rodeadas por un ala membranosa manifiesta 11

— Semillas no aladas en el margen 13

11. Sépalos desiguales. Frutos maduros de unos 5-6 mm 12

— Sépalos iguales. Frutos maduros menores (unos 3-4 mm) (fig. 751) .... **linaria aragonesa**
(*Linaria aragonensis, L. oblongifolia* subsp. *aragonensis, L. glauca* subsp. *aragonensis*): 5-20 cm. IV-VI. Pastizales y matorrales secos de montaña sobre terrenos calizos despejados. Iberolev. M. [De porte más erguido y algo más robusto, está **L. badalii**, con flores de 15-20 mm, sobre pedúnculos más cortos e inflorescencia más glabra].

12. Flores amarillentas o de tonalidad lila clara .... **linaria levantina** (*Linaria depauperata*):
5-20 cm. IV-VI. Cauces de rambla, terrenos pedregosos o alterados. Iberolev. R (Set).
[La especie indicada sólo llega a alcanzar el sur de Valencia, pero en Castellón, este de Teruel y norte de Valencia se ve sustituida por la cercana **L. ilergabona**, de flores más amarillentas, con el eje de la inflorescencia más peloso (BM, Gud)].

— Flores de color negruzco, granate o rojizo intenso (fig. 752) .... **linaria negra** (*Linaria aeruginea*):
5-25 cm. V-VIII. Pastizales vivaces y claros de matorrales secos. Medit.-occid. M.

13. Hojas lineares (1-2 mm de anchura) (fig. 753) .... **linaria ramosa** (*Linaria spartea*):
1-5 dm. V-VIII. Arenales silíceos secos y soleados. Medit.-occid. R. [Con la inflorescencia más condensada, con cáliz y corola mayores, hojas más densamente dispuestas, etc., tenemos **L. viscosa**].

— Hojas lanceoladas a redondeadas, con 5-20 mm de ancho (fig. 754) . **linaria de secano** (*Linaria hirta*):
2-6 dm. IV-VI. Campos de secano interiores. Medit.-occid. M.
[Esta es planta anual, erecta, de hojas lanceoladas y glabra excepto por una corta glandulosidad en la inflorescencia, lo que la separa de **L. cavanillesii**, que es planta perenne, de hojas ovadas, bastante pelosa, habitando en roquedos calizos del la parte suroriental].

3.35.10. **Trigo vacuno** (*Melampyrum pratense*): 5-20 cm. VI-VIII. Bosques frescos y pastizales húmedos sombreados de su entorno, sobre terrenos silíceos. Paleotemp. R (Gud, Taj). (Fig. 734). [Más escaso, **M. cristatum**, con brácteas rojizas muy vistosas, con dientes más regulares, dando una inflorescencia densa y espiciforme (Taj)].

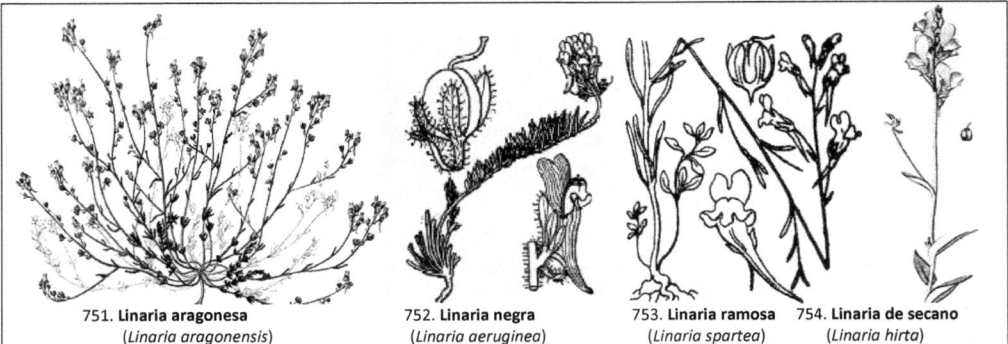

751. **Linaria aragonesa**	752. **Linaria negra**	753. **Linaria ramosa**	754. **Linaria de secano**
(*Linaria aragonensis*)	(*Linaria aeruginea*)	(*Linaria spartea*)	(*Linaria hirta*)

755. Bérula	756. Becabunga	757. Hierba de ermitaños	758. Verónica común	759. Té de Europa
(*Veronica anagallis-aquatica*)	(*Veronica becabunga*)	(*Veronica tenuifolia*)	(*Veronica officinalis*)	(*Veronica hederifolia*)

3.35.11. Verónicas (*Veronica*)

1. Plantas perennes. Flores dispuestas en racimos laterales, surgiendo en la axila de brácteas muy pequeñas y diferentes a las hojas normales 2

— Flores solitarias o en racimos terminales, en la axila de brácteas similares a las hojas (al menos las de las flores inferiores). Plantas normalmente anuales 5

2. Tallos glabros, jugosos y huecos. Plantas de ambientes acuáticos 3

— Tallos pelosos, no jugosos ni huecos. Plantas de ambiente forestal 4

3. Hojas sentadas y lanceoladas. Flores rosadas o de tono azulado claro (fig. 755) .... **bérula** (*Veronica anagallis-aquatica*): 1-6 dm. V-IX. Aguas dulces corrientes o de curso lento. Cosmop. M.

— Hojas medias pecioladas y elípticas. Flores de color violáceo o azulado intenso (fig. 756)......................
.... **becabunga** (*Veronica beccabunga*): 1-5 dm. V-IX. Riberas y cauces de ríos o arroyos permanentes. Paleotemp. M.

4. Cáliz con 5 sépalos. Inflorescencia no glandulosa. Planta algo lignificada en la base. Hojas 1-2 veces divididas en segmentos lineares (fig. 757) .... **hierba de ermitaños** (*Veronica tenuifolia*): 5-30 cm. IV-VII. Matorrales y pastizales vivaces de montaña. Iberolev. R. [Con hojas dentadas, pero no divididas, está también *V. orsiniana*, planta menos lignificada, propia de pastizales frescos de montaña sobre calizas (Gud)].

— Cáliz con 4 sépalos. Inflorescencia glandulosa (fig. 758) .... **verónica común** (*Veronica officinalis*): 1-4 dm. V-VII. Bosques caducifolios o mixtos sobre sustrato silíceo. Holárt. R. [Con porte más erguido, flores mayores (superando 1 cm) y frutos menores que el cáliz, tenemos también *V. chamaedrys*].

5. Hojas más largas que anchas. Sépalos lanceolados o elípticos, alargados 6

— Hojas más anchas que largas. Sépalos acorazonados (fig. 759) ..... **té de Europa** (*Veronica hederifolia*): 1-4 dm. III-VI. Campos de cultivo y terrenos baldíos o alterados secos. Paleotemp. C.

6. Flores surgiendo todas en la axila de hojas igual a las normales 7

— Flores superiores surgiendo de brácteas diferentes a las hojas normales 8

7. Flores con cerca de 1 cm de diámetro. Frutos aplanados, terminados en estilo de más de 2 mm (fig. 760) .... **verónica de regadío** (*Veronica persica*): 1-4 dm. II-V. Campos de cultivo, sobre todo regadíos, en zonas de baja altitud. Subcosmop. M.

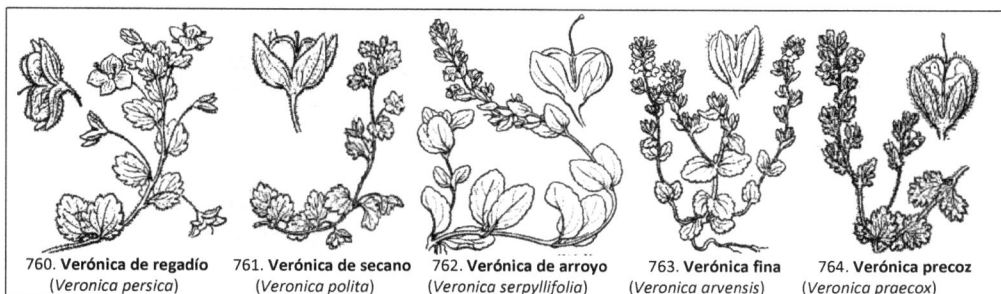

760. Verónica de regadío	761. Verónica de secano	762. Verónica de arroyo	763. Verónica fina	764. Verónica precoz
(*Veronica persica*)	(*Veronica polita*)	(*Veronica serpyllifolia*)	(*Veronica arvensis*)	(*Veronica praecox*)

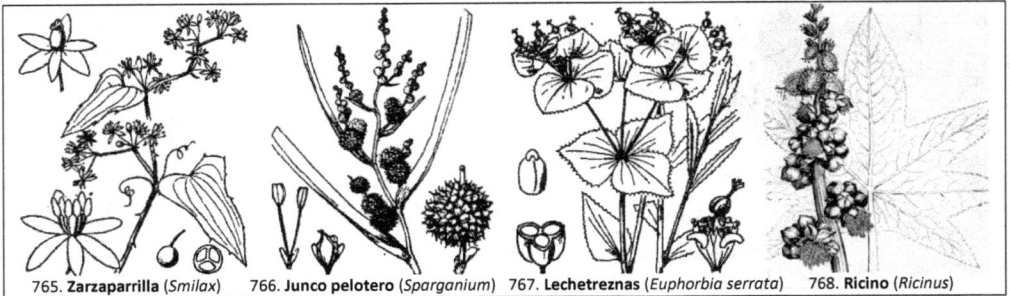

765. **Zarzaparrilla** (*Smilax*)   766. **Junco pelotero** (*Sparganium*)   767. **Lechetreznas** (*Euphorbia serrata*)   768. **Ricino** (*Ricinus*)

— Flores con cerca de medio cm. Frutos hinchados, terminados en estilo de cerca de 1 mm (fig. 761)
.... **verónica de secano** (*Veronica polita*):
5-30 cm. II-VI. Campos de cultivo, sobre todo secanos, terrenos baldíos. Cosmop. C.

8. Hierba perenne. Hojas enteras o casi (fig. 762) .... **verónica de arroyo** (*Veronica serpyllifolia*):
5-30 cm. V-VII. Prados húmedos en ambiente lluvioso de montaña. Holárt. R.

— Hierbas anuales. Hojas claramente lobuladas o dentadas 9

9. Brácteas mucho más largas que los pedúnculos florales. Fruto con estilo poco aparente (menos de
1 mm) (fig. 763) .... **verónica fina** (*Veronica arvensis*):
5-20 cm. III-VI. Herbazales anuales en ambientes alterados o transitados. Cosmop. C. [Con hojas más estrechas
y alargadas, profundamente divididas, tenemos también *V. verna*, en áreas silíceas de montaña].

— Brácteas de longitud semejante a los pedúnculos. Fruto con estilo de 1 mm o más (fig. 764) ....
.... **verónica precoz** (*Veronica praecox*):
5-20 cm. III-.VI. Pastizales anuales sobre calizas en áreas despejadas. Paleotemp. M. [En silíceo puede verse sustituida
por *V. triphyllos*, con hojas profundamente divididas en 3-7 lóbulos estrechos, frutos más anchos que largos, etc.].

3.36. Fam. ESMILACÁCEAS (*Smilacaceae*)

Familia con dos géneros que reúnen unos cientos de especies tropicales y subtropicales. Son plantas trepadoras, generalmente leñosas, con hojas anchas de nerviación reticulada, que suelen formar zarcillos trepadores y espinas. Las flores son unisexuales y actinomorfas, con 6 piezas periánticas no muy grandes, las masculinas con 6 estambres y las femeninas con 3 carpelos soldados, dando lugar a frutos carnosos en baya.

3.36.1. **Zarzaparrilla**, arítjol (*Smilax aspera*): 1-5 m. VII-X. Bosques y matorrales no muy secos de zonas bajas. Medit.-Paleotrop. M. (Fig. 765).

3.37. Fam. ESPARGANIÁCEAS (*Sparganiaceae*)

Pequeña familia con un único género de pocas especies, extendidas sobre todo por el hemisferio Norte, donde se instalan en aguas estancadas o márgenes de corrientes fluviales. Hojas acintado-paralelinervias. Flores unisexuales monoicas, en grupos globosos separados. El perianto es muy reducido e inaparente, con 6 piezas incoloras. Las flores masculinas llevas unos pocos estambres y las femeninas 1-3 carpelos soldados. Frutos carnosos en drupas flotadoras que se dispersan por el agua.

3.37.1. **Junco pelotero** (*Sparganium erectum*): 5-15 dm. Juncales semisumergidos en aguas dulces quietas o de curso lento. Paleotemp. R. (Fig. 766).

3.38. Fam. EUFORBIÁCEAS (*Euphorbiaceae*)

Gran familia de tendencia tropical, formada sobre todo por árboles y arbustos, que en nuestras latitudes se reduce a unas cuantas hierbas de poco peso. A veces desarrollan látex blanco en su interior. Sus flores son poco vistosas, de morfología bastante variable, aunque sin pétalos y con gineceo tricarpelar. Sus frutos se dividen en 3 partes con una semilla cada una en su interior y son dehiscentes.

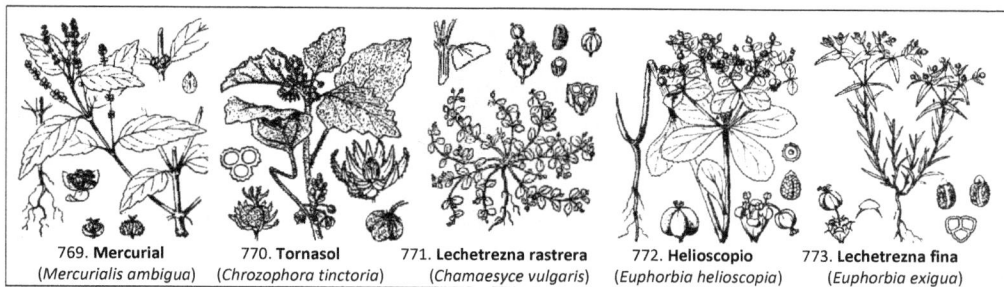

| 769. **Mercurial** | 770. **Tornasol** | 771. **Lechetrezna rastrera** | 772. **Helioscopio** | 773. **Lechetrezna fina** |
| (*Mercurialis ambigua*) | (*Chrozophora tinctoria*) | (*Chamaesyce vulgaris*) | (*Euphorbia helioscopia*) | (*Euphorbia exigua*) |

1. Plantas laticíferas, que liberan látex ante cualquier herida. Inflorescencias especiales, con flores unisexuales muy reducidas reunidas en estructuras acopadas, rodeadas de nectarios coloreados (llamadas ciatios) (fig. 767) .... 1. **lechetreznas** (*Euphorbia*)
— Plantas no laticíferas 2
2. Planta rojiza y elevada más de 1 m, con hojas palmeadamente lobuladas (fig. 768) . 3. **ricino** (*Ricinus*)
— Sin estos caracteres reunidos 3
3. Hojas opuestas. Plantas a menudo dioicas (fig. 769)................................... 2. **mercuriales** (*Mercurialis*)
— Hojas alternas. Plantas monoicas, con flores masculinas y femeninas en la misma planta (fig. 770)....
.... 4. **tornasol** (*Chrozophora*)

3.38.1. **Lechetreznas**, lleteres (*Euphorbia*)

1. Planta tendida por tierra. Hojas opuestas, estipuladas, asimétricas (fig. 771) ... **lechetrezna rastrera**
(*Chamaesyce vulgaris, Euphorbia chamaesyce*): 5-35 cm. IV-X. Caminos, campos de cultivo, terrenos transitados o baldíos en áreas no muy elevadas. Subcosmop. M. [En medios similares, también **Ch. prostrata** (= Euphorbia prostrata), con el par de estípulas heteromorfo, pelos de los frutos concentrados en los ángulos].
— Planta erguida o ascendente. Hojas del tallo normalmente alternas (al margen de las brácteas) y simétricas en la base 2
2. Hojas con el margen dentado, a veces muy finamente 3
— Todas las hojas con el margen entero 4
3. Planta perenne, de cepa endurecida o algo lignificada. Hojas variables, las medias de tendencia acintada (fig. 767) .... **lechetrezna aserrada** (*Euphorbia serrata*): 2-5 dm. IV-VII. Cunetas, campos de cultivo y terrenos baldíos secos. Circun-Medit. C.
— Hierba anual, de cepa no endurecida o lignificada. Hojas espatuladas (fig. 772) .... **helioscopio** (*Euphorbia helioscopia*): 1-4 dm. III-VI. Cultivos, herbazales sobre terrenos alterados. Paleotemp. M.
4. Unidades florales (ciatios) provistas de nectarios terminados en dos picos girados hacia el mismo lado en los extremos (forma de media luna) 5
— Nectarios redondeados o elípticos, sin picos en los extremos 11
5. Hierbas anuales, muy blandas y de baja estatura (unos 5-25 cm) 6
— Plantas herbáceas o leñosas, de tallo consistente y algo endurecido en la base (ejemplares adultos), que alcanzan mayor estatura 7
6. Hojas lineares, estrechadas hacia el extremo. Semillas cubiertas de tubérculos (fig. 773) ....
.... **lechetrezna fina** (*Euphorbia exigua*): 4-20 cm. III-VI. Pastizales secos anuales. Medit.-Iranot. C.
— Sin estos caracteres reunidos. Semillas con excavaciones (fig. 774) .... **lechetrezna espatulada** (*Euphorbia peplus*): 5-25 cm. I-XII. Campos de cultivo, herbazales sobre terrenos alterados. Cosmop. C.
[Esta especie muestra hojas claramente pecioladas, con limbo espatulado y redondeado en el ápice. No resultan infrecuentes además otras dos especies cercanas, de hojas sentadas, más finas y de porte algo menor: una con 5 nectarios rojizos y hojas acintado-espatuladas (**E. sulcata**), otra con 4 nectarios y hojas ovado-agudas (**E. falcata**)].
7. Nectarios de color castaño-oscuro. Inflorescencia con pares de brácteas soldadas (fig. 775) ....
.... **lechetrezna macho** (*Euphorbia characias*):

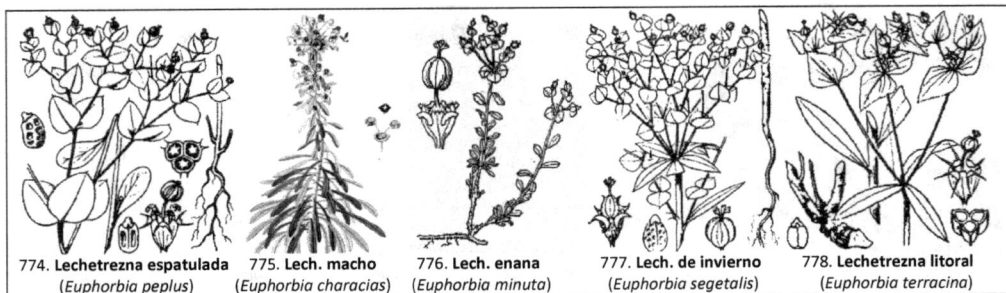

774. **Lechetrezna espatulada**	775. **Lech. macho**	776. **Lech. enana**	777. **Lech. de invierno**	778. **Lechetrezna litoral**
(*Euphorbia peplus*)	(*Euphorbia characias*)	(*Euphorbia minuta*)	(*Euphorbia segetalis*)	(*Euphorbia terracina*)

4-15. III-VI. Matorrales secos. Medit.-occid. M.

— Nectarios verdosos o amarillentos. Inflorescencia con pares de brácteas libres 8

8. Plantas de baja estatura y tendencia rastrera o poco erguida (fig. 776) .... **lechetrezna enana** (*Euphorbia minuta*): 5-15 cm. III-VI. Matorrales en ambientes muy secos y degradados. Iberolev. M. [De porte algo mayor (1-3 dm), en ambientes de pastos algo húmedos de montaña, tenemos también *E. nevadensis*].

— Plantas erguidas y algo elevadas (unos dm) 9

9. Nectarios de un amarillo vistoso al madurar. Semillas provistas de excavaciones (fig. 777) ....
.... **lechetrezna de invierno** (*Euphorbia segetalis*):
2-5 dm. I-XII. Campos de cultivo, terrenos baldíos o transitados. Circun-Medit. C.

— Nectarios verdosos o verde-amarillentos, poco vistosos. Semillas lisas o con tubérculos 10

10. Hojas y brácteas verdosas, de color semejante (fig. 778) ... **lechetrezna litoral** (*Euphorbia terracina*):
2-5 dm. II-VII. Arenales, graveras y terrenos baldíos, en zonas bajas. Circun-Medit. M. [Con hojas más cortas y más densamente imbricadas, muy específica de los arenales costeros, está también *E. paralias* (Cos)].

— Hojas de un verde azulado, contrastando mucho con las brácteas de las inflorescencias, que son amarillentas (fig. 779) .... **lechetrezna común** (*Euphorbia nicaeensis*):
2-5 dm. IV-VII. Cunetas, matorrales y pastizales secos que han sufrido un pastoreo intenso. Circun-Medit. C.

11. Plantas pelosas, que habitan en medios húmedos .... **lechetrezna pelosa** (*Euphorbia hirsuta*):
3-8 dm. V-IX. Herbazales vivaces en márgenes de arroyos, acequias, etc. Circun-Medit. M.

— Plantas glabras, que habitan en medios secos 11

11. Látex amarillo. Planta provista de tubérculos subterráneos. Frutos gruesos (unos 7-8 mm) (fig. 780)
.... **lechetrezna de jugo amarillo** (*Euphorbia isatidifolia*):
1-4 dm. III-V. Matorrales secos y soleados sobre terrenos calcáreos esqueléticos. Medit.-suroccid. R.

— Látex blanco. Planta sin tubérculos. Frutos de unos 3-5 mm (fig. 781) .... **lechetrezna de matorral** (*Euphorbia flavicoma*, E. *mariolensis*): 5-25 cm. IV-VII. Matorrales y pastizales vivaces no muy secos en áreas de montaña. Medit.-occid. M. [En las zonas más cálidas y húmedas del sureste tenemos también *E. squamigera*, con tallos más gruesos, leñosos y elevados, hojas de tonalidad más clara y mayores (3-5 cm), etc.].

3.38.2. **Mercuriales** (*Mercurialis*)

1. Hierba anual, verde y poco pelosa (fig. 769) .... **mercurial anual** (*Mercurialis ambigua*):
1-4 dm. I-XII. Campos de cultivo, terrenos alterados en zonas poco elevadas. Holárt. M. [Los ejemplares de porte más reducido, en medios rocosos o pedregosos, con frutos menores, pueden atribuirse al cercano *M. huetii*].

— Planta algo leñosa, con todas sus partes blanquecinas, muy tomentosas (fig. 782) .... **mercurial blanca** (*Mercurialis tomentosa*): 2-8 dm. II-IX. Terrenos baldíos o pedregosos alterados. Medit.-occid. M.

3.38.3. **Ricino**, ricí (*Ricinus communis*): 2-4 m. IV-X. Ramblas, cunetas, terrenos baldíos en áreas litorales.
Paleotrop. R. (Fig. 768).

3.38.4. **Tornasol** (*Chrozophora tinctoria*): 1-3 dm. VI-IX. Campos de secano, terrenos baldíos. Medit.-Iranotur. R. (fig. 770).

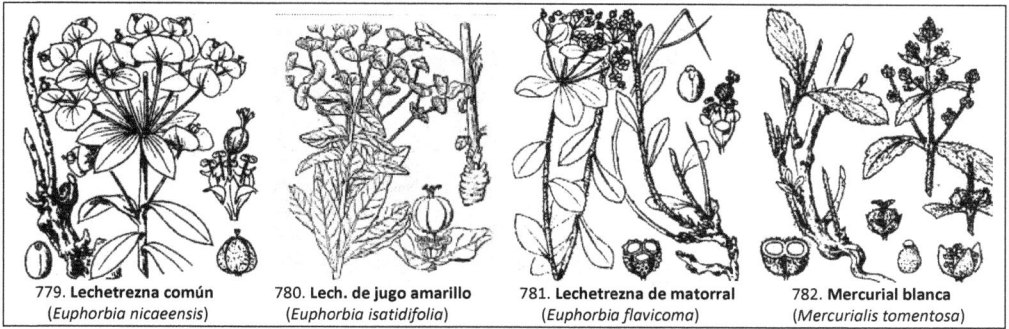

779. Lechetrezna común	780. Lech. de jugo amarillo	781. Lechetrezna de matorral	782. Mercurial blanca
(*Euphorbia nicaeensis*)	(*Euphorbia isatidifolia*)	(*Euphorbia flavicoma*)	(*Mercurialis tomentosa*)

3.39. Fam. FAGÁCEAS (*Fagaceae*)

Una de las familias más importantes de árboles y grandes arbustos de los bosques del hemisferio Norte, que incluye encinas, robles, coscojas, alcornoques, hayas, castaños, etc. Las hojas pueden ser caducas o perennes y las flores son unisexuales, muy poco vistosas, dando las femeninas gruesos frutos cargados de reservas, casi siempre comestibles.

1. Planta arbustiva, con hojas perennes, muy consistentes y dentado-espinosas en el margen, verdes y completamente glabras en ambas caras (fig. 783) .... 2. **coscoja** (*Quercus coccifera*)
— Planta de vocación arbórea (arbustiva en etapas juveniles), con las hojas grisáceas o blanquecinas en el envés, cubierto de pelos cortos y ramificados 2
2. Hojas perennes, rígidas, de color verde grisáceo por el haz, enteras o con dientes cortos y agudos en el margen 3
— Hojas caducas, blandas (al menos en primavera) o no muy rígidas, lobuladas o con dientes anchos en el margen (fig. 784) .... 4. **robles** (*Quercus sp.*)
3. Tallos adultos cubiertos de una espesa cubierta corchosa. Frutos con las escamas exteriores de la cúpula alargadas y curvadas hacia fuera (fig. 785) .... 1. **alcornoque** (*Quercus suber*)
— Tallos cubiertos por una corteza dura y rugosa, no corchosa. Escamas exteriores de la cúpula cortas y aplicadas (fig. 786) .... 3. **encina o carrasca** (*Quercus ilex*)

3.39.1. **Alcornoque**, surera (*Quercus suber*): 4-15 m. IV-V. Bosques perennifolios en clima suave y no muy seco, sobre sustratos silíceos. Medit.-occid. R. (Fig. 785).

3.39.2. **Coscoja**, coscoll (*Quercus coccifera*): 4-20 dm. IV-VI. Matorrales perennifolios en ambientes secos y de baja altitud. Circun-Medit. M. (Fig. 783).

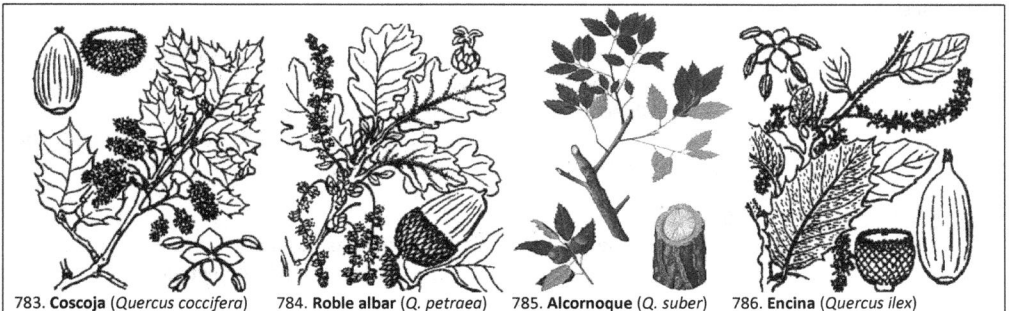

| 783. **Coscoja** (*Quercus coccifera*) | 784. **Roble albar** (*Q. petraea*) | 785. **Alcornoque** (*Q. suber*) | 786. **Encina** (*Quercus ilex*) |

787. **Roble pedunculado** (*Quercus robur*)   788. **Roble melojo** (*Quercus pyrenaica*)   789. Roble quejigo (*Quercus faginea*)

3.39.3. **Encina**, carrasca (*Quercus ilex*): 2-15 m. IV-VI. Bosques perennifolios o mixtos sobre todo tipo de sustratos. Circun-Medit. C. (Fig. 786). [La mayor parte corresponde a la encina ibérica (*Q. ilex* **subsp.** *rotundifolia*, *Q. rotundifolia*), aunque la forma típica de la especie (**subsp.** *ilex*) se puede ver en zonas litorales algo húmedas].

3.39.4. **Robles**, roures (*Quercus sp.*)

1. Hojas maduras verdes por ambas caras, con lóbulos no muy profundos 2
— Hojas maduras tomentosas y grisáceas o blanquecinas al menos en el envés 3
2. Frutos dispuestos sobre un pedúnculo alargado, pero hojas sobre un peciolo corto (menos de 1 cm) y haz glabra (fig. 787) .... **roble pedunculado** (*Quercus robur*, *Q. pedunculata*): 2-6 m. IV-VI. Medios forestales o grietas anchas de roquedos en áreas silíceas elevadas. Eurosib. RR (Taj).
— Frutos sobre un pedúnculo muy corto, pero hojas sobre peciolo alargado (1-3 cm) y con envés provisto de algunos pelos laxos (fig. 784) .... **roble albar** (*Quercus petraea*): 2-15 m. IV-VI. Bosques maduros en ambientes húmedos y sobre sustrato silíceo. Eurosib. R (Taj).

3. Hojas muy pelosas y grisáceas por ambas caras, las mayores superando 10 x 5 cm, profundamente divididas en lóbulos obtusos (fig. 788) .... 5. **roble melojo**, rebollo (*Quercus pyrenaica*) 3-15 m. IV-VI. Bosques caducifolios en ambiente fresco y húmedo sobre sustrato silíceo. Medit.-occid. R.
— Hojas verdosas y poco pelosas en el haz, sin alcanzar 10 x 5 cm, provistas de dientes agudos y poco profundos en el margen (fig. 789) .... 4. **roble quejigo**, (*Quercus faginea*, *Q. valentina*): 3-20 m. IV-VI. Bosques caducifolios o mixtos sobre todo tipo de sustratos, con preferencia calizos. Medit.-occid. C.

3.40. Fam. GENTIANÁCEAS (*Gentianaceae*)

Hierbas de porte bajo, pero de flores vistosamente coloreadas, pentámeras, con los pétalos soldados en tubo, a veces con valor ornamental. Los frutos son secos en cápsulas dehiscentes y polispermas. Suelen aparecer en ambientes frescos y húmedos de montaña, estando muy discretamente representadas en esta zona, como en el resto de las montañas del área mediterránea.

1. Flores amarillas, con más de 5 pétalos (fig. 790) .... 3. **perfoliadas** (*Blackstonia*)
— Flores blancas, rosadas o violetas, raras veces amarillas, con 5 pétalos o menos 2
2. Estambres arrollados en espiral. Gineceo terminado en estilo y estigma (figs. 791-793) ....
....1. **centaura** (*Centaurium*)
— Estambres rectos. Gineceo sin estilo (fig. 794) .... 2. **genciana** (*Gentiana*)

3.40.1. **Centaura** (*Centaurium*, Erythraea)

1. Hierba anual, muy tenue, con flores pequeñas, sin rosetas de hojas basales (fig. 791) ....
.... **centaura enana** (*Centaurium pulchellum*): 4-20 cm. IV-IX. Pastizales estacionalmente húmedos. Paleotemp. M.

790. Perfoliada (*Blackstonia perfoliata*)	**791. Centaura enana** (*Centaurium pulchellum*) **792. Centaura de hoja estrecha** (*Centaurium quadrifolium*)	**793. Centaura común** (*Centaurium erythraea*)	**794. Genciana** (*Gentiana cruciata*)
795. Perfoliada mayor (*Blackstonia grandiflora*)	**796. Perfoliada menor** (*Blackstonia acuminata*)	**797. Geranios** (*Geranium pyrenaicum*)	**798. Alfileres de pastor** (*Erodium moschatum*)

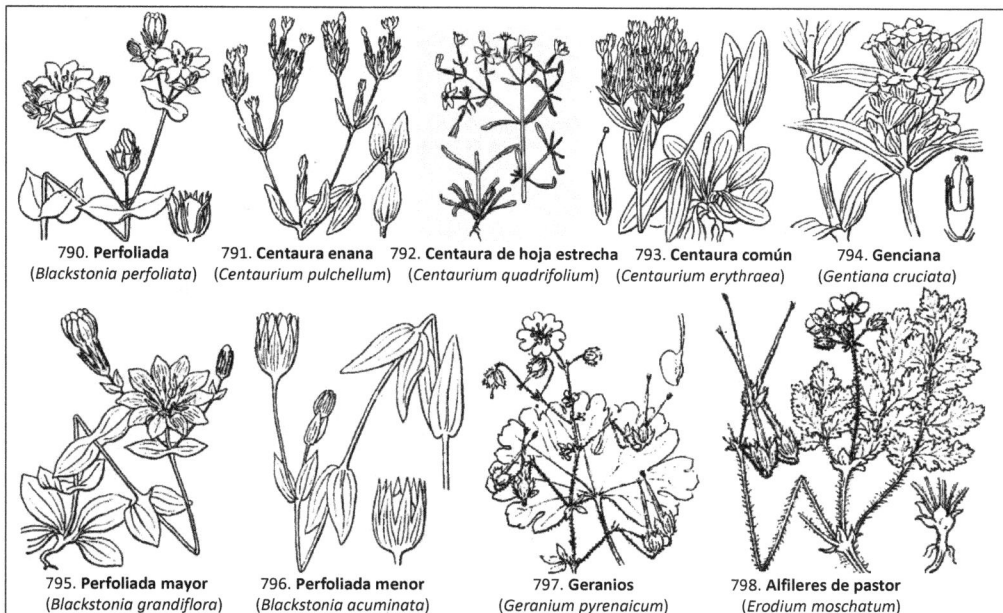

[Con flores casi sentadas, formando a modo de espigas y habitando en terrenos salinos, está *C. spicatum*. Con flores amarillas y habitando en ambientes silíceos, está también la mucho más rara *C. maritimum*].
— Hierbas bienales o perennes, firmes, con flores medianas; provistas de rosetas basales 2
2. Hojas lineares a espatulado-lineares, las de la roseta basal con 1-3 nervios (fig. 792) ....
.... **centaura de hoja estrecha** (*Centaurium quadrifolium*):
1-3 dm. IV-VII. Matorrales y pastizales vivaces aclarados. Medit.-occid. M.
— Hojas ovadas o elípticas, las basales con 3-5 nervios (fig. 793) ..... **centaura común** (*Centaurium erythraea*):
2-4 dm. VI-VIII. Claros de bosques o pastizales algo húmedos. Paleotemp. M.

3.40.2. Perfoliadas (*Blackstonia, Chlora*)
1. Flores grandes (unos 2-4 cm de diámetro), con unos 8-12 pétalos (fig. 795) .... **perfoliada mayor**
(*Blackstonia grandiflora*): 3-6 dm. IV-VI. Ribazos de cultivos, pastizales algo húmedos. Medit.-occid. R.
— Flores menores (1-2 cm de diámetro, con 6-8 pétalos 2
2. Hojas superiores claramente soldadas en la base cada par (fig. 790) .... **perfoliada común**
(*Blackstonia perfoliata*): 2-5 dm. V-IX. Juncales, zonas inundables, taludes. Paleotemp. M.
— Hojas superiores no o apenas soldadas en la base (fig. 796) .... **perfoliada menor**
(*Blackstonia acuminata*): 6-16 cm. IV-VII. Pastizales secos, con suficiente humedad primaveral. Circun-Medit. M.
[De aspecto semejante, pero con sépalos más anchos (lanceolados) y habitando en suelos salinos, está *B. imperfoliata*].

3.40.3. Genciana (*Gentiana cruciata*): 1-4 dm. VII-IX. Pastizales vivaces en zonas frescas y húmedas de montaña. Paleotemp. RR (Gud). (Fig. 794).

3.41. Fam. GERANIÁCEAS (*Geraniaceae*)

Familia de hierbas con hojas divididas de forma palmeada o pinnada, con estípulas en su base. Flores vistosas, con 5 pétalos libres, que al secarse dan lugar a frutos finos y alargados (en forma de pico) que se deshacen llevando una semilla cada parte. Las especies silvestres se reúnen en sólo los dos géneros aquí mencionados, estando además muy cultivados como ornamentales los sudafricanos pelargonios.

799. **Alfiler de pastor común** (*Erodium cicutarium*)	800. **Té de Peñagolosa** (*Erodium celtibericum*)	801. **Pico de cigüeña** (*Erodium ciconium*)	802. **Alfiler de hoja ancha** (*Erodium malacoides*)

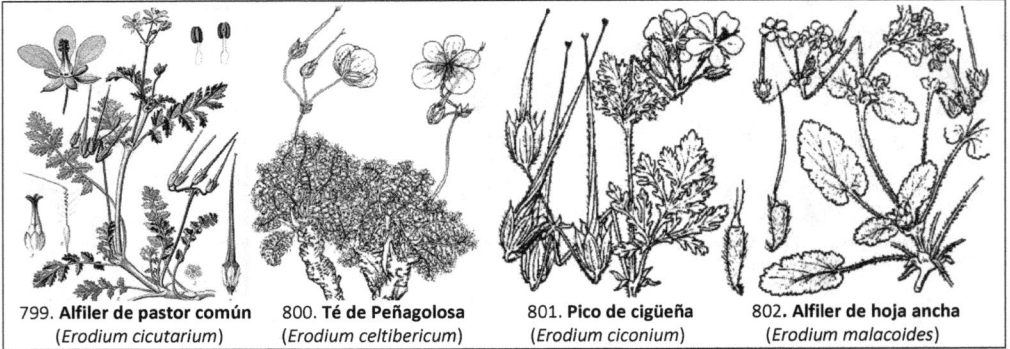

1. Flores completas, con 10 estambres terminados en antera. Hojas enteras o divididas de modo palmeado (fig. 797) .... 2. **geranios** (*Geranium*)
— Sólo cinco estambres terminados en antera. Hojas pinnadamente divididas (fig. 798) ....
.... 1. **alfileres de pastor** (*Erodium*)

3.41.1. **Alfileres de pastor o erodios** (*Erodium*)

1. Hojas pinnadamente divididas en foliolos bien delimitados, que son similares entre sí y dentados en su margen 2
— Hojas desde casi enteras a muy divididas, pero sin generar foliolos regulares y bien delimitados .. 3
2. Foliolos alcanzando 2-4 cm, con dientes poco profundos (fig. 798) .... **almizclera** (*Erodium moschatum*)
2-5 dm. III-VI. Márgenes de caminos, terrenos baldíos secos. Circun-Medit. R.
— Foliolos alcanzando 1-2 cm, muy profundamente divididos (fig. 799) .... **alfiler de pastor común**
(*Erodium cicutarium*): 1-4 dm. II-VII. Cultivos, herbazales sobre terrenos alterados. Paleotemp. C.
3. Planta leñosa y engrosada en la base. Flores de un lila muy claro (fig. 800) .... **té de Peñagolosa**
(*Erodium celtibericum*): 5-25 cm. V-IX. Crestones venteados calizos de alta montaña. Iberolev. R. [También *E. saxatile* (= *E. valentinum*), con flores mayores, de tonalidad más intensa; hojas más verdes y frutos más largos, llega a rozar el extremo sureste (Set). Por otro lado, *E. aguilellae*, con hojas glandulosas y flores agrupadas en mayor número, es endémica de las sierras del litoral meridional de la provincia de Castellón (BM)].
— Plantas herbáceas. Flores de tonalidad rosada o lila más intensa 4
4. Frutos muy alargados (unos 8-10 cm), con pico de al menos 6 cm (fig. 801) .... **pico de cigüeña**
(*Erodium ciconium*): 2-6 dm. IV-VI. Márgenes de caminos, campos de secano y terrenos baldíos, sobre todo en áreas interiores. Euri-Medit. M. [Con frutos igual de grandes, pero con porte bastante más bajo y simple, hojas menores y flores con pétalos mayores, está también *E. botrys*, específico de ambientes silíceos].
— Frutos menores 5
5. Hojas profundamente divididas en lóbulos estrechos, que alcanzan el nervio medio ....
.... **alfiler costero** (*Erodium laciniatum*):
1-4 dm. III-VI. Arenales litorales transitados. Medit.-merid. R. [También *E. chium*, con flores y frutos menores, brácteas bajo las umbelas en mayor número (5-6) y menores (2-3 mm), en medios alterados y no en arenales costeros].
— Hojas poco divididas, con lóbulos anchos o menos profundos (fig. 802) .... **alfiler de hoja ancha**
(*Erodium malacoides*): 1-5 dm. II-VI. Caminos, terrenos baldíos o alterados secos. Circun-Medit. C.

3.41.2. **Geranios** (*Geranium*)

1. Cáliz cilindro-cónico, con sépalos erguidos y contiguos (pareciendo estar soldados). Pétalos lanceolados, con uña bien marcada 2
— Sépalos separados y abiertos. Pétalos ovados, sin uña aparente 3
2. Cáliz glabro. Hojas de contorno redondeado, divididas hasta cerca de la mitad en lóbulos anchos (fig. 803) .... **geranio brillante** (*Geranium lucidum*):
1-4 dm. IV-VII. Orlas de bosque, pie de roquedos y zonas umbrosas visitadas por el ganado. Euri-Medit. M.

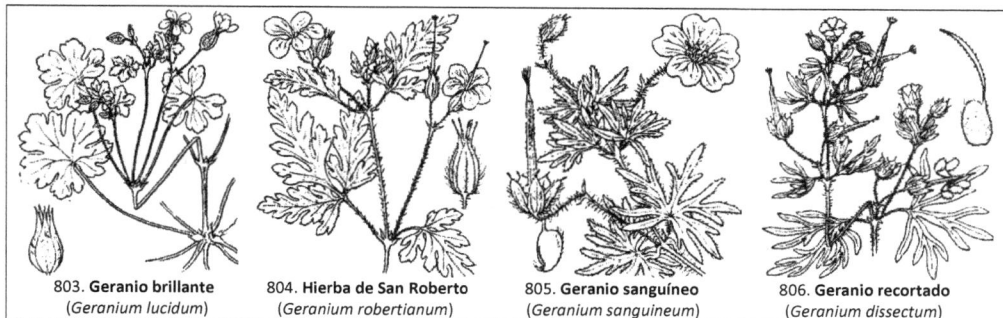

| 803. **Geranio brillante** | 804. **Hierba de San Roberto** | 805. **Geranio sanguíneo** | 806. **Geranio recortado** |
| (*Geranium lucidum*) | (*Geranium robertianum*) | (*Geranium sanguineum*) | (*Geranium dissectum*) |

— Cáliz peloso. Hojas de contorno poligonal, divididas hasta la base en lóbulos estrechos (fig. 804) ......
.... **hierba de San Roberto** (*Geranium robertianum*):
3-6 dm. IV-X. Medios húmedos y umbrosos, aunque algo antropizados. Paleotemp. M. [El verdadero *G. robertia-num* es planta de ambientes frescos de montaña, con pétalos grandes (más de 1 cm) y polen anaranjado, sustituido en zonas bajas por ***G. purpureum*** (= *G. robertianum* subsp. *purpureum*), con pétalos de 5-8 mm y polen amarillo].

3. Hojas divididas profundamente, hasta su base, en lóbulos estrechos 4
— Hojas divididas en lóbulos anchos y no hasta su base 5

4. Flores muy vistosas (2-3 cm de ancho) (fig. 805) .... **geranio sanguíneo** (*Geranium sanguineum*):
2-5 dm. V-VII. Bosques frescos no muy densos y pastizales vivaces de sus claros. Eurosib.-merid. M.
— Flores pequeñas (cerca de 1 cm) y poco vistosas (fig. 806) ... **geranio recortado** (*Geranium dissectum*):
1-5 dm. IV-VII. Juncales, pastizales transitados con abundante humedad. Paleotemp. M. [Con frutos glabros, cáliz mayor (más de 1 cm) y pedúnculos mucho más largos que las hojas, está también ***G. columbinum***].

5. Pétalos enteros. Todas las hojas largamente pecioladas (fig. 807) .... **geranio menor**
(*Geranium rotundifolium*): 1-4 dm. III-VI. Herbazales alterados y algo sombreados. Paleotemp. C.
— Pétalos bífidos. Hojas superiores más o menos sentadas 6

6. Hierbas anuales, de estatura media-baja. Tallos muy hirsutos (fig. 808) .... **geranio peloso**
(*Geranium molle*): 1-4 dm. IV-VII. Herbazales de ambientes alterados y sombreados. Paleotemp. C. [Más escaso, está también el cercano ***G. pusillum***, con tallos cortamente pelosos, frutos con superficie lisa, etc.].
— Hierbas perennes, de estatura mediana. Tallos poco hirsutos (fig. 797) .... **geranio pirenaico**
(*Geranium pyrenaicum*): 2-6 dm. V-VII. Orlas de bosque y herbazales vivaces de montaña, en ambientes frescos y húmedos. Late-Pirenaica. M.

3.42. Fam. GLOBULARIÁCEAS (*Globulariaceae*)

Reducida familia de pequeños arbustos de hojas perennes y enteras, que presentan flores azuladas reunidas en capítulos rodeados de involucro, al modo de las Compuestas, aunque con estambres libres. En nuestro país hay un solo género, con un número escaso de especies.

3.42.1. Globularias (*Globularia*)

1. Arbustos erguidos y ramosos, con tallos muy foliosos, terminados en numerosos capítulos casi sentados (fig. 809) .... **corona de fraile** (*Globularia alypum*):
3-8 dm. X-IV. Matorrales despejados en ambientes bastantes secos y no muy elevados. Circun-Medit. C.
— Plantas solamente algo lignificadas en la base o rastreras. Capítulos pedunculados 2

2. Arbustos rastreros y ramosos, que crecen tendidos sobre rocas calizas. Capítulos menos de 1 cm de diámetro (fig. 810) .... **globularia menor** (*Globularia repens*):
5-25 cm. V-VI. Medios escarpados y roquedos calizos de montaña. Medit.-NW. R.
— Planta erguida, no ramosa. Capítulos con más de 1 cm de diámetro (fig. 811) ....
.... **globularia mayor** (*Globularia linifolia*,
G. vulgaris): 5-25 cm. IV-VI. Matorrales y pastizales sobre suelos calizos someros. Medit.-sept. M.

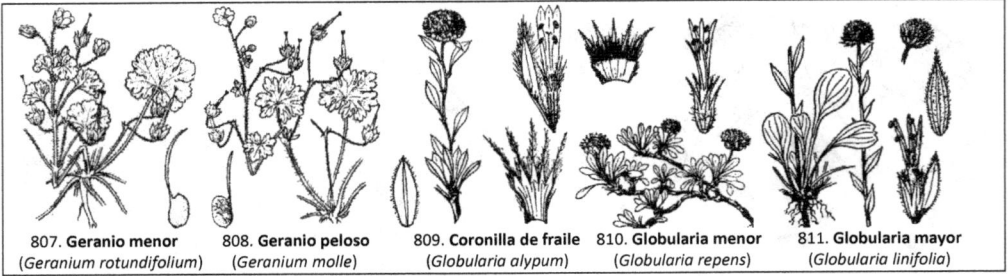

807. Geranio menor (*Geranium rotundifolium*) — **808. Geranio peloso** (*Geranium molle*) — **809. Coronilla de fraile** (*Globularia alypum*) — **810. Globularia menor** (*Globularia repens*) — **811. Globularia mayor** (*Globularia linifolia*)

3.43. Fam. GRAMÍNEAS (*Gramíneas*)

Una de las familias más grandes de plantas con flor. Tienen un aspecto muy homogéneo, con tallos cilíndricos huecos, con nudos engrosados. Hojas enteras, acintadas y paralelinervias. Inflorescencias en espigas o racimos apicales, que llevan unidades especiales (espiguillas) portadoras de una o varias flores, sin pétalos ni sépalos pero rodeadas de brácteas especiales, no vistosas, generalmente verdes (glumas, lema y pálea). Cada flor suele dar 3 estambres y un pequeño ovario con dos estigmas y un óvulo en su interior. El fruto es seco y monospermo (cariópside), aparentando él mismo ser una semilla. Esta familia reúne todos los cereales (trigo, maíz, centeno, arroz, avena, cebada, etc.), de donde su importancia primordial en la alimentación humana y del ganado, así como de la fauna silvestre en general. Además reúne plantas de tallos fibrosos o consistentes (carrizos, cañas, esparto, albardín, etc.) empleadas como fibra textil o material de construcción; siendo muchas de ellas empleadas también en jardinería y para formas céspedes ornamentales, deportivos, etc.

1. Inflorescencia esférica, con cerca de 1 cm de diámetro. Hierba anual de corta estatura (fig. 812) .... 19. **equinaria** (*Echinaria*)
— Inflorescencia ovada o alargada, no esférica 2
2. Espiguillas todas sentadas, dispuestas en espigas simples o compuestas, insertas sobre un eje más o menos aplanado o (y) excavado 3
— Espiguillas pedunculadas (al menos algunas), en racimos o panículas, o -si sentadas- sobre un eje cilíndrico fino no excavado ni aplanado 9
3. Hojas con lígula formada por una línea de pelos 4
— Hojas con lígula membranosa 5
4. Espigas muy finas (1-2 mm de ancho), las mayores alcanzando a veces 8-15 cm de largo. Lígula membranosa (fig. 813) .... 18. **digitaria** (*Digitaria*)
— Espigas más cortas y (o) más anchas. Lígula pelosa (fig. 814) .... 23. **gramas** (*Cynodon, Paspalum*)
5. Espiguillas surgiendo por grupos de 2-3 (fig. 815) .... 10. **cebadas** (*Hordeum*)
— Espiguillas surgiendo solitarias 6
6. Inflorescencia estrechamente filiforme, con espiguillas unifloras, tan adheridas al eje que apenas destacan, aunque al secarse las glumas se separan y se colocan paralelas dando un aspecto como de peine al conjunto (fig. 816) .... 13. **cervuno** (*Nardus*)

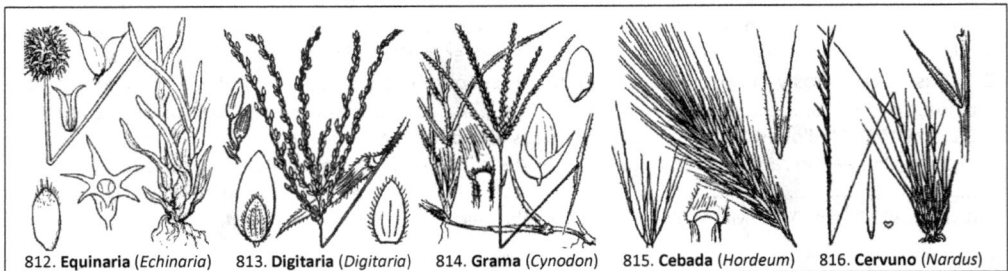

812. Equinaria (*Echinaria*) — **813. Digitaria** (*Digitaria*) — **814. Grama** (*Cynodon*) — **815. Cebada** (*Hordeum*) — **816. Cervuno** (*Nardus*)

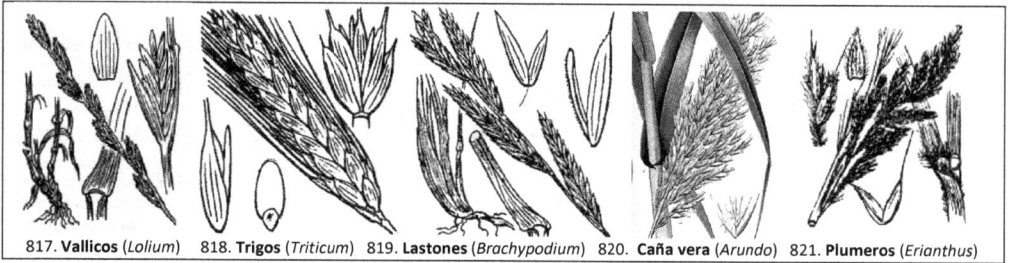

817. **Vallicos** (*Lolium*) 818. **Trigos** (*Triticum*) 819. **Lastones** (*Brachypodium*) 820. **Caña vera** (*Arundo*) 821. **Plumeros** (*Erianthus*)

— Sin los caracteres mencionados 7

7. Espiguillas cubiertas por una sola gluma, paralela a la excavación del eje del que surgen (fig. 817) ....
.... 38. **vallicos** (*Lolium*)

— Espiguillas con dos glumas, dispuestas en forma de erguida a patente 8

8. Espiguillas engrosadas. Glumas duras, con 1-3 aristas (fig. 818) .... 37. **trigos** (*Triticum, Aegilops*)

— Sin estos caracteres reunidos (fig. 819) .... 27. **lastones** (*Brachypodium, Elymus*)

9. Plantas perennes, elevadas 1 metro o más, con consistencia de caña. Inflorescencia juvenil rojiza,
peloso-plumosa en la madurez. Hojas con cerca de 1 cm de anchura o más 10

— Sin estos caracteres reunidos 12

10. Planta adulta elevada varios metros. Cañas de unos 2 cm de anchura. Hojas de unos 3-5 cm de
anchura (fig. 820) .... 8. **caña vera** (*Arundo*)

— Planta elevada 1-2 m. Cañas y hojas menores. 11

11. Plantas cespitosas, densamente amacolladas. Hojas muy cortantes en el margen, surgiendo en su
mayoría de la base de la planta (fig. 821) .... 32. **plumeros** (*Erianthus*)

— Plantas rizomatosas, no amacolladas. Hojas no cortantes, surgiendo del tallo (fig. 822) ....
.... 9. **carrizo** (*Phragmites*)

12. Inflorescencia compacta, blanquecina y densamente cubierta en la madurez de pelos largos y
suaves (algodonosos) 13

— Inflorescencia verdosa o (y) no densamente algodonosa 14

13. Planta anual. Tallos y hojas muy pelosos. Inflorescencia ovoidea (1-3 veces más larga que ancha)
(fig. 823) ....15. **cola de liebre** (*Lagurus*)

— Planta perenne, de cepa engrosada. Tallos y hojas glabros o poco pelosos. Inflorescencia cilíndrica .
(fig. 824) .... **cisca** (*Imperata*)

14. Espiguillas reunidas por grupos heteromorfos, de modo que unas son hermafroditas y fértiles
(maduran semillas) y otras asexuadas o masculinas, que no dan semilla 15

— Sin estos caracteres reunidos. Espiguillas solitarias o todas semejantes 18

15. Espiguillas no aristadas (fig. 825) .... 4. **alpistes** (*Phalaris*)

— Espiguillas aristadas, al menos en las flores fértiles 16

16. Espiguillas agrupadas por pares de espigas alargadas dispuestas en "V" (fig. 826) ....
.... 11. **cerrillo** (*Hyparrhenia*)

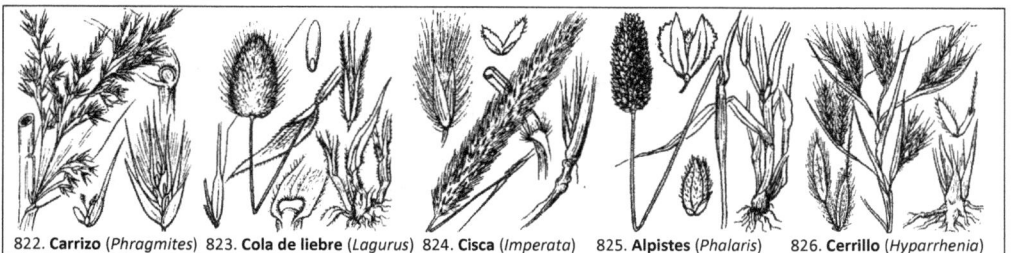

822. **Carrizo** (*Phragmites*) 823. **Cola de liebre** (*Lagurus*) 824. **Cisca** (*Imperata*) 825. **Alpistes** (*Phalaris*) 826. **Cerrillo** (*Hyparrhenia*)

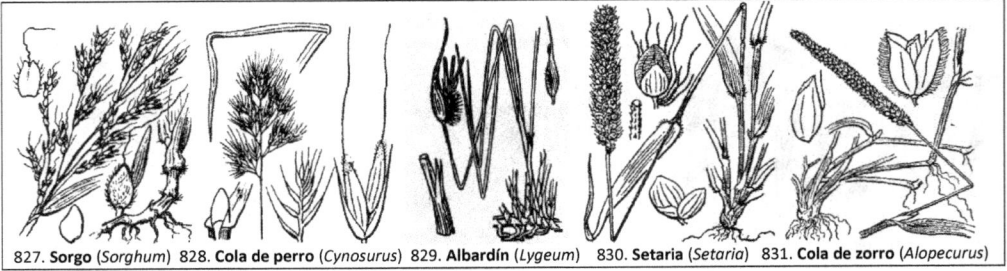

827. **Sorgo** (*Sorghum*) 828. **Cola de perro** (*Cynosurus*) 829. **Albardín** (*Lygeum*)   830. **Setaria** (*Setaria*) 831. **Cola de zorro** (*Alopecurus*)

— Espiguillas no dispuestas de este modo. Inflorescencia en forma de panícula laxa o densa 17

17. Espiguillas rojizas, en grupos laxos. Planta elevada (cerca de 1 m) (fig. 827) ...... 36. **sorgo** (*Sorghum*)
— Espiguillas verdosas o blanquecinas, en inflorescencia densa. Plantas poco elevadas (fig. 828) ....
.... 15. **colas de perro** (*Cynosurus, Lamarckia*)

18. Planta rizomatosa, muy recia, con tallos terminados en espiguilla simple y única (fig. 829) ....
.... 3. **albardín** (*Lygeum*)
— Sin estos caracteres reunidos. Tallos normalmente produciendo más de una espiguilla 19

19. Eje de la inflorescencia con largas cerdas rígidas entre espiguillas (fig. 830) ..... 34. **setarias** (*Setaria*)
— Inflorescencia sin tales cerdas rígidas (a veces con pelos de las propias espiguillas) 20

20. Lemas con una arista, que se inserta por debajo de su extremo superior 21
— Lemas no aristados o con arista dispuesta en el mismo extremo apical 27

21. Espiguillas encerrando una sola flor cada una 22
— Espiguillas con dos o más flores 23

22. Inflorescencia cilíndrica densa y engrosada (± 1 cm) (fig. 831) .... 16. **cola de zorro** (*Alopecurus*)
— Inflorescencia muy fina, laxa y alargada (fig. 832) .... 1. **agróstides** (*Agrostis*)

23. Espiguillas con dos flores 24
— Espiguillas con más de dos flores 25

24. Hierba perenne blanquecina. Par de flores de la espiguilla desiguales, siendo una largamente aristada (fig. 833) .... 25. **heno blanco** (*Holcus*)
— Par de flores de la espiguilla iguales, Hierbas anuales o perennes (fig. 834) .... 2. **airas** (*Aira*)

25. Espiguilla con una flor fértil (que da semilla) acompaña de dos estériles (fig. 835) ....
.... 24. **grama de olor** (*Anthoxanthum*)
— Espiguilla con varias flores fértiles 26

26. Arista inserta un poco por debajo del extremo de los lemas (fig. 836) .... 7. **bromos** (*Bromus*)
— Arista inserta en la zona media o basal de los lemas (fig. 837) .... 5. **avenas** (*Avena*, etc.)

27. Eje de las espiguillas terminado en una estructura esférica estéril formada por los lemas de unas pocas flores estériles (fig. 838) .... 28. **mélicas** (*Melica*)
— Sin estas características 28

28. Espiguillas provistas de una sola flor hermafrodita fértil 29

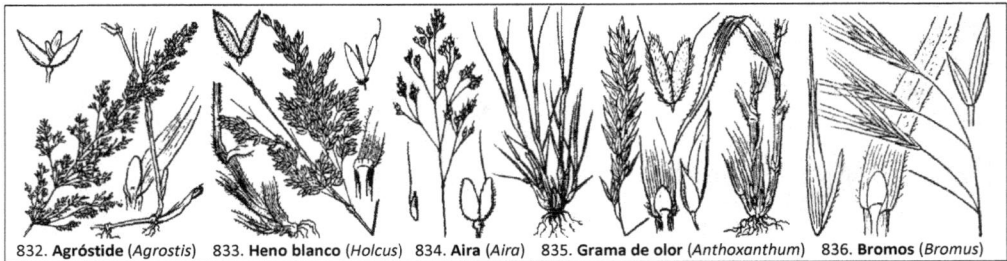

832. **Agróstide** (*Agrostis*)   833. **Heno blanco** (*Holcus*) 834. **Aira** (*Aira*)   835. **Grama de olor** (*Anthoxanthum*) 836. **Bromos** (*Bromus*)

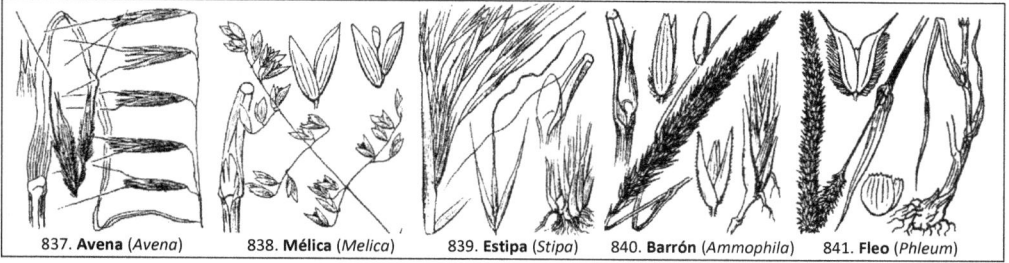

| 837. **Avena** (*Avena*) | 838. **Mélica** (*Melica*) | 839. **Estipa** (*Stipa*) | 840. **Barrón** (*Ammophila*) | 841. **Fleo** (*Phleum*) |

— Espiguillas con dos o más flores fértiles 33

29. Aristas mucho más largas que las espiguillas (± 1 dm o más) (fig. 839) .... 20. **estipas** (*Stipa*)

— Aristas nulas o no tan alargadas 30

30. Espiguillas no aristadas. Inflorescencia cilíndrica y densa, no interrumpida. Plantas perennes 31

— Sin estos caracteres reunidos 32

31. Planta robusta, densamente cespitosa. Inflorescencia bastante larga, alcanzando 2-3 dm. Hojas con lígula de 1-2 cm (fig. 840) .... 6. **barrón** (*Ammophila*)

— Planta no robusta, laxamente cespitosa. Inflorescencia y lígula menores (fig. 841) .... 22. **fleo** (*Phleum*)

32. Inflorescencia algo condensada, desde casi continua a claramente interrumpida, con espiguillas muy reducidas (1-2 mm) (fig. 842) .... 31. **pelosa** (*Polypogon*)

— Inflorescencia muy laxa, con espiguillas solitarias y distantes o en grupos distanciados. Espiguillas con frecuencia mayores (fig. 843) .... 29. **mijos** (*Piptatherum, Echinochloa, Panicum*)

33. Espiguillas casi igual de largas que anchas, colgantes. Glumas semiesféricas (fig. 844) ....
.... 36. **tembladeras** (*Briza*)

— Espiguillas más largas que anchas, casi siempre erguidas 34

34. Glumas y lemas ± obtusos, no aristados ni mucronados en su extremo 35

— Glumas y lemas agudos, mucronados o aristados en su extremo 36

35. Hierbas perennes, densamente cespitosas, con abundantes restos secos en su cepa. Inflorescencia muy estrecha y alargada (fig. 845) .... 28. **molinia** (*Molinia*)

— Sin estos caracteres reunidos (fig. 846) .... 33. **poas** (*Poa*)

36. Inflorescencia cilíndrica u ovada, densa y algo engrosada, con espiguillas prietas 37

— Inflorescencia laxa y paniculada, si algo densa entonces muy fina y alargada 38

37. Inflorescencia cilíndrica continua. Lígula de hasta 1 mm (fig. 847) . 26. **koelerias** (*Koeleria, Rostraria*)

— Inflorescencia con frecuencia discontinua y unilateral. Lígula de unos 2-10 mm (fig. 848) ....
.... 17. **dactilo** (*Dactylis*)

38. Hierbas anuales, tenues y poco elevadas, que no forman rosetas densas de hojas basales (fig. 849)
.... 39. **vulpias** (*Vulpia*)

— Hierbas perennes, firmes y a veces algo elevadas, con rosetas densas de hojas basales durante la floración (fig. 850) .... 21. **festucas** (*Festuca*)

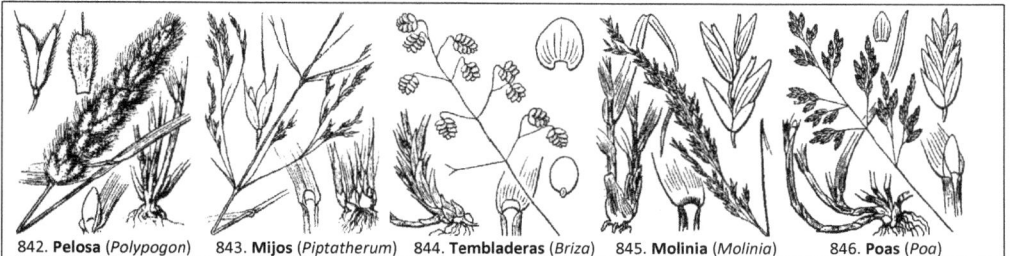

| 842. **Pelosa** (*Polypogon*) | 843. **Mijos** (*Piptatherum*) | 844. **Tembladeras** (*Briza*) | 845. **Molinia** (*Molinia*) | 846. **Poas** (*Poa*) |

141

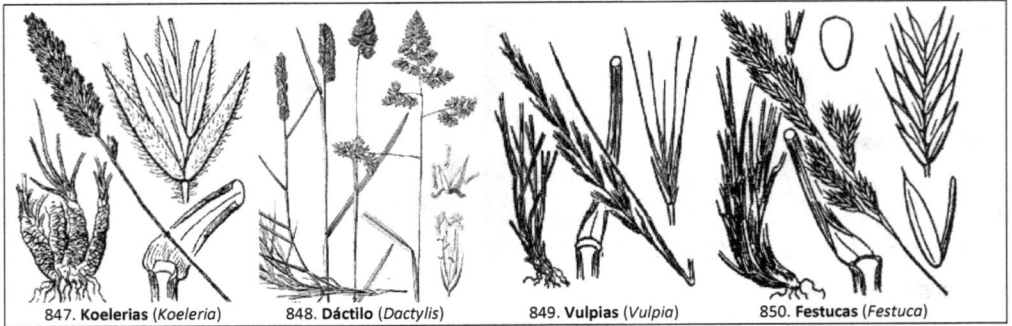

847. **Koelerias** (*Koeleria*)   848. **Dáctilo** (*Dactylis*)   849. **Vulpias** (*Vulpia*)   850. **Festucas** (*Festuca*)

3.43.1. Agróstides (*Agrostis*)

1. Hierba anual, de baja estatura e inflorescencia casi imperceptible (fig. 851) .... **agróstide fina** (*Agrostis tenerrima*): 5-20 cm. IV-VI. Pastizales anuales sobre suelos silíceos algo húmedos. Medit.-occid. R. [En medios continentales calizos, también **A. nebulosa**, algo más aparente (espiguillas de 1-2 mm frente a 0,5-1 mm). En ambientes silíceos frescos **A. truncatula**, de inflorescencia muy tenue pero perenne con cepa gruesa (Jil, Taj)].
— Hierbas perennes, rizomatosas, algo elevadas 2
2. Ramas de la inflorescencia sin espiguillas en su mitad inferior. Hojas habitualmente plegadas (fig. 852) .... **agróstide castellana** (*Agrostis castellana*): 3-8 dm. V-VII. Pastizales vivaces no muy húmedos, sobre suelos arenosos silíceos. Circun-Medit. M.
— Ramas de la inflorescencia con espiguillas hasta su base. Hojas planas (fig. 853) .... **agróstide común** (*Agrostis stolonifera*): 4-8 dm. V-IX. Pastizales vivaces siempre húmedos, juncales ribereños. Holárt. C.

3.43.2. Airas (*Aira, Airopsis, Corynephorus, Deschampsia*)

1. Hierba anual, muy fina y poco elevada (hasta 1-2 dm) 2
— Hierbas perennes, con numerosas hojas basales frescas en la floración 3
2. Espiguillas maduras esféricas, sin aristas (fig. 854) .... **aira globosa** (*Airopsis tenella*, A. globosa): 4-12 cm. IV-VI. Pastizales anuales sobre suelos arenosos silíceos algo húmedos. Medit.-occid. R.
— Espiguillas cónicas y aristadas (fig. 855) .... **aira fina** (*Aira caryophyllea*): 4-20 cm. IV-VII. Pastizales secos sobre suelos silíceos despejados. Paleotemp. M. [En los mismos medios también **A. cupaniana**, con glumas más obtusas, pedúnculos más cortos y engrosados en su extremo en forma de peana].
2. Arista de los lemas engrosada en la parte superior. Hierba grisácea o blanquecina poco elevada .... **aira cana** (*Corynephorus canescens*, Aira canescens): 1-4 dm. V-VII. Pastizales secos sobre suelos arenosos bien iluminados. Paleotemp. M. [Cercana a esta especie está también, en similares ambientes, **C. fasciculatus**, de ciclo anual, más verdosa, con panícula más laxa y ramosa].
— Arista de los lemas fina y continua. Hierbas verdes y elevadas (hasta medio metro o más) (fig. 856) .. .. **aira cespitosa** (*Deschampsia caespitosa*, D. media, D. hispanica): 4-8 dm. VI-VIII. Pastizales vivaces húmedos al menos en primavera. Holárt. M.

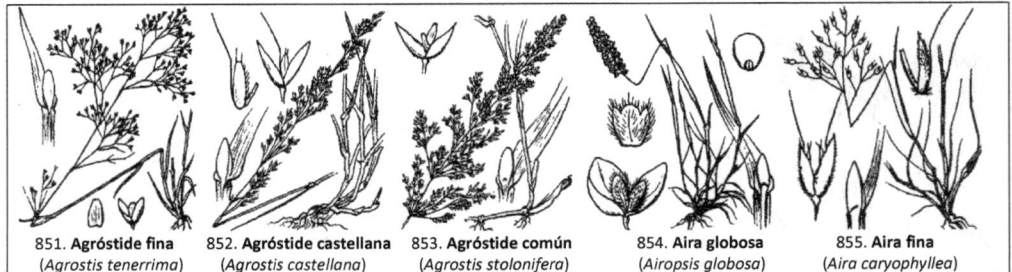

851. **Agróstide fina** (*Agrostis tenerrima*)   852. **Agróstide castellana** (*Agrostis castellana*)   853. **Agróstide común** (*Agrostis stolonifera*)   854. **Aira globosa** (*Airopsis globosa*)   855. **Aira fina** (*Aira caryophyllea*)

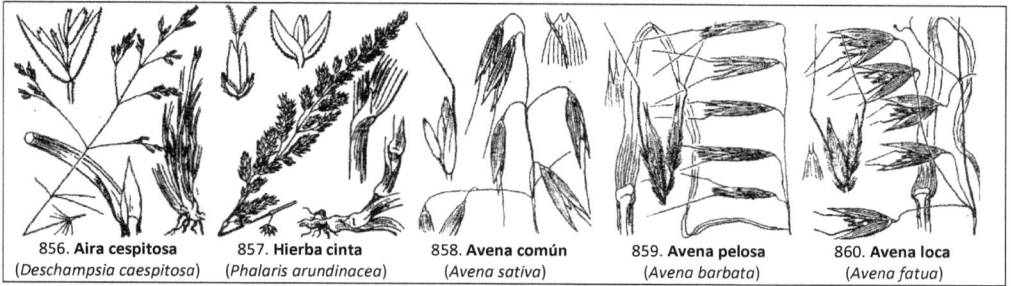

| **856. Aira cespitosa** | **857. Hierba cinta** | **858. Avena común** | **859. Avena pelosa** | **860. Avena loca** |
| (*Deschampsia caespitosa*) | (*Phalaris arundinacea*) | (*Avena sativa*) | (*Avena barbata*) | (*Avena fatua*) |

4.43.3. Albardín, espart bord (*Lygeum spartum*): 2-7 dm. IV-VI. Pastizales secos y soleados en ambientes yesosos o salinos. Medit.-suroccid. R. (Fig. 829). (Fig. 829).

4.43.4. Alpistes (*Phalaris*)

1. Hierba anual. Inflorescencia globosa densa (fig. 825) .... **alpiste silvestre** (*Phalaris minor*): 1-5 dm. III-VI. Márgenes de caminos, herbazales nitrófilos secos. Paleotemp. M. [Esta especie muestra las alas de las glumas irregularmente dentadas, frente a *Ph. canariensis*, de porte más robusto y alas enteras].
— Hierba perenne, elevada. Inflorescencia alargada, a veces discontínua (fig. 857) .... **hierba cinta** (*Phalaris arundinacea*): 5-20 dm. VI-VIII. Carrizales y altos herbazales vivaces húmedos o ribereños. Holárt. R. [Con las glumas más claramente aladas, inflorescencia más continua, etc., está también *Ph. aquatica*].

4.43.5. Avenas (*Avena, Avenula, Arrhenatherum, Helictotrichon, Trisetum*)

1. Plantas anuales, con espiguillas de tendencia colgante y dispuestas en panículas bastante laxas. Glumas con más de 1 cm 2
— Hierbas perennes. Espiguillas en panículas más estrechas (± espiciformes) 4
2. Glumas amarillo-doradas. Lema no peloso (fig. 858) .... **avena común** (*Avena sativa*): 4-10 dm. IV-VII. Cultivada como cereal, a veces asilvestrada en campos de secano, terrenos baldíos. Iranotur. R.
— Glumas pajizas o verdosas. Lema bastante peloso 3
3. Espiguillas estrechas y alargadas, dispuestas casi todas hacia el mismo lado. Lema cubierto de pelos blancos (fig. 859) .... **avena pelosa** (*Avena barbata*): 3-8 dm. IV-VII. Campos de cultivo, cunetas, herbazales alterados y terrenos baldíos secos. Paleotemp. M.
— Espiguillas anchas y no muy alargadas, de tendencia no unilateral. Lema con pelos dorados (fig. 860) .... **avena loca** (*Avena fatua*): 3-10 dm. IV-VII. Campos de secano, cunetas, terrenos baldíos o alterados diversos. Paleotemp. M.
4. Flores de cada espiguilla diferentes, una con arista alargada y otra sin arista (fig. 861) .... **avena blanca** (*Arrhenatherum elatius*, *Avena elatior*): 4-15 dm. V-VIII. Pastizales vivaces húmedos, pedregales, etc. Paleotemp. M. [Bastante semejante *A. album*, de ambientes más secos, con espiguillas mayores (más de 8 mm) y flor inferior de la espiguilla con la arista claramente basal].
— Flores de cada espiguilla todas similares y aristadas 4
4. Espiguillas pequeñas (unos 4-8 mm), con aristas de unos 2-8 mm, que son finas y apenas retorcidas en la base (fig. 862) .... **avena dorada** (*Trisetum flavescens*): 3-8 dm. V-VII. Márgenes de arroyos, prados húmedos de montaña. Paleotemp. M. [Hierbas anuales, de porte menor son *T. loeflingianum*, con inflorescencia estrecha y alargada, habitando en medios secos esteparios, y *T. ovatum*, con inflorescencia ovoidea, habitando en medios silíceos frescos de montaña (Jil, Taj)].
— Espiguillas de unos 8-30 mm, con aristas superando habitualmente 1 cm, recias y muy retorcidas en la base al madurar 5
5. Tallos rojizos, brillantes en la base. Hojas con lígula reducida (fig. 863) .... **avena rojiza** (*Helictotrichon filifolium*, *Avena filifolia*): 6-15 dm. IV-VI. Matorrales y pastizales vivaces secos de las zonas meridionales. Medit.-suroccid. M.
— Sin estos caracteres reunidos. Lígulas bien aparentes, al menos en las hojas medias 6

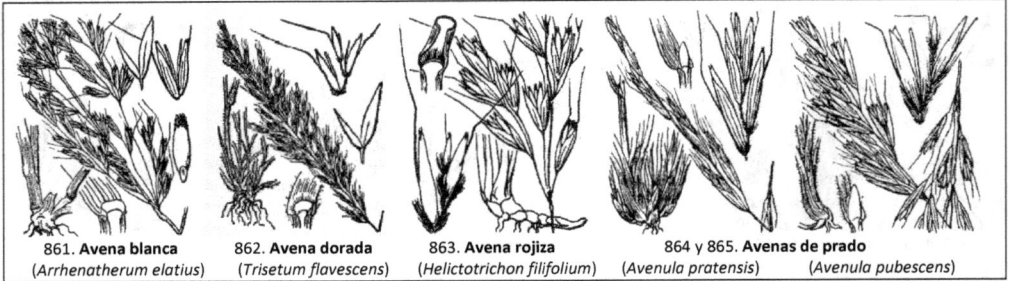

861. **Avena blanca**	862. **Avena dorada**	863. **Avena rojiza**	864 y 865. **Avenas de prado**	
(*Arrhenatherum elatius*)	(*Trisetum flavescens*)	(*Helictotrichon filifolium*)	(*Avenula pratensis*)	(*Avenula pubescens*)

6. Hojas basales y medias alargadas. Planta elevada, que suele alcanzar más de medio metro (fig. 864). .... **avena de prado** (*Avenula pratensis*, *Avena pratensis*): 3-8 dm. V-VIII. Pastizales vivaces densos y algo húmedos, en áreas frescas de montaña. Paleotemp. M. [Con hojas más planas, más anchas, más blandas y pelosas, está también **A. pubescens** (fig. 865)].

— Hojas habitualmente cortas. Planta poco elevada (pocos dm) .... **avena de monte** (*Avenula bromoides*, *Avena bromoides*): 2-6 dm. V-VII. Pastizales vivaces secos y soleados. Medit.-occid. C.

3.43.6. Barrón, borró (*Ammophila arenaria*): 5-12 dm. IV-VI. Arenales costeros. Medit.-Atlánt. R. (Fig. 840).

3.43.7. Bromos (*Bromus*)

1. Plantas perennes. Lemas con aristas atrofiadas o de pocos mm 2
— Planta anual. Espiguillas más anchas. Arista generalmente alargada 3
2. Espiguillas cilíndricas y estrechas, de 2-5 mm de anchura. Lemas con menos de 1 cm de longitud (fig. 866).. **bromo de prado** (*Bromus erectus*): 3-8 dm. V-VII. Pastizales vivaces de montaña en terrenos no muy secos. Paleotemp. M.
— Espiguillas aplanadas y anchas (5-10 mm). Lemas con más de 1 cm (fig. 867) .... **bromo americano** (*Bromus unioloides*): 4-12 dm. II-X. Campos de regadío, herbazales húmedos alterados. Neotrop. M.
3. Espiguillas ovadas u ovado-lanceoladas, engrosadas 4
— Espiguillas alargadas, linear-lanceoladas, más bien aplanadas 5
4. Espiguillas maduras con aristas erguidas y paralelas entre sí (fig. 868) .... **bromo suave** (*Bromus hordeaceus*, *B. mollis*): 2-6 dm. IV-VII. Herbazales alterado sobre suelos algo húmedos. Paleotemp. C. [De aspecto semejante pero con espiguillas más alargadas, más largamente pedunculadas, con lemas mayores (12-20 mm), etc., está **B. lanceolatus**, sobre todo en terrenos silíceos].
— Espiguillas maduras con aristas fuertemente dobladas hacia atrás (fig. 869) .... **bromo colgante** (*Bromus squarrosus*): 1-3 dm. V-VII. Campos de secano, cunetas, terrenos baldíos, etc. Paleotemp. C.
5. Espiguillas colgantes en su madurez (apuntando hacia el suelo) 6
— Espiguillas erectas o patentes en su madurez 7
6. Inflorescencia corta y relativamente densa. Lemas y aristas con ± 1 cm (fig. 870) .... **bromo de muros** (*Bromus tectorum*): 1-3 dm. V-VII. Campos de secano, herbazales secos alterados. Paleotemp. M.

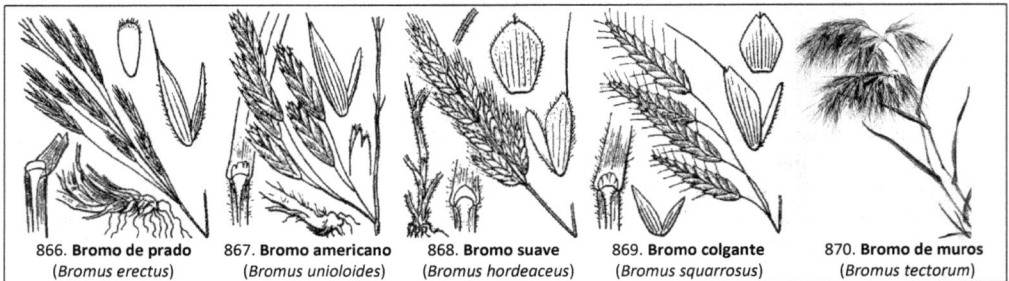

866. **Bromo de prado**	867. **Bromo americano**	868. **Bromo suave**	869. **Bromo colgante**	870. **Bromo de muros**
(*Bromus erectus*)	(*Bromus unioloides*)	(*Bromus hordeaceus*)	(*Bromus squarrosus*)	(*Bromus tectorum*)

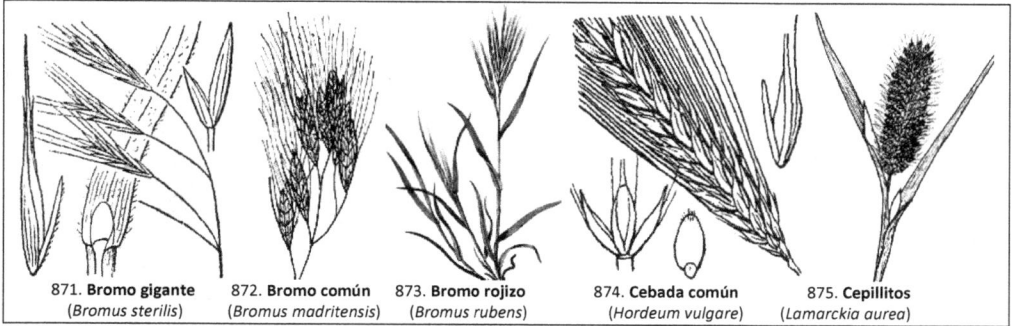

871. **Bromo gigante**	872. **Bromo común**	873. **Bromo rojizo**	874. **Cebada común**	875. **Cepillitos**
(*Bromus sterilis*)	(*Bromus madritensis*)	(*Bromus rubens*)	(*Hordeum vulgare*)	(*Lamarckia aurea*)

— Inflorescencia larga y laxa. Lemas y aristas de 1,5-2 cm (fig. 871) ...... **bromo gigante** (*Bromus sterilis*): 4-14 dm. V-VII. Herbazales antropizados en áreas sombreadas y no muy secas. Paleotemp. M.

7. Lemas de 2-4 cm. Espiguillas de unos 4-6 cm (aristas excluidas) ...... **bromo litoral** (*Bromus diandrus*): 2-6 dm. II-V. Herbazales anuales alterados en zonas litorales. Paleotemp. M.

— Lemas de 1-2 cm. Espiguillas de unos 2-4 cm 8

8. Lemas con 3-3,5 mm de anchura. Inflorescencia no demasiado densa (fig. 872) .... **bromo común** (*Bromus madritensis*): 2-5 dm. IV-VII. Campos de cultivo, pastizales secos alterados. Medit.-Iranot. C.

— Lemas con 1-2,5 mm de anchura. Inflorescencia muy densa y compacta (fig. 873) .... **bromo rojizo** (*Bromus rubens*): 1-4 dm. IV-VII. Campos de secano y herbazales antropizados. Medit.-Iranot. M.

3.43.8. **Caña vera**, canya (*Arundo donax*): 2-5 m. VIII-X. Medios ribereños alterados de baja altitud. Subtrop. R. (Fig. 820). [**A. plinii** es una caña de menor tamaño (1-3 m), con espiguillas menores (menos de 1 cm), pelos de los lemas menores (3-5 mm), etc.].

3.43.9. **Carrizo**, senill (*Phragmites australis*): 5-20 dm. VIII-X. Riberas fluviales, hondonadas húmedas inundables. Subcosmop. C. (Fig. 822).

3.43.10. **Cebadas**, civades (*Hordeum*)

1. Planta robusta, erguida y elevada. Lemas con arista de unos 5-15 cm (fig. 874) .... **cebada común** (*Hordeum vulgare*): 5-15 dm. V-VII. Campos de cultivo, caminos, terrenos baldíos, etc. Paleotrop. R.

— Planta frágil, no muy elevada. Lemas con aristas de 1-4 cm (fig. 815) .... **espigadilla** (*Hordeum murinum*): 2-5 dm. III-VII. Cunetas, terrenos baldíos o alterados. Holárt. CC. [Plantas de tonalidad más glauca, de estatura menor, con glumas no pelosas, que crecen en medios salinos, corresponden a *H. marinum*].

3.43.11. **Cerrillo** (*Hyparrhenia hirta*, *Andropogon hirtum*): 3-10 dm. I-XII. Pastizales vivaces secos y soleados en zonas no muy elevadas. Medit.-Paleotrop. M. (Fig. 826). [Plantas más robustas, con hojas más anchas, propias de medios no muy secos, con las aristas más cortas (1-2 cm), etc., se atribuyen a *H. sinaica*].

3.43.12. **Cervuno** (*Nardus stricta*): 1-3 dm. IV-VII. Pastizales vivaces densos sobre suelos silíceos húmedos (cervunales). Eurosib. M. (Fig. 816).

3.43.13. **Cisca**, xisca (*Imperata cylindrica*): 4-10 dm. VI-IX. Herbazales ribereños, cañaverales. Medit.-Paleosubtrop. M. (Fig. 824).

3.43.14. **Cola de liebre** (*Lagurus ovatus*): 1-5 dm. IV-VI. Pastizales secos anuales, sobre todo en terrenos arenosos. Circun-Medit. M. (Fig. 823).

3.43.15. **Colas de perro** (*Cynosurus*, *Lamarckia*)

1. Inflorescencia verde con espiguillas erguidas (fig. 828) .... **cola de perro**

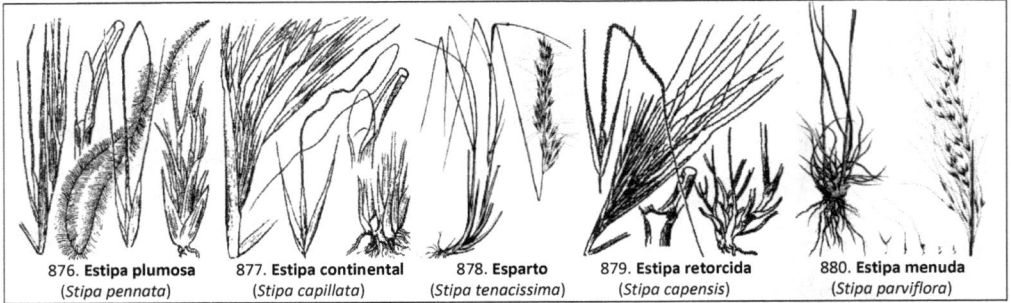

876. **Estipa plumosa**	877. **Estipa continental**	878. **Esparto**	879. **Estipa retorcida**	880. **Estipa menuda**
(*Stipa pennata*)	(*Stipa capillata*)	(*Stipa tenacissima*)	(*Stipa capensis*)	(*Stipa parviflora*)

(*Cynosurus echinatus*): .... 2-6 dm. IV-VI. Pastizales anuales en ambientes no muy secos. Paleotemp. M. [También **C. elegans**, de porte más fino, menos elevada, hojas más estrechas, algo pelosas en el haz, etc.].
— Inflorescencia dorado-blanquecina, con espiguillas colgantes (fig. 875) .... **cepillitos** (*Lamarckia aurea*, Cynosurus aureus): 5-30 cm. III-VI. Campos de cultivo, herbazales secos anuales. Medit.-Iranot. M.

3.43.16. **Cola de zorro** (*Alopecurus arundinaceus*): 4-12 dm. V-VII. Pastizales vivaces húmedos. Paleotemp. M. (Fig. 831). [Esta especie es perenne, con inflorescencia pelosos-grisácea. En campos de cultivo le sustituye **A. myosuroides**, planta anual, con inflorescencia verde y glabra].

3.43.17. **Dactilo** (*Dactylis glomerata*): 3-8 dm. IV-IX. Pastizales vivaces, desde bastante húmedos hasta relativamente secos. Paleotemp. C. (Fig. 848). [En las zonas frescas y húmedas del interior se presenta la forma típica, de hojas anchas (cerca de 1 cm), lígula alargada (unos 5-10 mm) e inflorescencia claramente interrumpida. Por todas partes, sobre todo de ambientes secos, **D. hispanica** (= D. glomerata subsp. hispanica), con hojas estrechas, lígulas más corta e inflorescencia continua o poco interrumpida].

3.43.18. **Digitaria** (*Digitaria sanguinalis*): 3-5 dm. VII-X. Campos de regadío, herbazales húmedos alterados en zonas de baja altitud. Cosmop. M. (Fig. 813).

3.43.19. **Equinaria** (*Echinaria capitata*): 4-20 cm. IV-VI. Terrenos baldíos secos que se encuentran bastante transitados o pastoreados. Medit.-Iranot. C. (Fig. 812).

3.43.20. **Estipas** (*Stipa*)
1. Lemas glabros o con pelos muy cortos, terminados en arista articulada, con un artejo basal retorcido 2
— Lema con pelos blanquecinos en su base de varios mm, terminado en arista recta o algo curvada ...
.... **estipa de pedregal** (*Stipa calamagrostis*, Achnatherum calamagrostis): 3-12 dm. VI-VIII. Pedregales y medios escarpados calizos en áreas frescas de montaña. Medit.-sept. R.
2. Lemas y frutos terminados en una larga arista lisa en su mayor parte 3
— Lemas y frutos terminados en arista muy pelosa (fig. 876) .... **estipa plumosa** (*Stipa pennata*): 2-8 dm. V-VII. Matorrales y pastizales vivaces sobre sustratos calizos secos. Paleotemp. M.
3. Lígula de las hojas superiores muy larga (15-20 mm). Arista pelosa en su base (fig. 877) ....
.... **estipa continental** (*Stipa capillata*): 3-6 dm. V-VII. Pastizales vivaces secos interiores, sobre sustratos básicos. Medit.-occid. M.
— Lígula de las hojas superiores más corta (hasta 1 cm). Arista no pelosa en la base 4
4. Planta muy consistente, formando céspedes de cerca de medio metro de anchura, con inflorescencia gruesa y bastante densa (fig. 878) .... **esparto** (*Stipa tenacissima*): 7-16 dm. III-V. Matorrales y pastizales en ambientes bastante secos y soleados. Medit.-suroccid. M.
— Planta poco consistente, formando céspedes pequeños o apenas cespitosa. Inflorescencia generalmente laxa o fina 5
5. Planta anual, de cepa tenue, fácil de erradicar. Aristas muy retorcidas en la madurez de la inflorescencia (fig. 879).. **estipa retorcida** (*Stipa capensis*,

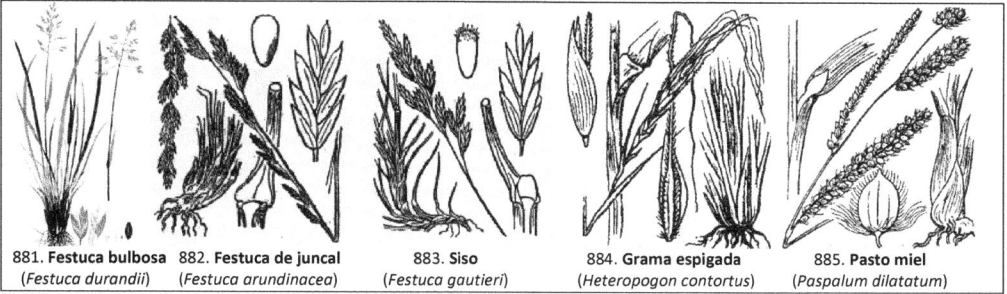

881. Festuca bulbosa (*Festuca durandii*) **882. Festuca de juncal** (*Festuca arundinacea*) **883. Siso** (*Festuca gautieri*) **884. Grama espigada** (*Heteropogon contortus*) **885. Pasto miel** (*Paspalum dilatatum*)

S. retorta): 1-3 dm. III-V. Pastizales secos anuales en zonas alteradas de baja altitud. Circun-Medit. M.

— Plantas perennes, de cepa firme, difíciles de desenraizar. Aristas no o apenas retorcidas 6

6. Glumas verdes, de más de 1 cm. Lígula de las hojas inferiores aguda, de unos 3-5 mm ....
.... **estipa común** (*Stipa offneri,*
S. juncea): 3-10 dm. IV-VI. Matorrales y pastizales secos sobre sustratos someros. Medit.-occid. C.

— Glumas rojizas, con menos de 1 cm. Lígula de las hojas inferiores corta (cerca de 1 mm) y truncada (fig. 880) .... **estipa menuda** (*Stipa parviflora*): 3-6 dm. III-V. Pastizales vivaces y matorrales aclarados en medios muy secos. Medit.-suroccid. M.

3.43.21. Festucas (*Festuca*)

1. Planta robusta, con cerca de 1 m de estatura, con tallos bastante engrosados o bulbosos en la base (fig. 881) .... **festuca bulbosa** (*Festuca durandii*): 5-15 dm. V-VII. Pastizales vivaces en terrenos silíceos de montaña. Medit.-occid. R. [En ambientes calizos le sustituye la similar **F. paniculata**, con la gluma inferior uninervia (no trinervia), lema algo mayor (7-8 mm), etc.].

— Plantas no muy robustas, con cepa no bulbosa 2

2. Hojas planas, de 3 mm o más de anchura. Inflorescencia de 1-3 dm (fig. 882) .... **festuca de juncal** (*Festuca arundinacea*): 4-10 dm. V-VIII. Juncales y pastizales vivaces siempre húmedos. Paleotemp. M.

— Hojas plegadas o revolutas, con menos de 3 mm de anchura 3

3. Hojas formando densas almohadillas punzantes al tacto (fig. 883) .... **siso** (*Festuca gautieri,*
F. scoparia): 2-4 dm. V-VII. Medios forestales y zonas escarpadas calizas de montaña caliza. Late-Pirenaica. M.

— Hojas no punzantes ni formando densas almohadillas semiesféricas 4

4. Hojas cortas (1-4 cm) y fuertemente curvado-arqueadas. Plantas bajas (en su mayoría 1-2 dm). Panícula corta (1-4 cm) .... **festuca enana** (*Festuca hystrix*): 5-25 cm. V-VII. Matorrales y pastizales secos y soleados sobre sustratos básicos muy superficiales. Medit.-occid. C.

— Hojas más alargadas, rectas o algo curvadas. Plantas medianas (unos 2-4 dm). Panícula algo más larga .... **festuca glauca** (*Festuca marginata*): 2-5 dm. V-VII. Matorrales y pastizales vivaces secos y bien iluminados. Iberolev. M. [Con las hojas muy finas (capilares), poco rígidas y el tallo rojizo en la base, está también **F. capillifolia**].

3.43.22. Fleo (*Phleum pratense*): 2-5 dm. V-IX. Pastizales vivaces más o menos húmedos y algo alterados o transitados. Paleotemp. C. (Fig. 841). [En ambientes forestales está también **Ph. phleoides**, con espigas más estrechas (unos 5-6 mm) pero más alargadas (15-16 cm)].

3.43.23. Gramas (*Cynodon, Paspalum, Andropogon, Heteropogon*)

1. Espiga terminal muy recta y simple, aristas muy alargadas y retorcidas en la madurez (fig. 884) ....
.... **grama espigada** (*Heteropogon contortus*): 2-6 dm. VI-XII. Matorrales y pastizales vivaces en ambientes cálidos, secos y soleados con suelo escaso. Subtrop. M].

— Espigas por grupos de dos o más. Aristas nulas o cortas 2

2. Espigas de espiguillas muy colgantes y surgiendo todas a alturas diferentes (fig. 885) ...... **pasto miel**
(*Paspalum dilatatum*): 3-8 dm. VII-X. Herbazales nitrófilos en medios algo húmedos. Neotrop. M.

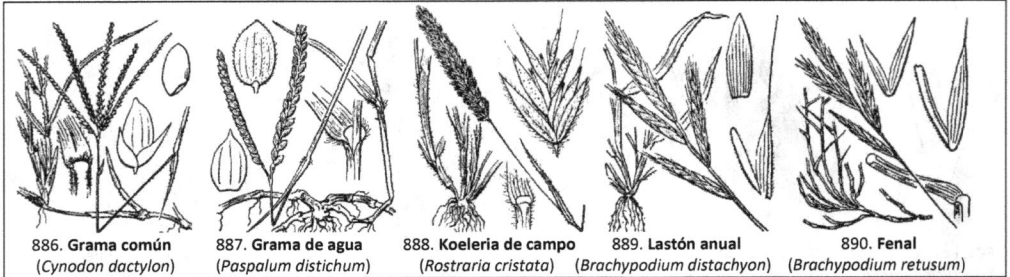

886. Grama común	887. Grama de agua	888. Koeleria de campo	889. Lastón anual	890. Fenal
(Cynodon dactylon)	(Paspalum distichum)	(Rostraria cristata)	(Brachypodium distachyon)	(Brachypodium retusum)

— Espigas de espiguillas surgiendo agrupadas 3

3. Inflorescencia formada por varias, que salen en el extremo del tallo (fig. 886) .... **grama común** (*Cynodon dactylon*): 1-3 dm. VI-X. Campos de cultivo y pastizales alterados sobre sustratos secos o estacionalmente húmedos. Subcosmop. M. [En ambientes secos aparece **Dichantium ischaemum**, planta claramente erguida y algo elevada, con espigas más abundantes, más gruesas, más pelosas y algo más separadas en su base].

— Inflorescencia formada por sólo dos espigas opuestas (fig. 887) .... **grama de agua** (*Paspalum distichum*): 1-5 dm. VII-X. Juncales y herbazales ribereños inundables. Medit.-Subtrop. M. [También **Andropogon distachyos**, de ambientes secos, con hojas superiores muy por debajo de la inflorescencia y espigas de unos 5-8 cm].

3.43.24. Grama de olor (*Anthoxanthum odoratum*): 3-8 dm. III-VI. Orlas forestales y pastizales vivaces húmedos sobre suelo silíceo. Holárt. M. (Fig. 835).

3.43.25. Heno blanco (*Holcus lanatus*): 3-6 dm. V-VIII. Pastizales vivaces húmedos, con frecuencia sobre suelo silíceo. Holárt. C. (Fig. 833).

3.43.26. Koelerias (*Koeleria, Rostraria*)

1. Hierba perenne, de cepa engrosada (fig. 847) .... **koeleria de monte** (*Koeleria vallesiana*): 1-5 dm. IV-VI. Pastizales vivaces secos en ambientes despejados. Medit.-occid. C.

— Hierba anual, de cepa fina (fig. 888) .... **koeleria de campo** (*Rostraria cristata*, *Koeleria phleoides*): 5-30 cm. II-VI. Cultivos, pastizales secos subnitrófilos. Subcosmop. C.

3.43.27. Lastones y fenal, llistons y fenàs (*Brachypodium, Elymus, Agropyron*)

1. Espiguillas alargado-fusiformes, unas 5-10 veces más largas que anchas, con glumas ocupando menos de la tercera parte de la longitud total 2

— Espiguillas aovado-lanceoladas, 3-4 veces más largas que anchas, con glumas alcanzando o superando la mitad de la longitud total 5

2. Plantas anuales, bajas, con espiguillas aplanadas (fig. 889) .... **lastón anual** (*Brachypodium distachyon*): 5-30 cm. III-VI. Pastizales secos anuales, terrenos baldíos o alterados. Medit.-iranot. C. [De porte similar o lago menor está también **Micropyrum tenellum**, con espiguillas menores (unos 5 mm frente a 15-25) en mayor número (unas 5-10, frente a 1-4), que crece en terrenos arenosos silíceos algo elevados].

— Plantas perennes, algo elevadas, con espiguillas cilíndrico-fusiformes 3

3. Hojas con cerca de 1 cm de anchura, muy blandas, suaves y pelosas. Lemas con aristas de ± 1 cm ... . **lastón de bosque** (*Brachypodium sylvaticum*): 3-8 dm. VI-IX. Bosques ribereños, medios húmedos umbrosos. Paleotemp. M.

— Sin estos caracteres reunidos. Hojas más estrechas. Lemas sin aristas 4

4. Hojas superiores cortas (unos pocos cm) y perpendiculares al tallo (fig. 890) .... **fenal** (*Brachypodium retusum*, B. ramosum): 1-6 dm. IV-VI. Bosques, matorrales y pastos secos. Medit.-occid. C.

— Hojas todas largas (1-4 dm), paralelas al tallo (fig. 891) .... **lastón común** (*Brachypodium phoenicoides*): 4-10 dm. VI-VIII. Pastizales vivaces densos y no muy secos, sobre suelos profundos. Medit.-occid. C.

5. Hojas con haz muy pelosa. Plantas de arenales costeros (fig. 892) ... **lastón de playa** (*Elymus farctus*,

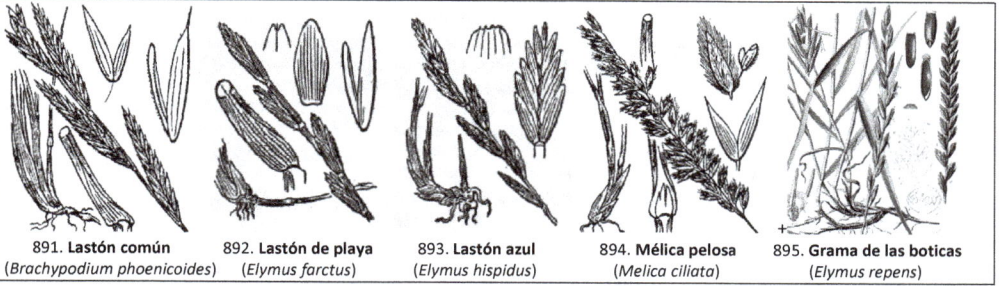

891. Lastón común	892. Lastón de playa	893. Lastón azul	894. Mélica pelosa	895. Grama de las boticas
(*Brachypodium phoenicoides*)	(*Elymus farctus*)	(*Elymus hispidus*)	(*Melica ciliata*)	(*Elymus repens*)

Agropyron junceum): 3-7 dm. V-VII. Arenales costeros, en las proximidades del mar. Medit.-Atlánt. R.

— Sin estos caracteres reunidos. Hojas con haz glabra o poco pelosa 6

6. Glumas obtusas en el ápice, escariosas en el margen (fig. 893) .... **lastón azul** (*Elymus hispidus,*
Agropyron glaucum): 5-12 dm. V-VII. Pastizales vivaces secos, ribazos y cunetas. Paleotemp. M.

— Glumas agudas o aristadas en el ápice (fig. 895) .... **grama de las boticas** (*Elymus repens,*
Agropyron repens): 4-12 dm. V-VII. Pastizales vivaces densos y algo húmedos. Subcosmop. M.

[Con espiguillas casi perpendiculares al eje, muy pelosas y claramente aristadas, en ambientes continentales secos, tenemos también **Agropyron pectinatum**].

3.43.28. Mélicas (*Melica*)

1. Inflorescencia condensada. Lema muy peloso (fig. 894) .... **mélica pelosa**
(*Melica ciliata*): 3-10 dm. V-VII. Pastizales vivaces secos y soleados en terrenos alterados. Medit.-Iranot. C.

— Inflorescencia laxa. Lema sin pelos (fig. 838) .... **mélica de roca** (*Melica minuta*): 2-5 dm.
IV-VII. Medios rocosos calizos en altitudes moderadas. Medit.-occid. M. [En ambientes muy umbrosos de montaña aparece **M. uniflora**, con lígula más corta (menos de 1 mm), glumas casi iguales, espiguillas con una flor fértil, etc.].

3.43.29. Mijos, mills (*Piptatherum, Echinochloa, Panicum*)

1. Espiguillas dispuestas laxamente en forma paniculada 2

— Espiguillas dispuestas en espigas densas cilíndricas (fig. 896) .... **mijo de arrozal**
(*Echinochloa crus-galli*): ....4-15 dm. VI-IX. Arrozales, campos de regadío, márgenes de acequias. Subcosmop.
M. [De porte menor, con espiguillas menores (1-3 mm) y espigas con sólo 1-3 cm, tenemos también **E. colonum**].

2. Espiguillas de unos 5-10 mm. 3

— Espiguillas de 1-4 mm 4

3. Hojas 1-3 mm de anchura, plegadas en el margen, con lígula de unos 5-10 mm. Espiguillas de tonalidad violácea (fig. 897) .... **mijo violáceo** (*Piptatherum coerulescens*):
3-6 dm. IV-VI. Roquedos, pedregales y medios escarpados, en áreas secas y bajas. Circun-Medit. M.

— Hojas de unos 5-15 mm de anchura, planas, con lígula muy corta (0,5-1 mm). Espiguillas verdes
(fig. 898) .... **mijo mayor** (*Piptatherum paradoxum*):
5-15 dm. V-VII. Orlas de bosques frescos, terrenos pedregosos o abruptos poco soleados. Medit.-occid. M.

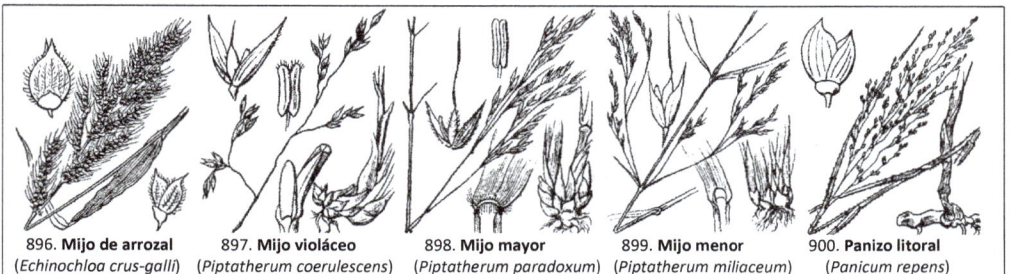

896. Mijo de arrozal	897. Mijo violáceo	898. Mijo mayor	899. Mijo menor	900. Panizo litoral
(*Echinochloa crus-galli*)	(*Piptatherum coerulescens*)	(*Piptatherum paradoxum*)	(*Piptatherum miliaceum*)	(*Panicum repens*)

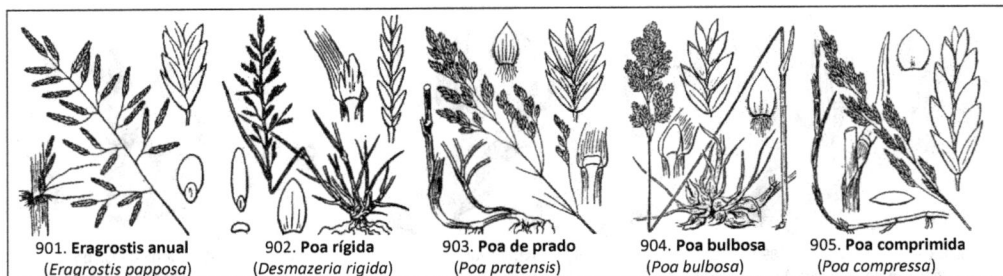

| 901. **Eragrostis anual** (*Eragrostis papposa*) | 902. **Poa rígida** (*Desmazeria rigida*) | 903. **Poa de prado** (*Poa pratensis*) | 904. **Poa bulbosa** (*Poa bulbosa*) | 905. **Poa comprimida** (*Poa compressa*) |

4. Planta rizomatosa, de ambientes húmedos. Lema sin arista (fig. 900) .... **panizo litoral** (*Panicum repens*): 2-6 dm. VII-X. Juncales y herbazales densos y húmedos en áreas litorales bajas. Paleotrop. M.

— Planta cespitosa de ambientes secos. Lemas terminados en arista corta pero aparente (fig. 899) ......
.... **mijo menor** (*Piptatherum miliaceum*): 4-12 dm. III-XI. Terrenos baldíos, cunetas, herbazales alterados, en áreas no muy elevadas. Medit.-Iranot. M.

3.43.30. Molinia (*Molinia coerulea*): 5-15 dm. VI-X. Pastizales vivaces húmedos y zonas turbosas sobre sustrato básico. Holárt. M. (Fig. 845).

3.43.31. Pelosa (*Polypogon monspeliensis*): 1-5 dm. III-VI. Juncales, herbazales húmedos de zonas bajas. Medit.-Paleotrop. M. (Fig. 842). [Esta especie muestra inflorescencias blanquecinas por la abundancia de aristas que cubren sus espiguillas, pero con las espiguillas verdes y sin aristas está también *P. viride*, en ambientes similares].

3.43.32. Plumeros (*Erianthus ravennae*, Saccharum ravennae): 1-4 m. VIII-X. Cañaverales, hondonadas húmedas, cauces de ramblas y arroyos. Medit.-Paleotrop. M. (Fig. 821).

3.43.33. Poas (*Poa, Eragrostis*)

1. Lígula de las hojas formada por una fila de pelos .... 2 (*Eragrostis*)
— Lígula de las hojas membranosa .... 3 (*Poa, Desmazeria*)
2. Hierba perenne, rizomatosa, algo elevada .... **eragrostis perenne** (*Eragrostis papposa*): 2-5 dm. VII-IX. Herbazales vivaces secos en áreas litorales. Medit.-Iranot. R.
— Hierba anual, de baja estatura (fig. 901) .... **eragrostis anual** (*Eragrostis barrelieri*): 1-3 dm. VII-IX. Campos de cultivo, terrenos baldíos o alterados. Paleotrop. M.
3. Ramas finas y flexibles. Espiguillas no mucho (1-3 veces) más largas que anchas 4
— Ramas rígidas y firmes. Espiguillas ± 4-6 veces más largas que anchas (fig. 902) .... **poa rígida** (*Desmazeria rigida*, Scleropoa rigida): 4-20 cm. IV-VII. Herbazales anuales alterados. Circun-Medit. C.
4. Lígula relativamente corta y truncada en el ápice. Hierba perenne algo elevada (fig. 903) ....
.... **poa de prado** (*Poa pratensis*): 4-8 dm. III-VI. Pastizales vivaces en ambientes algo húmedos. Holárt. C.
— Lígula alargada y aguda. Hierbas anuales o perennes, bajas o elevadas 5
5. Tallo engrosado-bulboso en la base. Flores a menudo formando bulbillos que emiten plántulas verdes de forma vegetativa (fig. 904) .... **poa bulbosa** (*Poa bulbosa*): 1-4 dm. IV-VI. Majadales y pastizales transitados, sobre suelos someros secos. Subcosmop. C. [Las formas más enanas, con lígulas de 3-10 mm, propias de pastos secos en terrenos esqueléticos de alta montaña caliza, se llevan a *P. ligulata*].
— Sin estos caracteres reunidos 6
6. Tallos aplastados, curvados en su base (fig. 905) .... **poa comprimida** (*Poa compressa*): 2-5 dm. IV-VI. Herbazales vivaces en medios húmedos más o menos alterados. Holárt. M.
— Tallos cilíndricos y rectos desde la base 7
7. Plantas anuales, de baja estatura, propias de medios muy alterados (fig. 907) .... **poa anual** (*Poa annua*): 1-3 dm. I-XII. Campos de cultivo, caminos, terrenos alterados algo húmedos. Cosmop. M.

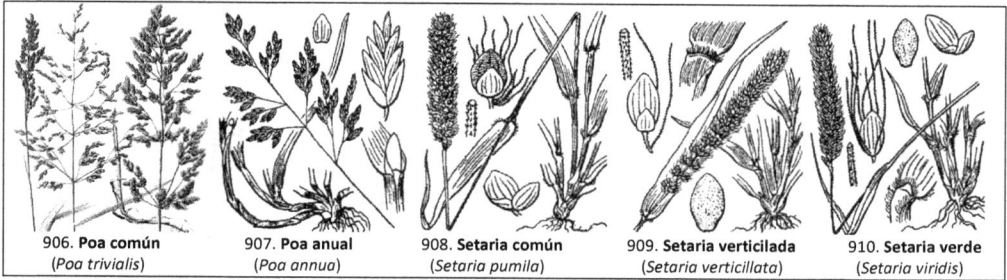

906. **Poa común**	907. **Poa anual**	908. **Setaria común**	909. **Setaria verticilada**	910. **Setaria verde**
(*Poa trivialis*)	(*Poa annua*)	(*Setaria pumila*)	(*Setaria verticillata*)	(*Setaria viridis*)

— Hierbas perennes, algo elevadas, propias de ambientes no alterados (fig. 906) .... **poa común** (*Poa trivialis*): 3-6 dm. V-VII. Juncales y pastizales húmedos de riberas fluviales. Paleotemp. M.

3.43.34. **Setarias** (*Setaria*)

1. Espiguillas con uno de los lemas a la vista, de superficie rugosa, por ser corta la gluma contigua (fig. 908)... **setaria común** (*Setaria pumila*): 2-6 dm. VI-IX. Campos de cultivo y herbazales alterados de su entorno. Paleotrop. C.
— Las dos glumas ocultando los lemas 2
2. Inflorescencia con frecuencia pegada a las vecinas. Vainas de las hojas sin pelos en el margen ....
.... **setaria pegajosa** (*Setaria adhaerens*): 1-5 dm. V-VIII. Campos de cultivo, cunetas, herbazales nitrófilos en zonas poco elevadas. Paleotrop. M.
— Sin estos caracteres reunidos. Vainas de las hojas con algunos pelos marginales 3
3. Eje de la inflorescencia con pelos muy cortos y rígidos (0,1-0,2 mm). Inflorescencia alargada (con frecuencia más de 5 cm), a menudo discontinua (fig. 909) .... **setaria verticilada** (*Setaria verticillata*): 2-7 dm. VI-X. Campos de cultivo, caminos y terrenos baldíos. Paleo-subtrop. M.
— Eje de la inflorescencia con pelos alargados (cerca de 1 mm) y blandos. Inflorescencia corta (menos de 5 cm) y continua (fig. 910) .... **setaria verde** (*Setaria viridis*): 2-5 dm. VI-X. Campos de cultivo, terrenos baldíos o frecuentados. Paleotrop. M.

3.43.35. **Sorgo** (*Sorghum halepense*): 4-16 dm. VI-X. Herbazales subnitrófilos no muy secos en zonas litorales. Paleotrop. M. (Fig. 827).

3.43.36. **Tembladeras** (*Briza*)

1. Hierba perenne. Espiguillas con menos de 1 cm (fig. 844) .... **tembladera mediana** (*Briza media*): 3-6 dm. V-VII. Pastizales vivaces húmedos en ambientes frescos. Paleotemp. M. [Bastante más rara, *B. minor*, que es planta anual, con porte bajo y espiguillas pequeñas, propia de zonas poco elevadas].
— Hierba anual. Espiguillas con más de 1 cm (fig. 911) .... **tembladera mayor** (*Briza maxima*): 2-5 dm. IV-VI. Pastizales anuales en ambientes silíceos no muy secos. Medit.-Paleotrop. R.

3.43.37. **Trigos**, blats (*Triticum, Aegilops*)

1. Plantas bajas y tenues. Glumas terminadas en tres aristas alargadas 2
— Planta robusta y elevada. Glumas terminadas en pico o arista simple (fig. 818) .... **trigo común** (*Triticum aestivum*): 5-14 dm. IV-VII. Cultivado o asilvestrado en caminos y barbechos. Origen incierto. R.
2. Inflorescencia corta (1-3 cm sin las aristas), ovoidea (fig. 912) .... **trigo montesino común** (*Aegilops geniculata*): 5-25 cm. IV-VII. Pastizales anuales en terrenos secos y despejados. Medit.-Iranot. C.
— Inflorescencia alargada, cilíndrica (fig. 913) .... **trigo montesino fino** (*Aegilops triuncialis*): 1-4 dm. IV-VII. Capos de secano, pastizales secos anuales. Circun-Medit. M.
[También *A. ventricosa*, con inflorescencia no cilíndrica lisa, sino formada por claros abultamientos y estrechamientos].

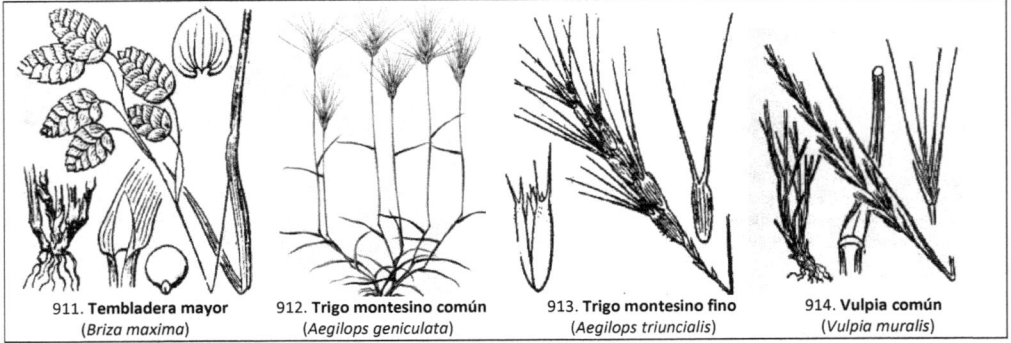

911. **Tembladera mayor**	912. **Trigo montesino común**	913. **Trigo montesino fino**	914. **Vulpia común**
(*Briza maxima*)	(*Aegilops geniculata*)	(*Aegilops triuncialis*)	(*Vulpia muralis*)

3.43.38. **Vallicos** (*Lolium*)

1. Hierba perenne, fina y arqueada en la base. Lígulas con unos 2,5 mm .... **ray-gras**
(*Lolium perenne*): 1-4 dm. IV-X. Herbazales húmedos antropizados en zonas frecuentadas. Holárt. M.
— Hierba anual, erguida y firme. Lígulas con cerca de 1,5 mm (fig. 817) .... **vallico común**
(*Lolium rigidum*): 2-5 dm. III-VII. Campos de secano, herbazales sobre terrenos baldíos. Paleotemp. C.

3.43.39. **Vulpias** (*Vulpia, Avellinia*)

1. Lemas con arista muy corta, que surge por debajo de su ápice .... **vulpia menor** (*Avellinia michelii*,
Vulpia michelii): 4-12 cm. IV-VI. Pastizales anuales en medios despejados. Circun-Medit. M.
— Lemas con arista alargada, que surge en el ápice 2
2. Lemas con cilios rígidos y alargados muy aparentes .... **vulpia pelosa** (*Vulpia ciliata*):
1-3 dm. IV-VI. Pastizales anuales sobre terrenos calizos despejados. Circun-Medit. M.
— Lemas sin pelos aparentes (fig. 914) .... **vulpia común** (*Vulpia muralis*):
1-4 dm. IV-VI. Pastizales secos y soleados sobre suelos arenosos silíceos. Circun-Medit. M. [Con glumas poco
desiguales tenemos también ***V. hispanica***, en terrenos más bien calizos].

3.44. Fam. GROSULARIÁCEAS (*Grossulariaceae*)

Reúne una serie de arbustos caducifolios, propios de bosques templados, con hojas palmeada-mente lobuladas, flores pequeñas y poco vistosas, pero frutos muy coloristas y jugosos (grosellas), que resultan comestibles, por lo que se cultivan en ocasiones.

3.44.1. **Groselleros** (*Ribes*)

1. Planta fuertemente espinosa. Frutos maduros verdosos o amarillentos que se acercan a 1 cm de
diámetro (fig. 915) .... **uva-espín** (*Ribes uva-crispa*):
5-15 dm. IV-VI. Orlas forestales frescas y medios escarpados sobre calizas. Paleotemp. R (Gud, Taj).
— Planta no espinosa. Frutos maduros rojos, de pocos mm (fig. 916) .... **grosellero silvestre**
(*Ribes alpinum*): 3-10 dm. IV-VI. Orlas forestales y medios escarpados en terrenos calcáreos. Eurosib. R.

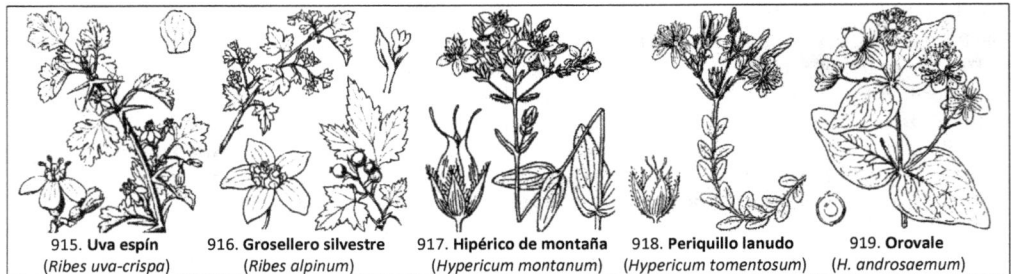

915. **Uva espín**	916. **Grosellero silvestre**	917. **Hipérico de montaña**	918. **Periquillo lanudo**	919. **Orovale**
(*Ribes uva-crispa*)	(*Ribes alpinum*)	(*Hypericum montanum*)	(*Hypericum tomentosum*)	(*H. androsaemum*)

920. Hipérico común	921. Hipérico cuadrangular	922. Romulea	923. Azafrán	924. Gladiolo
(*Hypericum perforatum*)	(*Hypericum tetrapterum*)	(*Romulea columnae*)	(*Crocus sativus*)	(*Galdiolus illyricus*)

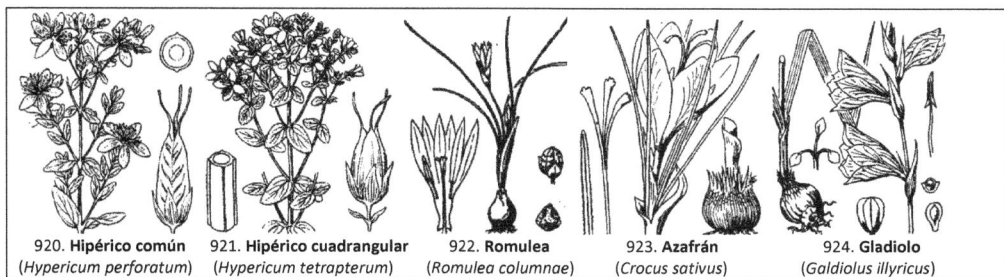

3.45. Fam. HIPERICÁCEAS, GUTÍFERAS (*Hypericaceae, Guttiferae*)

Se trata de una gran familia, con numerosos árboles tropicales, a veces con frutos comestibles, pero que en nuestras latitudes está representada por un solo género, que incluye hierbas perennes de hojas opuestas y enteras, con flores pentámeras, amarillas de pétalos libres vistosos (hipéricos), numerosos estambres y gineceo formado por carpelos soldados que se convierten en frutos secos capsulares.

3.45.1. Hipéricos (*Hypericum*)

1. Hojas grandes y ovadas (unos 3-5 cm). Flores sobre cortos pedúnculos y aglomeradas en densas inflorescencias (fig. 917) .... **hipérico de montaña** (*Hypericum montanum*): 3-8 dm. VI-VII. Bosques caducifolios y pastizales vivaces poco soleados de su entorno. Paleotemp. R.
— Sin estos caracteres reunidos. Flores claramente pedunculadas 2
2. Planta leñosa de baja estatura, con hojas muy reducidas (unos 3-5 x 1 mm) .... **pinillo de oro** (*Hypericum ericoides*): 5-30 cm. VI-X. Roquedos calizos de baja altitud. Medit.-surocc. M (Esp, Set).
— Plantas herbáceas, con hojas mayores 3
3. Planta de tendencia rastrera, cubierta de tomento blanquecino (fig. 918) .... **periquillo lanudo** (*Hypericum tomentosum*): 2-5 dm. VI-VIII. Regueros húmedos, arroyos, juncales. Medit.-occid. M [Con porte más robusto y erecto, hojas soldadas por pares en su base, etc., está también el cercano *H. caprifolium*].
— Plantas erguidas, verdes y glabras 4
4. Planta elevada, con hojas de 5-10 cm. Frutos carnosos y negros (fig. 919) .... **orovale** (*Hypericum androsaemum*): 4-10 dm. V-VII. Medios ribereños sombreados y húmedos. Medit.-Atlánt. R.
— Plantas más modestas, con hojas menores. Frutos secos y amarillentos 5
5. Hojas alargadas, habitualmente con menos de 1 cm de anchura. Tallos cilíndricos (fig. 920) ....
.... **hipérico común, hierba de San Juan** (*Hypericum perforatum*): 3-6 dm. V-VIII. Herbazales sobre terrenos algo húmedos pero más o menos alterados. Paleotemp. C.
— Hojas elípticas, habitualmente con más de 1 cm de anchura. Tallos cuadrangulares (fig. 921) ....
.... **hipérico cuadrangular** (*Hypericum tetrapterum*): 3-6 dm. VI-IX. Juncales y pastizales vivaces bien iluminados sobre suelos muy húmedos. Paleotemp. M. [En medios turbosos silíceos elevados aparece también *H. undulatum*, con hojas ondulado-crespas y cálices rojizos].

3.46. Fam. IRIDÁCEAS (*Iridaceae*)

Hierbas perennes, que surgen de rizomas o bulbos subterráneos. Hojas alargadas y paralelinervias en forma de espada, plegadas a lo largo del nervio medio hacia arriba, con ambas mitades soldadas, ofreciendo a la vista las dos mitades del envés como si fueran haz y envés. Las flores son vistosas, con ovario ínfero de 3 carpelos soldados, 3 estambres libres, 2 verticilos de piezas periánticas con aspecto petaloide, desde similares a claramente diferentes. Los frutos son secos y dehiscentes, en cajas que liberan numerosas semillas. Muchas de sus especies se cultivan como ornamental (lirios y gladiolos), existiendo una representación escasa como silvestres.

1. Plantas muy poco elevadas. Hojas en rosetas basales y flores sobre el suelo o casi 2
— Hojas y flores no dispuestas sobre el suelo 3
2. Flores pequeñas (± 1 cm) y poco vistosas, situadas sobre tierra (fig. 922) .... **4. romulea** (*Romulea*)

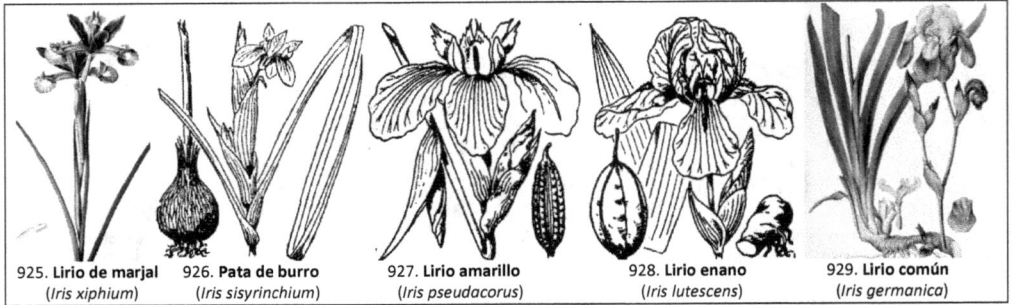

925. **Lirio de marjal**	926. **Pata de burro**	927. **Lirio amarillo**	928. **Lirio enano**	929. **Lirio común**
(*Iris xiphium*)	(*Iris sisyrinchium*)	(*Iris pseudacorus*)	(*Iris lutescens*)	(*Iris germanica*)

— Flores mayores y vistosas, con el gineceo bajo tierra (fig. 923) .... 1. **azafrán** (*Crocus*)

3. Tallos gruesos y robustos. Hojas que pueden alcanzar varios cm de anchura. Flores amarillas, blancas o violetas, con simetría radiada (figs. 925-929) .... 2. **lirios** (*Iris*)

— Tallos finos. Hojas con cerca de 1 cm de anchura o menos. Flores rojizas. Con simetría bilateral (fig. 924) .... 1. **gladiolo** (*Gladiolus*)

3.46.1. **Azafrán**, safranera (*Crocus sativus*): 1-5 cm. IX-XI. Cultivado o asilvestrado accidentalmente en el entorno de los campos. Medit.-orient. R. (Fig. 923). [Como variedad silvestre tenemos también, en matorrales despejados, su congénere **C. salzmanii**, con estigmas lobulados, no sobrepasando a los pétalos. Con floración tardoinvernal y estigmas poco marcados, tenemos en zonas interiores merdionales **C. nevadensis** (Man)].

3.46.2. **Gladiolo**, espaseta (*Gladiolus illyricus*): 2-4 dm. IV-VI. Matorrales y pastizales secos sobre calizas. Euri-Medit. M. (Fig. 924). [En los campos de cultivo podemos encontrar **G. italicus**, con anteras más largas que sus filamentos, semillas no aladas, etc.].

3.46.3. **Lirios**, lliris (*Iris*)

1. Hierba que surge de un bulbo subterráneo 2

— Hierba que presenta gruesos rizomas bajo tierra, a veces parcialmente desenterrados 3

2. Pétalos de 4-7 cm. Planta elevada cerca de medio a un metro, terminada en una flor solitaria (fig. 925) .... **lirio de marjal** (*Iris xiphium*): 5-10 dm. IV-VI. Pastizales vivaces húmedos. Medit.-occid. R.

— Pétalos de 2-4 cm. Planta de un palmo o menos de altura, terminada en varias flores (fig. 926) ....
.... **pata de burro** (*Iris sisyrinchium*, Gynandriris sisyrinchium): 6-18 cm. III-V. Pastizales y claros de matorrales despejados en zonas meridionales de baja altitud. Medit.-Iranot. R.

3. Flores de un color amarillo intenso homogéneo. Planta de medios ribereños o muy húmedos (fig. 927) .... **lirio amarillo** (*Iris pseudacorus*): 5-10 dm. IV-VI. Juncales y altos herbazales jugosos ribereños. Paleotemp. R.

— Flores violáceas o blanquecinas, de color no homogéneo. Plantas propias de ambientes no muy húmedos 2

2. Hierba robusta, que puede alcanzar cerca de medio metro. Pétalos alcanzando cerca de 5 cm de anchura (fig. 929) .... **lirio común** (*Iris germanica*): 2-6 dm. Cultivado como ornamental y asilvestrado junto a zonas habitadas. M.

— Hierba poco elevada. Pétalos de unos 2 cm de anchura (fig. 928) .... **lirio enano** (*Iris lutescens*): 5-25 cm. IV-VI. Matorrales y pastizales secos y soleados sobre calizas. Medit.-occid. M.

3.46.4. **Romulea** (*Romulea columnae*): 3-8 cm. I-IV. Pastizales secos y claros de matorrales abiertos. Circun-Medit. R. (Fig. 922).

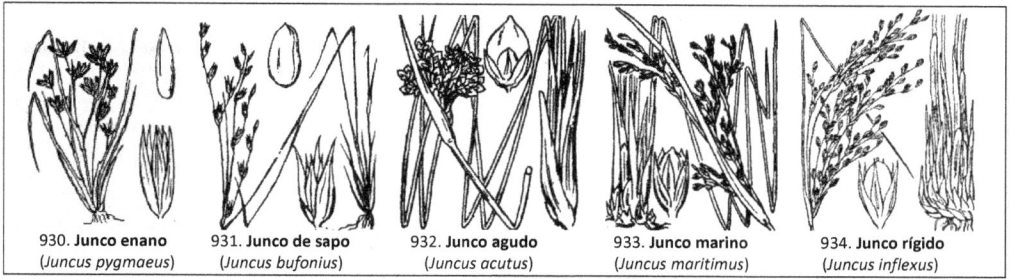

930. **Junco enano**	931. **Junco de sapo**	932. **Junco agudo**	933. **Junco marino**	934. **Junco rígido**
(*Juncus pygmaeus*)	(*Juncus bufonius*)	(*Juncus acutus*)	(*Juncus maritimus*)	(*Juncus inflexus*)

3.47. Fam. JUNCÁCEAS (*Juncaceae*)

Plantas herbáceas, con tallos verdes, hojas más o menos cilíndricas o atrofiadas. Flores con dos verticilos de piezas periánticas de color verdoso o castaño, seis estambres y un gineceo de tres carpelos soldados que contienen numerosos óvulos, dando frutos secos en cápsula. Habitan en medios húmedos por todo el planeta, siendo empleadas localmente en artesanías de cestería.

1. Hojas cilíndricas o escamosas, sin pelos. Frutos con semillas numerosas (figs. 930-939) ....
.... 1. **juncos** (*Juncus*)
— Hojas aplanadas y pelosas. Frutos con 3 semillas (figs. 940-941) .... 2. **lúzulas** (*Luzula*)

3.47.1. **Juncos,** joncs (pro parte) (*Juncus*)

1. Hierba anuales, finas y de baja estatura 2
— Hierbas perennes, firmes y de estatura media o algo elevada 3
2. Inflorescencia esférica y densa (fig. 930) .... **junco enano** (*Juncus pygmaeus*):
3-10 cm. IV-VI. Pastizales anuales sobre suelos silíceos inundables periódicamente. Medit.-Atlánt. R.
[En medios similares también *J. capitatus*, con hojas en roseta basal y glomérulos más densos, con más flores, que son más bien patentes].
— Inflorescencia laxa, con flores en grupos bastante separados (fig. 931) .... **junco de sapo**
(*Juncus bufonius*): 5-25 cm. IV-VII. Pastizales sobre suelos arenosos algo húmedos o temporalmente inundables. Cosmop. M. [Con flores y frutos esféricos, de 2-4 mm, está también el -más escaso- *J. tenageia*].
3. Tallos desprovistos de hojas entre la base de la planta y la inflorescencia 4
— Hojas verdes normales presentes a lo largo del tallo 7
4. Tallos terminados en una punta muy aguda y punzante (fig. 932) .... **junco agudo** (*Juncus acutus*):
8-15 dm. V-VII. Juncales y hondonadas húmedas en zonas costeras o de baja altitud. Medit.-Atlánt. M.
— Tallos no punzantes en el extremo 5
5. Hojas verdes y alargadas, presentes al menos en la base (fig. 933) .. **junco marino** (*Juncus maritimus*):
5-15 dm. VII-IX. Pastizales vivaces húmedos en terrenos salinos costeros o interiores. Subcosmop. R.
— Hojas todas reducidas a escamas negruzcas basales 6

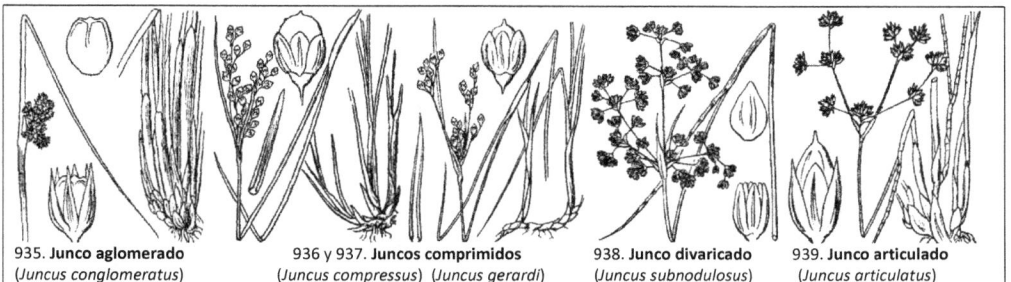

935. **Junco aglomerado**	936 y 937. **Juncos comprimidos**	938. **Junco divaricado**	939. **Junco articulado**
(*Juncus conglomeratus*)	(*Juncus compressus*) (*Juncus gerardi*)	(*Juncus subnodulosus*)	(*Juncus articulatus*)

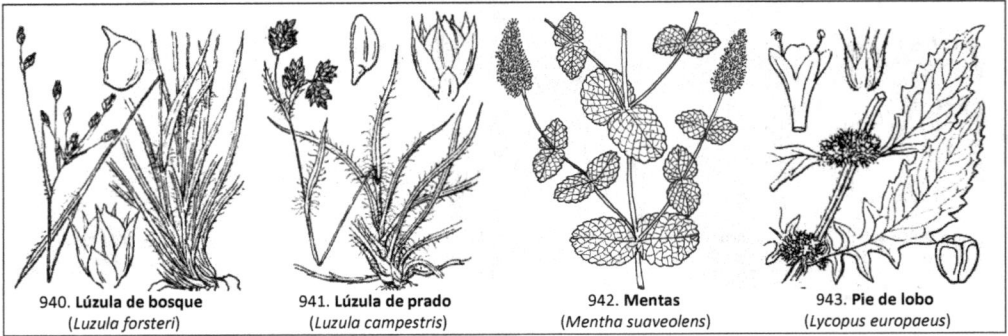

940. Lúzula de bosque	941. Lúzula de prado	942. Mentas	943. Pie de lobo
(*Luzula forsteri*)	(*Luzula campestris*)	(*Mentha suaveolens*)	(*Lycopus europaeus*)

6. Tallos bastante finos (± 1-2 mm de grosor) pero rígidos y consistentes. Flores con 6 estambres y sépalos de 3-5 mm (fig. 934) .... **junco rígido** (*Juncus inflexus*): 3-10 dm. V-VIII. Juncales y altos pastizales perennes sobre suelos temporalmente inundables. Paleotemp. C.

— Tallos algo más gruesos (± 2-5 mm) pero fáciles de romper a mano. 3 estambres y sépalos de 2-3 mm (fig. 935) .... **junco aglomerado** (*Juncus conglomeratus*): 3-10 dm. V-VIII. Regueros y hondonadas húmedas en terrenos silíceos. Holárt. M.

7. Flores individuales sobre pedúnculos apreciables, reunidas en inflorescencia laxa. Hojas no articuladas (fig. 936) .... **junco comprimido** (*Juncus compressus*): 2-4 dm. VI-VIII. Pastizales vivaces húmedos de montaña. Holárt. R. [Especie muy próxima y algo más frecuente es *J. gerardi*, con los frutos no superando las piezas periánticas, los tallos menos comprimidos en su mitad inferior, etc. (Fig. 937)].

— Flores brevemente pedunculadas, en inflorescencias compactas. Hojas articuladas 8

8. Las 6 piezas del perianto obtusas y de similar longitud. Ramas de la inflorescencia ± perpendiculares al eje principal (fig. 938) .... **junco divaricado** (*Juncus subnodulosus*): 4-14 dm. VI-IX. Juncales sobre suelos permanentemente húmedos. Paleotemp. M.

— Piezas periánticas externas agudas. Ramas de la inflorescencia erectas o erecto-patentes (fig. 939) . ... **junco articulado** (*Juncus articulatus*): 1-4 dm. IV-IX. Herbazales vivaces sobre suelos siempre húmedos. Holárt. R. [Además *J. fontanesii*, con todas las piezas periánticas agudas y frutos más alargados].

3.47.2. **Lúzulas** (*Luzula*)

1. Flores pedunculadas, separadas en inflorescencias laxas (fig. 940) .... **lúzula de bosque** (*Luzula forsteri*): 2-4 dm. III-V. Ambientes forestales frescos de montaña sobre suelos silíceos. Medit.-Atlánt. M.

— Flores apenas pedunculadas, reunidas en glomérulos densos (fig. 941) .... **lúzula de prado** (*Luzula campestris*): 1-3 dm. III-VI. Pastizales vivaces frescos y húmedos de montaña. Paleotemp. M.

3.48. Fam. **LABIADAS** (*Labiatae*)

Una de las grandes familias mundiales y mediterráneas, que comprende gran número de hierbas y arbustos aromáticos, muy empleados en cocina y medicina popular (mentas, tomillos, poleo, albahaca, ajedreas, salvias, etc.). Presentan hojas opuestas, tallos jóvenes de sección cuadrangular y disponen de flores coloreadas, con cinco pétalos soldados, desiguales, dos por arriba y tres por abajo (formando a modo de una boca, de donde el nombre de la familia); los estambres suelen ser cuatro y el ovario se fragmente en cuatro unidades esferoidales, que producen un fruto con cuatro pequeños aquenios independientes.

1. Corola con simetría prácticamente radiada, provista de lóbulos semejantes 2
— Corola provista de 5 lóbulos desiguales (simetría bilateral) 3
2. Planta con aroma mentolado. Flores con 4 estambres (fig. 942) .... 10. **mentas** (*Mentha*)
— Planta no aromática con hojas fuertemente dentadas. Flores con 2 estambres (fig. 943) .... 13. **pie de lobo** (*Lycopus*)

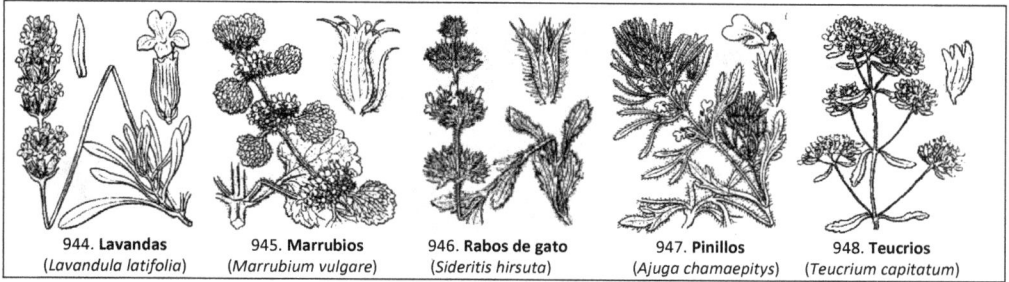

944. **Lavandas**	945. **Marrubios**	946. **Rabos de gato**	947. **Pinillos**	948. **Teucrios**
(*Lavandula latifolia*)	(*Marrubium vulgare*)	(*Sideritis hirsuta*)	(*Ajuga chamaepitys*)	(*Teucrium capitatum*)

3. Estambres muy cortos, escondidos en el interior del tubo de la corola 4
— Estambres alargados, sobresaliendo del tubo de la corola 6
4. Flores azuladas o violáceas, formando a modo de espigas finas o engrosadas, de disposición termi-
nal (fig. 944) .... 8. **lavandas** (*Lavandula*)
— Flores blancas, rosada o amarillentas, en glomérulos más o menos separados entre sí 5
5. Brácteas de los glomérulos similares a las hojas, redondeadas y obtusas (fig. 945) ....
.... 9. **marrubios** (*Marrubium*)
— Brácteas de los glomérulos anchas, bastante diferentes a las hojas que son estrechas y agudas (fig. 946)
.... 17. **rabos de gato** (*Sideritis*)
6. Labio superior de la corola hendido hasta abajo, pareciendo que los 5 lóbulos de la corola forman
un único labio inferior 7
— Corola dividida en dos labios opuestos, de longitud similar pero desiguales 8
7. Flores amarillas. Hojas divididas en tres lóbulos largos y estrechos (fig. 947) .... 14. **pinillos** (*Ajuga*)
— Flores blanquecinas o rojizas. Hojas enteras o con lóbulos laterales cortos y poco profundos (fig.
948) .... 20. **teucrios** (*Teucrium*)
8. Sólo dos estambres 9
— Cuatro estambres 10
9. Hojas enteras, muy estrechas (uno a pocos mm), lineares. Planta leñosa, que supera con frecuencia
un metro de altura (fig. 949) .... 18. **romero** (*Rosmarinus*)
— Sin estos caracteres reunidos. Hojas no muy estrechas (fig. 950) .... 19. **salvias** (*Salvia*)
10. Cáliz con simetría bilateral, provisto de un tubo terminado en tres dientes de un tipo por un lado,
separados de los otros dos por una escotadura 11
— Cáliz con tubo terminado en 5 dientes semejantes 14
11. Hierbas erguidas. Hojas de varios cm² de superficie. Corola con labio superior cóncavo (en forma
de cuchara), girado 90º respecto al tubo (fig. 951) .... 16. **prunelas** (*Prunella*)
— Sin todos estos caracteres reunidos. Labio superior recto 12
12. Inflorescencias glomerular-terminales, con brácteas muy aparentes y densamente imbricadas.
Hojas ovado-redondeadas, con más de medio cm de anchura (fig. 952) .... 12. **orégano** (*Origanum*)
— Sin estos caracteres reunidos 13

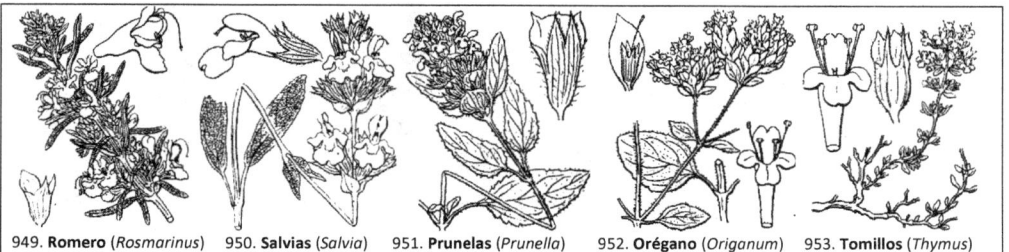

| 949. **Romero** (*Rosmarinus*) | 950. **Salvias** (*Salvia*) | 951. **Prunelas** (*Prunella*) | 952. **Orégano** (*Origanum*) | 953. **Tomillos** (*Thymus*) |

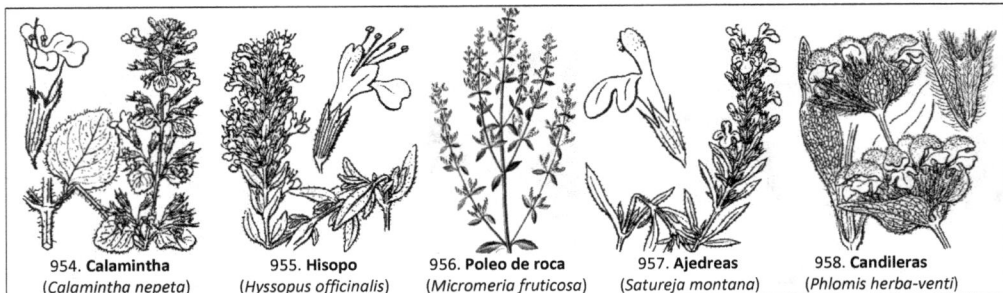

954. **Calamintha**	955. **Hisopo**	956. **Poleo de roca**	957. **Ajedreas**	958. **Candileras**
(*Calamintha nepeta*)	(*Hyssopus officinalis*)	(*Micromeria fruticosa*)	(*Satureja montana*)	(*Phlomis herba-venti*)

13. Tubo del cáliz de longitud similar a los dientes. Hojas cortas y estrechas (menores de 1 cm de largo y de 5 mm de ancho) (fig. 953) .... 21. **tomillos** (*Thymus*)
— Tubo del cáliz al menos doble de largo que los dientes. Hojas anchas y habitualmente alargadas (fig. 954) .... 3. **calamintas** (*Calamintha*)
14. Plantas muy aromáticas, perennes y algo endurecidas o lignificadas en la base 15
— Plantas herbáceas o levemente lignificadas en la base, no aromáticas 17
15. Cáliz rosado y corola violácea, con cerca de 1 cm (fig. 955) .... 7. **hisopo** (*Hyssopus*)
— Cáliz verdoso, corola blanquecina o levemente rosada 16
16. Hojas obtusas, blandas. Planta con aroma mentolado (fig. 956) .... 15. **poleo de roca** (*Micromeria*)
— Hojas agudas, rígidas. Planta con aroma más próximo al tomillo (fig. 957) .... 1. **ajedreas** (*Satureja*)
17. Corola con el labio superior muy curvado sobre el inferior hasta llegar a contactar (fig. 958) ....
.... 4. **candileras** (*Phlomis*)
— Labio superior de la corola no contactando con el inferior 18
18. Hierbas anuales, tenues y fáciles de erradicar 19
— Hierbas perennes, robustas y difíciles de erradicar 20
19. Hojas superiores más anchas que largas y soldadas por pares. Tubo de la corola muy alargado y saliente del cáliz (fig. 959) .... 6. **gallitos** (*Lamium*)
— Hojas todas alargadas y no soldadas. Tubo de la corola poco saliente del cáliz (fig. 960) ....
.... 5. **galeópside** (*Galeopsis*)
20. Cáliz cónico, muy ensanchado hacia la parte superior. Flores en grupos axilares a lo largo de casi toda la planta (fig. 961) .... 9. **marrubios** (*Marrubium, Ballota*)
— Cáliz cilíndrico. Flores en espigas terminales más o menos ramificadas, continuas o algo interrumpidas 21
21. Labio superior de la corola bastante más corto que el inferior. Cáliz con 5-10 nervios (fig. 962) ....
.... 11. **nébedas** (*Nepeta*)
— Labio superior de la corola tan largo como el inferior o más. Cáliz con 15 nervios (fig. 963) ....
.... 2. **betónicas** (*Stachys*)

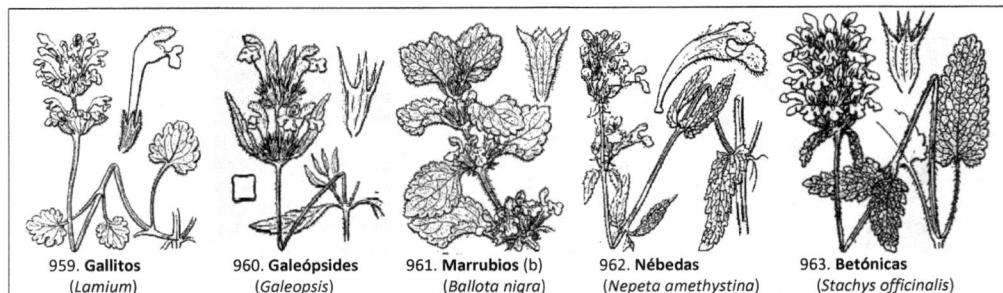

959. **Gallitos**	960. **Galeópsides**	961. **Marrubios** (b)	962. **Nébedas**	963. **Betónicas**
(*Lamium*)	(*Galeopsis*)	(*Ballota nigra*)	(*Nepeta amethystina*)	(*Stachys officinalis*)

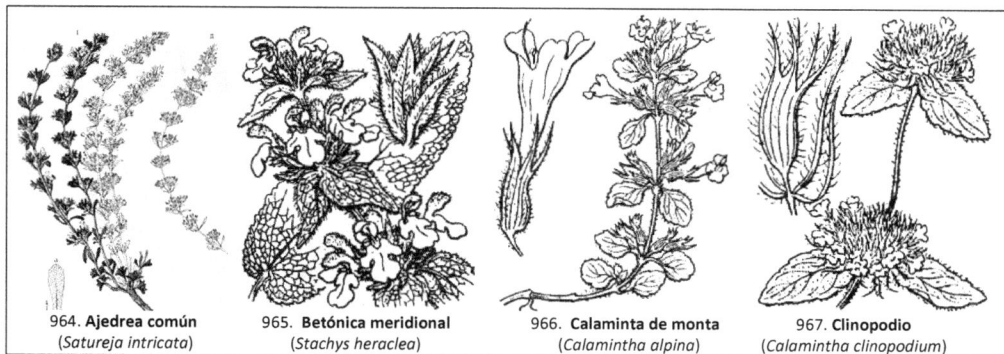

964. Ajedrea común
(*Satureja intricata*)

965. Betónica meridional
(*Stachys heraclea*)

966. Calaminta de monta
(*Calamintha alpina*)

967. Clinopodio
(*Calamintha clinopodium*)

3.48.1. Ajedreas, sajolides (*Satureja*)

1. Arbustos muy leñosos y algo elevados (se acercan o superan medio metro). Hojas obtusas y espatuladas .... **ajedrea mayor** (*Satureja obovata*):
   2-6 dm. VII-XI. Roquedos y matorrales sobre suelos esqueléticos, en áreas de baja altitud. Iberolev. R (Set).
— Arbustos bajos con hojas agudas 2
2. Hojas inferiores muy reducidas, siendo las superiores de 2-3 cm, lineares, no o apenas ensanchadas hacia arriba (fig. 957) .... **ajedrea de montaña** (*Satureja montana*):
   2-4 dm. VIII-X. Pedregales, roquedos y matorrales secos sobre suelos calizos esqueléticos. Medit.-sept. M.
— Sin estos caracteres (fig. 964) .... **ajedrea común** (*Satureja intricata*):
   5-25 cm. VIII-X. Matorrales secos y soleados sobre sustrato calizo. Iberolev. M. [En las sierras litorales le sustituye su pariente **S. innota**, con cáliz y corola algo mayores, hojas más enteras, etc.].

3.48.2. Betónicas (*Stachys*)

1. Inflorescencia terminal, sobre un largo pedúnculo, continua o formada por unos pocos glomérulos separados de las hojas (fig. 963) .... **betónica común** (*Stachys officinalis*):
   2-5 dm. VI-VIII. Medios forestales de cierta humedad, sobre todo caducifolios y sus orlas herbáceas. Eurosib. M.
— Flores axilares, separadas en verticilastros regulares (965) .... **betónica meridional** (*Stachys heraclea*):
   2-5 dm. V-VII. Medios forestales frescos y sus orlas herbáceas. Medit.-noroccid. R. [Con flores amarillentas y hojas estrechas (lanceoladas) cortamente pecioladas, tenemos también **S. recta**].

3.48.3. Calamintas (*Calamintha*)

1. Plantas poco elevadas (hasta 1-2 dm). Hojas pequeñas (hasta 1-2 cm). Flores reunidas en grupos reducidos y laxos (fig. 966) .... **calaminta de montaña** (*Calamintha alpina*):
   5-15 cm. V-VII. Escarpados, pastizales vivaces secos y bajos matorrales de montaña. Medit.-occid. M.
— Plantas elevadas varios dm. Hojas mayores. Flores reunidas en grupos numerosos, a veces densos 2
2. Flores dispuestas en uno o unos pocos glomérulos apicales, surgiendo de brácteas plumosas de longitud similar al cáliz (fig. 967) .... **clinopodio** (*Calamintha clinopodium*):
   2-6 dm. V-VII. Medios forestales y prados vivaces en ambientes frescos y húmedos de montaña. Holárt. R.
— Flores espaciadamente dispuestas por la planta, surgiendo de brácteas no plumosas más cortas que el cáliz (fig. 953) .... **calaminta común** (*Calamintha nepeta*,
   C. sylvatica): 2-6 dm. VII-XI. Orlas de bosques, pastizales vivaces sombreados, a baja altitud. Circun-Medit. M.

3.48.4. Candileras (*Phlomis*)

1. Flores rojizas o rosadas 2
— Flores amarillas o anaranjadas 3
2. Planta herbácea, con menos de medio metro de estatura (fig. 969) ..... **aguavientos** (*Phlomis herba-venti*):
   2-5 dm. VI-VIII. Pastizales vivaces de áreas frescas interiores. Circun-Medit. R.

968. Candilera mayor	969. Aguavientos	970. Cantueso común	971. Cantueso pedunculado	972. Cantueso rizado
(*Phlomis crinita*)	(*Phlomis herba-venti*)	(*Lavandula stoechas*)	(*Lavandula pedunculata*)	(*Lavandula dentata*)

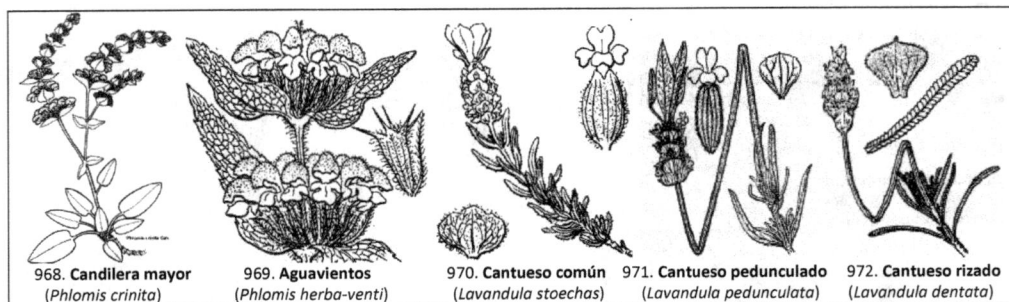

— Arbusto que se eleva 1-2 metros .... **matagallo** (*Phlomis purpurea*): 5-20 dm. III-VI: Matorrales sobre calizas en áreas litorales. Medit.-suroccid. R (Set).

3. Hojas estrechas y alargadas (linear-lanceoladas), sin peciolo, verdosas en el haz (fig. 958) .... **candilera común** (*Phlomis lychnitis*): 2-4 dm. V-VII. Matorrales secos y pastizales vivaces sobre calizas. Medit.-occid. M.

— Hojas ovado-lanceoladas, pecioladas, blancas en ambas caras (fig. 968) **candilera mayor** (*Phlomis crinita*): 3-10 dm. IV-VI. Matorrales sobre terrenos calizos someros a baja altitud. Iberolev. R (Set).

3.48.5. Galeópside (*Galeopsis angustifolia*): 5-30 cm. VI-IX. Terrenos pedregosos de montaña. Paleotemp. M. (Fig. 960).

3.48.6. Gallitos (*Lamium amplexicaule*): 5-30 cm. II-V. Campos de cultivo y herbazales anuales sobre terrenos alterados. Paleotemp. C. (Fig. 959).

3.48.7. Hisopo, hisop (*Hyssopus officinalis*): 2-5 dm. VIII-XI. Matorrales sobre terrenos secos alterados, en áreas interiores frescas. Paleotemp. M. (Fig. 954).

3.48.8. Lavandas (*Lavandula*)

1. Inflorescencia formando una espiga gruesa y compacta de flores bastante reducidas, rematada por un penacho de brácteas azuladas o violáceas .... 2 (cantuesos)

— Espigas finas, laxas y ramosas, sin brácteas estériles vistosas .... 4 (espliegos)

2. Hojas enteras. Plantas de medios silíceos 3

— Hojas regularmente dentadas o crenadas en el margen. Planta de medios calizos (fig. 972) .... **cantueso rizado** (*Lavandula dentata*): 4-14 dm. I-V. Matorrales secos sobre calizas a baja altitud. Medit.-Subtrop. R

3. Penachos de brácteas y pedúnculos de las espigas bastante más cortos que éstas (fig. 970) .... **cantueso común** (*Lavandula stoechas*): 2-8 dm. III-VI. Matorrales secos sobre suelo silíceo a baja altitud. Circun-Medit. M.

— Penachos de brácteas y pedúnculos tan largos o más que las espigas (fig. 971) .... **cantueso pedunculado** (*Lavandula pedunculata*): 2-8 dm. IV-VII. Matorrales soleados sobre suelos silíceos, en áreas frescas interiores. Medit.-occid. R.

4. Hojas con tendencia espatulada, que se ensanchan un poco hacia arriba, en su mayoría grisáceas o blanquecinas. Inflorescencia con cerca de medio cm de anchura, laxamente ramificada (en forma de candelabro) (fig. 973) .... **espliego común** (*Lavandula latifolia*): 3-10 dm. VIII-X. Matorrales secos interiores sobre sustratos básicos. Medit.-occid. C.

— Hojas lineares, en su mayoría verdes. Inflorescencia con cerca de 1 cm de anchura, sobre ejes simples (fig. 974) .... **espliego fino** (*Lavandula angustifolia*): 4-8 dm. V-VII. Matorrales de montaña sobre calizas. Medit.-sept. R. [En las partes más bajas del sureste alcanza a presentarse *L. multifida*, diferenciable pos sus hojas profundamente divididas en lóbulos estrechos].

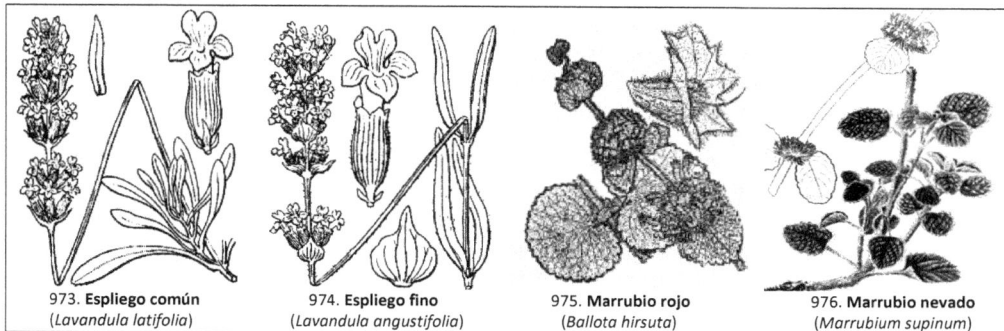

| 973. **Espliego común** (*Lavandula latifolia*) | 974. **Espliego fino** (*Lavandula angustifolia*) | 975. **Marrubio rojo** (*Ballota hirsuta*) | 976. **Marrubio nevado** (*Marrubium supinum*) |

3.48.9. **Marrubios** (*Marrubium, Ballota*)

1. Estambres incluidos en el tubo de la corola .... 2 (*Marrubium*)
— Estambres salientes, adosados al labio superior de la corola .... 3 (*Ballota*)
2. Cáliz con 5 dientes. Flores rosadas (fig. 976) .... **marrubio nevado** (*Marrubium supinum*):
　2-5 dm. V-VII. Caminos, terrenos baldíos y matorrales pastoreados. Medit.-occid. C. [De porte menor, con dientes del cáliz espinosos, mayores que la corola, corresponden a *M. alysson*, que alcanza las partes más bajas y secas].
— Cáliz con 10 dientes. Flores blancas (fig. 945) .... **marrubio común** (*Marrubium vulgare*):
　2-5 dm. V-VII. Terrenos muy alterados, antropizados o frecuentados por el ganado. Paleotemp. C.

3. Planta verde, con hojas ovadas. Cáliz con 5 dientes (fig. 961) .... **marrubio negro** (*Ballota nigra*):
　2-6 dm. V-X. Herbazales nitrófilos vivaces algo húmedos o sombreados. Paleotemp. C.
— Planta grisácea, con hojas redondeadas. Cáliz con 10 dientes (fig. 975) ...... **marrubio rojo** (*Ballota hirsuta*):
　3-8 dm. V-VII. Matorrales degradados en ambientes litorales secos. Medit.-suroccid. M.

3.48.10. **Mentas** (*Mentha*)

1. Flores dispuestas en espigas alargadas terminales 2
— Flores en glomérulos esferoidales, axilares o terminales 3
2. Hojas grisáceas o blanquecinas, lanceoladas y agudas, con nerviación no muy marcada. Flores rosadas (fig. 977) .... **mentastro nevado** (*Mentha longifolia*):
　4-14 dm. VII-X. Juncales y herbazales jugosos en regueros o márgenes de cauces fluviales. Paleotemp. M.
— Hojas verdes, redondeado-obtusas, con nerviación reticulada muy marcada. Flores blancas (fig. 978) .... **mentastro común** (*Mentha suaveolens*): 3-8 dm. VII-X. Herbazales vivaces húmedos en ambientes algo alterados, habitualmente ribereños. Circun-Medit. C.
3. Hojas ovadas, de unos 2-3 cm de anchura. Inflorescencia formada por 1-2 glomérulos terminales (fig. 979) .... **menta de agua** (*Mentha aquatica*):
　2-5 dm. VII-IX. Juncales, herbazales jugosos en medios de ribera. Subcosmop. R.
— Hojas lineares o lanceoladas, con no más de 1 cm de anchura. Inflorescencia formada por numerosos glomérulos 4

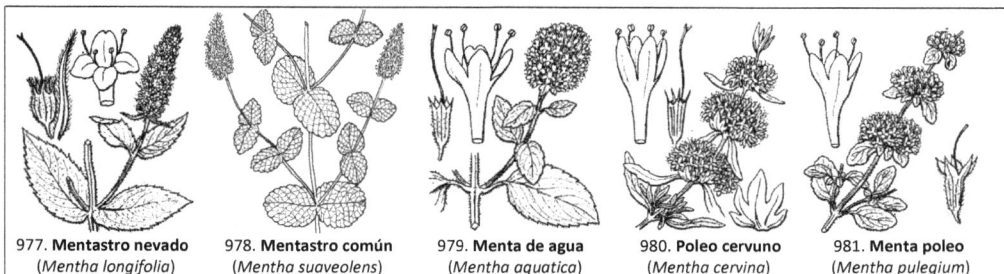

| 977. **Mentastro nevado** (*Mentha longifolia*) | 978. **Mentastro común** (*Mentha suaveolens*) | 979. **Menta de agua** (*Mentha aquatica*) | 980. **Poleo cervuno** (*Mentha cervina*) | 981. **Menta poleo** (*Mentha pulegium*) |

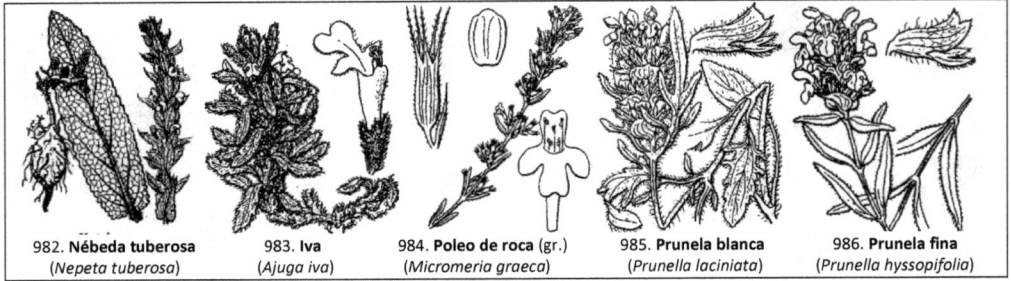

982. **Nébeda tuberosa**	983. **Iva**	984. **Poleo de roca** (gr.)	985. **Prunela blanca**	986. **Prunela fina**
(*Nepeta tuberosa*)	(*Ajuga iva*)	(*Micromeria graeca*)	(*Prunella laciniata*)	(*Prunella hyssopifolia*)

4. Flores blancas. Cáliz con 4 sépalos. Hojas lineares, de 1-3 mm de anchura (fig. 980) **poleo cervuno** (*Mentha cervina*): 5-30 cm. VII-IX. Juncales y pastizales húmedos en medios silíceos. Medit.-occid. R.
— Flores rosadas. Cáliz con 5 sépalos. Hojas lanceoladas de unos 5-10 mm de anchura (fig. 981) ....
.... **menta poleo** (*Mentha pulegium*):
1-4 dm. VII-IX. Herbazales jugosos en ambientes inundables, habitualmente silíceos. Subcosmop. R.

3.48.11. **Nébedas** (*Nepeta*)

1. Flores sobre pedúnculos muy cortos, en la axila de brácteas grandes y coloreadas, reunidas en in-florescencia cilíndrica densa (fig. 982) .... **nébeda tuberosa** (*Nepeta tuberosa*):
4-12 dm. VI-VIII. Pastizales vivaces en ambientes frescos de montaña. Medit.-occid. R.
— Flores sobre pedúnculos algo alargados, en la axila de brácteas pequeñas y verdes, reunidas en inflorescencia laxamente paniculada 2
2. Flores blancas o rosadas, con manchas rojizas en el labio inferior (fig. 962) .... **nébeda blanca** (*Nepeta nepetella*): 3-10 dm. V-VIII. Terrenos baldíos, rocosos o pedregosos, más bien secos. Paleotemp. R.
— Flores azuladas o violáceas, sin manchas rojizas .... **nébeda morada** (*Nepeta amethystina*):
2-8 dm. IV-VII. Terrenos baldíos secos en zonas interiores. Medit.-occid. R.

3.48.12. **Orégano**, <u>orenga</u> (*Origanum vulgare*): 2-6 dm. VII-X. Orlas forestales y pastizales húmedos en zonas de vega. Paleotemp. M. (Fig. 952).

3.48.13. **Pie de lobo**, <u>peu de llop</u> (*Lycopus europaeus*): 4-10 dm. VIII-X. Juncales, herbazales jugosos en márgenes de ríos y arroyos. Paleotemp. M. (Fig. 943).

3.48.14. **Pinillos** (*Ajuga*)

1. Planta anual. Hojas divididas en tres segmentos lineares (fig. 947) .... **pinillo** (*Ajuga chamaepitys*):
5-20 cm. V-IX. Cultivos, herbazales anuales en terrenos alterados. Circun-Medit. M.
— Planta perenne. Hojas enteras o someramente dentadas (fig. 983) .... **iva** (*Ajuga iva*):
4-15 cm. V-IX. Herbazales secos alterados en zonas de no mucha altitud. Circun-Medit. M.

3.48.15. **Poleo de roca**, <u>poliol de roca</u> (*Micromeria fruticosa*): 2-4 dm. VII-X. Grietas de roquedos soleados, sobre todo calizos. Iberolev. M. (Fig. 956). [Con las hojas verdosas, poco pelosas, cáliz con dientes más largos, corola menor, de un rosado más intenso, etc., tenemos también **M. graeca**, en las áreas litorales de clima suave. (Fig. 984)].

3.48.16. **Prunelas** (*Prunella*)

1. Flores azulado-violáceas. Hojas en su mayoría enteras 2
— Flores blancas o amarillentas. Algunas hojas profundamente dentadas o lobuladas (fig. 985) ....
.... **prunela blanca** (*Prunella laciniata*):
1-3 dm. V-VII. Medios forestales frescos, pastizales de montaña. Medit.-sept. M.
2. Hojas sentadas, lineares a lanceolado-lineares, con menos de 1 cm de anchura (fig. 986) ... **prunella fina** (*Prunella hyssopifolia*): 1-3 dm. VI-IX. Juncales y pastizales vivaces siempre húmedos. Medit.-noroccid. R.

987. Rabogato romano	988. Rabogato anual	989. Rabogato espinoso	990. Rabogato común	991. Rabogato sedoso
(*Sideritis romana*)	(*Sideritis montana*)	(*Sideritis spinulosa*)	(*Sideritis tragoriganum*)	(*Sideritis incana*)

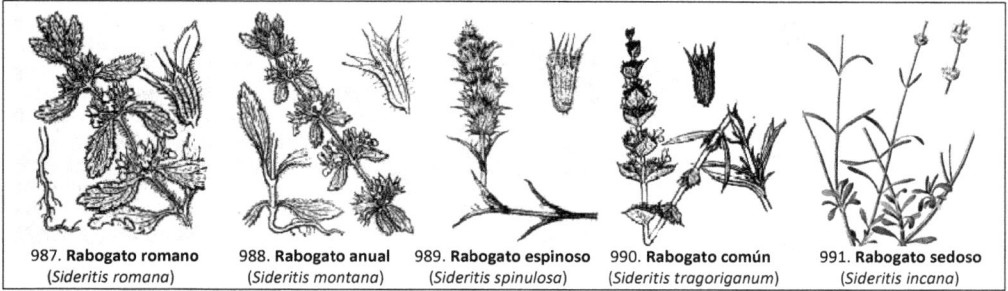

— Hojas pecioladas, ovado-lanceoladas, con más de 1 cm de anchura (fig. 951) ....**prunela común** (*Prunella vulgaris*): 1-4 dm. VI-IX. Juncales y herbazales jugosos sobre suelos siempre húmedos. Holárt. C. [Con hojas y flores mayores (éstas superando los 2 cm), brácteas de 1,5-2 cm de ancho y largo, pero con porte habitualmente más bajo, puede verse en áreas elevadas y húmedas la cercana **P. grandiflora**].

3.48.17. **Rabos de gato**, rabogatos, rabets de gat (*Sideritis*)

1. Plantas herbáceas anuales, bajas y poco consistentes 2
— Plantas perennes, algo leñosas o engrosadas al menos en la base, de estatura mediana o media-baja 3
2. Cáliz con 4 dientes finos por un lado y uno grueso por el otro. Corola blanca o algo amarillenta (fig. 987).. **rabogato romano** (*Sideritis romana*): 5-20 cm. V-VI. Pastos secos en ambientes cálidos algo alterados. Circun-Medit. M.
— Cáliz con dos dientes libres por un lado y otros tres soldados por el otro. Corola de un amarillo vivo (fig. 988) .... **rabogato anual** (*Sideritis montana*): 5-20 cm. V-VI. Pastizales anuales sobre terrenos calizos secos pero frescos, con frecuencia pedregosos. Circun-Medit. M.
3. Hojas con dientes algo espinosos en el margen, al igual que las brácteas y los dientes del cáliz (fig. 989).. **rabogato espinoso** (*Sideritis spinulosa*): 1-4 dm. VI-VIII. Matorrales secos sobre terrenos calizos despejados. Iberolev. R.
— Hojas sin dientes espinosos (aunque a veces puntiaguda en el extremo). Brácteas y cálices espinosos o no 4
4. Planta de color verde-amarillento. Hojas no o apenas pelosas. Inflorescencia muy densa, no interrumpida y poco alargada .... **rabogato amarillo** (*Sideritis pungens*): 2-5 dm. VI-VIII. Matorrales secos de montaña sobre calizas. Medit.-occid. R.
— Planta de color verde-grisáceo a blanquecino. Hojas bastante pelosas. Inflorescencia no muy densa, a menudo interrumpida y alargada 5
5. Planta blanquecina, densamente cubierta de pelosidad algodonosa. Hojas enteras, obtusas y blandas (fig. 991) .... **rabogato sedoso** (*Sideritis incana*): 2-4 dm. V-VII. Matorrales secos de montaña sobre calizas. Medit.-suroccid. M.
— Planta verde-grisácea, con pelosidad más bien rígida, no algodonosa. Hojas dentadas, o -cuando enteras- rígidas y agudas 6
6. Hojas lineares, rígidas y agudas, enteras o con algunos dientes someros (fig. 990) ... **rabogato común** (*Sideritis tragoriganum*): 2-5 dm. III-VII. Matorrales secos y soleados sobre sustrato básico. Iberolev. M.
— Hojas de contorno elíptico, no muy rígidas ni agudas, con dientes o lóbulos marginales abundantes y profundos (fig. 946) .... **rabogato peloso** (*Sideritis hirsuta*): 1-4 dm. V-VII. Matorrales secos, terrenos baldíos o alterados. Medit.-occid. C.

3.48.18. **Romero**, romer (*Rosmarinus officinalis*): 4-16 dm. X-VI. Matorrales secos y soleados. Circun-Medit. C. (Fig. 949).

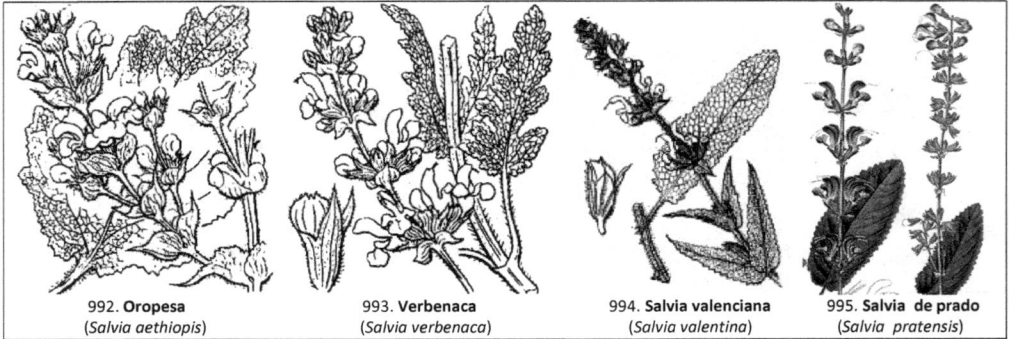

992. **Oropesa**	993. **Verbenaca**	994. **Salvia valenciana**	995. **Salvia de prado**
(*Salvia aethiopis*)	(*Salvia verbenaca*)	(*Salvia valentina*)	(*Salvia pratensis*)

3.48.19. **Salvias** (*Salvia*)

1. Plantas perennes pero completamente herbáceas, a veces bastante robustas 2
— Arbustos bajos pero claramente leñosos (fig. 950) .... **salvia ibérica** (*Salvia lavandulifolia*):
   2-5 dm. V-VII. Matorrales secos y soleados sobre sustrato calizo. Medit.-occid. M.
2. Hojas lanosas, con limbo casi tan ancho como largo. Flores blancas (fig. 992) ... **oropesa** (*Salvia aethiopis*):
   3-8 dm. V-VII. Caminos, barbechos, terrenos baldíos en áreas interiores. Paleotemp. R.
   [Con flores blancas y hojas algo lanosas, pero estrechas y alargadas, está *S. phlomoides* , en las partes interiores (Alc, Jil)].
— Hojas verdes, con limbo bastante más largo que ancho. Flores azuladas o rosadas 3
3. Hojas enteras o muy levemente dentadas. Flores de un color azul o violeta intenso 4
— Hojas irregularmente recortadas. Flores de un azul-violáceo o rosado claro (fig. 993) ...... **verbenaca**
   (*Salvia verbenaca*): 5-30 cm. III-VII. Caminos, cultivos, terrenos baldíos secos, etc. Paleotemp. CC.
4. Hojas caulinares, sin formar roseta, sentadas o casi (fig. 994) .... **salvia valenciana** (*Salvia valentina*):
   2-4 dm. IV-VI. Pastizales vivaces en ambientes despejados no muy secos. Iberolev. R.
— Hojas en su mayoría basales, largamente pecioladas (fig. 995) .... **salvia de prado** (*Salvia pratensis*):
   2-5 dm. VI-VIII. Pastizales vivaces de montaña sobre suelo algo húmedo. Eurosib. M.

3.48.20. **Teucrios o zamarrillas** (*Teucrium*)

1. Hojas profundamente divididas en segmentos estrechos y alargados 2
— Hojas enteras o con cortas lóbulos marginales 3
2. Planta anual. Cáliz hinchado-giboso en la base, con tubo mucho más largo que los dientes (fig. 996)
   .... **zamarrilla anual** (*Teucrium botrys*):
   5-20 cm. V-VII. Terrenos pedregosos, pastizales secos anuales de montaña. Circun-Medit. M.
— Planta perenne, algo lignificada en la base. Cáliz no hinchado en la base, con dientes de longitud
   semejante al tubo (fig. 997) .... **falso pinillo** (*Teucrium pseudochamaepitys*):
   1-3 dm. III-VI. Matorrales y pastizales mediterráneos en medios calizos despejados. Medit.-occid. M.
3. Flores amarillas o amarillo-parduzcas. Cálices, pedúnculos y parte superior de los tallos con pelos
   amarillentos (fig. 998) .... **zamarilla amarilla** (*Teucrium ronnigeri*):
   1-4 dm. IV-VII. Matorrales secos sobre sustratos calizos someros. Iberolev. R (Set). [En las montañas del noreste del
   territorio le sustituye *T. luteum* (= *T. aureum*), con cáliz cubierto de pelos largos y poco ramificados (Bec)].
— Flores blancas o rojizas 4
4. Hojas (al menos parte de ellas) planas, de contorno ovado, lanceolado o elíptico 5
— Hojas todas lineares y de margen revoluto 6
5. Plantas que forman masas semiesféricas en medios rocosos. Flores de blanquecinas a rosadas ....
   .... **zamarrilla de roca** (*Teucrium buxifolium*):
   5-20 cm. IV-VII. Grietas de roquedos calizos en ambientes no muy frescos. Iberolev. M (Set). [Con hojas a veces alargadas, con márgenes provistos de lóbulos poco marcados, a veces revolutos, tenemos también *T. thymifolium*].

996. **Zamarrilla anual** (*Teucrium botrys*)	997. **Falso pinillo** (*Teucrium pseudochamaepitys*)	998. **Zamarrilla amarilla** (*Teucrium ronnigeri*)	999. **Encinilla** (*Teucrium chamaedrys*)	1000. **Zamarrilla lanosa** (*Teucrium gnaphalodes*)
1001. **Poleo montesino** (*Teucrium expassum*)	1002. **Zamarrilla común** (*Teucrium capitatum*)	1003. **Zamarrilla del Maestrazgo** (*Teucrium angustissimum*)	1004. **Tomillo salsero** (*Thymus zygis*)	1005. **Serpol** (*Thymus pulegioides*)

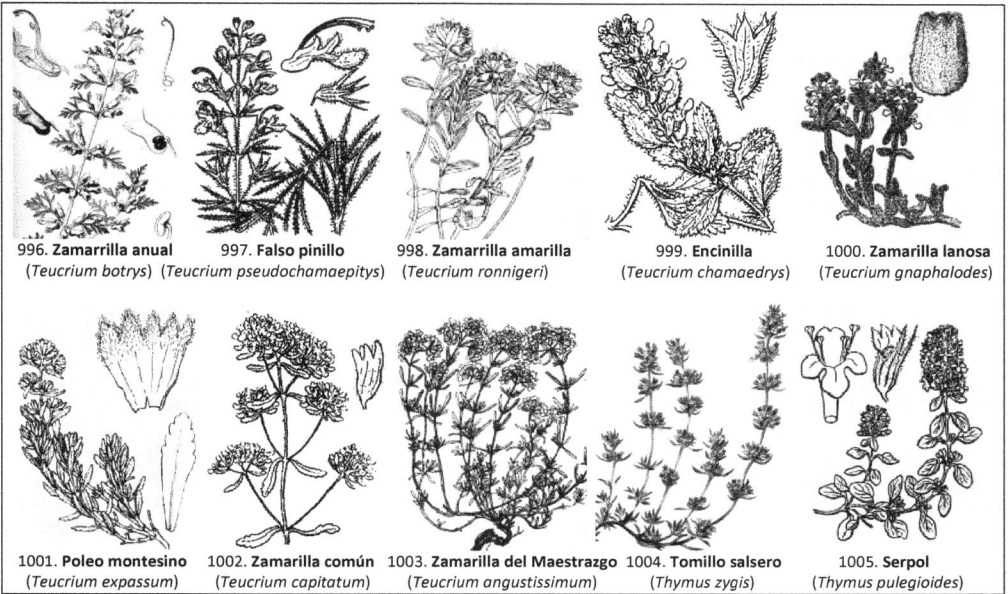

— Plantas laxas, de ambientes no rocosos. Flores de un tono rojizo o rosado intenso (fig. 999) ....
.... **encinilla, camedrío** (*Teucrium chamaedrys*):
5-25 cm. V-VIII. Encinares, robledales, terrenos pedregosos. Circun-Medit. M.

6. Plantas verde-grisáceas, más o menos erguidas. Flores habitualmente blancas 7
— Planta amarillenta o blanquecina, muy lanosa, tendida o ascendente. Flores algo rosadas (fig. 1000)
.... **zamarrilla lanosa** (*Teucrium gnaphalodes*):
Caméf. 5-30 cm. IV-VI. Matorrales en terrenos áridos interiores. Iberolev. M.

7. Planta erguida y algo elevada (puede alcanzar 3-5 dm). Glomérulos gruesos (unos 2-3 cm) ....
.... **zamarrilla de playa** (*Teucrium dunense*):
2-5 dm. V-VII. Arenales costeros, márgenes arenosos o pedregosos de ríos y ramblas. Medit.-occid. M.
— Plantas poco elevadas, a veces tendidas. Glomérulos menores 8

8. Algunos dientes del cáliz con un capuchón dorsal (fig. 1001) .. **poleo montesino** (*Teucrium expassum*):
5-25 cm. VI-VIII. Matorrales secos sobre calizas en áreas interiores. Iberolev. M. [En el bajo valle del Turia le sustituye el muy semejante **T. edetanum**, con hojas más lineares, menos crenadas y más revolutas (Esp)].
— Dientes del cáliz planos y erguidos 9

9. Cáliz blanco-lanoso, con dientes poco marcados. Hojas con lóbulos laterales cortos pero aparentes
(fig. 1002) .... **zamarrilla común** (*Teucrium capitatum*):
1-4 dm. IV-VII. Matorrales secos y soleados en terrenos frecuentados y alterados. Circun-Medit. C.
— Cáliz peloso pero verdoso, con dientes bien marcados. Hojas enteras o con algún lóbulo apenas
marcado (fig. 1003) .... **zamarrilla del Maestrazgo**
(*Teucrium angustissimum*): 1-4 dm. V-VII. Matorrales secos de montaña sobre calizas. Iberolev. R.

3.48.20. Tomillos, timonets (*Thymus*)

1. Hojas con 1-2 mm de anchura, lineares o linear-lanceoladas, plegadas hacia abajo en el margen .. 2
— Hojas planas, de unos 2-6 mm de anchura, con el margen no plegado 3
2. Hojas estrechamente lineares, con cilios o pelos rígidos en el margen, sobre todo en su mitad infe-
rior (fig. 1004) .... **tomillo salsero** (*Thymus zygis*):
5-25 cm. VI-VII. Matorrales secos y soleados sobre todo en medios silíceos. Medit.-occid. R.

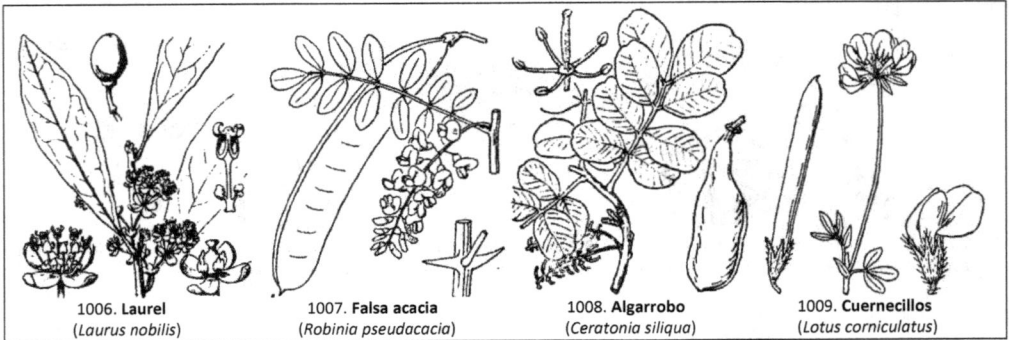

1006. **Laurel**	1007. **Falsa acacia**	1008. **Algarrobo**	1009. **Cuernecillos**
(*Laurus nobilis*)	(*Robinia pseudacacia*)	(*Ceratonia siliqua*)	(*Lotus corniculatus*)

— Hojas más bien linear-lanceoladas, algo ensanchadas en su base, con pelos muy cortos pero sin disponer de ningún tipo de cilios largos laterales (fig. 953)................ **tomillo común** (*Thymus vulgaris*): 1-3 dm. III-VII. Matorrales secos sobre todo tipo de sustratos. Medit.-occid. C.

3. Matas erguidas, con ramas no enraizantes, que levantan sus flores a uno o varios dm de tierra 4

— Matas tendidas o algo ascendentes, con ramas muy enraizantes y las inflorescencias sobre tierra o casi 5

4. Hojas grisáceas. Flores blancas. Dientes del cáliz largos y largamente ciliados .... **mejorana** (*Thymus mastichina*): 2-5 dm. V-VII. Matorrales secos interiores sobre suelos silíceos. Medit.-occid. R.

— Hojas verdes. Flores rosadas. Dientes del cáliz no o poco ciliados .... **pebrella** (*Thymus piperella*): 1-4 dm. VII-XI. Matorrales secos y soleados sobre sustrato básico. Iberolev. R (Set).

5. Planta casi herbácea, con cepa y tallos inferiores de apenas 1 mm. Inflorescencia de aspecto espigado, con cálices rojizos (fig. 1005) .... **serpol** (*Thymus pulegioides*): 5-30 cm. VI-IX. Pastizales vivaces en ambientes de montaña frescos y no muy soleados. Eurosib. R.

— Cepa y tallos inferiores de al menos 2 mm, más claramente lignificados. Inflorescencia glomerular, con cálices verdes .... **tomillo rastrero** (*Thymus godayanus*): 5-30 cm. V-VII. Pastos secos y bajos matorrales sobre terrenos calcáreos escarpados de alta montaña. Iberolev. R (Gud). [Grupo muy rico en microespecies en la zona. Con aspecto similar tenemos en las calizas del Alto Tajo ***Th. borgiae***, de brácteas más anchas (Taj); en los afloramientos silíceos más interiores ***Th. izcoi*** (Jil, Taj); en los yesos manchegos tenemos ***Th. lacaitae*** (Man), en los rodenos de la parte oriental de la Serranía de Cuenca, ***Th. leptophyllus*** (Taj), en las calizas de las sierras de Ayora-Enguera ***Th granatensis*** subsp. ***micranthus*** (Set) y en el entorno de los Puertos de Beceite ***Th. willkommii*** (Bec)].

3.49. Fam. LAURÁCEAS (*Lauraceae*)

Se trata de una importante y arcaica familia de árboles tropicales rica en plantas exóticas aromáticas (canela, alcanfor) o comestibles (aguacate), de la que sólo nos llega el laurel como representante autóctono (más otras cuatro especies en la laurisilva canaria). Muestran flores pequeñas, dímeras o trímeras, poco vistosas, que forman un gineceo unicarpelar y uniovulado, que suele dar frutos carnosos en baya o drupa.

3.49.1. **Laurel**, llorer (*Laurus nobilis*): 2-6 m. III-IV. Bosques y matorrales perennifolios húmedos. Circun-Medit. R. (Fig. 1006).

3.50. Fam. LEGUMINOSAS (*Leguminosae*)

Una de las familias de plantas más numerosas y extendidas por el planeta. Pueden ser árboles (acacias, algarrobos), arbustos (retamas, aliagas) o hierbas de muy variado aspecto, pero suelen tener en común unas hojas divididas en foliolos, con dos estípulas en la base; unas flores con 5 sépalos más o menos soldados, 5 pétalos vistosos libres y desiguales (corola papilonácea), 10 estambres soldados por los filamentos y gineceo con un solo carpelo, encerrando numerosos óvulos, y un fruto en legumbre (seco, dehiscente y con numerosas semillas). Se incluyen en ella numerosas especies comestibles (guisantes, lentejas, habas, garbanzos), forrajeras (tréboles, esparceta, alfalfa) y ornamentales (acacias, gleditsias, cesalpinias, etc.).

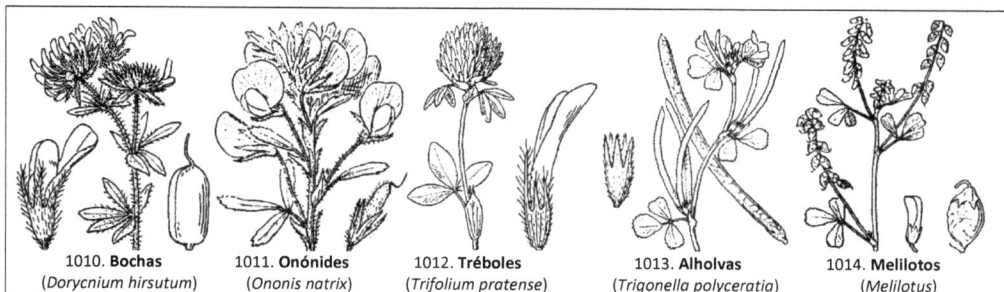

1010. **Bochas**	1011. **Onónides**	1012. **Tréboles**	1013. **Alholvas**	1014. **Melilotos**
(*Dorycnium hirsutum*)	(*Ononis natrix*)	(*Trifolium pratense*)	(*Trigonella polyceratia*)	(*Melilotus*)

1. Plantas con porte arbóreo en estado adulto (troncos de 20 cm de grosor o más) 2
— Plantas herbáceas o arbustivas, en este caso con tallo de uno o pocos cm de grosor 3
2. Flores vistosas, blancas o rosadas. Hojas blandas y caducas (fig. 1007) .... 15. **falsa acacia** (*Robinia*)
— Flores sin pétalos. Hojas perennes y coriáceas (fig. 1008) .... 2. **algarrobo** (*Ceratonia*)
3. Hojas siempre desprovistas de zarcillos, simples o con sólo tres foliolos 4
— Hojas con otras características (con zarcillos, con dos foliolos o con más de tres) 24
4. Hojas con foliolos semejantes a las estípulas (parece que hay 5 foliolos) 5
— Estípulas claramente diferenciadas de las hojas o foliolos o bien inexistentes 6
5. Plantas herbáceas. Flores amarillas o rojizas (fig. 1009)........... 11. **cuernecillos** (*Lotus, Tetragonolobus*)
— Plantas leñosas. Flores blancas (fig. 1010) .... 9. **bochas** (*Dorycnium*)
6. Hojas completas (cuando simples) o foliolos (en las divididas) claramente dentados, con los nervios
laterales bien marcados, alcanzando cada uno un diente 7
— Hojas o foliolos enteros, con nervios laterales poco marcados o sin alcanzar los márgenes 12
7. Androceo con los 10 estambres soldados alrededor del gineceo. Plantas cubiertas de pelos glandulosos al menos en la inflorescencia (fig. 1011) .... 23. **onónides** (*Ononis*)
— Plantas raras veces glandulosas. Nueve estambres soldados y uno libre 8
8. Flores en glomérulos esféricos o alargados. Corola persistente al secarse. Frutos muy cortos, incluidos en el cáliz o apenas salientes (fig. 1012) .... 28. **tréboles** (*Trifolium*)
— Sin estos caracteres reunidos. Corola caduca y frutos más largos que el cáliz 9
9. Flores sentadas o cortamente pedunculadas, solitarias o en pequeños grupos axilares a lo largo del
tallo. Frutos alargados, a menudo arqueados (fig. 1013) .... 5. **alholvas** (*Trigonella*)
— Flores dispuestas sobre racimos pedunculados 10
10. Inflorescencias bastante más largas que anchas. Frutos rectos, elipsoidales a cónicos, con las caras
estriadas o reticuladas, sin espinas (fig. 1014) .... 22. **melilotos** (*Melilotus*)
— Inflorescencias poco más largas que anchas. Frutos curvados o retorcidos en espiral, a veces cubiertos de espinas 11
11. Flores amarillas (fig. 1015) .... 21. **mielgas** (*Medicago*, pro parte)
— Flores azuladas, violáceas o blanquecinas (fig. 1016) .... 4. **alfalfa** (*Medicago*, p. p.)
12. Plantas de consistencia herbácea, poco elevadas 13
— Plantas claramente leñosas, que pueden alcanzar cierta altura 16
13. Frutos estrechos y alargados, fuertemente arqueados, no dehiscentes pero fragmentables al madurar (fig. 1017) .... 1. **alacraneras** (*Scorpiurus, Coronilla*, p. p.)
— Frutos rectos o no aparentes (no sobresalen del cáliz) 14
14. Hojas provistas de tres foliolos similares 15
— Hojas inferiores simples o con foliolo terminal bastante mayor (fig. 1018) .... 7. **antílides** (*Anthyllis*)
15. Flores amarillas o rojizas. Planta grisáceo-plateada, con frutos pelosos muy salientes del cáliz (fig.
1019).. 19. **hierba de la plata** (*Argyrolobium*)

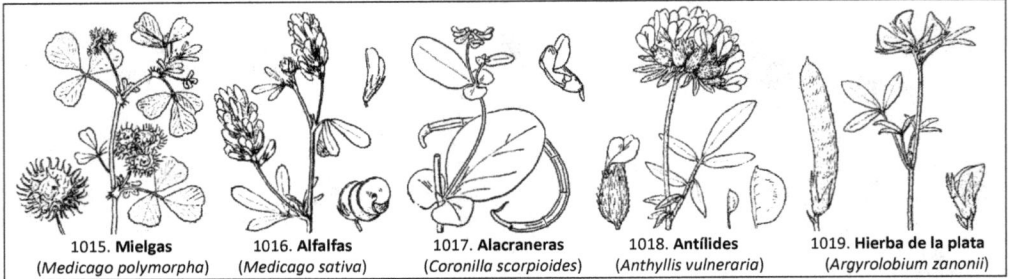

1015. **Mielgas** (*Medicago polymorpha*)	1016. **Alfalfas** (*Medicago sativa*)	1017. **Alacraneras** (*Coronilla scorpioides*)	1018. **Antílides** (*Anthyllis vulneraria*)	1019. **Hierba de la plata** (*Argyrolobium zanonii*)

— Flores azuladas o violáceas. Planta verde con frutos poco salientes del cáliz (fig. 1020) ....
.... 29. **trébol hediondo** (*Psoralea*)

16. Arbustos con fuertes y abundantes espinas 17

— Arbustos no espinosos 18

17. Flores amarillas (fig. 1021) .... 3. **aliagas** (*Genista, Ulex*)

— Flores azuladas (fig. 1022) .... 12. **erizón** (*Erinacea*)

18. Fruto maduro esferoidal, con ± 1 cm de diámetro y 1-2 semillas (fig. 1023) .... 25. **retamas** (*Retama*)

— Fruto maduro alargado, normalmente con más de dos semillas 19

19. Estambres libres. Estandarte mucho más corto que los restantes pétalos. Frutos maduros colgantes, que alcanzan 1-2 dm (fig. 1024) .... 6. **altramuz hediondo** (*Anagyris*)

— Sin estos caracteres reunidos 20

20. Estilos arrollados en espiral. Frutos con superficie lisa y margen peloso (fig. 1025) ....
.... 26. **retama de escobas** (*Cytisus*)

— Sin estos caracteres reunidos 21

21. Flores de 2-3 cm. Frutos pelosos, de unos 5-8 cm (fig. 1026) .... 27. **retama de flor** (*Spartium*)

— Flores y frutos menores 22

22. Hojas provistas de tres foliolos semejantes (fig. 1027) .... 24. **piornos** (*Cytisus, Teline*)

— Hojas simples o con tres foliolos de modo que el central es mucho mayor 23

23. Fruto no sobresaliendo del cáliz, que es estrecho y alargado (fig. 1049) .... 7. **antílides** (*Anthyllis*)

— Fruto sobresaliendo del cáliz, que es ancho y corto (fig. 1028) .... 16. **genistas** (*Genista*)

24. Hojas provistas de zarcillos o de un número par de foliolos (en este caso a veces terminadas en
una arista que puede ser espinosa) 25

— Hojas sin zarcillos y provistas de numerosos foliolos en número impar 28

25. Arbustos. Hojas terminadas en arista rígida punzante (fig. 1029)......... 8. **astrágalos** (*Astragalus*, p.p.)

— Plantas herbáceas, nunca espinosas 26

26. Cáliz con 5 dientes iguales y alargados (bastante más que el tubo). Fruto poco más largo que ancho, con 1-3 semillas (fig. 1030) .... 20. **lenteja silvestre** (*Lens*)

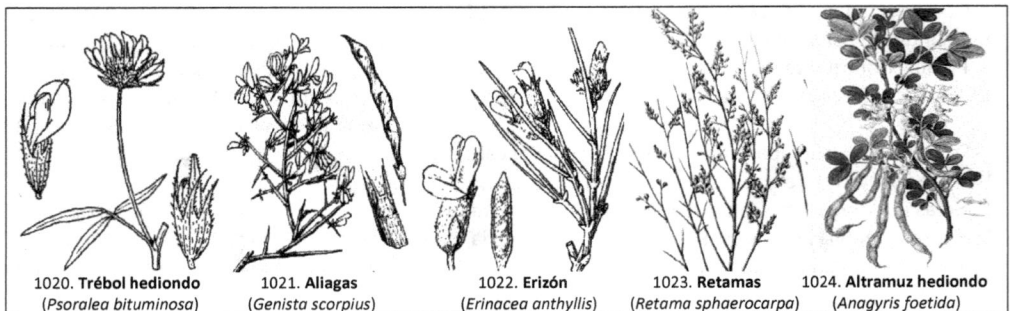

1020. **Trébol hediondo** (*Psoralea bituminosa*)	1021. **Aliagas** (*Genista scorpius*)	1022. **Erizón** (*Erinacea anthyllis*)	1023. **Retamas** (*Retama sphaerocarpa*)	1024. **Altramuz hediondo** (*Anagyris foetida*)

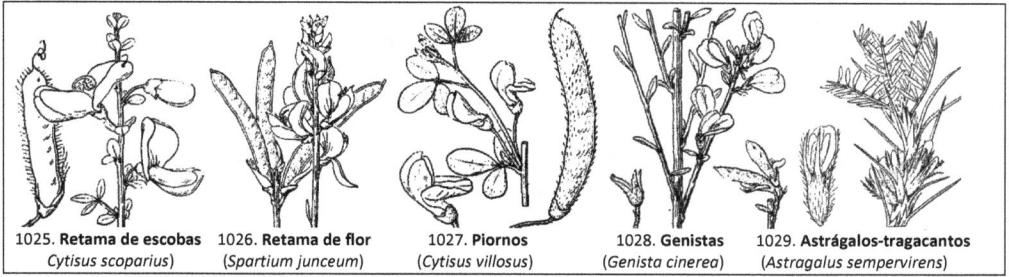

1025. **Retama de escobas**	1026. **Retama de flor**	1027. **Piornos**	1028. **Genistas**	1029. **Astrágalos-tragacantos**
Cytisus scoparius)	*(Spartium junceum)*	*(Cytisus villosus)*	*(Genista cinerea)*	*(Astragalus sempervirens)*

— Sin estos caracteres reunidos 27

27. Hojas con foliolos agudos (a veces ausentes y sustituidas por zarcillo), de nervios paralelas. Estípulas enteras. Tallos de angulosos a marcadamente alados (fig. 1031) ... 17. **guisantes de olor** (*Lathyrus*)

— Sin estos caracteres reunidos. Hojas con foliolos siempre existentes, no paralelinervios. Estípulas dentadas o muy recortadas. Tallos desde lisos a algo angulosos (fig. 1032) .... 30. **vezas** (*Vicia*)

28. Frutos que al madurar se deshacen en fragmentos que contienen una semilla 29

— Sin estos caracteres reunidos. Frutos en legumbre que no se fragmenta al madurar 31

29. Flores rosadas o rojizas, dispuestas en racimos alargados (fig. 1033) .... 31. **zulla** (*Hedysarum*)

— Flores amarillas, dispuestas en umbelas 30

30. Frutos aplanados y arqueados, sinuosos (con entrantes y salientes marcados), conteniendo semillas de forma arqueada (fig. 1034) .... 18. **hierba-herradura** (*Hippocrepis*)

— Frutos cilíndricos, rectos o curvados (no aplanados ni sinuosos), con semillas esferoidales (fig. 1035) .... 10. **coronillas** (*Coronilla, Ornithopus*)

31. Hojas con 5 foliolos 4

— Hojas con más de 5 foliolos 32

32. Frutos esferoidales, indehiscentes, monospermos, con la superficie muy rugosa o dentada. Inflorescencia densa y alargada (fig. 1036) .... 14. **esparcetas** (*Onobrychis*)

— Sin estos caracteres reunidos 33

33. Arbustos de hoja caduca. Frutos grandes (5-8 cm), rosados e inflados en la madurez (fig. 1037) .... 13. **espantalobos** (*Colutea*)

— Sin estos caracteres reunidos 34

34. Frutos claramente sobresalientes del cáliz, el cual tiene dientes alargados, de tamaño al menos similar al tubo (fig. 1038) .... 8. **astrágalos** (*Astragalus*, pro parte)

— Frutos no salientes del cáliz, el cual tiene los dientes más cortos que el tubo (fig. 1018) .... 7. **antílides** (*Anthyllis*, pro parte)

3.50.1. **Alacraneras** (*Scorpiurus, Coronilla*)

1. Frutos curvados en arco o anillo, con la superficie lisa (fig. 1017) .... **hierba del alacrán** (*Coronilla scorpioides*): 5-30 cm. IV-VI. Campos de cultivo, terrenos baldíos secos. Medit.-Iranot. M.

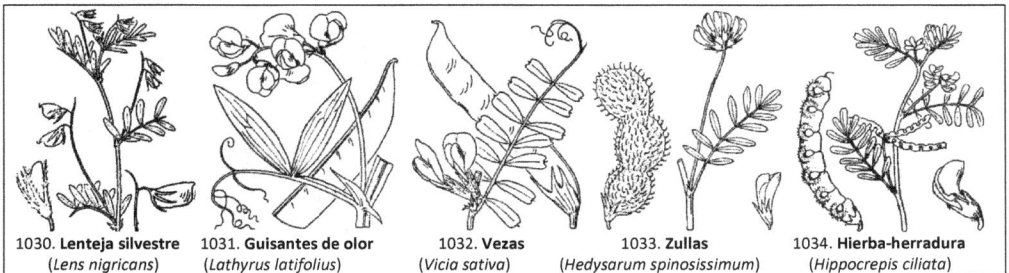

1030. **Lenteja silvestre**	1031. **Guisantes de olor**	1032. **Vezas**	1033. **Zullas**	1034. **Hierba-herradura**
(Lens nigricans)	*(Lathyrus latifolius)*	*(Vicia sativa)*	*(Hedysarum spinosissimum)*	*(Hippocrepis ciliata)*

169

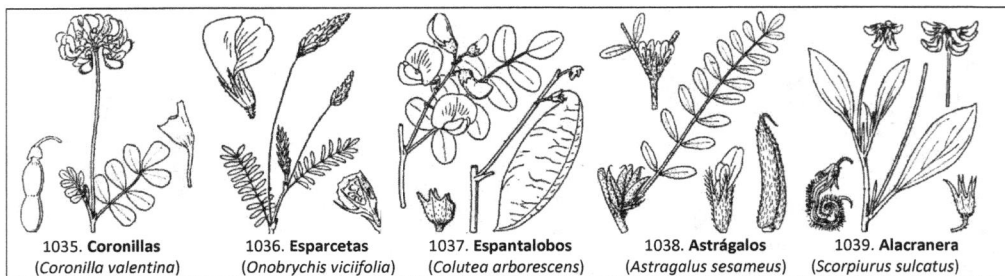

1035. Coronillas	1036. Esparcetas	1037. Espantalobos	1038. Astrágalos	1039. Alacranera
(Coronilla valentina)	(Onobrychis viciifolia)	(Colutea arborescens)	(Astragalus sesameus)	(Scorpiurus sulcatus)

— Frutos varias veces retorcidos, con la superficie tuberculado-espinosa (fig. 1039) .... **alacranera** (*Scorpiurus subvillosus*): 1-4 dm. III-VI. Campos de cultivo, herbazales anuales frecuentados. Circun-Medit. M. [*S. sulcatus*, con frutos menos densamente espinosos y arrollados de modo menos tridimensional (más planos)].

3.50.2. **Algarrobo**, garrofera (*Ceratonia siliqua*): 2-15 m. IX-XII. Cultivado y formando parte de bosques y matorrales de zonas bajas. Circun-Medit. M. (Fig. 1008).

3.50.3. **Aliagas**, argelages (*Genista, Ulex*)

1. Hojas divididas en tres foliolos blandos y muy aparentes (alcanzan unos 5-8 x 3-5 mm) (fig. 1039) .... **aliaga negra** (*Calicotome spinosa*): 1-3 m. III-VI. Orlas de bosque y altos matorrales litorales sobre sustrato silíceo o descarbonatado. Medit.-occid. R.
— Hojas enteras o divididas en foliolos menores 2

2. Arbusto de pocos dm. Espinas finas o no muy hirientes. Hojas blanda y aplanadas, que surgen en primavera sobre brotes muy pelosos (fig. 1040) .... **aliaga fina** (*Genista hispanica*): 2-5 dm. IV-VI. Matorrales sobre calizas en zonas de influencia litoral. Iberolev. M. [En ambientes silíceos húmedos de montaña (zonas turbosas) se presenta *G. anglica*, de frutos más alargados, hojas no pelosas, etc.].
— Arbustos que pueden alcanzar más de 1 m. Espinas muy firmes e hirientes. Hojas nulas o muy atrofiadas, sobre brotes no pelosos 3

3. Planta de color verde claro. Cáliz igual o más largo que la corola. Frutos de apenas 1 cm (fig. 1041) .. .. **aliaga mediterránea** (*Ulex parviflorus*): 5-20 dm. XI-IV. Matorrales secos en ambiente templado sublitoral. Medit.-occid. C.
— Planta de color verde oscuro. Cáliz mucho más corto que la corola. Frutos aplanado-acintados, de unos 2-4 cm (fig. 1042) .... **aliaga común** (*Genista scorpius*): 4-15 dm. III-VI. Matorrales secos, barbechos, terrenos baldíos o muy pastoreados. Medit.-occid. C.

3.50.4. **Alfalfa**, alfalç (*Medicago sativa*): 2-6 dm. V-IX. Cultivada como forrajera y formando parte de pastizales de todo tipo en caminos, terrenos baldíos y medios frecuentados por el hombre y el ganado. Paleotemp. CC. (Fig. 1016).

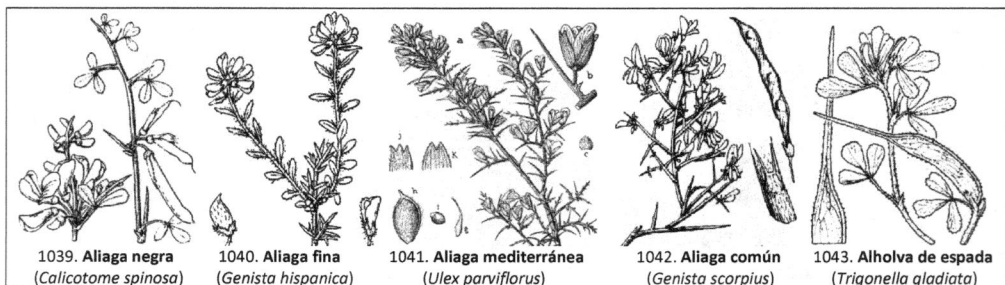

1039. Aliaga negra	1040. Aliaga fina	1041. Aliaga mediterránea	1042. Aliaga común	1043. Alholva de espada
(Calicotome spinosa)	(Genista hispanica)	(Ulex parviflorus)	(Genista scorpius)	(Trigonella gladiata)

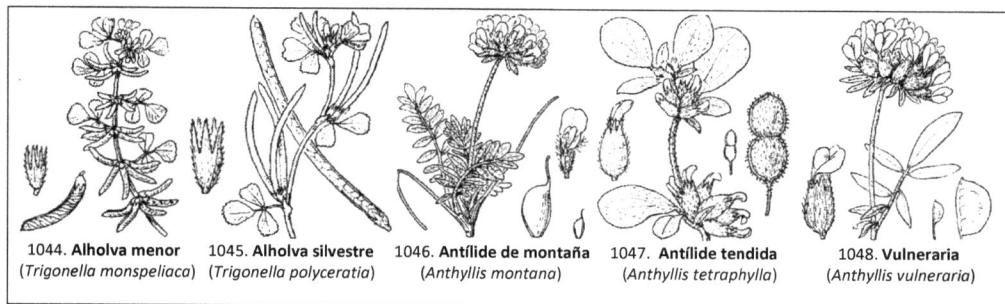

1044. Alholva menor (*Trigonella monspeliaca*)   **1045. Alholva silvestre** (*Trigonella polyceratia*)   **1046. Antílide de montaña** (*Anthyllis montana*)   **1047. Antílide tendida** (*Anthyllis tetraphylla*)   **1048. Vulneraria** (*Anthyllis vulneraria*)

3.50.5. Alholvas (*Trigonella*)

1. Frutos de unos 5 mm de anchura, bruscamente terminados en pico alargado (fig. 1043) ....
.... **alholva de espada** (*Trigonella gladiata*):
2-20 cm. III-VI. Pastizales secos anuales sobre sustratos básicos. Circun-Medit. M.
— Frutos de 1-2 mm de anchura, no prolongados en pico alargado 2
2. Frutos colgantes, de 1-2 cm (fig. 1044) .... **alholva menor** (*Trigonella monspeliaca*):
5-25 cm. III-VI. Campos de cultivo y herbazales secos antropizados. Medit.-iranot. C.
— Frutos erguidos y alargados (2-5 cm) (fig. 1045) .... **alholva silvestre** (*Trigonella polyceratia*):
1-4 dm. IV-VII. Campos de cultivo, herbazales secos anuales alterados. Paleotemp. C.

3.50.6. Altramuz hediondo, garrofer de moro (*Anagyris foetida*): 1-3 m. I-IV. Matorrales en terrenos baldíos o escarpados de zonas bajas y secas. Circun-Medit. R. (Fig. 1024).

3.50.7. Antílides (*Anthyllis*)

1. Plantas completamente herbáceas o tendidas y algo engrosado-leñosas en la base 2
— Plantas leñosas, erguidas y claramente elevadas sobre el terreno 4
2. Planta tendida pero robusta o lignificada. Hojas divididas en 8 pares de foliolos o más, siendo el terminal similar a los otros (fig. 1046) .... **antílide de montaña** (*Anthyllis montana*):
5-25 cm. IV-VI. Repisas de roquedos y matorrales sobre suelos calcáreos esqueléticos. Euri-Medit. M.
— Sin estos caracteres reunidos. Plantas herbáceas blandas 3
3. Flores reunidas en grupos axilares laxos. Cáliz muy hinchado al madurar el fruto. Hierba anual completa-mente rastrera (fig. 1047) .... **antílide tendida** (*Anthyllis tetraphylla*): 5-25 cm. IV-VI. Pastizales secos anuales en zonas de baja altitud. Circun-Medit. M.
— Flores reunidas en glomérulos terminales densos. Cáliz no o poco hinchado en el fruto. Hierba perenne algo erguida o ascendente (fig. 1048) .... **vulneraria** (*Anthyllis vulneraria*): 5-30 cm. IV-VII. Pastizales y matorrales en medios despejados sobre sustratos variados. Paleotemp. C.
4. Flores blancas o rosadas, en glomérulos semiesféricos gruesos (unos 2 cm de diámetro) ....
.... **antílide valenciana** (*Anthyllis lagascana,*
A. valentina): 4-8 dm. III-VI. Matorrales secos y soleados en áreas bajas poco lluviosas. Iberolev. R (Esp).
— Flores amarillas, en racimos alargados o glomérulos más finos 5
5. Flores de 1-1,5 cm, en grupos alargados (fig. 1049) .... **albaida** (*Anthyllis cytisoides*): 5-14 dm. II-VI. Matorrales secos y soleados a baja altitud. Medit.-occid. M. [Con hojas siempre simples y estrechas (2-5 mm de achura), flores menores (6-8 mm), etc., tenemos también *A. terniflora*, en las zonas más bajas y secas (Esp) (fig. 1049)].
— Flores mucho menores, en glomérulos esféricos de 1 cm de diámetro o poco más (fig. 1050) ....
.... **antílide esparceta** (*Anthyllis onobrychioides*):
2-5 dm. IV-VI. Matorrales sobre suelos calcáreos descarnados. Iberolev. R (Set).

3.50.8. Astrágalos y tragacantos (*Astragalus*)

1. Hierbas anuales, tenues fáciles de erradicar y de escasa altura 2
— Arbustos o hierbas perennes 5

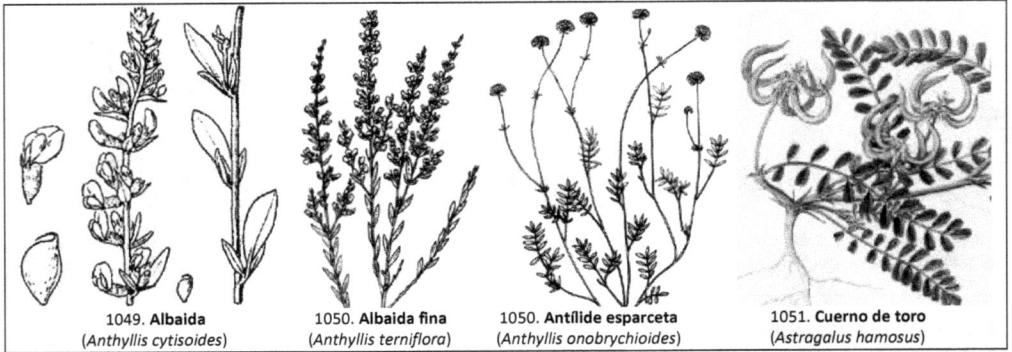

1049. **Albaida**	1050. **Albaida fina**	1050. **Antílide esparceta**	1051. **Cuerno de toro**
(*Anthyllis cytisoides*)	(*Anthyllis terniflora*)	(*Anthyllis onobrychioides*)	(*Astragalus hamosus*)

2. Flores amarillentas. Frutos glabros y curvados en arco (con forma de asta de toro) (fig. 1051) ....
.... **cuerno de toro** (*Astragalus hamosus*):
1-3 dm. IV-VI. Pastizales secos anuales sobre terrenos baldíos o muy pastoreados. Medit.-Iranot. M.
— Flores azuladas. Frutos rectos 3
3. Frutos aplanados y dentados en el margen (fig. 1052) .... **astrágalo aserrado** (*Astragalus pelecinus,*
Biserrula pelecinus): 5-20 cm. III-VI. Pastizales secos anuales sobre suelos silíceos. Circun-Medit. RR. (Alc, Set).
— Frutos cilíndricos o cónicos, no dentados en el margen 4
4. Hierba tendida. Glomérulos florales sentados o sobre pedúnculos más cortos que ellos (fig. 1053) ....
.... **astrágalo anual común** (*Astragalus sesameus*):
5-30 cm. IV-VI. Pastizales anuales secos y algo degradados. Circun-Medit. C.
— Hierba erguida o ascendente. Glomérulos sobre pedúnculos bastante alargados (fig. 1054) ....
.... **astrágalo anual estrellado** (*Astragalus stella*):
5-20 cm. IV-VI. Terrenos baldíos secos, claros de matorrales alterados. Medit.-Iranot. M.
5. Arbustos espinosos 6
— Plantas herbáceas, no espinosas 7
6. Cáliz de unos 6-7 mm, del que sobresale bastante una corola amarillenta (fig. 1056) ....
.... **tragacanto del sur** (*Astragalus granatensis*, A. boissieri, Astracantha granatensis)
2-5 dm. V-VII. Matorrales bien iluminados en áreas frías continentales o de montaña. Medit.-occid. R.
— Cáliz de unos 14-16 mm, igualando a la corola, que es blanquecina o algo rosada (fig. 1057) ....
.... **tragacanto del norte** (*Astragalus sempervirens*, A. muticus):
2-4 dm. V-VII. Cunetas y matorrales secos de montaña más o menos degradados. Iberolev. R (Gud, Taj).
7. Plantas formadas por una roseta de hojas basales, de la que surge un pedúnculo sin hojas que ter-
mina en una inflorescencia densa 8
— Plantas provistas de hojas en los tallos hasta cerca de la inflorescencia 10

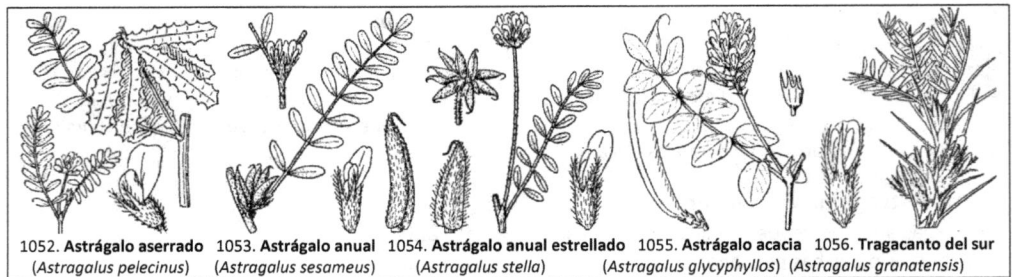

1052. **Astrágalo aserrado**	1053. **Astrágalo anual**	1054. **Astrágalo anual estrellado**	1055. **Astrágalo acacia**	1056. **Tragacanto del sur**
(*Astragalus pelecinus*)	(*Astragalus sesameus*)	(*Astragalus stella*)	(*Astragalus glycyphyllos*)	(*Astragalus granatensis*)

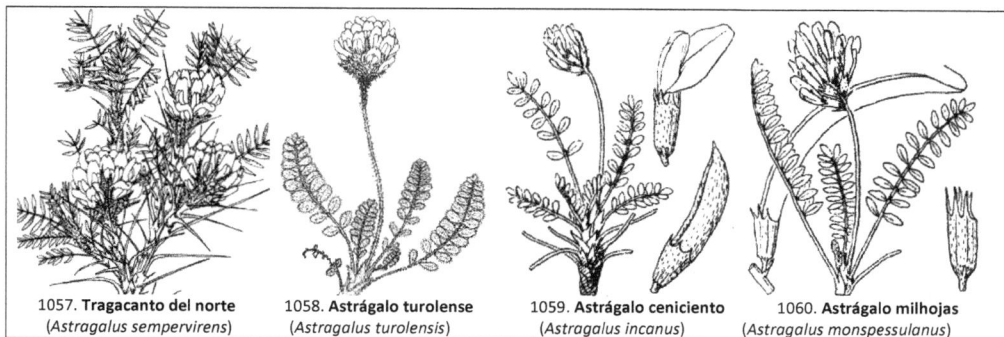

| 1057. **Tragacanto del norte** | 1058. **Astrágalo turolense** | 1059. **Astrágalo ceniciento** | 1060. **Astrágalo milhojas** |
| (*Astragalus sempervirens*) | (*Astragalus turolensis*) | (*Astragalus incanus*) | (*Astragalus monspessulanus*) |

8. Planta muy pelosa, con pelos erguidos, muy visibles. Flores amarillentas. Fruto ovoideo, grueso y poco alargado (fig. 1058) .... **astrágalo turolense** (*Astragalus turolensis*): 5-20 cm. V-VII. Pastizales vivaces secos y soleados en ambientes frescos interiores. Medit.-occid. R.
— Planta no pelosa o con pelos aplicados, poco aparentes. Frutos habitualmente alargados 9
9. Flores de color rojizo vivo. Hojas grisáceas, con pocos (menos de 10) pares de foliolos (fig. 1059) .... **astrágalo ceniciento** (*Astragalus incanus*): 5-25 cm. III-VI. Matorrales y pastizales vivaces en ambientes secos y soleados. Medit.-occid. C.
— Flores de tonos amarillentos o rosados claros. Hojas verdes, con numerosos (más de 10) pares de foliolos (fig. 1060) .... **astrágalo milhojas** (*Astragalus monspessulanus*): 1-4 dm. IV-VI. Matorrales secos y pastizales vivaces, sobre todo en terrenos arcillosos compactos. Medit.-occid. M. [Con flores menores (cerca de 1 cm) e inflorescencias sobre pedúnculos cortos (no sobrepasan la mitad de las hojas), tenemos **A. depressus**, en zonas calizas elevadas].
10. Hojas con foliolos grandes (aspecto similar a los de una acacia), llegando a alcanzar los 2 cm de largo por uno de ancho. Flores poco vistosas, amarillo-verdosas (fig. 1055) .... **astrágalo acacia** (*Astragalus glycyphyllos*): 3-6 dm. V-VII. Bosques caducifolios frescos, a veces ribereños. Eurosib. R.
— Hojas con foliolos menores. Flores de colores más vistosos 11
11. Flores con menos de 1 cm, dispuestas en racimos laxos (fig. 1061) .... **astrágalo austríaco** (*Astragalus austriacus*): 1-4 dm. V-VII. Bosques y pastos vivaces frescos de montaña. Eurosib. R (Gud, Taj).
— Flores con más de 1 cm, dispuestas en glomérulos densos 12
12. Flores amarillas, dispuestas en varios glomérulos sentado a lo largo del tallo. Planta algo elevada, que puede alcanzar cerca de medio metro (fig. 1062)..... **astrágalo amarillo** (*Astragalus alopecuroides*): 25-50 cm. V-VII. Pastos secos sobre sustratos básicos. Medit.-occid. R.
— Flores purpúreo-violáceas, en glomérulos singulares, terminales y pedunculados. Planta de baja estatura (fig. 1063) .... **astrágalo purpúreo** (*Astragalus hypoglottis,* A. purpureus): 5-20 cm. V-VII. Orlas de bosque y pastizales frescos de montaña. Medit.-sept. M. [Con porte más bien tendido, glomérulos menores (cerca de 1 cm, frente a 2-3), dientes del cáliz de longitud similar al tubo (no más cortos), etc., tenemos también **A. glaux**, en áreas frescas interiores].

3.50.9. **Bochas**, bojes (*Dorycnium*)

1. Flores en grupos pequeños (± 1 cm de diámetro). Frutos poco más largos que anchos. Planta cubierta de pelos aplicados poco visibles (fig. 1064) .... **bocha blanca** (*Dorycnium pentaphyllum,* **D. suffruticosum**): 2-6 dm. IV-VII. Matorrales secos y soleados algo degradados. Circun-Medit. C.
— Flores en grupos más gruesos (1,5-3 cm). Frutos al menos doble de largos que anchos. Planta glabrescente o cubierta de pelos muy salientes y aparentes 2
2. Planta sin pelos o muy poco pelosa, que alcanza cerca de un metro o más de estatura. Flores con menos de 1 cm. Frutos alargados (unas 3-5 veces más largos que anchos) (fig. 1065)........................... ....**unciana** (*Dorycnium rectum,* Bonjeanea recta): 6-18 dm. VI-VIII. Juncales y altos herbazales de ambientes húmedos ribereños. Circun-Medit. M.

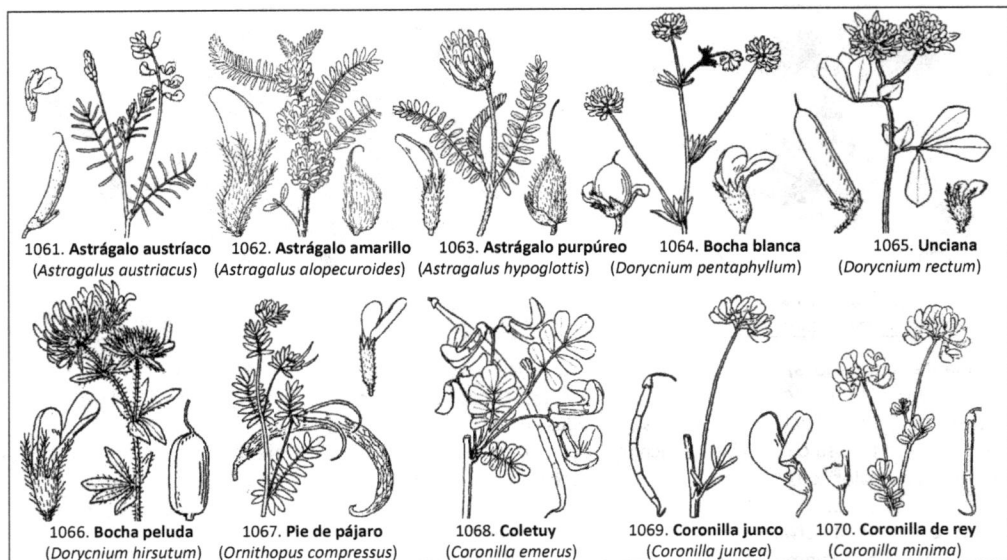

1061. Astrágalo austríaco	1062. Astrágalo amarillo	1063. Astrágalo purpúreo	1064. Bocha blanca	1065. Unciana
(Astragalus austriacus)	(Astragalus alopecuroides)	(Astragalus hypoglottis)	(Dorycnium pentaphyllum)	(Dorycnium rectum)

1066. Bocha peluda	1067. Pie de pájaro	1068. Coletuy	1069. Coronilla junco	1070. Coronilla de rey
(Dorycnium hirsutum)	(Ornithopus compressus)	(Coronilla emerus)	(Coronilla juncea)	(Coronilla minima)

— Planta muy pelosa, de estatura baja (unos pocos dm). Flores con más de 1 cm. Frutos cerca del doble de largos que anchos (fig. 1066) .... **bocha peluda** (*Dorycnium hirsutum*, *Bonjeanea hirsuta*): 2-5 dm. V-VII. Matorrales y orlas forestales en zonas poco elevadas. Circun-Medit. M.

3.50.10. Coronillas (*Coronilla, Ornithopus*)

1. Planta herbácea, frágil y de porte tendido o poco erguido (fig. 1067) .... **pie de pájaro** (*Ornithopus compressus*): 1-4 dm. III-VI. Terrenos arenosos silíceos despejados. Medit.-Atlánt. R. [Esta especie muestra hojas verde-grisáceas bastante pelosas y frutos aplanados poco arqueados, frente a la cercana *O. pinnatus*, de hábito verdoso glabrescente y frutos cilíndricos muy finos, formando un círculo completo].
— Plantas perennes, leñosas al menos en la base, de porte más o menos erguido 2
2. Arbusto algo elevado (alcanza 1-2 m). Foliolos blandos, de 1-2 cm. Frutos muy largos (unos 5-10 cm) y finos (fig. 1068) .... **coletuy** (*Coronilla emerus*, *Emerus major*): 8-20 dm. IV-VII. Bosques y matorrales frescos sobre calizas. Medit.-sept. R.
— Arbustos de menor estatura. Foliolos menores, con frecuencia algo engrosados o consistentes. Frutos menores 3
3. Hojas con foliolos estrechos y alargados. Tallos adultos en gran parte verdes (fig. 1069) .... **coronilla junco** (*Coronilla juncea*): 4-12 dm. II-VI. Matorrales secos y soleados en zonas bajas. Medit.-occid. M.
— Hojas con foliolos poco más largos que anchos. Tallos adultos (con más de 2 mm de grosor) no verdes (fig. 1070) .... **coronilla de rey** (*Coronilla minima*): 5-20 cm. IV-VII. Bajos matorrales y pastizales vivaces sobre calizas. Medit.-sept. C. [De aspecto semejante, aunque de mayor tamaño (alcanza más de 1 m), hojas claramente pecioladas, con foliolos mayores, más blandos, etc., está también *C. valentina* (= *C. glauca*), planta cultivada como ornamental y a menudo asilvestrada].

3.50.11. Cuernecillos (*Lotus, Tetragonolobus*)

1. Frutos de tendencia cuadrangular, alados en cada ángulo. Flores superando 2 cm y foliolos con cerca de 1 cm de anchura (fig. 1071) .... **cuernecillo cuadrangular** (*Tetragonolobus maritimus*): 1-4 dm. IV-VII. Pastizales vivaces húmedos, juncales y herbazales jugosos ribereños. Holárt. M.
— Sin estos caracteres reunidos. Frutos cilíndricos, de sección circular, no alados. Flores con menos de 2 cm 2

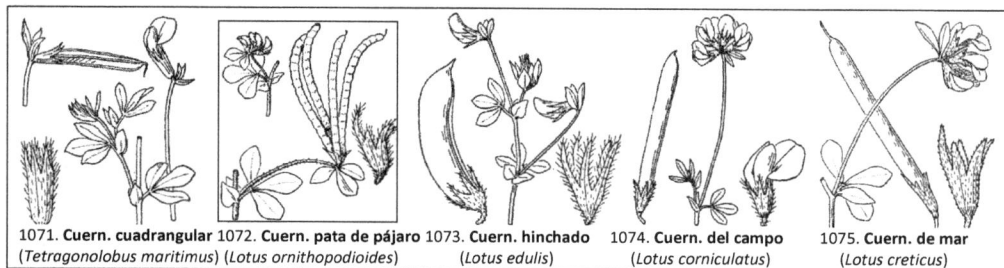

1071. Cuern. cuadrangular	1072. Cuern. pata de pájaro	1073. Cuern. hinchado	1074. Cuern. del campo	1075. Cuern. de mar
(*Tetragonolobus maritimus*)	(*Lotus ornithopodioides*)	(*Lotus edulis*)	(*Lotus corniculatus*)	(*Lotus creticus*)

2. Frutos aplanados, con las semillas muy marcadas (fig. 1072) .... **cuernecillo pata de pájaro** (*Lotus ornithopodioides*): 2-5 dm. III-VI. Pastizales anuales en áreas bajas algo húmedas. Circun-Medit. R.

— Frutos no aplanados, con las semillas no marcadas 3

3. Hierbas anuales. Frutos de unos 4-8 mm de anchura (fig. 1073) .... **cuernecillo hinchado** (*Lotus edulis*): 1-4 dm. III-VI. Pastizales secos anuales en áreas litorales transitadas. Circun-Medit. R.

— Plantas perennes. Frutos estrechamente cilíndricos (1-3 mm de ancho) 4

4. Planta verde o verdosa, glabra o con pelos no muy densos, erguida o tendida (fig. 1074) ....

.... **cuernecillo del campo** (*Lotus corniculatus*): 1-5 dm. V-X. Juncales, pastizales vivaces húmedos. Holárt. C. [Plantas erguidas y elevadas, con los foliolos mucho más largos que anchos, se atribuyen a **L. glaber** (= *L. tenuis*)].

— Planta grisáceo-blanquecina, densamente pelosa, siempre tendida, que habita en arenales coste-ros (fig. 1075) .... **cuernecillo de mar** (*Lotus creticus*): 2-8 dm. II-VI. Arenales costeros. Circun-Medit. R.

3.50.12. Erizón azul, coixin de monja (*Erinacea anthyllis*): 5-30 cm. IV-VI. Matorrales secos en áreas frescas de montaña. Medit.-occid. M. (Fig. 1022).

3.50.13. Espantalobos, espantallops (*Colutea arborescens*): 1-3 m. IV-VI. Bosquetes abiertos y matorrales en áreas de cierta pendiente o poco suelo. Medit.-occid. M. (Fig. 1037).

3.50.14. Esparcetas, pipirigallos (*Onobrychis*)

1. Flores amarillentas, con alas más largas que el cáliz. Fruto liso (fig. 1076) .... **esparcetilla** (*Onobrychis saxatilis*): 2-4 dm. IV-VII. Matorrales y pastizales secos en suelos arcillosos. Medit.-occid. M.

— Flores rojizas o rosadas. Frutos dentado-espinosos en el margen 2

2. Plantas erguidas, elevadas cerca de medio metro. Foliolos verdes, con unos 4-8 mm de anchura (fig. 1077).. **esparceta común** (*Onobrychis viciifolia*): 3-7 dm. V-IX. Cultivada como forrajera y naturalizada en márgenes de caminos y medios alterados. Paleotemp. M.

— Planta tendida. Foliolos grisáceos de ± 2-3 mm de anchura ....**esparceta ibérica** (*Onobrychis hispanica*): 2-4 dm. IV-VII. Pastizales vivaces en áreas frescas de montaña. Medit.-occid. M.

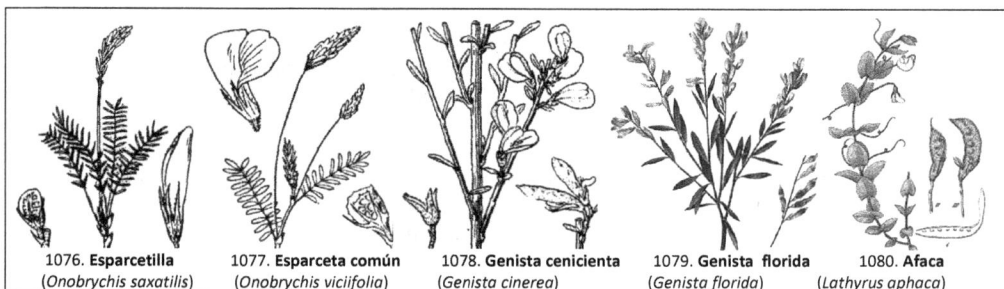

1076. Esparcetilla	1077. Esparceta común	1078. Genista cenicienta	1079. Genista florida	1080. Afaca
(*Onobrychis saxatilis*)	(*Onobrychis viciifolia*)	(*Genista cinerea*)	(*Genista florida*)	(*Lathyrus aphaca*)

175

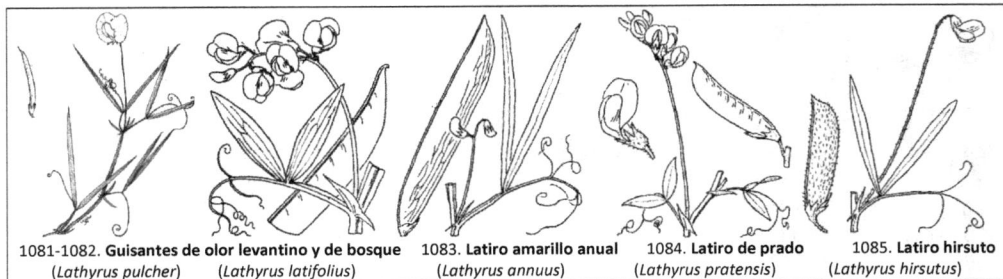

1081-1082. Guisantes de olor levantino y de bosque   **1083. Latiro amarillo anual**   **1084. Latiro de prado**   **1085. Latiro hirsuto**
(*Lathyrus pulcher*)   (*Lathyrus latifolius*)   (*Lathyrus annuus*)   (*Lathyrus pratensis*)   (*Lathyrus hirsutus*)

[En las zonas más bajas y secas del sureste del territorio se puede encontrar *O. stenorhiza*, planta más grisácea con estandarte más corto que la quilla].

3.50.15. **Falsa acacia** (*Robinia pseudacacia*): 3-25 m. IV-VI. Cunetas, terrenos baldíos, medios ribereños, etc. Norteamer. C. (Fig. 1007).

3.50.16. **Genistas**, ginestes (*Genista*)

1. Hojas de 1-2 cm de largo por 2-4 mm de ancho. Planta elevada, que puede superar con facilidad los 2 metros (fig. 1079) .... **genista florida** (*Genista florida*):
1-2,5 m. V-VII. Matorrales de montaña sobre terrenos silíceos en ambiente fresco y lluvioso. Medit.-occid. R.
— Hojas menores (cerca de 5 x 1 mm). Plantas de porte algo menor 2
2. Planta verde. Hojas escasas y laxas. Flores que no suelen alcanzar 1 cm ....
.... **genista valenciana** (*Genista valentina*):
5-15 dm. IV-VI. Matorrales secos en áreas meridionales de altitud moderada. Iberolev. M (Set).
— Planta grisácea. Hojas abundantes, a veces densas. Flores superando 1 cm (fig. 1078) ....
.... **genista cenicienta** (*Genista cinerea*):
4-8 dm. V-VI. Matorrales en ambientes despejados continentales. Medit.-occid. R.

3.50.17. **Guisantes de olor, latiros y órobos** (*Lathyrus*)

1. Limbo de las hojas reducido a un zarcillo, que surge entre dos grandes estípulas opuestas en forma de escudo (fig. 1080) .... **afaca** (*Lathyrus aphaca*):
1-4 dm. IV-VI. Campos de secano, pastizales anuales sobre terrenos alterados no muy secos. Paleotemp. M.
— Limbo de las hojas con uno o varios foliolos, mayores que las estípulas 2
2. Hojas provistas como máximo de un par de foliolos 3
— Al menos parte de las hojas con más de un par de foliolos 10
3. Flores grandes (unos 2-4 cm). Tallos claramente alados 4
— Flores menores (unos 5-16 mm). Tallos alados o no 5
4. Flores en grupos muy reducidos (normalmente 1-3). Hojas siempre estrechamente lineares, con unos 2-3 mm de anchura máxima (fig. 1081) .... **guisante de olor levantino** (*Lathyrus pulcher*):
3-10 dm. IV-VI. Pastizales vivaces en ambientes litorales algo húmedos. Iberolev. R.
— Flores en su mayoría en grupos de 3-8. Hojas lineares a elípticas, superando a veces 1 cm de ancho (fig. 1082) .... **guisante de olor de bosque** (*Lathyrus latifolius*):
4-20 dm. V-VII. Medios forestales de montaña y pastos de sus orlas. Eurosib. M.
5. Flores amarillas 6
— Flores rojas, rosadas o violetas 7
6. Hierba anual. Flores solitarias o en grupos de 2-3 (fig. 1083) .... **latiro amarillo anual**
(*Lathyrus annuus*): 3-10 dm. III-VI. Herbazales en terrenos transitados o alterados. Medit.-Iranot. M.
— Hierba perenne. Flores reunidas en grupos mayores (fig. 1084) .... **latiro de prado**
(*Lathyrus pratensis*): 2-6 dm. V-VII. Pastizales vivaces húmedos, medios ribereños. Eurosib. M.

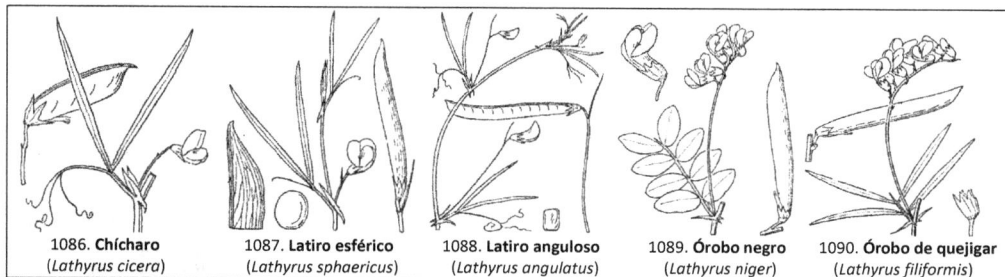

1086. **Chícharo**	1087. **Latiro esférico**	1088. **Latiro anguloso**	1089. **Órobo negro**	1090. **Órobo de quejigar**
(*Lathyrus cicera*)	(*Lathyrus sphaericus*)	(*Lathyrus angulatus*)	(*Lathyrus niger*)	(*Lathyrus filiformis*)

7. Flores azulado-violáceas. Frutos cubiertos de largos y abundantes pelos (fig. 1085) ..... **latiro hirsuto** (*Lathyrus hirsutus*): 3-8 dm. V-VII. Pastizales húmedos alterados en zonas frescas. Paleotemp. R.

— Sin estos caracteres reunidos. Frutos sin pelos 8

8. Flores con más de 1 cm. Estípulas y frutos con más de 5 mm de anchura (fig. 1086) .... **chícharo** (*Lathyrus cicera*): 1-4 dm. IV-VI. Pastizales anuales en medios alterados. Medit.-Iranot. C. [También **L. setifolius**, con hojas más estrechas y alargadas, flores sobre pedúnculos más largos, curvados en su ápice, etc.].

— Flores con menos de 1 cm. Estípulas y frutos con menos de 5 mm de anchura 9

9. Flores sobre pedúnculos cortos (más cortos que las hojas). Fruto maduro con nerviación reticulada muy marcada. Semillas esféricas (fig. 1087) .... **latiro esférico** (*Lathyrus sphaericus*) 1-4 dm. IV-VI. Pastizales en ambientes algo alterados. Circun-Medit. M.

— Flores sobre pedúnculos de longitud (2-8 cm) similar a las hojas. Frutos lisos o apenas reticulados. Semillas cúbico-angulosas (fig. 1088) .... **latiro anguloso** (*Lathyrus angulatus*): 1-4 dm. IV-VI. Pastizales anuales sobre suelos arenosos silíceos. Circun-Medit. R.

10. Foliolos lineares, con 1-3 mm de anchura 11

— Foliolos elípticos a linear-lanceolados, con unos 3-10 mm de anchura .... **órobo común** (*Lathyrus linifolius*): 1-4 dm. V-VII. Medios forestales de montaña sobre suelos silíceos. Eurosib. R. [También, el **órobo negro** (*L. niger*), con frutos negros, tallos no alados y foliolos más anchos (ovados) y obtusos (Fig. 1089)].

11. Hierbas anuales. Flores solitarias 12

— Hierba perenne. Flores en grupos de 2-6 (fig. 1090) .... **órobo de quejigar** (*Lathyrus filiformis*): 1-4 dm. V-VII. Claros forestales y pastos vivaces frescos sobre calizas. Medit.-sept. C.

12. Planta algo elevada (varios dm). Hojas inferiores a menudo sin foliolos. Corola con estandarte rojizo, contrastando mucho con unas alas rosado-lilacinas (fig. 1091) .... **latiro bicolor** (*Lathyrus clymenum*): 3-10 dm. III-V. Pastizales secos anuales en medios alterados. Circun-Medit. M.

— Sin estos caracteres reunidos. Planta baja con flores blanquecinas (fig. 1092) .... **latiro de roca** (*Lathyrus saxatilis*): 6-20 cm. III-VI. Medios rocosos y pedregosos a baja altitud. Circun-Medit. M.

3.50.18. **Hierba-herradura** (*Hippocrepis*)

1. Hierba anual, muy fina y poco consistente (fig. 1093) .... **hierba-herradura anual** (*Hippocrepis ciliata*): 5-30 cm. III-VI. Pastizales anuales y terrenos baldíos secos. Circun-Medit. C.

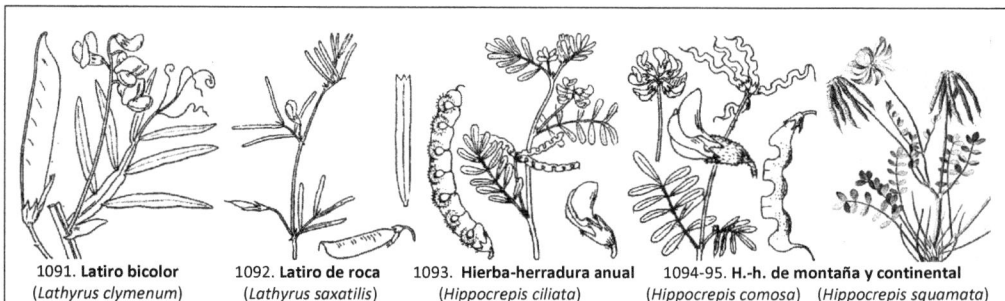

1091. **Latiro bicolor**	1092. **Latiro de roca**	1093. **Hierba-herradura anual**	1094-95. **H.-h. de montaña y continental**
(*Lathyrus clymenum*)	(*Lathyrus saxatilis*)	(*Hippocrepis ciliata*)	(*Hippocrepis comosa*) (*Hippocrepis squamata*)

177

1096. **Mielga marina** (*Medicago marina*)	1097. **Mielga menor** (*Medicago minima*)	1098. **Mielga tuberculada** (*Medicago rigidula*)	1099. **Mielga litoral** (*Medicago littoralis*)	1100. **Mielga común** (*Medicago polymorpha*)

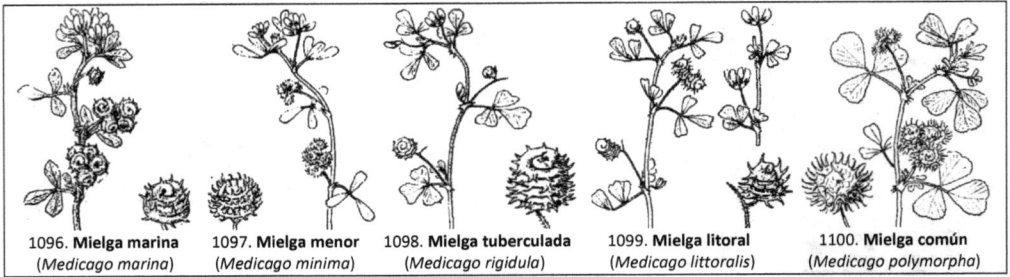

— Hierbas perennes o pequeñas matas de cepa algo engrosada y consistente 2

2. Fruto liso o con papilas casi inapreciables 3

— Fruto maduro cubierto de papilas bien apreciables .... **hierba-herradura continental** (*Hippocrepis commutata*): 1-3 dm. III-VI. Matorrales y pastizales vivaces secos en ambientes continentales poco lluviosos. Iberolev. M. [Más escasa que la anterior, con las papilas del fruto mayores (cerca de 1 mm), las hojas densamente blanquecino-tomentosas en ambas caras, etc., tenemos también *H. squamata* (Man, Set) (fig. 1095)].

3. Frutos con senos semicirculares. Planta de baja y media montaña .... **hierba-herradura litoral** (*Hippocrepis fruticescens*): 1-4 dm. II-VI. Matorrales y pastizales vivaces secos en áreas litorales o no muy interiores. Medit.-occid. C.

— Frutos con senos poco marcados. Planta de zonas elevadas de montaña (fig. 1094) .... **hierba-herradura de montaña** (*Hippocrepis comosa*): 1-3 dm. IV-VI. Pinares, claros forestales y pastizales vivaces con suficiente humedad climática. Eurosib. R.

3.50.19. **Hierba de la plata** (*Argyrolobium zanonii*): 5-25 cm. IV-VI. Matorrales secos y soleados sobre terrenos calizos. Circun-Medit. C. (Fig. 1019).

3.50.20. **Lentejas silvestres**, llentilles (*Lens nigricans*): 5-25 cm. IV-VI. Pastizales anuales en áreas frescas o sombreadas. Circun-Medit. R. (Fig. 1030).

3.50.21. **Mielgas** (*Medicago*)

1. Frutos cubiertos de espinas o salientes más o menos marcados 2

— Frutos completamente desprovistos de espinas o tubérculos 6

2. Planta perenne, tendida, densamente lanosa (incluso en los frutos) (fig. 1096) .... **mielga marina** (*Medicago marina*): 2-5 dm. III-VI. Arenales costeros muy soleados. Medit.-Atlánt. R.

— Sin estos caracteres reunidos 3

3. Estípulas enteras. Frutos de pocos mm de diámetro (fig. 1097) ..... **mielga menor** (*Medicago minima*): 5-30 cm. IV-VI. Terrenos baldíos, pastizales anuales degradados o transitados. Paleotemp. C.

— Estípulas divididas. Frutos con cerca de 1 cm 4

4. Frutos de tendencia esferoidal, provistos de cortas espinas o tubérculos 1-2 veces más largos que anchos (fig. 1098) .... **mielga tuberculada** (*Medicago rigidula*): 2-5 dm. IV-VI. Pastizales anuales frecuentados y alterados. Medit.-Iranot. C.

— Frutos de tendencia cilíndrica (espiras superior e inferior similares a las medias), provistos de espinas alargadas 5

5. Espiras densas, con espinas laxas (5-10 por vuelta) pero bastante rígidas (fig. 1099) .... **mielga litoral** (*Medicago littoralis*): 1-5 dm. II-V. Pastizales secos anuales en zonas de baja altitud. Circun-Medit. M.

— Espiras laxas, pero espinas apretadas (10-30 por vuelta) y blandas (fig. 1100) .... **mielga común** (*Medicago polymorpha*): 2-5 dm. III-VI. Herbazales anuales alterados o transitados. Paleotemp. M.

6. Frutos grandes (más de 1 cm de diámetro), aplanados y formando varias vueltas de espira (fig. 1101) .... **mielga de caracolillo** (*Medicago orbicularis*): 2-6 dm. IV-VI. Herbazales anuales sobre terrenos baldíos o bastante transitados. Euri-Medit. M.

— Frutos con menos de 1 cm de diámetro 7

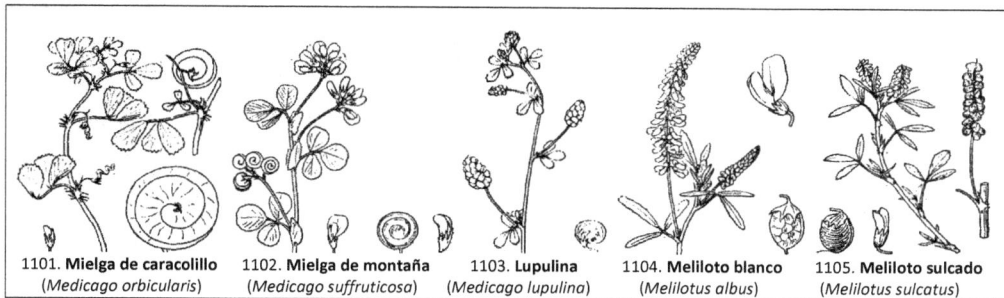

| 1101. **Mielga de caracolillo** (*Medicago orbicularis*) | 1102. **Mielga de montaña** (*Medicago suffruticosa*) | 1103. **Lupulina** (*Medicago lupulina*) | 1104. **Meliloto blanco** (*Melilotus albus*) | 1105. **Meliloto sulcado** (*Melilotus sulcatus*) |

7. Flores y frutos de ± 5 mm, éstos últimos con varias vueltas de espira (fig. 1102)   **mielga de montaña** (*Medicago suffruticosa*, M. leiocarpa): 2-5 dm. III-VI. Bosques y pastos de montaña. Medit.-occid. C.

— Frutos apenas curvados, sin presentar varias vueltas de espira. Flores y frutos de unos 2 mm (fig. 1103)... **lupulina** (*Medicago lupulina*): 2-6 dm. V-IX. Campos de cultivo, terrenos baldíos y pastizales degradados, a veces bastante húmedos. Paleotemp. C.

3.50.22. **Melilotos** (*Melilotus*)

1. Flores blancas (fig. 1104) .... **meliloto blanco** (*Melilotus albus*): 4-15 dm. VI-X. Cunetas y pastizales vivaces de ambientes alterados. Paleotemp. M.

— Flores amarillas 2

2. Frutos cubiertos de estrías circulares concéntricas. Corola con las alas más cortas que la quilla (fig. 1105)... **meliloto sulcado** (*Melilotus sulcatus*): 1-4 dm. IV-VI. Herbazales anuales en cultivos y medios frecuentados. Circun-Medit. M.

— Frutos con estrías transversales o reticuladas. Alas iguales o mayores que la quilla 3

3. Gineceo y frutos jóvenes suavemente pelosos (fig. 1106) .... **meliloto espigado** (*Melilotus spicatus*, M. neapolitanus): 1-4 dm. IV-VI. Pastizales secos anuales en áreas frescas de montaña. Circun-Medit. M.

— Gineceo y frutos glabros 4

4. Flores y frutos de 2-3 mm. Inflorescencia de 1-3 cm (fig. 1107) .... **melioto menor** (*Melilotus indicus*, M. parviflorus): 1-4 dm. IV-VII. Herbazales anuales en ambientes alterados. Subcosmop. C.

— Flores, frutos e inflorescencias mayores (fig. 1108) .... **meliloto común** o **trébol real** (*Melilotus officinalis*):.... 3-12 dm. V-VIII. Cunetas, cultivos, terrenos baldíos en zonas interiores. Paleotemp. C.

3.50.23. **Onónides** (*Ononis*)

1. Flores amarillas (a veces con nerviación rojiza 2

— Flores rojizas o rosadas 7

2. Hierbas anuales, bajas y tenues, con flores reducidas 3

— Plantas perennes, leñosas o de cepa persistente y engrosada, que lleva restos secos de otros años 4

3. Hojas con tres foliolos. Frutos curvados, con las semillas muy marcadas en la parte exterior (fig. 1109)... **onónide torulosa** (*Ononis ornithopodioides*): 5-20 cm. III-VI. Pastizales anuales en ambientes calizos algo sombreados de baja altitud. Circun-Medit. R.

— Hojas, al menos las superiores, simples. Frutos rectos y lisos (fig. 1110) .... **onónide viscosa** (*Ononis viscosa*): 1-4 dm. III-VI. Pastizales secos anuales. Circun-Medit. R. [También *O. sicula*, de aspecto muy similar, pero con las hojas más cortas y estrechas (unos 10-20 x 5 mm frente a 20-30 x 10-15), la arista del pedúnculo floral más corta (5-8 mm frente a 10-20), etc.].

4. Plantas bajas, herbáceas o algo leñosas en la base. Foliolos redondeados o alargados 5

— Arbustos de hoja caduca, no muy elevados pero muy leñosos. Foliolos redondos (fig. 1111) .... **onónide aragonesa** (*Ononis aragonensis*): 2-5 dm. V-VI. Pinares de montaña y matorrales de umbría sobre sustrato calizo. Medit.-occid. M.

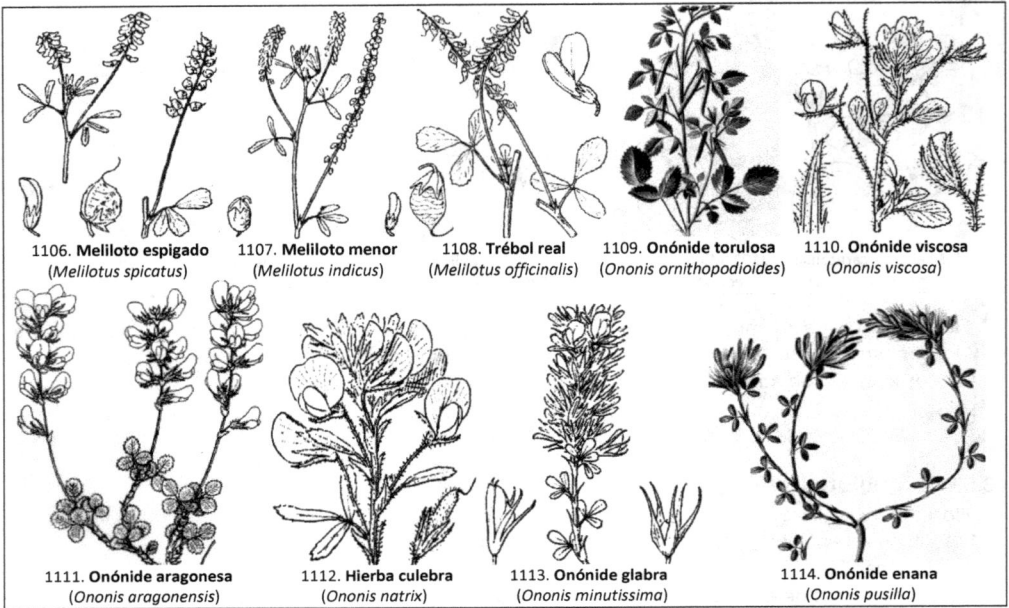

1106. **Meliloto espigado**
(*Melilotus spicatus*)

1107. **Meliloto menor**
(*Melilotus indicus*)

1108. **Trébol real**
(*Melilotus officinalis*)

1109. **Onónide torulosa**
(*Ononis ornithopodioides*)

1110. **Onónide viscosa**
(*Ononis viscosa*)

1111. **Onónide aragonesa**
(*Ononis aragonensis*)

1112. **Hierba culebra**
(*Ononis natrix*)

1113. **Onónide glabra**
(*Ononis minutissima*)

1114. **Onónide enana**
(*Ononis pusilla*)

5. Plantas muy glandulosa y pegajosas al tacto. Flores con longitud similar o mayor a la de su pedúnculo. Corola mayor que el cáliz (fig. 1112) .... **hierba culebra** (*Ononis natrix*): 1-4 dm. V-IX. Terrenos pedregosos o arenosos secos y soleados. Euri-Medit. C.
— Flores más cortas que su pedúnculo. Corola igual o menor que el cáliz. Hierbas poco glandulosas, no pegajosas 6
6. Planta verde, glabra o poco pelosa, que puede alcanzar varios dm. Cáliz blanquecino (fig. 1113)........ .... **onónide glabra** (*Ononis minutissima*): 1-4 dm. III-XI. Matorrales secos sobre calizas. Medit.-occid. M.
— Planta grisácea, pelosa, que suele superar poco 1 dm. Cáliz muy glanduloso, de tonalidad verde oscura o grisácea (fig. 1114) .... **onónide enana** (*Ononis pusilla*): 5-10 cm. V-IX. Matorrales o pastizales secos y soleados sobre terrenos calizos. Euri-Medit. C.
7. Plantas herbáceas, poco consistentes y de baja estatura 8
— Plantas leñosas, consistentes y elevadas hasta cerca de medio a un metro 10
8. Pequeñas hierbas anuales. Corola no o poco saliente del cáliz (fig. 1115) .... **onónide reclinada** (*Ononis reclinata*): 4-18 cm. III-VI. Pastizales anuales secos sobre sustrato básico. Medit.-Iranot. M.
— Hierbas perennes. Corola bastante saliente del cáliz 9
9. Hierba tendida o poco levantada. Frutos bastante salientes del cáliz (fig. 1116) ... **madre del cordero** (*Ononis cristata*): 5-25. V-VII. Bosques y pastos sobre calizas en áreas algo elevadas. Late-Pirenaica. M.
— Hierba más o menos erguida, con frecuencia provista de espinas discretas. Frutos apenas salientes del cáliz (fig. 1117) .... **onónide espinosa** (*Ononis spinosa*): 1-5 dm. V-IX. Caminos, terrenos baldíos y pastizales vivaces algo húmedos de diversa índole. Holárt. C.
10. Foliolos redondos y grandes (más de 1 cm de anchura), el terminal pedunculado (fig. 1118) .... **onónide de montaña** (*Ononis rotundifolia*): 3-10 dm. V-VII. Terrenos pedregosos o escarpados, medios forestales de montaña sobre calizas. Medit.-sept. R.
— Foliolos alargados, con menos de 1 cm de anchura, los tres sentados 11

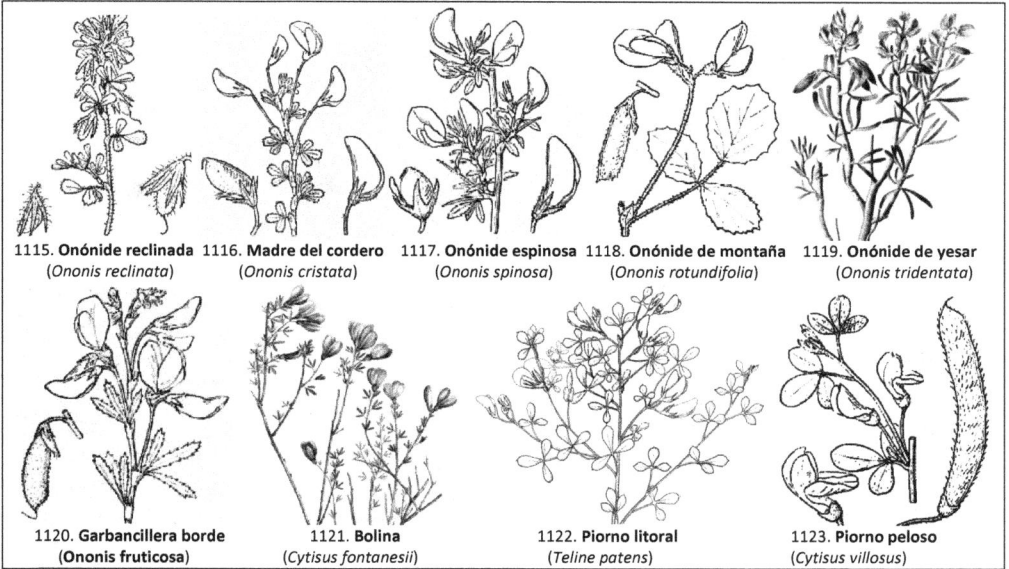

1115. Onónide reclinada (*Ononis reclinata*) **1116. Madre del cordero** (*Ononis cristata*) **1117. Onónide espinosa** (*Ononis spinosa*) **1118. Onónide de montaña** (*Ononis rotundifolia*) **1119. Onónide de yesar** (*Ononis tridentata*)

1120. Garbancillera borde (**Ononis fruticosa**) **1121. Bolina** (*Cytisus fontanesii*) **1122. Piorno litoral** (*Teline patens*) **1123. Piorno peloso** (*Cytisus villosus*)

11. Hojas carnosas, enteras o con pocos dientes marginales someros (fig. 1119) .... **onónide de yesar** (*Ononis tridentata*): 4-10 dm. V-IX. Matorrales secos y soleados sobre suelos yesosos. Medit.-occid. R.

— Hojas planas, con dientes numerosos y muy marcados en el margen (fig. 1120) .... **garbancillera borde** (*Ononis fruticosa*): 4-10 dm. V-VII. Matorrales soleados sobre suelos margosos. Medit.-occid. M.

3.50.24. Piornos (*Cytisus, Teline*)

1. Bajos arbustos de hasta medio metro. Foliolos muy estrechos (cerca de 1 mm) (fig. 1121) ...... **bolina** (*Cytisus fontanesii*): 2-5 dm. IV-VI. Bajos matorrales en ambientes secos y soleados. Medit.-occid. R.

— Arbustos de más de un metro. Foliolos de unos 5-10 mm de anchura (fig. 1122) .... **piorno litoral,** escobón (*Teline patens,* Cytisus heterochrous): 1-3 m. V-VII. Bosques y altos matorrales caducifolios o mixtos sobre sustratos básicos, en ambientes húmedos o sombreados. Iberolev. M. [En ambientes silíceos costeros del norte se presenta el **piorno peloso** (*Cytisus villosus*), con hojas muy pelosas, frutos más largos y pelosos (fig. 1123)].

3.50.25. Retamas (*Retama*)

1. Flores blancas. Éstas y los frutos superando 1 cm (fig. 1124)... **retama blanca** (*Retama monosperma*): 1-3 m. I-V. Matorrales secos y soleados litorales. Medit.-suroccid. R.

— Flores amarillas. Éstas y los frutos con menos de 1 cm (fig. 1023) .... **retama amarilla** (*Retama sphaerocarpa*): 1-2 m. V-VII. Matorrales secos y soleados en áreas continentales. Medit.-occid. R.

3.50.26. Retama de escobas (*Cytisus scoparius,* Sarothamnus scoparius): 8-18 dm. IV-VI. Medios forestales, orlas y matorrales de montaña. Eurosib. R. (Fig. 1025).

3.50.27. Retama de flor, ginesta vera (*Spartium junceum*): 1-3 m. V-VII. Matorrales soleados y terrenos alterados. Circun-Medit. R. (Fig. 1026).

3.50.28. Tréboles, trèvols (*Trifolium*)

1. Flores de color amarillo intenso, con menos de 1 cm. Cáliz con 5 nervios (fig. 1125) ....
.... **trébol amarillo** (*Trifolium campestre*): 5-30 cm. IV-VII. Pastizales anuales secos y soleados. Paleotemp. M.

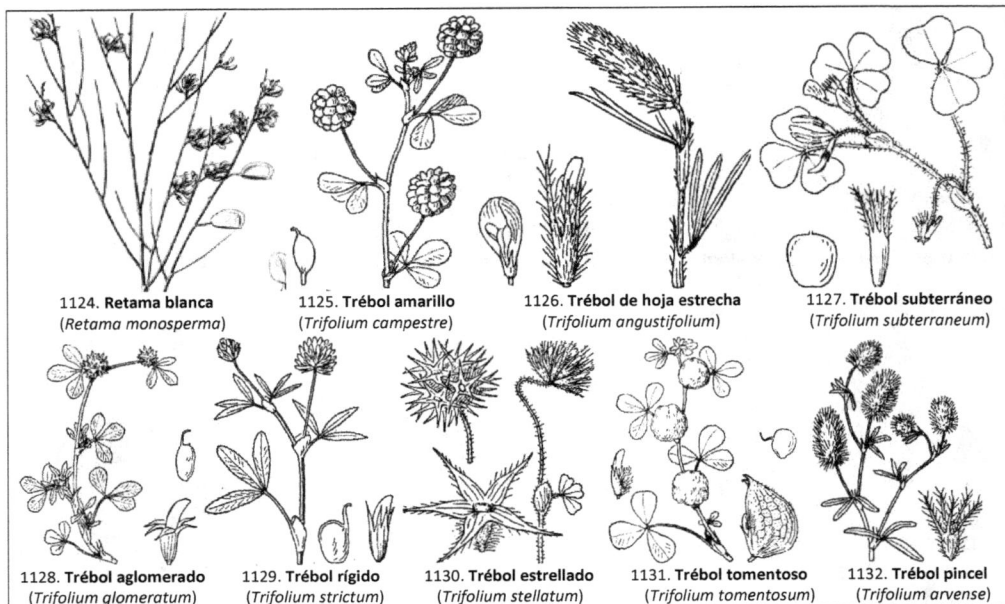

1124. **Retama blanca**
(*Retama monosperma*)

1125. **Trébol amarillo**
(*Trifolium campestre*)

1126. **Trébol de hoja estrecha**
(*Trifolium angustifolium*)

1127. **Trébol subterráneo**
(*Trifolium subterraneum*)

1128. **Trébol aglomerado**
(*Trifolium glomeratum*)

1129. **Trébol rígido**
(*Trifolium strictum*)

1130. **Trébol estrellado**
(*Trifolium stellatum*)

1131. **Trébol tomentoso**
(*Trifolium tomentosum*)

1132. **Trébol pincel**
(*Trifolium arvense*)

[De aspecto semejante, pero de porte aún menor, con glomérulos y flores menores (5-8 y 2-4 mm respectivamente), está también *T. dubium*, sobre todo en ambientes silíceos frescos de montaña].

— Flores blancas, rojas, rosadas o de un amarillento muy leve 2

2. Inflorescencia bastante alargada (unas 3 veces más larga que ancha). Foliolos lineares (graminiformes), con 1-3 mm de anchura (fig. 1126) .... **trébol de hoja estrecha** (*Trifolium angustifolium*): 2-4 dm. V-VII. Pastizales anuales secos en terrenos abiertos. Euri-Medit. M.

— Sin estos caracteres reunidos 3

3. Hierbas anuales. Tallos finos y poco elevados. Glomérulos de unos 5-15(20) mm 4

— Hierbas perennes, de tallos algo gruesos y firmes, medianamente elevadas, con glomérulos de unos (10)15-25(30) mm de diámetro 11

4. Flores blancas, de casi 1 cm, en glomérulos muy laxos (a veces en grupos de 2-4). Frutos madurando bajo tierra (fig. 1127) .... **trébol subterráneo** (*Trifolium subterraneum*): 3-15 cm. III-VI. Pastos y majadales frecuentados por el ganado, en áreas de montaña. Medit.-Atlánt. R.

— Flores dispuestas en glomérulos esféricos densos. Frutos que maduran al aire 5

5. Planta poco pelosa, particularmente el cáliz. Flores algo pedunculadas, con una pequeña bráctea en su base. Frutos maduros algo salientes del cáliz 6

— Planta pelosa, incluyendo el cáliz. Flores no pedunculadas, sin bráctea en su base. Frutos muy reducidos, incluidos en el cáliz al madurar 7

6. Planta tendida o ascendente. Glomérulos sentados, axilares (fig. 1128) .... **trébol aglomerado** (*Trifolium glomeratum*): 5-30 cm. III-VI. Pastizales anuales con humedad temporal. Euri-Medit. R.

— Planta erguida. Glomérulos pedunculados, terminales (fig. 1129) ..... **trébol rígido** (*Trifolium strictum*): 5-20 cm. V-VII. Pastizales anuales en ambientes frescos y lluviosos sobre arenas silíceas. Medit.-Atlánt. R.

7. Glomérulos solitarios y gruesos (1-2 cm). Cáliz con más de 1 cm, con los dientes abiertos en estrella al madurar (fig. 1130) .... **trébol estrellado** (*Trifolium stellatum*): 5-20 cm. III-VI. Pastizales anuales en ambientes no muy frescos ni secos. Circun-medit. R.

1133. Trébol estriado (*Trifolium striatum*)	**1134. Trébol curvinervio** (*Trifolium scabrum*)	**1135. Trébol fresa** (*Trifolium fragiferum*)	**1136. Trébol de montaña** (*Trifolium montanum*)	**1137. Trébol blanco** (*Trifolium repens*)
1138. Trébol espigado (*Trifolium rubens*)	**1139. Trébol rojo** (*Trifolium pratense*)	**1140. Veza amarilla** (*Vicia lutea*)	**1141. Veza de secano** (*Vicia pannonica*)	**1142. Veza pirenaica** (*Vicia pyrenaica*)

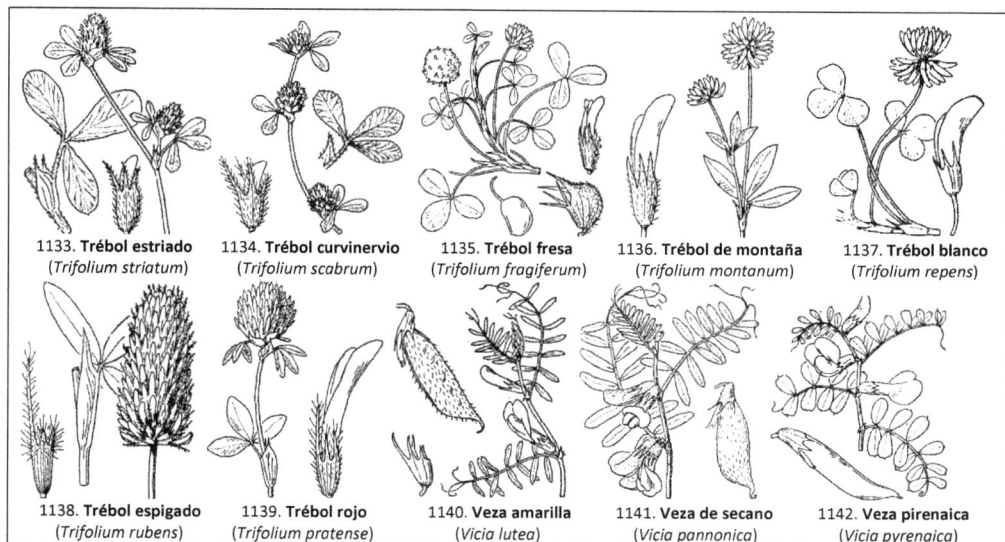

[Con aspecto semejante, pero más erguido y elevado, cálices con 10 nervios, con los dientes lineares, mucho más largos que el tubo y no abiertos en estrella, etc., está **T. hirtum**, propio de medios silíceos. Con porte menor, tenemos **T. sylvaticum**, con dientes del cáliz poco mayores que el tubo, estípulas más anchas, etc.; presente en las áreas silíceas más interiores].

— Sin estos caracteres reunidos. Glomérulos menores y agrupados. Cáliz menor 8

8. Glomérulos de unos 5 mm en flor, pasando a 1 cm en fruto al hincharse los cálices, que son muy pelosos (fig. 1131) .... **trébol tomentoso** (*Trifolium tomentosum*): 4-20 cm. III-VI. Pastizales anuales en ambientes con cierta humedad primaveral. Circun-Medit. M.

— Sin estos caracteres reunidos. Glomérulos de similar longitud en la fructificación 9

9. Glomérulos sentados (al menos en su mayoría). Plantas tendidas o algo ascendentes 10

— Glomérulos largamente pedunculados (fig. 1132) .... **trébol pincel** (*Trifolium arvense*): 1-3 dm. V-VII. Pastizales secos anuales sobre suelo arenoso silíceo. Paleotemp. M.

10. Nervios de los foliolos rectos y poco marcados. Cáliz con tubo más largo que los dientes, siendo éstos cortos y blandos (fig. 1133) .... **trébol estriado** (*Trifolium striatum*): 1-4 dm. V-VII. Pastizales anuales de montaña sobre suelo silíceo. Paleotemp. R.

— Nervios de los foliolos muy curvados y marcados. Cáliz con tubo más corto que los dientes, que son largos y rígidos (fig. 1134) .... **trébol curvinervio** (*Trifolium scabrum*): 5-30 cm. III-VI. Pastizales secos anuales sobre sustratos básicos. Paleotemp. C.

11. Cáliz muy hinchado al madurar, lo que da un aspecto muy compacto a los glomérulos (fig. 1135) .... **trébol fresa** (*Trifolium fragiferum*): 5-25 cm. IV-VIII. Pastizales vivaces húmedos y algo alterados. Paleotemp. M.

— Cálices no hinchados 12

12. Flores blancas, amarillentas o levemente rosadas 13

— Flores rojas o de tono rosado fuerte 14

13. Planta pelosa. Tallos erguidos y foliosos (fig. 1136) .... **trébol de montaña** (*Trifolium montanum*): 1-4 dm. V-VII. Pastizales vivaces húmedos sobre terreno silíceo. Eurosib. R. [También **T. ochroleucon**, con las flores de un tono crema o amarillo pálido, el cáliz mayor (8-10 mm), pedúnculos de los glomérulos más cortos, etc.].

— Planta glabra. Tallos tendidos que emiten inflorescencias sobre pedúnculos alargados sin hojas (fig. 1137)... **trébol blanco** (*Trifolium repens*): 5-30 cm. V-IX. Pastizales vivaces húmedos alterados o transitados. Subcosmop. C.

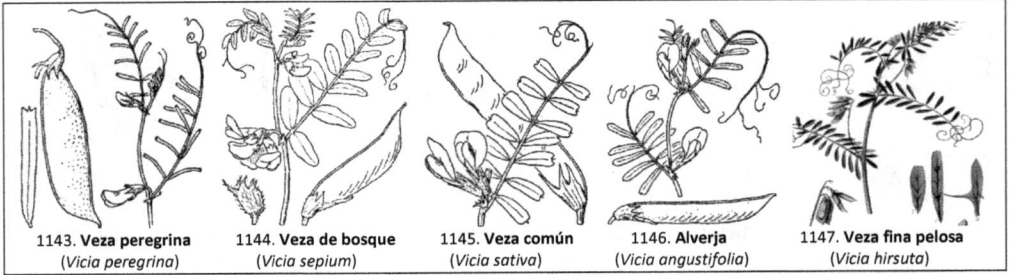

| 1143. Veza peregrina | 1144. Veza de bosque | 1145. Veza común | 1146. Alverja | 1147. Veza fina pelosa |
| (Vicia peregrina) | (Vicia sepium) | (Vicia sativa) | (Vicia angustifolia) | (Vicia hirsuta) |

14. Hojas y tallos muy poco pelosos. Glomérulos alargados (hasta 2-3 veces más largos que anchos). Cáliz con 20 nervios (fig. 1138) .... **trébol espigado** (*Trifolium rubens*): 2-5 dm. V-VII. Bosques caducifolios y pinares de montaña, sobre todo en suelos silíceos algo húmedos. Eurosib. R.
— Hojas y tallos bastante pelosos. Glomérulos ± esféricos. Cáliz con 10 nervios (fig. 1139) .. **trébol rojo** (*Trifolium pratense*): 1-4 dm. V-X. Prados húmedos, medios ribereños o de vega. Subcosmop. CC.

3.50.29. Trébol hediondo, trèvol pudent (*Psoralea bituminosa*, *Bituminaria bituminosa*): 3-10 dm. IV-VII. Cunetas y pastizales secos sobre terrenos alterados. Euri-Medit. C. (Fig. 1020).

3.50.30. Vezas, veceres (*Vicia*)
1. Flores solitarias o reunidas en pequeños grupos de 2-3, no pedunculadas o sobre pedúnculos más cortos que ellas 2
— Flores sobre pedúnculos alargados, habitualmente en grupos mayores 8
2. Flores amarillas. Frutos muy hirsutos (fig. 1140) .... **veza amarilla** (*Vicia lutea*): 2-5 dm. IV-VI. Herbazales anuales en claros de matorrales secos sobre suelos alterados. Euri-Medit. R. [Con aspecto similar, pero corola con estandarte peloso en el dorso, tenemos también **V. hybrida**].
— Flores no amarillas. Frutos glabros o pelosos 3
3. Estandarte muy peloso en el dorso (fig. 1141) .... **veza de secano** (*Vicia pannonica*, *V. purpurascens*): 2-4 dm. IV-VI. Campos de secano y herbazales anuales de sus ribazos. Euri-Eurosib. R.
— Estandarte glabro 4
4. Tallos bajos y zigzagueantes. Hojas a veces sin zarcillos (fig. 1142) .... **veza pirenaica** (*Vicia pyrenaica*): 5-20 cm. V-VII. Terrenos pedregosos, pastos sobre suelos someros en áreas frescas. Late-Pirenaica. M.
— Plantas algo elevadas, con tallo erguido. Hojas siempre con zarcillos 5
5. Dientes del cáliz bastante desiguales 6
— Dientes del cáliz casi iguales 7
6. Foliolos acintado-lineares, de 1-3 mm de anchura. Flores solitarias (fig. 1143) .... **veza peregrina** (*Vicia peregrina*): 2-6 dm. III-VI. Campos de cultivo, herbazales anuales transitados. Medit.-Iranot. C.
— Foliolos ovado-lanceolados, con su mayor anchura en la base (5-15 mm). Flores agrupadas (fig. 1144) .... **veza de bosque** (*Vicia sepium*): 1-4 dm. V-VII. Bosques caducifolios y pastizales vivaces húmedos en lugares recoletos de umbría. Eurosib. M.
7. Dientes del cáliz más largos que el tubo. Frutos de 6-10 mm de anchura. Foliolos obovado-elípticos, que pueden superar 1 cm de anchura (fig. 1145) .... **veza común** (*Vicia sativa*): 1-5 dm. III-VII. Campos de cultivo, terrenos baldíos, herbazales frecuentados. Paleotemp. M.
— Dientes del cáliz más cortos que el tubo. Frutos de unos 4-6 mm de anchura. Foliolos linear-oblongos, con unos 2-5 mm de anchura (fig. 1146) .... **alverja** (*Vicia angustifolia*, *V. sativa* subsp. *nigra*): 1-5 dm. III-VI. Campos de cultivo, herbazales anuales en ambientes transitados o altera-dos. Paleotemp. C. [También tenemos **V. lathyroides**, de porte muy reducido (cerca de 1 dm), con flores de menos de 1 cm y frutos de 1-3 cm, con las estípulas no dentadas, etc., en ambientes silíceos por las áreas interiores].
8. Hierbas anuales con tallos finos. Flores y frutos reducidos (menos de 1 y 2 cm respectivamente) .. 9
— Hierbas anuales o perennes, con tallos no muy finos. Flores y frutos superando 1 y 2 cm 10
9. Frutos pelosos, poco más largos que anchos. Cáliz con dientes iguales (fig. 1147) .... **veza fina pelosa**

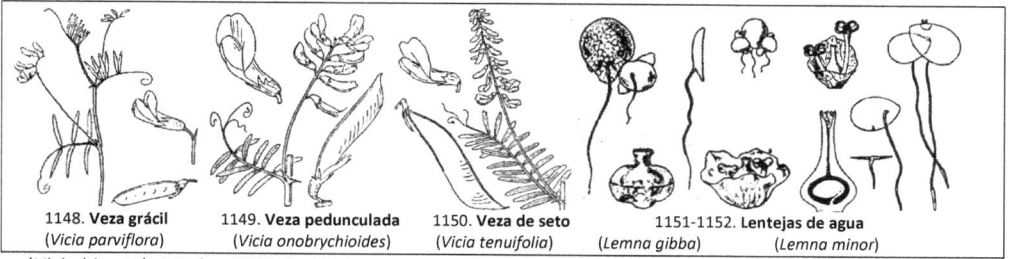

1148. **Veza grácil**	1149. **Veza pedunculada**	1150. **Veza de seto**	1151-1152. **Lentejas de agua**	
(*Vicia parviflora*)	(*Vicia onobrychioides*)	(*Vicia tenuifolia*)	(*Lemna gibba*)	(*Lemna minor*)

(*Vicia hirsuta*): 1-3 dm. IV-VI. Pastizales secos anuales en medios algo sombreados. Holárt. C.

9. Frutos pelosos, poco más largos que anchos. Cáliz con dientes iguales (fig. 1147) ... **veza fina pelosa**
(*Vicia hirsuta*): 1-3 dm. IV-VI. Pastizales secos anuales en medios algo sombreados. Holárt. C.
— Frutos glabros, mucho más largos que anchos. Cáliz con dientes desiguales (fig. 1148) ..... **veza grácil**
(*Vicia parviflora*, *V. gracilis*): 1-5 dm. III-VI. Pastizales sobre suelos algo húmedos. Paleotemp. M.
10. Frutos y toda la planta densamente pelosos. Flores de tonalidad purpúrea .... **veza morada**
(*Vicia benghalensis*): 3-8 dm. III-VI. Campos de secano, cunetas, terrenos baldíos. Circun-Medit. R.
— Frutos sin pelos. Flores rosadas o azulado-violáceas 11
11. Racimos de flores sobre largos pedúnculos, que superan con mucho a la hoja de la que surgen (fig. 1149) .... **veza pedunculada** (*Vicia onobrychioides*):
2-5 dm. IV-VI. Pastizales vivaces en áreas frescas de montaña. Euri-Medit. M.
— Racimos sobre pedúnculos más cortos que las hojas 12
12. Plantas anuales. Inflorescencias con 3-6 flores .... **veza de campo** (*Vicia dasycarpa*, *V. pseudocracca*):
4-12 dm. III-VI. Campos de cultivo, herbazales anuales sobre terrenos transitados o alterados. Circun-Medit. M.
— Plantas perennes. Inflorescencias en grupos habitualmente mayores 13
13. Flores medianas (c. 1-1,5 cm), en grupos que suelen superar las 15 unidades, sobre pedúnculos de longitud similar o no mucho mayor a la hoja de la que surgen .... **veza de seto** (*Vicia tenuifolia*,
V. cracca subsp. *tenuifolia*): 4-8 dm. V-VII. Medios forestales frescos y herbazales de sus orlas. Paleotemp. C.
— Flores mayores (1,5-2,5 cm), en grupos de unas 5-10 unidades, sobre pedúnculos mucho más largos que las hojas adyacentes .... **veza pedunculada** (*Vicia onobrychioides*)

3.50.31. **Zulla** (*Hedysarum boveanum*): 1-4 dm. III-VI. Matorrales secos sobre terrenos margosos o yesosos. Medit.-occid. M. [También, con porte rastrero y ciclo anual, tenemos **H. spinosissimum**, con racimos de menos flores, frutos mayores y más espinosos. (Fig. 1033)].

3.51. Fam. LEMNÁCEAS (*Lemnaceae*)

Pequeñas plantas acuáticas flotantes de aguas quietas. Sin tallos ni hojas normales, reducen su estructura a vesículas verdes, enteras o lobuladas, aplanadas o hinchadas, de pocos mm. Pueden dar diminutas flores unisexuales, pero que habitualmente se reproducen de modo vegetativo.

3.51.1. **Lentejas de agua**, llentilles d'aigua (*Lemna minor*): 2-8 mm. IV-X. Flotando en aguas quietas o de poca corriente. Cosmop. M. (Fig. 1152). [Esta especie muestra sus unidades bastante aplanadas, mientras que **L. gibba**, propia de aguas más eutrofizadas, está mucho más hinchada, con unidades semiesféricas (fig. 1151)].

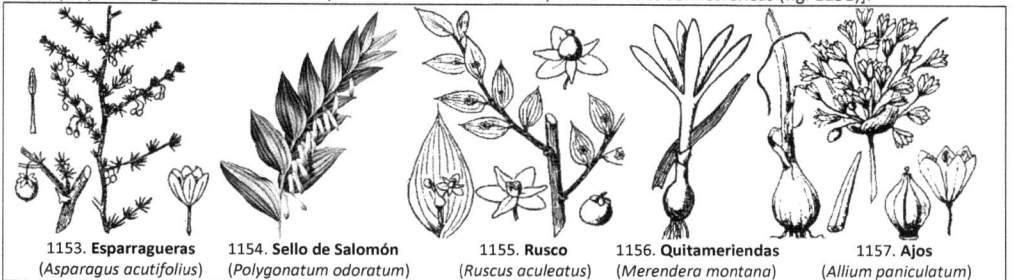

1153. **Esparragueras**	1154. **Sello de Salomón**	1155. **Rusco**	1156. **Quitameriendas**	1157. **Ajos**
(*Asparagus acutifolius*)	(*Polygonatum odoratum*)	(*Ruscus aculeatus*)	(*Merendera montana*)	(*Allium paniculatum*)

3.52. Fam. LILIÁCEAS (*Liliaceae*)

Hierbas perennes, bulbosas o rizomatosas, con hojas lineares o acintadas, enteras y paralelinervias. Floras provistas de dos verticilos de tres piezas periánticas coloreadas, otros dos de tres estambres y gineceo con tres carpelos soldados que contienen numerosos óvulos y dan frutos secos en cápsula o carnosos en baya. Por la vistosidad de sus flores muchas son empleadas como ornamentales en jardinería (azucenas, tulipanes, jacintos, etc.) y también incluye importantes verduras comestibles como el ajo, cebolla o puerro.

1. Frutos esféricos, carnosos, en baya. Flores solitarias o en grupos laterales 2
— Frutos maduros secos, en cápsulas. Flores solitarias o en grupos terminales 4
2. Planta leñosa y endurecida en adulto, aunque surgiendo de brotes blandos, a veces trepadora, con hojas muy reducidas y pequeñas ramas agudas, a veces algo punzantes o espinosas, que parecen sustituirlas (fig. 1153) .... 5. **esparragueras** (*Asparagus*)
— Sin estos caracteres reunidos 3
3. Hierba tenue, que se seca en verano. Flores blancas (fig. 1154) .. 13. **sello de Salomón** (*Polygonatum*)
— Planta robusta, que permanece en verano, con flores verdoso-amarillentas, reducidas, que surgen en el centro de falsas hojas anchas y punzantes (fig. 1155) .... 12. **rusco** (*Ruscus*)
4. Flores sentadas sobre el bulbo, solitarias (fig. 1156) .... 11. **quitameriendas** (*Merendera*)
— Flores elevadas sobre el suelo, con frecuencia reunidas en grupos 5
5. Inflorescencia esférica o umbelada, rodeada en la base por 1-2 brácteas que la encierran en su etapa inmadura (fig. 1157) .... 1. **ajos** (*Allium*)
— Flores solitarias o bien reunidas en racimos o corimbos 6
6. Pétalos soldados en toda su longitud, con forma ± urceolada (fig. 1158) .... 10. **nazarenos** (*Muscari*)
— Pétalos libres o soldados algo en la base 7

7. Flores de color castaño claro, poco vistosas (fig. 1159) .... 7. **jacinto leonado** (*Dipcadi*)
— Flores blancas o vistosamente coloreadas 8
8. Tallos verdes, sin hojas verdes ni siquiera basales (reducidas a escamas oscuras). Flores azuladas (fig. 1160) .... 8. **junquillo falso** (*Aphyllanthes*)
— Hojas verdes presentes en el tallo o en la base. Flores de otros colores 9
9. Tallos simples, terminados en una sola flor 10
— Tallo simple o ramoso, dando varias flores 11
10. Pétalos amarillos (o rojizos en parte). Hojas alargadas y escasas (fig. 1161) .... 14. **tulipán** (*Tulipa*)
— Pétalos de tonalidades verde-rojizas. Hojas cortas y abundantes (fig. 1162)... 9. **meleagria** (*Fritillaria*)
11. Tallo simple, surgiendo de un bulbo subterráneo 12
— Tallo más o menos ramoso, con raíces fibrosas o tuberosas bajo tierra 13
12. Hierba fina, con hojas cortas (menos de 1 dm), estrechas y planas. Flores pequeñas (menos de 1 cm) (fig. 1163) .... 4. **escilas** (*Scilla*)
— Hierba robusta, con hojas muy alargadas, que alcanzan varios cm de anchura y varios dm de longitud (o menores pero onduladas). Flores mayores (fig. 1164) .... 3. **cebolla albarrana** (*Urginea*)

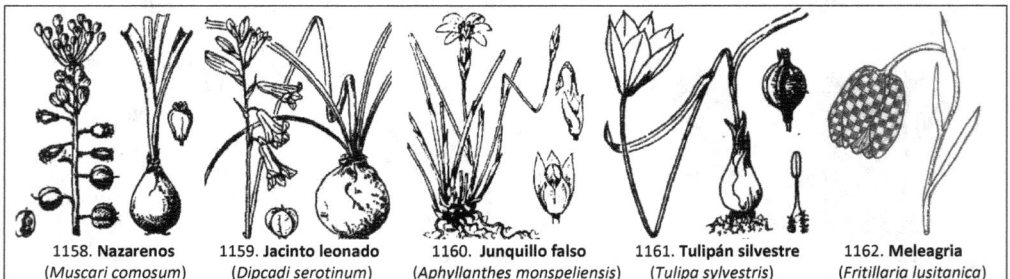

| 1158. **Nazarenos** | 1159. **Jacinto leonado** | 1160. **Junquillo falso** | 1161. **Tulipán silvestre** | 1162. **Meleagria** |
| (*Muscari comosum*) | (*Dipcadi serotinum*) | (*Aphyllanthes monspeliensis*) | (*Tulipa sylvestris*) | (*Fritillaria lusitanica*) |

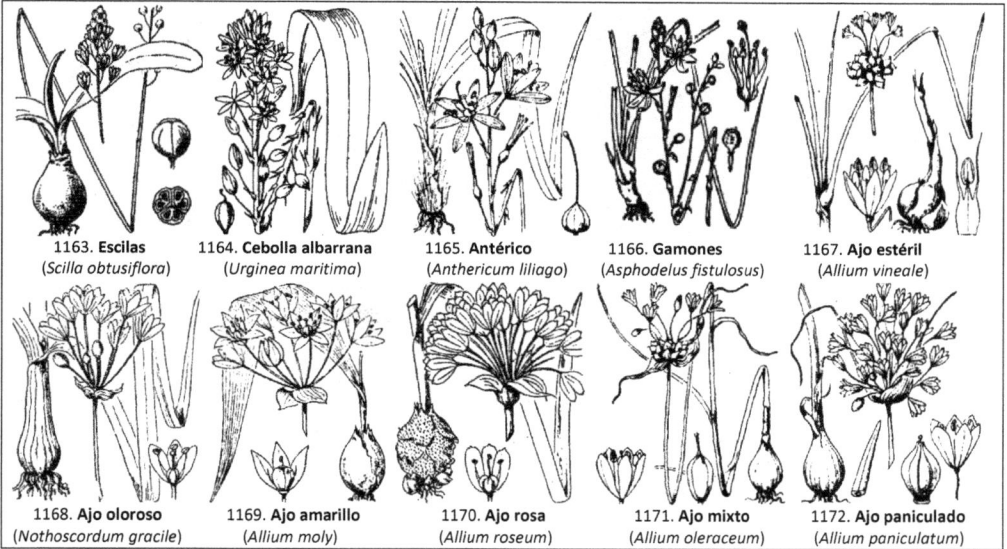

1163. **Escilas**
(*Scilla obtusiflora*)

1164. **Cebolla albarrana**
(*Urginea maritima*)

1165. **Antérico**
(*Anthericum liliago*)

1166. **Gamones**
(*Asphodelus fistulosus*)

1167. **Ajo estéril**
(*Allium vineale*)

1168. **Ajo oloroso**
(*Nothoscordum gracile*)

1169. **Ajo amarillo**
(*Allium moly*)

1170. **Ajo rosa**
(*Allium roseum*)

1171. **Ajo mixto**
(*Allium oleraceum*)

1172. **Ajo paniculado**
(*Allium paniculatum*)

13. Hierba fina, con pétalos de color blanco uniforme (fig. 1165) .... 2. **antérico** (*Anthericum*)
— Hierba robusta. Pétalos provistos de una raya central aparente (fig. 1166) ...... 6. **gamones** (*Asphodelus*)

3.52.1. **Ajos**, alls (*Allium*)

1. Inflorescencia madura con las flores sustituidas por bulbillos (fig. 1167) .... **ajo estéril**
(*Allium vineale*): 2-6 dm. Pastizales vivaces en medios frescos transitados o alterados. Paleotemp. R.
— Inflorescencia con flores normales (acompañadas o no de bulbillos) 2
2. Piezas periánticas completamente libres. Plantas con olor a ajo 3
— Piezas periánticas soldadas hacia la base. Plantas con olor agradable (fig. 1168) .... **ajo oloroso**
(*Nothoscordum gracile*, *Allium fragrans*): 3-6 dm. IV-VI. Herbazales vivaces transitados o alterados, en zonas de altitud moderada. Neotrop. R.
3. Estambres con filamentos simples 4
— Estambres con filamentos divididos en tres ramas, con la antera en la central 9
4. Hojas planas y anchas (más de 5 mm de anchura) 5
— Hojas cilíndricas y (o) estrechas (con 1-3 mm de anchura) 6
5. Flores de un amarillo vistoso, hojas bastante anchas (linear-elípticas) (fig. 1169) . **ajo amarillo** (*Allium moly*):
1-4 dm. V-VI. Medios pedregosos o escarpados en áreas de montaña caliza húmeda. Medit.-sept. R (Set, Taj).
— Flores rosadas, a veces casi blancas. Hojas acintadas (fig. 1170) .... **ajo rosa** (*Allium roseum*):
2-6 dm. III-VI. Campos de cultivo, herbazales alterados de zonas bajas. Paleotemp. M.
6. Brácteas bajo las umbelas más largas que éstas 7
— Brácteas bajo las umbelas más cortas que éstas 8
7. Umbela madura con bulbilos sentados en su base (fig. 1171) .... **ajo mixto** (*Allium oleraceum*):
2-6 dm. VI-IX. Herbazales alterados, caminos, campos de cultivo. Paleotemp. M.
— Umbela madura sin bulbilos (fig. 1172) .... **ajo paniculado** (*Allium paniculatum*):
3-6 dm. Herbazales no muy secos pero alterados o transitados. Euri-Medit. M.
8. Flores de tonalidad roijiza o lilacina intensa. Inflorescencia esférica densa .... **ajo de montaña**
(*Allium senescens*): 1-3 dm. VII-IX. Roquedos y terrenos escapados calizos de montaña. Eurosib. M.
— Flores blanquecinas o levemente rosadas. Inflorescencia cónica laxa (fig. 1173) .... **ajo tenue**
(*Allium moschatum*): 5-25 cm. VII-IX. Matorrales y pastizales secos sobre calizas. Circun-Medit. M.
9. Hojas planas, con cerca de 1 cm de anchura o más. Inflorescencias de color rosado y bastante grue-

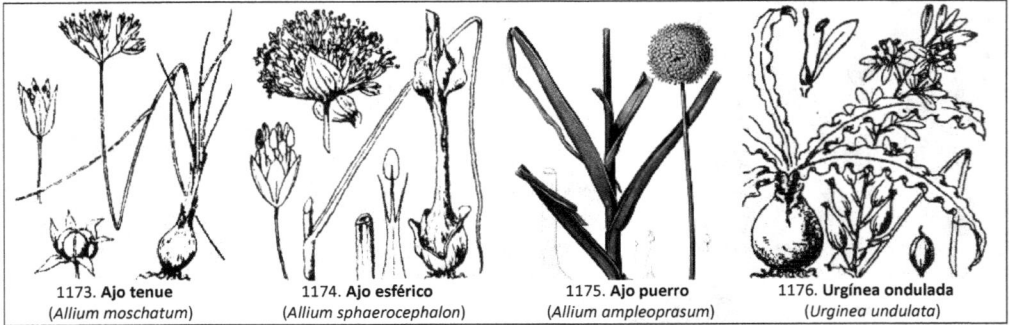

1173. Ajo tenue	**1174. Ajo esférico**	**1175. Ajo puerro**	**1176. Urgínea ondulada**
(*Allium moschatum*)	(*Allium sphaerocephalon*)	(*Allium ampleoprasum*)	(*Urginea undulata*)

sas (unos 5-8 cm de diámetro) (fig. 1175) .... **ajo puerro** (*Allium ampeloprasum*): 4-12 dm. IV-VII. Cultivos, herbazales sobre terrenos alterados. Paleotemp. M.

— Hojas estrechas, con frecuencia cilíndricas. Flores rojizas en inflorescencias menores (unos 2-4 cm de diámetro) (fig. 1174) .... **ajo esférico** (*Allium sphaerocephalon*): 2-6 dm. V-VIII. Matorrales y pastizales vivaces secos sobre terrenos calizos. Paleotemp. C.

3.52.2. **Antérico** (*Anthericum liliago*): 2-6 dm. IV-VI. Pastizales vivaces en terrenos despejados. Paleotemp. M. (Fig. 1165).

3.52.3. **Cebolla albarrana** (*Urginea maritima*): 5-15 dm. VIII-IX. Matorrales secos y soleados sobre calizas en áreas litorales. Circun-Medit. R (BM, Set). (Fig. 1164). [De porte menos robusto, hojas más cortas y estrechas, fuertemente onduladas en el margen, está la **urginea ondulada** (*U. undulata*), también con inflorescencia en racimo alargado y flores rosado-violáceas pequeñas, en las zonas más bajas del sureste (Set) (fig. 1176). Con flores blancas o verdosas, más grandes (1-2 cm), está la **leche de pájaro** (*Ornithogalum narbonense*), en campos de secano].

3.52.4. **Escila** (*Scilla autumnalis*): 1-3 dm. IX-XI. Pastizales secos otoñales. Circun-Medit. R. [Con hojas más anchas (5-10 mm frente a 2-4), redondeadas en el ápice, está *S. obtusifolia*, en ambientes cálidos costeros (fig. 1163)].

3.52.5. **Esparragueras**, esparregueres (*Asparagus*)
1. Planta trepadora, con tallo voluble, que puede ascender más de un metro. Ramitas laterales que parecen hojas cortas (pocos mm) y finas, agudas pero no espinosas (fig. 1153) ....
.... **esparraguera triguera** (*Asparagus acutifolius*): 5-20 dm. VII-IX. Bosques y altos matorrales de baja o media montaña. Circun-Medit. R.
— Planta no trepadora, con erguida, con menos de 1 m. Ramitas laterales que parecen hojas superando 1 cm y fuertemente espinosas (fig. 1177) .... **esparraguera aliaguera** (*Asparagus horridus*): 3-9 dm. VII-X. Matorrales muy secos en áreas de baja altitud. Medit.-merid. M.

3.52.6. **Gamones** (*Asphodelus*)
1. Hojas planas, con más de 1 cm de anchura. Frutos gruesos, con cerca de 1 cm de diámetro o más. Planta que se eleva cerca de 1 m (fig. 1178) .... **gamón** (*Asphodelus cerasiferus*): 4-16 dm. III-VI. Pastizales bien iluminados y claros de matorrales en ambientes secos. Medit.-occid. C. [Esta especie muestra pétalos y frutos de unos 15-20 mm, frente al mucho más raro *A. aestivus*, de floración más tardía, propio de ambientes silíceos frescos de montaña, con frutos y pétalos de 1 cm o poco más].
— Hojas cilíndricas, más estrechas. Frutos con menos de 1 cm de diámetro. Planta de pocos dm de altura (fig. 1179) .... **gamoncillo** (*Asphodelus fistulosus*): 2-5 dm. II-V. Terrenos baldíos, cunetas, herbazales secos en ambientes alterados. Medit.-Paleotrop. C. [Las poblaciones de porte menor, con vida efímera, que se secan en verano, se incluyen en *A. tenuifolius*, con raíces no engrosadas, pétalos de unos 4-8 mm, etc.].

3.52.7. **Jacinto leonado** (*Dipcadi serotinum*): 1-3 dm. IV-VI. Medios rocosos o escarpados calizos secos. Medit.-occid. M. (Fig. 1159).

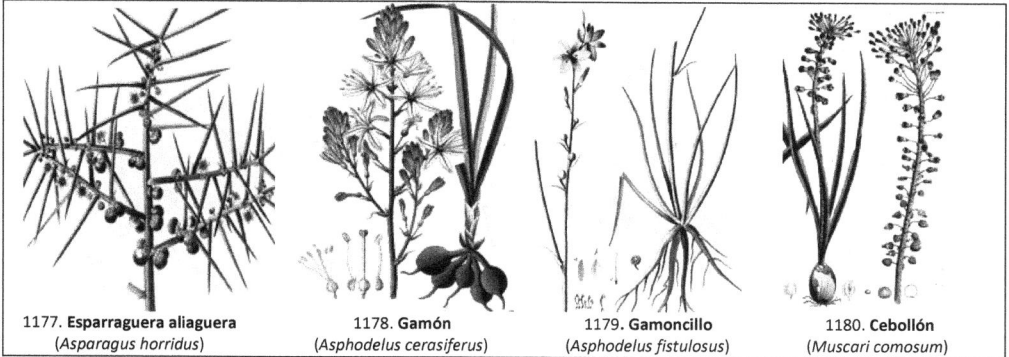

| 1177. **Esparraguera aliaguera** | 1178. **Gamón** | 1179. **Gamoncillo** | 1180. **Cebollón** |
| (Asparagus horridus) | (Asphodelus cerasiferus) | (Asphodelus fistulosus) | (Muscari comosum) |

3.52.8. Junquillo falso, jonça (Aphyllanthes monspeliensis): 1-3 dm. IV-VI. Matorrales y pastizales secos y soleados. Medit.-occid. C. (Fig. 1160).

3.52.9. Meleagria (Fritillaria lusitanica, F. hispanica): 1-3 dm. IV-VI. Matorrales aclarados sobre terrenos calizos. Medit.-occid. M. (Fig. 1162).

3.52.10. Nazarenos, caps de moro (Muscari)
1. Flores parduzcas, dispuestas en racimos laxos, de unos 5-20 cm, terminados en flores estériles azuladas sobre pedúnculos muy largos (fig. 1180) .... **cebollón** (Muscari comosum): 1-4 dm. III-VI. Herbazales vivaces densos y no muy secos. Circun-Medit. M.
— Flores de tono violáceo, en racimos cortos (1-5 cm) y densos que terminan en flores estériles sobre pedúnculos cortos (fig.1158) .... **nazareno** (Muscari neglectum): 5-25 cm. III-VI. Campos de cultivo, pastizales secos y terrenos baldíos. Euri-Medit. C.

3.52.11. Quitameriendas (Merendera montana): 4-8 cm. VIII-X. Pastizales despejados de montaña, habitualmente bastante pastoreados. Medit.-occid. R. (Fig. 1156).

3.52.12. Rusco, galzeran (Ruscus aculeatus): 4-8 dm. X-IV. Bosques perennifolios y ambientes sombreados recogidos, en áreas poco elevadas. Circun-Medit. M. (Fig. 1155).

3.52.13. Sello de Salomón, segell de Salomó (Polygonatum odoratum): 1-4 dm. IV-VI. Bosques umbrosos u oquedades protegidas entre las rocas. Holárt. R. (Fig. 1154).

3.52.14. Tulipán silvestre (Tulipa sylvestris, T. australis): 1-4 dm. IV-VI. Pastizales secos sobre terrenos muy someros. Circun-Medit. M. (Fig. 1161).

3.53. Fam. LINÁCEAS (Linaceae)

La familia de los linos, con hojas simples, enteras y estrechas; siendo las flores vistosas, con cinco sépalos largos y estrechos, cinco pétalos libres, iguales y de variados colores, con un gineceo de 5 capelos soldados con numerosos óvulos cada uno. Los frutos son cápsulas secas y dehiscentes, que liberan numerosas pequeñas semillas.

3.53.1. Linos, llins (Linum)
1. Flores blancas 2
— Flores amarillas o azuladas 3
2. Planta leñosa en la base. Flores con más de 1 cm (fig. 1181)............ **lino blanco** (Linum suffruticosum): 1-5 dm. V-VII. Matorrales y pastizales vivaces sobre sustrato básico. Iberolev. C. [Las variantes más enanas, propias de áreas frescas y elevadas de montaña, se llevan al cercano **L. appressum**; mientras que los ejemplares de hojas muy reducidas y densas, que aparecen en la Serranía de Cuenca y Alto Tajo, corresponden a **L. salsoloides** (Alc, Taj)].

189

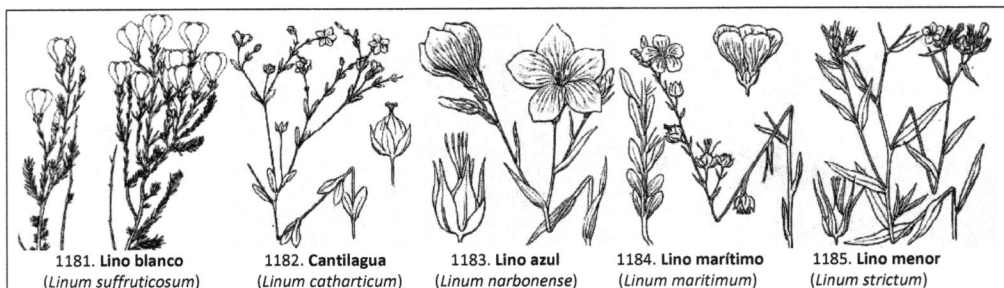

| 1181. Lino blanco | 1182. Cantilagua | 1183. Lino azul | 1184. Lino marítimo | 1185. Lino menor |
| (*Linum suffruticosum*) | (*Linum catharticum*) | (*Linum narbonense*) | (*Linum maritimum*) | (*Linum strictum*) |

— Planta herbácea y tenue. Flores con menos de 1 cm (fig. 1182) ....**cantilagua** (*Linum catharticum*): 1-3 dm. V-VIII. Pastizales vivaces húmedos, márgenes de arroyos. Eurosib. M.

3. Flores azuladas, con 2 cm o más (fig. 1183) .... **lino azul** (*Linum narbonense*): 2-5 dm. V-VII. Matorrales y pastizales vivaces secos sobre calizas. Medit.-occid. C. [Con pétalos menores (cerca de 1 cm, de un azulado más suave, frutos menores (4-6 mm), etc. está también el -más escaso- *L. bienne*].

— Flores amarillas, menores 4

4. Planta elevada cerca de 1/2-1 m. Flores con cerca de 1 cm o más (fig. 1184)................ **lino marítimo** (*Linum maritimum*): .... 4-10 dm. VI-IX. Juncales y altos herbazales en aguas salinas o salobres. Medit.-occid. R.

— Planta baja (1-3 dm). Flores con menos de 1 cm (fig. 1185) .... **lino menor** (*Linum strictum*): 1-3 dm. IV-VI. Pastizales secos anuales sobre sustrato básico. Circun-Medit. R. [Más escaso, y propio de medios silíceos, está *L. trigynum*, de ramaje más fino y menos rígido, inflorescencia más laxa y sépalos más cortos (3-4 mm)].

3.54. Fam. LITRÁCEAS (*Lythraceae*)

Árboles, arbustos o hierbas, con frecuencia habitantes de medios muy húmedos, con hojas simples y enteras; flores vistosas con cáliz soldado en tubo, pétalos libres, en número y color variable y frutos secos con numerosas pequeñas semillas. Se extienden por las zonas templadas y tropicales.

3.54.1. **Salicaria** (*Lythrum salicaria*): 5-18 dm. VII-IX. Juncales y carrizales ribereños sobre suelos muy húmedos. Subcosmop. M. (Fig. 1186). [En zonas bajas convive con su congénere menor, *L. junceum*, de porte menor, algo tendido, con flores menores, dispuestas de modo axilar (fig. 1187)].

3.55. Fam. MALVÁCEAS (*Malvaceae*)

Plantas herbáceas o leñosas, que suelen tener hojas con limbo redondeado y más o menos profundamente lobulado o recortado, provistas de un peciolo alargado y un par de estípulas en la base. Las flores tienen cinco pétalos libres o algo soldados en la base, habitualmente de color malva o rosado; los estambres se sueldan en columna alargada y los frutos son secos y con numerosas semillas, que sueles disponerse en forma radial alrededor del centro. Muchas especies se usan como ornamentales (hibiscos, malva real), otras tienen usos medicinales (malva, malvavisco) o industriales tan importantes como el algodonero.

3.55.1. **Malvas** (*Malva, Lavatera, Althaea, Alcea*)

1. Cáliz provisto de un epicáliz de 2-3 piezas 2

— Epicáliz con seis o más piezas 6

2. Piezas del epicáliz anchas y soldadas entre sí 3

— Piezas del epicáliz libres y estrechas 5

3. Flores de color lila muy claro, de 4-5 cm de diámetro (fig. 1188) .... **malva marítima** (*Lavatera maritima*): 4-12 dm. II-V. Matorrales secos y soleados en tierras bajas. Medit.-occid. M.

— Flores de color lila o rojizo intenso, generalmente menores 4

4. Hierba perenne, algo leñosa en la base. Tallos gruesos, erguidos y elevados. Flores de color rojizo o purpúreo intenso (fig. 1189) .... **malva arbórea** (*Lavatera arborea*): 8-25 dm. IV-IX. Terrenos baldíos secos a baja altitud. Circun-Medit. R.

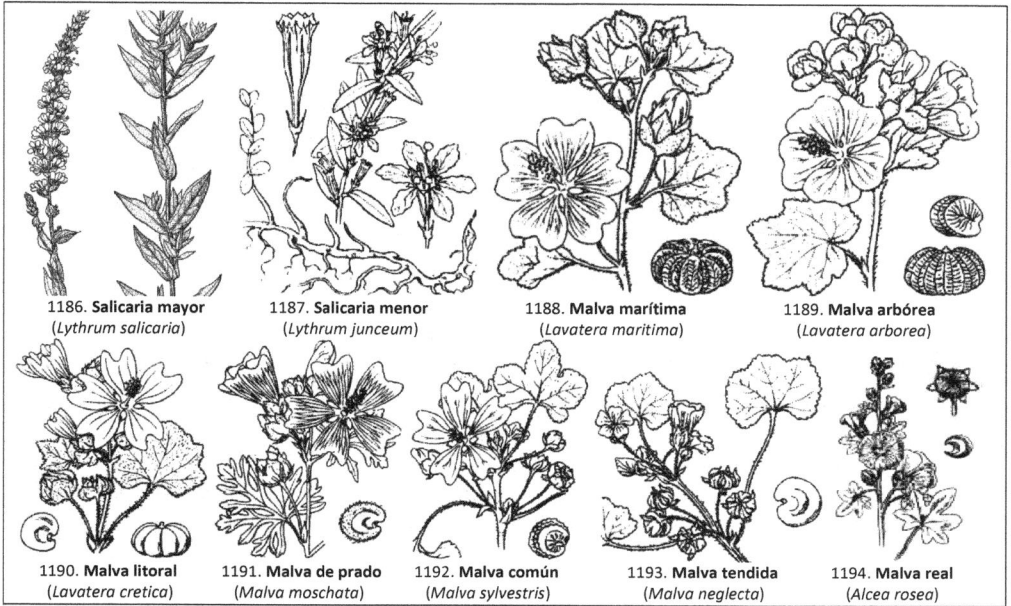

| 1186. **Salicaria mayor** (*Lythrum salicaria*) | 1187. **Salicaria menor** (*Lythrum junceum*) | 1188. **Malva marítima** (*Lavatera maritima*) | 1189. **Malva arbórea** (*Lavatera arborea*) |

| 1190. **Malva litoral** (*Lavatera cretica*) | 1191. **Malva de prado** (*Malva moschata*) | 1192. **Malva común** (*Malva sylvestris*) | 1193. **Malva tendida** (*Malva neglecta*) | 1194. **Malva real** (*Alcea rosea*) |

— Hierba anual, con tallos no muy gruesos, de estatura moderada. Flores de tonalidad rosada o lila (fig. 1190) .... **malva litoral** (*Lavatera cretica*): 2-5 dm. II-VI. Herbazales nitrófilos de zonas a baja altitud. Circun-Medit. M.

5. Hojas divididas en segmentos estrechos y alargados (fig. 1191) .... **malva de prado** (*Malva moschata*): 3-6 dm. VI-VIII. Pastos vivaces húmedos de montaña. Eurosib. R.
[Con frutos apenas pelosos, pétalos menores de 2 cm, pedúnculos de las flores con pelos estrellados, etc., está *M. tournefortiana*, en ambientes silíceos no muy secos].

— Hojas someramente divididas en lóbulos triangulares anchos 6

Flores de tono malva intenso. Frutos con la parte exterior muy reticulada (fig. 1192) ...... **malva común** (*Malva sylvestris*): 2-5 dm. V-X. Cunetas y herbazales en ambientes muy alterados. Paleotemp. M.

— Flores blanquecinas o de color malva claro. Frutos lisos en el dorso (fig. 1193) .... **malva tendida** (*Malva neglecta*): 1-4 dm. V-VIII. Campos de cultivo, herbazales sobre suelos muy alterados. Paleotemp. C.

6. Hierbas erguidas y elevadas (1-3 m). Flores grandes (5-10 cm de diámetro) (fig. 1194) ..... **malva real** (*Alcea rosea*): 1-3 m. VII-IX. Cunetas, terrenos baldíos junto a las poblaciones. Origen incierto. M.

— Hierbas menores, con flores más pequeñas 7

7. Hierba perenne. Hojas blanquecinas, completamente cubiertas de pelosidad densa (fig. 1195) .... **malvavisco** (*Althaea officinalis*): 5-15 dm. VII-IX. Juncales, carrizales, altos herbazales vivaces en medios ribereños. Paleotemp. M. [Hierba perenne, pero con hojas verdosas, profundamente divididas y flores rosadas, tenemos también **A. cannabina**, en medios más sombreados pero menos inundados].

— Hierba anual, de baja estatura, con hojas verdes, no densamente pelosas (fig. 1196) .. **malva menor** (*Althaea hirsuta*): 5-20 cm. V-VII. Pastizales secos anuales en medios alterados. Circun-Medit. M.

3.56. Fam. MIRIOFILÁCEAS (*Myriophyllaceae* o *Haloragaceae*)

Pequeña familia de plantas acuáticas de distribución cosmopolita, aunque sobre todo en el Hemisferio Sur. Son hierbas jugosas, a veces con aspecto algal, con hojas opuestas o verticiladas, con frecuencia divididas en segmentos lineares. Flores reducidas y poco vistosas, unisexuales o hermafroditas, con unos pocos sépalos, 2-8 estambres, 2-4 carpelos no muy soldados, con un primordio seminal cada uno. El fruto es seco y polispermo.

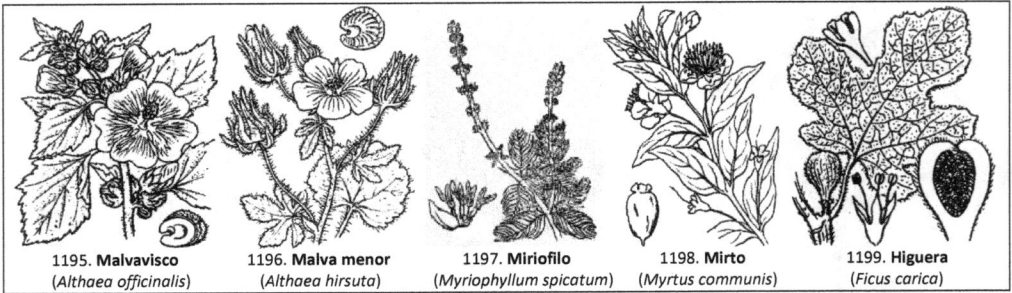

1195. **Malvavisco**	1196. **Malva menor**	1197. **Miriofilo**	1198. **Mirto**	1199. **Higuera**
(*Althaea officinalis*)	(*Althaea hirsuta*)	(*Myriophyllum spicatum*)	(*Myrtus communis*)	(*Ficus carica*)

3.56.1. Miriofilo (*Myriophyllum spicatum*): 3-20 dm. VI-IX. Sumergida en aguas dulces quietas o de curso lento. Subcosmop. R. (Fig. 1197).

3.57. Fam. MIRTÁCEAS (*Myrtaceae*)

Importante familia de plantas leñosas tropicales. Hojas perennes, simples, normalmente opuestas, con bolsas que acumulan aceites esenciales. Flores completas con 4-5 sépalos, 4-5 pétalos libres y vistosos, numerosos estambres y gineceo ínfero con 2-5 carpelos soldados, dando frutos polispermos secos (cápsulas) o carnosos (bayas). En Europa sólo es silvestre el mirto, aunque se cultivan mucho los eucaliptos australianos. En otros países se aprovechan los frutos comestibles (guayaba), flores jóvenes aromáticas (clavo), etc.

3.57.1. Mirto, murtera (*Myrtus communis*): 1-3 m. VI-VIII. Matorrales perennifolios en ambientes cálidos y húmedos. Circun-Medit. M. (Fig. 1198).

3.58. Fam. MORÁCEAS (*Moraceae*)

Una familia de árboles y arbustos tropicales, con frecuencia laticíferos, con hojas perennes o caducas, simples y alternas. Flores unisexuales poco aparentes, desnudas o con unos pocos sépalos, un número similar de estambres y un gineceo de 2 carpelos con un primordio seminal. Los frutos son pequeños aquenios o drupas, a veces agregados en infrutescencias (higos o moras). En Europa sólo la higuera es nativa, aunque se cultivan mucho las moreras e incluso los grandes ficus tropicales. De algunas especies se obtiene látex, sobre todo del brasileño árbol del caucho.

3.58.1. Higuera, figuera (*Ficus carica*): 2-8 m. V-VII. Roquedos, riberas, terrenos baldíos, etc. Circun-Medit. M. (Fig. 1199).

3.59. Fam. OLEÁCEAS (*Oleaceae*)

Árboles y arbustos de zonas templadas y cálidas. Las flores suelen tener 4 pétalos vistosos o no y soldados en tubo, sólo 2 estambres y dan frutos secos en caja (lilo) o sámara (fresno), o bien carnosos en baya (jazminero) o drupa (olivo). Muchos se utilizan como ornamentales (aligustres, jazmineros, lilo), siendo la especie más valiosa y conocida el olivo.

1. Hojas caducas, divididas en grandes foliolos independientes. Frutos secos alados (fig. 1200) .... 2. **fresnos** (*Fraxinus*)
— Hojas enteras, lobuladas o divididas en unidades pequeñas. Frutos carnosos, en baya 2
2. Hojas todas enteras. Flores blanquecinas, con menos de 1 cm 3
— Al menos algunas hojas divididas en varios foliolos. Flores amarillas o de color blanco vistoso, con más de 1 cm (fig. 1201) .... 3. **jazmines** (*Jasminum*)
3. Hojas blandas y caducas. Arbustos de ambientes húmedos, habitualmente ribereños (fig. 1202) .... 1. **aligustre** (*Ligustrum*)
— Hojas firmes y perennes. Árboles o arbustos de ambientes secos 4

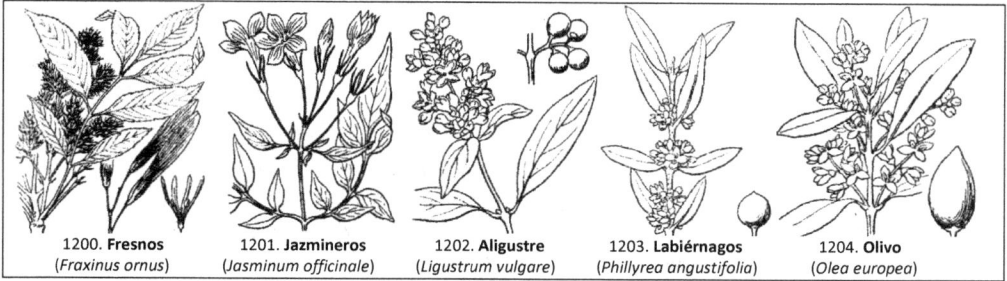

1200. Fresnos	1201. Jazmineros	1202. Aligustre	1203. Labiérnagos	1204. Olivo
(*Fraxinus ornus*)	(*Jasminum officinale*)	(*Ligustrum vulgare*)	(*Phillyrea angustifolia*)	(*Olea europea*)

4. Hojas verdes por ambas caras. Frutos esféricos de 3-6 mm (fig. 1203) .... 4. **labiérnagos** (*Phillyrea*)
— Hojas grises o plateadas en el envés. Frutos elipsoidales, de 8-30 cm (fig. 1204) .... 5. **olivo** (*Olea*)

3.59.1. Aligustre, olivereta (*Ligustrum vulgare*): 1-4 m. V-VII. Bosques ribereños y sus orlas arbustivas. Eurosib. M. (Fig. 1202).

3.59.2. Fresnos (*Fraxinus*)
1. Flores vistosas, con pétalos blancos. Foliolos 1-2 veces más largos que anchos (fig. 1200) ....
.... **fresno de flor** (*Fraxinus ornus*):
2-10 m. III-V. Bosques caducifolios o mixtos, en ambientes algo húmedos y sombreados. Medit.-sept. R (Set).
— Flores no vistosas, sin pétalos. Foliolos 3-5 veces más largos que anchos (fig. 1205) .... **fresno común**
(*Fraxinus angustifolia*): 3-15 m. IV-V. Bosques ribereños, mejor en zonas interiores. Medit.-occid. R.

3.59.3. Jazmines, jasmilers (*Jasminum*)
1. Flores amarillas. Hojas enteras o con 3 foliolos (fig. 1206) .... **bojecillo** (*Jasminum fruticans*):
4-16 dm. IV-VI. Taludes o terrenos escarpados calizos, medios rocosos o pedregosos. Medit.-occid. M.
— Flores blancas. Algunas hojas divididas en más de 3 foliolos (fig. 1201) .... **jazmín común**
(*Jasminum officinalis*): 2-5 m. V-IX. Cultivado como ornamental en jardinería, a veces aparece asilvestrado en
barrancos y setos. Iranotur. R. [Muy semejante, en las zonas de no mucha altitud, tenemos también *J. grandiflorum*,
más robusto, de flores mayores, con el tubo de la corola rojizo y muy sobresaliente del cáliz].

3.59.4. Labiérnagos, olivillos, aladerns (*Phillyrea*)
1. Hojas enteras y alargadas (más de 3 veces más largas que anchas) (fig. 1203) ....
.... **labiérnago de hoja estrecha** (*Phillyrea angustifolia*):
1-3 m. IV-V. Matorrales y bosques perennifolios, en áreas de altitud moderada. Circun-Medit. M.
— Hojas ovadas y dentadas (1-2 veces más largas que anchas) (fig. 1207) ..... **labiérnago de hoja ancha**
(*Phillyrea latifolia*): 1-4 m. IV-VI. Matorrales en ambiente sombreado algo húmedo. Circun-Medit. R.

3.59.5. Olivo, olivera (*Olea europea*): 1-6 m. IV-VI. Terrenos baldíos, matorrales secos y bosques perennifolios laxos. Circun-Medit. M. (Fig. 1204).

3.60. Fam. ONAGRÁCEAS (*Onagraceae*)

Hierbas perennes de ambientes húmedos, con hojas enteras y alternas y flores vistosas, con cuatro sépalos y cuatro pétalos libres que surgen sobre un alargado ovario ínfero, que finalmente dará un fruto alargado, que se abre y libera numerosas semillas que se dispersan por el viento con sus abundantes pelos.

1. Frutos estrechamente cilíndricos (más de 3 cm de largo por 1-2 mm de ancho). Semillas con un
vilano peloso (fig. 1208) .... 1. **epilobios** (*Epilobium*)
— Frutos más cortos pero más anchos. Semillas sin vilano (fig. 1209) .... 2. **onagras** (*Oenothera*)

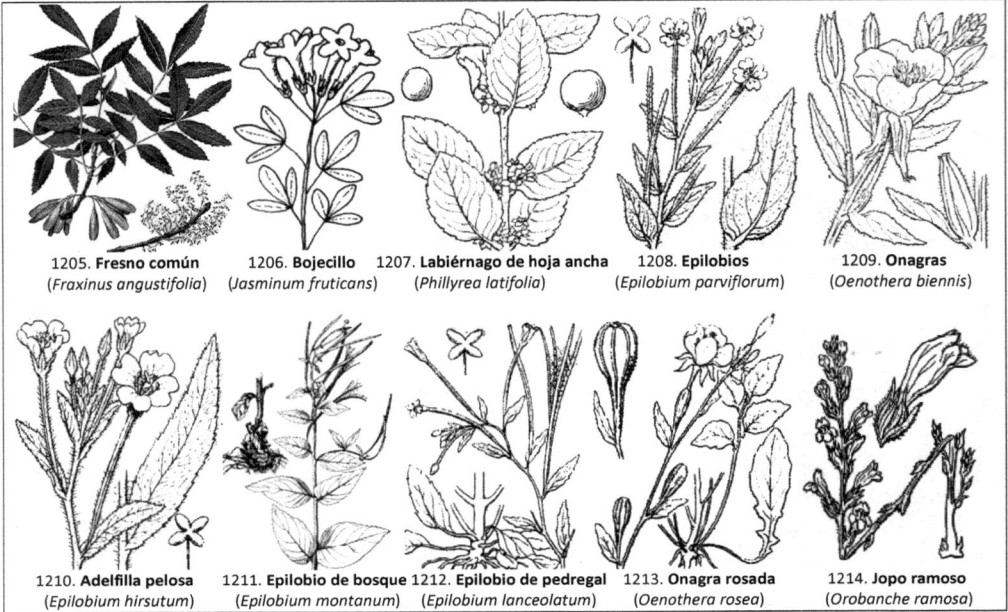

1205. Fresno común	1206. Bojecillo	1207. Labiérnago de hoja ancha	1208. Epilobios	1209. Onagras
(*Fraxinus angustifolia*)	(*Jasminum fruticans*)	(*Phillyrea latifolia*)	(*Epilobium parviflorum*)	(*Oenothera biennis*)

1210. Adelfilla pelosa	1211. Epilobio de bosque	1212. Epilobio de pedregal	1213. Onagra rosada	1214. Jopo ramoso
(*Epilobium hirsutum*)	(*Epilobium montanum*)	(*Epilobium lanceolatum*)	(*Oenothera rosea*)	(*Orobanche ramosa*)

3.60.1. Epilobios (*Epilobium*)

1. Hojas sentadas. Plantas pelosas 2
— Hojas pecioladas, plantas no pelosas 3
2. Flores grandes (1,5-3 cm de diámetro). Hojas abrazadoras (fig. 1210) .... **adelfilla pelosa**
(*Epilobium hirsutum*): 5-15 dm. VII-X. Hondonadas húmedas, juncales, riberas fluviales, etc. Subcosmop. M.
— Flores menores (1-1,5 cm de diámetro). Hojas no abrazadoras (fig. 1208)...
.... **epilobio menor** (*Epilobium parviflorum*):
4-12 dm. VII-X. Herbazales vivaces densos y jugosos en márgenes de arroyos o acequias. Paleotemp. M.

3. Hojas ovado-lanceoladas, con ± 2-4 cm de anchura y margen fuertemente dentado (fig. 1211) ....
.... **epilobio de bosque** (*Epilobium montanum*):
3-6 dm. VI-VIII. Medios forestales sombreados y húmedos en áreas de montaña. Paleotemp. RR.
— Hojas lanceoladas, con cerca de 1 cm de anchura o menos y margen poco dentado (fig. 1212) ....
.... **epilobio de pedregal** (*Epilobium lanceolatum*):
2-5 dm. VI-IX. Terrenos pedregosos, taludes y orlas forestales frescas en áreas de montaña. Paleotemp. R.

3.60.2. Onagras (*Oenothera*)

1. Flores rosadas. Frutos ensanchados en el ápice (fig. 1213) .... **onagra rosada** (*Oenothera rosea*):
2-5 dm. V-IX. Herbazales húmedos sobre terrenos alterados. Neotrop. M.
— Flores amarillas. Fruto no ensanchado en el ápice (fig. 1209) .... **onagra común** (*Oenothera biennis*):
4-15 dm. VI-IX. Terrenos baldíos, arenales costeros, etc. Subcosmop. M.

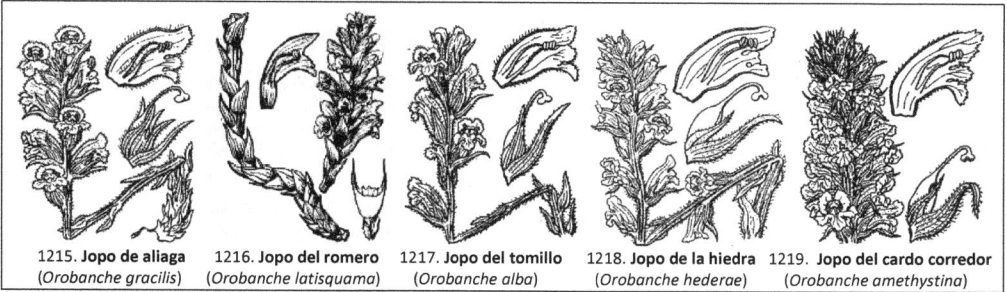

| 1215. **Jopo de aliaga** (*Orobanche gracilis*) | 1216. **Jopo del romero** (*Orobanche latisquama*) | 1217. **Jopo del tomillo** (*Orobanche alba*) | 1218. **Jopo de la hiedra** (*Orobanche hederae*) | 1219. **Jopo del cardo corredor** (*Orobanche amethystina*) |

3.61. Fam. OROBANCÁCEAS (*Orobanchaceae*)

Hierbas no clorofílicas, de vida parásita sobre las raíces de otras plantas con flor. Los tallos son gruesos y algo jugosos, las hojas escamosas de colores variados (amarillentos, parduzcos, rojizos, etc.) y forma una espiga de flores vistosas, con la corola en tubo curvado con pétalos soldados desiguales.

3.61.1. **Jopos**, orobancas, frares (*Orobanche*)

1. Flores y resto de la planta de color amarillo claro. Parasita la rubia .... **jopo de la rubia** (*Orobanche clausonis*): 1-4 dm. IV-VI. Medios sombreados, forestales o ribereños. Medit.-occid. R.
— Flores y resto de la planta de tonos marrones, rojizos o granates 2
2. Tallo ramificado. Flores con una bráctea central mayor acompañada de otras dos laterales menores (fig. 1214) .... **jopo ramoso** (*Orobanche ramosa*, Phelypanche ramosa): 5-30 cm. IV-VI. Matorrales y pastizales de diversa índole. Paleotemp. M.
— Tallo simple. Flores con una sola bráctea 3
3. Corola de color rojizo mate por fuera y brillante por dentro. Parasita leguminosas leñosas (fig. 1215) .... **jopo de aliaga** (*Orobanche gracilis*, O. cruenta): 1-4 dm. V-VII. Matorrales secos ocupados por aliagas y otras leguminosas. Circun-Medit. R.
— Sin estos caracteres reunidos 4
4. Tallos y flores de tonalidad crema o castaño claro. Corola bastante abierta en su extremo. Parásita sobre plantas diferentes al romero 5
— Tallos y flores de tonalidad purpúrea o violeta. Corola poco abierta en su extremo. Parásita sobre el romero (fig. 1216) .... **jopo del romero** (*Orobanche latisquama*): 2-4 dm. IV-VI. Matorrales secos de zonas poco elevadas. Medit.-occid. M.
5. Corola con el labio superior ciliado. Planta de pequeño tamaño, parasita tomillos y ajedreas (fig. 1217) .... **jopo del tomillo** (*Orobanche alba*): 5-25 cm. IV-VI. Matorrales secos y soleados en medios despejados. Paleotemp. M.
— Corola con labio superior no ciliado. Planta de tamaño mediano, parasita otras especies 6
6. Corola con tubo algo hinchado en la base y estrechado en su mitad. Parásita sobre la hiedra (fig. 1218)... **jopo de la hiedra** (*Orobanche hederae*): 1-4 dm. IV-VI. Medios forestales densos o rincones muy umbrosos. Circun-Medit. R.
— Tubo de la corola no estrechado en el medio. Parásita sobre el cardo corredor (fig. 1219) .... **jopo del cardo corredor** (*Orobanche amethystea*, O. eryngii): 2-4 dm. V-VII. Herbazales vivaces en medios algo alterados, con cardo corredor. Medit.-Iranot. R.

3.62. Fam. ORQUIDÁCEAS (*Orchidaceae*)

Una de las familias más diversificadas (unas 30.000 especies), distribuidas sobre todo por áreas tropicales y viviendo epífitas en las ramas de los árboles. Las especies de ambientes templados suelen ser hierbas perennes, provistas de rizomas o tubérculos subterráneos, a veces no clorofílicas y de vida saprofítica. Hojas lanceoladas u oblongas, sentadas, enteras y paralelinervias. Flores con ovario ínfero, estambres soldados a la parte superior de éste y dos verticilos de tres piezas periánticas vistosas, de modo que la central del verticilo interno suele ser mayor (labelo) y disponerse en un plano para que se posen los insectos polinizadores. Por su gran vistosidad se consideran plantas de gran valor como ornamentales, aunque se comercializan más para floristería que jardinería por la dificultad de su cultivo.

1. Plantas provistas de hojas verdes bien desarrolladas (a veces algo rojizas o violáceas) 2
— Planta no verde, sin hojas sobre el tallo o con éstas muy reducidas o atrofiadas. Flores de tonalidad purpúreo-violácea (fig. 1220) .... 4. **limodoro** (*Limodorum*)
2. Pétalo inferior (labelo) emitiendo un espolón alargado en su base (fig. 1221) ... 6. **orquis** (*Orchis*, etc.)
— Labelo no espolonado en la base 3
3. Hojas redondeadas, reducidas a dos, de disposición opuesta (fig. 1222) .... 5. **listera** (*Listera*)
— Hojas en número mayor, algo alargadas y alternas 4
4. Labelo peloso, muy diferente a los demás pétalos (fig. 1223) .... 1. **abejeras** (*Ophrys*)
— Labelo sin pelos, no muy diferente a los otros pétalos 5
5. Flores erguidas y sentadas (no confundir el ovario con un pedúnculo), blancas o rojizas (fig. 1224) ...
.... 2. **cefalanteras** (*Cephalanthera*)
— Flores pedunculadas y colgantes, verdosas o parduzcas (al menos en parte) (fig. 1225) ....
.... 3. **epipáctides** (*Epipactis*)

3.62.1. Abejeras, abelleres (*Ophrys*)

1. Labelo con un ancho margen amarillo de más de 5 mm. Sépalos verdes (fig. 1226) . **abejera amarilla** (*Ophrys lutea*): 5-30 cm. III-VI. Pastizales vivaces secos en zonas no muy elevadas. Circun-Medit. R.
— Sin estos caracteres reunidos 2
2. Labelo con el centro de color azul celeste brillante y el margen marrón muy peloso (fig. 1227) ....
.... **abejera azul** (*Ophrys speculum*): 5-30 cm. III-V. Pastizales vivaces secos. Circun-Medit. M.
— Sin estos caracteres reunidos 3
3. Labelo fuertemente plegado, casi cilíndrico o fusiforme, formando una cavidad interior (fig. 1228) ...
.... **abejera común** (*Ophrys apifera*): 1-4 dm.
IV-VI. Pastizales vivaces no muy húmedos, en áreas de baja o media altitud. Euri-Medit. M. [Con sépalos de cerca de 1 cm o menos, no superando al labelo, que es agudo en su extremo, tenemos también *O. scolopax* (fig. 1223)].
— Labelo plano o algo curvado en el margen, no formando una cavidad interior 4
4. Labelo más largo que ancho, con 4 lóbulos, los apicales mayores (fig. 1229) .... **abejera parda** (*Ophrys fusca*): 1-5 dm. III-V. Medios bien iluminados en áreas de altitud moderada. Circun-Medit. M.
— Labelo de anchura similar o mayor que su longitud, con lóbulos poco marcados 5
5. Labelo negruzco o pardo muy oscuro. Sépalos estrechos y verdosos (fig. 1230) .... **abejera negra** (*Ophrys sphegodes*): 1-3 dm. V-VII. Pastizales vivaces frescos de montaña. Euri-Medit. R.
— Sin estos caracteres reunidos. Sépalos anchos y rosados (fig. 1231) .... **abejera rosada** (*Ophrys tenthredinifera*): 1-3 dm. III-V. Pastizales vivaces en ambientes despejados. Circun-Medit. M.

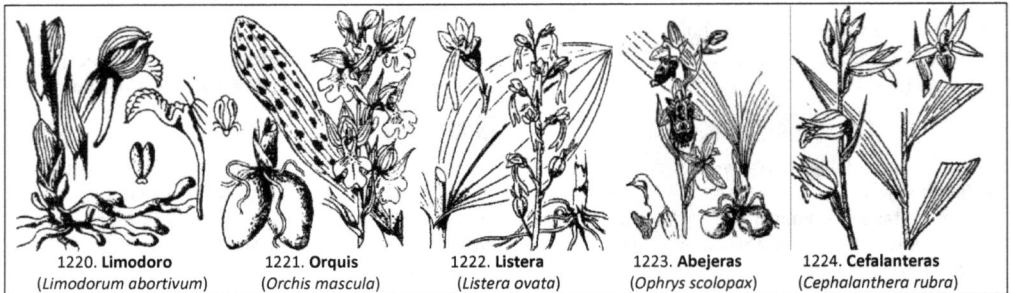

| 1220. **Limodoro** | 1221. **Orquis** | 1222. **Listera** | 1223. **Abejeras** | 1224. **Cefalanteras** |
| (*Limodorum abortivum*) | (*Orchis mascula*) | (*Listera ovata*) | (*Ophrys scolopax*) | (*Cephalanthera rubra*) |

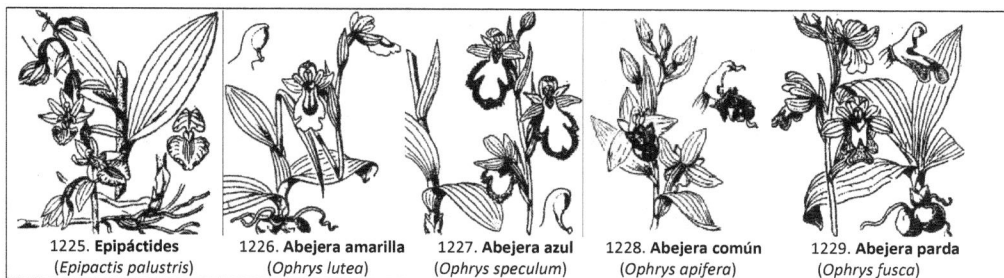

1225. **Epipáctides**	1226. **Abejera amarilla**	1227. **Abejera azul**	1228. **Abejera común**	1229. **Abejera parda**
(*Epipactis palustris*)	(*Ophrys lutea*)	(*Ophrys speculum*)	(*Ophrys apifera*)	(*Ophrys fusca*)

3.62.2. **Cefalanteras** (*Cephalanthera*)

1. Flores rojizas (fig. 1224) .... **cefalantera roja** (*Cephalanthera rubra*):
2-4 dm. V-VII. Bosques frescos de montaña y pastizales vivaces de su entorno. Eurosib. R.
— Flores blancas (fig. 1232) .... **cefalantera blanca**
(*Cephalanthera damasonium*): ..2-4 dm. IV-VI. Bosques y matorrales de montaña, pastizales vivaces de su entorno. Paleotemp. M. [También aparece **C. longifolia**, de aspecto similar, pero con hojas más estrechas y alargadas (acintado-lineares, no ovado-elípticas), brácteas florales más cortas, corola de un blanco más intenso, etc.].

3.62.3. **Epipáctides** (*Epipactis*)

1. Hoja erguidas, más de dos veces más largas que anchas (fig. 1225).................. **epipáctide de arroyo**
(*Epipactis palustris*): 2-4 dm. VI-VIII. Márgenes de arroyos en áreas frescas de montaña. Holárt. M.
— Hojas patentes, 1-2 veces más largas que anchas 2
2. Eje de la inflorescencia y ovario grisáceos, densamente cubiertos de pelos estrellados. Sépalos con
cerca de 5 mm (fig. 1233) .... **epipáctide enana** (*Epipactis kleinii*,
E. parviflora): 1-4 dm. V-VII. Medios pedregosos o forestales no muy húmedos. Medit.-occid. M.
— Eje de la inflorescencia y ovario verdosos o rojizos, laxamente pelosos .... **epipáctide mayor**
(*Epipactis tremolsii*): 3-8 dm. V-VII. Medios forestales y pastizales vivaces frescos. Medit.-occid. R.

3.62.4. **Limodoro** (*Limodorum abortivum*): 2-6 dm. IV-VII. Medios forestales y sus orlas en ambientes frescos de montaña. Circun-Medit. R. (Fig. 1220).

3.62.5. **Listera** (*Listera ovata*): 2-5 dm. V-VII. Medios forestales y prados vivaces bastante húmedos, sobre todo en riberas fluviales. Paleotemp. R. (Fig. 1222).

3.62.6. **Orquis** (*Orchis, Dactylorhiza, Anacamptis*)

1. Inflorescencia densa, cónico-piramidal. Corola con espolón cerca del doble de largo que el ovario
(fig. 1234) ....**orquis piramidal** (*Anacamptis pyramidalis*, *Orchis pyramidalis*):
3-6 dm. IV-VI. Claros de bosque y pastizales vivaces en ambientes de montaña no muy secos. Circun-Medit. M.

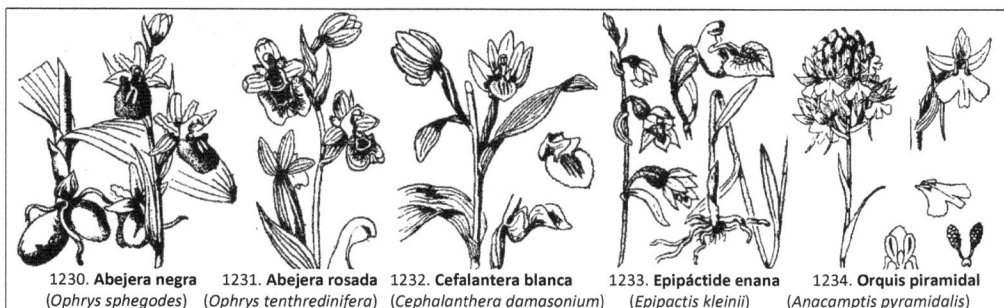

1230. **Abejera negra**	1231. **Abejera rosada**	1232. **Cefalantera blanca**	1233. **Epipáctide enana**	1234. **Orquis piramidal**
(*Ophrys sphegodes*)	(*Ophrys tenthredinifera*)	(*Cephalanthera damasonium*)	(*Epipactis kleinii*)	(*Anacamptis pyramidalis*)

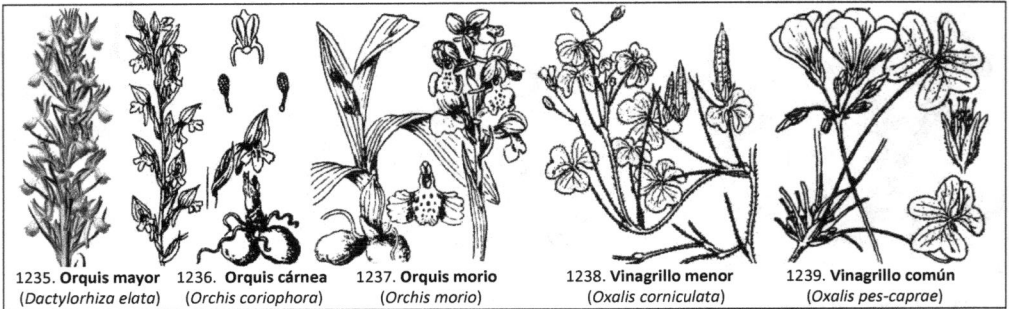

1235. **Orquis mayor**	1236. **Orquis cárnea**	1237. **Orquis morio**	1238. **Vinagrillo menor**	1239. **Vinagrillo común**
(*Dactylorhiza elata*)	(*Orchis coriophora*)	(*Orchis morio*)	(*Oxalis corniculata*)	(*Oxalis pes-caprae*)

— Sin estos caracteres reunidos. Espolón de longitud similar o menos que la del ovario 2

2. Tubérculos bífidos en su extremo. Planta propia de terrenos inundados (fig. 1235) ..... **orquis mayor** (*Dactylorhiza elata*): 3-6 dm. VI-VII. Prados húmedos en márgenes de arroyos. Medit.-occid. M.

— Tubérculos enteros. Plantas de ambientes secos o algo húmedos 3

3. Espolón cónico-engrosado y dirigido hacia abajo (fig. 1236) .... **orquis cárnea** (*Orchis coriophora*): 1-3 dm. V-VII. Pastizales vivaces algo húmedos de montaña. Medit.-sept. R.

— Espolón cilíndrico-alargado, dirigido hacia atrás 3

3. Todas las piezas periánticas, menos el labelo, reunidas en grupo apical. Hojas generalmente no maculadas (fig. 1237) .... **orquis morio** (*Orchis morio*): 6-25 cm. V-VII. Pastizales vivaces frescos, claros forestales, etc. Medit.-occid. M.

— Piezas periánticas separadas. Hojas generalmente maculadas (fig. 1221) .... **orquis máscula** (*Orchis mascula*): 1-3 dm. V-VII. Bosques, matorrales y pastizales vivaces variados. Eurosib. M.

3.63. Fam. OXALIDÁCEAS (*Oxalidaceae*)

Hierbas perennes geofíticas con hojas trifoliadas o pinnada, habitualmente en roseta basal. Flores con 5 sépalos, 5 pétalos vistosos, 10 estambres y 5 carpelos soldados aunque con los estilos libres. Fruto en cajas o bayas, con semillas numerosas. Se distribuyen por áreas tropicales o subtropicales, habiendo llegado a nuestras latitudes como malas hierbas agrícolas.

3.63.1. **Vinagrillos**, agrets (*Oxalis*)

1. Flores amarillas 2

— Flores blancas o rosadas .... **vinagrillo rosado** (*Oxalis articulata*): 1-3 dm. IV-IX. Campos de cultivo, herbazales nitrófilos algo húmedos o sombreados. Neotrop. M. [Con foliolos triangulares, aguzados en las puntas y casi glabros, tenemos también -en medios similares- *O. latifolia*].

2. Flores pequeñas (5-10 mm). Fruto cilíndrico, muy saliente del cáliz (fig. 1238) .... **vinagrillo menor** (*Oxalis corniculata*): 5-25 cm. II-XI. Herbazales nitrófilos vivaces sombreados o húmedos. Cosmop. M.

— Flores grandes (2-3 cm). Fruto corto, no saliente del cáliz (fig. 1239) .... **vinagrillo común** (*Oxalis pes-caprae*): 1-3 dm. XI-V. Campos de regadío, herbazales nitrófilos vivaces no muy secos, cañaverales y medios ribereños alterados en áreas litorales o de baja altitud. Capense. M.

3.64. Fam. PALMÁCEAS (*Palmaceae*)

Incluye miles de especies tropicales leñosas con un porte muy característico (palmeras), no o poco ramoso, con las hojas en penachos apicales, siendo muy divididas en modo pinnado o palmeado. Las flores aparecen protegidas al principio por bráctea recia (espata), que se rasga y deja al descubierto flores discretas con dos verticilos periánticos de tres pequeñas piezas, 6 a numerosos estambres y un gineceo de 3 carpelos libres o soldados. Fruto carnoso en baya o drupa. Muchas muy apreciadas por sus frutos, ricos en azúcares (dátiles) o aceites (coco, palma).

1240. **Palmera datilera** (*Phoenix dactylifera*)	1241. **Palmito** (*Chamaerops humilis*)	1242. **Celidonia** (*Chelidonium majus*)	1243. **Amapolas** (*Papaver dubium*)	1244. **Zapatillas** (*Hypecoum imberbe*)

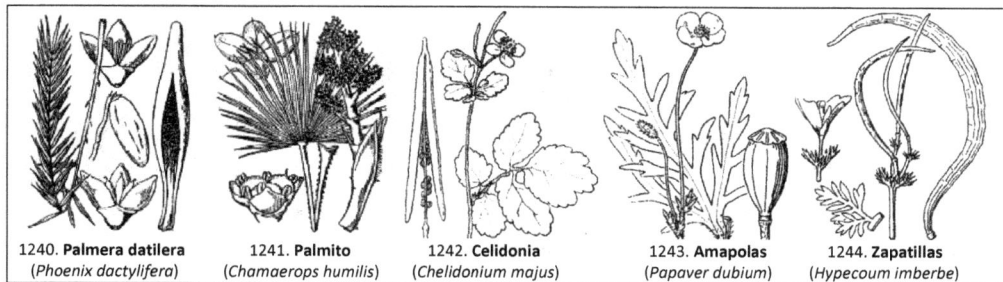

1. Hojas pinnadamente divididas. Árboles de 3 a 20 metros (fig. 1240) ..... 1. **palmera datilera** (*Phoenix*)
— Hojas palmeadamente divididas. Arbustos no muy elevados (fig. 1241) .... 2. **palmito** (*Chamaerops*)

3.64.1. **Palmera datilera** (*Phoenix dactylifera*): 3-20 m. II-V. Cultivada como ornamental y accidentalmente escapada de cultivo. Paleotrop. R. (Fig. 1240).

3.64.2. **Palmito**, margalló (*Chamaerops humilis*): 5-20 dm. III-V. Matorrales soleados en áreas de baja altitud. Medit.-merid. M. (Fig. 1241).

3.65. Fam. PAPAVERÁCEAS (*Papaveraceae*)

Familia de hierbas anuales o perennes, con hojas muy recortadas, flores vistosas con dos sépalos muy caedizos, cuatro pétalos libres, generalmente numerosos estambres y un gineceo con varios carpelos soldados. Los frutos son secos, con muchas semillas (amapolas) o una sola (fumarias). En su mayoría son malas hierbas infestantes de los campos de cultivo y herbazales de su entorno, algunas muy utilizadas como plantas medicinales.

1. Pétalos todos iguales. Estambres numerosos (más de 10) 2
— Pétalos desiguales. Estambres reducidos 4
2. Flores en umbelas. Pétalos de 1-1,5 cm, amarillos. Frutos estrechamente cilíndricos, de 3-5 cm.
Látex anaranjado (fig. 1242) .... 2. **celidonia** (*Chelidonium*)
Sin estos caracteres reunidos (fig. 1243) .... 1. **amapolas** (*Papaver*)
4. Flores amarillas, con 4 pétalos iguales dos a dos (fig. 1244) .... 4. **zapatillas** (*Hypecoum*)
— Flores blancas o rojizas, con pétalos más desiguales 5
5. Hojas divididas en lóbulos numerosos, irregulares y estrechos (fig. 1245) .... 3. **fumarias** (*Fumaria*)
— Hojas divididas en 3-9 foliolos redondeados, similares entre sí, algo jugosos (fig. 1246) ....
.... 5. **zapatitos de la Virgen** (*Sarcocapnos*)

3.65.1. **Amapolas**, roselles (*Papaver, Glaucium, Roemeria*)
1. Hierba perenne. Flores amarillas (fig. 1247) .... **amapola dorada** (*Glaucium flavum*):
2-8 dm. III-VI. Pedregales, ramblas litorales, playas de guijarros. Paleotemp. M.
— Hierbas anuales. Flores rojas, anaranjadas, violáceas o blanquecinas 2
2. Fruto maduro muy largo (10-20 cm), que se abre hasta la base (fig. 1248) .... **amapola cornuda**
(*Glaucium corniculatum*): 1-3 dm. III-VI. Campos de cultivo, terrenos baldíos secos. Paleotemp. M.
— Fruto maduro bastante más corto, que se abre por poros o más de dos valvas 3
3. Flores de color morado-violeta. Frutos cilíndricos finos, que se abren por 3-4 valvas (fig. 1249) ....
.... **amapola morada** (*Roemeria hybrida*):
1-4 dm. IV-VI. Campos de secano y terrenos baldíos de su entorno. Medit.-Iranot. M.
— Sin estos caracteres reunidos .... 4 (*Papaver*)
4. Ovario y frutos cubierto de pelos o cerdas rígidas (fig. 1250) .... **amapola triste**
(*Papaver hybridum*): ..2-5 dm. IV-VII. Campos de secano, herbazales anuales secos y alterados. Medit.-Iranot.
M. [Bastante cercana está **P. argemone**, con los frutos cilíndricos (no esferoidales) y muy laxamente pelosos].

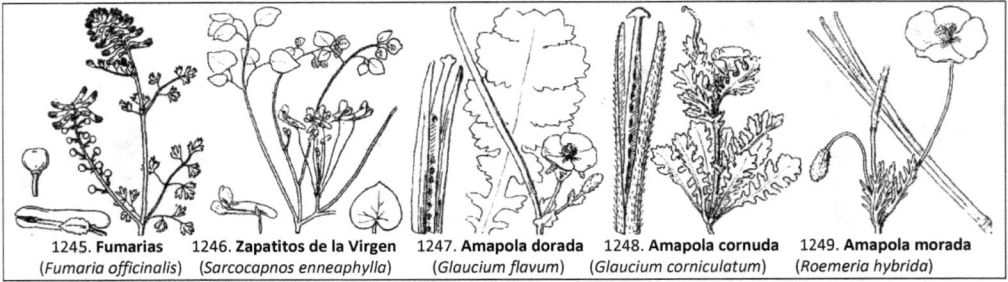

1245. Fumarias	1246. Zapatitos de la Virgen	1247. Amapola dorada	1248. Amapola cornuda	1249. Amapola morada
(*Fumaria officinalis*)	(*Sarcocapnos enneaphylla*)	(*Glaucium flavum*)	(*Glaucium corniculatum*)	(*Roemeria hybrida*)

— Ovario y frutos glabros y lisos 2

2. Ovario y fruto poco más largo que ancho (fig. 1251) .... **amapola común** (*Papaver rhoeas*): 2-8 dm. IV-VII. Cunetas, cultivos y todo tipo de herbazales alterados. Paleotemp. CC. [También la **adormidera** (*P. somniferum*), de porte más robusto, flores de color blanquecino o rosado, frutos con más de 2 cm de anchura, etc.].

— Ovario y fruto bastante más largo que ancho (fig. 1243) .... **amapola mazuda** (*Papaver dubium*): 2-5 dm. IV-VII. Campos de cultivo y herbazales secos anuales sobre terrenos alterados. Paleotemp. C.

3.65.2. Celidonia mayor, herba de les berrugues (*Chelidonium majus*): 3-8 dm. IV-VI. Herbazales alterados en ambientes húmedos o sombreados, habitualmente urbanos o periurbanos. Holárt. M. (Fig. 1242).

3.65.3. Fumarias, palomillas (*Fumaria, Platycapnos*)

1. Inflorescencia muy densa. Frutos aplanados y alargados (fig. 1252) .... **fumaria espigada** (*Platycapnos spicata*): 1-3 dm. III-VI. Campos de cultivo, herbazales nitrófilos anuales, Medit.-occid. M.

— Inflorescencia no muy densa. Frutos esféricos 2

2. Pedúnculos muy curvados en la fructificación. Flores blancas o con parte rosada. Sépalos de unos 3-4 mm (fig. 1253) .... **fumaria mayor** (*Fumaria capreolata*): 2-10 dm. I-VI. Herbazales sombríos o no muy secos de zonas bajas. Circun-Medit. M.

— Sin estos caracteres reunidos. Pedúnculos rectos 3

3. Flores rosadas, c. de 1 cm. Sépalos > 1 mm (fig. 1245) .... **fumaria común** (*Fumaria officinalis*): 1-4 dm. III-VI. Cultivos y herbazales anuales secos sobre terrenos alterados. Subcosmop. M. [Con flores algo menores (6-7 mm), más densas y frutos ovoideo-esféricos, tenemos también *F. densiflora*].

— Flores blanquecinas, c. de 5 mm. Sépalos menores (fig. 1254) .... **fumaria menor** (*Fumaria parviflora*): 1-3 dm. III-VI. Cultivos y herbazales en terrenos alterados. Paleotemp. R. [También *F. vaillantii*, con flores igual de reducidas, pero rosadas, con brácteas más cortas, sépalos menos dentados, etc.].

3.65.4. Zapatillas, ballarines (*Hypecoum*)

1. Flores de color amarillo pálido. Frutos rectos pero colgantes (fig. 1255) .... **zapatilla colgante** (*Hypecoum pendulum*): 1-3 dm. III-VI. Campos de secano y herbazales anuales. Paleotemp. M.

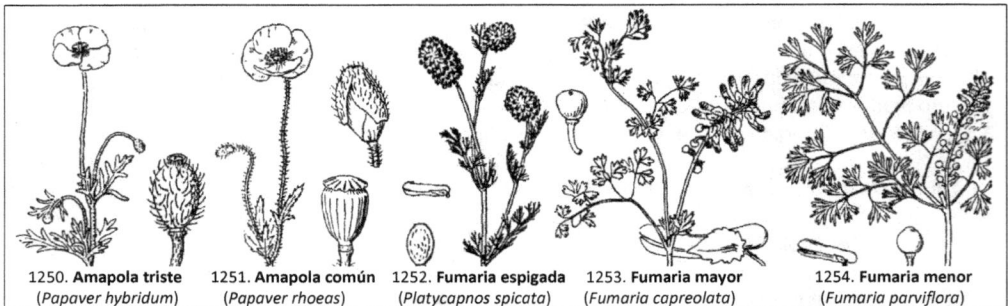

1250. Amapola triste	1251. Amapola común	1252. Fumaria espigada	1253. Fumaria mayor	1254. Fumaria menor
(*Papaver hybridum*)	(*Papaver rhoeas*)	(*Platycapnos spicata*)	(*Fumaria capreolata*)	(*Fumaria parviflora*)

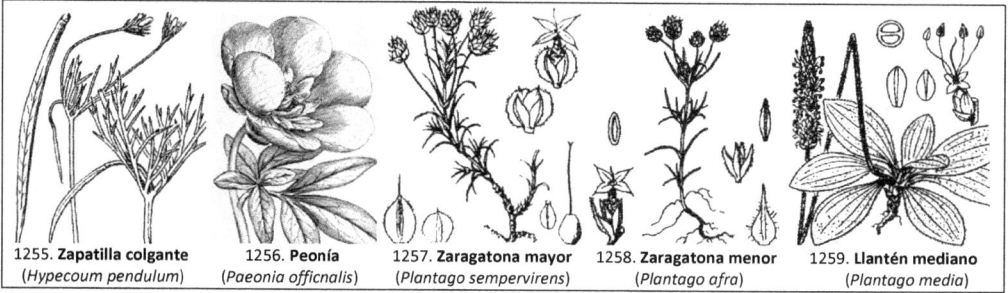

1255. **Zapatilla colgante**	1256. **Peonía**	1257. **Zaragatona mayor**	1258. **Zaragatona menor**	1259. **Llantén mediano**
(*Hypecoum pendulum*)	(*Paeonia officnalis*)	(*Plantago sempervirens*)	(*Plantago afra*)	(*Plantago media*)

— Flores de color amarillo fuerte o anaranjado. Fruto curvado y erguido (fig. 1244) ......**zapatilla común** (*Hypecoum imberbe*, H. *grandiflorum*): 1-4 dm. III-VI. Campos de secano y herbazales alterados. Paleotemp. C.

3.65.5. Zapatitos de la Virgen (*Sarcocapnos enneaphylla*): 5-25 cm. III-X. Muros y roquedos calizos muy pendientes. Medit.-occid. M. (Fig. 1246). [En las montañas más meridionales le sustituye su congénere *S. saetabensis*, de flores mayores, rosadas, hojas con foliolos más engrosados y con frecuencia en menor número, etc. (Set)].

3.66. Fam. PEONIÁCEAS (*Paeoniaceae*)

Hierbas perennes, algo robustas, con hojas profundamente recortadas en numerosos lóbulos. Flores grandes, con piezas dispuestas de modo más o menos helicoidal, unos cuantos sépalos, un número mayor de pétalos (no constante), numerosos estambres y 2-5 carpelos libres, que dan lugar a un fruto en polifolículo bastante aparente. Habitan en bosques templados del Hemisferio Norte.

3.66.1. Peonía (*Paeonia officinalis*): 4-8 dm. V-VI. Bosques frescos de montaña y sus orlas herbáceas sombreadas. Eurosib. R. (Fig. 1256).

3.67. Fam. PLANTAGINÁCEAS (*Plantaginaceae*)

Hierbas anuales o perennes, con hojas casi siempre en roseta basal, desde lineares hasta casi redondas, con nerviación más o menos paralela y no ramificada. Los tallos suelen ser simples y terminar en una densa espiga de flores poco vistosas, con 4 pequeños pétalos soldados de color parduzco. Buscan ambientes alterados, con preferencia por los de cierta humedad, siendo sus principales representantes los ubicuos llantenes, afamados por sus usos medicinales.

3.67.1. Llantenes, plantatges (*Plantago*)

1. Hojas dispuestas en rosetas basales. Tallos sin hojas, terminados en espigas o glomérulos simples 3
— Tallos portadores de numerosas hojas y numerosas inflorescencias 2
2. Planta perenne, lignificada en la base y muy ramosa (fig. 1257) .... **zaragatona mayor** (*Plantago sempervirens*, P. *cynops*): 2-4 dm. IV-VIII. Cunetas, terrenos baldíos o transitados. Medit.-occid. C.
— Hierba anual, tenue y poco ramosa (fig. 1258) .... **zaragatona menor** (*Plantago afra*, P. *psyllium*): 5-30 cm. III-VI. Pastizales secos anuales en zonas bajas. Circun-Medit. M.
3. Hojas ovadas u orbiculares, con limbo 1-2 veces más largo que ancho 4
— Hojas lanceoladas o lineares, 3 o más veces más largas que anchas 5
4. Hojas gradualmente atenuadas en su base en un corto pecíolo, aplicadas al sustrato. Estambres con filamentos muy alargados (fig. 1259) .... **llantén mediano** (*Plantago media*): 1-4 dm. V-VII. Pastizales vivaces húmedos, márgenes de arroyos, etc. Eurosib. M.
— Hojas bruscamente contraídas en pecíolo largo, elevadas del sustrato. Estambres con filamentos cortos (fig. 1260) .... **llantén mayor** (*Plantago major*): 1-4 dm. V-IX. Pastizales y regueros húmedos alterados o transitados. Subcosmop. C.
5. Hojas (excepto algunos ejemplares enanos) profundamente dentadas o recortadas (fig. 1261) ....
.... **cuerno de ciervo** (*Plantago coronopus*):

201

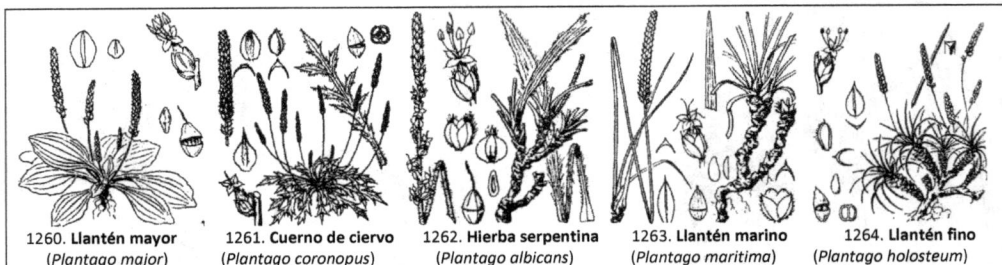

| 1260. Llantén mayor (Plantago major) | 1261. Cuerno de ciervo (Plantago coronopus) | 1262. Hierba serpentina (Plantago albicans) | 1263. Llantén marino (Plantago maritima) | 1264. Llantén fino (Plantago holosteum) |

4-30 cm. I-XII. Herbazales en terrenos transitados o alterados que se inundan temporalmente. Paleotemp. C.

— Hojas siempre enteras en el margen 6

6. Inflorescencia muy estrecha y alargada, laxa o interrumpida (al menos en la mitad inferior). Hojas grisáceas o blanquecinas, muy pelosas (fig. 1262) .... **hierba serpentina** (*Plantago albicans*): 1-3 dm. IV-VII. Ambientes secos y soleados más o menos alterados. Circun-Medit. C.

— Sin estos caracteres reunidos 7

7. Hojas lineares, de uno a pocos mm de anchura, con márgenes paralelos 8

— Hojas lanceoladas o linear-elípticas, con márgenes curvos y con más de 1 cm de anchura 9

8. Hojas carnoso-jugosas, que pueden alcanzar 2-4 mm de anchura (fig. 1263) .... **llantén marino** (*Plantago maritima*, P. serpentina): 1-4 dm. V-IX. Juncales y pastizales vivaces algo húmedos. Paleotemp. M.

— Hojas no carnosas, muy finas (cerca de 1 mm de anchura) (fig. 1264) .... **llantén fino** (*Plantago holosteum*, P. subulata): 5-15 cm. VI-VIII. Pastizales soleados sobre suelo silíceo. Circun-Medit. R.

9. Inflorescencia verdosa, con brácteas y cáliz poco o nada pelosos (fig. 1265) .... **llantén común** (*Plantago lanceolata*): 1-5 dm. IV-VIII. Pastizales vivaces alterados, más bien húmedos. Cosmop. C.

— Inflorescencia grisácea, con brácteas y cáliz muy pelosos .... **pie de liebre** (*Plantago lagopus*): 5-35 cm. III-VI. Pastizales secos en ambientes alterado a baja altitud. Circun-Medit. M.

3.68. Fam. PLATANÁCEAS (*Platanaceae*)

Árboles caducifolios robustos, con la corteza desprendiéndose en placas características. Hojas simples, alternas, palmeadamente dentado-lobuladas. Flores unisexuales muy reducidas, en inflorescencias densas y esféricas. Flores masculinas con 3-8 sépalos y 3-8 estambres reducidos a sus anteras. Flores femeninas desnudas, con 6-9 carpelos uniovulados y libres. Frutos en aquenios con un vilano de pelos basal.

3.68.1. **Platanero** (*Platanus hispanica*): 4-30 m. IV-VI. Cultivado como ornamental, aunque quizás algunas poblaciones sean originarias y relictas en bosques de ribera de zonas bajas. Medit.-occid. R.

3.69. Fam. PLUMBAGINÁCEAS (*Plumbaginaceae*)

Hierbas y arbustos principalmente de zonas mediterráneas y subtropicales, con hojas de tendencia basal y tallos terminados en una o varias inflorescencias densas en cimas o capítulos de flores pequeñas pero vistosas. Destaca la importante participación de especies es ambientes salinos o costeras.

1. Flores blancas o rosadas, dispuestas en capítulos esferoidales (fig. 1266-67) .... 1. **armerias** (*Armeria*)

— Flores azuladas, en racimos alargados 2

2. Planta provista de hojas a lo largo del tallo. Flores con más de 1 cm, siendo el cáliz muy glanduloso (fig. 1269) .... 2. **belesa** (*Plumbago*)

— Hojas dispuestas en roseta basal. Flores menores (fig. 1268, 1270-72) .... 3. **estátices** (*Limonium*)

3.69.1. **Armerias**, gazones, gasons (*Armeria*)

1. Flores blancas. Hojas más anchas alcanzando ½-1 cm de anchura (fig. 1266) .... **armeria blanca** (*Armeria alliacea*): 2-4 dm. V-VII. Pastizales vivaces de montaña, en ambientes no demasiado secos. Iberolev. M. [Con flores blancas, pero estatura menor y hojas lineares, mucho más escasa, *A. filicaulis* (fig. 1267)].

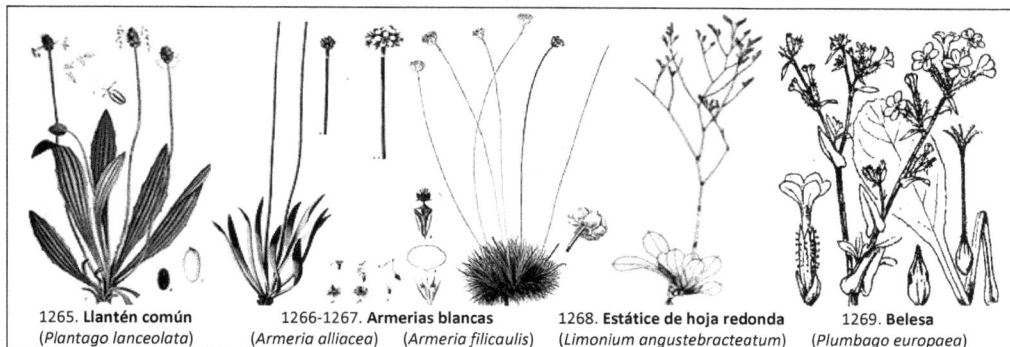

| 1265. **Llantén común** | 1266-1267. **Armerias blancas** | | 1268. **Estátice de hoja redonda** | 1269. **Belesa** |
| (*Plantago lanceolata*) | (*Armeria alliacea*) | (*Armeria filicaulis*) | (*Limonium angustebracteatum*) | (*Plumbago europaea*) |

— Flores rosadas. Hojas con 1 mm de anchura o poco más .... **armeria del Maestrazgo** (*Armeria godayana*): 1-2 dm. V-VII. Pastizales vivaces en áreas silíceas de alta montaña. Iberolev. R (Gud). [También, en medios calizos de los Montes Universales y Serranía de Cuenca, *A. trachyphylla* (Taj)].

3.69.2. **Belesa**, malvesc (*Plumbago europaea*): 3-8 dm. VI-VIII. Terrenos abruptos degradados o antropizados, sobre todo en las proximidades de los pueblos. Paleotemp. R. (Fig. 1269).

3.69.3. **Estátices**, ensopagueres (*Limonium*)
1. Plantas anuales, tenues y de baja estatura. Cáliz maduro con aristas ganchudas en los dientes (fig. 1270) .... **estátice anual** (*Limonium echioides*): 5-20 cm. V-VII. Pastizales secos anuales en terrenos margosos o yesosos. Circun-Medit. M.
— Planta perenne, firme y a veces algo elevada. Cáliz sin aristas ganchudas 2
2. Inflorescencia con numerosas ramas estériles que no dan flor (fig. 1271) ..... **estátice hoja de olivo** (*Limonium virgatum*): 1-5 dm. IV-X. Medios salinos costeros. Circun-Medit. R. [De aspecto similar tenemos en medios yesoso-salinos interiores, por el valle medio del Júcar *L. cofrentanum*; en los montes al NE de Játiva *L. mansanetianum*; en yesares de la cuenca del Jiloca-Jalón *L. viciosoi*; en las lagunas manchegas *L. dichotomum* (fig. 1271b); etc.].
— Inflorescencia con todas o casi todas las ramas floríferas 3
3. Hojas en su mayoría alcanzando o superando los 20 cm, con nervios secundarios abundantes y aparentes (fig. 1272) .... **estátice común** (*Limonium narbonense*): 3-10 dm. VII-IX. Pastizales húmedos salinos costeros. Circun-Medit. R.
— Hojas menores, con nervios secundarios poco aparentes (fig. 1268) .... **estátice de hoja redonda** (*Limonium angustebracteatum*): 2-8 dm. VII-X. Saladares costeros de desecación estival. Iberolev. R.

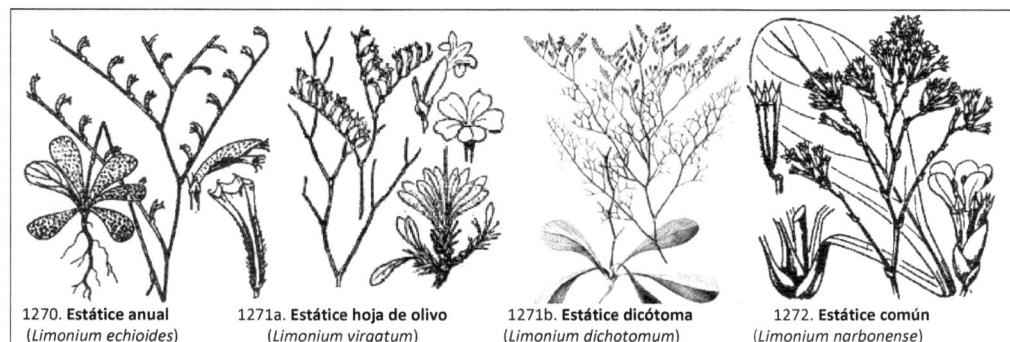

| 1270. **Estátice anual** | 1271a. **Estátice hoja de olivo** | 1271b. **Estátice dicótoma** | 1272. **Estátice común** |
| (*Limonium echioides*) | (*Limonium virgatum*) | (*Limonium dichotomum*) | (*Limonium narbonense*) |

1273-1274. Lecheras anuales	1275. Lechera azul	1276. Lechera común	1277. Lechera de roca
(Polygala monspeliaca) *(Polygala exilis)*	*(Polygala calcarea)*	*(Polygala vulgaris)*	*(Polygala rupestris)*

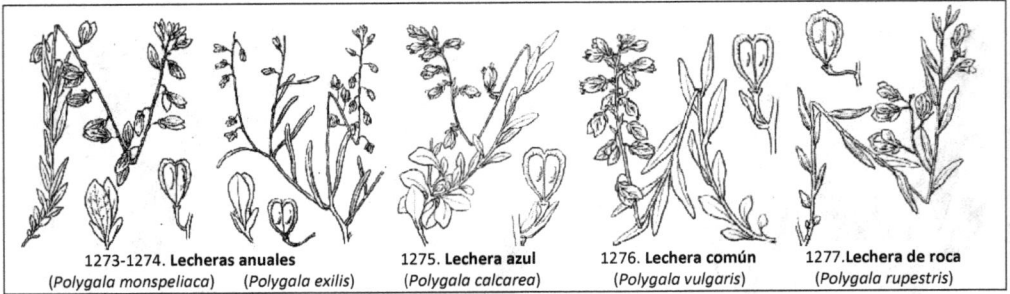

3.70. Fam. POLIGALÁCEAS (*Polygalaceae*)

Plantas habitualmente herbáceas, de pequeño porte, con hojas simples y enteras, reducidas, que terminan en un racimo de pequeñas flores blancas, rojizas o azuladas, en donde destaca la presencia de un cáliz atípico, en el que dos sépalos (alas) son mayores que el resto de las piezas florales, siendo los pétalos pequeños e irregulares, con numerosos lóbulos finos en su extremo. No presentan ninguna utilidad destacada ni particular importancia ecológica.

3.70.1. **Lecheras**, polígalas (*Polygala*)

1. Planta anual, erecta. Pétalos ocultos por el cáliz (fig. 1273) ..... **lechera anual** (*Polygala monspeliaca*):
5-20 cm. IV-VI. Pastizales anuales en medios calizos frescos y secos. Circun-Medit. M. [También tenemos la mucho más rara *P. exilis*, con flores y frutos muy reducidos (unos 2-3 mm), hojas obtusas, etc.(fig. 1274)].
— Plantas perennes, de tendencia poco erguida. Pétalos sobresalientes del cáliz 2
2. Flores azuladas 3
— Flores blancas o rosadas 4
3. Hojas inferiores mayores y más condensadas que las superiores, obovado-espatuladas, formando a modo de rosetas laxas (fig. 1275) .... **lechera azul** (*Polygala calcarea*):
5-25 cm. IV-VI. Bosques aclarados y pastizales vivaces sobre suelo calcáreo. Eurosib. M.
— Hojas inferiores menores que las superiores, no concentradas a modo de rosetas, lanceolado-elípticas (fig. 1276) .... **lechera común** (*Polygala vulgaris*):
1-3 dm. V-VIII. Pastizales húmedos y medios forestales frescos sobre terrenos silíceos. Paleotemp. R.
4. Flores vistosas, de unos 6-8 mm, con alas blancas o rosadas. Hojas inferiores alcanzando 3-5 mm de anchura .... **lechera rosada** (*Polygala nicaeensis*):
1-3 dm. IV-VII. Bosques aclarados y pastizales vivaces frescos. Medit.-sept. M.
— Flores muy poco vistosas, de unos 4-5 mm, con alas blanquecinas en los márgenes y verdoso-rojizas el medio. Hojas de 1-2 mm de anchura (fig. 1277) .... **lechera de roca** (*Polygala rupestris*):
1-3 dm. IV-VII. Roquedos calizos, matorrales sobre terrenos escarpados someros. Medit.-occid. C.

3.71. Fam. POLIGONÁCEAS (*Polygonaceae*)

Familia de plantas herbáceas, con hojas a menudo grandes y comestibles (acederas, ruibarbos). Las hojas suelen llevar una vaina basal (ócrea) rodeando al tallo. Las flores son pequeñas y no muy vistosas, a veces completamente verdes, aunque pueden ser rojizas o blancas. Este nombre lo deben a sus semillas tetraédricas, con tres caras planas. Sus piezas florales suelen estar en número de tres, siendo iguales sépalos y pétalos (tépalos). En su mayoría son plantas nitrófilas oportunistas, colonizadoras de terrenos alterados o degradados.

1. Flores con 5 piezas periánticas rojizas o blanquecinas (fig. 1285-1291) .... 2. **polígonos** (*Polygonum*)
— Flores verdosas, con 6 piezas periánticas sepaloideas (fig. 1278-1284) .... 1. **acederas** (*Rumex, Emex*)

3.71.1. **Acederas y romazas** (*Rumex, Emex*)

1. Hojas sagitadas o hastadas, con un lóbulo agudo basal a cada lado 2
— Hojas no sagitadas o hastadas, con lóbulos basales redondeados o ausentes 4

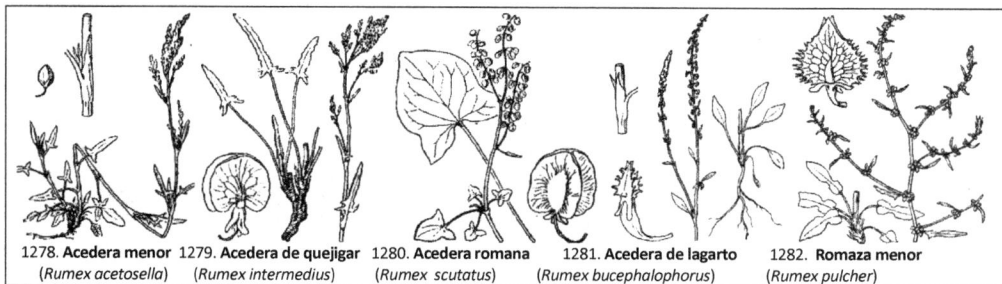

1278. **Acedera menor**	1279. **Acedera de quejigar**	1280. **Acedera romana**	1281. **Acedera de lagarto**	1282. **Romaza menor**
(*Rumex acetosella*)	(*Rumex intermedius*)	(*Rumex scutatus*)	(*Rumex bucephalophorus*)	(*Rumex pulcher*)

2. Planta baja y tenue, anual o algo perennante. Frutos de 1-2 mm (fig. 1278) .... **acedera menor** (*Rumex acetosella*): 1-3 dm. IV-VI. Pastos secos y soleados de montaña sobre suelos silíceos. Cosmop. M.
— Hierbas perennes, más o menos robustas y elevadas. Frutos con más de 2 mm 3
3. Hojas mucho más largas que anchas. Tallo poco ramoso por debajo (fig. 1279) .... **acedera de quejigar** (*Rumex intermedius*): 3-6 dm. IV-VI. Bosques frescos de montaña y sus orlas. Medit.-sept. M.
— Hojas poco más largas que anchas. Tallo ramoso en su mitad inferior (fig. 1280) .... **acedera romana** (*Rumex scutatus*): 2-5 dm. IV-VII. Terrenos pedregosos calcáreos de montaña. Medit.-sept. M. [En las áreas silíceas interiores se encuentra también **R. induratus**, planta más ramosa y leñosa, de tonalidad glauca (Jil)]
4. Frutos muy endurecidos, con tres espinas muy marcadas .... **romaza espinosa** (*Emex spinosa*): 2-5 dm. I-V. Herbazales anuales en caminos y terrenos baldíos de las zonas bajas. Medit.-merid. M.
— Frutos no endurecidos ni espinosos 5
5. Frutos maduros con las valvas provistas de largos dientes marginales 6
— Frutos con valvas enteras o algo sinuosas 7
6. Baja hierba anual. Hojas lanceoladas y estrechadas en la base (fig. 1281) .... **acedera de lagarto** (*Rumex bucephalophorus*): 5-25 cm. III-VI. Campos de cultivos, pastizales secos anuales. Circun-Medit. M.
— Hierba perenne, de estatura mediana. Hojas oblongas o panduriformes, de base acorazonada (fig. 1282)... **romaza menor** (*Rumex pulcher*): 3-6 dm. IV-VII. Herbazales sobre terrenos degradados o frecuentados algo húmedos. Subcosmop. C.
7. Hojas con margen ondulado y la base cuneada. Valvas del fruto con una pequeña prominencia central (fig. 1283)... **hidrolapato menor** (*Rumex crispus*): 4-12 dm. VII-IX. Herbazales húmedos en ambientes antropizados. Subcosmop. C.
— Hojas con margen no ondulado y base redondeada. Valvas del fruto con prominencia central muy desarrollada (fig. 1284) .... **romaza mayor** (*Rumex conglomeratus*): 4-8 dm. VII-IX. Herbazales húmedos en medios ribereños o de vega bastante transitados. Holárt. M.

3.71.2. **Polígonos y centinodias** (*Polygonum, Fallopia*)

1. Hojas triangulares. Planta voluble trepadora (fig. 1285) .... **polígono trepador** (*Fallopia convolvulus*): 2-6 dm. V-IX. Campos de cultivo, barbechos, terrenos baldíos, etc. Holárt. M.
— Hojas alargadas, estrechadas en la base. Plantas no trepadoras 2

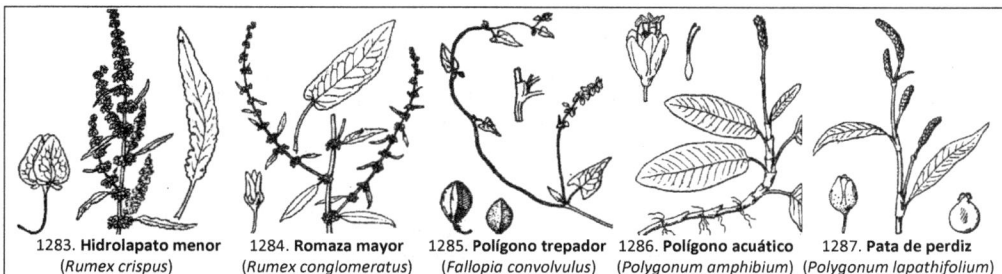

1283. **Hidrolapato menor**	1284. **Romaza mayor**	1285. **Polígono trepador**	1286. **Polígono acuático**	1287. **Pata de perdiz**
(*Rumex crispus*)	(*Rumex conglomeratus*)	(*Fallopia convolvulus*)	(*Polygonum amphibium*)	(*Polygonum lapathifolium*)

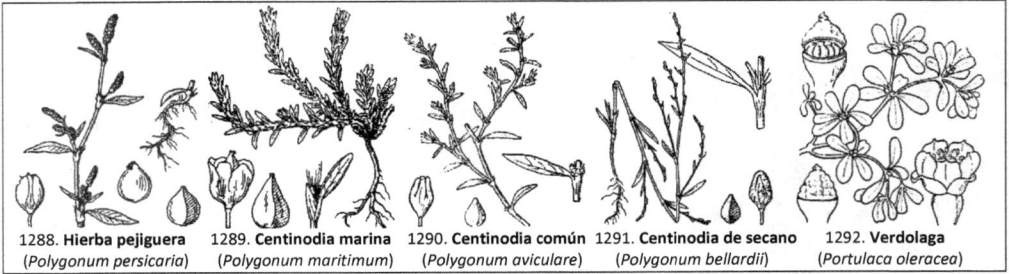

1288. Hierba pejiguera	1289. Centinodia marina	1290. Centinodia común	1291. Centinodia de secano	1292. Verdolaga
(*Polygonum persicaria*)	(*Polygonum maritimum*)	(*Polygonum aviculare*)	(*Polygonum bellardii*)	(*Portulaca oleracea*)

2. Flores en espigas densas, en el extremo de las ramas, habitualmente de colores rojizos o rosados (a veces decoloradas a blanco.. 3
— Flores solitarias o en grupos axilares sentados, de colores blanquecinos o verdosos 5
3. Hojas con largos peciolos (más de 2 cm), con limbo acorazonado en la base, que suelen flotar en aguas quietas (fig. 1286) .... **polígono acuático** (*Polygonum amphibium*): 4-10 dm. VII-IX. Aparece enraizada en aguas dulces estancadas, aunque relativamente limpias. Holárt. RR.
— Sin estos caracteres reunidos 4
4. Pétalos cubiertos de glándulas sentadas coloreadas. Ócrea no o apenas pelosa en el margen (fig. 1287) .... **pata de perdiz** (*Polygonum lapathifolium*): 4-10 dm. VII-X. Márgenes de acequias o cursos fluviales alterados. Cosmop. M.
— Pétalos no glandulosos. Ócrea claramente pelosa en el margen (fig. 1288) .... **hierba pejiguera** (*Polygonum persicaria*): 2-6 dm. VII-X. Regadíos y herbazales húmedos alterados. Subcosmop. M. [De aspecto similar, **P. salicifolium**, planta perenne, algo mayor, con hojas más estrechas y alargadas, de ambientes costeros].
5. Planta perenne, de cepa engrosado-leñosa. Hojas plegadas hacia abajo (fig. 1289) .... **centinodia marina** (*Polygonum maritimum*): 1-4 dm. V-X. Arenales costeros. Subcosmop. R (Cos).
— Planta anual, de cepa no engrosada. Hojas planas 6
6. Planta tendida. Brácteas florales menores que las hojas (fig. 1290) .... **centinodia común** (*Polygonum aviculare*): 1-4 dm. III-X. Caminos, empedrados, herbazales muy transitados. Cosmop. C.
— Planta erguida. Brácteas florales menores que las hojas (fig. 1291).................. **centinodia de secano** (*Polygonum bellardii*): 2-6 dm. IV-IX. Campos de secano y herbazales de su entrono. Paleotemp. M.

3.72. Fam. PORTULACÁCEAS (*Portulacaceae*)

Plantas herbáceas o pequeños arbustos, con hojas simples y enteras, con frecuencia carnosas. Flores con dos sépalos y 4-6 pétalos libres, los estambres son variables y el gineceo muestra unos pocos carpelos soldados, que dan frutos secos de tipo capsular. Es familia discreta, poco representada en nuestras latitudes, aunque se cultivan algunas en jardinería.

3.72.1. **Verdolaga** (*Portulaca oleracea*): 1-4 dm. V-IX. Campos de cultivo, herbazales nitrófilos. Subcosmop. C. (Fig. 1292).

3.73. Fam. POTAMOGETONÁCEAS (*Potamogetonaceae*)

Hierbas acuáticas, propias de aguas dulces estancadas o remansos de ríos. Presentan hojas desde filiformes a redondeadas, en su mayoría sumergidas, a veces flotadoras, pero no emergidas. Flores nada vistosas, en espigas que sí emergen del agua, con 4 sépalos, 4 estambres y 4 carpelos más o menos libres, siendo los frutos grupos de cuatro aquenios.

3.73.1. **Espigas de agua** (*Potamogeton*)
1. Hojas en su mayoría alternas, pecioladas y dispuestas de modo laxo 2
— Hojas siempre opuestas (o verticiladas), sentadas y dispuestas de modo denso (fig. 1293) ....

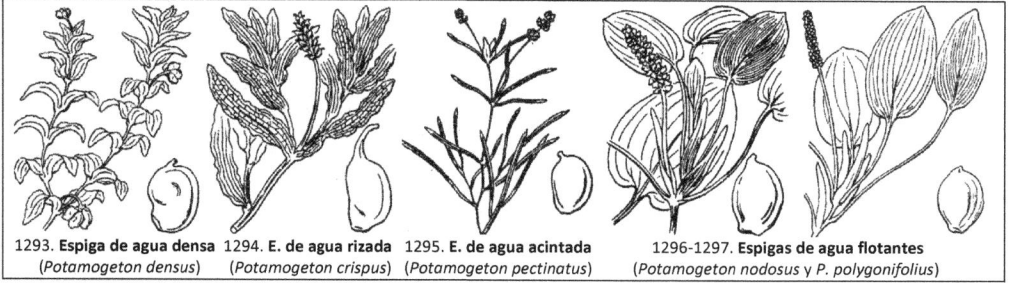

1293. **Espiga de agua densa** 1294. **E. de agua rizada** 1295. **E. de agua acintada**   1296-1297. **Espigas de agua flotantes**
(*Potamogeton densus*)   (*Potamogeton crispus*)   (*Potamogeton pectinatus*)   (*Potamogeton nodosus* y *P. polygonifolius*)

.... **espiga de agua densa** (*Potamogeton densus, Groenlandia densa*): 4-10 cm. V-VI. Aguas dulces estancadas o de curso lento, acequias, balsas de riego, etc. Paleotemp. R.

3. Hojas planas 3

— Hojas ondulado-rizadas, no planas (fig. 1294) .... **espiga de agua rizada** (*Potamogeton crispus*): 4-15 dm. V-VI. Sumergida en aguas quietas o de curso lento suficientemente limpias. Subcosmop. R.

3. Hojas acintado-lineares, con márgenes paralelos (fig. 1295) .... **espiga de agua acintada** (*Potamogeton pectinatus*): 5-15 dm. V-VII. Aguas dulces o salobres de curso lento. Subcosmop. M.

— Hojas lanceolado-elípticas, con márgenes curvados y más de 1 cm de anchura, las superiores flotadoras (fig. 1296-1297) .... **espiga de agua flotante** (*Potamogeton nodosus*): 5-20 dm. VI-VIII. Aguas dulces de curso lento. Subcosmop. M. [En medios similares tenemos también *P. natans*, con hojas de tendencia redondeada (poco más largas que anchas), frutos menores, etc. (fig. 1296) y en regueros silíceos turbosos de montaña llega a presentarse *P. polygonifolius*, de baja estatura y sin hojas sumergidas (fig. 1297)].

3.74. Fam. PRIMULÁCEAS (*Primulaceae*)

Es una familia muy polimorfa, extendida por los países templados, donde encontramos hierbas anuales o perennes con hojas simples y flores en racimos o umbelas, con cinco piezas en cada verticilo, siendo los pétalos más o menos vistosos y soldados. El gineceo es súpero y presenta los carpelos soldados en una única pieza, que da lugar a frutos secos, dehiscentes en la madurez (cápsulas). Las prímulas son objeto de cultivo como ornamental, por la vistosidad de sus flores y lo temprano de su floración (de donde su nombre).

1. Pétalos desiguales. Hojas lineares, de cerca de 1 mm de anchura (fig. 1298) .... 5. **pincel** (*Coris*)
— Sin estos caracteres reunidos. Pétalos iguales 2
2. Corola amarilla, con tubo alargado (más de 1 cm). Hierbas perennes con hojas todas en roseta basal (fig. 1299) .... 6. **prímula** (*Primula*)
— Sin estos caracteres reunidos. Tubo de la corola corto 3
3. Ovario ínfero. Flores blancas, de pocos mm (fig. 1300) .... 4. **pamplina de agua** (*Samolus*)
— Sin estos caracteres reunidos. Ovario súpero 4
4. Hierbas perennes, firmes, erguidas y elevadas (fig. 1301) .... 3. **lisimaquias** (*Lysimachia*)
— Hierbas tenues, poco erguidas y de escasa altura 5

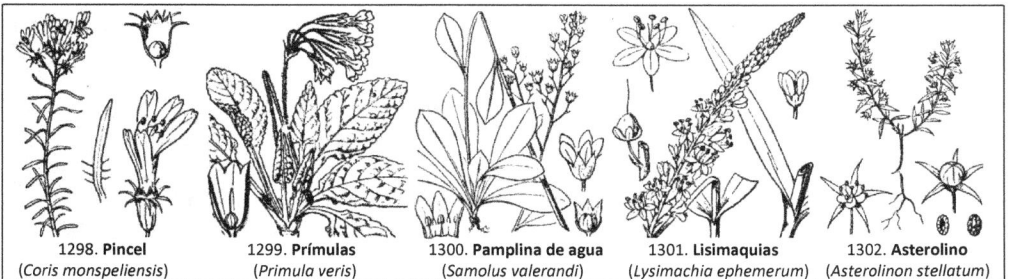

1298. **Pincel**   1299. **Prímulas**   1300. **Pamplina de agua**   1301. **Lisimaquias**   1302. **Asterolino**
(*Coris monspeliensis*)   (*Primula veris*)   (*Samolus valerandi*)   (*Lysimachia ephemerum*)   (*Asterolinon stellatum*)

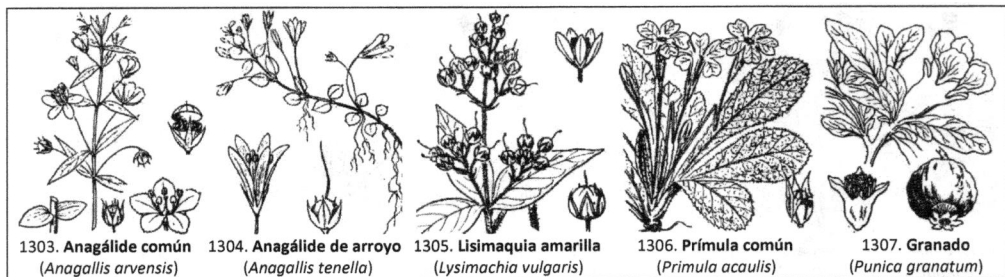

1303. Anagálide común	1304. Anagálide de arroyo	1305. Lisimaquia amarilla	1306. Prímula común	1307. Granado
(*Anagallis arvensis*)	(*Anagallis tenella*)	(*Lysimachia vulgaris*)	(*Primula acaulis*)	(*Punica granatum*)

5. Hierbas diminutas, de pocos cm de altura. Hojas con 1-2 mm de anchura. Flores y frutos muy redu-
cidos (1-2 mm de diámetro) (fig. 1302) .... 2. **asterolino** (*Asterolinon*)
— Hierbas de porte bajo, pero que suelen superan 1 dm. Hojas más anchas. Flores y frutos mayores
(fig. 1303-1304) .... 1. **anagálides** (*Anagallis*)

3.74.1. **Anagálides** (*Anagallis*)

1. Planta acuática, perenne, tendida, que enraíza en los nudos. Hojas redondeadas y algo carnosas
(fig. 1304) .... **anagálide de arroyo** (*Anagallis tenella*):
5-20 cm. V-VII. Cauces de arroyos, juncales y herbazales perennes en terrenos inundados. Medit.-Atlánt. M.
— Planta no acuática, anual, no enraizante en los nudos. Hojas ovadas o lanceoladas no carnosas (fig.
1303) .... **anagálide común**, **murajes** (*Anagallis arvensis*):
5-30 cm. III-IX. Campos de cultivo y todo tipo de herbazales alterados. Subcosmop. C.

3.74.2. **Asterolino** (*Asterolinon stellatum*): 3-8 cm. I-IV. Pastizales anuales enanos, efímeros y precoces.
Medit.-Iranot. C. (Fig. 1302).

3.74.3. **Lisimaquias** (*Lysimachia*)

1. Flores blancas. Hojas sentadas y glabras (fig. 1301) .... **lisimaquia blanca** (*Lysimachia ephemerum*):
5-14 dm. VII-IX. Juncales y altos herbazales sobre regueros húmedos. Medit.-occid. M.
— Flores amarillas. Hojas pecioladas y algo pelosas (fig. 1305) .... **lisimaquia amarilla**
(*Lysimachia vulgaris*): 6-16 dm. VII-IX. Medios ribereños de montaña siempre húmedos. Paleotemp. R.

3.74.4. **Pamplina de agua** (*Samolus valerandi*): 5-35 cm. V-IX. Juncales, taludes rezumantes. Subcosmop.
M. (Fig. 1300).

3.74.5. **Pincel**, pinzell (*Coris monspeliensis*): 5-25 cm. V-VII. Matorrales secos y soleados sobre calizas. Me-
dit.-occid. C. (Fig. 1298).

3.74.6. **Prímula** (*Primula veris*): 1-3 dm. III-V. Medios forestales o pastizales vivaces frescos y sombreados .
Paleotemp. M. (Fig. 1299). [En las zonas más húmedas del NE se presenta *P. acaulis*, en medios umbrosos con vocación forestal, diferenciada por sus flores mayores que aparecen solitarias sobre pedúnculos que surgen de la roseta basal de hojas (fig. 1306)].

3.75. Fam. PUNICÁCEAS (*Punicaceae*)

Familia muy reducida a unas pocas especies de arbustos de hojas simples, enteras, con flores vistosas provistas de un grueso hipanto que encierra a un gineceo ínfero de varios carpelos con numerosos óvulos. Cáliz de
5 sépalos muy aparentes, corola vistosa, con varios pétalos libres y numerosos estambres. El fruto es carnoso y
complejo, con la cubierta coriácea y las semillas jugosas empaquetadas entre tabiques membranosos.

3.75.1. **Granado**, magraner (*Punica granatum*): 1-4 m. III-V. Cultivado y naturalizado en setos, riberas, te-
rrenos baldíos, etc. Medit.-Iranot. M. (Fig. 1307).

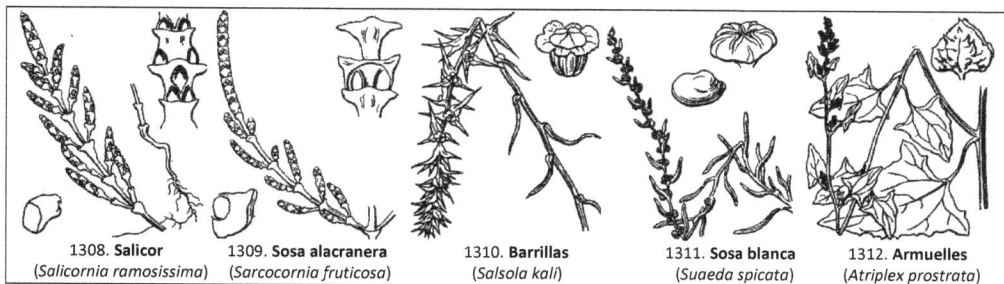

1308. **Salicor**	1309. **Sosa alacranera**	1310. **Barrillas**	1311. **Sosa blanca**	1312. **Armuelles**
(*Salicornia ramosissima*)	(*Sarcocornia fruticosa*)	(*Salsola kali*)	(*Suaeda spicata*)	(*Atriplex prostrata*)

3.76. Fam. QUENOPODIÁCEAS (*Chenopodiaceae*)

Plantas herbáceas, a veces algo leñosas, extendidas por los países templados, con afinidad hacia las zonas secas, desérticas o salinas. Tienen flores muy reducidas y no vistosas, habitualmente pentámeras, sin pétalos, que dan frutos secos igualmente poco llamativos, pero que resulta bien conocida por las especies comestibles (acelgas o remolachas) y las numerosas malas hierbas (cenizos o barrillas).

1. Tallos cilíndricos jugosos, aparentemente sin hojas o éstas muy atrofiadas (± 1 mm) 2
— Hojas bien desarrolladas 3
2. Plantas anuales, completamente herbáceas (fig. 1308) .... 5. **salicor** (*Salicornia*)
— Plantas arbustivas, muy leñosas en la base (fig. 1309)....................... 6. **sosa alacranera** (*Sarcocornia*)
3. Hojas cilíndricas, carnosas 4
— Hojas planas, no carnosas 5
4. Sépalos soldados al fruto, aplanados y secos, formando una corona muy aparente y vistosa (fig. 1310)... 3. **barrillas** (*Salsola*)
— Sépalos engrosado-carnosos, no soldados al fruto (fig. 1311) .... 7. **sosa blanca** y **almajo** (*Suaeda*)
5. Frutos triangulares, aparentes (fig. 1312) .... 2. **armuelles** (*Atriplex*)
— Frutos esféricos, muy reducidos 3
3. Hojas de tamaño moderado (1-10 cm). Fruto indehiscente con los sépalos blandos a su alrededor (fig. 1313) .... 4. **cenizos** (*Chenopodium*)
— Hojas mayores de unos 10-40 cm. Fruto dehiscente, al madurar se rodea de sépalos lignificados (fig. 1314) .... 1. **acelga** (*Beta*)

3.76.1. **Acelga**, bleda (*Beta vulgaris*): 4-20 dm. V-IX. Cultivada como hortaliza y con frecuencia asilvestrada en herbazales nitrófilos del entorno de los campos. Origen incierto. M. [Con porte menos elevado, hojas menores, peciolo rojizo más o menos cilíndrico, etc., tenemos en zonas costeras *B. maritima* (Fig. 1314)].

3.76.2 **Armuelles** (*Atriplex*)

1. Arbustos grisáceos o blanquecinos, que se elevan más de 1 m (fig. 1315) .... **salado blanco** (*Atriplex halimus*): 1-2 m. VII-X. Ambientes salinos o esteparios, sobre todo costeros. Paleotemp. R.
— Plantas herbáceas y verdosas 2
2. Hojas medias y superiores triangulares, con la base sagitada (fig. 1312) .... **armuelle común** (*Atriplex prostrata*, A. *hastata*): 3-10 dm. VI-IX. Riberas fluviales y zonas húmedas alteradas. Paleotemp. M.
— Hojas medias y superiores lanceoladas a lineares (fig. 1316) .... **armuelle de hoja estrecha** (*Atriplex patula*): 3-10 dm. VII-X. Campos de regadío, herbazales nitrófilos húmedos. Holárt. C.

3.76.3. **Barrillas** (*Salsola*)

1. Arbusto de porte alargado, con hojas no punzantes (fig. 1317)................. **sisallo** (*Salsola vermiculata*): 4-10 dm. VI-X. Terrenos baldíos secos, ruinas históricas. Medit.-occid. R.

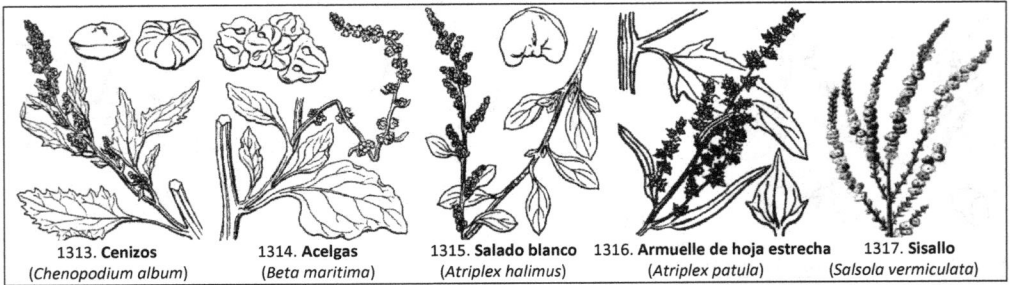

1313. Cenizos	1314. Acelgas	1315. Salado blanco	1316. Armuelle de hoja estrecha	1317. Sisallo
(Chenopodium album)	(Beta maritima)	(Atriplex halimus)	(Atriplex patula)	(Salsola vermiculata)

— Planta herbácea, de porte esférico denso al madurar, con hojas punzantes en el extremo, que es transportada entera por el viento al secarse (fig. 1310) .... **barrilla pinchosa** (*Salsola kali*): 2-5 dm. VII-X. Campos de secano sobre suelo arenoso y terrenos baldíos de su entorno. Paleotemp. R.

3.76.4. Cenizos, blets (*Chenopodium*)

1. Plantas cubiertas de pelosidad glandular, que le transmite un aroma agradable 2
— Sin estos caracteres reunidos. Plantas inodoras o con olor desagradable 3
2. Hierba elevada medio a un metro. Hojas enteras o someramente dentadas (fig. 1318) ....
.... **pasote** o **té español** (*Chenopodium ambrosioides*): 4-12 dm. VII-X. Herbazales húmedos alterados y medios ribereños, en áreas litorales. Neotrop. M.
— Hierba baja (1-4 dm). Hojas con divisiones profundas e irregulares (fig. 1319) .... **biengranada** (*Chenopodium botrys*): 1-4 dm. VI-IX. Campos de cultivo, arenales, aluviones fluviales. Paleotemp. R.
3. Hojas de un verde brillante por ambas caras (fig. 1320) .... **cenizo verde** (*Chenopodium murale*): 1-4 dm. III-X. Terrenos muy alterados o enriquecidos en residuos. Subcosmop. M.
— Hojas grisáceas o blanquecinas al menos por una cara 3
2. Planta más o menos tendida, con hojas de tendencia triangular, de un penetrante y desagradable olor (fig. 1321) .... **meaperros** (*Chenopodium vulvaria*): 1-4 dm. VI-IX. Entorno de corrales, estercoleros, campos muy abonados y herbazales muy nitrófilos. Paleotemp. C.
— Planta erguida, con hojas de tendencia lanceolada, inodoras (fig. 1313) .... **cenizo gris** (*Chenopodium album*): 3-12 dm. III-X. Campos de cultivo, terrenos baldíos o muy alterados. Paleotemp. C. [Los ejemplares de hojas pequeñas, de tendencia cuadrada o redondeada, suelen atribuirse al cercano **Ch. opulifolium**].

3.76.5. Salicor, pollet (*Salicornia ramosissima, S. europaea*): 1-4 dm. VII-IX. Saladares inundables, pero de desecación estival. Medit.-Atlánt. R. (Fig. 1308).

3.76.6. Sosa alacranera, cirialera (*Sarcocornia fruticosa, Arthrocnemum fruticosum*): 5-15 dm. VI-VIII. Saladares inundables, costeros o interiores. Subcosmop. R. (Fig. 1309).

3.76.7. Sosa blanca y almajo (*Suaeda*)

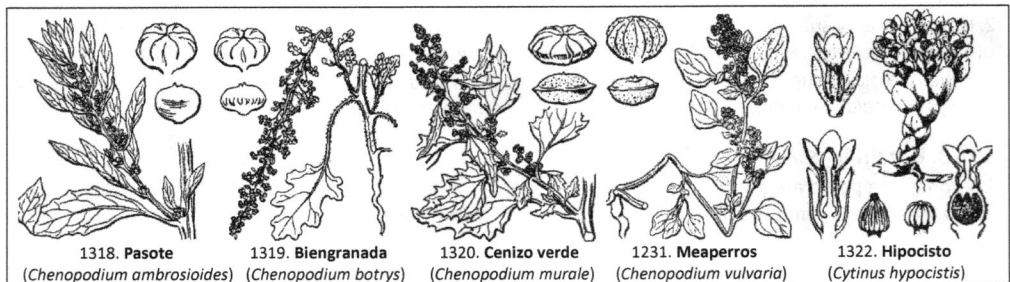

1318. Pasote	1319. Biengranada	1320. Cenizo verde	1231. Meaperros	1322. Hipocisto
(Chenopodium ambrosioides)	(Chenopodium botrys)	(Chenopodium murale)	(Chenopodium vulvaria)	(Cytinus hypocistis)

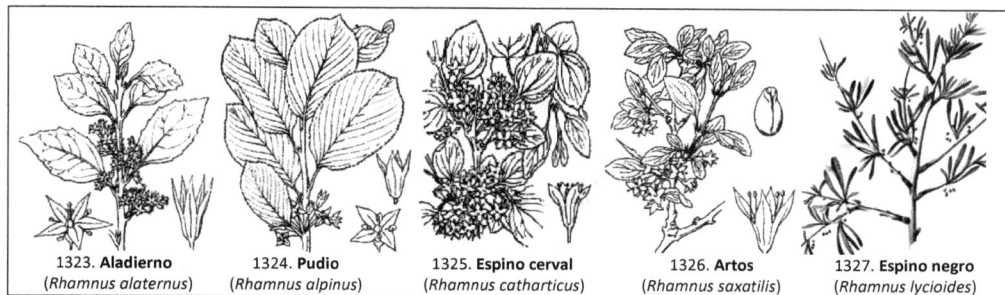

1323. Aladierno	1324. Pudio	1325. Espino cerval	1326. Artos	1327. Espino negro
(*Rhamnus alaternus*)	(*Rhamnus alpinus*)	(*Rhamnus catharticus*)	(*Rhamnus saxatilis*)	(*Rhamnus lycioides*)

1. Planta perenne, leñosa y elevada cerca de medio a un metro .... **almajo** (*Suaeda vera*, *S. fruticosa*): 4-12 dm. IV-IX. Medios salinos inundables, sobre todo costeros. Cosmop. R.
— Planta anual, herbáceas y poco elevada (fig. 1311).................................. **sosa blanca** (*Suaeda spicata*, *S. maritima*): 2-5 dm. VII-IX. Medios salinos inundables, costeros o interiores. Cosmop. R.

3.77. Fam. RAFLESIÁCEAS (*Rafflesiaceae*)

Familia de plantas parásitas sobre tallos o raíces de plantas verdes, en zonas tropicales o subtropicales. Flores unisexuales, con 4-5 piezas periánticas coloreadas, estambres soldados entre sí y gineceo ínfero pluricarpelar pluriovulado. El fruto es carnoso y polispermo, en baya. Solamente representada por un género en el área mediterránea.

3.77.1. **Hipocisto** (*Cytinus hypocistis*): 2-10 cm. III-VI. Matorrales secos, parasitando cistáceas de cierto porte. Circun-Medit. R. (Fig. 1322).

3.78. Fam. RAMNÁCEAS (*Rhamnaceae*)

Se trata de árboles o arbustos, a veces algo espinosos, de hojas perennes o caducas, que son simples, enteras o algo dentadas. Las flores son pequeñas, de color verdoso o amarillento, poco llamativas. Los frutos son jugosos, aunque de tamaño reducido, que pasan por un período rojizo, pero de color oscuro o negro al terminar de madurar. Intervienen, a veces con cierta importancia, en matorrales que orlan los bosques caducifolios o esclerófilos de nuestro hemisferio, siendo a veces empleados como medicinales, aunque no destacan por su uso ornamental ni comestible.

1. Arbustos con hojas perennes redondeadas (fig. 1323) .... 1. **aladierno** (*Rhamnus alaternus*)
— Hojas caducas o -si perennes- largas y estrechas 2
2. Plantas portadoras de algunas ramas espinosas. Hojas generalmente estrechas 3
— Planta no espinosa. Hojas anchas, ovado-elípticas (fig. 1324) .... 5. **pudio** (*Rhamnus alpinus*)
3. Hojas pequeñas (1-3 cm de largo), glabrescentes y consistentes 4
— Hojas de 3-8 cm, pubescentes y membranosas (fig. 1325) .... 3. **espino cerval** (*Rhamnus catharticus*)
4. Hojas lineares a linear-espatuladas (1-4 mm de ancho) (fig. 1327) 4. **espino negro** (*Rhamnus lycioides*)
— Hojas elípticas, más anchas (fig. 1326) .... 2. **artos** (*Rhamnus saxatilis*)

3.78.1. **Aladierno**, aladern (*Rhamnus alaternus*): 2-26 dm. III-V. Matorrales y maquias densas en ambientes secos y no muy frescos. Circun-Medit. C. (Fig. 1323).

3.78.2. **Artos** (*Rhamnus saxatilis*): 3-15 dm. IV-VI. Bosques perennifolios o mixtos y matorrales de montaña sobre calizas. Medit.-Sept. M. (Fig. 1326).

3.78.3. **Espino cerval** (*Rhamnus catharticus*): 2-5 dm. IV-VI. Bosques caducifolios, sobre todo ribereños, y sus orlas arbustivas. Eurosib. R. (Fig. 1325).

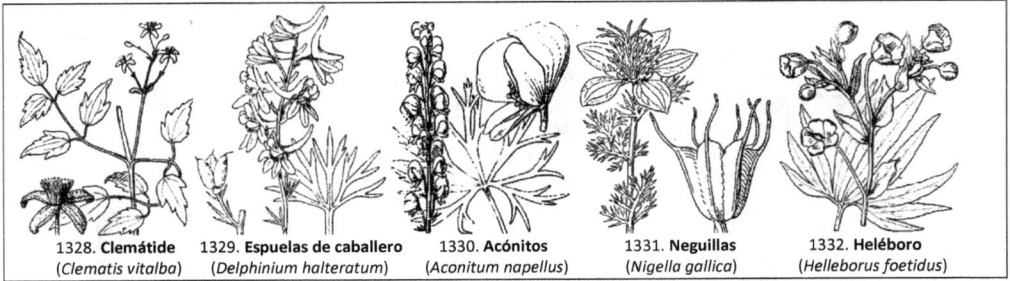

1328. Clemátide	1329. Espuelas de caballero	1330. Acónitos	1331. Neguillas	1332. Heléboro
(Clematis vitalba)	(Delphinium halteratum)	(Aconitum napellus)	(Nigella gallica)	(Helleborus foetidus)

3.78.4. Espino negro o **cambrón** (*Rhamnus lycioides*): 4-18 dm. IV-VI. Matorrales secos en ambientes muy soleados y sobre suelos calcáreos poco desarrollados. Medit.-occid. C. (Fig. 1327).

3.78.5. Pudio, púdol (*Rhamnus alpinus*): 1-3 m. IV-VI. Bosques caducifolios y escarpados calizos poco soleados. Eurosib. R. Se trata de un arbusto erguido, que alcanza más de 1 m de altura, con hojas de unos 5-10 cm. (Fig. 1324). [En medios rocosos abruptos, con suelo muy escaso, es sustituido por **Rh. pumilus**, arbusto bajo y achaparrado, completamente aplicado al sustrato, con hojas de 1-4 cm].

3.79. Fam. RANUNCULÁCEAS (*Ranunculaceae*)

Una de las grandes familias de la flora europea y, en general, holártica, aunque más limitada en el ámbito mediterráneo. Son hierbas que suelen ser perennes, presentar hojas divididas y flores con verticilos de piezas numerosas (al menos alguno), casi siempre libres, lo que destaca sobre todo en el gineceo y su tendencia a dar frutos en poliaquenio o polifolículo. Las flores pueden ser muy simétricas, pero también las hay con un solo plano de simetría (acónito, espuela de caballero), casi siempre vistosas, lo que les confiere valor ornamental (anémonas, clemátides), aunque sus aplicaciones etnobotánicas se han derivado más de su carácter fuertemente tóxico (eléboros, acónitos).

1. Plantas trepadoras, leñosas en la base. Hojas opuestas, pinnadamente divididas (fig. 1328) .... 6. **clemátides** (*Clematis*)
— Plantas no trepadoras, herbáceas. Hojas alternas o todas basales 2
2. Flores cigomorfas (alguna pieza periántica diferente al resto de su verticilo) 3
— Flores actinomorfas (piezas periánticas de cada verticilo iguales entre sí) 4
3. Flores azuladas o purpúreas. Pétalo trasero espolonado (fig. 1329) .... 7. **espuelas de caballero** (*Delphinium, Consolida*)
— Flores amarillentas. Pétalo trasero en forma de casco alargado (fig. 1330) ...... 1. **acónitos** (*Aconitum*)
4. Gineceo y fruto formado por 2-5 carpelos alargados, que encierran varias semillas cada uno, situados a la misma altura 5
— Gineceo y fruto formado por numerosos carpelos pequeños, que encierran una o varias semillas, situados a diferentes alturas 7
5. Plantas anuales. Gineceo y frutos formados por carpelos soldados excepto en su parte superior y los estilos (fig. 1331) .... 10. **neguilla** (*Nigella*)
— Plantas perennes. Carpelos soldados sólo en su base 6
6. Flores verdosas, poco vistosas. Pétalos planos (fig. 1332) .... 8. **heléboro** (*Helleborus*)
— Flores violáceas, muy vistosas. Pétalos cónicos, abiertos y anchos por arriba, termina-dos en un espolón curvado y estrecho en la base (fig. 1333) .... 3. **aguileña** (*Aquilegia*)
7. Flores desprovistas de cáliz, con piezas periánticas todas iguales y coloreadas 8
— Flores con piezas periánticas de dos tipos, las interiores claramente más vistosas (corola) que las exteriores (cáliz) 10
8. Frutos en polifolículo, de modo que cada unidad se abre al madurar y encierra varias semillas. Plantas algo elevadas, con flores amarillas (fig. 1334) .... 5. **calderones** (*Trollius*)

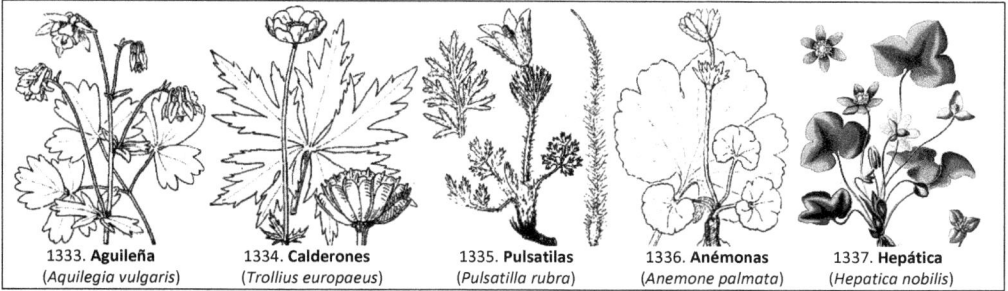

1333. **Aguileña**	1334. **Calderones**	1335. **Pulsatilas**	1336. **Anémonas**	1337. **Hepática**
(*Aquilegia vulgaris*)	(*Trollius europaeus*)	(*Pulsatilla rubra*)	(*Anemone palmata*)	(*Hepatica nobilis*)

— Sin estos caracteres reunidos. Frutos en poliaquenio, de modo que cada unidad encierra una sola semilla, que no sale de su interior 9

9. Aquenios terminados en apéndice peloso-plumoso alargado, de modo que el fruto conjunto (poliaquenio) es mayor que las flores (fig. 1335) .... 11. **pulsatilas** (*Pulsatilla*)

— Aquenios terminados en punta corta y simple, no plumosa. Poliaquenios menores que las flores (fig. 1336) .... 4. **anémonas** (*Anemone*)

10. Cáliz de tres piezas verdes y corola de 6 o más piezas blancas, azuladas o rosadas. Hojas divididas en tres lóbulos iguales y enteros (fig. 1337) .... 9. **hepática** (*Hepatica*)

— Sin estos caracteres reunidos. Cáliz y corola habitualmente con 5 piezas. Pétalos amarillos, rojizos o blancos 11

11. Pétalos varias veces más largos que anchos, similares a los sépalos (fig. 1339) ..... 2. **adonis** (*Adonis*)

— Pétalos poco más largos que anchos, bastante mayores que los sépalos (fig. 1341) ....
.... 12. **ranúnculos** (*Ranunculus*)

3.79.1. **Acónito, matalobos** (*Aconitum vulparia*): 4-14 dm. VII-IX. Orlas forestales y herbazales vivaces sombreados de montaña. Eurosib. RR (Gud, Taj). (Fig. 1338). [Esta especie tiene flores amarillentas, con pétalo superior alargado, frente a **A. napellus**, de flores violáceas y pétalo superior no alargado, aún más raro (fig. 1330)].

3.79.2. **Adonis** (*Adonis*)

1. Hierba perenne. Flores con 10-20 pétalos grandes (más de 2 cm) y amarillos (fig. 1340) ....
.... **adonis de primavera** (*Adonis vernalis*): 1-3 dm. IV-V. Medios forestales frescos y pastizales vivaces no muy secos de montaña. Eurosib.-merid. R.

— Hierba anual. Flores con 5-10 pétalos medianos (cerca de 1 cm), rojizos, amarillentos o anaranjados (fig. 1339) .... **adonis de verano** (*Adonis aestivalis*): 1-5 dm. V-VII. Campos de secano y herbazales anuales de su entorno. Paleotemp. M. [También **A. microcarpa**, con porte menor, aquenios menores (2-4 mm frente a 4-6), con un pico poco apreciable (corto y aplicado al cuerpo de los mismos)].

3.79.3. **Aguileña** (*Aquilegia vulgaris*): 2-8 dm. IV-VI. Medios forestales umbrosos y húmedos, pasando a ambientes pratenses o pedregosos con suficiente humedad. Eurosib. M. (Fig. 1333).

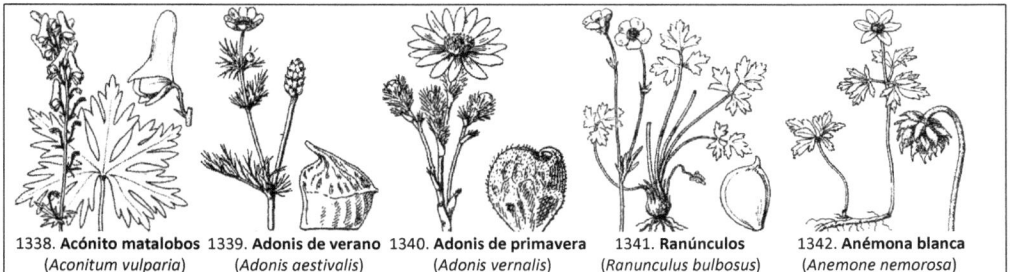

1338. **Acónito matalobos**	1339. **Adonis de verano**	1340. **Adonis de primavera**	1341. **Ranúnculos**	1342. **Anémona blanca**
(*Aconitum vulparia*)	(*Adonis aestivalis*)	(*Adonis vernalis*)	(*Ranunculus bulbosus*)	(*Anemone nemorosa*)

213

1343. **Clemátide mediterránea**	1344. **Espuela de caballero menor**	1345. **Arañuela**	1346. **Pulsatila blanca**
(*Clematis flammula*)	(*Consolida pubescens*)	(*Nigella damascena*)	(*Pulsatilla alpina*)

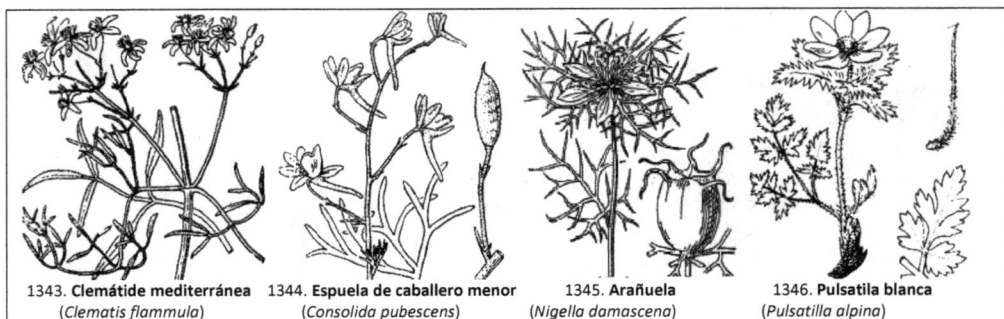

3.79.4. **Anémonas** (*Anemone*)

1. Flores amarillas o doradas. Hojas basales superficialmente lobuladas (fig. 1336) .. **anémona amarilla** (*Anemone palmata*): 2-4 dm. III-V. Orlas de bosque, pastizales vivaces algo húmedos. Medit.-occid. R (Man, Set). [De porte menor, con hojas más divididas, en áreas muy húmedas de montaña, **A. ranunculoides** (Gud)].
— Flores blancas. Hojas basales divididas en foliolos muy recortados (fig. 1342) .... **anémona blanca** (*Anemone nemorosa*): 1-2 dm. III-V. Medios forestales muy umbrosos en climas lluviosos. Eurosib. RR (Gud).

3.79.5. **Calderones** (*Trollius europaeus*): 2-6 dm. IV-VI. Prados y regueros húmedos en ambientes frescos y lluviosos. Paleotemp. RR (Taj). (Fig. 1334).

3.79.6. **Clemátides**, hierbas de los pordioseros (*Clematis*)

1. Hojas mayores 2-3 veces pinnadas, con foliolos no muy grandes (1-3 cm), a veces estrechos, algo coriáceos al madurar. Pétalos sin pelos en la cara interior (fig. 1343) .... **clemátide mediterránea** (*Clematis flammula*): 1-4 m. VI-IX. Bosques y matorrales bajos, no muy húmedos. Circun-Medit. C.
— Hoyas simplemente pinnadas, con foliolos grandes (unos 3-6 cm), anchos y blandos. Pétalos pelosos en ambas caras (fig. 1328) .... **clemátide europea** (*Clematis vitalba*): 1-5 m. VII-IX. Trepadora en bosques húmedos, sobre todo ribereños, y sus orlas. Eurosib. M. [Con aspecto similar, pero con tallos rectos -no trepadores- tenemos también la mucho más escasa **C. recta**].

3.79.7. **Espuelas de caballero**, esperons de caballer (*Delphinium, Consolida*)

1. Gineceo y frutos formados por tres piezas independientes .... **espuela de caballero fina** (*Delphinium gracile*): 1-5 dm. VII-IX. Cunetas, campos de secano y terrenos baldíos. Medit.-occid. M. [*D. halteratum*, con frutos menores (7-10 mm), pétalos laterales mayores (8-12 mm) y hojas superiores trífidas (fig. 1329)].
— Gineceo y fruto formados por un solo carpelo 2
2. Planta baja (cerca de 1-3 dm). Flores con espolón más largo que los pétalos y fruto con cerca de 1 cm (fig. 1344) .... **espuela de caballero menor** (*Consolida pubescens*, *Delphinium pubescens*): 8-35 cm. IV-VII. Campos de secano y herbazales anuales de su entorno. Medit.-occid. M.
— Planta de cierta altura (unos 3-5 dm). Flores con espolón más corto que los pétalos y frutos de 1,5-2 cm .... **espuela de caballero mayor** (*Consolida orientalis*, *Delphinium orientale*): 2-6 dm. IV-VII. Campos de secano y herbazales de su entorno. Medit.-Iranot. R.

3.79.8. **Heléboro fétido** (*Helleborus foetidus*): 3-6 dm. I-IV. Medios ribereños, orlas forestales, terrenos pedregosos no muy soleados. Medit.-occid. M. (Fig. 1332).

3.79.9. **Hepática**, fetxera (*Hepatica nobilis*): 5-25 cm. II-V. Medios forestales y oquedades umbrosas. Holárt. M. (Fig. 1337).

214

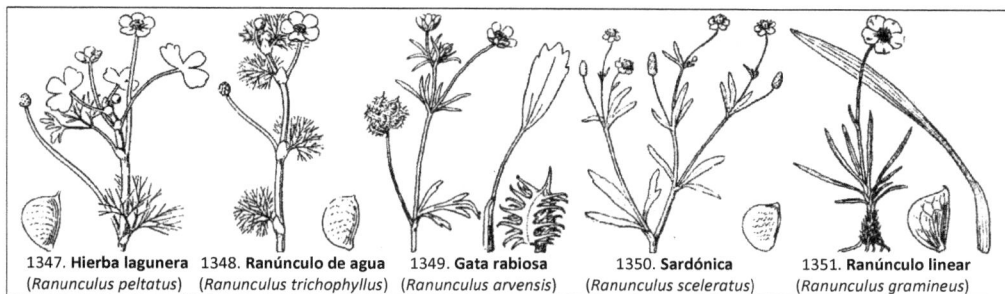

1347. Hierba lagunera	1348. Ranúnculo de agua	1349. Gata rabiosa	1350. Sardónica	1351. Ranúnculo linear
(Ranunculus peltatus)	*(Ranunculus trichophyllus)*	*(Ranunculus arvensis)*	*(Ranunculus sceleratus)*	*(Ranunculus gramineus)*

3.79.10. Neguillas *(Nigella)*

1. Hierba blanda. Flores rodeadas en su base por 3-4 brácteas pinnadamente divididas en segmentos estrechos, a modo de cáliz (fig. 1345) .... **arañuela** *(Nigella damascena)*: 1-4 dm. III-VI. Herbazales no muy secos en ambientes alterados. Circun-Medit. M.

— Hierba algo rígida. Flores no rodeadas por tales brácteas (fig. 1331) .... **neguilla** *(Nigella gallica)*: 1-4 dm. V-VIII. Campos de secano y herbazales antropizados. Medit.-sept. M.

3.79.11. Pulsatilas *(Pulsatilla)*

1. Flores blancas. Hojas del tallo similares a las basales (fig. 1346) ..... **pulsatila blanca** *(Pulsatilla alpina)*: 15-40 cm. IV-VI. Medios rocosos o escarpados calizos en áreas frescas de montaña. Eurosib. RR (Taj).

— Flores rojizas o violáceas. Hojas del tallo diferentes de las basales (fig. 1335) .... **pulsatila roja** *(Pulsatilla rubra)*: 1-3 dm. IV-VI. Pastizales vivaces frescos de montaña sobre suelo silíceo. Eurosib. R (Taj).

3.79.12. Ranúnculos *(Ranunculus)*

1. Flores blancas. Plantas que habitan casi completamente sumergidas en el agua. Hojas, al menos las sumergidas, divididas en segmentos muy finos 2

— Sin estos caracteres. Flores amarillas 3

2. Parte emergida de la planta con hojas planas más o menos profundamente divididas en lóbulos anchos. Flores grandes (1-2 cm de diámetro) (fig. 1347) .... **hierba lagunera** *(Ranunculus peltatus)*: 1-8 dm. I-VII. Aguas dulces quietas o de corriente suave. Paleotemp. R.

— Hojas todas divididas en lóbulos muy finos. Flores reducidas (menos de 1 cm de diámetro) (fig. 1348) .... **ranúnculo de agua** *(Ranunculus trichophyllus)*: 2-6 dm. IV-VII. Aguas estancadas o fluviales relativamente quietas. Subcosmop. R.

3. Hierbas anuales, con cepa poco consistente y no persistente 4

— Hierbas perennes, con cepa rizomatosa o engrosado-bulbosa que persiste de año en año 5

4. Frutos esferoidales, formado por un número no muy grande de aquenios con la superficie cubierta de salientes o espinas (fig. 1349) .... **gata rabiosa** *(Ranunculus arvensis)*: 1-4 dm. IV-VII. Campos de cultivo no muy secos en áreas frescas de montaña. Paleotemp. M. [Le sustituye en zonas bajas **R. trilobus**, con aquenios cubiertos de tubérculos cortos y pico terminal poco aparente].

— Frutos claramente más largos que anchos, con numerosos aquenios muy reducidos y de superficie lisa (fig. 1350) .... **sardónica** *(Ranunculus sceleratus)*: 2-5 dm. I-VI. Herbazales anuales en ambientes alterados y periódicamente inundados. Paleotemp. R. [Tenemos el diminuto **Myosurus minimus**, con flores muy reducidas y frutos dispuestos de forma espigada sobre un receptáculo muy alargado, que habita en medios silíceos húmedos interiores (Jil, Taj)].

5. Hojas enteras y lineares, mucho más largas que anchas, sin peciolo o apenas marcado. Cepa muy fibrosa (fig. 1351) .... **ranúnculo linear** *(Ranunculus gramineus)*: 1-4 dm. IV-VI. Matorrales secos y soleados, terrenos escarpados en suelos calizos someros. Medit.-occid. M.

— Hojas enteras o divididas, con peciolo marcado y limbo de anchura y longitud similares 6

6. Hojas enteras y en forma acorazonada o de escudo (fig. 1352) .... **celidonia menor** *(Ranunculus ficaria)*:

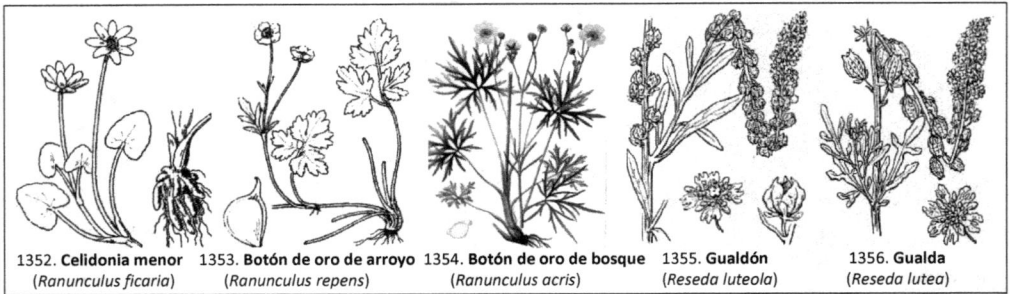

| 1352. **Celidonia menor** (*Ranunculus ficaria*) | 1353. **Botón de oro de arroyo** (*Ranunculus repens*) | 1354. **Botón de oro de bosque** (*Ranunculus acris*) | 1355. **Gualdón** (*Reseda luteola*) | 1356. **Gualda** (*Reseda lutea*) |

1-3 dm. II-V. Medios ribereños o semejantes, sombreados y húmedos en áreas de montaña. Eurosib. R.

— Limbo de las hojas más o menos profundamente recortado o dividido 7

7. Planta glabra. Tallos tendidos, enraizantes en medios húmedos (fig. 1353) .. **botón de oro de arroyo** (*Ranunculus repens*): 2-5 dm. IV-VII. Terrenos inundables y márgenes de cursos de agua. Holárt. C.

— Plantas más o menos pelosas, con tallos aéreos erguidos y no enraizantes 8

8. Receptáculo floral glabro. Hierbas elevadas, no muy pelosas (fig. 1354) ..... **botón de oro de bosque** (*Ranunculus acris*): 3-8 dm. IV-VII. Bosques ribereños, márgenes de ríos y arroyos. Eurosib. R.

— Receptáculo peloso. Hierbas poco elevadas y muy hirsutas (fig. 1341) .... **hierba velluda** (*Ranunculus bulbosus*): 1-4 dm. IV-VII. Bosques frescos y sus orlas herbáceas. Paleotemp. M.

3.80. Fam. RESEDÁCEAS (*Resedaceae*)

Familia de plantas herbáceas, con hojas más o menos divididas y tallos de tendencia erguida y alargada que producen largas inflorescencias en racimos o espigas. Las flores son pequeñas y poco vistosas, aunque disponen de pétalos coloreados, que suelen estar muy recortados, numerosos estambres y unos cuantos carpelos soldados de modo incompleto en un gineceo esférico o cilíndrico que produce frutos secos y dehiscentes en cajas polispermas.

3.80.1. **Resedas** (*Reseda*)

1. Flores amarillas o amarillentas 2

— Flores claramente blancas 3

2. Hojas enteras, acintadas, onduladas en el margen. Planta erguida y algo elevada (fig. 1355) .... **gualdón** (*Reseda luteola*): 4-10 dm. V-IX. Campos de cultivo, terrenos baldíos. Paleotemp. M.

— Sin estos caracteres reunidos. Hojas divididas o lobuladas (fig. 1356) .... **gualda** (*Reseda lutea*): 1-5 dm. IV-VII. Herbazales pioneros sobre terrenos alterados o labrados. Paleotemp. C. [Can flores y frutos colgantes y pétalos superiores divididos en más de tres lóbulos, tenemos *R. stricta*, en ambientes yesosos secos].

3. Hojas enteras o con unos pocos lóbulos laterales (fig. 1357) .... **reseda silvestre** (*Reseda phyteuma*): 1-4 dm. III-VII. Campos de cultivo, herbazales secos antropizados. Euri-Medit. C.

— Hojas divididas en numerosos pares de lóbulos laterales 4

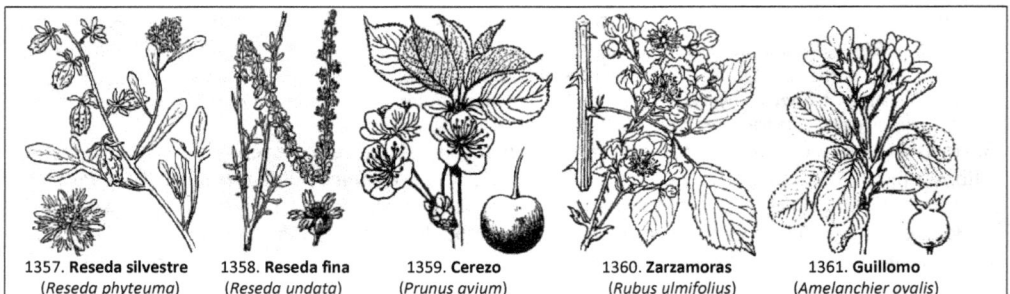

| 1357. **Reseda silvestre** (*Reseda phyteuma*) | 1358. **Reseda fina** (*Reseda undata*) | 1359. **Cerezo** (*Prunus avium*) | 1360. **Zarzamoras** (*Rubus ulmifolius*) | 1361. **Guillomo** (*Amelanchier ovalis*) |

1362. **Rosales silvestres**	1363. **Espino blanco**	1364. **Manzano**	1365. **Serbales**
(*Rosa canina*)	(*Crataegus monogyna*)	(*Malus domestica*)	(*Sorbus domestica*)

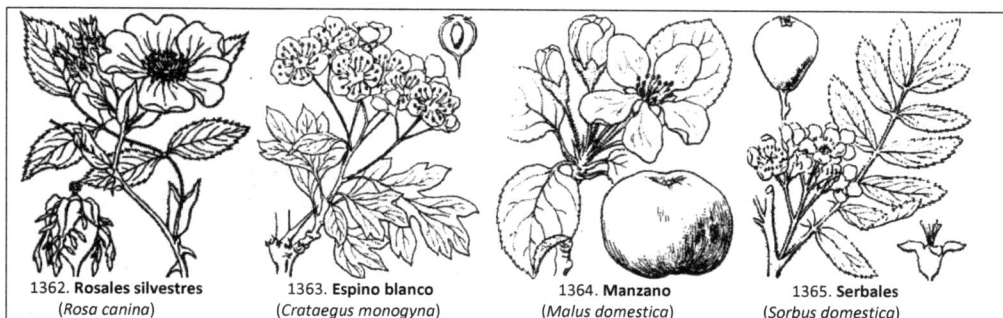

4. Planta robusta. Inflorescencia gruesa. Frutos 1-2 cm (fig. 1358) .... **reseda mayor** (*Reseda barrelieri*): 3-10 dm. V-VIII. Herbazales y campos de secano de montaña. Medit.-occid. R. [En ambientes de altitud menor, y sobre terrenos yesosos secos, aparece también **R. suffruticosa** por las partes suroccidentales (Alc, Man)].

— Planta grácil. Inflorescencia fina y alargada. Frutos de unos 5-10 mm (fig. 1358) .... **reseda fina** (*Reseda undata*): 2-6 dm. IV-VIII. Campos de secano y herbazales secos antropizados. Medit.-occid. M.

3.81. Fam. ROSÁCEAS (*Rosaceae*)

Plantas herbáceas o leñosas, a veces trepadoras, espinosas o no, con aspectos muy variados en lo vegetativo y en sus flores. Suelen tener flores vistosas, con 5 sépalos y 5 pétalos siempre libres (a veces sin ellos), los estambres son numerosos y el gineceo muy variable, desde súpero y saliente hasta ínfero y muy hundido. Los frutos son también variables, destacando los pomos (peras, manzanas), las drupas (cerezas, ciruelas), polidrupas (zarzamoras) o poliaquenios (cincoenrama). Una de las familias más conocidas por el gran público, al incluir en su seno una importante representación de frutales (manzanos, perales, ciruelos, almendros, cerezos, nísperos, etc.), junto con especies herbáceas comestibles (fresales, zarzamoras) y otras de uso ornamental de tanta importancia como los rosales.

1. Plantas leñosas o trepadoras, a veces espinosas 2
— Plantas herbáceas y nunca espinosas 8
2. Gineceo súpero. Frutos sin restos del cáliz o con éstos junto al pedúnculo 3
— Gineceo ínfero. Frutos con los restos del cáliz (y con frecuencia de estambres) situados en el extremo opuesto al pedúnculo 4
3. Hojas simples. Frutos de una pieza, con hueso interno (fig. 1359) .... 4. **cerezos y ciruelos** (*Prunus*)
— Hojas compuestas. Frutos formados por muchas piezas (fig. 1360) .... 14. **zarzamoras** (*Rubus*)
4. Hojas simples, enteras o levemente dentadas (fig. 1361) .... 8. **guillomos** (*Amelanchier, Cotoneaster*)
— Hojas claramente dentadas o divididas 5
5. Plantas trepadoras o arbustivas habitualmente muy espinosas (a veces con espinas laxas o escasas) 6
— Árboles o arbustos no trepadores, habitualmente no espinosos 7
6. Hojas compuestas por foliolos independientes y dentados. Espinas rectas o curvadas, pero cortas y no leñosas (fig. 1362) .... 12. **rosales silvestres o majuelos** (*Rosa*)
— Hojas irregularmente recortadas. Espinas leñosas rectas (fig. 1363) .... 6. **espino blanco** (*Crataegus*)
7. Hojas verdosas por ambas caras. Flores en grupos reducidos y laxos (fig. 1364) ... 9. **manzano** (*Malus*)
— Hojas blanquecinas y tomentosas en el envés. Flores en grupos abundantes y densos (fig. 1365) .... 13. **serbales** (*Sorbus*)
8. Flores no vistosas, sin pétalos 9
— Flores con pétalos vistosos 10
9. Hojas redondeadas, palmeadamente lobuladas. Estambres no salientes (fig. 1366) .... 2. **alquémilas** (*Alchemilla, Aphanes*)

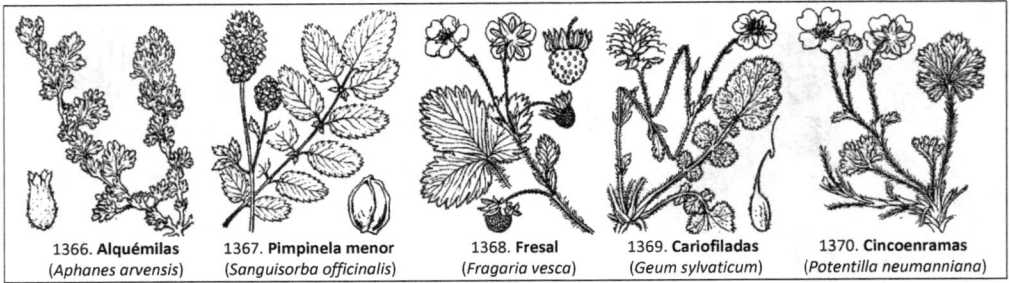

1366. **Alquémilas**	1367. **Pimpinela menor**	1368. **Fresal**	1369. **Cariofiladas**	1370. **Cincoenramas**
(*Aphanes arvensis*)	(*Sanguisorba officinalis*)	(*Fragaria vesca*)	(*Geum sylvaticum*)	(*Potentilla neumanniana*)

—Hojas pinnadamente divididas en numerosos foliolos dentados. Estambres muy salientes (fig. 1367) .... 10. **pimpinela menor** (*Sanguisorba*)

10. Cáliz de apariencia doble, provisto de un calículo 11
— Cáliz sencillo, sin calículo 13
11. Fruto carnoso, comestible, rojizo. Tallos emisores de estolones (fig. 1368) .... 7. **fresal** (*Fragaria*)
— Tallos no estoloníferos. Frutos secos 12

12. Estilos largos y persistentes en el fruto. Hojas divididas en forma pinnada (fig. 1369) ....
.... 3. **cariofiladas** (*Geum*)
— Estilos cortos, que caen antes de la fructificación. Hojas divididas de modo palmeado (fig. 1370) .....
.... 5. **cincoenramas** (*Potentilla*)
13. Flores amarillas. Ovario ínfero. Cáliz provisto de pelos ganchudos, sobre todo en la fructificación (fig. 1371) ....1. **agrimonia** (*Agrimonia*)
— Flores blancas. Ovario súpero. Cáliz no ganchudo (fig. 1372) ...... 11. **reina de los prados** (*Filipendula*)

3.81.1. **Agrimonia**, serverola (*Agrimonia eupatoria*): 3-8 dm. VI-X. Herbazales vivaces densos y ambientes forestales de ribera. Subcosmop. M. (Fig. 1371).

3.81.2. **Alquémila**, pie de león (*Alchemilla vetteri*): 1-4 dm. V-VII. Pastizales vivaces húmedos de montaña sobre sustrato silíceo. Eurosib.-merid. R (Gud, Taj). [*Aphanes arvensis* (*Alchemilla arvensis*) es una diminuta hierba anual, propia de arenales silíceos o campos de secano, con flores semiocultas por las hojas y sus estípulas (fig. 1366)].

3.81.3. **Cariofiladas** (*Geum*)
1. Flores rojizas. Pétalos no mayores que los sépalos (fig. 1373) .... **cariofilada acuática** (*Geum rivale*): 2-4 dm. IV-VI. Regueros húmedos y medios turbosos o ribereños de montaña. Holárt. R.
— Flores amarillas. Pétalos mayores que los sépalos 2
2. Hojas divididas en foliolos de tamaños muy diferentes, el terminal mucho mayor. Flores de unos 2 cm de diámetro (fig. 1369) .... **cariofilada de bosque** (*Geum sylvaticum*): 1-3 dm. IV-VI. Bosques y pastizales vivaces de sus claros sobre todo tipo de sustratos. Medit.-occid. M.
— Hojas divididas en foliolos de tamaños similares. Flores menores (fig. 1374) .... **cariofilada común** (*Geum urbanum*): 3-8 dm. IV-VII. Orlas forestales y medios antropizados poco soleados. Holárt. M. [En ambientes silíceos frescos de montaña aparece también *G. hispidum*, que es similar a éste, pero con tallo más rígido y peloso, hojas con mayor número de foliolos, estípulas menores (hasta 1 cm), etc. (Gud, Taj)].

3.81.4. **Cerezos y ciruelos**, cirerers, pruneres (*Prunus*)
1. Arbustos bajos (habitualmente menos de 1 m) y muy espinosos. Frutos muy amargos (fig. 1375) .... **endrino** (*Prunus spinosa*): 3-20 dm. III-VI. Matorrales caducifolios en bosques de ribera o zonas con suelo profundo. Eurosib. C. [En medios escarpados calizos elevados aparece *P. prostrata*, de estatura aún menor, a veces totalmente achaparrado, con flores rosadas (no blancas) y frutos rojizos (no violáceos)].
— Árboles o arbustos más elevados y no espinosos 2

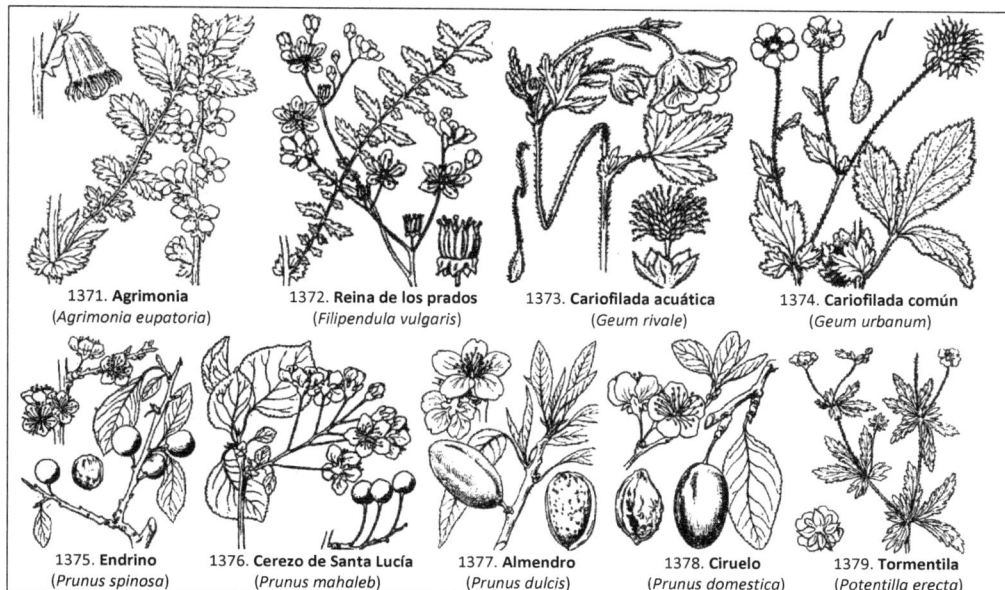

| 1371. **Agrimonia** (*Agrimonia eupatoria*) | 1372. **Reina de los prados** (*Filipendula vulgaris*) | 1373. **Cariofilada acuática** (*Geum rivale*) | 1374. **Cariofilada común** (*Geum urbanum*) |

| 1375. **Endrino** (*Prunus spinosa*) | 1376. **Cerezo de Santa Lucía** (*Prunus mahaleb*) | 1377. **Almendro** (*Prunus dulcis*) | 1378. **Ciruelo** (*Prunus domestica*) | 1379. **Tormentila** (*Potentilla erecta*) |

2. Hojas alargadas. Frutos maduros con más de 1 cm 3

— Hojas redondeadas, de 1-3 cm. Frutos con menos de 1 cm de diámetro (fig. 1376) ....
.... **cerezo de Santa Lucía** (*Prunus mahaleb*):
1-4 m. IV-VI. Bosques mixtos y sus orlas. Eurosib. M.

3. Frutos con la carne coriácea, no comestible, que se rasga al madurar y deja el hueso al descubierto
(fig. 1377) .... **almendro** (*Prunus dulcis*, Amygdalus communis):
3-8 m. I-III. Asilvestrado en zonas de antiguos cultivos. Iranotur. M.

— Frutos de carne jugosa y comestible, que no libera el hueso al madurar 4

4. Frutos esféricos y rojizos, sobre pedúnculos mucho más largos que ellos (fig. 1359) ... **cerezo común**
(*Prunus avium*): 4-20 m. III-IV. Medios ribereños, bosques en laderas de umbría. Eurosib. M.

— Frutos esféricos o alargados, amarillentos a violáceos, más largos que sus pedúnculos, con cober-
tura de cera en la epidermis (fig. 1378) .... **ciruelo** (*Prunus domestica*):
3-10 m. III-V. Medios ribereños, setos, sobre todo en zonas de vega. Eurosib. M.

3.81.5. **Cincoenramas** (*Potentilla*)

1. Flores con 4 sépalos y 4 pétalos (fig. 1379) .... **tormentila** (*Potentilla erecta*):
1-4 dm. VI-IX. Herbazales perennes en turberas y regueros siempre húmedos. Paleotemp. M.

— Flores con 5 sépalos y 5 pétalos 2

2. Flores blancas. Plantas rupícolas (fig. 1380) .... **cincoenrama de roca** (*Potentilla caulescens*):
1-3 dm. VI-IX. Grietas de roquedos calizos de montaña. Medit.-sept. R. [También **P. micrantha**, con flores blancas
de pequeño tamaño, hojas con solo 3 foliolos, dispuestas en roseta, habitando en bosques húmedos de montaña (Taj).

— Flores amarillas. Plantas que crecen en tierra 3

3. Hojas divididas en lóbulos estrechos y alargados, con el haz verde y el envés blanco (fig. 1381)..........
.... **cincoenrama plateada** (*Potentilla argentea*):
1-4 dm. V-VII. Orlas de bosque y pastizales vivaces de montaña sobre suelos silíceos. R.

— Hojas divididas en lóbulos más o menos anchos, de color semejante en haz y envés 4

4. Planta verde, poco pelosa, con tallo principal rastrero. Flores solitarias, sobre pedúnculos alargados
(fig. 1382) .... **cincoenrama común** (*Potentilla reptans*):

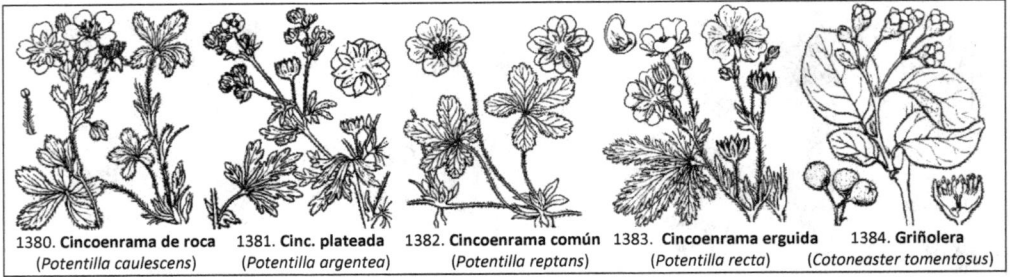

1380. **Cincoenrama de roca** 1381. **Cinc. plateada** 1382. **Cincoenrama común** 1383. **Cincoenrama erguida** 1384. **Griñolera**
(*Potentilla caulescens*) (*Potentilla argentea*) (*Potentilla reptans*) (*Potentilla recta*) (*Cotoneaster tomentosus*)

2-8 dm. IV-IX. Juncales, pastizales vivaces sobre suelos húmedos alterados. Holárt. C.
— Plantas muy pelosas. Flores reunidas en grupos, sobre pedúnculos no muy largos 5
5. Hojas de color blanquecino, con pelos estrellados junto con otros simples. Hojas habitualmente con sólo 3 foliolos .... **cincoenrama cenicienta** (*Potentilla cinerea*): 3-30 cm. III-V. Pastizales vivaces secos y claros forestales bien iluminados. Eurosib. M.
— Hojas verdosas, con sólo pelos simples. Hojas con 5 foliolos 6
6. Planta de porte bajo, tendida o poco erguida. Foliolos con dientes poco profundos (fig. 1370) .... **cincoenrama menor** (*Potentilla neumanniana*): 5-30 cm. III-VI. Pastizales vivaces algo alterados y despejados en áreas frescas o interiores. Eurosib. C.
— Planta de porte erguido y algo elevado. Foliolos profundamente dentados (fig. 1383) .... **cincoenrama erguida** (*Potentilla recta*): 3-6 dm. V-VII. Pastizales vivaces frescos, sobre todo en medios silíceos. Holoárt. R. [En prados muy húmedos sobre suelo silíceo aparece también **P. pyrenaica**, menos pelosa y menos elevada (Taj)].

3.81.6. **Espino blanco**, arç blanc (*Crataegus monogyna*): 1-4 m. IV-VI. Espinares, setos, riberas, medios forestales con predominio de caducifolios. Paleotemp. C. (Fig. 1363).

3.81.7. **Fresal**, maduixera (*Fragaria vesca*): 5-25 cm. IV-VII. Bosques caducifolios o mixtos con abundante humedad y sombra. Eurosib. M. (Fig. 1368).

3.81.8. **Guillomo**, guillomera (*Amelanchier*) y **griñolera** (*Cotoneaster*)
1. Pétalos largos (unos 2 cm), estrechos y alargados. Frutos maduros azulados (fig. 1361) .... **guillomo o guillomera común** (*Amelanchier ovalis*): 5-20 dm. IV-VI. Matorrales caducifolios o mixtos sobre terrenos escarpados. Medit.-sept. M.
— Pétalos cortos (± 1 cm). Frutos maduros rojizos (fig. 1384) .... **griñolera** (*Cotoneaster tomentosus*): 1-3 m. IV-VI. Orlas de bosques húmedos, rincones umbrosos. Medit.-sept. R.

3.81.9. **Manzanos**, pomeres (*Malus*)
1. Hojas muy pelosas en el envés, al igual que los sépalos. Frutos maduros que llegan a alcanzar 5-10 cm de diámetro (fig. 1364) .... **manzano común** (*Malus domestica*): 2-8 m. III-V. Asilvestrado en medios ribereños y zonas de vega. Paleotemp. M.
— Hojas y sépalos no o poco pelosos. Frutos de 2-3 cm .... **manzano silvestre** (*Malus sylvestris*): 1-6 m. IV-V. Medios forestales frescos de montaña y sus orlas. Paleotemp. R.

3.81.10. **Pimpinela menor** (*Sanguisorba minor*): 2-5 dm. IV-VIII. Pastizales vivaces algo húmedos pero antropizados. Holárt. C. (Fig. 1385).
[En medios rocosos de las sierras litorales del sur aparece también **S. rupicola**, con cepa lignificada y foliolos redondeados con dientes poco profundos (fig. 1386). En la zona suroccidental se presenta **S. lateriflora**, con inflorescencia muy ramosa que produce racimos de glomérulos terminales (Alc, Taj). En las partes más frescas y lluviosas aparece **S. officinalis**, de glomérulos rojizos, flores masculinas con solo 4 estambres, etc. (fig. 1367)].

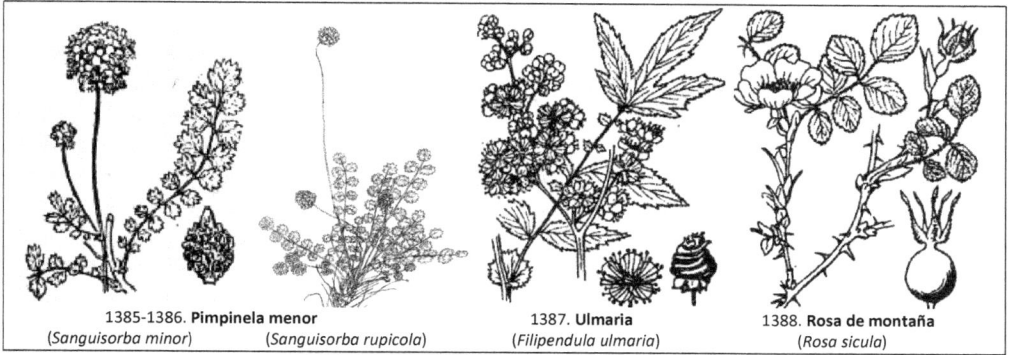

| 1385-1386. **Pimpinela menor** | | 1387. **Ulmaria** | 1388. **Rosa de montaña** |
| (*Sanguisorba minor*) | (*Sanguisorba rupicola*) | (*Filipendula ulmaria*) | (*Rosa sicula*) |

3.81.11. **Reina de los prados** (*Filipendula*)

1. Hierba elevada (suele superar 1 m). Hojas con foliolos grandes (los mayores con varios cm de longitud y anchura), blanquecinos por el envés (fig. 1387) .... **ulmaria** (*Filipendula ulmaria*): 5-15 dm. VII-IX. Prados vivaces muy húmedos, riberas fluviales de montaña. Eurosib. R.

— Hierba no muy elevada (como medio metro). Hojas con foliolos menores y verdes en ambas caras (fig. 1372) .... **reina de los prados** (*Filipendula vulgaris*): 4-12 dm. V-VII. Pastizales húmedos y medios forestales frescos. Eurosib. M.

3.81.12. **Rosales silvestres**, gabarderas, roseres (*Rosa*)

1. Plantas erguidas, nunca trepadoras, con espinas rectas, que se elevan cerca de medio metro o menos 2

— Plantas más o menos trepadoras, con espinas generalmente ganchudas, que pueden elevarse fácilmente 1-2 metros 3

2. Flores rosadas. Espinas laxas (fig. 1388) .... **rosa de montaña** (*Rosa sicula*): 2-5 dm. V-VII. Pinares y matorrales de montaña sobre terrenos calizos. Medit.-occid. M.

— Flores blancas. Espinas muy densas (fig. 1389) .... **rosa espinosísima** (*Rosa pimpinellifolia*): 2-6 dm. V-VII. Bosques caducifolios y sus orlas frescas, o bien matorrales de las umbrías. Eurosib. M.

3. Hojas perennes y brillantes. Sépalos enteros (fig. 1390) .... **rosa perennifolia** (*Rosa sempervirens*): 1-4 m. V-VII. Medios forestales y sus orlas en zonas algo húmedas a baja altitud. Circun-Medit. M.

— Hojas caducas. Al menos algunos sépalos dentados o divididos 4

4. Hojas sin pelos, a veces con glándulas sentadas marginales 5

— Hojas pelosas 6

5. Pedúnculos de flores y frutos con glándulas pedunculadas abundantes (fig. 1391) ..... **rosa de Pouzin** (*Rosa pouzinii*): 10-25 dm. V-VII. Espinares, orlas forestales en medios húmedos. Circun-Medit. M.

— Pedúnculos no o apenas glandulosos (fig. 1362) .... **rosa canina** (*Rosa canina*): 1-3 m. V-VII. Setos y orlas de bosques caducifolios, a veces ribereños. Paleotemp. M.

6. Hojas densamente pelosas por ambas caras. Espinas poco curvadas (fig. 1392) .... **rosa tomentosa** (*Rosa tomentosa*): 5-20 dm. V-VII. Orlas de bosques frescos y húmedos en zonas altas. Eurosib. RR.

— Hojas con haz glabro o escasamente peloso 7

7. Foliolos unas tres veces más largos que anchos, muy estrechados en la base. Pedúnculos de flores y frutos no glandulosos (fig. 1393) .... **rosal de hoja estrecha** (*Rosa agrestis*): 5-25 dm. V-VII. Orlas de bosques, setos y espinares sobre suelos profundos algo húmedos. Eurosib.-merid. M.

— Foliolos 1-2 veces más largos que anchos, redondeados en la base. Pedúnculos glandulosos (fig. 1394) .... **rosal de flor pequeña** (*Rosa micrantha*): 1-3 m. V-VII. Bosques caducifolios o mixtos y espinares de sus orlas. Eurosib. M.

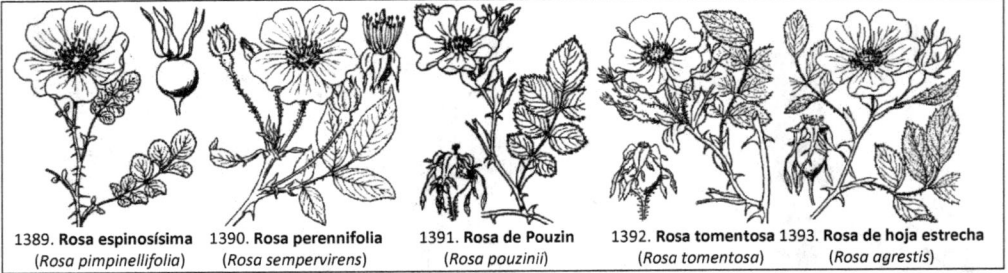

| 1389. **Rosa espinosísima** | 1390. **Rosa perennifolia** | 1391. **Rosa de Pouzin** | 1392. **Rosa tomentosa** | 1393. **Rosa de hoja estrecha** |
| (*Rosa pimpinellifolia*) | (*Rosa sempervirens*) | (*Rosa pouzinii*) | (*Rosa tomentosa*) | (*Rosa agrestis*) |

3.81.13. **Serbales y mostajos**, serveres y moixeres (*Sorbus*)

1. Hojas pinnadamente divididas en numerosos foliolos. Frutos con más de 2 cm (fig. 1365) ....
.... **serbal común,** acerollera, servera (*Sorbus domestica*):
3-10 m. IV-VI. Ambientes forestales frescos, campos abandonados. Eurosib. M. [Mucho más raro resulta el **serbal de cazadores** (*S. aucuparia*), en ambientes silíceos de alta montaña, de porte menor, con foliolos menores y frutos de apenas 1 cm (fig. 1397)].
— Hojas enteras, dentadas o lobuladas, pero no divididas en foliolos 2
2. Hojas provistas de dientes muy cortos, con el envés blanco-tomentoso (fig. 1395) ....**mostajo,**
moixera (*Sorbus aria*): 1-5 m. V-VI. Bosques caducifolios y zonas escarpadas de umbría. Paleotemp. R.
— Hojas divididas en unos cuantos lóbulos grandes y agudos, dentado en su margen, con el envés verde o no tomentoso (fig. 1396) .... **peral de monte**, moixera de pastor
(*Sorbus torminalis*): 4-14 m. IV-V. Bosques caducifolios o mixtos de montaña. Paleotemp. R.

3.81.14. **Zarzamoras**, esbarzers (*Rubus*)

1. Hojas con 3 foliolos blandos, verdes por ambas caras. Sépalos erguidos el fruto. Frutos con pocos granos, de color azulado (fig. 1398) .... **zarzamora de ribera**
(*Rubus caesius*): 5-30 dm. V-IX. Bosques caducifolios, principalmente ribereños, y sus setos. Paleotemp. M.
— Sin estos caracteres reunidos. Foliolos blanquecinos por el envés 2
2. Haz de las hojas blanquecino-tomentoso (fig. 1399) .... **zarzamora cenicienta** (*Rubus canescens*):
5-20 dm. VI-VIII. Medios forestales y sus orlas, principalmente sobre sustrato silíceo. Eurosib. R.
— Haz verde y no o escasamente tomentoso 3
3. Hojas pinnadamente divididas. Frutos rosados, muy blandos (fig. 1400)..... **frambueso** (*Rubus idaeus*):
5-15 dm. V-VII. Orlas forestales frescas, terrenos pedregosos de montaña. Paleotemp. RR.
— Hojas palmeadamente divididas. Fruto maduro negruzco (fig. 1360) .... **zarzamora común**
(*Rubus ulmifolius*): 1-4 m. V-VIII. Setos, ribazos, orlas forestales variadas. Medit.-Atlán. C. [En la Sierra de Valdemeca y su entorno vive el endemismo *R. pauanus*, con tallos densamente cubiertos de espinas cortas rojizas (Taj)].

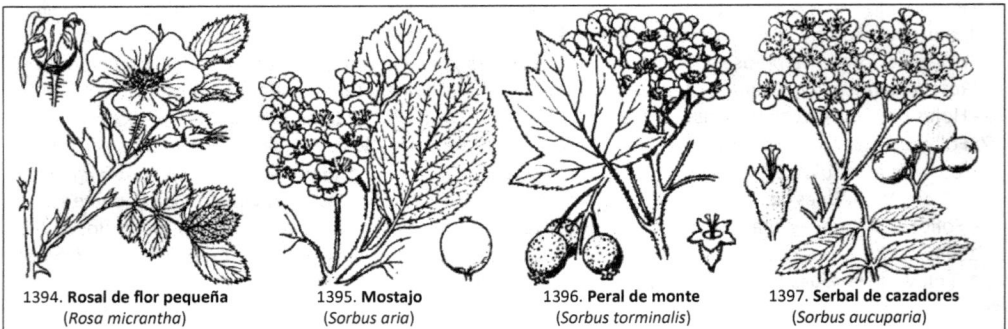

| 1394. **Rosal de flor pequeña** | 1395. **Mostajo** | 1396. **Peral de monte** | 1397. **Serbal de cazadores** |
| (*Rosa micrantha*) | (*Sorbus aria*) | (*Sorbus torminalis*) | (*Sorbus aucuparia*) |

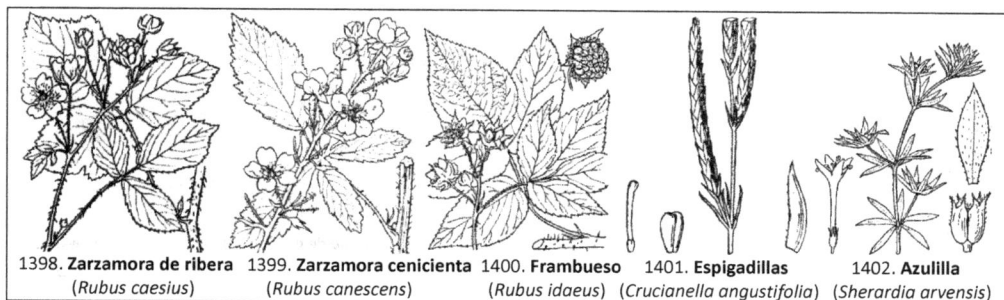

| 1398. **Zarzamora de ribera** | 1399. **Zarzamora cenicienta** | 1400. **Frambueso** | 1401. **Espigadillas** | 1402. **Azulilla** |
| *(Rubus caesius)* | *(Rubus canescens)* | *(Rubus idaeus)* | *(Crucianella angustifolia)* | *(Sherardia arvensis)* |

3.82. Fam. RUBIÁCEAS (*Rubiaceae*)

Hierbas anuales o perennes en nuestras latitudes, aunque en áreas tropicales se hacen grandes arbustos y árboles. Las hojas suelen mostrarse verticiladas y las flores ser reducidas, con el cáliz muy atrofiado y los 4-5 pétalos soldados en su base, con el mismo número de estambres y un par de carpelos dispuestos en ovario ínfero que da un fruto carnoso en baya (rubia) o seco en doble aquenio (situación habitual).

1. Inflorescencias estrechas y alargadas (espiciformes) (fig. 1401)................. 4. **espigadillas** (*Crucianella*)
— Inflorescencias no espigadas 2
2. Flores azulado-lilacinas. Cáliz muy aparente, que envuelve al fruto (fig. 1402).... 2. **azulilla** (*Sherardia*)
— Flores sin cáliz o éste poco aparente, no envolviendo al fruto 3
3. Corola con 4 pétalos. Fruto seco en doble aquenio 4
— Corola con 5 o más piezas. Fruto carnoso simple, de color negruzco (fig. 1403) .... 5. **rubia** (*Rubia*)
4. Hojas poco más largas que anchas, con 3 nervios principales (fig. 1404) .... 2. **cruciada** (*Cruciata*)
— Hojas lineares, mucho más largas que anchas, uninervias 5
5. Corola con tubo más largo que los lóbulos libres (fig. 1405) .... 1. **asperillas** (*Asperula*)
— Corola con tubo más corto que los lóbulos libres (fig. 1406) .... 5. **galios** (*Galium*)

3.82.1. Asperillas (*Asperula*)

1. Planta anual. Flores de color azul, en grupos densos (fig. 1407) .... **asperilla del campo**
(*Asperula arvensis*): 1-4 dm. IV-VI. Campos de secano y herbazales de su entorno. Medit.-Iranot. R.
— Planta perenne. Flores blancas, parduzcas o rosadas, en grupos laxos (fig. 1405) ...... **asperilla común**
(*Asperula aristata*): 2-5 dm. IV-IX. Matorrales y pastizales vivaces en medios secos. Circun-Medit. C. [*A. cynan-chica*, con corola menor (2-4 mm), de tonalidad dominante blanca, donde el tubo no supera a los lóbulos].

3.82.2. Azulilla (*Sherardia arvensis*): 5-30 cm. III-VI. Campos de cultivo, herbazales en medios anuales alterados o frecuentados. Paleotemp. C. (Fig. 1402).

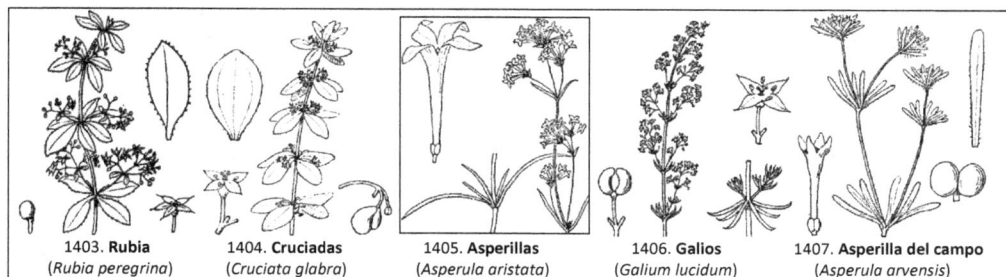

| 1403. **Rubia** | 1404. **Cruciadas** | 1405. **Asperillas** | 1406. **Galios** | 1407. **Asperilla del campo** |
| *(Rubia peregrina)* | *(Cruciata glabra)* | *(Asperula aristata)* | *(Galium lucidum)* | *(Asperula arvensis)* |

223

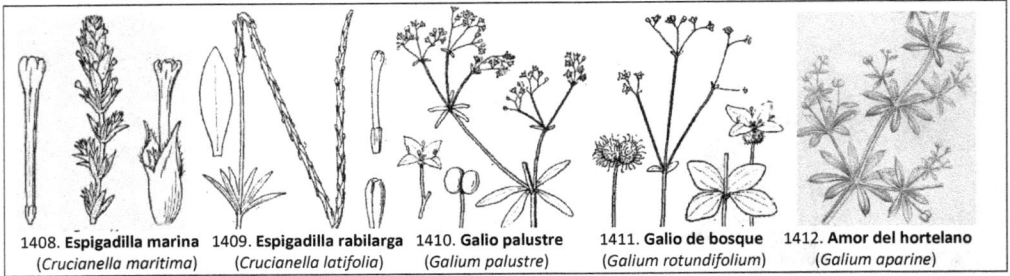

1408. **Espigadilla marina**	1409. **Espigadilla rabilarga**	1410. **Galio palustre**	1411. **Galio de bosque**	1412. **Amor del hortelano**
(*Crucianella maritima*)	(*Crucianella latifolia*)	(*Galium palustre*)	(*Galium rotundifolium*)	(*Galium aparine*)

3.82.3. **Cruciada** (*Cruciata glabra,* Galium vernum): 5-25 cm. IV-VI. Medios forestales frescos y pastizales vivaces de sus orlas. Paleotemp. M. (Fig. 1404). [Las plantas anuales, más pelosas y tenues, de hojas menores (menos de 1 cm), en ambientes silíceos de montaña, corresponden a **C. pedemontana**].

3.82.4. **Espigadillas** (*Crucianella*)

1. Hierbas anuales, finas y de raíces muy tenues. Flores con menos de 1 cm 2
— Planta perenne, algo leñosa en la base, bien enraizada. Flores con más de 1 cm (fig. 1408) ....
.... **espigadilla marina** (*Crucianella maritima*):
1-4 dm. V-VII. Arenales costeros. Circun-Medit. R (Cos)
2. Corola con 5 pétalos. Brácteas con menos de 1 mm de anchura. Inflorescencias cortas (1-2 cm) ......
.... **espigadilla menuda** (*Crucianella patula*):
1-3 dm. V-VI. Campos de secano y pastizales secos anuales en ambientes frescos interiores. Medit.-occid. R.
— Corola con 4 pétalos. Brácteas con más der 1 mm de anchura. Inflorescencias alargadas (más de 2 cm) .. 3
3. Espigas finas (2-3 mm de espesor), laxas y alargadas (muchas superan 1 dm) (fig. 1409) ....
.... **espigadilla rabilarga** (*Crucianella latifolia*):
1-4 dm. IV-VI. Terrenos pedregosos calizos. Circun-Medit. R.
— Espigas con unos 3-6 mm de grosor, densas pero no muy alargadas (± 3-6 cm) (fig. 1401) ....
.... **espigadilla común** (*Crucianella angustifolia*):
1-4 dm. V-VII. Pastizales secos en ambientes alterados. Circun-Medit. C.

3.82.5. **Galios** (*Galium*)

1. Hojas obtusas. Frutos con las dos piezas esféricas 2
— Hojas agudas. Piezas del fruto elipsoidales (más largas que anchas) 3
2. Hojas estrechas y alargadas, con un nervio central. Fruto liso (fig. 1410) .... **galio palustre**
(*Galium palustre*): 2-6 dm. V-VIII. Juncales, riberas fluviales, márgenes de arroyos. Paleotemp. M
— Hojas anchas, con tres nervios muy aparentes. Fruto cubierto de pelos ganchudos (fig. 1411)............
.... **galio de bosque** (*Galium rotundifolium*):
1-4 dm. V-VII. Ambientes forestales frescos y húmedos de montaña sobre terrenos silíceos. Paleotemp. R (Gud, Taj).
3. Planta alargada, que supera con frecuencia 1 m. Hojas que alcanzan 3-5 mm de anchura. Frutos cubiertos de prolongaciones ganchudas muy adherentes (fig. 1412) .... **amor del hortelano**
(*Galium aparine*): 3-15 dm. V-VII. Campos de cultivo y herbazales antropizados. Paleotemp. C.
— Sin estos caracteres reunidos 4
4. Plantas anuales, de cepa fina, no endurecida ni engrosada 5
— Plantas perennes, engrosadas, endurecidas o algo leñosas en la cepa 7
5. Hierba fina y tenue, de porte erguido. Hojas laxas, bastante más cortas que los entrenudos (fig. 1413) .... **galio fino** (*Galium parisiense*):
1-3 dm. IV-VI. Pastizales secos anuales. Late-Medit. C. [Con los tallos lisos o casi desprovistos de dientecillos, inflorescencias sobre pedúnculos muy alargados, etc., tenemos también **G. divaricatum**, sobre todo en medios silíceos]
— Hierbas con tallo no muy fino, tendido o algo erguido. Hojas no muy laxas, de longitud semejante a los entrenudos 6

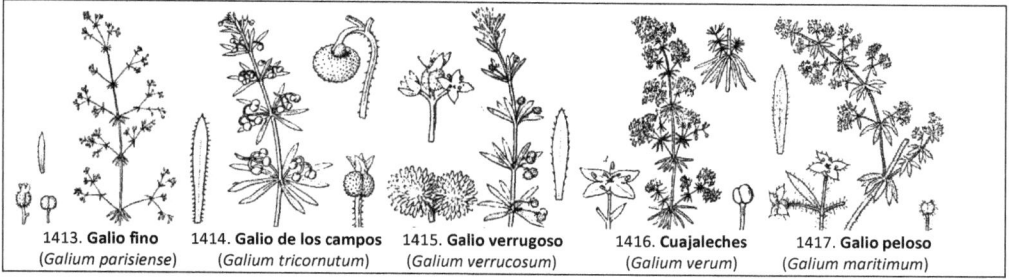

| 1413. **Galio fino**
(*Galium parisiense*) | 1414. **Galio de los campos**
(*Galium tricornutum*) | 1415. **Galio verrugoso**
(*Galium verrucosum*) | 1416. **Cuajaleches**
(*Galium verum*) | 1417. **Galio peloso**
(*Galium maritimum*) |

6. Frutos cubiertos de tubérculos o verrugas muy aparentes, sobre pedúnculos erguidos (fig. 1414) .....
.... **galio de los campos** (*Galium tricornutum*):
1-4 dm. III-VI. Campos de secano y herbazales de su entorno. Paleotemp. M.
— Frutos cubiertos de una fina denticulación, sobre pedúnculos muy curvados (fig. 1415) ....
.... **galio verrugoso** (*Galium verrucosum*):
5-30 cm. II-V. Campos de cultivo, herbazales anuales sobre terrenos alterados en áreas litorales. Circun-Medit. M.
7. Flores de un vistoso color amarillo brillante, con grato olor a miel (fig. 1416) .... **cuajaleches**
(*Galium verum*): 1-5 dm. VI-IX. Pastizales vivaces más o menos húmedos de montaña. Paleotemp. M.
— Flores blancas, rojizas o de un amarillento muy pálido 8
8. Planta verde, poco pelosa. Flores blancas o amarillentas 9
— Planta grisácea, muy pelosa. Flores rojizas (fig. 1417) .... **galio peloso**(*Galium maritimum*):
2-6 dm. V-VIII. Medios forestales o sombreados no muy secos, en altitudes moderadas. Medit.-noroccid. M.
9. Plantas herbáceas, con tallos finos y tenues (menos de 1 mm de ancho) 10
— Plantas algo lignificadas en la base, con tallos firmes y no muy finos, con más de 1 mm de anchura
(fig. 1406) .... **galio de roca** (*Galium lucidum*):
2-6 dm. IV-VII. Terrenos pedregosos o rocosos calizos de montaña. Circun-Medit. C. [En zonas bajas le sustituye
G. fruticescens, planta más ramosa y con flores casi desde la base, hojas más cortas y curvadas, etc.].
10. Hojas mayores con menos de 1 cm, terminadas en un pico muy corto (menor que la anchura de la
hoja) .... **galio valenciano** (*Galium valentinum*): 1-4 dm.
IV-VI. Matorrales y pinares de las zonas bajas del sureste. Iberolev. R (Set). [Con hojas más anchas, inflorescencia
más densa, etc.; le sustituye *G. estebanii* (= *G. pinetorum*) en pastizales vivaces y pinares frescos de montaña].
— Hojas mayores de 1-2 cm, terminadas en un pico más largo que su anchura .... **galio del rodeno**
(*Galium idubedae*): 1-4 dm. V-VII. Medios forestales de media montaña sobre suelo silíceo. Iberolev. R (Esp).
[En ambientes calizos de alta montaña, aparece *G. javalambrense*, de porte muy reducido y denso (Gud, Taj)].

3.82.6. Rubia (*Rubia peregrina*): 4-18 dm. V-VII. Medios forestales, sobre todo perennifolios, aunque a veces
medra bien en los bosques ribereños. Circun-Medit. R. (Fig. 1403). [En las afueras de los pueblos de montaña suelen quedar restos de antiguos cultivos de **rubia tintórea** (*R. tinctorum*), que se diferencia por sus hojas caducas, menos
consistentes, con nerviación secundaria muy aparente, etc. (fig. 1408)].

3.83. Fam. RUTÁCEAS (*Rutaceae*)

En su mayoría árboles y arbustos, con tendencia a presentarse en ambientes tropicales. Suelen disponer de
glándulas que segregan sustancias aromáticas. Hojas que tienden a ser compuestas. Flores pentámeras con
pétalos libres y carpelos soldados, con cavidades independientes que encierran numerosos óvulos. Frutos secos en cápsula o carnosos en bayas especiales (hesperidios). Incluye en su seno toda la gama de cítricos tan
apreciados por sus frutos.

1. Flores amarillas con simetría radiada (figs. 1419, 1421, 1422) .... 2. **rudas** (*Ruta, Haplophyllum*)
— Flores blancas o rosadas, con simetría bilateral (fig. 1420)............................. 1. **dictamno** (*Dictamnus*)

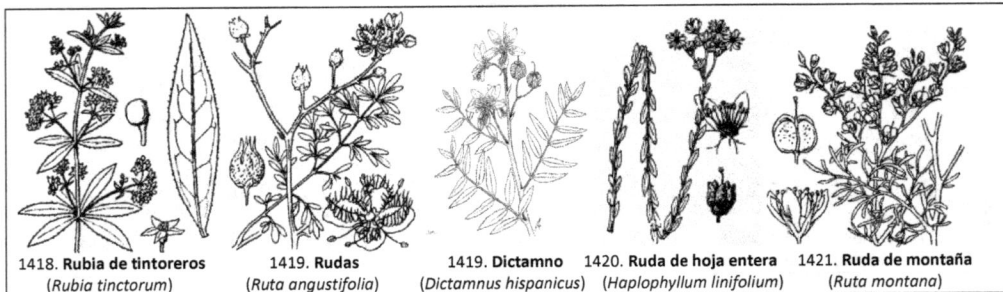

1418. **Rubia de tintoreros**	1419. **Rudas**	1419. **Dictamno**	1420. **Ruda de hoja entera**	1421. **Ruda de montaña**
(*Rubia tinctorum*)	(*Ruta angustifolia*)	(*Dictamnus hispanicus*)	(*Haplophyllum linifolium*)	(*Ruta montana*)

3.83.1. **Dictamno**, fresnillo, <u>gitam</u> (*Dictamnus hispanicus*): 2-5 dm. V-VII. Claros de bosque y matorrales sobre calizas en altitudes moderadas. Medit.-occid. R. (Fig. 1420). [Muy localmente se detecta en la Alcarria de Cuenca y Guadalajara, el **dictamno europeo** (*D. albus*), con hojas más anchas y blandas (Alc)].

3.83.2. **Rudas** (*Ruta, Haplophyllum*)

1. Hojas enteras, estrechas y alargadas (fig. 1420)............ **ruda de hoja entera** (*Haplophyllum linifolium*): 2-5 dm. IV-VI. Matorrales secos sobre sustratos básicos en ambientes continentales. Medit.-occid. M. [En zonas bajas *H. rosmarinifolium*, de hábito más glabro y con las hojas más estrechas (no lanceoladas sino lineares)].

— Hojas profundamente divididas en lóbulos numerosos (fig. 1419)....... **ruda común** (*Ruta angustifolia*): 3-8 dm. IV-VII. Matorrales secos y soleados, en altitudes moderadas. Medit.-occid. C. [En medios áridos interiores no es raro encontrar *R. montana*, con los lóbulos de las hojas muy estrechos (filiformes) y pétalos de borde entero (fig. 1421)]

3.84. Fam. SALICÁCEAS (*Salicaceae*)

Árboles o arbustos de hoja caduca, que suelen habitar en medios húmedos, generalmente ribereños o zonas de tundra y alta montaña. Las flores son unisexuales, apétalas, muy poco vistosas y se disponen en espigas densas; las femeninas con dos carpelos soldados, encerrando numerosos óvulos y produciendo frutos secos en cápsulas con numerosas semillas muy ligeras, provistas de largos pelos para su dispersión por el viento. Se usan como árboles ornamentales (sauces, álamos), en cestería (mimbre) y para la producción de madera de crecimiento rápido (chopos).

1. Hojas no o apenas más largas que anchas (figs. 1422-24) .... 1. **álamos** (*Populus*)
— Hojas bastante más largas que anchas (figs. 1425-29) .... 2. **sauces** (*Salix*)

3.84.1. **Álamos** (*Populus*)

1. Hojas blanco-tomentosas por el envés (fig. 1422) .... **álamo blanco** (*Populus alba*): 3-25 m. IV-V. Interviene en bosques de ribera, siendo difícil deslindar su participación espontánea de los ejemplares antiguamente cultivado e hibridándose además con sus congéneres. Paleotemp. R.
— Hojas glabras y verdes en el envés 2

2. Hojas triangulares o rómbicas, con el margen regular y finamente dentado, amarillas en otoño (fig. 1423) .... **chopo** (*Populus nigra*): 3-30 m. IV-V. Extendido en medios ribereños, con una evidente participación en la flora silvestre, ya que esta especie se evita en la arboricultura, donde suele sustituirse por híbridos con exóticas. Paleotemp. M.
— Hojas redondeadas, con margen irregularmente dentado, rojas en otoño (fig. 1424) **álamo temblón** (*Populus tremula*): 3-10 m. IV-V. Bosques caducifolios húmedos, sobre todo ribereños. Eurosib. R.

3.84.2. **Sauces**, <u>salzes</u> (*Salix*)

1. Hojas estrechamente lineares, de pocos mm de anchura, unas 10 veces más largas que anchas, verdes por el haz y blanco-tomentosas por el envés (fig. 1425).. **sargatillo** (*Salix eleagnos*): 1-4 m. III-V. Bosques o matorrales ribereños bajos y bien iluminados. Paleotemp. M.
— Sin estos caracteres reunidos 2

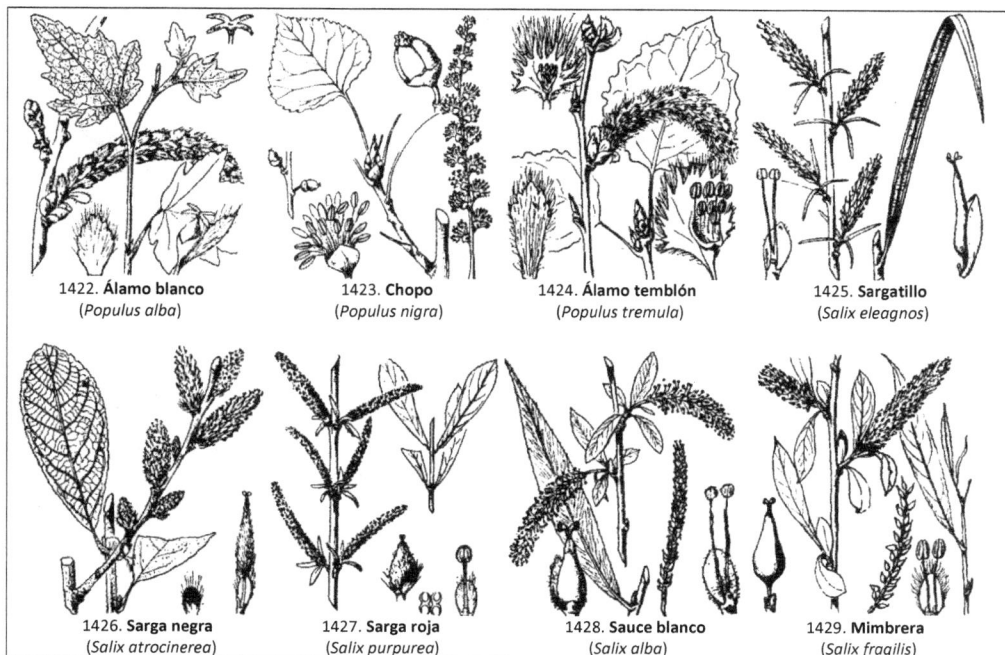

| 1422. **Álamo blanco** (*Populus alba*) | 1423. **Chopo** (*Populus nigra*) | 1424. **Álamo temblón** (*Populus tremula*) | 1425. **Sargatillo** (*Salix eleagnos*) |

| 1426. **Sarga negra** (*Salix atrocinerea*) | 1427. **Sarga roja** (*Salix purpurea*) | 1428. **Sauce blanco** (*Salix alba*) | 1429. **Mimbrera** (*Salix fragilis*) |

2. Hojas adultas de color verde oscuro en el haz, con las estípulas persistentes (fig. 1426) ....
.... **sarga negra** (*Salix atrocinerea*):
2-6 m. III-V. Bosques o matorrales de ribera, regueros húmedos. Medit.-Atlánt. M. [También *S. triandra*, con las hojas menores (unos 3-4 x 0,5-1 cm frente a 4-8 x 2-4 cm), los amentos femeninos más finos (unos 5-10 mm frente a 1-2 cm), etc.].
— Hojas de color verde claro, con las estípulas tempranamente caducas 3
3. Hojas generalmente opuestas, sentadas o muy brevemente pecioladas, cortas (± 4-6 cm), oblan-
ceoladas (fig. 1427) .... **sarga roja** (*Salix purpurea*):
1-4 m. III-V. Bosques y matorrales caducifolios en medios ribereños. Paleotemp. M.
— Hojas alternas, pecioladas, largas (± 5-10 cm), lanceoladas 4
4. Hojas adultas pelosas y plateadas, al menos por el envés. Flores femeninas con ovario sentado (fig.
1428).. **sauce blanco** (*Salix alba*):
2-15 m. IV-V. Bosques ribereños. Paleotemp. R. [En las zonas bajas le sustituye *S. neotricha*, aunque sus bosques ribereños -en convivencia con álamo blanco- se han visto muy mermados por la densidad de población de tales áreas].
— Hojas adultas glabras. Flores femeninas con ovario pedunculado (fig. 1429) .... **mimbrera** (*Salix fragilis*):
2-15 m. IV-V. Espontánea y a veces cultivada en medios ribereños. Eurosib. M.

3.85. Fam. SANTALÁCEAS (*Santalaceae*)

Grupo de plantas verdes, desde herbáceas a árboles, pero de vida parásita, con raíces que se fijan a las raí-
ces de otras plantas y les extraen líquidos que circulan por su sistema conductor, aunque el hecho de que esto ocurra bajo tierra y sean verdes oculta esta realidad. Sus flores son pequeñas y poco aparentes, con un hipando del que surgen unas pocas piezas periánticas poco coloreadas, el mismo número de estambres y en su fondo se inserta un gineceo unilocular, que produce frutos monospermos secos (aquenio) o carnosos (drupa).

1. Fruto seco, no coloreado. Plantas herbáceas o muy ligeramente leñosas, de estatura muy reducida,
poco erguidas y muy poco aparentes (fig. 1430) .... 3. **tesio** (*Thesium*)

227

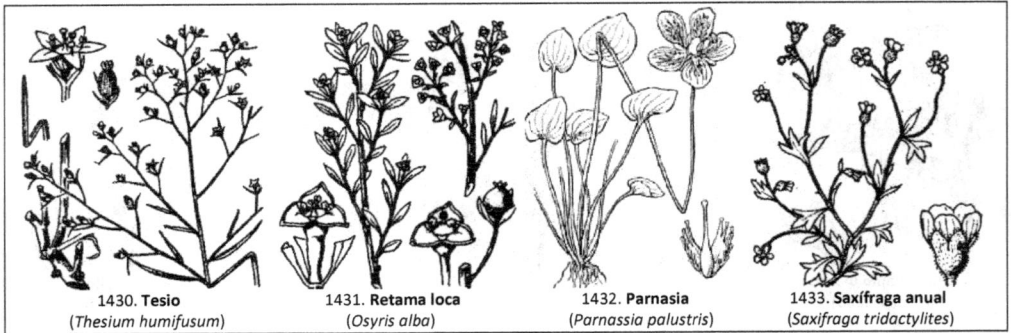

1430. Tesio	1431. Retama loca	1432. Parnasia	1433. Saxífraga anual
(*Thesium humifusum*)	(*Osyris alba*)	(*Parnassia palustris*)	(*Saxifraga tridactylites*)

— Fruto carnoso y coloreado. Plantas leñosas, al menos en la base, erguidas y aparentes, que pueden alcanzar cerca de 1 m o más 2

2. Hojas gruesas y consistentes, de unos 5-15 mm de anchura. Frutos maduros amarillentos o anaranjados. Arbusto muy leñoso y elevado (1-3 m) .... 1. **bayón** (*Osyris lanceolata*)

— Hojas finas y blandas, de unos 2-5 mm de anchura. Frutos maduros rojizos. Planta poco leñosa, de altura discreta (cerca de medio a un metro) (fig. 1431) .... 2. **retama loca** (*Osyris alba*)

3.85.1. **Bayón**, arraià (*Osyris lanceolata*): 1-3 m. III-V. Matorrales secos y soleados a baja altitud. Medit.-suroccid. R (Esp, Set).

5.85.2. **Retama loca**, ginestó (*Osyris alba*): 4-12 dm. III-V. Medios ribereños no muy frescos y bien iluminados. Circun-Medit. M. (Fig. 1431).

3.85.3. **Tesio** (*Thesium humifusum*): 1-3 dm. IV-VII. Matorrales y pastizales secos y soleados. Circun-Medit. C. (Fig. 1430). [Con porte anual (no perenne y algo leñoso) y flores solitarias axilares (no surgiendo en grupos), tenemos también ***Th. humile***].

3.86. Fam. SAXIFRAGÁCEAS (*Saxifragaceae*)

Familia muy extendida por las áreas frescas y húmedas de todo el reino Holártico, discretamente representada en nuestro país, sobre todo por hierbas perennes propias de medios rocosos de montaña. Las flores son vistosas, con 5 pétalos libres, 10 estambres y un gineceo de dos carpelos libres o incompletamente soldados, con frecuencia algo hundidos en el receptáculo. Los frutos son secos y polispermos, en cápsula.

1. Flores solitarias, provistas de estaminodios ramificados entre pétalos y estambres. Hojas enteras y ovadas, las basales pecioladas y las superiores sentadas (fig. 1432) .... 1. **parnasia** (*Parnassia*)

— Sin estos caracteres reunidos. Flores agrupadas, sin estaminodios (figs. 1433-39) ....
.... 2. **saxífragas** (*Saxifraga*)

3.86.1. Saxífragas (*Saxifraga*)

1. Planta anual, enana (unos cm de estatura), con flores de 2-5 mm (fig. 1433) .... **saxífraga anual** (*Saxifraga tridactylites*): 2-10 cm. II-V. Pastizales efímeros en ambientes sombreados. Holárt. M.

— Sin estos caracteres. Plantas que suelen superan 1 dm, con flores más grandes 2

2. Plantas robustas. Hojas enteras, mucho más largas que anchas, de un verde claro por incrustaciones calizas de aspecto harinoso (fig. 1434) .... **corona de rey** (*Saxifraga longifolia*): 3-6 dm. V-VII. Roquedos calizos frescos y poco soleados. Medit.-occid. RR.

— Sin estos caracteres reunidos. Hojas verdes, lobuladas o divididas, las basales con limbo no más largo que ancho 3

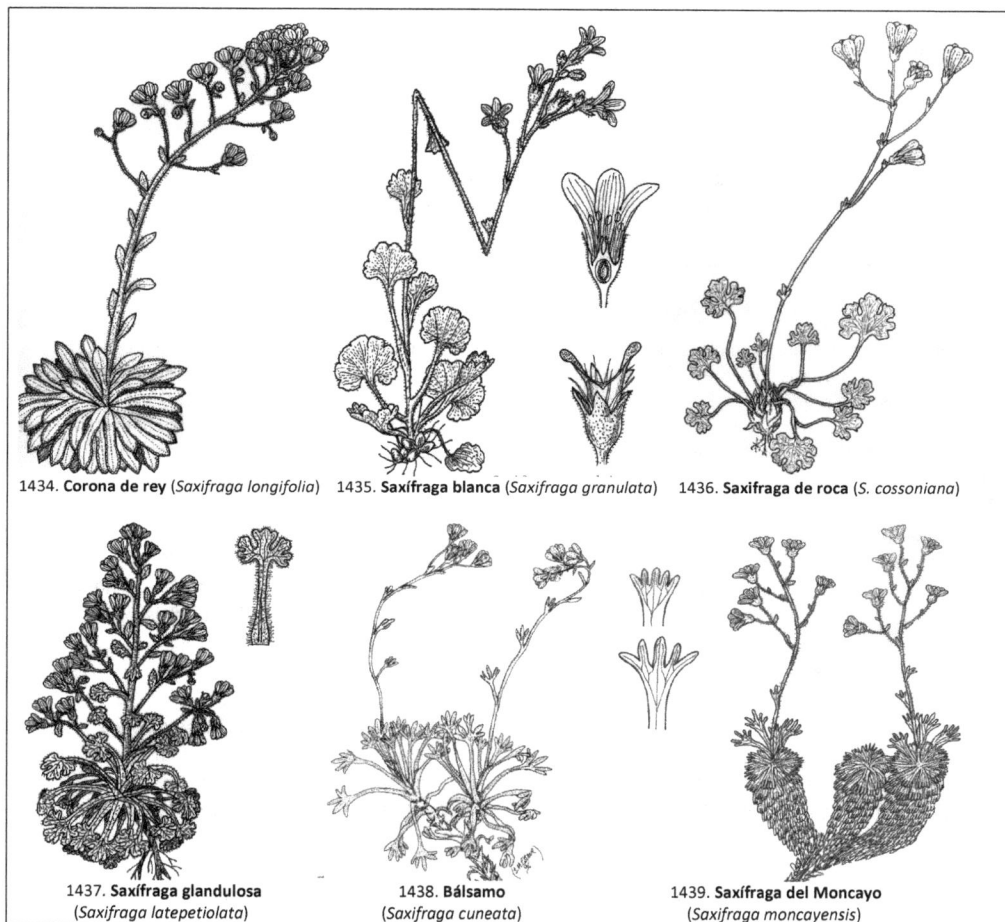

1434. **Corona de rey** (*Saxifraga longifolia*)   1435. **Saxífraga blanca** (*Saxifraga granulata*)   1436. **Saxífraga de roca** (*S. cossoniana*)

1437. **Saxífraga glandulosa**
(*Saxifraga latepetiolata*)

1438. **Bálsamo**
(*Saxifraga cuneata*)

1439. **Saxífraga del Moncayo**
(*Saxifraga moncayensis*)

3. Cepa portadora de numerosos bulbillos en la base de las hojas basales (fig. 1435) .. **saxífraga blanca** (*Saxifraga granulata*): 1-4 dm. IV-VI. Claros forestales frescos, terrenos escarpados. Euri-Eurosib. M. [Tenemos varias especies similares, que muestran bulbillos pero unas hojas más divididas: **S. carpetana**, con hojas inferiores apenas pecioladas; **S. dichotoma**, con flores rosadas, ambas en pastizales vivaces de montaña. En medios rocosos calizos está **S. cossoniana**, que se diferencia por sus hojas más recortadas, con lóbulos anchos (fig. 1436)].

— Cepa no portadora de bulbillos 4

4. Planta cubierta de largos pelos glandulosos. Hierba de vida breve (bienal), que se seca tras la floración, sin restos de otros años (fig. 1437) .... **saxífraga glandulosa** (*Saxifraga latepetiolata*): 5-25 cm. IV-VI. Grietas y repisas de roquedos calizos en medios frescos de montaña. Iberolev. R.

— Planta adherente-glandulosa, pero no pelosa. Hierba perenne que forma almohadillas densas, con restos secos de las hojas de otros años (fig. 1438)...................................... **bálsamo** (*Saxifraga cuneata*, S. fragilis, S. valentina): 1-3 dm. IV-VI. Grietas y repisas de roquedos calizos orientados a norte. Medit.-occid. R.

[En las roquedos frescos, tanto calizos como silíceos, de las partes más interiores, le sustituye una especie semejante, **saxífraga del Moncayo** (**S. moncayensis**) de hojas menores, más densas, con peciolo más ancho y corto y con lóbulos más cortos, blandos y menos divergentes (Alc, Jil) (fig. 1439)].

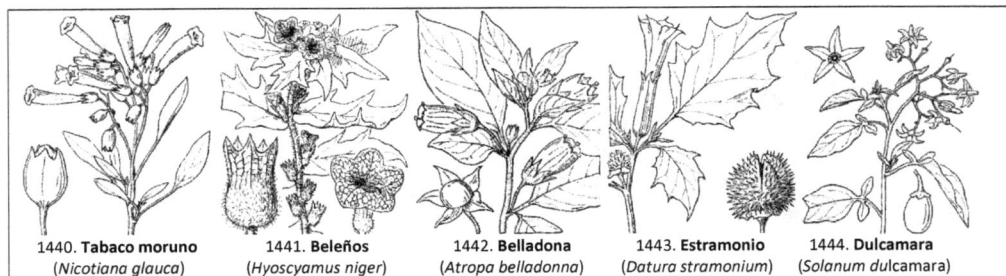

1440. **Tabaco moruno**	1441. **Beleños**	1442. **Belladona**	1443. **Estramonio**	1444. **Dulcamara**
(*Nicotiana glauca*)	(*Hyoscyamus niger*)	(*Atropa belladonna*)	(*Datura stramonium*)	(*Solanum dulcamara*)

3.87. Fam. SOLANÁCEAS (*Solanaceae*)

Conocida e importante familia de gran importancia económica, que suministra productos agrícolas tan importantes como patatas, tomates, pimientos o berenjenas; a la vez que productos farmacéuticos, tóxicos o alucinógenos, como en el caso del tabaco, la mandrágora, belladona, estramonio, beleño, etc. Suelen ser hierbas de cierta consistencia (a veces arbustos o árboles), con hojas alternas y flores más o menos simétricas, que forman 5 pétalos soldados, 5 estambres y un ovario con numerosos óvulos que se convierte en fruto carnoso en baya (tomate, berenjena) o seco en cápsula (estramonio, beleño).

1. Planta leñosa y elevada (alcanzando varios metros). Corola amarilla con un tubo muy estrecho y alargado (fig. 1440) .... 6. **tabaco moruno** (*Nicotiana*)
— Sin estos caracteres reunidos 2
2. Inflorescencia en espiga o racimo alargado. Corola con simetría bilateral, provista de nerviación fuertemente marcada (fig. 1441) .... 1. **beleños** (*Hyoscyamus*)
— Sin estos caracteres reunidos. Corola con simetría radiada 3
3. Corola soldada en tubo alargado y lóbulos libres más cortos 4
— Corola con tubo muy corto y lóbulos libres alargados 5
4. Flores tuboloso-acampanadas, de color marrón (fig. 1442)............................... 2. **belladona** (*Atropa*)
— Flores embudadas, de color blanco (fig. 1443).. 4. **estramonio** (*Datura*)
5. Planta perenne trepadora. Flor violeta. Fruto alargado (fig. 1444).. 3. **dulcamara** (*Solanum dulcamara*)
— Planta anual no trepadora. Flor blanca. Fruto esférico (fig. 1445)..... 5. **hierba mora** (*Solanum nigrum*)

3.87.1. **Beleños** (*Hyoscyamus*)

1. Flores amarillentas. Hojas todas pecioladas (fig. 1446) .... **beleño blanco** (*Hyoscyamus albus*): 2-5 dm. IV-IX(III). Muros y herbazales sobre terrenos baldíos. Circun-Medit. M.
— Flores de coloración variada de castaño claro a oscuro casi negro (interior de la corola). Hojas del tallo sentadas (fig. 1441) .... **beleño negro** (*Hyoscyamus niger*): 4-10 dm. V-VIII. Campos de secano, cunetas y escombreras. Paleotemp. M.

3.87.2. **Belladona** (*Atropa belladonna*): 4-15 dm. VII-IX. Orlas de bosques en ambientes frescos de montaña. Eurosib. RR (Gud). (Fig. 1442). [En el Alto Tajo y su entorno existen escasas poblaciones de la interesante *A. baetica* (Taj), de flores más abiertas y amarillentas].

3.87.3. **Dulcamara** (*Solanum dulcamara*): 4-20 dm. VI-IX. Trepadora en carrizales y medios forestales de ribera. Paleotemp. M. (Fig. 1444).

3.87.4. **Estramonio** (*Datura stramonium*): 4-12 dm. VII-X. Campos de cultivo, terrenos baldíos. Neotrop. R. (Fig. 1443). [También *D. innoxia*, con flores doble de largas (10-20 cm) y hojas apenas dentadas, en zonas bajas].

3.87.5. **Hierba mora**, tomatera del diablo, morella (*Solanum nigrum*): 1-5 dm. IV-X. Terrenos baldíos y campos de cultivo. Subcosmop. C. (Fig. 1445). [En zonas costeras se ven ejemplares leñosos, más elevados, atribuibles a la especie americana *S. chenopodioides*].

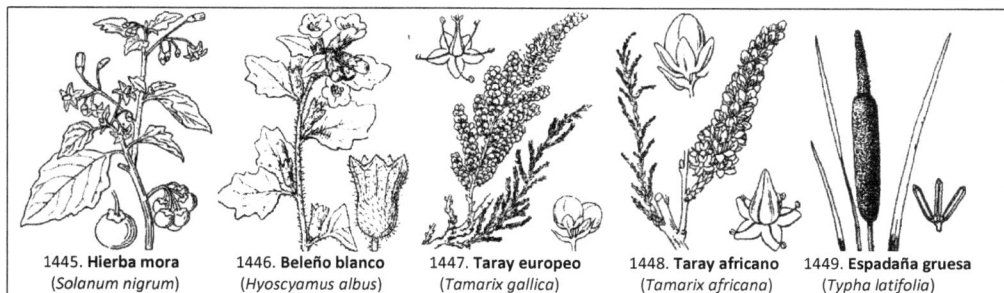

| 1445. **Hierba mora** | 1446. **Beleño blanco** | 1447. **Taray europeo** | 1448. **Taray africano** | 1449. **Espadaña gruesa** |
| (*Solanum nigrum*) | (*Hyoscyamus albus*) | (*Tamarix gallica*) | (*Tamarix africana*) | (*Typha latifolia*) |

3.87.6. **Tabaco moruno**, tabac de moro (*Nicotiana glauca*): 1-5 m. I-XII. Terrenos baldíos, cunetas, solares, etc. en zonas de baja altitud. Neotrop. M. (Fig. 1440).

3.88. Fam. TAMARICÁCEAS (*Tamaricaceae*)

Pequeña familia de árboles o arbustos propios de medios esteparios o salinos. Hojas muy reducidas, escuamiformes (aspecto semejante a cipreses), aunque caducas. Inflorescencias espiciformes vistosas, con pequeñas flores de 4-5 sépalos y pétalos libres, 4-10 estambres y gineceo súpero con 2-5 carpelos soldados, dando lugar a frutos secos capsulares.

3.88.1. **Taray**, tamarits (*Tamarix*)
1. Pétalos de 1-2 mm, que caen al secarse la flor. Inflorescencias de unos 3-5 mm de anchura (fig. 1447) .... **taray europeo** (*Tamarix gallica,*
   T. canariensis): 2-5 m. III-VI. Riberas fluviales, medios salinos costeros o interiores. Medit.-occid. M.
— Pétalos persistentes, de 2-3 mm. Inflorescencias de unos 5-8 mm de ancho (fig. 1448) ....
   .... **taray africano** (*Tamarix africana*):
   2-5 m. IV-VI. Medios salinos sobre todo costeros. Medit.-merid. R.

3.89. Fam. TIFÁCEAS (*Typhaceae*)

Hierbas perennes y robustas, que habitan en zonas pantanosas o márgenes de corrientes de agua. Surgen de un fuerte rizoma y tienen tallos erguidos, recios, que emiten numerosas hojas acintadas. El extremo del tallo forma una inflorescencia densa y alargada, con la parte inferior más gruesa, provista de flores femeninas, persistentes y muy reducidas, que dan frutos muy ligeros y pelosos; mientras que la parte superior da flores masculinas, de corta duración. Se emplean desde antiguo por el valor de sus hojas para trabajos artesanales de cestería.

3.89.1. **Espadañas**, eneas, bogues (*Typha*)
1. -Hojas con 1-3 cm de anchura. Inflorescencia con la parte inferior (femenina) de color castaño oscuro, contactando con la masculina (fig. 1449) .... **espadaña gruesa** (*Typha latifolia*):
   1-3 m.VI-VIII. Juncales y carrizales sobre terrenos muy húmedos o inundados. Subcosmop. R.
— Hojas con cerca de 1 cm de anchura o menos. Parte femenina de la inflorescencia de color castaño claro, separada de la parte masculina (fig. 1450) .... **espadaña fina**(*Typha angustifolia*):
   1-2 m. VI-VIII. Juncales y altos herbazales instalados en medios húmedos. Holárt. M.

3.90. Fam. TILIÁCEAS (*Tiliáceas*)

Comprende árboles y arbustos en su mayoría tropicales, pero en Europa tiene su representación a través de los tilos, árboles caducifolios propios de los bosques templado-húmedos, con difícil cabida en ambientes mediterráneos. Se caracterizan por sus grandes hojas, blandas y redondeadas, y por sus flores dispuestas con los pedúnculos soldados a la bráctea, que al madurar los frutos se desprende con ellos ayudando a su dispersión por el viento. Tales brácteas, con sus frutos, son muy recolectados por su conocido uso como infusión tranquilizante.

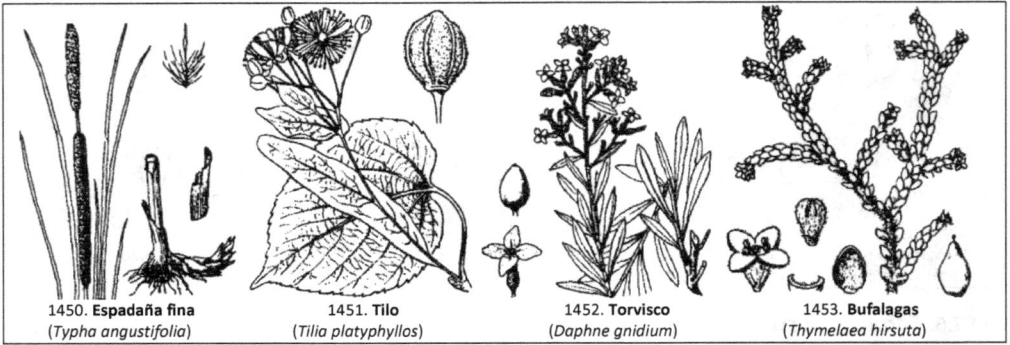

1450. **Espadaña fina**	1451. **Tilo**	1452. **Torvisco**	1453. **Bufalagas**
(*Typha angustifolia*)	(*Tilia platyphyllos*)	(*Daphne gnidium*)	(*Thymelaea hirsuta*)

3.90.1. Tilo, tell (*Tilia platyphyllos*): 3-20 m. V-VI. Bosques caducifolios en ambientes frescos de umbría, sobre sustratos calizos. Eurosib. RR. (Fig. 1451).

3.91. Fam. TIMELEÁCEAS (*Thymelaeaceae*)

Arbustos o árboles, incluso hierbas con hojas simples y enteras. Flores con un hipanto acopado, que termina en 4 piezas periánticas poco vistosas y 8 estambres. El gineceo ocupa el fondo, siendo pequeño y uniovulado, dando frutos secos en aquenio o carnosos en baya. Solamente un par de géneros alcanzan nuestras latitudes.

1. Flores blancas. Frutos carnosos, rojizos (fig. 1452) .... 2. **torvisco** (*Daphne*)
— Flores amarillentas. Frutos secos, no coloreados (fig. 1453-56) .... 1. **bufalagas** (*Thymelaea*)

3.91.1. Bufalagas, bufalagues (*Thymelaea*)

1. Hojas triangular-escuamiformes, imbricadas unas sobre otras, con una cara verde y otra tomento-so-blanquecina (fig. 1453) .... **bufalaga tomentosa** (*Thymelaea hirsuta*): 4-12 dm. IX-IV. Matorrales secos y soleados en zonas alteradas y de baja altitud. Medit.-Iranot. M.
— Hojas alargadas, no imbricadas, con indumento semejante en ambas caras 2
2. Hojas grisáceo-plateadas, con pelosidad densa (fig. 1454) .. **bufalaga plateada** (*Thymelaea argentata*): 3-6 dm. II-V. Matorrales despejados en ambientes áridos pero cálidos. Medit.-suroccid. R (Esp, Set).
[También ***Th. tartonraira***, diferenciable por sus hojas más anchas y flores surgiendo de brácteas aparentes (Set)].
— Hojas verdes, sin pelos 3
3. Piezas periánticas pelosas. Plantas enanas, con tallos herbáceos, aunque algo leñosos en la cepa (fig. 1455) .... **bufalaga enana** (*Thymelaea pubescens*): 5-25 cm. IV-VII. Matorrales y pastizales secos sobre calizas. Iberolev. M.
— Piezas periánticas glabras. Planta algo más elevada y muy leñosa (fig. 1456) .... **bufalaga de tintoreros** (*Thymelaea tinctoria*): 2-5 dm. II-V. Matorrales secos sobre sustrato calizo. Medit.-noroccid. M.
[Con perianto glabro pero planta baja y poco leñosa, de hojas más ensanchadas (elípticas) tenemos el endemismo ***Th. subrepens***, en ambientes silíceos de la Serranía de Cuenca y su entorno (Taj)].

3.91.2. Torvisco y laureola, matapoll y lloreret (*Daphne*)

1. Hojas con más de 1 cm de anchura, concentradas en los extremos de los tallos. Flores amarillentas o verdosas. Frutos negros (fig. 1457) .... **laureola**, lloreret (*Daphne laureola*): 5-10 dm. III-V. Medios forestales y sus orlas, en medios calizos frescos de montaña. Medit.-sept. R (Bec).
— Hojas con menos de 1 cm de anchura, laxamente dispuestas a lo largo de buena parte del tallo. Flores blancas. Frutos rojizos (fig. 1452) .... **torvisco**, matapoll (*Daphne gnidium*): 5-15 dm. VII-IX. Matorrales despejados en ambientes no muy secos ni elevados. Circun-Medit. M.

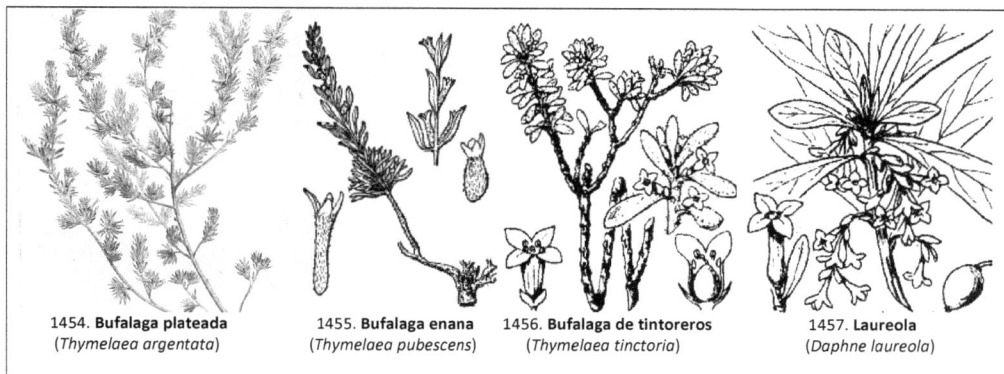

| 1454. **Bufalaga plateada** | 1455. **Bufalaga enana** | 1456. **Bufalaga de tintoreros** | 1457. **Laureola** |
| (*Thymelaea argentata*) | (*Thymelaea pubescens*) | (*Thymelaea tinctoria*) | (*Daphne laureola*) |

3.92. Fam. ULMÁCEAS (*Ulmaceae*)

Otra familia con mayor representación en países lejanos, de la que sólo alcanzan esta zona los olmos, árboles caducifolios propios de ambientes húmedos templados. Sus hojas suelen ser asimétricas, sus flores muy reducidas y poco vistosas, dando frutos redondeados, muy ligeros y aplanados, cubiertos por un ala membranosa que facilita su dispersión aérea (sámaras), aunque otros parientes cercanos -como el almez- dan frutos carnosos comestibles.

1. Frutos secos, alados y aplanados, de aparición muy temprana (comienzo de primavera), que caen en pocos días (figs. 1459-60) .... 2. **olmos** (*Ulmus*)
— Frutos carnosos, esféricos, de aparición tardía, muy duraderos (fig. 1458) .... 1. **almez** (*Celtis*)

3.92.1. Almez, llidoner (*Celtis australis*): 4-20 m. IV-V. Cunetas, setos, bosques de ribera, en zonas de baja altitud. Circun-Medit. M. (Fig. 1458).

3.92.2. Olmos, oms (*Ulmus*)
1. Hojas provistas de unos 12-18 pares de nervios laterales. Semilla situada en el centro del fruto (fig. 1460).. **olmo de montaña** (*Ulmus glabra*): 3-15 m. IV-V. Bosques caducifolios y parajes o rincones umbrosos. Eurosib. RR.
— Hojas provistas de unos 6-12 pares de nervios. Semilla situada por encima de la mitad (fig. 1459) .... **olmo común** (*Ulmus minor*): 3-18 m. IV-V. Bosques ribereños, terrenos baldíos. Paleotemp. C.

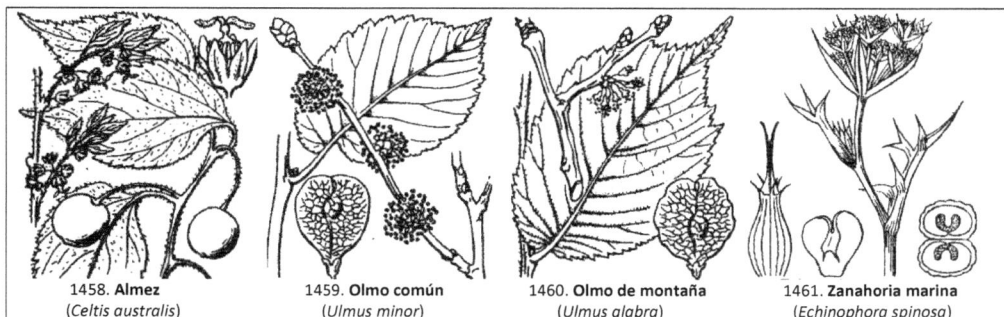

| 1458. **Almez** | 1459. **Olmo común** | 1460. **Olmo de montaña** | 1461. **Zanahoria marina** |
| (*Celtis australis*) | (*Ulmus minor*) | (*Ulmus glabra*) | (*Echinophora spinosa*) |

233

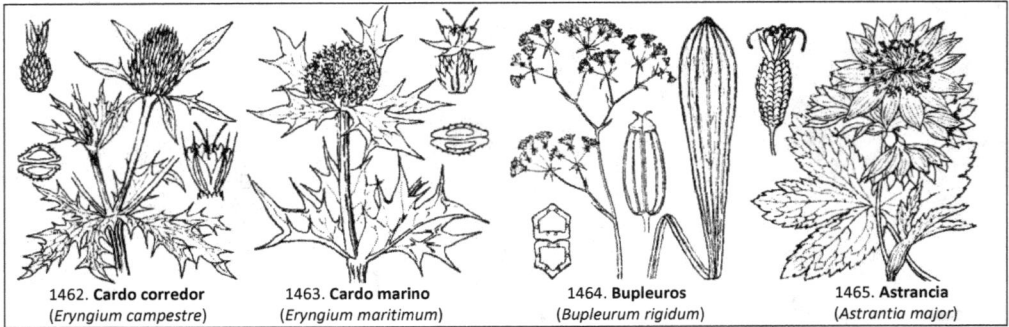

| 1462. **Cardo corredor** | 1463. **Cardo marino** | 1464. **Bupleuros** | 1465. **Astrancia** |
| *(Eryngium campestre)* | *(Eryngium maritimum)* | *(Bupleurum rigidum)* | *(Astrantia major)* |

3.93. Fam. UMBELÍFERAS (*Umbelliferae, Apiaceae*)

Importante familia de plantas herbáceas o arbustivas, que suelen tener las hojas muy divididas y las flores reunidas en umbelas simples o dobles. El cáliz suele ser muy reducido, la corola presenta 5 pétalos libres, de pequeño tamaño, los estambres son 5 y el gineceo, que es ínfero, tiene 2 carpelos soldados con un óvulo en cada uno. Los frutos son secos, en diesquizocarpos (dobles aquenios) que suelen separarse al madurar. Abundan las especies aromáticas, ricas en aceites esenciales, empleadas como condimentos o medicinales, como el anís, perejil, comino, eneldo, coriandro, etc.; otras son cultivadas como hortalizas comestibles (zanahoria, apio, hinojo, etc.).

1. Hojas y brácteas del involucro espinosas 2
— Hojas y brácteas del involucro no espinosas 4
2. Hojas coriáceas, aplanadas con lóbulos anchos. Inflorescencia esférica densa (aspecto de capítulo) 3
— Hojas crasas, con lóbulos cilíndricos estrechas. Inflorescencia en umbela típica (fig. 1461) ....
.... 29. **zanahoria marina** (*Echinophora*)
3. Hojas verdosas, divididas hasta el nervio medio en numerosos lóbulos independientes. Umbelas con 3-7 brácteas lineares (fig. 1462) .... 8. **cardo corredor** (*Eryngium* p.p.)
— Hojas de tonalidad azulada, más o menos profundamente dentadas. Umbelas con 10-15 brácteas ovadas (fig. 1463) .... 9. **cardo marino** (*Eryngium* p.p.)
4. Todas las hojas simples y enteras, incluidas las basales (fig. 1464)............... 5. **bupleuros** (*Bupleurum*)
— Algunas o todas las hojas divididas 5
5. Brácteas del involucro blancas, imitando pétalos. Umbela muy condensada con aspecto de capítulo (fig. 1465) .... 3. **astrancia** (*Astrantia*)
— Sin estos caracteres reunidos. Umbelas más o menos laxas 6
6. Frutos cubiertos de expansiones alares 7
— Frutos no alados 16
7. Flores amarillas 8
— Flores blancas o rosadas 12
8. Hojas divididas en segmentos filiformes o muy finos (cerca de 1 mm de ancho) 9
— Hojas divididas en segmentos anchos (más de 2 mm) 11
9. Planta muy robusta y elevada (tallos superando 1 cm de diámetro y 1,5 m de alto). Hojas inferiores alcanzando fácilmente medio metro o más (fig. 1466)................................. 16. **férula** (*Ferula*)
— Planta menos robusta y elevada. Hojas menores 10
10. Hojas 4-5 veces divididas, con lóbulos finales de 1-2 mm (fig. 1467) . 14. **falso eneldo** (*Elaeoselinum*)
— Lóbulos finales de las hojas más largos (fig. 1468) .... 23. **peucédanos** (*Peucedanum* p.p.)

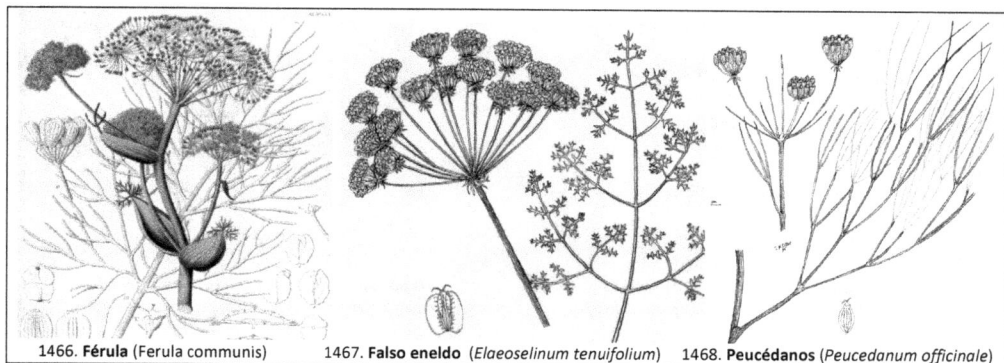

1466. **Férula** (Ferula communis)   1467. **Falso eneldo** (*Elaeoselinum tenuifolium*)   1468. **Peucédanos** (*Peucedanum officinale*)

11. Inflorescencia de contorno casi esférico, alcanzando a menudo los 10 cm de diámetro. Hojas basales grandes, 2-4 veces divididas en segmentos de unos 5-10 mm de anchura. Frutos superando habitualmente 1 cm (fig. 1469) .... 7. **candileja** (*Thapsia*)
— Inflorescencia de contorno cónico y menor tamaño. Hojas basales 1-2 veces divididas en segmentos más anchos (unos 2-3 cm). Frutos de 5-7 mm (fig. 1470) .... 10. **chirivía** (*Pastinaca*)
12. Umbelas con 5 o más brácteas persistentes. Fruto peloso 13
— Umbelas con brácteas nulas o escasas y caducas. Fruto liso 15
13. Hojas pelosas, en su mayoría basales. Tallos pelosos (fig. 1471) .... 15. **fenollosa** (*Guillonea*)
— Hojas y tallos glabros 14
14. Umbelas con 5 o más brácteas persistentes. Frutos pelosos (fig. 1472).. 20. **laserpitios** (*Laserpitium*)
— Umbelas sin brácteas o con éstas escasas y caducas. Frutos glabros (fig. 1473) ....
.... 23. **peucédanos** (*Peucedanum* p.p.)
15. Tallos y hojas más o menos densamente pelosos. Las hojas llegan a ser blanquecinas por el envés, irregularmente divididas en grandes lóbulos (fig. 1474) .... 28. **ursina** (*Heracleum*)
— Tallos y hojas no o muy poco pelosos. Las hojas son verdes y regularmente divididas en segmentos estrechos .... 27. **turbit** (*Ligusticum*)
16. Hojas palmeadamente divididas en 3-5 lóbulos anchos semejantes. Frutos cubiertos de prolongaciones ganchudas (fig. 1475).. 25. **sanícula** (*Sanicula*)
— Hojas pinnadamente divididas 17
17. Hojas, al menos las inferiores, una vez divididas en segmentos anchos, que suelen superar 1 cm de anchura 18
— Hojas inferiores varias veces divididas, en segmentos que suelen ser estrechos, con menos de 1 cm de anchura 19
18. Hojas todas semejantes. Umbelas sobre pedúnculos más cortos que la hoja de la que surgen (fig. 1476).. 2. **apios** (*Apium*)
— Hojas superiores diferentes de las inferiores. Umbelas sobre pedúnculos más largos que la hoja de que surgen (fig. 1477) .... 24. **pimpinelas** (*Pimpinella*)
19. Hojas inferiores surgiendo bajo tierra, desde un tubérculo esférico. Tallos flexuosos en su base (fig. 1478) .... 13. **conopodios** (*Conopodium*)
— Sin estos caracteres reunidos 20
20. Frutos cubiertos de pelos rígidos o protuberancias espinosas 21
— Frutos de superficie lisa 24
21. Brácteas de las umbelas divididas en tres o más lóbulos (fig. 1479). 30. **zanahoria silvestre** (*Daucus*)
— Brácteas de las umbelas, cuando existen, enteras 22
22. Frutos con cerca de 1 cm de longitud o más, cubiertos de espinas dispuestas en filas regulares (fig. 1480) .... 6. **cadillos** (*Caucalis, Turgenia*)

235

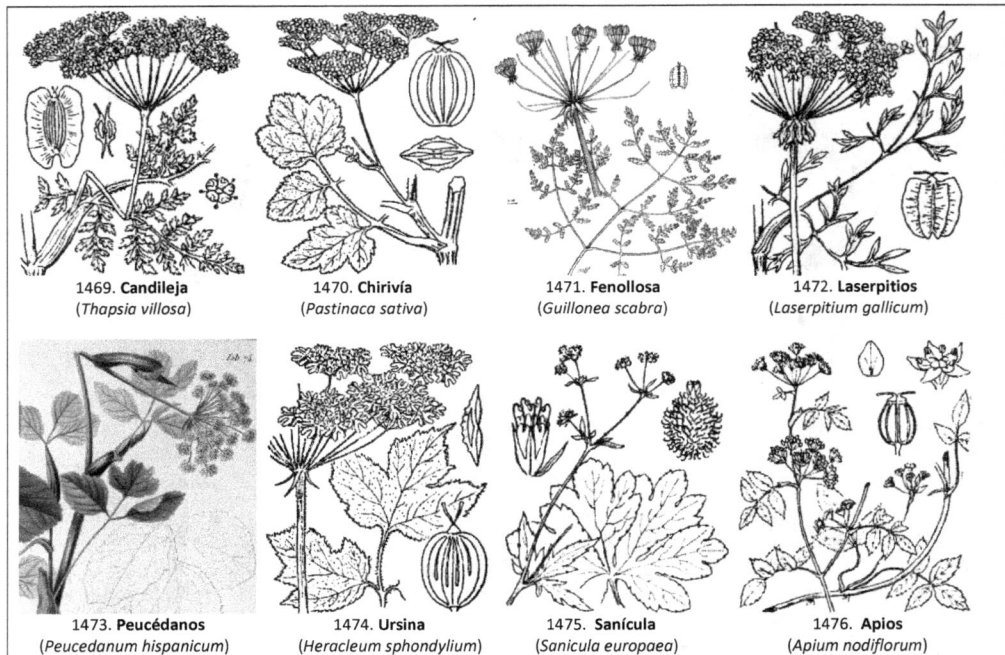

| 1469. **Candileja** (*Thapsia villosa*) | 1470. **Chirivía** (*Pastinaca sativa*) | 1471. **Fenollosa** (*Guillonea scabra*) | 1472. **Laserpitios** (*Laserpitium gallicum*) |

| 1473. **Peucédanos** (*Peucedanum hispanicum*) | 1474. **Ursina** (*Heracleum sphondylium*) | 1475. **Sanícula** (*Sanicula europaea*) | 1476. **Apios** (*Apium nodiflorum*) |

— Frutos menores, con espinas o ganchos dispuestos de modo irregular 23

23. Frutos elipsoidales, apenas estrechados en el ápice, cubiertos de espinas terminadas en punta ramificada en ancla (ver con aumento) (fig. 1481) .... 4. **bardanillas** (*Torilis*)

— Frutos ovoideo-cónicos, muy estrechados hacia el ápice, cubiertos de espinas simples ganchudas (fig. 1482) .... 1. **antriscos** (*Anthriscus* p.p.)

24. Flores de un color blanco nítido 25

— Flores amarillas, amarillentas, verdosas, no claramente blancas 30

25. Hierba robusta, que alcanza 1-2 m de altura. Tallos de color verde claro, con manchas rojizas, gruesos como una caña en la base, de floración primaveral (fig. 1483) .... 11. **cicuta mayor** (*Conium*)

— Sin estos caracteres reunidos 26

26. Frutos terminados en un pico tan largo o más que el cuerpo basal seminífero (fig. 1484) .... 21. **peine de Venus** (*Scandix*)

— Frutos terminados en pico bastante más corto que el cuerpo basal 27

27. Hojas inferiores divididas en unos pocos segmentos largos y estrechos 28

— Hojas inferiores divididas en numerosos segmentos, desde lineares a ovados 29

28. Planta algo elevada (entre medio y un metro). Frutos con pico estilar de longitud cercana a la mitad del cuerpo seminífero del mismo (fig. 1485) .... 17. **hinojo acuático** (*Oenanthe*)

— Planta baja. Fruto con pico estilar más corto (fig. 1486) .... 26. **séseli** (*Seseli*)

29. Frutos 3-4 veces más largos que anchos. Brácteas del involucro anchas (fig. 1487) .... 1. **antriscos** (*Anthriscus* p.p.)

— Frutos 1-2 veces más largos que anchos. Brácteas estrechas (fig. 1488)............. 12. **cominos** (*Carum*)

30. Planta erguida y elevada cerca de 1-2 metros. Hojas divididas en numerosos segmentos filiformes (fig. 1489) ....18. **hinojo común** (*Foeniculum*)

— Sin estos caracteres reunidos 31

236

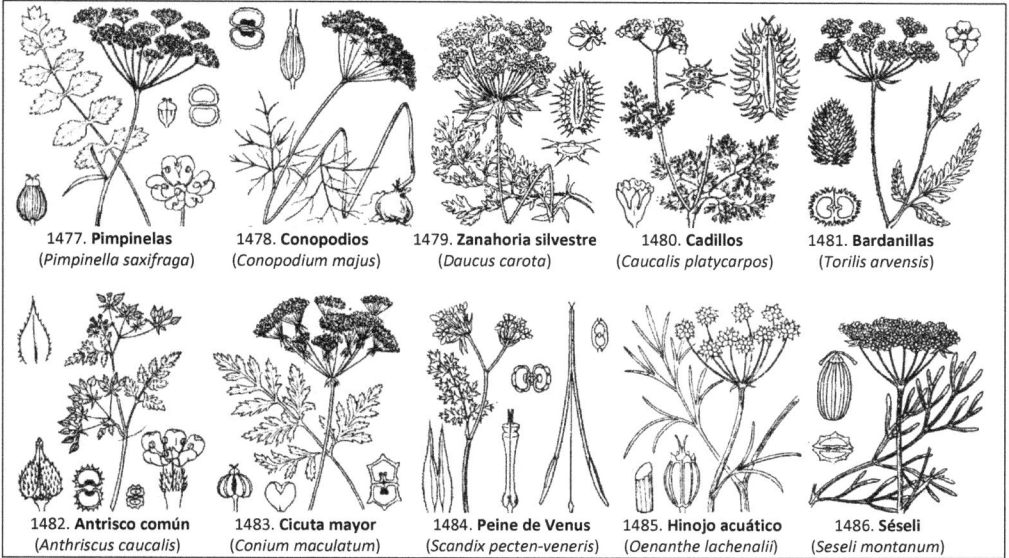

1477. Pimpinelas
(*Pimpinella saxifraga*)

1478. Conopodios
(*Conopodium majus*)

1479. Zanahoria silvestre
(*Daucus carota*)

1480. Cadillos
(*Caucalis platycarpos*)

1481. Bardanillas
(*Torilis arvensis*)

1482. Antrisco común
(*Anthriscus caucalis*)

1483. Cicuta mayor
(*Conium maculatum*)

1484. Peine de Venus
(*Scandix pecten-veneris*)

1485. Hinojo acuático
(*Oenanthe lachenalii*)

1486. Séseli
(*Seseli montanum*)

31. Hojas divididas en segmentos planos. Planta grácil, que se eleva cerca de medio a un metro (fig. 1490).. 22. **perejil** (*Petroselinum*)

— Hojas divididas en segmentos engrosado-carnosos. Planta robusta, tendida o poco elevada (fig. 1491).. 19. **hinojo marino** (*Crithmum*)

3.93.1. **Antriscos** (*Anthriscus*)

1. Planta anual, tenue y de porte reducido. Frutos ovoideos, de 3-5 mm, cubiertos de espinitas ganchudas (fig. 1482) .... **antrisco común** (*Anthriscus caucalis*, A. *vulgaris*): 2-6 dm. IV-VI. Herbazales alterados en medios sombreados. Paleotemp. M.

— Planta perenne, algo elevada y consistente. Frutos alargados de unos 8-10 mm, con superficie lisa (fig. 1487) .... **antrisco silvestre** (*Anthriscus sylvestris*): 3-10. IV-VI. Orlas forestales, herbazales vivaces húmedos en ambientes sombreados. Eurosib. M.

3.93.2. **Apios**, apis (*Apium*)

1. Planta erguida, sin tallos tendidos enraizantes. Umbelas sin brácteas ni bractéolas (fig. 1492) .... **apio común** (*Apium graveolens*): 3-10 dm. IV-IX. Herbazales vivaces húmedos. Paleotemp. R.

— Planta provista de tallos tendido-enraizantes (además de otros erguidos que florecen). Umbelas al menos con bractéolas (fig. 1476) .... **berraza** (*Apium nodiflorum*): 1-6 dm. V-IX. Cauces fluviales y regueros húmedos. Euri-Medit. R. [En áreas frescas de montaña habita **A. repens**, de tamaño más reducido, sin tallos erguidos, pero umbelas con pedúnculos más largos que los radios].

3.93.3. **Astrancia** (*Astrantia major*): 3-8 dm. VII-IX. Bosques caducifolios y rincones umbrosos de su entorno. Eurosib. RR (Gud, Taj). (Fig. 1465).

3.93.4. **Bardanillas** (*Torilis*)

1. Flores en umbelas dispuestas sobre pedúnculos cortos (menores que la hoja de la que surgen), opuestas a las hojas a lo largo del tallo 2

237

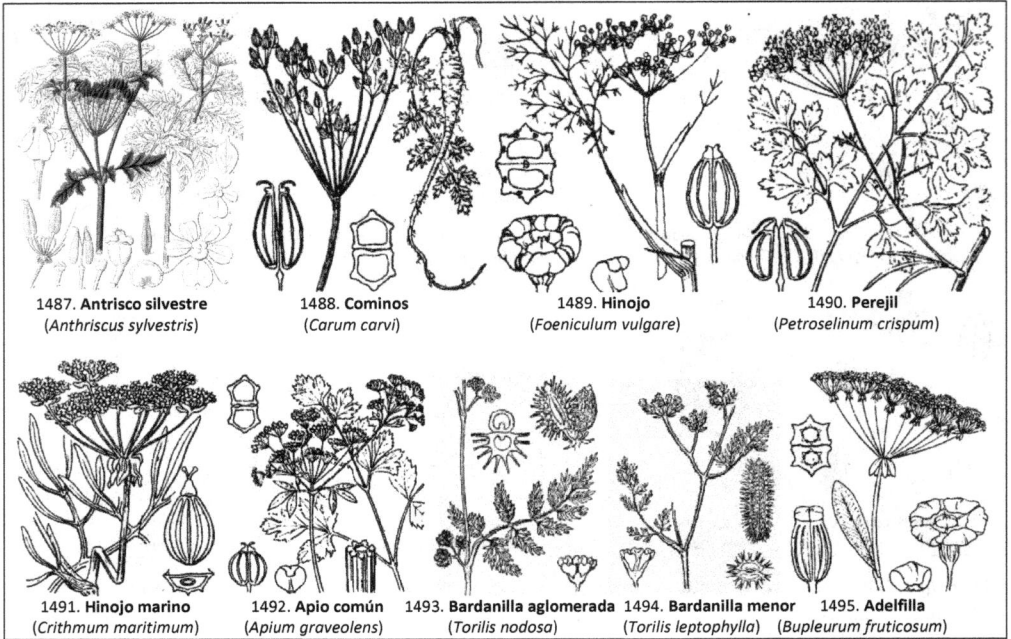

1487. Antrisco silvestre (*Anthriscus sylvestris*) **1488. Cominos** (*Carum carvi*) **1489. Hinojo** (*Foeniculum vulgare*) **1490. Perejil** (*Petroselinum crispum*)

1491. Hinojo marino (*Crithmum maritimum*) **1492. Apio común** (*Apium graveolens*) **1493. Bardanilla aglomerada** (*Torilis nodosa*) **1494. Bardanilla menor** (*Torilis leptophylla*) **1495. Adelfilla** (*Bupleurum fruticosum*)

— Flores en umbelas claramente pedunculadas, dispuestas sobre todo en los extremos de los tallos (fig. 1481) .... **bardanilla común** (*Torilis arvensis*): 3-10 dm. IV-VII. Herbazales alterados y terrenos baldíos no muy secos. Paleotemp. C. [En áreas frescas de montaña puede sustituirle su congénere **T. japonica**, con flores más bien rosadas y umbela principal con unas 4-12 brácteas].

2. Umbelas sentadas, esferoidales, con los pedúnculos ocultos por las flores (fig. 1493) .... **bardanilla aglomerada** (*Torilis nodosa*): 2-5 dm. IV-VII. Herbazales anuales frecuentados y alterados. Medit.-Iranot. M.

— Umbelas pedunculadas, con los pedúnculos aparentes (fig. 1494) .... **bardanilla menor** (*Torilis leptophylla*): 1-3 dm. III-VI. Terrenos baldíos, pastizales secos anuales. Medit.-Iranot. M.

4.93.5. **Bupleuros** (*Bupleurum*)

1. Plantas perennes, con frecuencia lignificadas o endurecidas en su base 2
— Hierbas anuales, no engrosadas ni endurecidas en la base 4

2. Arbusto muy leñoso, que suele alcanzar 1-2 metros de altura. Hojas lanceoladas, con nervio central muy marcado (fig. 1495).. **adelfilla** (*Bupleurum fruticosum*): 1-2,5 m. VII-IX. Ramblas, taludes, pedregales en ambientes algo húmedos y no muy frescos. Medit.-occid. R.
— Sin estos caracteres reunidos 3

3. Planta leñosa, al menos en su mitad inferior. Hojas lineares, de unos 2 mm de anchura, con nervios paralelos, poco marcados y escasos (fig. 1496) .... **hinojo de perro** (*Bupleurum fruticescens*): Caméf. 3-6 dm. VIII-X. Matorrales secos sobre todo en terrenos calizos despejados. Circun-Medit. C.
— Planta predominantemente herbácea. Hojas de 1-5 cm de anchura, con nervios abundantes y muy marcados, algo curvados (fig. 1464) .... **oreja de liebre** (*Bupleurum rigidum*): 5-15 dm. VII-IX. Ambientes forestales frescos y sombreados o pastizales vivaces de sus orlas. Medit.-occid. M.

4. Hojas redondeadas y perfoliadas (el tallo las atraviesa por dentro) (fig. 1497) .... **perfoliada** (*Bupleurum rotundifolium*): 2-5 dm. V-VII. Campos de secano y herbazales periféricos. Paleotemp. M.

238

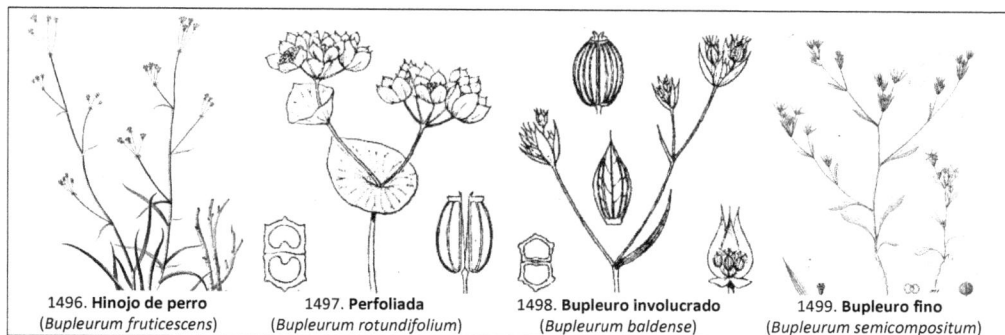

1496. Hinojo de perro	1497. Perfoliada	1498. Bupleuro involucrado	1499. Bupleuro fino
(*Bupleurum fruticescens*)	(*Bupleurum rotundifolium*)	(*Bupleurum baldense*)	(*Bupleurum semicompositum*)

— Hojas estrechas y alargadas, no perfoliadas 5

5. Brácteas ovado-lanceoladas, muy aparentes. Flores y frutos ocultos por las bractéolas, que son similares a las brácteas y se solapan (fig. 1498) .... **bupleuro involucrado** (*Bupleurum baldense*): 5-30 cm. IV-VI. Pastizales secos anuales en áreas frescas transitadas o alteradas. Circun-Medit. M.

— Brácteas lineares, poco aparentes. Flores y frutos a la vista (fig. 1499)......................... **bupleuro fino** (*Bupleurum semicompositum*): 4-20 cm. IV-VI. Pastizales secos anuales sobre sustratos básicos. Medit.-Iranotur. M. [Con porte de unos 3-6 dm, frutos lisos y alargados, etc., en ambientes forestales frescos, también *B. gerardí*].

3.93.6. **Cadillos** (*Caucalis, Turgenia*)

1. Flores blancas o algo rosadas. Umbelas con radios glabros. Frutos con espinas simples (fig. 1480)......
.... **cadillo blanco** (*Caucalis platycarpos*, *C. lappula*): 1-3 dm. IV-VII. Campos de secano y herbazales anuales de sus inmediaciones. Paleotemp. M.

— Flores de color rojizo. Umbelas con radios pelosos. Frutos con espinas ramificadas en el ápice (fig. 1500) .... **cadillo rojo** (*Turgenia latifolia*, *Caucalis latifolia*): 1-4 dm. IV-VII. Campos de secano. Paleotemp. M.

3.93.7. **Candileja** (*Thapsia villosa*): 5-18 dm. V-VII. Pastizales y matorrales secos, principalmente sobre suelo silíceo. Medit.-occid. M. (Fig. 1469). [En áreas calizas secas interiores puede verse también *Th. dissecta*, de porte menor, hojas menores, divididas en segmentos más estrechos, etc.].

3.93.8. **Cardo corredor**, panical comú (*Eryngium campestre*): 15-40 cm. VII-IX. Matorrales y pastizales antropizados o muy pastoreados. Paleotemp. C. (Fig. 1462).

3.93.9. **Cardo marino**, panical marí (*Eryngium maritimum*): 2-5 dm. VII-IX. Arenales costeros. Medit.-Atlánt. R (Cos). (Fig. 1463). [En áreas calizas bastante elevadas llega a presentarse *E. bourgatii*, que es también azulado, pero con brácteas estrechas y hojas divididas en segmentos estrechos (de unos mm) (Taj)].

3.93.10. **Chirivía**, xirivia (*Pastinaca sativa*): 4-8 dm. VII-IX. Bosques ribereños y pastizales vivaces en zonas de vega. Paleotemp. M. (Fig. 1470).

3.93.11. **Cicuta mayor** (*Conium maculatum*): 8-20 dm. V-VII. Bosques ribereños, carrizales y herbazales húmedos. Paleotemp. M. (Fig. 1483).

3.93.12. **Cominos**, comins (*Carum*)

1. Hojas largas y estrechas, divididas en segmentos filiformes, que surgen en grupos con apariencia verticilada (fig. 1501) .... **comino de arroyo** (*Carum verticillatum*): 3-6 dm. VI-IX. Regueros húmedos, zonas pantanoso-inundadas. Eurosib. M.

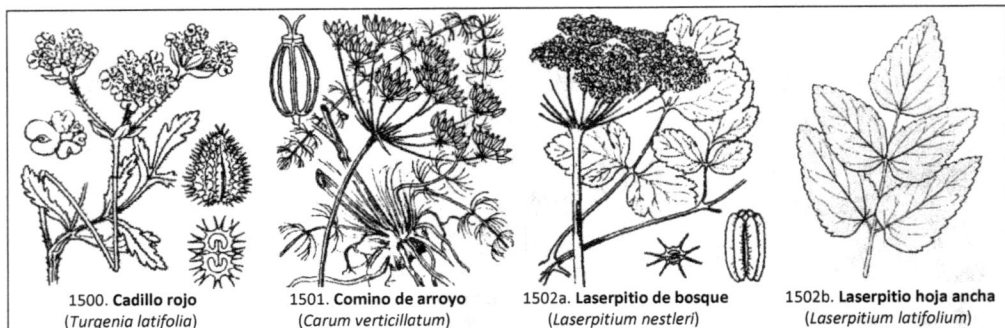

1500. Cadillo rojo	1501. Comino de arroyo	1502a. Laserpitio de bosque	1502b. Laserpitio hoja ancha
(Turgenia latifolia)	(Carum verticillatum)	(Laserpitium nestleri)	(Laserpitium latifolium)

— Hojas algo ensanchadas y divididas en segmentos que alcanzan más de 1 mm de anchura, no verticilados (fig. 1488) .... **comino de prado** (*Carum carvi*): 2-5 dm. VI-VIII. Pastizales vivaces húmedos, en ambientes frescos de montaña. Paleotemp. R.

3.93.13. Conopodios (*Conopodium*)

1. Umbelas de segundo orden con 4-10 bractéolas. Frutos cilíndricos, finos y alargados ....
.... **conopodio de prado** (*Conopodium subcarneum*, C. capillifolium): 2-8 dm. V-VI. Pastizales vivaces en ambientes frescos y algo húmedos de montaña. Medit.-occid. R.

— Bractéolas nulas o menos de 4. Frutos ovoideos (fig. 1503a) .... **conopodio ramoso** (*Conopodium arvense*, C. ramosum): 2-5 dm. IV-VII. Campos de secano, medios pedregosos frescos. Iberolev. M.
[En las montañas calizas del sur le sustituye **C. thalictrifolium** (fig. 1503b), especie parecida con hojas divididas en lóbulos más anchos y estilos del fruto colgantes (Set). En áreas silíceas elevadas aparece **C. majus** (fig. 1478), de hojas menores, con lóbulos más cortos y finos, de porte más erguido y menos ramoso (Gud)].

3.93.14. Falso eneldo (*Elaeoselinum asclepium*): 3-12 dm. V-VII. Matorrales secos sobre sustratos calizos someros. Medit.-occid. M. [En el extremo sureste de la zona llega a presentarse **E. tenuifolium** (fig. 1467) (= Distichioselinum tenuifolium), con brácteas y bractéolas numerosos, frutos menores, etc. (Set)].

3.93.15. Fenollosa (*Guillonea scabra*): 3-12 dm. VII-IX. Matorrales secos y despejados, en áreas poco elevadas sobre calizas. Iberolev. M. (Fig. 1471).

3.93.16. Férula, canyaferla (*Ferula communis*): 1,5-3 m. V-VII. Matorrales y pastizales bien iluminados sobre calizas. Circun-Medit. M. (Fig. 1466). [De porte menor, habitando en terrenos yesosos muy secos y no muy elevados, tenemos el endemismo ibérico **F. loscosii** (BA, Man)].

3.93.17. Hinojo acuático (*Oenanthe lachenalii*): 4-14 dm. VI-IX. Juncales y altos herbazales ribereños. Circun-Medit. M. (Fig. 1485).

3.93.18. Hinojo común, fenoll (*Foeniculum vulgare*): 5-20 dm. VII-X. Terrenos baldíos, márgenes de caminos, en zonas no muy elevadas. Circun-Medit. M. (Fig. 1489).

3.93.19. Hinojo marino, fenoll marí (*Crithmum maritimum*): 1-5 dm. VII-IX. Roquedos y acantilados costeros. Holárt. R (Cos). (Fig. 1491).

3.93.20. Laserpitios (*Laserpitium*)

1. Hojas divididas en foliolos estrechos y enteros (fig. 1472) .... **laserpitio de pedregal** (*Laserpitium gallicum*): 3-15 dm. VI-VII. Pedregales calizos en áreas serranas interiores algo elevadas. Medit.-sept. R. [También **L. siler** (fig. 1502c), bastante más raro, en medios rocoso-pedregosos de alta montaña caliza, que difiere por los foliolos mayores (varios cm), más redondeados y dentados, brácteas de las umbelas más escasas, etc.].

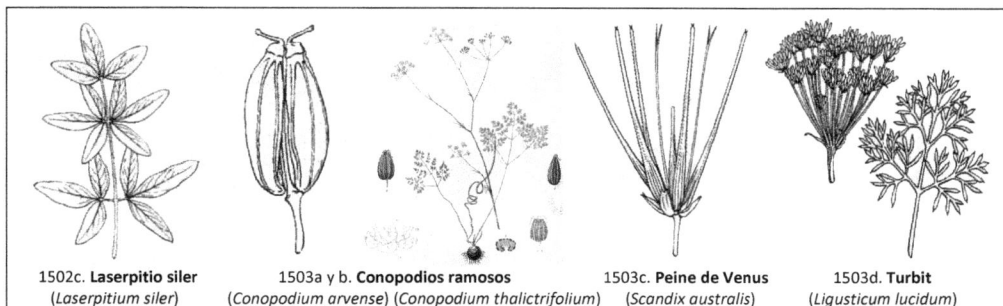

| 1502c. **Laserpitio siler**
(*Laserpitium siler*) | 1503a y b. **Conopodios ramosos**
(*Conopodium arvense*) (*Conopodium thalictrifolium*) | 1503c. **Peine de Venus**
(*Scandix australis*) | 1503d. **Turbit**
(*Ligusticum lucidum*) |

— Hojas divididas en foliolos anchos y dentados (fig. 1502a) .... **laserpitio de bosque** (*Laserpitium nestleri*): 5-10 dm. VI-VII. Medios forestales y ambientes sombreados en áreas lluviosas de montaña. Medit.-noroccid. RR (Gud, Taj). [También **L. latifolium** (fig. 1502b), de porte algo mayor, con hojas más grandes, consistentes y alargadas, alas del fruto más anchas, etc.; igual de escaso y en medios semejantes].

3.93.21. Peine de Venus, agulles de pastor (*Scandix pecten-veneris*): 1-4 dm. IV-VI. Campos de cultivo y herbazales alterados de su entorno. Medit.-Iranot. M. (Fig. 1484). [Más escasa, también **S. australis** (fig. 1503c), de porte menor, más fina y con el cuerpo del fruto poco diferenciado del pico].

3.93.22. Perejil, jolivert (*Petroselinum crispum*, P. sativum): 4-8 dm. VI-VII. Terrenos baldíos, alrededores de los pueblos y masías. Origen incierto. R. (Fig. 1490).

3.93.23. Peucédanos (*Peucedanum*)
1. Flores amarillas. Hojas divididas en segmentos lineares (fig. 1468) .... **peucédano común** (*Peucedanum officinale*, P. stenocarpum): 4-12 dm. VIII-X. Orlas forestales, pastizales vivaces, medios pedregosos. [En áreas más frescas y húmedas de montaña se encuentra también **P. carvifolia**, con hojas pinnadas (no ternadas) en segmentos de mucho más anchos pero más cortos (unos 4-10 mm de longitud, no 1-4 cm)].
— Flores blancas. Hojas divididas en segmentos poco más largos que anchos (fig. 1473) ....
.... **hierba imperial** (*Peucedanum hispanicum*, Imperatoria hispanica): 5-14 dm. VII-X. Juncales y herbazales jugosos ribereños. Iberolev. M.
[Con hojas 2-3 veces (no una) divididas en foliolos numerosos y pequeños (5-10 mm, no 4-8 cm), tenemos también **P. oreoselinum**, en áreas silíceas frescas de montaña].

3.93.24. Pimpinelas (*Pimpinella*)
1. Inflorescencia formada por varias umbelas de umbelas más o menos iguales. Pétalos escotados (fig. 1477).. **pimpinela de bosque** (*Pimpinella saxifraga*): 3-8 dm. VI-VIII. Medios forestales frescos de montaña y sus orlas. Eurosib. R. [Van a la especie **P. tragium** los ejemplares de porte más reducido (1-2 dm), bastante leñosos en la base, que habitan en medios rocosos calizos].
—Inflorescencia formada por numerosas umbelas desiguales paniculadamente dispuestas. Pétalos enteros (fig. 1504)... **pimpinela ibérica** (*Pimpinella espanensis*, P. gracilis): 4-15 dm. VII-IX. Orlas forestales frescas de montaña sobre calizas. Iberolev. R.

3.93.25. Sanícula (*Sanicula europaea*): 1-4 dm. V-VII. Bosques caducifolios y ambientes muy umbrosos. Paleotemp. R. (Fig. 1475).

3.93.26. Séseli (*Seseli montanum*): 2-5 dm. VII-X. Pastizales vivaces en ambientes frescos de montaña. Medit.-occid. M. (Fig. 1486). [También **S. elatum**, planta más grácil, de porte más elevado (medio a un metro), con frutos cubiertos de tubérculos, etc.; que crece en terrenos calizos pedregosos. En medios silíceos frescos y húmedos tenemos **S. cantabricum**, con hojas divididas en 9 foliolos acintados (graminiformes) (Taj)].

241

| 1504. **Pimpinela ibérica** (*Pimpinella espanensis*) | 1505. **Ortiga mayor** (*Urtica dioica*) | 1506. **Ortiga blanda** (*Urtica membranacea*) | 1506. **Parietaria** (*Parietaria judaica*) |

3.93.27. Turbit (*Ligusticum lucidum*): 5-16 dm. VI-IX. Terrenos pedregosos, cunetas, orlas forestales, sobre todo tipo de sustratos. Medit.-sept. M. (Fig. 1503d).

3.93.28. Ursina, bellaraca (*Heracleum sphondylium*, H. montanum): 6-18 dm. VI-VIII. Bosques caducifolios, sobre todo ribereños, y altos herbazales de sus orlas. Eurosib. M. (Fig. 1474).

3.93.29. Zanahoria marina (*Echinophora spinosa*): 2-5 dm. VII-XI. Arenales costeros bien iluminados y no degradados. Circun-Medit. R (Cos). (Fig. 1461).

3.93.30. Zanahoria silvestre, carlota (*Daucus carota*): 3-8 dm. VI-XI. Pastizales vivaces frescos, aunque algo alterados. Subcosmop. C. (Fig. 1479). [También **D. durieua**, de porte anual y baja estatura, con las umbelas casi sentadas, estilos de los frutos muy cortos, etc.].

3.94. Fam. URTICÁCEAS (*Urticaceae*)

Comprende plantas herbáceas o leñosas que presentan a veces fibras o células urticantes. Hojas membranáceas simples y flores muy reducidas, poco vistosas, que dan lugar a frutos secos en pequeños aquenios. Es una amplia familia extendida por los países tropicales, con representación muy limitada en nuestras latitudes, a través de las ortigas principalmente.

1. Plantas cubiertas de pelos rígidos y urticantes. Hojas opuestas, provistas de estípulas (figs. 1505-06) .... 2. **ortigas** (*Urtica*)
— Plantas cubiertas de pelos ásperos pero no urticantes. Hojas alternas, sin estípulas (fig. 1507) .... 1. **parietaria** (*Parietaria*)

3.94.1. Parietaria (*Parietaria judaica*): 2-5 dm. I-XII. Muros y herbazales nitrófilos de su base. Circun-Medit. C. (Fig. 1507). [También **P. lusitanica**, planta anual, de porte menor, con tallos menos pelosos, hojas de 1-2 cm, etc.; que aparece en las zonas más bajas y cálidas].

3.94.2. Ortigas, ortigues (*Urtica*)

1. Inflorescencias en forma de espigas estrechas y alargadas, erguidas o colgantes 2
— Inflorescencia corta, esferoidal o no alargada 3
2. Hierba anual. Hojas con sólo pelos urticantes y estípulas soldadas (fig. 1506) .... **ortiga blanda** (*Urtica membranacea*): 2-8 dm. II-VI. Herbazales nitrófilos en áreas cálidas y no muy secas. M.
— Hierba perenne. Hojas con pelos simples y urticantes mezclados. Estípulas libres (fig. 1505) .... **ortiga mayor** o **blanca** (*Urtica dioica*): 4-14 dm. Terrenos alterados o antropizados no muy secos, sobre todo en zonas de montaña. Subcosmop. C.
3. Inflorescencias femeninas muy densas, esféricas, sobre pedúnculos alargados (fig. 1507)................. .... **ortiga bolera** (*Urtica pilulifera*): 2-4 dm. III-VI. Herbazales nitrófilos sombreados. Circun-Medit. R.

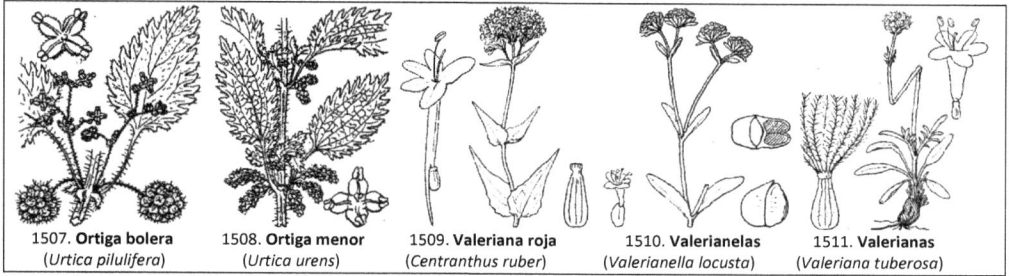

1507. **Ortiga bolera**	1508. **Ortiga menor**	1509. **Valeriana roja**	1510. **Valerianelas**	1511. **Valerianas**
(*Urtica pilulifera*)	(*Urtica urens*)	(*Centranthus ruber*)	(*Valerianella locusta*)	(*Valeriana tuberosa*)

— Inflorescencias femeninas laxas e irregulares, no o apenas pedunculadas (fig. 1508) .... **ortiga menor** (*Urtica urens*): 1-4 dm. I-XII. Campos de cultivo, basureros, estercoleros, herbazales nitrófilos. C.

3.95. Fam. VALERIANÁCEAS (*Valerianaceae*)

Hierbas propias de ambientes templados, que suelen tener hojas divididas y flores vistosas, con cáliz reducido o atrofiado, corola soldada en tubo del que surgen 1-3 estambres y ovario ínfero con un solo óvulo; dando frutos muy reducidos, en aquenios, a veces prolongados en penachos de pelos o una corona calicina. Su fama principal les viene por su uso medicinal, especialmente la valeriana común, de propiedades sedantes.

1. Flores con un estambre. Corola con espolón en su base (fig. 1509) .... 2. **valeriana roja** (*Centranthus*)
— Flores con más de un estambre y corola no espolonada 2
2. Planta anual, tenue y poco elevada (fig. 1510) .... 3. **valerianelas** (*Valerianella*)
— Planta perenne, firme y (o) elevada (fig. 1511) .... 1. **valerianas** (*Valeriana*)

3.95.1. **Valerianas** (*Valeriana*)
3. Hierba robusta y elevada, sin tubérculos subterráneos. Hojas basales regularmente divididas en foliolos abundantes (fig. 1512) .... **valeriana común** (*Valeriana officinalis*): 5-15 dm. V-VII. Orlas forestales, herbazales y riberas de ambientes umbrosos y húmedos. Eurosib. R.
— Hierba de altura moderada, con tubérculos subterráneos. Hojas basales enteras o poco recortadas. (fig. 1511) .... **valeriana tuberosa** (*Valeriana tuberosa*): 1-3 dm. V-VII. Pastizales vivaces sobre suelos someros. Medit.-sept. M. [*V. tripteris* es planta más frágil, aunque de similar estatura, que emite tallos numerosos, con hojas caulinares enteras a trilobuladas (Bec, Gud)].

3.95.2. **Valeriana roja** (*Centranthus ruber*): 4-10 dm. III-VI. Cunetas, muros, pedregales, descampados, etc. Circun-Medit. R. (Fig. 1509). [Existen otras dos especies de este género, una perenne, con hojas lineares, que muestran menos de 1 cm de anchura, propia de medios pedregosos de montaña (*C. lecoqii*) y otra anual, habitualmente de baja estatura, con hojas profundamente recortadas (*C. calcitrapae*) (fig. 1513)].

3.95.3. **Valerianelas** (*Valerianella*)
1. Flores sin cáliz. Frutos sin apéndice apical (fig. 1510)............. **valerianela común** (*Valerianella locusta*): 1-3 dm. IV-VI. Pastizales secos anuales en medios alterados. Circun-Medit. C.
— Flores con cáliz aparente. Frutos con apéndice apical 2
2. Dientes del cáliz y del apéndice del fruto bien apreciables y regulares, en forma de corona (fig. 1514).. **valerianela coronada** (*Valerianella coronata*): 1-3 dm. IV-VI. Pastizales secos anuales en ambientes despejados. Holárt. M.
[Con aspecto parecido está *V. discoidea*, con fruto poco más largo que ancho, provisto de unos 8-15 dientes más irregulares y separados hasta su base (fig. 1515)].
— Cáliz y apéndice del fruto bastante reducidos, a un solo diente bien apreciable (fig. 1516)................. .... **valerianela dentada** (*Valerianella dentata*): 5-30 cm. IV-VI. Campos de secano, pastizales secos anuales. Circun-Medit. M.

243

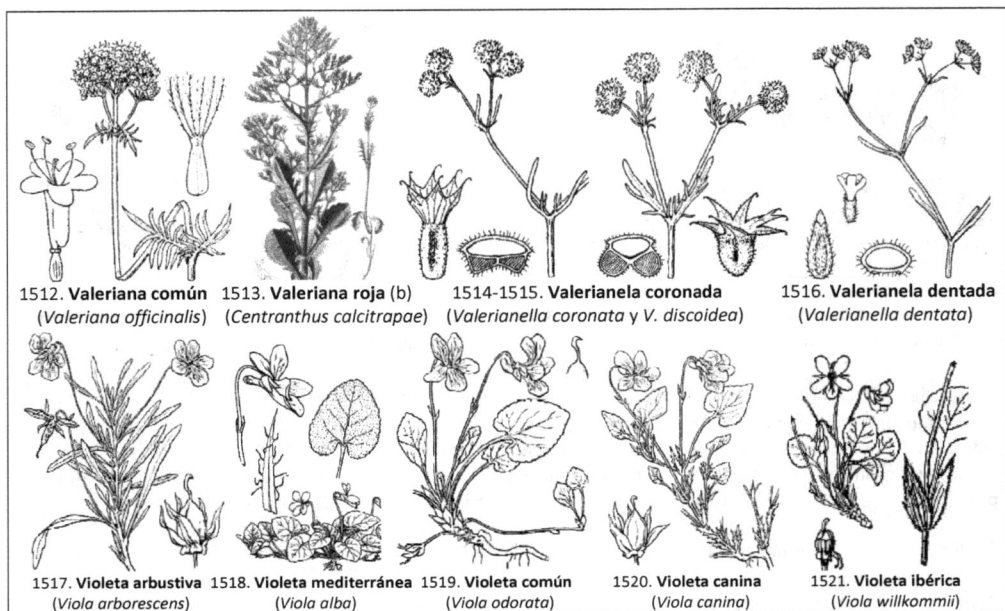

1512. **Valeriana común** 1513. **Valeriana roja** (b) 1514-1515. **Valerianela coronada** 1516. **Valerianela dentada**
(*Valeriana officinalis*) (*Centranthus calcitrapae*) (*Valerianella coronata* y *V. discoidea*) (*Valerianella dentata*)

1517. **Violeta arbustiva** 1518. **Violeta mediterránea** 1519. **Violeta común** 1520. **Violeta canina** 1521. **Violeta ibérica**
(*Viola arborescens*) (*Viola alba*) (*Viola odorata*) (*Viola canina*) (*Viola willkommii*)

3.96. Fam. VERBENÁCEAS (*Verbenaceae*)

Se trata de una familia tropical, con un gran número de especies, muy pobremente representada en nuestras latitudes. Suelen ser árboles y arbustos consistentes y muestran características muy cercanas a las conocidas labiadas, de las que difieren por su estilo terminal, no ser aromáticas, etc.

3.96.1. **Verbena**, berbena (*Verbena officinalis*): 3-8 dm. VII-XI. Juncales y herbazales húmedos alterados. Cosmop. M.

3.97. Fam. VIOLÁCEAS (*Violaceae*)

Plantas casi siempre herbáceas, humildes, de temprana floración, con hojas a menudo basales, de tendencia acorazonada; las flores presentan 5 sépalos iguales y 5 pétalos desiguales (dos hacia arriba y tres hacia abajo, uno espolonado en la base). Los frutos son secos y dehiscentes, en cápsula con numerosas semillas que se abren por tres valvas. Su principal interés es su valor ornamental, al incluir violetas y pensamientos, de gran interés en jardinería por su vistosidad y temprana floración en pleno invierno.

3.97.1. **Violetas**, violetes (*Viola*)
1. Hierba anual, baja y tenue. Hojas con estípulas muy aparentes, superando al peciolo ....
.... **pensamiento silvestre** (*Viola arvensis*):
4-25 cm. III-V. Pastizales anuales en ambientes frescos transitados. Paleotemp. M.
— Plantas perennes, firmes, al menos en la cepa. Hojas con estípulas no muy aparentes o menores que el peciolo 2
2. Hojas acorazonadas u ovado-acorazonadas, dentadas. Tallos aéreos herbáceos (a veces con rizomas subterráneos algo leñosos) 3
— Hojas linear o linear-espatuladas, enteras. Tallos leñosos en la mitad inferior (fig. 1517) ....
.... **violeta arbustiva** (*Viola arborescens*):
5-20 cm. X-II. Matorrales secos en zonas bajas. Medit.-occid. R.
3. Hojas todas dispuestas en roseta basal, de la que surgen las flores 4

| 1522. **Violeta de roca** | 1523. **Violeta de montaña** | 1524. **Muérdago** | 1525. **Vid** |
| (*Viola rupestris*) | (*Viola riviniana*) | (*Viscum album*) | (*Vitis vinifera*) |

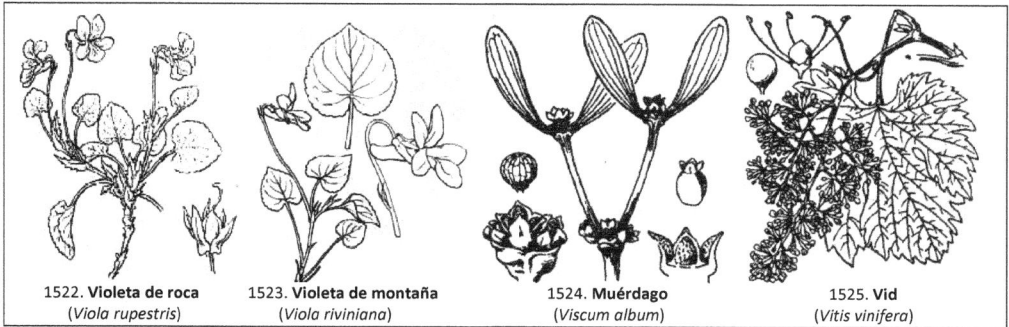

— Plantas con tallos aéreos, portadores de hojas y flores 5

4. Hojas pelosas, con estípulas provistas de cilios laterales alargados (1-2 mm) (fig. 1518) ....
.... **violeta mediterránea** (*Viola alba*):
5-15 cm. I-IV. Medios forestales, herbazales sombreados en altitudes moderadas. Circun-Medit. M.

— Hojas glabrescentes. Cilios laterales de las estípulas con menos de 1 mm (fig. 1519)... **violeta común**
(*Viola odorata*): 5-20 cm. I-IV. Alrededores de los pueblos, medios umbrosos alterados. Paleotemp. R.
[También *V. hirta*, de hojas más pelosas, con limbo más estrecho y alargado, flores menos olorosas, etc.].

5. Planta con hojas en el tallo (algo más anchas que largas) pero no en roseta basal (fig. 1520) ....
.... **violeta canina** (*Viola canina*):
1-3 dm. III-VI. Medios forestales frescos de montaña, sobre todo en terrenos silíceos. Paleotemp. R.

— Planta con roseta de hojas bien aparente durante la floración, que suelen ser algo más largas que
anchas 6

6. Estípulas ovado-lanceoladas, enteras en el margen (fig. 1521).......... **violeta ibérica** (*Viola willkommii*):
5-25 cm. IV-VI. Medios forestales en ambientes calizos frescos de montaña. Iberolev. R.

— Estípulas lineares, dentadas o largamente ciliadas en el margen 7

7. Flores con poco más de 1 cm. Cáliz con apéndices basales poco apreciables (menos de 1 mm). Limbo de las hojas de 1-2 cm (fig. 1522) .... **violeta de roca** (*Viola rupestris*):
4-12 cm. III-V. Medios rocosos y pedregosos, pastizales sobre suelos someros. Eurosib.-merid. M.

— Flores de unos 2 cm. Cáliz con apéndices basales de 2-3 mm. Limbo de las hojas de 2-5 cm (fig. 1523) .... **violeta de montaña** (*Viola riviniana*):
5-25 cm. III-V. Pinares húmedos, bosques caducifolios y sus orlas. Eurosib. R.

3.98. Fam. VISCÁCEAS (*Viscaceae*)

Familia de plantas verdes y autótrofas, pero de vida parásita sobre las ramas de otras plantas mayoras (árboles o arbustos elevados), a las que succionan la savia bruta que circula por su xilema. Las flores son poco vistosas, siéndolo algo más sus frutos, que son jugosos, esféricos y con varias semillas muy pegajosas (viscosas, palabra originada por tener esta propiedad las semillas del muérdago o visco).

3.66.1. **Muérdago**, visc (*Viscum album*): 1-3 dm. IV-VI. Planta de hojas verdes, pero parásita sobre las ramas de los pinos. Paleotemp. R. (Fig. 1524).

3.99. Fam. VITÁCEAS (*Vitaceae*)

Plantas leñosas, en su mayoría trepadoras mediante zarcillos adhesivos que surgen junto a las hojas. Las flores son poco vistosas, con 4-5 sépalos y pétalos reducidos, 4-5 estambres y gineceo de 2 carpelos soldados. Dan lugar a frutos carnosos en baya, con varias semillas. La mayoría son propias de áreas tropicales o subtropicales, resultando autóctona en Europa solamente la vid.

3.99.1. **Vid**, vinya (*Vitis vinifera*): 1-3 m. V-VI. Medios ribereños, setos y ribazos. Circun-Medit. M. (Fig. 1525).

3.100. Fam. YUGLANDÁCEAS (*Juglandaceae*)

Familia de árboles de porte elevado, con frecuencia caducifolios, con hojas divididas en grandes foliolos. Las flores son pequeñas, unisexuales, apenas vistosas. Las femeninas aisladas y las masculinas formando largos amentos colgantes y muy caducos. Los frutos son gruesos, con semillas comestibles ricas en grasas (nueces).

3.100.1. **Nogal**, noguera (*Juglans regia*): 4-20 m. IV-VI. Cultivado en tierras de labor y asilvestrado en bosques húmedos, sobre todo ribereños. Medit.-Orient. M. (Fig. 1526).

3.101. Fam. ZANIQUELIÁCEAS (*Zannichelliaceae*)

Familia menos que incluye unas cuantas plantas acuáticas con aspecto algal, muy ramificadas, con hojas lineares, que viven sumergidas en aguas dulces o salobres. Las flores son unisexuales y muy reducidas, generalmente desnudas y reducidas, las masculinas a 1-3 estambres y las femeninas con uno a unos cuantos carpelos libres que encierran un solo óvulo y acaban produciendo un sencillo poliaquenio. Muestran una distribución casi cosmopolita.

3.101.1. **Zaniquelia** (*Zannichellia palustris*): 1-5 dm. V-VII. Sumergida en aguas dulces de curso lento. C. (Fig. 1527).

3.102. Fam. ZIGOFILÁCEAS (*Zygophyllaceae*)

En su mayoría son plantas leñosas tropicales, aunque las que alcanzan zonas templadas pueden ser herbáceas, que suelen aparecer en ambientes áridos o ricos en sales minerales. Las hojas aparecen muy divididas, llevando las superiores asociadas flores solitarias con 4-5 sépalos y 4-5 pétalos libres y no muy aparentes, los estambres suelen ser el doble mientras que el gineceo es súpero, sincárpico y suele mantener los números del perianto. Los frutos son secos o carnosos, polispermos. Alcanza nuestra zona, y el ámbito mediterráneo en general, de forma bastante secundaria.

1. Hojas alternas e irregularmente divididas en segmentos lineras algo carnosos. Frutos esféricos y lisos (fig. 1529) .... 2. **armalá** (*Peganum*)
— Hojas opuestas, regularmente divididas en foliolos aplanados. Frutos angulosos y espinosos (fig. 1528) .... 1. **abrojos** (*Tribulus*)

3.102.1. **Abrojos**, obriülls (*Tribulus terrestris*): 2-8 dm. V-X. Caminos, terrenos baldíos secos. Cosmop. M. (Fig. 1528).

3.102.2. **Armalá** (*Peganum harmala*): 2-4 dm. V-VII. Terrenos áridos y degradados. Medit.-Iranot. R. (Fig. 1529).

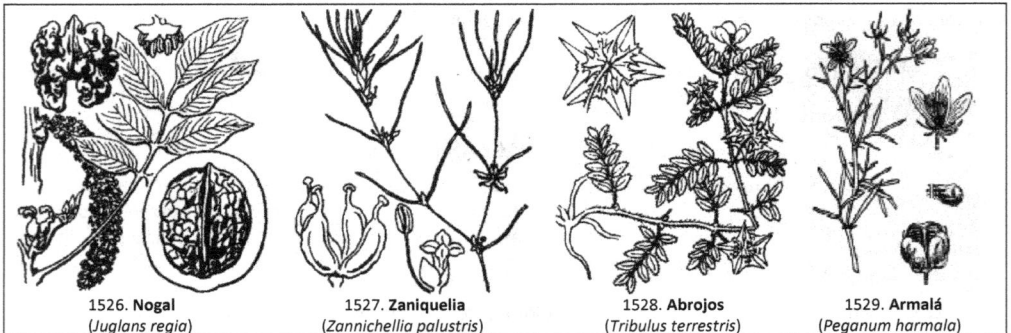

1526. **Nogal**	1527. **Zaniquelia**	1528. **Abrojos**	1529. **Armalá**
(*Juglans regia*)	(*Zannichellia palustris*)	(*Tribulus terrestris*)	(*Peganum harmala*)

III. GLOSARIO BOTÁNICO BÁSICO

Abrazadora: Hoja que abraza o rodea al tallo en su base.

Acaule: Planta que no tiene tallo o éste es muy corto.

Acicular: Con forma de aguja (o acícula). Estructura muy estrecha y alargada, rígida y aguda, de sección circular o semicircular (como la hoja de pino).

Acintado: Órgano estrecho, plano y alargado (con forma de cinta).

Actinomorfo(a): Que posee simetría radiada.

Alado: Tallo, pecíolo, etc., provisto de alas (expansiones aplanadas) laterales.

Almohadillado: Porte semiesférico y compacto que presentan algunas plantas de montaña.

Alóctono(a): Organismo o especie originario de otros países (se opone a autóctono).

Alternas: Hojas que nacen solitarias en cada nudo.

Amento: Inflorescencia densa, poco vistosa, rígida o colgante, con flores pequeñas, unisexuales y sin pétalos (como en chopos, sauces o nogales).

Androceo: Conjunto de los estambres de una flor.

Antera: Parte superior del estambre, normalmente ensanchada y dividida en dos mitades o tecas, que portan los sacos polínicos donde se forman los granos de polen.

Antropizado(a): Se aplica a terrenos o áreas muy degradados por la acción humana.

Anual: Planta que dura menos de un año desde su germinación hasta que se seca.

Aovado(a): Con forma o perfil de huevo.

Apétala: Flor que no presenta pétalos.

Apical: Relativo al ápice o extremo superior de algo.

Ápice: Extremo superior de un órgano o planta.

Aplicado(a): Hoja, rama, etc., que crece adosada al eje del que surge.

Aquenio: Fruto seco, indehiscente y monospermo (al modo de una pipa de girasol), habitualmente pequeño y con sus paredes no endurecidas.

Aracnoideo: Indumento formado por pelos muy finos e irregularmente entramados, formando como telas de araña.

Arista: Prolongación rígida y filiforme, que se presenta en el extremo de hojas, sépalos, etc.

Aristado(a): Terminado en arista.

Artejo: Segmento unidad en que se puede descomponer un órgano discontinuo.

Articulado(a): Se aplica a una estructura alargada y estrecha que se compone de unidades similares (artejos) que se repiten.

Arvense: Planta o comunidad vegetal que habita en campos de cultivo o herbazales alterados de su entorno.

Ascendente: Planta con su parte inferior más o menos tendida, pero que se yergue en la superior.

Aserrado(a): Margen de una hoja provisto de dientes erguidos (paralelos al nervio medio).

Asilvestrada: Planta de origen exótico, pero que se reproduce y expande por sus propios medios en un territorio dado.

Atenuado(a): Adelgazado o estrechado progresivamente hacia uno de sus extremos.

Aurículas: Par de apéndices del limbo de una hoja que rodean al tallo.

Auriculada: Hoja provista de aurículas en su base.

Autótrofo(a): Planta u organismo capaz de nutrirse por sí mismo, a partir de materia inorgánica.

Axila: Área de la planta situada entre la base del haz de una hoja y la rama que la lleva.

Axilar. Relativo a la axila de una hoja o bráctea. En flores o inflorescencias, cuando éstas se disponen lateralmente, en la axila de brácteas (se opone a terminal).

Bacciforme: Fruto carnoso, con apariencia de baya.

Basófilo(a): Planta u organismo que habita con preferencia sobre sustratos básicos o ricos en bases (por ejemplo calizos).

Baya: Fruto completamente carnoso, sin hueso, como el kiwi o el tomate (aunque pueda contener semillas duras, como en las uvas).

Bicarpelar: Gineceo o fruto en el que intervienen dos carpelos.

Bienal: Planta que vive dos años, floreciendo y secándose en el segundo.

Bífido(a): Órgano dividido en su ápice en dos mitades más o menos iguales.

Bilabiado(a): Se aplica a cálices y corolas divididos en dos mitades semejando una boca.

Bilocular: Gineceo o fruto que encierra dos cavidades interiores.

Biovulado(a): Gineceo, fruto o cavidad de los mismos que encierran dos óvulos.

Bipinnada(s): Hojas dos veces pinnada, es decir dividida en foliolos dispuestos sobre ejes de segundo orden.

Bisexual: Flor que presenta androceo y gineceo juntos.

Bráctea: Hoja de cuya axila surge una flor o inflorescencia, pudiendo ser igual al resto de las hojas de la planta o más o menos diferente.

Bracteiforme: Hoja no típica, más o menos atrofiada

Bractéola: Hoja de dimensiones bastante reducidas, que surge en los pedúnculos de las flores, pero de la que no sale ninguna flor.

Caducifolio: Árbol o arbusto que pierde todas sus hojas en la estación desfavorable.

Caja: Ver *cápsula*.

Calcícola: Que habita en terrenos de naturaleza caliza.

Calicino(a): Relativo al cáliz.

Calículo: Conjunto de brácteas adosadas a un cáliz y que dan la impresión de un segundo verticilo de sépalos.

Cáliz: Conjunto de las sépalos de una flor.

Caméfito: Planta perenne, de baja estatura, que sitúa las ramas con sus yemas de reemplazo por encima del suelo pero por debajo de medio metro.

Capilar: Órgano estrecho y alargado como un cabello.

Capituliforme: Inflorescencia con aspecto de capítulo.

Capítulo: Inflorescencia condensada, con las flores sentadas sobre un receptáculo aplanado o abombado, rodeada por un involucro de brácteas.

Cápsula: Fruto seco, polispermo y dehiscente, formado por varios carpelos soldados.

Capsular: Relativo al fruto en cápsula o fruto con aspecto similar a éste.

Carpelar: Relativo a los carpelos del gineceo floral.

Carpelo(s): Cada una de las hojas modificadas que intervienen en la formación del gineceo.

Carpóforo: Pedúnculo que eleva el fruto en algunos casos por encima del receptáculo.

Carúncula: Excrecencia carnosa que se presenta en el extremo de algunas semillas.

Caulinar: Relativo al tallo o a sus ramas.

Caulógeno(a): Órgano o estructura que surge del tallo o sus ramas.

Cespitoso(a): Formador de céspedes. Que crece formando numerosos tallos, juntos y prietos, a partir de una sola semilla.

Cigomorfo(a): Flor u órgano de la misma que presenta simetría bilateral.

Ciliado(a): Provisto de cilios, pelos finos y paralelos que se disponen en los márgenes de una hoja o estructura aplanada similar al modo de pestañas.

Cima: Inflorescencia cimosa (forma sustantiva).

Cimosa: Inflorescencia cuyo eje de primer orden da pronto una flor y su crecimiento se continúa con una rama de segundo orden que repite el proceso indefinidamente.

Concrescente(s): Órganos o estructuras habitualmente independientes, pero que en el caso mencionado se presentan parcialmente soldadas.

Coriáceo(a): Órgano o estructura consistente y firme (al modo del cuero).

Corimbiforme(s): Inflorescencia con aspecto de corimbo.

Corimbo: Inflorescencia algo condensada, con flores pedunculadas que nacen a alturas diferentes y llegan a niveles similares.

Corola: Conjunto de los pétalos de la flor.

Craso(a): Planta u órgano engrosado que acumula cantidades de agua superiores a lo habitual.

Crenado(a): Hoja u órgano aplanado que presenta el margen marcada y regularmente ondulado.

Cuneado(a): Con aspecto de cuña.

Decurrente: Hoja con el limbo adosado al tallo por debajo de su inserción en el mismo.

Dehiscencia: Acción de abrirse espontáneamente los frutos al madurar liberando las semillas.

Dehiscente: Fruto que presenta dehiscencia.

Denticulado(a): Hoja u órgano provisto de su superficie o margen de pequeños dientes poco apreciables a simple vista.

Dioica: Planta con flores unisexuales presentes separadamente en pies masculinos y femeninos.

Dístico(a): Dispuesto regularmente en dos filas opuestas.

Drupa: Fruto carnoso con una capa leñosa interior que protege su única semilla.

Entrenudo: Parte de los tallos situada entre la inserción de dos hojas consecutivas.

Envés: Cara inferior de las hojas.

Epicáliz: Véase cáliz.

Epífito(a): Planta que se asienta y enraíza sobre otra planta mayor.

Epígeo(a): Órgano o estructura de una planta que sobresale de tierra.

Epipétalo: Estambre o carpelo que se sitúa opuesto a un pétalo.

Episépalo: Pétalo, estambre o carpelo que se sitúa opuesto a un sépalo.

Ericoide: Hoja estrecha, rígida y con los márgenes plegados, al modo de los brezos.

Escabro: Órgano o estructura cubierta de pelos cortos y rígidos, apenas apreciables a la vista, pero que le confieren aspereza al tacto.

Escandente: Planta u órgano trepador.

Escapo: Tallo herbáceo que brota de tierra terminando en una o varias flores, sin hojas o con éstas reducidas a su parte inferior.

Escaposo(a): Emisor de escapos.

Escarioso(a): Órgano seco e incoloro (o blanquecino), de consistencia como el papel o el celofán.

Esciófilo(a): Planta u organismo que busca los ambientes sombreados.

Esclerófilo(a): Árbol o arbusto provisto de hojas perennes, duras y rígidas.

Escotado(a): Hoja u órgano que presenta una pequeña muesca o entrante en su ápice.

Escuamiforme: Hoja u órgano similar con forma de escama.

Espádice: Inflorescencia especial con flores unisexuales poco vistosas, dispuestas a modo de espiga sobre un eje engrosado, que se rodea de una gran bráctea o espata.

Espata: Bráctea, a veces con aspecto petaloideo, que rodea completamente una inflorescencia en su juventud y suele abrirse en su madurez.

Espatulado(a): Con aspecto de espátula, ensanchándose progresivamente desde la base.

Espiciforme: Inflorescencia con aspecto de espiga.

Espiga: Inflorescencia provista de hojas sentadas sobre un eje estrecho y alargado.

Espiguilla: Inflorescencia poco vistosa formada por una o varias flores desnudas que se rodean de brácteas especiales (glumas o glumillas), característica de las Gramíneas y familias cercanas.

Espinescente: Planta o estructura provista de espinas.

Espolón: Prolongación cónica o cilíndrica que surge en la base de algunos pétalos o sépalos.

Espolonado(a): Órgano provisto de algún espolón.

Esporangio: Cavidad en cuyo interior se forman esporas.

Esquizocarpo: Fruto seco y polispermo que al madurar se fragmenta en varias unidades monospermas situadas todas a la misma altura sobre el receptáculo floral.

Estambre: Cada una de las piezas que constituyen el androceo de la flor, habitualmente formadas por un filamento y una antera, cuya misión es formar el polen.

Estaminodio: Estambre estéril, a veces con aspecto poco típico (a veces petaloideo), modificado para desarrollar funciones diferentes.

Estandarte: Pétalo superior (con frecuencia mayor) de la flor de las Leguminosas.

Estéril: Órgano o estructura reproductora pero que no produce gérmenes o semillas viables.

Estigma: Estructura que se forma en el extremo superior del gineceo, con la misión de captar y retener los granos de polen.

Estigmático: Relativo al estigma.

Estilar: Relativo al estilo.

Estilo: Estructura cilíndrica o filiforme que presente el gineceo de muchas flores, elevando los estigmas por encima del ovario.

Estilopodio: Base de los estilos ensanchada en disco que se observa en los frutos de las Umbelíferas y familias afines.

Estipulada: Hoja provista de estípulas en su base.

Estípulas: Apéndices foliáceos que se presentan a ambos lados de la base foliar en algunas hojas.

Estolón: Rama horizontal que surge cerca del suelo y enraíza contribuyendo a la multiplicación vegetativa de la planta.

Estolonífero(a): Planta o rama que emite estolones.

Estrobiliforme: Estructura reproductora con aspecto de estróbilo.

Estróbilo: Fructificación más o menos densa y gruesa propia de las Gimnospermas.

Estrofíolo: Excrecencia carnosa que se presenta en la base de algunas semillas.

Exerto(a): Órgano o estructura que sobresale de una cavidad en cuyo interior aparece encerrado en especies próximas.

Falciforme: Con forma de hoz.

Fanerófito: Planta perenne cuyas yemas se sitúa por encima de medio metro de altura.

Farinoso(a): Cubierto de un polvo blanquecino semejante a la harina.

Fasciculado(a): Que se presenta en forma de haces.

Fértil: Opuesto a estéril. Estructura reproductora que forma gérmenes o semillas viables.

Filamentoso(a): Muy fino y alargado, con aspecto de hilo.

Filiforme: Véase *filamentoso*.

Fimbriado(a): Hoja u otra estructura aplanada con el margen o ápice dividido en tiras finas.

Fistuloso: Tallo o rama con su interior mayoritariamente hueco.

Flabelado(a): Con forma de abanico.

Foliáceo(a): Con aspecto de hoja.

Foliar: Relativo a las hojas.

Folículo: Fruto seco, unicarpelar, polispermo y dehiscente a lo largo de una única sutura.

Foliolos: Unidades con apariencia de hoja completa que forman parte de las hojas compuestas.

Fructífero(a): Que emite o puede emitir frutos.

Fructificación: Acción de dar fruto. También aplicado a cualquier estructura portadora de semillas.

Fruticoso(a): Planta leñosa (arbusto) de poca elevación.

Fruticuloso(a): Planta subarbustiva, apenas lignificada y de muy baja estatura (ver sufruticoso).

Geniculado(a): Tallo -u otra estructura cilíndrica o filiforme- que cambia bruscamente unos 90º en su dirección (como pasa en un codo o rodilla doblados).

Geófito: Planta perenne, que presenta sus yemas persistentes bajo tierra.

Giboso(a): Provisto de algún abultamiento corto y redondeado (a modo de joroba).

Gineceo: Parte más interior de la flor, formada por los carpelos (libres o soldados) que contienen los primordios seminales u óvulos.

Ginóforo: Pedúnculo que eleva el gineceo por encima del nivel del receptáculo floral.

Gipsícola: Planta o comunidad vegetal que habita en terrenos ricos en yesos.

Glabrescente: Planta o estructura casi desprovista de pelos.

Glabro(a): Planta o estructura completamente desprovista de pelos.

Glandular: Relativo a las glándulas.

Glandulífero: Que presenta o porta glándulas.

Glanduloso(a): Véase *glandulífero*.

Glaucescente: De tonalidad tendente al glauco.

Glauco(a): De color verde azulado claro.

Glerícola/glareícola: Habitante de terrenos pedregosos, como derrubios de laderas o lechos pedregosos de ríos.

Glomérulo: Inflorescencia condensada y esferoidal, con flores sobre pedúnculos cortos.

Gluma: Bráctea estéril situada en la base de las espiguillas de las Gramíneas y familias afines.

Graminiforme: Con aspecto parecido al de las Gramíneas.

Halófilo(a): Que tiene preferencia por terrenos salinos.

Hastado(a): Con aspecto de pica o alabarda (punta de flecha con los lóbulos basales erguidos).

Haz: Cara superior de las hojas (atención a su carácter femenino: *haz glabra*).

Heliófilo: Que tiene preferencia por ambientes soleados.

Hemicriptófito: Planta herbácea vivaz, cuyas yemas pasan la estación desfavorable a ras de tierra rodeadas habitualmente por algunas hojas verdes y otras secas.

Herbáceo: Opuesto a leñoso. De consistencia de hierba.

Hermafrodita: Planta o flor que produce polen y semillas a la vez.

Heterófilo(a): Provisto de hojas desiguales.

Heterótrofo: Planta u organismo no clorofílico, que se nutre de materia orgánica preexistente.

Hialino: Órgano transparente o semitransparente.

Hidrófito: Planta que vive habitualmente en el agua.

Hipanto: Receptáculo floral cóncavo en flores con gineceo ínfero o semiínfero.

Hipógeo: Órgano o estructura que vive bajo tierra.

Hirsuto: Cubierto de pelos más o menos erguidos y algo ásperos al tacto.

Híspido: Cubierto de pelos muy rígidos y ásperos, algo punzantes al tacto.

Imbricado(a): Se dice de las estructuras que se superponen parcialmente, como las tejas de un tejado o las escamas de los peces.

Imparipinnada: Hoja pinnadamente dividida en un número par de foliolos.

Insconspícuo(a): De tamaño muy pequeño. Apenas visible.

Indehiscente: Fruto que no se abre sobre la planta, cayendo entero con sus semillas dentro.

Indumento: Conjunto de pelos, glándulas y cualquier otro tipo de estructuras que desarrolle una planta para recubrir su epidermis.

Indusio: Escama que recubre los agrupamientos de esporangios de los helechos.

Inerme: Desprovisto de espinas u otros tipos de estructuras punzantes.

Ínfero: Gineceo soldado al receptáculo floral y situado por debajo de la zona de inserción de las restantes piezas florales.

Innovaciones: Brotes estériles que se puede observar en la base de algunas plantas perennes.

Involucelo: En umbelas compuestas, involucro de la umbela de segundo orden o umbélula.

Involucrado: Provisto de un involucro.

Involucro: Conjunto de brácteas que rodea una inflorescencia en capítulo o umbela.

Isomorfo(a): Compuesto por piezas iguales.

Jaral: Matorral dominado por jaras (especies del género *Cistus*).

Juncal: Pastizal dominado por juncos o plantas de aspecto similar.

Junciforme: Planta o tallo con aspecto similar a los juncos.

Labelo: Pétalo inferior de la flor de las orquídeas, generalmente mayor y más vistoso que los otros.

Laciniado(a): Dividido en tiras estrechas en la zona marginal o apical.

Lanceolado(a): Órgano o estructura plana, alargada y aguda, que va estrechándose gradualmente desde la base al ápice.

Lanuginoso(a): Cubierto por pelos blancos, largos y flexibles, con aspecto de lana.

Látex: Líquido viscoso, blanco o amarillento, que brota de las heridas en determinadas especies.

Laticífero(a): Planta u órgano portador de látex.

Latisepto(a): Se dice de un fruto aplanado (generalmente silicua) provisto de un tabique interno del mismo tamaño que sus valvas externas y que se dispone de modo paralelo a las mismas.

Laurifolio: Árbol o arbusto con hojas lauroides.

Lauroides: Hojas perennes y coriáceas, pero anchas y lustrosas, como las del laurel.

Legumbre: Fruto seco, unicarpelar y polispermo, que se abre por dos valvas alargadas.

Lema: Pieza principal que recubre cada flor en las espiguillas de las Gramíneas.

Lenticular: Con forma de lente o lenteja.

Leñoso(a): Opuesto a herbáceo. Tallo o rama con la consistencia de la madera.

Lignificado(a): Que ha adquirido consistencia leñosa.

Lígula: En las hojas de Gramíneas, estructura que muestran éstas en la zona del haz que contacta con el tallo. En los capítulos de Compuestas, flores con corola aplanada que semejan ser meros pétalos individuales.

Ligulada: Con forma de lengua o lengüeta. Se aplica a las hojas de Gramíneas cuando disponen de lígula y a las flores de las Compuestas en forma de lígula.

Limbo: Parte aplanada y ensanchada de las hojas o pétalos.

Linear: Hoja -o estructura similar- muy estrecha y alargada.

Lirada: Hoja con uno o pocos lóbulos inferiores pequeños y uno terminal mayor.

Lobulado(a): Recortado o dividido en segmentos o lóbulos.

Lóculo: En frutos o gineceos segmentados se aplica a cada una de las cavidades que contiene.

Lomento: Fruto seco, alargado y polispermo, provisto de tabiques (y a veces estrechamientos apreciables) que separan fragmentos con una semilla dentro y que se deshace al madurar en tantas unidades individuales como semillas contenía.

Macrofanerófito: Se aplica a las plantas de tendencia claramente arbórea, cuyos ejemplares adultos muestran las yemas por encima de los 8 metro.

Maculado(a): Manchado, con la superficie salpicada de manchones de color diferente al principal.

Membranoso(a): Con consistencia de membrana (blanda y flexible).

Mericarpo: Cada una de las partes componentes de los frutos que al madurar se dividen en partes iguales (esquizocarpos y lomentos).

Mesofanerófito: Arbolillo o arbusto elevado que sitúa sus yemas entre 2 y 8 metros.

Mesófitos: Plantas adaptadas a ambientes ni secos ni particularmente húmedos.

Monadelfos: Se dice de los estambres soldados por sus filamentos.

Monocasio: Inflorescencia cimosa en la que cada eje floral termina en una flor y produce una única ramificación que repite el mismo proceso indefinidamente.

Monoico(a): Árbol o planta con flores unisexuales pero portando todos sus individuos flores masculinas y femeninas.

Monospermo: Fruto que sólo encierra una semilla.

Mucrón: Punta corta y estrecha que aparece bruscamente en el extremo de una hoja u órgano similar continuando su nervio medio.

Mucronado(a): Órgano o estructura terminada en un mucrón.

Mútico: Desprovisto de punta o espina terminal.

Nanofanerófito: Arbusto de baja estatura, que presenta sus yemas a una altura entre medio metro y unos dos metros.

Napiforme: Raíz cónica y engrosada, cargada de sustancias de reserva.

Natante: Se dice de las plantas o partes de ellas que flotan en el agua.

Naturalizado(a): Organismo o especie no originarios de un determinado territorio, pero perfecta-mente adaptado a vivir y reproducirse en él, estando integrado con la vegetación autóctona.

Nectario: Órgano comúnmente floral que segrega un jugo azucarado llamado néctar.

Nitrófilo(a): Planta o comunidad vegetal que habita en terrenos ricos en nitritos o nitratos. En su sentido amplio se aplica a las que crecen en medios alterados o muy influenciados por las actividades humanas.

Nuez o núcula: Fruto seco, indehiscente y monospermo, con sus paredes lignificadas.

Nudo: Zona de los tallos y sus ramas a cuyo nivel se inserta cada hoja.

Obcordado(a): Con forma de corazón invertido.

Oblanceolado(a): Con forma lanceolada invertida.

Oblongo(a): Más largo que ancho y de tendencia rectangular.

Obovado(a): Con forma oval invertida.

Ócrea: Par de estípulas que las Poligonáceas presentan soldadas alrededor del tallo.

Opuestas: Hojas que nacen por pares en cada nudo, una frente a la otra.

Orbicular: Estructura con morfología redondeada.

Ovado(a): Órgano aplanado con perfil similar a un huevo.

Ovalado(a): Órgano aplanado con forma de óvalo (elipse poco más larga que ancha).

Ovario: Parte inferior del gineceo floral, engrosada y portadora de los óvulos.

Ovoide: Órgano tridimensional con aspecto de huevo.

Óvulo: Cada una de las unidades que encierra el gineceo en su interior, de las que se formarán las semillas (por lo que también se denominan primordios seminales).

Pajizo(a): De consistencia similar a la paja.

Pálea: En las espiguillas de las Gramíneas, pieza habitualmente poco aparente, que se sitúa frente a la lema, quedando envuelta por ésta.

Palmaticompuesta: Hoja compuesta cuyos foliolos nacen todos a la misma altura.

Palmatífida: Hoja palmeadamente dividida hasta cerca de la mitad de su anchura.

Palmatilobada: Hoja palmeadamente divida en lóbulos poco profundos.

Palmatipartida: Hoja palmeadamente dividida hasta más allá de su mitad.

Plamatisecta: Hoja palmeadamente dividida hasta su base.

Palmeada: Hojas cuyos lóbulos, foliolos o nervios surgen de un área basal común y se presentan contiguas como los ejes de un abanico.

Palminervia: Hojas que presenta la nerviación palmeada.

Palustre: Medio pantanoso o encharcado.

Panduriforme: Con forma de guitarra o violín (con dos ensanchamientos separados por un estrechamiento central).

Panícula: Inflorescencia compuesta formada por un racimo de racimos.

Paniculado(a): Inflorescencia o modo de ramificación similar al de una panícula.

Papilionada(-ácea): Corola cigomorfa característica de las Leguminosas, formada por un pétalo superior mayor (estandarte), dos laterales (alas) y dos basales más o menos soldados (quilla).

Papiloso(a): Cubierto de pequeños salientes o papilas.

Paracorola: Estructura formada por un conjunto de apéndices que se forman en la corola de algunas flores sugiriendo un doble verticilo de pétalos.

Paralelinervia: Se dice de la hoja que tiene sus nervios paralelos.

Patente: Estructura que se dispone más o menos paralela al eje del que surge.

Paucifloro(a): Tallo, planta o inflorescencia que presenta pocas flores.

Peciolada: Hoja provista de pecíolo.

Pecíolo: Pedúnculo que une el limbo de la hoja (peciolada) al tallo.

Peciólulo: Pecíolo de un foliolo en las hojas compuestas.

Pedicelado(a): Provisto de un pedicelo.

Pedicelo: Eje de segundo orden en las inflorescencias sobre el que se sustenta una flor o fruto.

Pedunculado: Provisto de un pedúnculo.

Pedúnculo: Eje de primer orden sobre el que se sustenta una flor o fruto.

Peltada: Hoja con limbo redondeado. Cuyo pecíolo se inserta perpendicularmente en el centro del envés.

Penninervia: Hoja con nerviación pinnada.

Pentámera: Flor que dispone de cinco piezas en cada uno de sus verticilos.

Perennante: Planta normalmente anual o bienal, que se comporta como perenne bajo ciertas condiciones.

Perenne: Planta leñosa o hierba que rebrota cada año durante un período más o menos largo. Aplicado a las hojas, que no caen juntas al llegar la estación desfavorable, estando la planta portadora siempre frondosa.

Perennifolio: Árbol o arbusto de hoja perenne, que no pierde nunca todas sus hojas a la vez.

Perfoliada: Hoja sentada que aparece como perforada por el tallo, al que envuelve completamente.

Periántico: Relativo al perianto.

Perianto: Piezas estériles de la flor, que rodean al androceo y (o) gineceo, habitualmente formado por el cáliz y corola. Antiguamente "periantio".

Pétalo: Cada una de las piezas, más o menos vistosas y coloreadas, que forman la corola.

Petaloideo: Formado por piezas con apariencia de pétalos.

Pinna: Últimas unidades en que se dividen las hojas pinnadamente divididas.

Pinnada: Hojas cuyos lóbulos, nervios, etc., surgen de modo más o menos perpendicular a su nervio medio o raquis y a diferentes alturas.

Pinnaticompuesta: Hoja con el limbo pinnadamente dividido en foliolos independientes.

Pinnatífida: Hoja con el limbo pinnadamente dividido hasta cerca de la mitad de su anchura.

Pinnatipartida: Hoja con el limbo pinnadamente dividido hasta más allá de su mitad.

Pinnatisecta: Hoja con el limbo pinnadamente dividido hasta el nervio medio.

Pistilo: Término botánico en desuso que aludía al gineceo cuando estaba formado de una única pieza, con ovario, estilo y estigma.

Pixidio: Fruto seco esférico que al madurar se abre transversalmente por su línea ecuatorial para liberar las semillas.

Placenta: Parte interior de las hojas carpelares, sobre cuya superficie se insertan los óvulos.

Placentación: Modo de disponerse los óvulos sobre sus placentas.

Pleocasio: Inflorescencia cimosa en la que el eje termina en una flor y por debajo de ella surgen varias ramas verticiladas que terminan en sendas flores.

Plumoso(a): Pelo o arista provisto, a su vez, de pequeños pelos laterales suaves y paralelos.

Pluricarpelar: Gineceo constituido por varios carpelos libres o soldados.

Plurilocular: Gineceo o fruto provisto de varias cavidades separadas.

Pluriovulado: Gineceo o lóculo del mismo provisto de varios óvulos.

Polen: Gránulos diminutos que se desprenden de los estambres maduros y cuya misión es fijarse en los estigmas del gineceo de otra flor y formar los gametos masculinos para su fecundación.

Poliandra: Flor que presenta numerosos estambres.

Poliaquenio: Fruto individual constituido por un agregado de numeroso aquenios.

Polidrupa: Fruto individual formado por un agregado de numerosas pequeñas drupas.

Polinización: Transporte de los granos de polen desde las flores emisoras a las receptoras.

Polispermo(a): Fruto o cavidad de éste que contiene varias semillas.

Pomo: Fruto carnoso complejo que procede de una flor con gineceo ínfero.

Primordio: Órgano inmaduro, en fase juvenil.

Procumbente: Planta rastrera o tendida sobre el suelo.

Pruinoso(a): Órgano recubierto externamente por una capa de cera blanquecina que se separa con facilidad mediante el roce.

Pseudanto: Inflorescencia que tiene el aspecto de una flor individual.

Pubescente: Cubierto de pelosidad corta y suave.

Pulviniforme: Con forma almohadillada, es decir condensada y de tendencia semiesférica.

Quilla: En general: saliente anguloso. En la corola de las Leguminosas: par de pétalos inferiores soldados.

Racemosa: Inflorescencia cuyo eje principal va produciendo flores sucesivamente hasta terminar en la última flor.

Racimo: Inflorescencia racemosa con flores provistas de pedúnculos de longitud similar que surgen a alturas diferentes.

Radicante: Que emite raíces o cuyas raíces se engruesan particularmente.

Raquis: Eje que continúa el pecíolo en las hojas compuestas, sobre el que surgen los foliolos. También aplicable al eje de alguna inflorescencia especial (ej.: espiguillas de las Gramíneas).

Rastrero: Que se tiende y arrastra sobre la tierra.

Receptáculo: Parte basal de una flor o capítulo, donde se insertan las piezas que los componen.

Reflejo: Doblado hacia atrás.

Reniforme: Con forma de riñón.

Reticulado(a): Cubierto en su superficie de salientes en forma de red. Se aplica también a la nerviación de las hojas cuando ésta es abundante y se entrelaza en sus extremos.

Revoluto(a): Que se dobla pos sus márgenes hacia abajo.

Rizoma: Tallo subterráneo sin hojas verdes, que crece más o menos paralelo a la superficie de la tierra, emitiendo periódicamente tallos aéreos normales, con hojas, que suelen florecer.

Rizomatoso(a): Portador de rizomas.

Roseta: Conjunto de hojas que presentan muchas hierbas en la base de la planta, con frecuencia diferentes a las que puedan surgir por encima.

Rosulado(a): Tallo o planta que presenta todas sus hojas en roseta basal.

Ruderal: Ambiente alterado, dominado por escombros o residuos.

Rupícola: Planta o comunidad vegetal que habita en ambientes rocosos.

Sagitado(a): Con aspecto de punta de flecha.

Sámara: Fruto seco, monospermo e indehiscente, que presenta una expansión alada membranosa que le permite permanecer un cierto tiempo en el aire.

Samaroideo: Fruto con apariencia de sámara.

Seco: Aplicado a los frutos, aquellos que -al margen de las semillas que contengan- en la madurez no presentan capas jugosas que les den aspecto de ser comestibles, aunque en sus etapas inmaduras pueden ser más o menos jugosos o incluso comestibles (vainillas, habas, etc.).

Semiabrazadora: Hojas que abraza parcialmente la rama de la que surge.

Semiamplexicaule: Véase *semiabrazadora*.

Semiínfero: Gineceo hundido en un receptáculo cóncavo, pero no soldado a él.

Sentado: Desprovisto de pedúnculo alguno.

Sépalo: Cada una de las piezas, generalmente verdosas y membranosas, que constituyen el cáliz de la flor.

Sepaloideo: Formado por piezas con apariencia de sépalo.

Septado: Provisto de septos o tabiques interiores.

Seríceo: Cubierto de un indumento de pelos blancos y suaves al tacto como la seda.

Sésil: Véase *sentado*.

Setáceo: Estrecho y alargado (como un hilo o seda).

Setoso: Cubierto de pelos rígidos o setas.

Silíceo: Suelo o roca donde abundan los silicatos

Silicícola: Planta o comunidad vegetal que habita sobre terrenos silíceos.

Silicua: Fruto seco, dehiscente y polispermo, formado por dos carpelos soldados pero separados internamente por un falso tabique hialino. En su sentido estricto es aplicado cuando su longitud es mucho mayor que la anchura. Es típico de la familia Crucíferas.

Silicuiforme: Con aspecto de silicua.

Silícula: Variante de la silicua con longitud similar a la anchura.

Sincárpico: Fruto o gineceo con los carpelos soldados.

Soros: Alude a los grupos de esporangios que en forma de manchones oscuros se observan sobre la superficie del envés de las hojas maduras.

Subarbusto: Planta débilmente leñosa en su parte inferior.

Subespontáneo(a): Que no es espontáneo en un lugar pero se comporta como tal.

Subnitrófilo(a): Ligeramente nitrófilo o que habita en medios moderadamente antropizados.

Suculento(a): Planta o parte de ésta muy engrosada y carnosa.

Sufrútice: Véase *subarbusto*.

Sufruticoso(a): Con porte de subarbusto.

Sulcado o surcado: Provisto de líneas longitudinales entrantes (sulcos o surcos).

Súpero: Gineceo que se sitúa por encima o a la misma altura de las demás piezas florales.

Taxon (plural *táxones*): Cualquier unidad con la que se clasifica y denonima a las plantas (familia, género, especie, etc.).

Teca: Cada una de las unidades que componen la antera de los estambres (habitualmente dos).

Terófito: Planta anual, que completa su ciclo en un tiempo breve de pocos meses.

Tetrámera: Flor que presenta cuatro piezas en cada verticilo.

Tomento: Conjunto de pelos muy entrelazados, que forma un tapiz continúo sobre la epidermis de una planta.

Tomentoso(a): Cubierto de tomento.

Tricarpelar: Gineceo o fruto en cuya composición intervienen tres carpelos.

Tricoma: Cualquier clase de pelo o saliente que presenta una planta sobre sus superficie.

Trífido(a): Dividido en tres partes similares.

Trifoliada: Hoja compuesta de tres foliolos.

Trímera: Flor provista de tres piezas en cada verticilo.

Truncada: Hoja que termina bruscamente en su base, como si hubiese sido cortada perpendicularmente a su pecíolo.

Tuberculado(a): Tapizado de pequeños salientes más o menos esféricos.

Tubérculo: Engrosamiento del tallo o la raíz, habitualmente subterráneo, donde se almacenan sustancias de reserva.

Tuberoso(a): Portados de tubérculos.

Tuboloso: De forma más o menos cilíndrica o tubular.

Umbela: Inflorescencia de aspecto cónico invertido, con flores provistas de pedúnculos de similar longitud (radios) que surgen del mismo punto.

Umbeliforme: Inflorescencia con aspecto de umbela.

Umbélula: En umbelas compuestas, cada una de las umbelas de segundo o tercer orden que terminan en flor.

Umbroso(a): Ambiente muy sombreado.

Uncinado(a): Con el extremo apical doblado en forma de gancho.

Uniovulado: Gineceo o cavidad de éste que alberga un solo óvulo.

Unisexual: Flor desprovista de estambres o de gineceo.

Uña: Parte inferior de los pétalos, cuando ésta experimenta un estrechamiento marcado.

Urceolado: Con forma de orza o tonel.

Urticante: Picante o irritante, como los pelos de las hojas de las ortigas.

Vaina: En algunas hojas, base de las mismas que rodea al tallo y a veces se ensancha de modo aparente.

Valva: Cada una de las partes en que queda segmentada la pared de los frutos dehiscentes al abrirse (habitualmente una por carpelo).

Vegetativo: Se dice de la estructura u órgano que realiza funciones vitales diferentes a las reproductoras.

Verrucoso: Cubierto de protuberancias a modo de verrugas.

Verticilado: Órgano o estructura que surge junto con otros dos o más similares a la misma altura.

Verticilastro: Falso verticilo. Fragmento de una inflorescencia cimosa más o menos condensada y separada en mayor o menos medida de otros fragmentos similares contiguos.

Verticilo: Conjunto de hojas o piezas florales semejantes, que nacen a la misma altura.

Vesiculoso: Inflado, con aspecto de vesícula o vejiga.

Vestigial: Residual, más o menos atrofiado.

Vilano: Haz de pelos que se desarrollan sobre algunos frutos secos monospermos y muy ligeros para su dispersión por el viento.

Vivaz: Perenne. A veces en sentido restringido planta con órganos perennes subterráneos.

Voluble: Planta trepadora mediante el movimiento de giro de sus propias ramas.

Xerófilo(a): Que tiene preferencia por o habita en terrenos o ambientes secos.

Xerofítico(a): Planta o vegetal xerófilo.

Xeromorfo(a): Con características que permiten vivir en medios secos.

Zarcillos: Estructuras finas y alargadas, propias de algunas plantas trepadoras, que efectúan movimientos de giro y se enrosca sobre soportes diversos.

Zigomorfo: Véase *cigomorfo*.

Zoócora: Modalidad de dispersión de las semillas en la que participan los animales.

Zoófila: Modalidad de polinización en la que se necesita el concurso de los animales.

IV. ÍNDICE DE FAMILIAS, GÉNEROS Y ESPECIES

Índice de familias (en latín y castellano), géneros, especies y nombres comunes en castellano y valenciano (subrayado).

261

I

267